U0151649

数字图像处理

Digital Image Processing

周 越◎主编

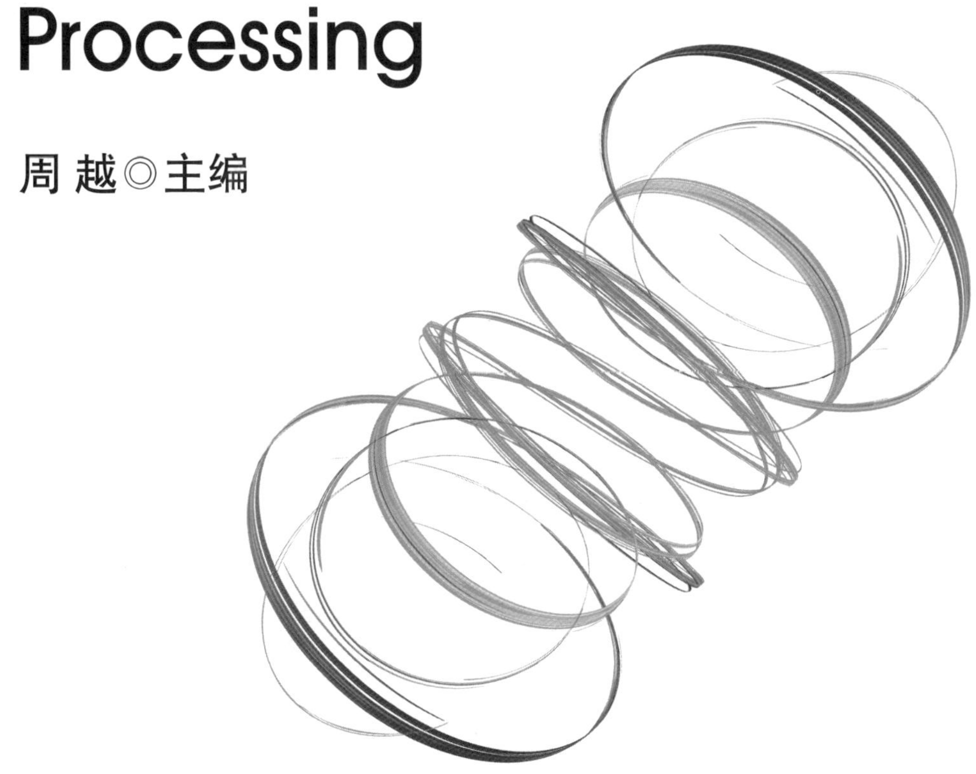

上海交通大學出版社
SHANGHAI JIAO TONG UNIVERSITY PRESS

内容提要

本书在作者多年从事数字图像处理教学与科研的经验基础上概括地介绍了数字图像处理理论和技术的基本概念、原理和方法；同时，考虑到深度网络在数字图像处理中的广泛应用，本书还增加了相关理论知识与应用的介绍。

本书分为十二章，每章阐述数字图像处理技术中的一个知识点，内容包括数字图像基础、图像的数学形态学处理、图像变换、图像压缩与编码、图像增强、图像特征表达、图像分割、图像目标检测以及最新的基于深度网络的图像特征提取、目标检测和图像分割等。为使读者更好地掌握与运用所学的理论知识，书中配有相关的 Python 代码。本书既介绍了经典理论，又适当吸收了新的数字图像处理方法。

本书可以作为高等学校信息与通信工程、信号与信息处理、自动化、电子、计算机、遥感等专业本科生或者研究生的教材或参考书，也可以作为相关工程技术人员和从事相关研究与应用的其他人员的参考书。

图书在版编目(CIP)数据

数字图像处理/周越主编. —上海：上海交通大学出版社，2023.2

ISBN 978-7-313-25387-3

Ⅰ.①数… Ⅱ.①周… Ⅲ.①数字图像处理 Ⅳ.①TN911.73

中国版本图书馆 CIP 数据核字(2021)第 181241 号

数字图像处理

SHUZI TUXIANG CHULI

主　　编：周　越

出版发行：上海交通大学出版社　　地　　址：上海市番禺路 951 号

邮政编码：200030　　电　　话：021-64071208

印　　制：上海万卷印刷股份有限公司　　经　　销：全国新华书店

开　　本：787 mm×1092 mm　1/16　　印　　张：26

字　　数：568 千字

版　　次：2023 年 2 月第 1 版　　印　　次：2023 年 2 月第 1 次印刷

书　　号：ISBN 978-7-313-25387-3

定　　价：98.00 元

版权所有　侵权必究

告读者：如发现本书有印装质量问题请与印刷厂质量科联系

联系电话：021-56928178

前　言

在人类获取的所有外界信息中，通过眼睛感受到的视觉信息占有举足轻重的地位。除了生活中的自然景象外，大量宏观和微观图像以及由计算机生成的图像丰富了视觉信息的内涵。

图像处理技术产生于 20 世纪初，其发展速度之快、应用范围之广、与其他学科联系之紧密，令人瞩目。它在科学技术、国民经济的各个领域以及人们的工作和生活中发挥着越来越重要的作用。进入 21 世纪，机器视觉正在成为人工智能快速发展的一个前沿分支。人类利用图像信息进行检测和测量的需求日益增强，小到智能手机的高清拍照、摄影、二维码识别、名片识别、视频聊天等功能实现，大到天宫空间站与神舟飞船的近距离对接、“中国天眼”(500 米口径球面射电望远镜)等与图像技术直接或间接相关的国家重大科技成果相继问世。

数字图像处理技术作为电子信息工程、电子科学与技术、通信工程、计算机科学与技术、自动化等专业方向的基础知识，对提高读者学习研究和创新实践的能力大有裨益。虽然不同专业方向的读者对数字图像处理技术需求的侧重点以及硬件与软件实现的要求不尽相同，各自的兴趣点也有差异，但书中涉及的基础理论知识与基本技能都是不可缺少的。

数字图像处理具有鲜明的学科交叉性，触及众多知识领域。例如，图像的获取涉及光学和电子学，需要了解一些成像原理和光传感器结构的基础性知识；形态学图像处理直接将集合论、拓扑学等数学工具应用于对数字图像中目标的形态分析；数字图像的增强，更需要了解视觉的生理和心理特点；图像编码技术运用了信息论的基本理论和方法；图像分割与目标检测则需要根据不同的应用场景及需求，借助优化理论为算法提供技术支撑和决策依据。

随着深度学习技术的不断发展，经典数字图像处理算法被注入全新的活力。以 AlexNet 为代表的基于深度神经网络的算法，在图像特征表达、图像分割、目标检测等领域都表现出很高的算法性能，为解决计算机视觉问题开拓了新的研究领域。

本书希望读者在学习时能够独立完成具有简单功能的图像处理算法，这要求读者对软件工具和编程语言如 MATLAB、C 和 Python 等也应该熟悉。

近年来，在图像处理、图像分析和理解等方面的课题研究日益增多，相关技术的发展和知识体系的更新也越来越快，打造适合不同专业本科教学的数字图像处理教材也成为一个难题。尽管国内外类似的教材较多，但笔者在参考众多经典教材的基础上，结合人工智能技术在数字图像处理领域的发展，编撰了此教材，希望为读者学习和从事这方面研究带来一定的帮助。

全书共 12 章，可以分为两个部分：第一部分包括第 1～8 章，介绍经典数字图像处理的基础知识；第二部分包括第 9～12 章，阐述了深度神经网络在特征提取、目标检测和图像分割中的理论知识以及应用。其中，第 1 章介绍图像的基本概念，如光和颜色的关系、光的三原色理论、颜色的数学模型及模型之间的转换以及典型的图像获取系统；第 2 章介绍数字图像形态学处理的相关知识；第 3 章介绍图像变换，涉及傅里叶变换在各领域的广泛应用以及基本概念，在介绍过程中还涉及卷积这一频域处理中的重要内容；第 4 章主要介绍图像压缩与编码的相关知识；第 5 章主要介绍图像增强的相关知识；第 6 章先介绍边缘检测的基础概念，然后详细说明了几种经典的图像边缘检测的方法；第 7 章介绍经典图像特征提取的相关概念；第 8 章介绍经典目标检测算法的相关知识，包括静态检测和动态检测两部分；第 9 章主要介绍用于图像特征提取的深度神经网络算法；第 10 章主要介绍用于目标检测的主流深度神经网络算法；第 11 章主要介绍用于图像分割的深度神经网络算法；第 12 章介绍基于 Transformer 的图像处理算法与应用。

本书在内容上尽可能涵盖经典数字图像处理的基础知识以及深度神经网络在图像处理中的基础理论，但是作为一本教材，需要同时考虑到专业背景与授课时间，很多重要知识的取舍非常难，更多的内容留待读者进一步探索。

数字图像处理技术发展迅速，目前已经成为一个覆盖范围广泛的学科，罕有人士能够对其众多分支领域均有精深理解。笔者自认才疏学浅，书中错谬之处在所难免，若蒙读者不吝告知，将不胜感谢。

2022 年 12 月

目 录

1 数字图像基础

随着硬件制造水平的飞速发展和信息传输通道的快速拓展，数字图像作为一种重要的信息载体，越来越深刻地影响到每个人的生活与工作。随着大数据与人工智能技术的不断创新，利用计算机对数字图像信息进行加工处理的技术快速发展并得到广泛的应用，已经成为现代信息处理的关键技术。本章先介绍数字图像的基本概念，如讲述光和颜色的关系、光的三原色理论、颜色的数学模型及模型之间的转换，以及典型的数字图像获取系统；进而从像素的角度分析像素间的空间关系，包括像素的邻域、像素所构成的连通域、像素值变化较快的边界、像素间的距离等；最后，介绍数字图像处理中常用的数学工具，包括阵列与矩阵操作、线性与非线性操作、算术操作、集合操作和空间操作。

1.1 光与视觉

光是一种电磁波，同声波相似，包含不同频率分量。电磁波通常由一种频率或多种频率构成，如非常高频率的电磁波构成了微波；相对低频率的电磁波构成了无线电波。然而，人眼能够察觉到的电磁波的频率在非常窄的一个范围内，其他频率的电磁波是不能被人眼所感知的。

颜色或色彩是通过眼、脑和人们的生活经验所产生的一种对光的视觉效应。简单说，颜色就是人对光的一种感受，由大脑产生的一种主观感觉。

人的视网膜上布满感光细胞。当有光线传入人眼时，这些细胞就会将刺激转化为视神经的电信号，最终在大脑得到解释。视网膜上有两类视细胞（又称为感光细胞）：视锥细胞和视杆细胞。

视锥细胞大多集中在视网膜的中央，人视网膜有 700 万个左右视锥细胞。每个视锥细胞包含一种感光色素，对波长不同的光线会有不同的反应。每种视锥细胞对某一段波长的光会更加敏感，这类细胞在较明亮的环境中具有辨别颜色和提供精细视觉的能力。

视杆细胞分散分布在视网膜上，人视网膜上有 1 亿个以上视杆细胞。这类细胞对光线更为敏感（敏感程度是视锥细胞的 100 多倍），一个光子就足以激发它的活动。视杆细胞不能感受颜色、分辨精细的空间，但具有在较弱的光线下对环境的分辨能力(如在夜里能分辨物体的黑白轮廓)。

当一束光线进入人眼后，视细胞会产生 4 种不同强度的信号：3 种视锥细胞的信号和视杆细胞的信号。其中只有视锥细胞产生的信号能转化为颜色的感觉。3 种视锥细胞产生的信号分别对应可见光谱的长波段、中波段和短波段最大峰值。这些信号的组合就是人眼能分辨的颜色总和。

人们认识客观世界的感觉经验 80%以上来自视觉。视觉是人的眼睛对客观世界的反映，人们对客观事物的直接认识依赖于神经中枢的调节。色彩随视觉与光影的不同，可产生出无穷无尽的色彩视觉效果；同时，又由于所表现物体与环境不同，不同物体所呈现的色彩视觉效果都不相同。

1.1.1 光谱与颜色

颜色是光线通过人眼作用于人脑视觉中枢所产生的一种视觉效应。它不仅取决于光的物理学特性，也取决于人眼结构与视觉中枢的生理学特性，是一种生理与心理共同作用的现象。虽然这一现象现在还远未被完全了解，但它的物理性质可由物理实验测定与表示。

光是一种电磁波，不同波长的光辐射具有不同的颜色特征。单一波长的光辐射表现为一种颜色，称为光谱色或单色光。日常人类可感知的光称为可见光，可见光仅占整个电磁光谱中极小的一部分，波长范围从 380 nm(紫光)到 780 nm(红光)，各种波长的光谱连续排列在一起形成可见光谱。图 1 - 1 给出可见光谱及各单色光的波长和频率，波长由小到大依次为紫色、靛色、蓝色、绿色、黄色、橙色及红色，这也是七色彩虹的光谱。在可见光谱中，紫色波长最短，红色波长最长。对于可见光谱之外的光线，人类用肉眼无法看见，只能依靠光探测仪才能间接地“看见”。例如，比紫光波长更短的紫外线、比红光波长更长的红外线，只有通过其他手段才能被捕获，如应用专门的光敏器件或特殊的胶卷等。

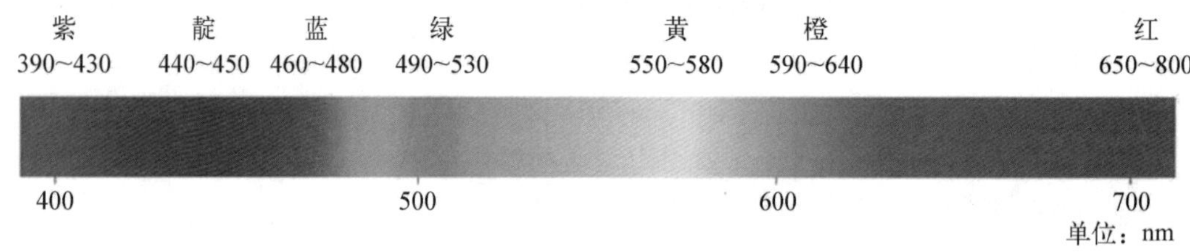

图 1 - 1 可见光谱

人们在日常生活中看到单色光的机会不多，通常所看到的都是自然界中如太阳光一样的由不同强度、不同波长的光混合在一起的混合光，它可通过光学器件分散成单色光。1666 年，牛顿发现一束太阳光在通过三棱镜的时候透射出的光束不再是白色，而是由紫光到红光的连续光谱所组成的彩色光束(见图 1 - 2)。色谱由紫色、靛色、蓝色、绿色、黄色、橙色和红色 7 个区域所组成。

亚里士多德最早讨论过光与颜色之间的关系，最后艾萨克·牛顿真正阐明了两者之间的关系。1801 年，托马斯·杨第 1 次提出了三原色理论，赫尔曼·冯·亥姆霍兹完善了这一理论。在 20 世纪 60 年代，这一理论得到了证实。由于人眼视网膜上有三种不同的视锥细胞，分别感知红色光、蓝色光和绿色光，通过对这三种光的感知，人类视觉拥有感受各种颜色光的能力。因此，人们把这三种颜色称为光的三原色。它们之间是相互独立的，即其中任何一种颜色都不能通过其他两种颜色组合而来。1931 年，国际照明委员会制定了CIE1931RGB 颜色空间标准，规定红光波长为 700 nm，绿光波长为 546.1 nm，蓝光波长为 435.8 nm。色度学原理指出，这三种颜色以不同比例混合，几乎可以得到任何新的颜色。

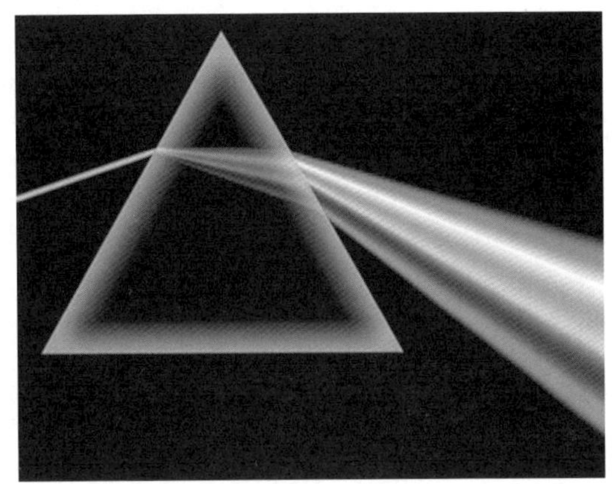

图 1-2 三棱镜对光的折射

1.1.2 混色法

混色法是指将不同的颜色混合起来得到新的颜色，根据颜色混合之后亮度变化的不同可分为加法混色和减法混色。将光的三原色红色、蓝色、绿色混合成其他颜色的混合方式称为加法混色，常称红色、蓝色、绿色这三种颜色为加法三原色。而将颜料三原色青色、品红、黄色按比例混合在一起得到新颜色的混合方式称为减法混色，常称青色、品红和黄色三种颜色为减法三原色，入射的白光经过减法三原色的作用(减去)后成为黑色。

1) 加法混色

加法混色是将不同量值的红、绿、蓝混合成新颜色的方法。在加法混色中，颜色越混合越明亮。图 1-3(a)所示为将等量值的红光、绿光和蓝光投射到黑色的屏幕上时，红光和绿光叠加形成黄光，红光和蓝光叠加形成品红的光，绿光和蓝光叠加形成青色的光，在图形的中心三种光等量叠加形成白光。电视机就是应用加法混色原理显示出各种不同的颜色。图 1-3(c)所示为补色环，通过圆心的一条直线相连的 2 种颜色互为补色，红与青、

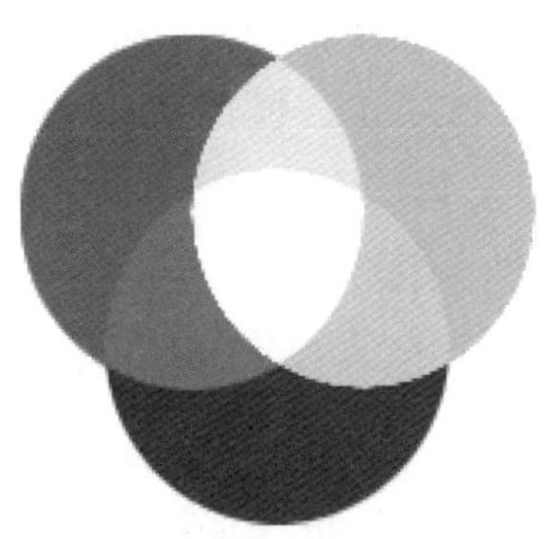

(a) 加法混色

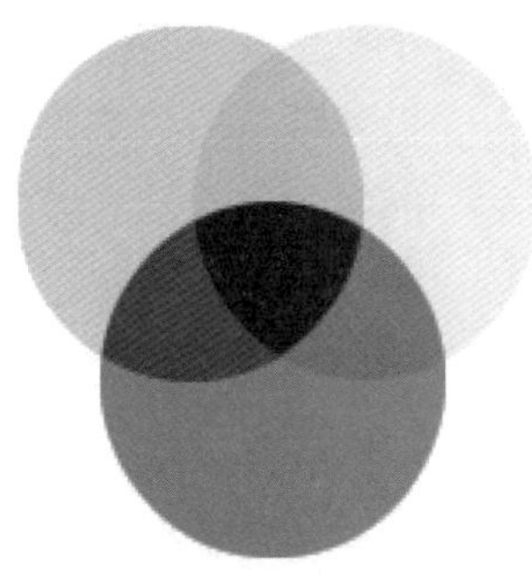

(b) 减法混色

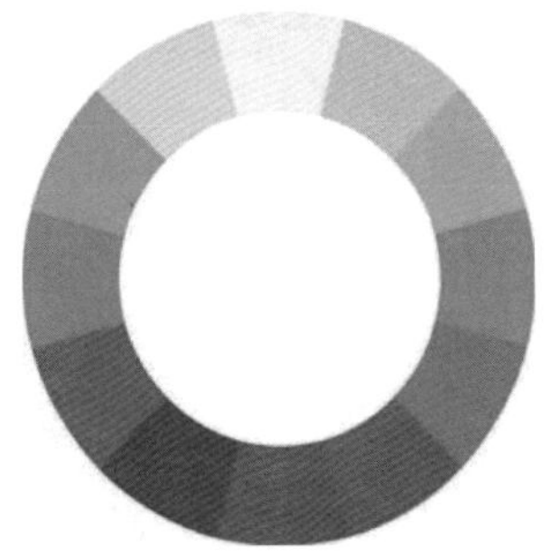

(c) 补色环

图 1-3 混色法示意图

绿与品红、蓝与黄互为补色。如果人眼长时间注视一种颜色，在移开视线的时候会看到这种颜色的补色，这种现象背后的原理称为补色原理。

2）减法混色

减法混色是指将不同量值的减法原色混合在一起形成新颜色的方法。在减法混色中，颜色越混合越暗。图 1－3(b)所示为将等量的青色、品红色和黄色颜料混合在一起，青色和品红色混合形成蓝色；青色和黄色混合形成绿色；品红色和黄色混合形成红色；三种颜色混合在一起形成黑色。减法混色的方式被广泛应用于印刷业和绘画技术中。

由上可知，颜色可由不同比例的原色混合得到，这也使得利用数学模型分析和研究颜色成为比较好的手段和方法。下面介绍一些常用的彩色模型及其转换方法。

1.1.3 颜色模型

颜色空间(color space)是特定的颜色组合。例如，在自然界可见光谱中，波长在 380～740 nm 的颜色，组成了“最大”的颜色空间。该颜色空间中包含了人眼所能见到的所有颜色。颜色模型(color model)是一种用一组数值描述颜色的抽象数学模型。通俗地说，颜色模型就是用一定的规则来描述(排列)颜色的方法。人们常见的颜色模型有 CIE、RGB、YUV 和 CMYK。色域是颜色空间的某个完备子集，也指一个颜色模型能描述的颜色的集合。色域和颜色模型一起构成了颜色空间。

目前，大多数颜色模型都是面向硬件设备的。例如，数字图像处理中最通用的 RGB 模型常应用于各种显示设备和摄像设备；CMY(青、品红、黄)和 CMYK(青、品红、黄、黑)模型常应用于打印输出设备。另一个常用的颜色模型是 HSI(色调、饱和度、亮度)模型，它更符合人类对颜色的解释方式，适合基于人的视觉系统对颜色特性进行分析处理的图像算法。颜色模型还有不少其他模型，这是因为颜色科学的应用范围非常广，这里只详细介绍在图像处理中几种常见的模型。在理解这几种模型之后，再了解其他的模型也就更容易了。

1.1.3.1 RGB 颜色模型

RGB 颜色模型建立在三维笛卡尔坐标系中，每种颜色对应于坐标系中的一个点，其坐标值分别对应于三个原色分量的值。它所对应的颜色空间是如图 1－4 所示的立方体。图中黑色位于原点处，白色位于离原点最远的顶角上；灰度等级沿黑色与白色之间的连线分布。在该模型中，不同的颜色位于该立方体的不同位置，为方便起见，假设所有的颜色值都已经归一化，则图中的立方体就是一个单位立方体，各分量对应的值都在[0，1]范围内。

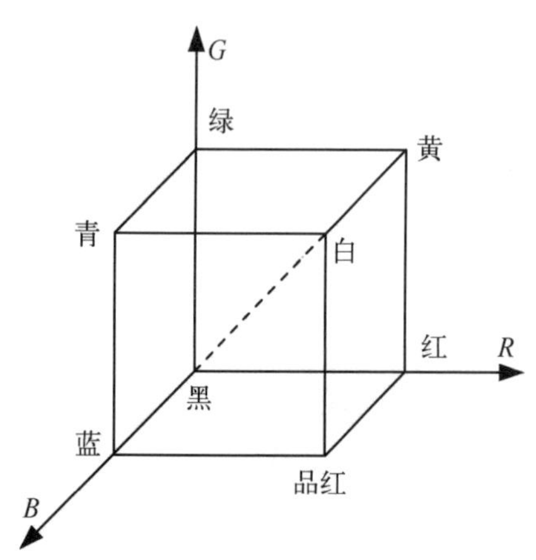

图 1－4　RGB 颜色模型

在 RGB 颜色模型中，图像由三张原色图组成，当送入 RGB 显示器时，这三张图像在显示器上混合形成显示图像。在 RGB 空间中，像素深度是指用于表征每个像素值大小的二进制位数。对于 RGB 图像，每一个分量图都是一张 8 位二进制表示数值的图像，因而每个像素对应的就是 24 位深度，颜色总数为 2^{24}，即 16 777 216。

1.1.3.2 CMY 和 CMYK 颜色模型

CMY 是青色、品红色和黄色的简写，也就是颜料的原色。它们表现的是白光照射在颜料上时反射出来的光的颜色。例如，当白光照射在涂上品红色颜料的物体表面时，物体表面会吸收白光里面的绿色成分，从该表面反射出品红色光线。

大多需要在物体表面上沉积颜色的设备，如复印机和彩色打印机，要求输入的便是这种颜色模型。当输入的是 RGB 模型时，需要在设备内部进行 RGB 到 CMY 的转换。这种转换非常简单，即

$$
\begin{aligned}
C &= 1 - R \\
M &= 1 - G \\
Y &= 1 - B
\end{aligned}
\tag{1-1}
$$

这里假设所有彩色值都已经归一化到[0, 1]范围之内。上式表明从青色颜料中反射的光不包含红光，同样从品红色颜料中反射的光不包含绿光，从黄色颜料中反射的光不包含蓝光。

图 1-3 所示为三种等量颜色叠加会产生黑色，但在实际应用中，通过这种方法产生的黑色并不是纯黑色。因此，为了产生纯黑色，人们提出了 CMYK 模型，即在 CMY 模型的基础上加入第 4 种颜色——黑色(K)。所谓“四色打印”就是指在颜料三原色的基础上再加入黑色。

1.1.3.3 HSI 颜色模型

上述提到从 RGB 到 CMY 的模型转换是非常简单的转换。这两个颜色模型也非常适用于硬件系统，并且 RGB 模型的基色就是人眼识别颜色时所用的三原色。但遗憾的是，RGB 和 CMY 模型不能适应人类解释颜色的过程。

当人在观察一种颜色时，是用色调(H)、饱和度(S)和亮度(I)去描述它的，此即 HSI 颜色模型。色调与光波的波长有关，它反映人的感官对不同颜色的感受。饱和度描述的是纯色被白光稀释的程度，饱和度越大，颜色越鲜艳；反之亦然。亮度对应图像的明亮程度，是一个主观的描述子，实际上它是不可测量的。

HSI 颜色模型可以从彩色图像中消去亮度信息的影响，从中提取出颜色的色调和饱和度信息。这种模型对人而言是非常直观的，HSI 模型也因此成为开发基于颜色描述的图像处理算法的有力工具。

前述提到的 RGB 图像包含颜色的所有信息，因此也可以从 RGB 图像中提取亮度。如果用图 1-4 中的彩色立方体，则置黑色顶点为(0, 0, 0)，白色顶点为(1, 1, 1)；图1-5 所示为亮度沿白色与黑色顶点之间的连线分布，该线在图中是竖直的。如果要确定图中任意一点的亮度值，只需通过该点做一个垂直于这条连线的平面，该平面与亮度轴相交的点与该点的亮度值相同。某一颜色的饱和度与这一颜色所对应点到亮度轴的距离有关，

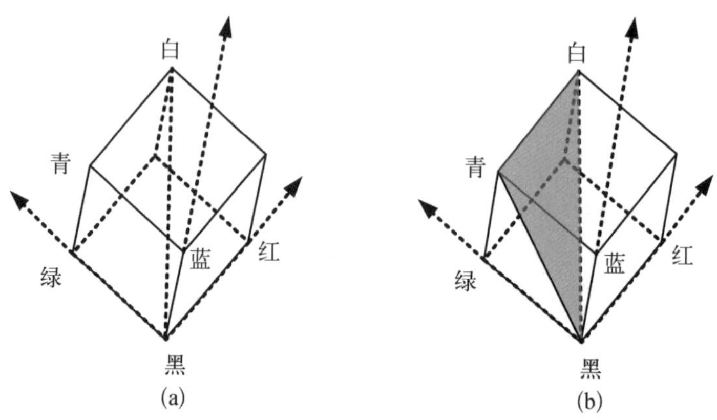

图 1-5　从 RGB 模型中获取亮度与色调

距离越远，饱和度越高，距离越近，饱和度越低。因此，沿亮度轴的颜色饱和度为零。

同样地，也可以从 RGB 模型中获取色调。对于图 1-5(b)中黑、白、青三个顶点定义的三角平面，位于三角平面内的点都可用这三个顶点的线性组合得到，且黑分量与白分量不能改变色调。因此，该平面内除了亮度轴以外的所有点都具有相同的色调，不同的色调可以通过沿亮度轴旋转该平面得到。综上，HSI 模型中的色调、饱和度和亮度都可以从 RGB 彩色立方体中得到。也就是说，可以把 RGB 中任意一点转换到 HIS 颜色模型中来。

当垂直于亮度轴的平面上下移动时，该平面与立方体的截面不是呈三角形就是呈六边形。如图 1-6(a)所示，制作两个垂直于亮度轴的平面与彩色立方体相截，得到 2 个正三角形截面，其中上方的三角形截面投影到图 1-6(b)(俯视图)中。从图 1-6(b)的平面中可以看到各颜色之间的间隔为 60°。图(b)显示了一个彩色点 P 和指向该彩色点的向量 $\boldsymbol{OP}$。该点的色调（H）由该向量与红轴之间的夹角决定，红轴指定为 0 色调，从红轴 OA 开始逆时针增长。饱和度（S）的大小与 $\boldsymbol{OP}$ 的长度成正比，可将图 1-6(b)中的正六边形通过几何变换映射得到图 1-6(c)中的圆形，点 O、A、P 分别映射到点 O'、A'、P'，其中 $O'A'=1$，$O'P'=S$。

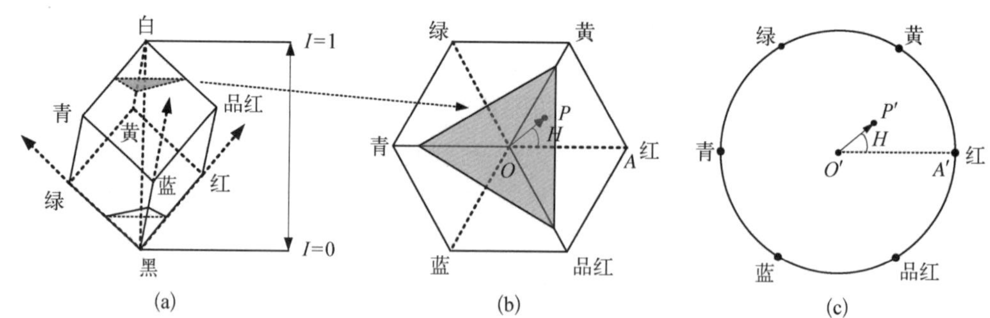

图 1-6　从 RGB 颜色模型到 HIS 颜色模型的转换

由此可以得到从 RGB 颜色空间转换到 HIS 颜色空间的公式，其中 R、G、B 三个分量已归一化到[0, 1]范围内，对应的 H、S、I 分量可由下式计算：

$$H=\begin{cases}\theta, & G \geqslant B \\ 2\pi-\theta, & G<B\end{cases} \tag{1-2}$$

$$\theta=\arccos\left\{\frac{(R-G)+(R-B)}{2\sqrt{(R-G)^2+(R-B)(G-B)}}\right\} \tag{1-3}$$

$$S=1-\frac{3\min(R, G, B)}{R+G+B} \tag{1-4}$$

$$I=\frac{R+G+B}{3} \tag{1-5}$$

需要注意的是，当 $S=0$ 时，H 没有意义，此时定义 $H=0$。此外，当 $I=0$ 或 $I=1$ 时，S 也没有意义。

此外，若已知 HIS 颜色空间中的 H、S、I 分量，也可转换到 RGB 颜色空间中。设 $S, I \in [0, 1]$，且 $R, G, B \in [0, 1]$，则转换公式如表 1-1 所示。

表 1-1 从 HSI 到 RGB 的转换公式

$H \in [0°, 120°]$	$H \in [120°, 240°]$	$H \in [240°, 360°]$
$B=I(1-S)$	$R=I(1-S)$	$G=I(1-S)$
$R=I\left[1+\frac{S\cos(H)}{\cos(60°-H)}\right]$	$G=I\left[1+\frac{S\cos(H-120°)}{\cos(180°-H)}\right]$	$B=I\left[1+\frac{S\cos(H-240°)}{\cos(300°-H)}\right]$
$G=3I-(B+R)$	$B=3I-(R+G)$	$R=3I-(G+B)$

彩色图像的各个分量也可以用灰度图的方式表示，分量值较大时灰度图颜色较浅，分量值较小时灰度图颜色较深。图 1-7 显示了一张彩色图像的 R、G、B 分量以及 H、S、I 分量对应的灰度图。可以看出，H、S、I 分量对应的灰度图之间的差异比 R、G、B 分量对应的灰度图之间的差异大。

(a) R

(b) G

(c) B

图 1-7　彩色图像的 *R*、*G*、*B* 分量以及 *H*、*S*、*I* 分量对应的灰度图

1.1.3.4　YUV 颜色模型

YUV 是一种基本色彩空间，被欧洲的电视系统所采用。它被逐行倒相（Phase Alternation Line，PAL）彩色电视制式、美国国家电视制式委员会（National Television System Committee，NTSC）和调频行轮换彩色制式（Sequentiel Couleur Avec Memoire or Sequential Color with Memory，SECAM）用作复合色彩视频标准。其中，*Y* 是指颜色的明视度（luminance），即亮度（brightness），其实也就是图像的灰度值（gray value）；而 *U* 和 *V* 则是指色调（chrominance），即描述图像色彩及饱和度的属性。黑白系统只使用 *Y* 信息，因为 *U* 和 *V* 是附加上去的，所以黑白系统仍能正常显示。

YC_bC_r彩色空间则是在世界数字组织视频标准研制过程中作为 ITU-R BT.601（数字电视信号标准）建议的一部分，其实它是 YUV 经过缩放和偏移的翻版。其中 *Y* 与 YUV 中的 *Y* 含义一致，C_b和 C_r同样都是指色彩，只是在表示方法上不同而已。在 YUV 家族中，YC_bC_r是在计算机系统中应用最多的成员，其应用领域很广泛，JPEG 和 MPEG 均采用此格式。

一般人们所讲的 YUV 大多是指 YC_bC_r。YC_bC_r有许多采样格式，主要的采样格式有 YC_bC_r 4∶2∶0、YC_bC_r 4∶2∶2 和 YC_bC_r 4∶4∶4。如图 1-8 所示，4∶2∶0 表示每 4 个像素有 4 个亮度分量、2 个色度分量（$YYYYC_bC_r$），仅采样奇数扫描线，它是便携式视频设备（MPEG-4）以及电视会议（H.263）的最常用格式；4∶2∶2 表示每 4 个像素有

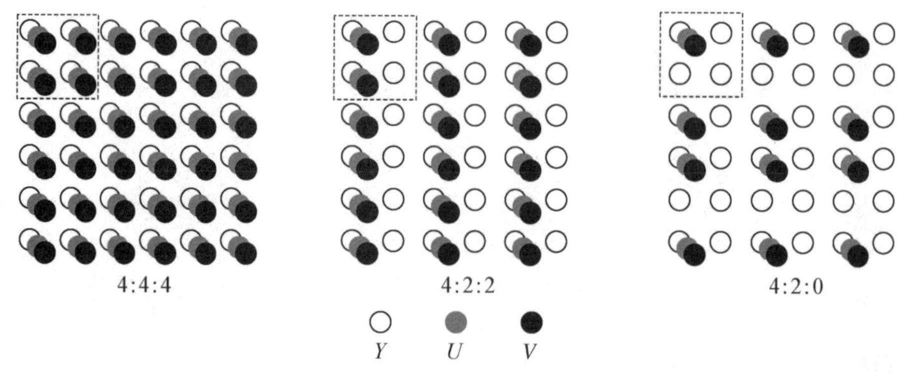

图 1-8　YUV 采样格式示意图

4 个亮度分量、4 个色度分量（$YYYYC_bC_rC_bC_r$），它是数字通用光盘（DVD）、数字电视、高清电视（HDTV）以及其他消费类视频设备的最常用格式；4∶4∶4 表示全像素点阵（$YYYYC_bC_rC_bC_rC_bC_rC_bC_r$），用于高质量视频应用、演播室以及专业视频产品。

RGB 与 YUV 之间可以相互转化，RGB 与 YUV 之间的对应关系如下：

$$\begin{bmatrix} Y \\ U \\ V \end{bmatrix} = \begin{bmatrix} 0.299 & 0.587 & 0.114 \\ -0.169 & -0.331 & 0.5 \\ 0.5 & -0.419 & -0.081 \end{bmatrix} \begin{bmatrix} R \\ G \\ B \end{bmatrix} \tag{1-6}$$

$$\begin{bmatrix} R \\ G \\ B \end{bmatrix} = \begin{bmatrix} 1 & 0 & 1.402 \\ 1 & -0.344 & -0.714 \\ 1 & 1.772 & 0 \end{bmatrix} \begin{bmatrix} Y \\ U \\ V \end{bmatrix} \tag{1-7}$$

由上式得出 YUV 的色彩空间，如表 1-2 所示：

表 1-2　RGB 和 YUV 的色彩空间比较

色彩空间	RGB			YC_bC_r		
	R	G	B	Y	C_b	C_r
上限	255	255	255	235	240	240
下限	0	0	0	16	16	16

1.2　图像获取

在任何图像处理工作开始之前，首先要通过设备获取一个可处理的图像，这个过程就是图像获取。图像获取系统通常包含三个部分：能量源、光学系统和图像传感器。物体反射能量源的能量，光学系统将这些能量聚焦在图像传感器上，最后图像传感器将这些能量转化为计算机可读取的数字信息，图 1-9 是以太阳光为能量源的相机图像获取系统示意图。本节将分别从这三个部分展开讨论。

1.2.1　能量源

电磁波在 1.1 中介绍过，这里从能量源的角度进行进一步的讨论。电磁波可看作波长为 λ 的正弦波；也可看作没有质量的粒子流，每个粒子以波动的方式传播，速度与光速相同，并且每个粒子具有一定的能量，这种粒子称为光子。电磁波可用波长、频率或能量来描述。波长和频率的关系满足下列等式：

$$\lambda = \frac{c}{\nu} \tag{1-8}$$

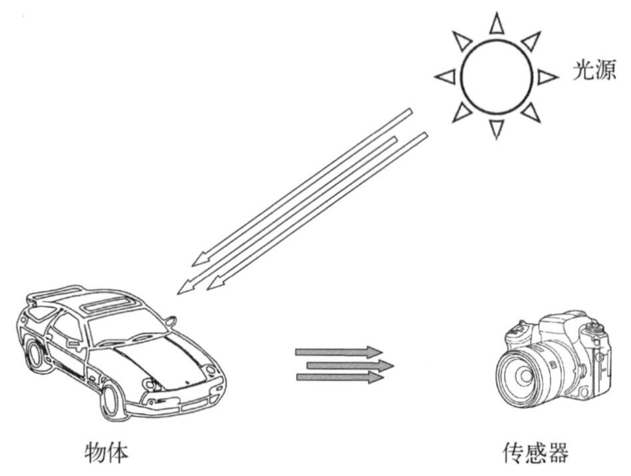

图 1-9　以太阳光为能量源的相机图像获取系统

式中：c 为光的传播速度(3×10^8 m/s)；ν 为频率。波谱中各个分量的能量都满足下列等式：

$$E = \mathrm{h}\nu \tag{1-9}$$

式中：h 为普朗克常数，波长的单位为米(m)，频率的单位为赫兹(Hz)，能量的单位是电子伏(eV)。由此可以看出，电磁波的能量与频率成正比例关系。也就是说，电磁波的频率越高，其中光子所携带的能量就越大。因此，无线电波的光子具有的能量最低。相较于无线电波中的光子，微波的光子具有更高的能量。红外线、可见光、紫外线、X 射线、γ 射线的能量依次递增。这就是 γ 射线对活体组织有很大危害的原因。

频谱各分量不均衡的光线就是彩色光。除了频率之外，彩色光还可以用发光强度、流明数和亮度来描述。发光强度指的是从光源发射出来的光线能量的总量，单位通常为瓦特(W)。流明数用来度量观察者从光源感受到的能量。例如，从远红外光源所发射出来的光线具有一定的发光强度，但人们却几乎觉察不到，也就是流明数几乎为 0。亮度是一个实际无法测量的主观描述因子，它体现强度的概念，是描述彩色感觉的重要参数之一。

X 射线和 γ 射线处于电磁波谱的短波部分。其中，γ 射线对医学和天文成像、对核环境中的辐射成像都有很重要的作用；高能 X 射线常应用于工业中，而应用在胸部透视和牙科中的 X 射线是低能射线。处在波谱中长波部分的有红外线、微波和无线电波。其中红外波段会辐射热量，这使得它在依靠热特性成像的场合变得非常有用，靠近可见光的部分称为近红外，远离可见光的部分称为远红外。比红外线波长更长的微波就是人们所熟知的微波炉的能源，但它还有很多其他的用途，如用于通信、雷达等领域。最后，电视和收音机所用的无线电波，除了日常用途外，在天文观测中也非常有用。

从原理上讲，如果可以开发出检测某个波段能量的传感器，就可以应用这个波段上的电磁波成像。但需要注意的是，成像要求“看到”的物体的尺寸必须大于电磁波的波长。这个限制和传感器的物理学特性一起决定了图像传感器的基本限制，如目前使用的可见光、红外线、X 射线等图像传感器。

虽然图像主要通过电磁波的辐射形成，但这并不是成像的唯一手段。比如，可以通过检测从物体反射回来的超声波形成超声波图像。

1.2.2 光学系统

在给予感兴趣物体适当的照明后，经物体反射后的光线就能进入图像获取设备。如果在物体附近放置一个对光线敏感的材料，就能在该材料上形成一幅图像。然而，如图 1-10(a) 所示，从物体不同点反射出来的光线会混合在一起，产生一个完全没有意义的图像。解决这个问题的方法是，如图 1-10(b)和(c)所示，在物体和感光材料之间放置某种中间开小孔的屏障，这样会产生一个与实际物体相颠倒的图像。

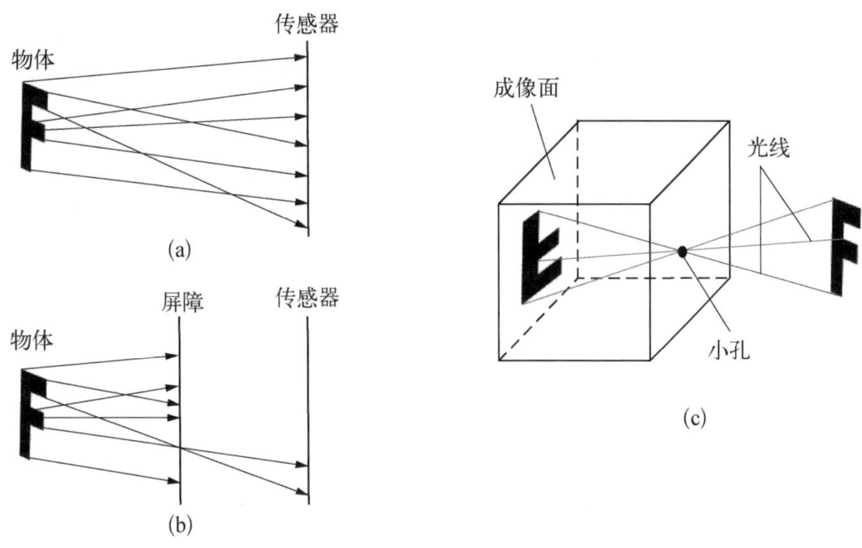

图 1-10 小孔成像示意图

看起来这是一个可行的方案，但在这个方案中，因为进入感光材料的光线太少，成像很不理想，所以一般会用光学系统代替小孔成像的方式。下面涉及的正是这样一种光学系统的基本原理。

光学系统的一个重要器件就是镜头，它的基本作用就是将进入的光线聚焦在感光材料上。图 1-11 所示为从物体的两端分别反射出三条光线，这三条光线通过透镜又各自汇聚到一点，这正是使用透镜的目的。图像在透镜的另一边形成，而感光材料需要被放置在光线聚焦的位置。平行光聚焦的地方称为焦点 F，它与透镜中心 O 的距离称为焦距 f，通过中心和焦点的直线称为光轴线。

假设物体到镜头的距离为 g，镜头到聚焦平面的距离为 b，根据相似三角形有

$$\frac{1}{g}+\frac{1}{b}=\frac{1}{f} \tag{1-10}$$

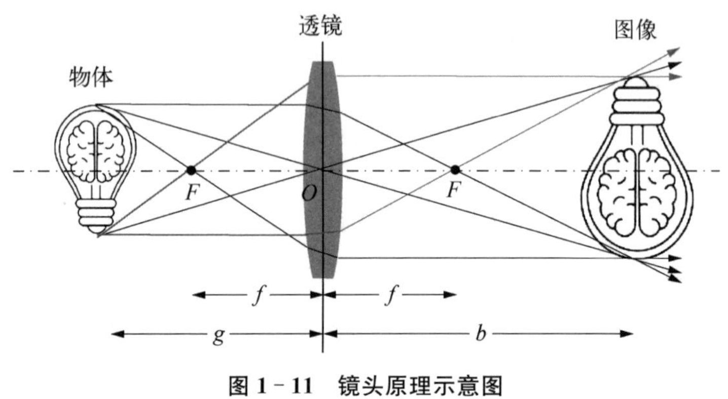

图 1－11　镜头原理示意图

f 和 b 一般在[1, 100]mm 范围内，也就是说当物体处在距镜头几米之外时，式(1－10)中 $\frac{1}{g}$ 的值基本可以忽略，即 $b=f$，这表示物体在非常靠近焦点的位置处成像。式(1－10)也称为薄透镜公式。另一个有趣的现象是物体的成像大小会随着焦距增大而增大，这就是光学变焦。在实际应用中是通过改变光学系统的结构实现的，如改变一个或多个镜头之间的距离。图 1－12 为一个光学变焦的简图，利用三角形关系得到下式：

$$\frac{b}{B}=\frac{g}{G} \tag{1-11}$$

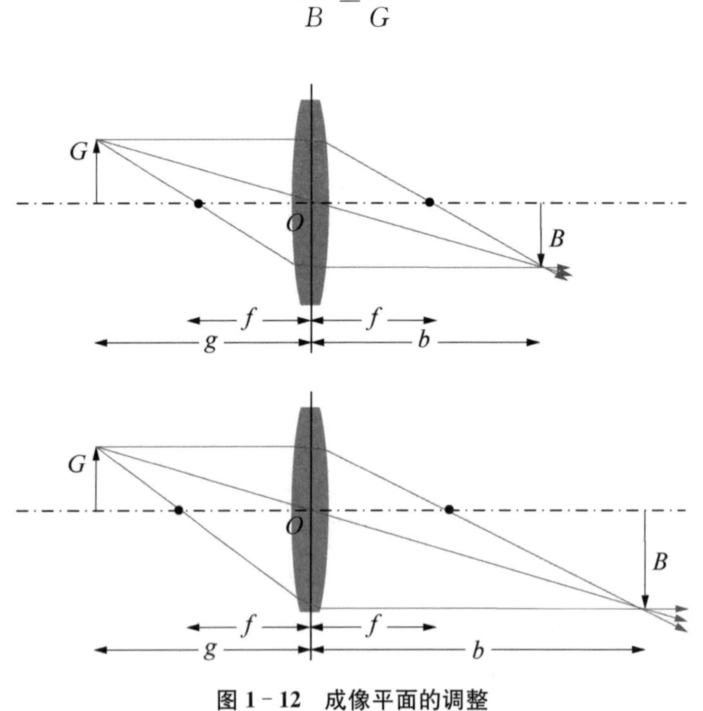

图 1－12　成像平面的调整

其中，G 是物体的实际高度。这可以用来计算当物体到镜头的距离给定时物体的成像大小。

假定没有光学变焦，焦距是固定不变的，当增大物体与透镜的距离时，从等式可以看出 b 也会相应地增大，也就是成像平面也需要稍微往后调整。如果不调整成像平面的位置，图像会因失焦而变得模糊，如图 1 - 12 所示。因此，在对焦时，实际上调整的是 b 的大小，以使感光材料处在成像平面上。

感光器件由像素组成。每个像素有一定的大小，只要物体上的点反射出的光线经过透镜进入某一像素，就会在该像素上形成像。但是，如果物体上其他点的光线也在该像素上成像，那么在该像素上就会形成一个区域上的点的像，造成失焦，使图像变得模糊。

图 1 - 13 所示为一个物体可以向前移动 g_l 或者向后移动 g_r 的距离但仍处于对焦状态。这一向前和向后的范围称为景深。增大焦距可以减小景深，但这也将减小设备的视场。

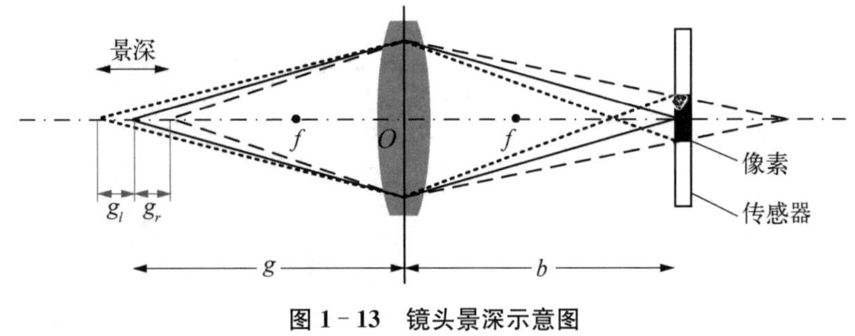

图 1 - 13　镜头景深示意图

影响景深的另一个因素是光圈。光圈就像人类的瞳孔，它的大小是可以调整的，它的用途是控制进入设备的光线的数量。在极端情况下，光圈调整到只允许通过透镜中心的光线进入，这时的景深是无限大的。但减小光圈会导致更少的光线进入镜头。因此，为了形成比较好的图像，需要降低快门速度，让更多的光线进入。

总的来说，物体的距离、运动、光学系统的焦距、景深、快门、光圈及感光传感器在成像过程中是相互联系的整体。

1.2.3　图像传感器

从物体上反射出来的光线经过光学系统聚焦在传感器上后，需要传感器将这些光线所产生的图像转换成电信号存储下来。图 1 - 14 所示为一个由二维阵列组成的图像传感器，其中每个元素称为像素，每个像素都能测量投射到它上面的光线数量，并把它转换成电压信号，然后再通过后面的模-数转换器(analog to digital converter，ADC)转换成相应的数字。

越多的入射光线将会产生越高的电压，并转换成更大的数字。在设备准备获取一幅图像之前，所有的像素都处于初始状态，也就是说没有电压。当设备开始捕获图像时，光线被允许进入，每个像素上的电压开始上升，经过一段时间(曝光时间)后，光线被禁止进入，这段时间的长短由快门的速度控制。曝光时间过短或过长会导致欠曝光或过曝光，分别如图 1 - 15(b)与(c)所示。

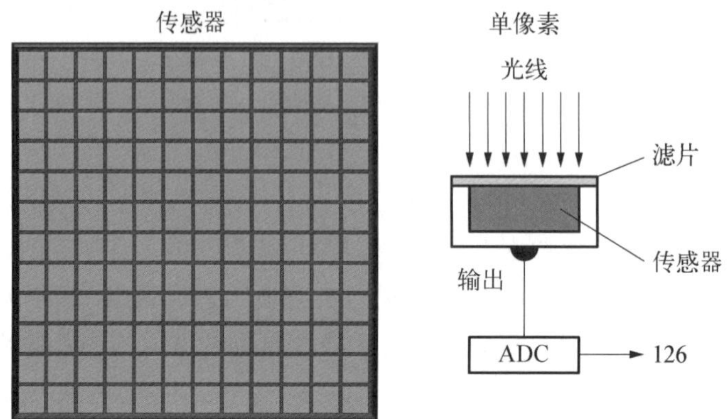

图 1-14　图像传感器示意图

(a)　(b)

(c)　(d)

图 1-15　曝光时间长短及运动时的曝光对图像获取的影响

另一点需要注意的是，物体在运动时应减少曝光时间，因为这时物体的运动会使物体上各点的光线进入多个像素而导致运动模糊，如图 1-15(d)所示。

累积的电压将会通过模-数转换器转换成数字信号。这个过程将得到的连续信号转换成数字信号以便存储在计算机中，即这里的图像变成了数字形式。从图 1-16(a)可以看到入射光线进入不同的像素单元，不同数量的光线对应不同的亮度，也就形成了物体的形状和亮度值。这里首先考虑物体的形状，一个像素可以反映进入该像素的光线的数量，但并不知道光线进入该像素的具体位置。因此，如果想要形状能完全被反映出来，需要将像素无限地缩小，这不仅在物理上做不到，而且图像也会因此变得无限大而无法存储。因此，在转换成数字信号的实际过程中必然要损失一定的数据或精度，这个过程称为空间采样。采样使得图像块状化，如图 1-16(b)所示。

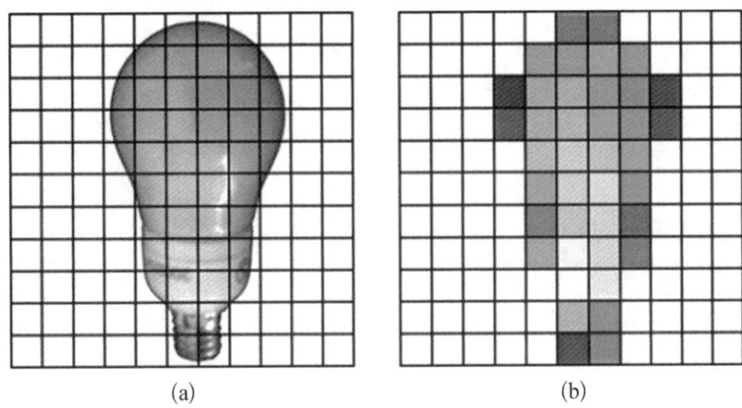

图 1-16 图像块状化

像素的总数目称为空间分辨率。高分辨率意味着大量的像素。因此，图像有丰富的细节，但会占据相对大的存储空间，而低分辨率的图像则意味着少量的像素，丢失了部分细节，但占据相对小的存储空间。总之，需要根据实际情况在存储空间与图像清晰度上权衡得失。高分辨率的图像可以通过图像重采样的方式降低图像的分辨率，但一般很难从低分辨率的图像还原出拥有更多细节的高分辨率的图像。

对图像亮度量化过程的情况也类似。如果要用与光子数目相同的数字去描述亮度信息，将会是一个巨大的数字。并且，人眼也不能分辨少量光子所造成的亮度变化。因此，也可以对亮度信息进行适当的量化。通常亮度信息被量化成与计算机存储格式兼容的一个字节(8 位)的长度。在这种情况下，0 对应 0 V，255 对应能表示的最高电压。改变量化的精度，即灰度分辨率，对图像的影响如图 1-17 所示。当把图像降到 16 级灰度时，它仍能比较真实地反映实际物体，但也能很清楚地看到灰度级降低所带来的影响。当把图像降到 4 级灰度时，影响就非常明显了。通常灰度分辨率有 8 位、10 位和 12 位，分别对应

256级灰度

16级灰度

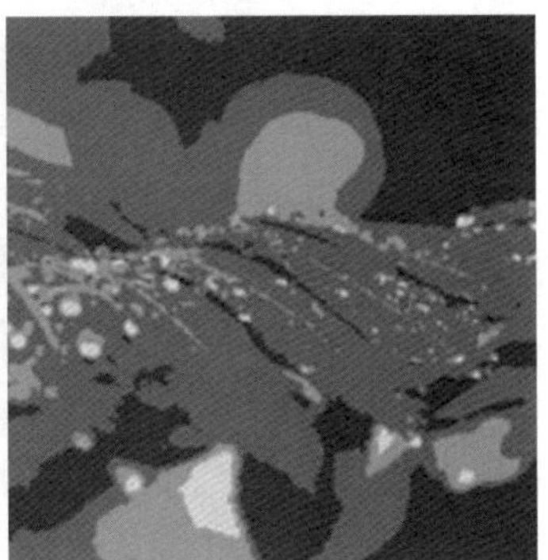
4级灰度

图 1-17 不同灰度分辨率对图像的影响

256 级、1 024 级和 4 096 级灰度，其中最常用的是 8 位分辨率。

在图像过曝光的时候，有大量像素的电压被充到超过了最大可测量电压，这些像素都被量化成最大值，因此就无法知道这些像素究竟有多少光线进入，这种情况称为饱和。这种饱和要尽可能地通过调整光圈大小或快门速度避免，并且在图像处理的过程中也要小心处理这种情况。

1.2.4 图像数字化技术

1.2.4.1 图像的数学模型

在计算机中，图像由像素组成，如图 1 - 18(a)所示。图像被分割成图 1 - 18(b)所示的像素，各像素的灰度值用整数表示。一幅 $(M \times N)$ 个像素的数字图像的像素灰度值可以用如图 1 - 18(c)所示的 M 行、N 列的矩阵 $\boldsymbol{f}(x, y)$ 表示：

$$\boldsymbol{f}(x, y)=\begin{bmatrix} f_{11} & f_{12} & \cdots & f_{1N} \\ f_{21} & f_{22} & \cdots & f_{2N} \\ \vdots & & \ddots & \vdots \\ f_{M1} & f_{M2} & \cdots & f_{MN} \end{bmatrix} \tag{1-12}$$

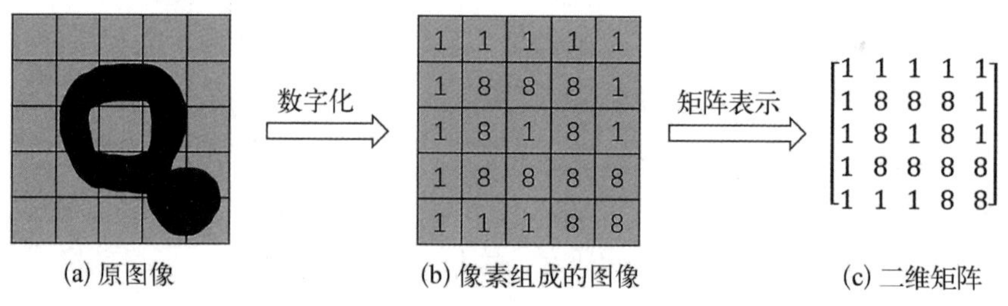

(a) 原图像　(b) 像素组成的图像　(c) 二维矩阵

图 1 - 18 图像的数字表达

数字图像处理中常用的坐标系有矩阵坐标系、直角坐标系和像素坐标系三种，如图 1 - 19所示。像素坐标系坐标原点在左上角，对于一幅图像 $f(x, y)$，若 x 表示垂直方向，y 表示水平方向，这样，从左上角开始，纵向第 x 行，横向第 y 列的第 (x, y) 个像素就存储到矩阵的元素 f_{xy} 中，数字图像中的像素与二维矩阵中的每个元素便一一对应起来。图 1 - 19(a)所示图像可用图 1 - 19(c)所示矩阵表示。

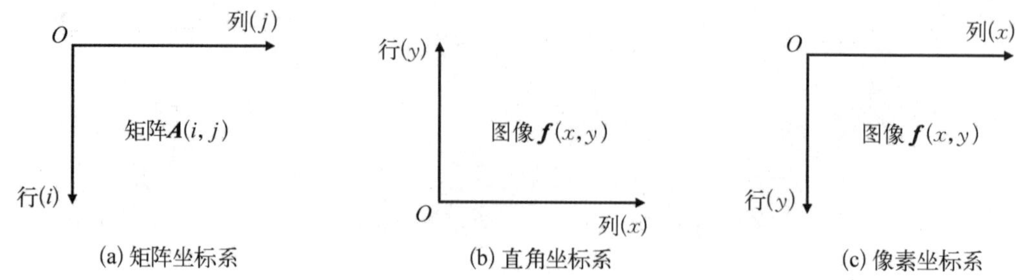

(a) 矩阵坐标系　(b) 直角坐标系　(c) 像素坐标系

图 1 - 19 数字图像处理中常用的坐标系

1.2.4.2 图像的采样

图像信号是二维空间信号，其特点是：它是一个以平面上的点作为独立变量的函数。例如，黑白与灰度图像是用二维平面情况下的浓淡变化函数来表示的，通常记为 $f(x, y)$，它表示一幅图像在水平和垂直两个方向上的光照强度的变化。图像 $f(x, y)$ 在二维空域里进行空间采样时，常用的办法是对 $f(x, y)$ 进行均匀采样，取得各点的亮度值，构成一个离散函数 $f(i, j)$，如图 1-20 所示。如果是彩色图像，则是以三原色(RGB)的明亮度作为分量的二维矢量函数来表示，即

$$\boldsymbol{f}(x, y)=[f_R(x, y) \quad f_G(x, y) \quad f_B(x, y)]^{\mathrm{T}} \tag{1-13}$$

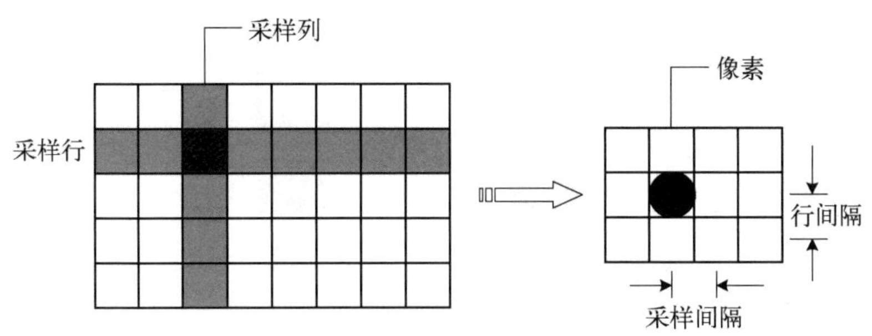

图 1-20 图像的采样示意图

相应的离散值为

$$f(i, j)=[f_R(i, j) \quad f_G(i, j) \quad f_B(i, j)]^{\mathrm{T}} \tag{1-14}$$

与一维信号一样，二维图像信号的采样也要遵循采样定理。二维信号采样定理与一维信号采样定理类似。

对一个频谱有限($|u|<u_{\max}$ 且 $|v|<v_{\max}$)的图像信号 $f(t)$ 进行采样，当采样频率满足式(1-15)和式(1-16)的条件时，采样函数 $f(i, j)$ 便能无失真地恢复为原来的连续信号 $f(x, y)$。$u_{\max}$ 和 $v_{\max}$ 分别为信号 $f(x, y)$ 在两个方向频域上有效频谱的最高频率；u_r、v_s 分别为二维采样频率，$u_r=\dfrac{2\pi}{T_u}$，$v_s=\dfrac{2\pi}{T_v}$。实际上，常取 $T_u=T_v=T_0$，$u_r=v_s$，记 $v_s=v_r$。

$$|u_r| \geqslant 2u_{\max} \tag{1-15}$$

$$|v_r| \geqslant 2v_{\max} \tag{1-16}$$

图像分辨率就是采样所获得的图像总像素的多少，可以用 $M \times N$ 表示，代表 M 列 N 行，如 2 560×1 920，因 2 560×1 920=4 915 200，也称为 500 万像素分辨率。分辨率不一样，数字图像处理的质量也不一样。随着图像分辨率的降低，图像的清晰度也下降。

生成图像时，分辨率要合适，分辨率太低会影响图像的质量，遗失一些细节信息影响分析处理的效果；分辨率太高则数据量大，处理图像需要花费的时间较长。

1.2.4.3 图像的量化

模拟图像经过采样后，在空间上离散化为像素。但采样所得的像素值(即灰度值)仍是连续量。把采样后所得的各个像素的灰度值从模拟量到离散量的转换称为图像灰度的量化。图 1－21(a)说明了量化过程。若连续灰度值用 z 来表示，对于满足 $z_i \leqslant z \leqslant z_{i+1}$ 的 z 值，都量化为整数 q_i，q_i 称为像素的灰度值，z 与 q_i 的差称为量化误差。一般像素值量化后用一个字节(8 bits)来表示。图 1－21(b)所示为灰度值从小到大对应图像中从黑到白的颜色。

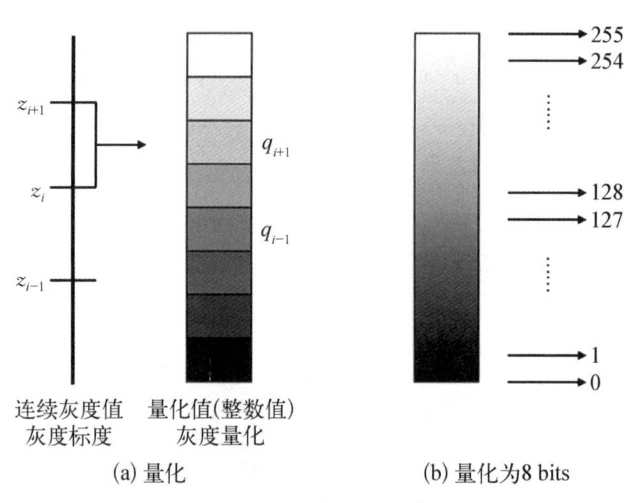

(a) 量化　　(b) 量化为8 bits

图 1－21　灰度量化示意图

一幅图像在采样时，行、列的采样点与量化时每个像素量化的级数，既影响数字图像的质量，也影响该数字图像数据量的大小。假定图像取 $M \times N$ 个采样点，每个像素量化后的灰度二进制位数为 k，对应取值 Q 的范围为$[0,\ 2^{k-1}]$，即量化后的取值范围为 2 的整数幂，则存储一幅数字图像所需的二进制位数 b 为

$$b = M \times N \times k \tag{1-17}$$

字节数为

$$B = M \times N \times \frac{k}{8} \tag{1-18}$$

充分考虑到人眼的分辨能力后，目前非特殊用途的图像均为 8 位量化，即采用 0～255 描述“从黑到白”，0 和 255 分别对应亮度的最低和最高级别。

连续灰度值量化为灰度级的方法有 2 种：等间隔量化和非等间隔量化。等间隔量化就是简单地把采样值的灰度范围等间隔地分割并进行量化。对于像素灰度值在黑-白范围较均匀分布的图像，这种量化方法可以得到较小的量化误差。该方法也称为均匀量化或线性量化。为了减小量化误差，引入了非均匀量化的方法。非均匀量化时依据一幅图像具体的灰度值分布的概率密度函数，按总的量化误差最小的原则来进行量化。具体做法是：对图像中像素灰度值频繁出现的灰度值范围，量化间隔取小一些；而对那些像素灰度值极少出现的范围，则量化间隔取大一些。由于图像灰度值的概率分布密度函数因图像不同而异，不可能找到一个适用于各种不同图像的最佳非等间隔量化方案。因此，实际上一般都采用等间隔量化。

对一幅图像，当量化级数 Q 一定时，采样点数 $M \times N$ 对图像质量有显著影响，如图 1－22 所示。采样点数越多，图像质量越好。当采样点数减少时，图上的块状效应就逐渐明显。同理，当图像的采样点数一定时，采用不同量化级数的图像质量也不一样，如图 1－23 所示。量化级数越多，图像质量越好。量化级数最小的极端情况就是二值图像，图像出现假轮廓。

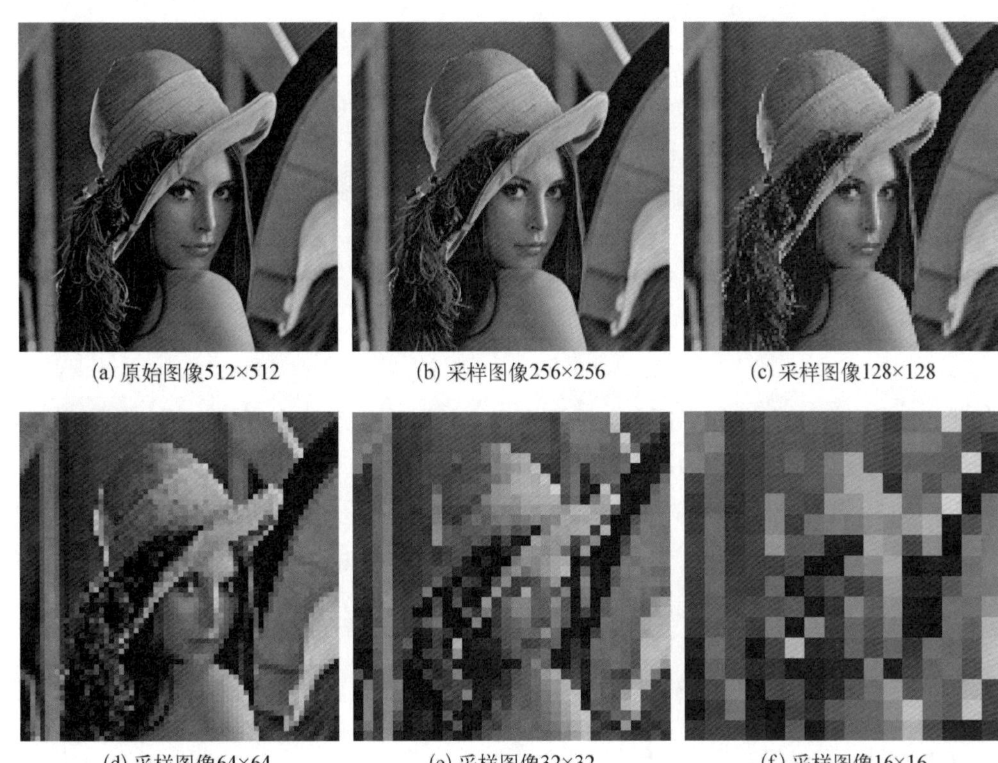

(a) 原始图像512×512　(b) 采样图像256×256　(c) 采样图像128×128

(d) 采样图像64×64　(e) 采样图像32×32　(f) 采样图像16×16

图 1－22　采样点数对图像质量的影响

(a) 256级灰度　(b) 128级灰度　(c) 32级灰度

(d) 8级灰度　　(e) 4级灰度　　(f) 2级灰度

图 1-23　灰度级数对图像质量的影响

一般来说，当限定数字图像的大小时，为了得到质量较好的图像，可采用如下原则：

(1) 对缓变的图像，应细量化，粗采样，以避免造成假轮廓。

(2) 对细节丰富的图像，应细采样，粗量化，以避免造成模糊(混叠)。

1.3 图像类型

计算机能够处理和存储位图和矢量图两种二维数字信息。人们通常把位图又称为图像(image)，而把矢量图又称为图形(graphics)。

图像，将二维平面对象的信息细化为密集排列的点，然后将这些点的信息按顺序存储在计算机中。在计算机中，图像的实质是一个数字矩阵，矩阵中各项数字用来描述构成图像的每一个点的亮度与颜色等信息。构成图像的点被称为像素(pixel)。图像通常是指用数字设备捕捉的实际场景画面，并以数字化形式进行存储。

图形，一般指用计算机绘制的画面，它具有两个要素：一是几何要素，主要刻画对象的轮廓、形状等；二是非几何要素或者称为属性要素，刻画对象的颜色、纹理等。图形文件中只记录生成图的算法与图形的控制点信息和属性信息，它们是用一个指令集合描述的。这些指令描述构成一幅图的所有直线、圆、圆弧、矩形和曲线等图元的数量、维数、大小、形状和颜色。在显示图形时，需要通过相应的软件读取这些指令，并将这些指令转变为屏幕上所显示的形状和颜色。图形中的图元是用形状参数和属性参数共同控制的，形状参数包括图元控制点的坐标和描述图元的数学表达，而属性参数则为颜色和线型等信息。

图像和图形的主要区别在于以下几点。

(1) 表达对象的复杂程度不同。图像适合表现比较细致，层次和色彩比较丰富，包括大量细节的场景；而图形不适合表达复杂的对象。事实上，图像经常是真实世界的二维表达，而图形依赖于简单的图元，无法完全表达复杂的真实世界。

(2) 显示速度不同。图像的显示速度较快，因为存储器中图像的数据可以装入内存直接显示在显示器上；而图形的显示速度相对较慢，因为图形在显示时需要经过重新计算。

(3) 文件大小不同。图像要存储二维对象的每一个像素，图像文件所占存储空间较大，通常需要进行压缩；而图形文件占用的存储空间较小，这是因为图形文件中只保存生成图的算法、图形的控制点和属性信息。

(4) 缩放时的特性不同。图像放大后会失真，呈现锯齿状，这是因为图像存放的是固定像素的信息，当对图像进行放大时，像素个数并没有增加，而是像素本身放大；而图形文件并不保存具体的绘制的像素，保存的是图形的算法信息，当对图形进行放大时，只要重新进行计算和显示即可，所以不会失真。

1.3.1 二值图像

二值图像是一个二维数组，每一位代表一个像素，0 表示黑，1 表示白(虽然没有一个统一的标准)。这种表示方法的主要优点是它占用的存储空间比较小，通常适用于只包含一些简单图形、文本或线条的图像。

计算机出现的早期，存储器与计算能力都非常有限且昂贵，这也推动了二值图像的发展。而且，研究者发现，人们在理解线条、轮廓和其他只有两种灰度级的图像上没有困难，因而二值图像在很多场合都得到了应用。

即使现在计算机的处理能力变得更加强大了，二值图像也非常有用。首先，它的算法简单，易于理解，且相对于灰度图像和彩色图像，它的处理速度更快，占用资源更少。其次，很多二值图像技术也可用于灰度图像系统中。例如，表示图像中对象的一个便利方法就是使用二值的掩膜图像，在对象区域中，掩膜图像值为 1，其余地方为 0。在对象被分离出来后，往往需要提取它的几何属性，而这些属性通常可以从它的二值图像中提取出来。

1.3.2 灰度图像

数字图像通常既包含颜色信息，又包含亮度(或灰度)信息。如果去除数字图像的颜色信息，只剩下亮度信息，就会得到一张灰度图像。灰度是图像的一个重要指标，它包含了图像的大量信息，如边沿、轮廓、纹理、阴影等。因为在很多应用中，灰度图像已经提供了充足的信息，就没有必要使用那些更复杂和更难处理的彩色图像，所以灰度图像现在还很常见。

实际上，“灰”颜色是 RGB 空间中红、绿、蓝成分相等的颜色，因此只需要为每个像素指定一个亮度值就可以了；而对于一个全彩色图像，每个颜色的亮度都需要被提供。通常灰度值用一个 8 位的整数表示，它提供了从黑到白总共 256 个灰度级。如果这些灰度级在亮度上均匀排列，则最小的灰度差异已经超出人眼的最小可识别度。

1.3.3 彩色图像

彩色图像的表示相对更加复杂和多样。RGB 图像和索引图像是两种最常见的彩色图像表示方法。RGB 图像通常使用 24 位二进制数据表示一个像素，其中每 8 位分别对应红、绿、蓝三种基本颜色。索引图像包含一个两维的颜色索引值和一张用于查找颜色的索引表。

1）RGB 图像

这种图像使用 3 个与图像尺寸相同的二维数组表示，分别对应红、绿、蓝三个颜色通道。每一个数组的元素包含 8 位二进制数据，表示这一点上对应颜色的亮度值。这种组合方式可以产生 2^{24} 种颜色。另外有一种表示方式使用 32 位二进制数据、4 个通道，第 4 个通道称为阿尔法通道(alpha channel)，该通道用来描述每一个像素的透明程度，被广泛应用于图像的编辑。

2）索引图像

一幅索引图包含一个数据矩阵(data)和一个调色板矩阵(map)，数据矩阵可以是 8 位或者 16 位整数类型(整型)的或者双精度浮点类型的，而调色板矩阵则总是一个 $m \times 3$ 的双精度矩阵，m 为颜色。

索引模式的每个像素点也可以有 256 种颜色容量。系统会自动根据图像上的颜色归纳出能代表大多数的 256 种颜色，就像一张颜色表，然后用这 256 种颜色代替整个图像上所有的颜色信息。

索引模式就像是由彩色的小瓷砖拼成的图像，由于它最多只能有 256 种颜色，它所形成的文件相对于其他彩色文件要小得多。索引模式的另一个好处是它所形成的每一个颜色都有其独立的索引标识。当这种图像在网上发布时，只要根据其索引标识将图像重新识别，它的颜色就完全还原了。索引模式主要用于网络上的图片传输和一些对图像像素、大小等有严格要求的地方。图 1－24 呈现了索引图像的表示方法。

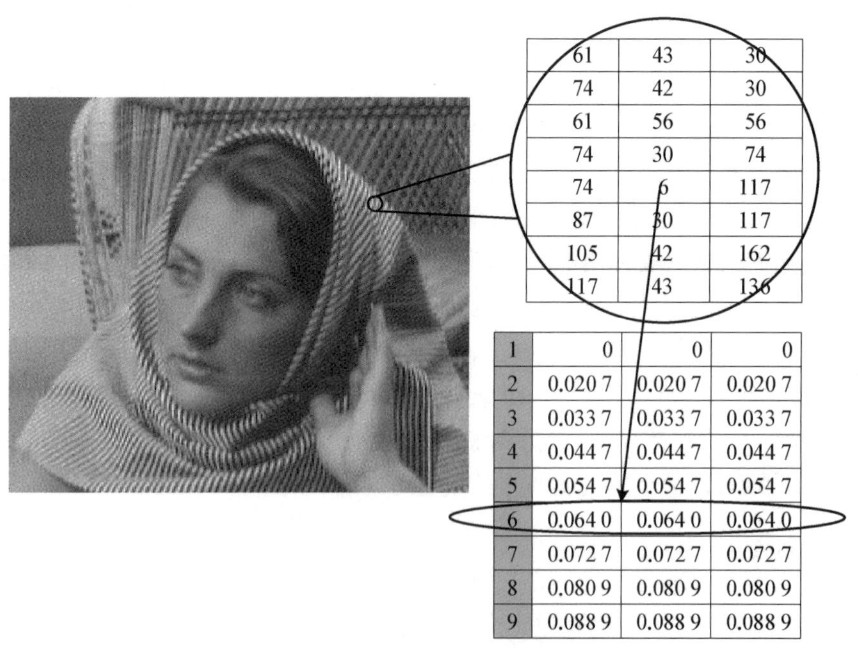

图 1－24　索引图像表示方式示意图

图中圆圈内就是索引图像的索引表，下面就是对应的RGB颜色表。小圆圈处的索引号是6，对应RGB颜色的第6行，所以该处的RGB颜色实际是0.064 0，0.064 0，0.064 0。索引图像的优点就是体积小，方便传输，只需要把索引表传输过去，接收方用对应的RGB颜色表还原就行。

1.3.4 常用的图像存储格式

数字图像格式指的是数字图像存储文件的格式。同一幅图像可以用不同的格式存储，但不同格式所包含的图像信息并不完全相同，其图像质量也不同，文件大小也有很大的差别。每种图像格式都有其特点，有的图像质量好，包含信息多，但是存储空间大；有的压缩率较高，图像完整，但占用空间较少。至于在什么场合使用哪种格式的图像应由每种格式的特性来决定。常见的数字图像格式有JPEG、BMP、PNG和GIF格式。

1）Windows BMP格式

Windows BMP是Windows平台上使用的一种通用图像格式。它是最简单的图像格式之一，每个像素支持1、4、8、16、24和32位多种格式。BMP通常是不压缩的，它的结构由以下几个部分组成。① 文件头，用于定义文件格式，开头的两个字节必须为“BM”。② 图像头，通常有两种可能的文件头BITMAPCOREHEADER和BITMAPINFOHEADER，在文件头里存储了图像的宽度、高度、压缩方法和每个像素所含位数等。③ 颜色表，包含了图像所使用的各颜色值。④ 像素值表，像素的格式根据每个像素所包含的位数确定。

BMP文件最大的优势在于其简单性并且它有非常规范的文档，但因为它通常是没有被压缩的，它最大的缺点就是会占用大量的存储空间。

2）GIF格式

1987年，CompuServ公司首先提出了图形交换格式（graphic interchange format，GIF）图像。很快它便得到广泛使用。它能很快地流行起来是因为它采用了串表压缩（Lempel-Ziv-Welch，LZW）这种无损压缩方法，这种方法比其他图像格式所采用的压缩方法——行程长度压缩算法（run-length encoding，RLE）更有效率。得益于这种更有效的压缩方法，即使使用非常慢的网络设备，一个相当大的图像也可以在一个可接受的时间内从网络上下载下来。GIF允许以无序的方式存储行数据，因此从部分下载的图片中也可以了解图片的大概内容，从而可以选择中断下载那些不感兴趣的图像。这样的特色也在一定程度上推动了GIF的广泛使用。

GIF的第一个规格是GIF87a。1989年，CompuServ公司发布了增强版的GIF89a，这个版本支持动画延迟、背景透明功能。这两个版本可以通过文件最开头的6个字节进行区分，分别为“GIF87a”和“GIF89a”。

GIF所使用的压缩算法LZW是CompuServ公司开发的免费算法。然而，令人意外的是，这种算法突然成为Unisys公司的专利。Unisys公司声称他们已经注册LZW中的W部分，如果要开发GIF程序或文件，则需支付相应版税。因此，为了削减开发成本，人们开始寻求新的替代技术，拥有类似特征的便携式网络图像（portable network graphics，

PNG)标准就是在这样的背景下产生的。它一方面解除了使用限制,另一方面也解除了一些技术上的限制,如颜色数量的限制等。

GIF 的文件结构由以下几个部分组成: ① GIF 头,位于文件的最头部,包含 6 个字节"GIF87a"或"GIF89a";② 7 字节长度的屏幕描述符,它指定了逻辑屏幕的尺寸和背景颜色;③ 全局颜色表,一个包含了所使用颜色的数组;④ 一个或多个图像数据,每一个通常包含一个图像头、一个可选的本地颜色表、一个数据区和一个终止区。

GIF89a 文件格式支持存储多张图像,加上一些控制数据可用于网络上生成一些简单的动态图像和一些短且分辨率低的视频,也就是所谓的动态 GIF。GIF 是基于色彩表的,最大颜色数目为 256。这对于网络图标或设计元素如按钮或旗帜等是适用的。如果用于传输或显示数字照片,JPEG 格式将是更好的选择。

3) JPEG 格式

JPEG 是联合图像专家小组(Joint Photographic Experts Group)在 1994 年发布的一个标准。自那时起,它就开始成为最通用的数字照片存储格式。JPEG 标准定义了如何将一幅图像转换成一个字节流,但没有定义那些字节是如何保存在任何一种存储介质当中的。另一种独立于 JPEG 的标准叫作 JFIF,它规定如何根据 JPEG 流产生适用于电脑存储和传输的文件。

虽然原始的 JPEG 定义了 4 种压缩模式(连续模式、渐进模式、无失真模式和分级模式),但现在大多数 JPEG 文件使用的是连续模式。连续模式下的编码器主要包含以下几个步骤。

(1) 为减少来自色度通道的冗余信息,将图像色彩空间从 RGB 转换到 YC_bC_r。

(2) 将图像分成 8×8 的小块。

(3) 在每个小块上进行二维离散余弦变换(discrete cosine transform, DCT),产生的结果为 DCT 系数。

(4) 按照量化表对 DCT 系数进行量化。这一步骤会引入一定的损失。

(5) "之"字形扫描量化后的 DCT 系数形成一个序列,这个序列的长度依具体数据而定。

(6) 对这个序列进行霍夫曼编码。

解码的过程与编码相反。应当注意的是,在系数量化时所引入的损失是没有办法通过去量化过程复原的。

4) JPEG 2000 格式

JPEG 2000 是由联合图像专家小组创建的基于小波变换的图像压缩标准。文件的扩展名通常为.jp2。它解决了许多原始 JPEG 算法中的缺陷,其主要优点如下。

(1) 有更高的压缩比率,其压缩比率比 JPEG 高出约 30%。

(2) 同时支持有损压缩和无损压缩,无损压缩对于保存一些重要图片非常有用。

(3) 具有感兴趣区域(region of interest, RoI)编码特性,这在实际应用中非常有用,因为有时图像中某些区域具有更重要的意义。

(4) 支持渐进传输,它可以支持先传输图像轮廓,再逐渐传输数据,图像由模糊逐渐变得清晰。这在网络传输上非常有意义,用户因此可以通过图像轮廓确定是否需要继续下载。

(5) 在无线传输和网络等噪声环境下,表现出很好的错误鲁棒性。

JPEG 2000 尚未在网络浏览应用上得到广泛支持。因此,它在万维网上并不是很通用。

5) PNG 格式

PNG(Portable Network Graphics,便携式网络图像)是网上接受的最新图像文件格式。PNG 能够提供长度比 GIF 小 30%的无损压缩图像文件。它同时提供 24 位和 48 位真彩色图像支持以及其他诸多技术性支持。由于 PNG 非常新,目前并不是所有的程序都可以用它来存储图像文件,但 Photoshop 可以处理 PNG 图像文件,也可以用 PNG 图像文件格式存储。

1.4 像素的空间关系

像素之间的关系有多种,既有空间上的联系,又有幅度上的联系。下面将用邻域、邻接和连通等基本概念来描述这些联系。这些基本概念将为后面学习图像的空域增强等知识提供基础。

1.4.1 像素的邻域

坐标 (x, y) 上的像素 p 在水平和垂直方向上通常有 4 个相邻的像素,这些像素称为 p 的 4 邻域,用 $N_4(p)$ 表示,这时它们的坐标分别是 $(x+1, y)$, $(x-1, y)$, $(x, y+1)$, $(x, y-1)$,如图 1-25(a)所示。

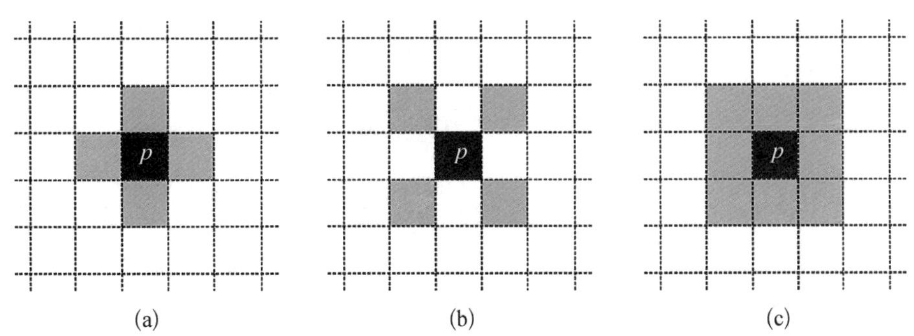

图 1-25 4 邻域、8 邻域与 D 邻域示意图

在 p 的对角方向上也有 4 个与其相邻的像素,称为 p 的 D 邻域,记作 $N_D(p)$;这时它们的坐标分别是 $(x+1, y+1)$, $(x+1, y-1)$, $(x-1, y+1)$, $(x-1, y-1)$,如图 1-25(b)所示。

把 $N_4(p)$ 和 $N_D(p)$ 合在一起称为 p 的 8 邻域,记作 $N_8(p)$,如图 1-25(c)所示。

1.4.2 邻接、连通性、区域和边界

邻接：若两个像素接触，则它们是邻接的。一个像素和它的邻域中的像素是接触的。邻接仅考虑像素的空间关系。

连通：① 两个像素是邻接的；② 两个像素的灰度值(或其他属性)满足某个特定的相似准则(如灰度相等或在某个集合 V 中)。

为定义连通性，用 V 表示一组灰度值的集合。在一个二值图像中，如果 $V=\{1\}$，则表示需要考虑值为 1 的像素之间的连通性。这个概念在灰度图像中也是一样的，只是 V 中通常包含更多的元素。例如，当邻接像素的可能值为 0～255 时，V 可以是这些值中的任何一个子集。现在考虑在以下三种情况下的连通性：

(1) 4 连通，如果 q 属于 $N_4(p)$ 且 p 和 q 的像素值在集合 V 内，则 p 与 q 的关系属于 4 连通。

(2) 8 连通，如果 q 属于 $N_8(p)$ 且 p 和 q 的像素值在集合 V 内，则 p 与 q 的关系属于 8 连通。

(3) 混合连通(m 连通)，如果

① q 属于 $N_4(p)$，或者 q 属于 $N_D(p)$ 且集合 $N_4(p)\cap N_4(q)$ 中没有 V 中的元素；

② p 和 q 的像素值在集合 V 内，则 p 与 q 的关系属于 m 连通。

m 连通是在 8 连通的基础上进行改进得来的，它被用来删除那些二义的连通关系。考虑图 1-26(a)中 $V=\{1\}$ 的像素排列，如图 1-26(b)中虚线所示，图中出现了多重连通，但如果使用 m 连通，就不会存在这样的问题，如图 1-26(c)中虚线表示的连通关系。

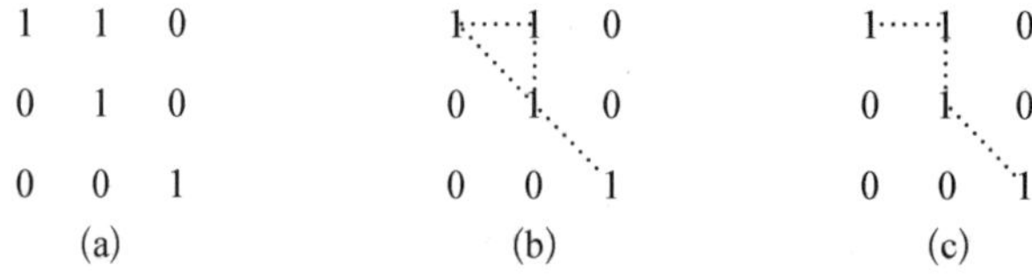

图 1-26 *m* 连通示意图

从 $p(x, y)$到 $q(s, t)$的一条路径是像素序列，它们的坐标是

$$(x_0, y_0), (x_1, y_1), \cdots, (x_n, y_n)$$

式中：$(x_0, y_0)=(x, y)$，$(x_n, y_n)=(s, t)$，且(x_i, y_i) 与(x_{i-1}, y_{i-1}) 对于所有 $1\leqslant i\leqslant n$ 是相互邻接的，这些像素就构成了从 $p(x, y)$ 到 $q(s, t)$ 的通路，这里的 n 称为通路的长度。如果 $(x_0, y_0)=(x_n, y_n)$，则这条通路是闭合的。可以根据所使用连接方式来定义 4 通路、8 通路或 m 通路。例如，图 1-26(b)从左上角到右下角之间的通路是一条8 通路，而图 1-26(c)中的通路则是一条 m 通路。

用 S 代表整个图像的一个子集，如果在 S 内存在一条像素 p 和 q 之间的通路，则称

p 与 q 是连通的。对图像子集 S 中的任何一个像素 p，所有和 p 相连通又在 S 中的像素的集合称为 S 中的一个连通分量(连通组元)。如果 S 内仅有一个连通分量，则称 S 为一个连通域(连通集)。

用 R 代表图像的一个子集，如果 R 是一个连通域，则称 R 为一个区域。对于两个区域 R_i 和 R_j，如果它们的并集仍是一个连通域，则 R_i 与 R_j 相邻接。在涉及区域邻接时，必须首先指定邻接的方式。如图 1－27(a)所示，如果指定 8 邻接方式，则图中两个 1 值区域是邻接的，而如果指定 4 邻接方式，则图中两个 1 值区域不是邻接的，两个集合的并集并不是一个连通集。

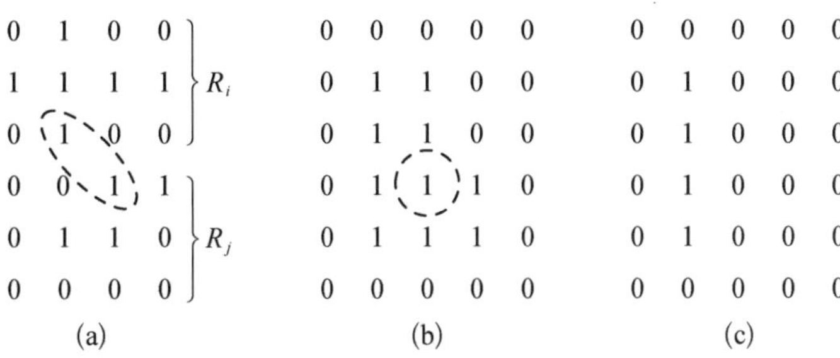

图 1－27　连通集的邻接

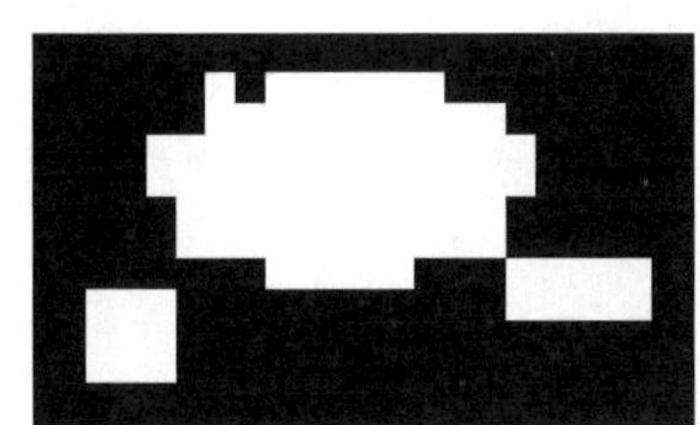

图 1－28　邻接方式决定图像中连通域的个数

图 1－28 显示，邻接方式不同，则连通方式不同，这在一定程度上会影响图像中连通域的大小和个数。该图如果考虑 4 邻接，则有 3 个连通域；如果考虑 8 邻接，则有 2 个连通域。

假设一张图像包含 K 个不连通的区域 R_k $(k=1, 2, \cdots, K)$，这些区域都不在图像的边界上。设 R_u 为所有区域的并集，$\overline{R_u}$ 为它的补集，则称 R_u 上的所有点为前景，而 $\overline{R_u}$ 上的所有点为图像的背景。

一个区域 R 的边界指的是在区域 R 中所有与 R 的补集相邻接的点所构成的点集，换句话说，就是 R 区域中与背景点邻接的像素集合。这里再次强调，必须首先指定邻接方式。比如，在图 1－27(b)中，如果指定 4 连通方式，图中圈出的像素点就不是一个边界。因此，在这种情况下，应指定区域与背景为 8 连通方式。

上述定义有时称为区域的内边界，以便与其外边界相区分，外边界指的是背景中的对应边界。这种区分在跟踪边界的算法中就很重要。这种算法为了保证边界是闭合的，通常使用外边界表达。例如，图 1－27(c)区域的内边界就是其区域本身。这个边界就不是一个闭合的路径，但它的外边界是一个围绕这个区域的闭合通路。如果区域 R 是整张图像，由于它没有背景区域，则定义图像的第 1 行与最后 1 行、第 1 列和最后 1 列所构成的像素集作为它的边界。

当处理区域和边界问题时，往往会提到一个概念：边缘(边沿)。它们之间是有本质区别的，一个有限的区域的边界形成一个闭合的路径，它是“全局的”概念，而边缘是由其导数超过某个预设阈值的像素形成的，是一个“局部的”概念，它衡量的是在该点上的灰度值的不连续性。边缘点连接成边缘段是可能的，把这些段连接起来也可能与边界吻合。边缘和边界吻合的情况出现在二值图像中。在合适的连通类型和边缘算子下，从一个二值区域提取的边缘与该区域的边界相同。

1.4.3 距离度量

对于像素点 $p(x, y)$、$q(s, t)$ 和 $z(v, w)$，当 D 满足

$$D(p, q) \geqslant 0[D(p, q)=0, \text{ if } p=q],$$
$$D(p, q)=D(q, p),$$
$$D(p, z) \leqslant D(p, q)+D(q, z),$$

则称 D 是一个距离函数。

p 与 q 之间欧氏距离的定义如下：

$$D_e(p, q)=[(x-s)^2+(y-t)^2]^{\frac{1}{2}} \tag{1-19}$$

对于这种距离度量，与点(x, y)之间的距离小于或等于 r 的点落在以(x, y)为圆心、r 为半径的圆平面上。

p 与 q 之间的 D_4 距离（也称为城市街区距离）定义如下：

$$D_4(p, q)=|x-s|+|y-t| \tag{1-20}$$

在这种情况下，与(x, y)之间的距离小于或等于 r 的像素点落在一个菱形平面上。例如，与中心点(x, y)的 D_4距离小于或等于 2 的像素点形成图 1－29 所示的菱形轮廓。

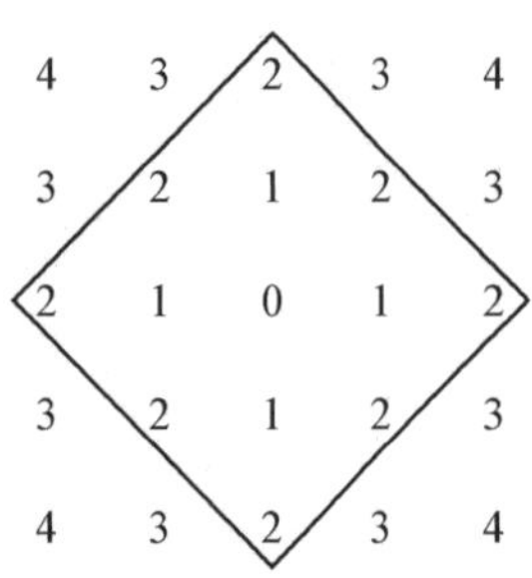

图 1－29　D_4距离度量示意图

$D_4=1$ 的像素点就是 (x, y) 的 4 邻接点。

p 与 q 之间的 D_8距离（又称为棋盘距离）定义为

$$D_8(p, q)=\max(|x-s|, |y-t|) \tag{1-21}$$

在这种情况下，与点(x, y)之间的距离小于或等于 r 的像素点落在以点(x, y)为中心的正方形区域内。例如，方形中心点(x, y)的 D_8距离小于或等于 2 的像素点形成图 1－30 所示的方形轮廓。

2	2	2	2	2
2	1	1	1	2
2	1	0	1	2
2	1	1	1	2
2	2	2	2	2

图 1－30　D_8距离度量示意图

$D_8=1$ 的像素点就是(x, y)的 8 邻接点。

注意，p 和 q 之间的 D_4或 D_8距离与这两点之间的路径是没有关系的，因为距离仅和像素点的坐标有关而与像素值没有关系。但是如果使用的是 m 邻接，两点间 D_m距离定义为两点间最短的 m 路径，那么这两点之间的距离不仅和坐标有关，还与两点的像素值有关。例如，对于以下的像素点，假如 p、p_2和 p_4的值为 1，则 p_1和 p_3的值可以是 0 或 1。

$$\begin{matrix} & p_3 & p_4 \\ p_1 & p_2 & \\ p & & \end{matrix}$$

令 $V=\{1\}$，如果 p_1 与 p_3 的值为 0，则 p 与 p_4 之间的最短 m 路径为 2。如果 p_1 值为 1，则 p_2 到 p 不再是 m 邻近并且两点之间的最短 m 路径（$pp_1p_2p_4$）变成了 3。同样，假如 p_3 的值为 1，两点间的最短 m 路径也为 3。假如 p_1 和 p_3 的值均为 1，则两点间的最短 m 距离（$pp_1p_2p_3p_4$）为 4。

1.5 数学工具介绍

本节主要有两个目标：一是介绍各种应用在数字图像处理中的基本数学工具，二是了解如何将这些工具应用到基本的数字图像处理中。

1.5.1 阵列与矩阵操作

包含一幅或多幅图像的阵列操作是逐像素点的操作。一幅图像可以等效地看作一个矩阵，在很多情况下，图像间的操作所使用的就是矩阵的理论。因此，区分阵列操作和矩阵操作是非常必要的。例如，对于如下两个 2×2 的图像

$$\begin{bmatrix} a_{11} & a_{12} \\ a_{21} & a_{22} \end{bmatrix} \text{和} \begin{bmatrix} b_{11} & b_{12} \\ b_{21} & b_{22} \end{bmatrix}$$

两幅图像的阵列相乘为

$$\begin{bmatrix} a_{11} & a_{12} \\ a_{21} & a_{22} \end{bmatrix} \quad \begin{bmatrix} b_{11} & b_{12} \\ b_{21} & b_{22} \end{bmatrix} = \begin{bmatrix} a_{11}b_{11} & a_{12}b_{12} \\ a_{21}b_{21} & a_{22}b_{22} \end{bmatrix} \tag{1-22}$$

而矩阵相乘则为

$$\begin{bmatrix} a_{11} & a_{12} \\ a_{21} & a_{22} \end{bmatrix} \quad \begin{bmatrix} b_{11} & b_{12} \\ b_{21} & b_{22} \end{bmatrix} = \begin{bmatrix} a_{11}b_{11} + a_{12}b_{21} & a_{11}b_{12} + a_{12}b_{22} \\ a_{21}b_{11} + a_{22}b_{21} & a_{21}b_{12} + a_{22}b_{22} \end{bmatrix} \tag{1-23}$$

1.5.2 线性操作与非线性操作

对各种图像处理方法的一个重要的区分方式是它的操作是线性的还是非线性的。对于一个输入为 $f(x, y)$，输出为 $g(x, y)$ 的通用操作函数 H：

$$H[f(x, y)] = g(x, y) \tag{1-24}$$

如果

$$H[a_i f_i(x, y)+a_j f_j(x, y)]=a_i H[f_i(x, y)]+a_j H[f_j(x, y)]$$
$$=a_i g_i(x, y)+a_j g_j(x, y) \tag{1-25}$$

式中：a_i、a_j、$f_i(x, y)$ 和 $f_j(x, y)$ 是任意的常数和尺寸相同的图像。上式表明先对输入进行线性求和再求输出响应与先对输入求输出响应再对响应进行线性求和的结果是相等的。

举个简单的例子，假设 H 是一个求和算子$\sum$。也就是这个函数的功能就是对输入进行简单的求和。为证明其线性性质，将求和算子代入式(1-25)中：

$$\sum[a_i f_i(x, y)+a_j f_j(x, y)]=\sum a_i f_i(x, y)+\sum a_j f_j(x, y)$$
$$=a_i\sum f_i(x, y)+a_j\sum f_j(x, y)$$
$$=a_i g_i(x, y)+a_j g_j(x, y) \tag{1-26}$$

因此，得到求和算子是一个线性算子。

再看另一个算子——最大值算子，它的功能是输出图像中像素的最大值。为证明它的非线性性质，为简单起见，只需找出一个不满足线性条件的例子便可。例如，对于下面两幅图像

$$\boldsymbol{f}_1=\begin{bmatrix}9 & 2\\3 & 4\end{bmatrix} \text{和} \boldsymbol{f}_2=\begin{bmatrix}0 & 2\\3 & 4\end{bmatrix}$$

设 $a_1=a_2=1$，为测试其线性性质，对输入进行线性求和，再求输出响应得到：

$$\max\left\{\begin{bmatrix}9 & 2\\3 & 4\end{bmatrix}+\begin{bmatrix}0 & 2\\4 & 6\end{bmatrix}\right\}=\max\left\{\begin{bmatrix}9 & 4\\7 & 10\end{bmatrix}\right\}=10 \tag{1-27}$$

而先对输入求输出响应，再对响应进行线性求和的结果为

$$\max\left\{\begin{bmatrix}9 & 2\\3 & 4\end{bmatrix}\right\}+\max\left\{\begin{bmatrix}0 & 2\\4 & 6\end{bmatrix}\right\}=15 \tag{1-28}$$

两式不相等，因此可证明最大值算子是非线性的。

线性操作有丰富的理论与实践结果作为基础，因此得到更多的应用，而非线性操作相对不容易理解，应用时也受到一定的限制。然而在后续章节中，你会发现，在有些应用中，使用非线性操作得到的效果是线性操作远不能及的。

1.5.3 算术操作

图像间的算术操作属于阵列操作，就如前面所说，这种操作是逐像素点的操作。4 种基本算术操作表示如下：

$$a(x, y)=f(x, y)+g(x, y) \tag{1-29}$$

$$s(x, y)=f(x, y)-g(x, y) \tag{1-30}$$

$$m(x, y)=f(x, y)\times g(x, y) \tag{1-31}$$

$$d(x, y)=f(x, y)\div g(x, y) \tag{1-32}$$

这可以理解成对图像中每一个对应的像素进行这些基本的操作，假设原图像均为 $M\times N$ 大小，则 $x=0, 1, 2, \cdots, M-1$ 且 $y=0, 1, 2, \cdots, N-1$。显然，a、s、m、d 也是尺寸为 $M\times N$ 大小的图像。下面将给出一些例子，从中可以看出算术操作在数字图像处理中的重要作用。

设 $g(x, y)$ 是在 $f(x, y)$ 的基础上加了噪声 $\eta(x, y)$ 的图像。也就是

$$g(x, y)=f(x, y)+\eta(x, y) \tag{1-33}$$

假设噪声值与坐标是不相关的，且其均值为 0。接下来通过对一组噪声图像求平均来减弱噪声。这种方法常称为图像增强。

$$\bar{g}(x, y)=\frac{1}{K}\sum_{i=1}^{K}g_i(x, y) \tag{1-34}$$

它满足

$$E\{\bar{g}(x, y)\}=f(x, y) \tag{1-35}$$

且

$$\sigma^2_{\bar{g}(x, y)}=\frac{1}{K}\sigma^2_{\eta(x, y)} \tag{1-36}$$

式中：$E\{\bar{g}(x, y)\}$ 是 $\bar{g}$ 的期望，$\sigma^2_{\bar{g}(x, y)}$ 和 $\sigma^2_{\eta(x, y)}$ 是 $\bar{g}$ 和 η 的方差。标准差为

$$\sigma_{\bar{g}(x, y)}=\frac{1}{\sqrt{K}}\sigma_{\eta(x, y)} \tag{1-37}$$

从式(1－37)可以看出，随着 K 的增大，每个像素的方差会变小。$E\{\bar{g}(x, y)\}=f(x, y)$ 意味着随着所用噪声图像数目的增多，$\bar{g}(x, y)$ 会越来越接近 $f(x, y)$。在实际的应用中，为避免图像的模糊和人工缺陷，必须将 $g_i(x, y)$ 彼此对齐。

图像平均的一个很重要的应用是在天文学领域。天文图像通常曝光不足，这会产生很大的传感器噪声，使得图像变得没有分析意义。在下例中，原始图像为使用均值为 0、方差值为 0.01 模拟的退化图像，如图 1－31(a)所示，强噪声的影响使得这幅图像基本上没有分析的意义。图 1－31(b～f)分别为对 5、15、35、50 和 100 张图像求平均后的结果。从图可以看出，当 $K=50$ 时，图像已经变得相当清晰了，之后再提升 K 对图像质量的影响就非常小了。

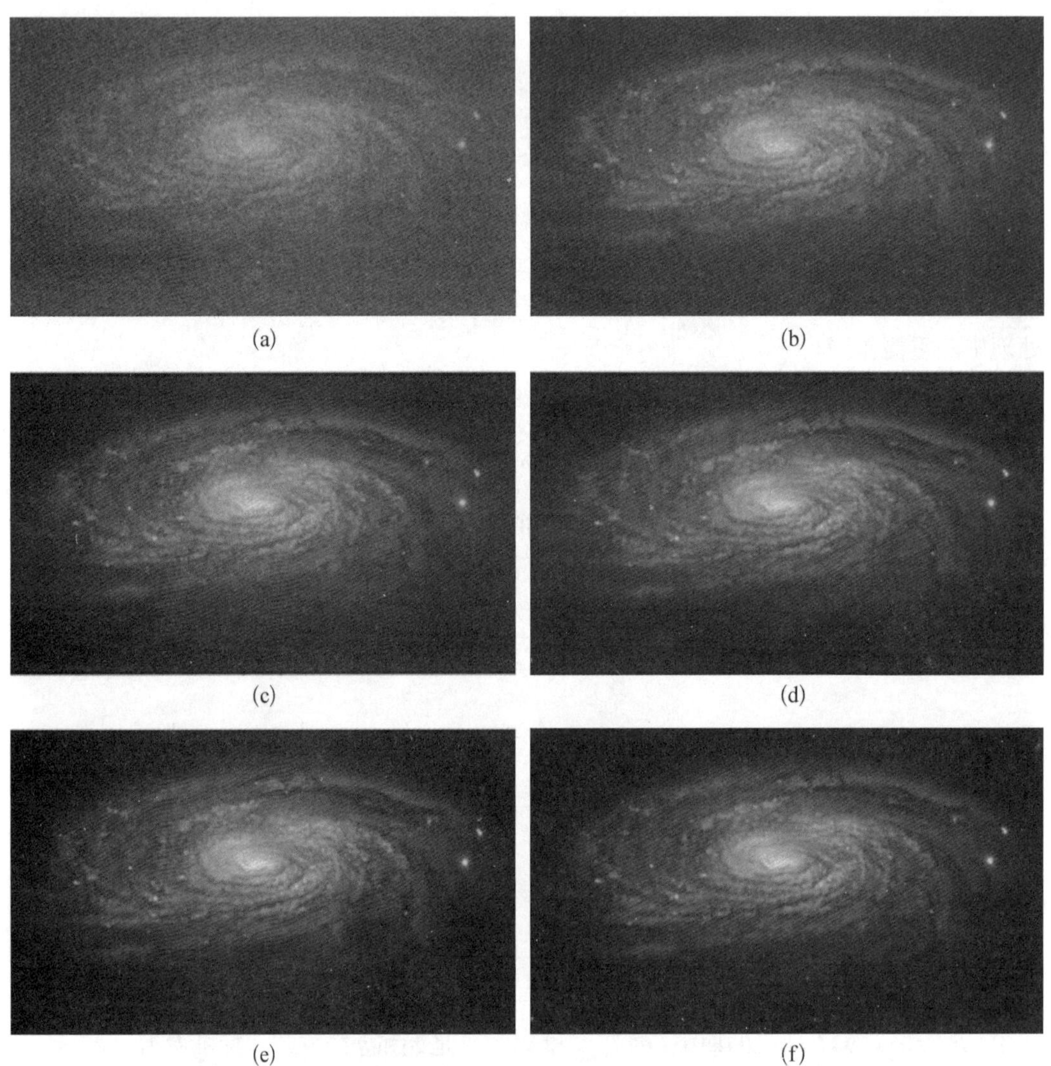

图 1-31　图像平均示意图

图像相减常用于增加图像的差异部分。在下例中，图 1-32(a)为输入图像，图 1-32(b)为将其进行高斯平滑所得到的结果。直观看来，这 2 张图像没有什么差别，然而如图 1-32(c)所示，通过将 2 幅图像相减后的图像可以很清楚地看出 2 张图像的差异。图像中黑色区域表示在这些区域内前 2 张图像之间没有差异。

图像相乘(相除)的一个重要应用是阴影校正。假设一个图像传感器所产生的图像可以用一个完美的图像 $f(x, y)$ 与一个阴影函数 $h(x, y)$ 的乘积来建模，即

$$g(x, y) = f(x, y)h(x, y) \tag{1-38}$$

如果 $h(x, y)$ 是已知的，则可以通过将 $g(x, y)$ 除以 $h(x, y)$ 得到 $f(x, y)$。当传感器的阴影函数未知时，也可以通过获得的图像估计它的阴影模型。

(a)

(b)

(c)

图 1－32 图像相减示意图

图像相乘的另一个常见的应用是提取图像的感兴趣区域。如图 1－33 所示，将原图与一张掩码图像相乘得到感兴趣的区域图像，在这张掩码图像中，感兴趣的区域像素值为 1，其余区域像素值为 0。掩码图可以包含多个区域且区域的形状可以是任意的，但通常矩形区域比较常见。

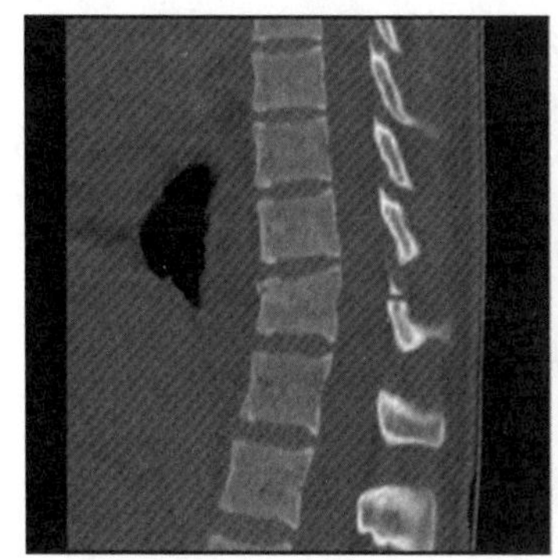

图 1－33 图像相乘示意图

图像像素值的取值范围通常是[0, 255]。当图像是以某种标准的格式保存时，如 JPEG 或 BMP，将图像像素的取值转换到这个范围内的操作是自动的。然而这个操作依赖于系统，不同系统的操作不尽相同。例如，2 张 8 位图像相减所得图像的像素值范围为[−255, 255]，2 张图像相加所得图像的像素值范围为[0, 512)。很多软件包将小于 0 的负值全部设为 0，大于 255 的像素全部设为 255。给定一个图像 f，下面介绍一种保证操作的值域落在指定范围内的方法。首先，将图像减去像素中的最小值

$$f_m = f - \min(f) \tag{1-39}$$

得到最小值为 0 的图像。然后执行操作

$$f_s = K\left[\frac{f_m}{\max(f_m)}\right] \tag{1-40}$$

得到像素值范围在[0, K]内的图像。当输入图像为 8 位时，设置 $K=255$，将会得到最小值为 0、最大值为 255 的一幅 8 位图像。对于 16 位或更高位数的图，也使用相同的操作达到调控值域的目的。另外，有一点需要注意，在执行除法操作时，为避免除以 0 操作，当遇到 0 为除数时，应首先将其替换成一个很小的数。

1.5.4 集合操作

在这一小节将介绍一些重要的集合操作。

设 A 是一个由序列对所组成的集合。如果 $a=(a_1, a_2)$ 是 A 中的元素，记作

$$a \in A \tag{1-41}$$

同样地，如果 a 不是集合 A 中的元素，则记作

$$a \notin A \tag{1-42}$$

如果集合 A 中不包含任何元素，则称为空集，记作$\varnothing$。

集合由大括号内的内容指定。例如，$S=\{x \mid x=a+1, a \in A\}$，集合 S 中的元素由集合 A 中的元素加 1 组成。在数字图像处理中常将像素坐标作为集合的元素。

如果 A 中每一个元素都是 B 的元素，则称 A 是 B 的子集，记作

$$A \subseteq B \tag{1-43}$$

A 与 B 的并集记作

$$C=A \cup B \tag{1-44}$$

其中 C 中的元素是 A 的元素或者 B 的元素。同样地，A 与 B 的交集表示如下：

$$D=A \cap B \tag{1-45}$$

D 中的元素既是 A 的元素也是 B 的元素。如果 A 和 B 没有共同的元素，称 A 与 B 互斥，记作

$$A \cap B=\varnothing \tag{1-46}$$

全集 U 代表特定应用中所有元素的集合。按照定义，在特定应用中所有集合的元素都是全集的元素。例如，如果处理的元素为全体实数，则全集的元素为全体实数。在图像处理中，全集一般指图像中所有像素的集合。

A 的补集指集合 A 以外的元素的集合：

$$\bar{A}=\{x \mid x \notin A\} \tag{1-47}$$

集合 A 与 B 的差异记作 $A-B$，定义如下

$$A-B=\{x \mid x \in A, x \notin B\} \tag{1-48}$$

可以看出，这个集合的元素是 A 的元素，但不是 B 的元素。

图 1-34 为上述集合操作的一个例子，其中全集为方形区域内像素的坐标集合，集合 A 和 B 分别为图示区域内的坐标集合。各操作的结果为图中的灰色区域。

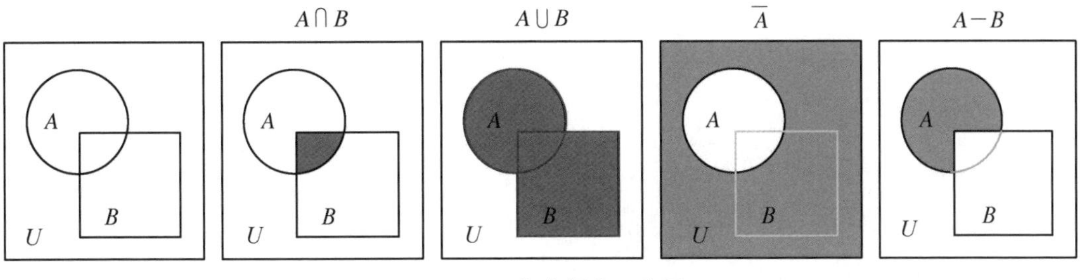

图 1-34　集合操作示意图

在上述讨论中，集合的元素为像素坐标的集合，一个暗含的假设是集合中所有元素的亮度值是相同的，这是因为并没有定义包含亮度值在内的操作。要使图中的操作有意义，必须假定图像是二值的，并且两个集合的成员都具有相同的亮度值，这样才可以基于坐标来讨论集合的操作。

在处理灰度图像时，上面所提到的操作是行不通的，因为必须指定操作后每个元素的灰度值。事实上，灰度值的并集和交集操作通常分别定义为序列对的最大值和最小值，补集定义为一个常数与集合的每个元素的两两之差。这些操作都是逐像素的操作，也就是说，这些操作是阵列操作。下面通过一个例子简要地说明包含灰度值的操作。

设 A 为输入图像灰度值元素的集合，每个元素用$(x,\ y,\ z)$的形式表示，其中 x 和 y 表示像素的坐标，z 代表该点的灰度值。定义 A 的补集 $\overline{A}=\{(x,\ y,\ K-z)\mid(x,\ y,\ z)\in A\}$，其中 $K=2^k-1$，k 为图像灰度值的位数。假设要得到图像的底片，通过求取 A 的补集 $\overline{A}=\{(x,\ y,\ 255-z)\mid(x,\ y,\ z)\in A\}$ 便可得到。注意操作后坐标值与原图保持相同，所以 $\overline{A}$ 与原图像的尺寸相同。灰度图像的并集定义如下：

$$A\cup B=\{\max_z(a,\ b)\mid a\in A,\ b\in B\} \tag{1-49}$$

也就是，并集上每个元素的灰度值取的都是输入的两幅图像对应位置的最大灰度值。同样地，操作后的坐标值与原图保持一致，因此所产生的并集图像尺寸与原来的两幅图像相同。如图 1-35 所示，假定 A 表示图像(a)，B 为与 A 同等大小的方形阵列，且各元素值均为图像 A 的均值，图像(c)为集合 A 与集合 B 的并集 C，在集合 A 中大于均值的元素

图 1-35　灰度值的补集与并集操作示意图

位置上，C 的值与 A 的值相同；在集合 A 中小于或等于均值的元素位置上，C 的值都等于均值。

1.5.5 空间操作

空间操作直接作用在图像的每个像素之上。它可以分成 4 类：单像素操作、邻域操作、几何空间基本转换和图像仿射变换。

1）单像素操作

图像处理中最简单的操作是依据像素灰度值对其做出调整。这种类型的操作可以用一个变换函数来表示：

$$z = T(s) \tag{1-50}$$

式中：s 是原图像某像素的灰度值；z 是处理后的图像在该点的灰度值。例如，图 1-36 中变换函数的功能是获取原图像的底片图像，其变换函数可表示为

$$z = T(s) = 255 - s \tag{1-51}$$

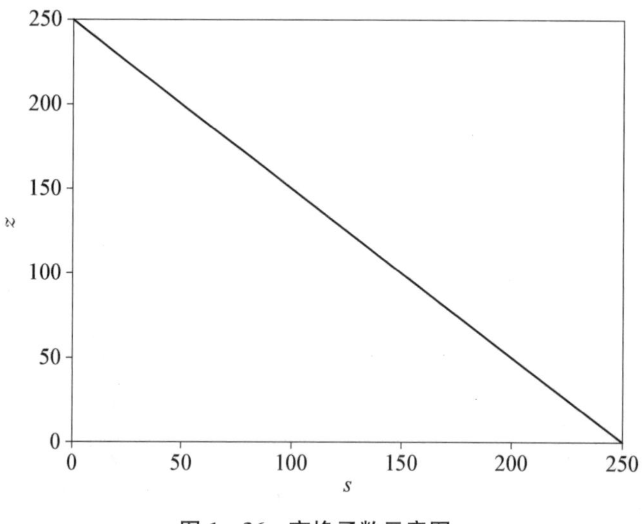

图 1-36 变换函数示意图

在图像处理中，可以使用伽马变换对过曝或过暗的图像进行校正。伽马变换一般可表示为

$$z = T(s) = Cs^{\gamma} \tag{1-52}$$

式中：C 为常数；γ 为控制校正的实数。当 $\gamma < 1$ 时，原图像中灰度级较低的区域将被拉伸，灰度级较高的区域将被压缩；当 $\gamma > 1$ 时，原图像中灰度级较高的区域将被拉伸，灰度级较低的区域将被压缩。

图 1-37 所示为伽马变换映射曲线的一个例子。

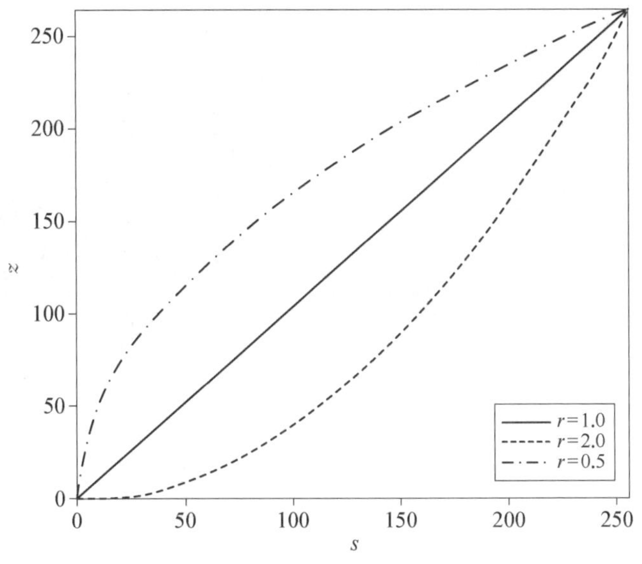

图 1－37　伽马变换映射曲线示意图

图 1－38(a)所示为原图像，图(b)是对图(a)进行伽马变换 ($\gamma=0.5$) 所得的过曝图像，图(c)是对图(a)进行伽马变换 ($\gamma=2.0$) 所得的过暗图像。

(a) 原图像　　(b) 过曝图像(γ=0.5)　　(c) 过暗图像(γ=2.0)

图 1－38　伽马变换示意图

2）邻域操作

设 S_{xy} 表示以点(x, y)为中心的邻域坐标的集合，通过该点的邻域操作可产生输出图像中对应点的灰度值，这点的输出值以该点的邻域作为输入通过指定的操作得到。例如，假设指定的操作是求取邻域内的灰度平均值，邻域的大小为 $m\times n$。图 1－39 描述了这个操作的过程。

这个操作也可用下面等式表示：

$$g(x, y)=\frac{1}{mn}\sum_{(r, c)\in S_{xy}} f(r, c) \tag{1-53}$$

(a) 原图像

(b) 加入高斯噪声

(c) 均值滤波所得图像

图 1－39　均值滤波示意图

式中：r 和 c 指的是 S_{xy} 中像素的行坐标和列坐标。用邻域操作遍历图像中每个点后产生输出图像 $g(x,\ y)$。图 1－39 所示为使用这种邻域操作产生的结果，它使得图片变得平滑。

中值滤波也是一种对图像的邻域操作。可用下式表示：

$$g(x,\ y)=\mathrm{Median}_{(r,\ c)\in S_{xy}}[f(r,\ c)] \tag{1-54}$$

式(1－54)表示$(x,\ y)$位置处的输出值为输入图像在邻域 S_{xy} 内的中值。它可以有效地消除椒盐噪声，如图 1－40 所示。

(a) 原图像

(b) 加入椒盐噪声

(c) 中值滤波所得图像

图 1－40　中值滤波示意图

3）几何空间基本变换

几何空间变换改变像素之间的空间关系，它就好像是将图像打印在橡皮薄片上，可以根据需要拉伸或收缩这张图像，故常称为橡皮薄片变换。几何空间变换一般由两部分组成：① 坐标的空间变换；② 灰度插值——为空间变换后的像素指定灰度值。

坐标变换可表示为

$$(x,\ y)=T\{(v,\ w)\} \tag{1-55}$$

式中：$(v,\ w)$为原始图像中像素的坐标，$(x,\ y)$为空间变换后的像素坐标。例如，

$(x,\ y)=(2v,\ 2w)$ 将原图像尺寸放大 2 倍。仿射变换是最常用的几何空间变换之一，它的一般形式如下：

$$\begin{bmatrix} x \\ y \\ 1 \end{bmatrix} = \boldsymbol{T} \begin{bmatrix} v \\ w \\ 1 \end{bmatrix} = \begin{bmatrix} t_{11} & t_{12} & t_{13} \\ t_{21} & t_{22} & t_{23} \\ 0 & 0 & 1 \end{bmatrix} \begin{bmatrix} v \\ w \\ 1 \end{bmatrix} \tag{1-56}$$

通过改变 $\boldsymbol{T}$ 矩阵中各变量的值，这种变换可实现图像的比例变换、旋转和平移。

表 1-2 列出了几何空间变换对应的矩阵形式。而式(1-56)的矩阵可以表示成一系列变换矩阵的组合。例如，如果需要变换图像的尺寸，然后进行旋转，再将结果平移到指定位置，对应的矩阵可以通过将比例、旋转和平移矩阵相乘得到。

表 1-2 几何空间基本变换

恒等变换	$\begin{bmatrix} 1 & 0 & 0 \\ 0 & 1 & 0 \\ 0 & 0 & 1 \end{bmatrix}$	
缩放变换	$\begin{bmatrix} S_x & 0 & 0 \\ 0 & S_y & 0 \\ 0 & 0 & 1 \end{bmatrix}$	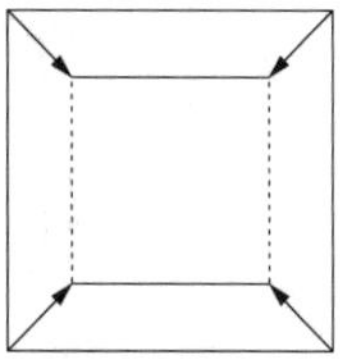
拉伸变换	$\begin{bmatrix} L & 0 & 0 \\ 0 & \dfrac{1}{L} & 0 \\ 0 & 0 & 1 \end{bmatrix}$	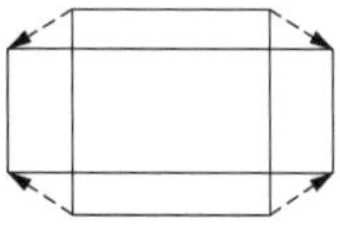
旋转变换	$\begin{bmatrix} \cos\theta & \sin\theta & 0 \\ -\sin\theta & \cos\theta & 0 \\ 0 & 0 & 1 \end{bmatrix}$	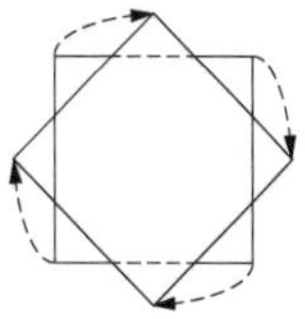
平移变换	$\begin{bmatrix} 1 & 0 & t_x \\ 0 & 1 & t_y \\ 0 & 0 & 1 \end{bmatrix}$	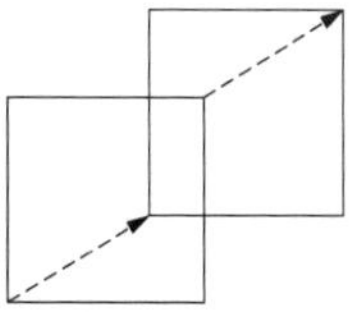
剪切变换 (垂直)	$\begin{bmatrix} 1 & 0 & 0 \\ S_v & 1 & 0 \\ 0 & 0 & 1 \end{bmatrix}$	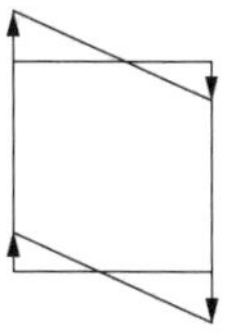

（续表）

剪切变换 （水平）	$\begin{bmatrix}1 & S_h & 0\\0 & 1 & 0\\0 & 0 & 1\end{bmatrix}$	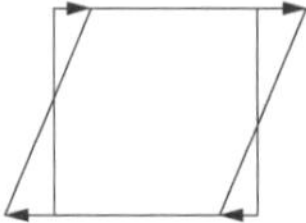

上述变换将原图中像素的位置映射到输出图像中新的位置。除此之外，还必须为新位置上的像素指定灰度值，这个过程称为灰度插值。这个过程与彩色插值类似，在处理这些变换时，可以考虑使用最邻近插值、双线性插值或双三次内插方法。

下面通过一个实际的例子展示其中的一些变换。首先读入需要变换的图像，其结果如图 1-41 所示。

图 1-41　原图像

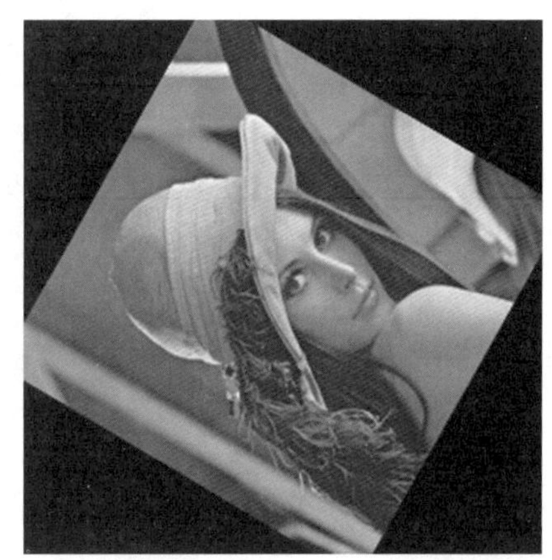

图 1-42　经过旋转和比例缩放后的图像

下面这段代码是有关旋转和比例缩放的，其中旋转的角度为 60°，旋转的中心为图像的中心，比例缩放的系数为 0.8，其结果如图 1-42 所示。

4）图像仿射变换

仿射变换是在一个非奇异线性变换后接一个平移变换。用矩阵表达如下：

$$\begin{bmatrix}x'\\y'\\1\end{bmatrix}=\begin{bmatrix}t_{11} & t_{12} & t_x\\t_{21} & t_{22} & t_y\\0 & 0 & 1\end{bmatrix}\begin{bmatrix}x\\y\\1\end{bmatrix} \tag{1-57}$$

仿射变换有以下性质：

（1）仿射变换是将有限点映射为有限点，即仿射变换能建立一对一的映射关系。

（2）仿射变换仍将直线映射为直线。

（3）仿射变换将平行直线映射为平行直线。

（4）如果区域 P 和 Q 是面积不为 0 的三角形，那么存在一个唯一的仿射变换 A，使得：

$$Q = A(P) \tag{1-58}$$

(5) 仿射变换会导致区域的面积发生变化。

图 1-43 展示了将原图像进行线性拉伸与平移的仿射变换的实例。

图 1-43 经过线性拉伸与平移变换后的图像

习题

1. 什么是图像？图像可以分为哪些类别？
2. 数字图像处理的主要内容是什么？主要方法有哪些？
3. 结合生活经历，思考数字图像处理有哪些方面的应用。
4. 简要叙述图像采样与量化的过程以及它们的意义。
5. 简要叙述二值图像、灰度图像及彩色图像的区别。
6. 对于彩色图像，通常用以区分颜色的特性是什么？
7. 图像处理中常用的 2 种邻域是什么？它们有什么区别？
8. 列举算术操作的种类以及各种算术操作的主要应用。
9. 使用均值滤波器对高斯噪声和椒盐噪声的滤波结果相同吗？为什么会出现这种现象？

参考文献

[1] 拉斐尔・C.冈萨雷斯，理查德・E.伍兹.数字图像处理[M].3 版.阮秋琦，阮宇智，等译.北京：电子工业出版社，2011.

2 形态学图像处理

数字形态学最早诞生于 1964 年，法国巴黎矿业学院博士生赛拉和导师马瑟荣提出了击中击不中变换，并引入形态学表达式，进而奠定了数学形态学的理论基础。而在 1982 年，塞拉在《图像分析与数学形态学》一书中正式将数学形态学引入数字图像处理、模式识别与计算机视觉领域。如今，数学形态学在数字图像处理中已经得到广泛的应用。

数字图像形态学处理是依据数学形态学的集合论发展起来的图像处理方法。其基本思想是使用具有一定形态的结构元素去度量和提取图像中的对应形状，获得图像的尺寸、形状、连通性、平滑性、凹凸性以及方向性等信息，进而实现对图像的分析和识别。数字图像形态学处理的数学基础是集合论。

常用的形态学基本运算有膨胀、腐蚀、开运算、闭运算以及击中与击不中变换。在这些基本运算的基础上，可以推导出各种数学形态学的组合运算，进一步构成各种图像处理的实用算法。

本章内容主要分为三个部分。第一部分是形态学的数学基础。首先对形态学处理涉及的集合论基础以及逻辑操作进行回顾，接下来讨论了形态学图像处理的基本流程，并对结构元素这一概念进行详细介绍。第二部分是数学形态学在二值图像处理中的应用——二值形态学，处理的对象为二值图像。首先介绍二值图像形态学处理的基本运算，即腐蚀和膨胀，在此基础上介绍由它们组成的开闭操作以及击中与击不中变换。接下来通过具体实例讲解如何运用它们组合的各种运算操作获得一些形态学算法。第三部分是灰度形态学，即形态学处理的对象变为灰度图像。这一部分介绍形态学算法在灰度图像中的表现形式与特点，并通过实例讲解其具体应用。

2.1 集合论基础

数字图像形态学处理的数学基础是集合论，本节对集合论的几个基本概念加以介绍，其中大部分内容在其他课程中都已讲解，此处仅做简要回顾，统一文中的数学表示方式。

2.1.1　集合论基本概念

本书中集合用大写字母表示，如集合 A。集合中的元素用小写字母表示，如元素 a。元素与集合之间有两种基本关系：元素 a 属于集合 A 表示为 $a \in A$，元素 a 不属于集合 A 表示为 $a \notin A$。

常见的两个集合 A 和 B 之间的关系表示如下：

(1) 集合 A 是集合 B 的子集：$A \subseteq B$。

(2) 集合 C 为集合 A 和集合 B 的并集：$C = A \cup B$。

(3) 集合 C 为集合 A 和集合 B 的交集：$C = A \cap B$。

(4) 集合 A 与集合 B 的交集为空集：$A \cap B = \varnothing$。

(5) 集合 A 的补集表示为：$A^c = \{w \mid w \notin A\}$。

(6) 集合 A 与集合 B 之差定义为：$A - B = \{w \mid w \in A, w \notin B\} = A \cap B^c$。

除上述常见的基本操作外，下面还介绍几种在数学形态学中常用的运算：

设 A 和 B 为 R^2 的子集，A 为物体区域，B 为某种结构元素，若 $B \cap A \neq \varnothing$，则称 B 结构击中(hit) A，表示为 $B \uparrow A$；若 $B \cap A = \varnothing$，则称 B 结构击不中(miss) A。击中与击不中如图 2-1 所示。

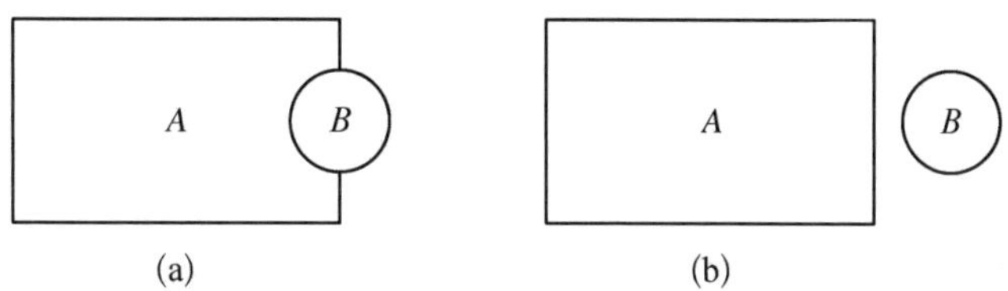

图 2-1　击中(a)与击不中(b)示意图

集合 A 的反射表示为 $\hat{A}$，定义为

$$\hat{A} = \{w \mid w = -a, a \in A\} \tag{2-1}$$

集合 A 沿向量 $z = (z_1, z_2)$ 的位移表示为 $(A)_z$，定义为

$$(A)_z = \{c \mid c = a + z, a \in A\} \tag{2-2}$$

图 2-2 表示集合 A 的反射 $\hat{A}$，以及其沿向量 $\boldsymbol{z} = (z_1, z_2)$ 的位移结果 $(A)_z$。

2.1.2　常见的逻辑运算

集合中基本的逻辑运算有三种，分别为与、或、非，其中与、或为双目运算符，非为单目运算符，表 2-1 显示了三种基本的逻辑关系。

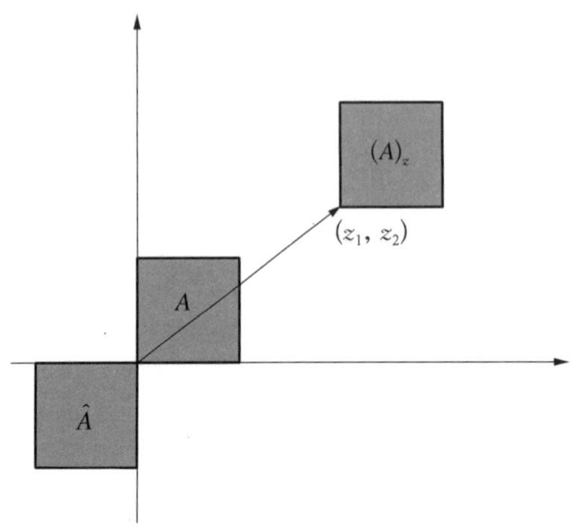

图 2-2　反射与位移示意图

表 2-1　与、或、非逻辑关系表

P	Q	P 与 Q	P 或 Q	非 P
0	0	0	0	1
0	1	0	1	1
1	0	0	1	0
1	1	1	1	0

2.2　数学形态学概述

2.2.1　形态学图像处理过程

二值形态学的运算对象为两个集合。在一般情况下,其中一个集合为图像集合,另一个集合是一种特殊定义的邻域,称为"结构元素"(structure element)。在图像集合的每个像素位置上,结构元素与其对应的区域进行特定的逻辑运算,逻辑运算的结果为输出图像相应位置的像素。利用结构元素 B 对输入图像进行处理,得到输出图像的过程如图 2-3 所示。

在图 2-3 中利用结构元素 B 作为"探针",在输入的待处理图像中不断地移动,在此过程中通过执行一定的逻辑运算,收集图像的信息、分析图像各部分间的相互关系,可了解图像的结构特征,得到相应的输出图像。形态学运算的效果取决于结构元素的大小、内容以及逻辑运算的性质。

2.2.2　结构元素

结构元素是一种特殊定义的邻域,其结构与想要从被处理的目标图像中抽取的信息

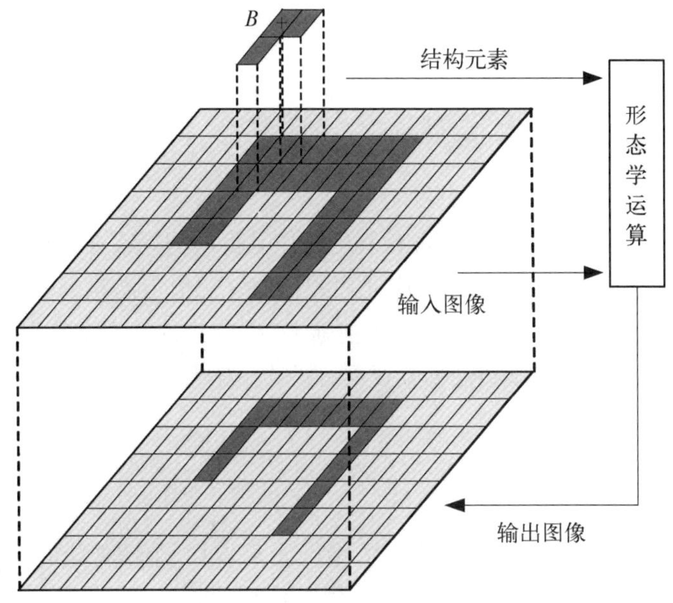

图 2-3 形态学处理过程示意图

密切相关,结构元素可携带形态大小、灰度、色度等信息。不同点的集合形成具有不同性质的结构集合。在一般情况下,结构元素需要指定一个参考点,它是形态学元素参与运算的参考点。参考点可以包含在结构单元中,也可以不在其中,这两种情况下的运算结果一般不相同。结构元素的形状可以是任意的,但在实际操作过程中一般选取对称结构。相同形状、不同参考点的结构元素对同一张输入图像进行相同的形态学处理,得到的输出结果一般形状相同,位置不同。而当结构元素的形状不同时,输出的结果一般不相同。

在实际的形态学处理过程中,结构元素一般是任意选取的,但为了使形态学图像处理更有效,结构元素选取一般遵循如下原则。

(1) 结构元素在几何形状上比原图像简单,并且有边界。

(2) 结构元素的尺寸要小于所考察的物体。

(3) 结构元素的形状最好具有某种凸性,如圆形、十字架形及方形等。

图 2-4 展示了几种常用的结构元素,图中的"+"代表结构元素的参考点。图 2-4(a)和(b)对应的结构元素的形状相同,但参考点的位置不同:(a)中的参考点在结构元素外部,而(b)中的参考点在结构元素内部,(c)为典型的十字架形结构,且该结构元素关于

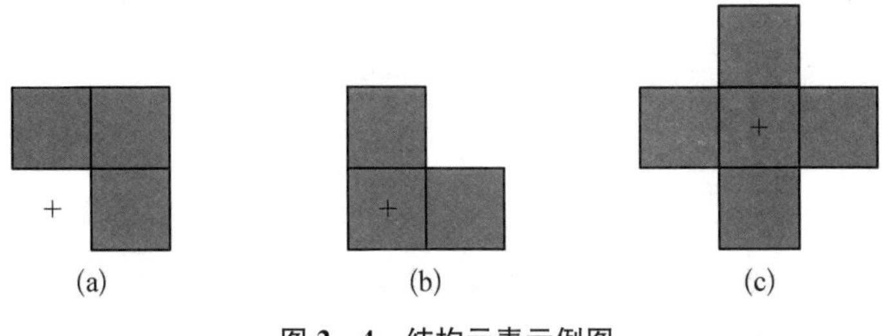

图 2-4 结构元素示例图

参考点对称。

2.3 二值形态学基本运算

二值形态学中的运算对象是集合，其基本操作是将结构元素在图像中平移，同时执行交、并等基本集合运算，达到对二值图像处理的目的。二值形态学的基本运算为腐蚀、膨胀、开闭操作以及击中与击不中变换，在此基础上，组合几种基本运算可以实现基本的形态学算法用于边界提取、区域填充、骨架提取等操作。本节主要对几种二值形态学基本运算加以介绍。

2.3.1 腐蚀与膨胀

腐蚀表示用某种“探针”（即某种形状的结构元素）对一个图像进行探测，找出图像内部可以放下该结构元素的区域，将图像中与结构元素参考点对应的点进行标记。腐蚀操作用符号 $\ominus$ 表示，图像集合 A 被结构元素 B 腐蚀表示为 $A \ominus B$，定义为

$$A \ominus B = \{z \mid (B)_z \subseteq A\} \tag{2-3}$$

式(2-3)表明，B 沿 z 向量平移后仍然是 A 的子集，所有平移向量 z 组成的集合就是 B 对 A 腐蚀的结果。

利用结构元素 B 对目标图像 A 执行腐蚀运算的本质是：每当在目标图像 A 中找到一个与结构元素 B 相同的子图像时，就把该子图像中与 B 的参考点位置对应的那个像素位置标注为 1，图像 A 上标注出的所有这样像素组成的集合，即为腐蚀运算的结果。通过图 2-5 可以进一步理解这个过程。

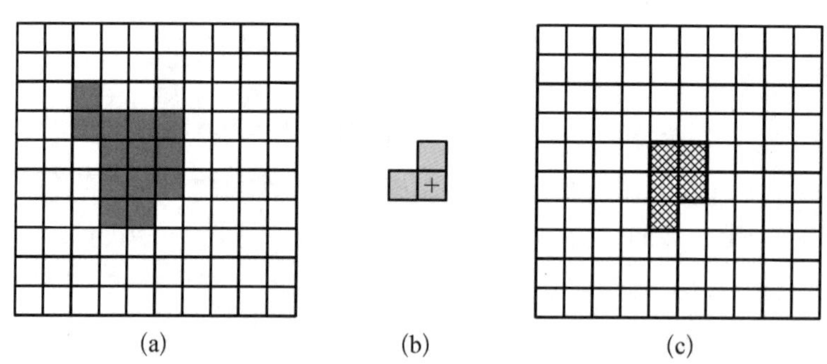

图 2-5 腐蚀操作实例

在图 2-5 中，(a)图为一幅二值图像，(b)图为结构元素 B，标有“+”代表结构元素的参考点，(c)图为腐蚀结果。在利用结构元素 B 对目标二值图像(a)进行腐蚀的过程中，将结构元素在二值图像中平移，如果结构元素可以完全包含在原图像中，即在原图中存在与结构元素相同的子图，那么就将结构元素的参考点对应于原图中的位置标记(置 1)，通过

不断执行上述操作，便可得到(c)图中条纹格所示的腐蚀结果。

在 2.2.2 中曾提及，当结构元素参考点的位置发生变化时，形态学操作的结果一般是不同的，下面分析结构元素的参考点对于腐蚀结果的影响。将 A 看作输入图像，B 看作结构元素，如图 2-6 所示，在平移模板的过程中，$A \ominus B$ 由所有可以填入 A 内部的结构元素位置对应的参考点组成。

(a) B腐蚀A　　(b) 结构元素B

图 2-6　腐蚀操作示意图

在图 2-6 中，结构元素 B 是关于参考点对称的，在这种情况下，腐蚀操作得到的结构是原图的子集。当结构元素关于参考点不对称时，如图 2-7 所示，由于在执行腐蚀的过程中要对参考点的位置加以标注，腐蚀后的图像可能不在输入图像的内部，但输出的形状不会改变。

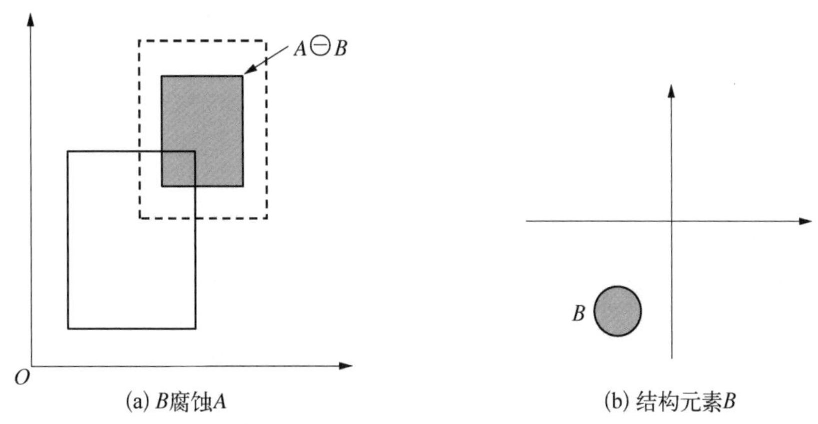

(a) B腐蚀A　　(b) 结构元素B

图 2-7　结构元素不对称时的腐蚀操作

通过上述分析，若结构元素的结构相同但参考点位置不同，腐蚀得到的结果形状相同，它们之间可以通过平移实现重合；当结构元素的结构不同时，腐蚀得到的结果形状不同。

与腐蚀相对应的另一种形态学操作是膨胀，膨胀用符号 $\oplus$ 表示，集合 A 被集合 B 膨胀表示为 $A \oplus B$，定义为

$$A \oplus B = \{z \mid (\hat{B})_z \cap A \neq \varnothing\} \tag{2-4}$$

式(2－4)表明用 B 膨胀 A 的过程是先求 B 的反射,再将 B 的反射平移。所有满足平移后的集合与集合 A 间有交集的平移向量组成的集合就是 B 对 A 膨胀的结果。显然,上述定义式也可表述为

$$A \oplus B = \{z \mid [(\hat{B})_z \cap A] \subseteq A\} \tag{2-5}$$

膨胀是腐蚀运算的对偶运算,因此也可以通过对补集的腐蚀来定义:

$$A \oplus B = (A^c \ominus (\hat{B}))^c \tag{2-6}$$

图 2－8 显示了利用膨胀与腐蚀之间的对偶性进行膨胀的示意图,结构元素 B 为圆形并且关于其参考点对称,图(c)为 A 的补集 A^c,图(d)为利用 $\hat{B}$ 对 A 的补集腐蚀得到的结果,图(e)为最终得到的膨胀结果。由此可见,对于圆盘状结构元素,膨胀可以填充图像内部的小孔及在图像边缘处的小凹陷部分,并能够磨平图像向外的尖角。

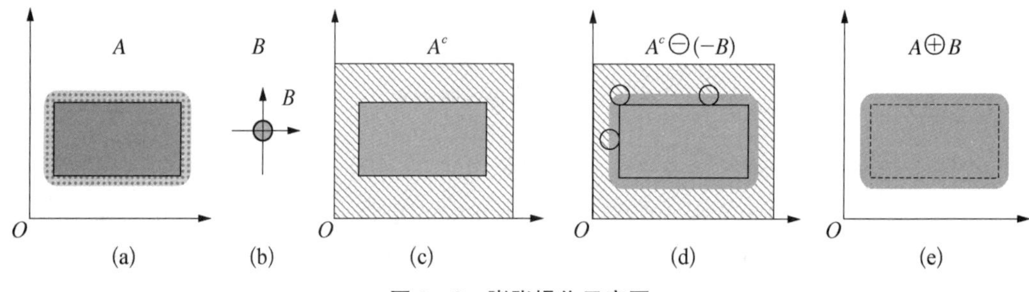

图 2－8　膨胀操作示意图

图 2－9 显示了利用图(b)中的结构元素对图(a)进行膨胀得到(c)的示意图。从中可以看出膨胀运算的本质是,将结构元素的参考点遍历目标图像中的每一个像素点后,结构元素整体在遍历过程中扫过区域所组成的集合即为膨胀所得结果。由此可见,结构元素的形状、大小以及参考点的位置都会对膨胀结果产生影响。

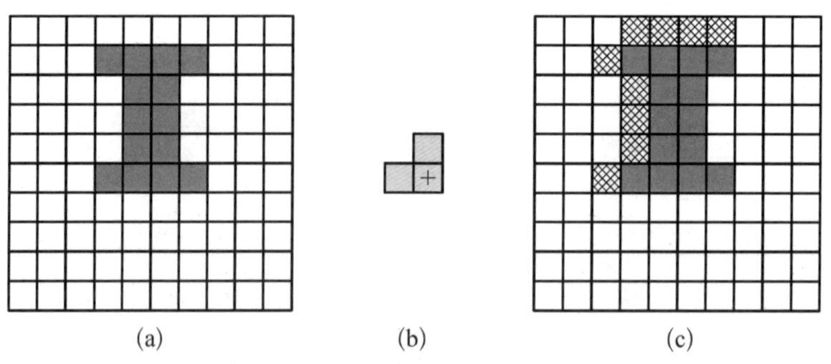

图 2－9　二值图像膨胀操作实例

对于形状相同但参考点位置不同的结构元素,膨胀后的结果形状相同,但位置不同。如图 2－10 所示。对于相同的图像 A,分别使用形如 B、C 的结构元素对其进行膨胀,C 的参考点相对于 B 发生了左移,得到的膨胀后的图像形状相同,但图 2－10(b)中的结果

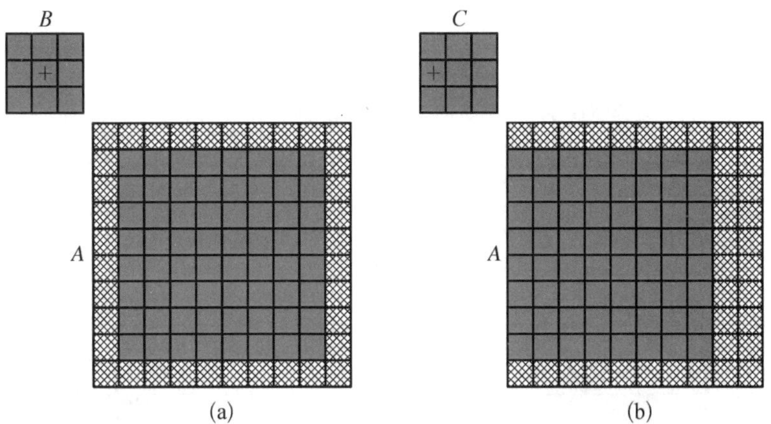

图 2-10　结构元素参考点位置对膨胀结果的影响

相对于图 2-10(a)中的结果发生了右移。

图 2-11 对比了不同形状的结构元素对同一图像膨胀的结果。其中结构元素 B 与 C 均关于参考点对称，但其形状不同，所以对同一输入图像 A 的膨胀结果不同。从中可以得出，不同形状的结构元素膨胀后的结果形状不同。

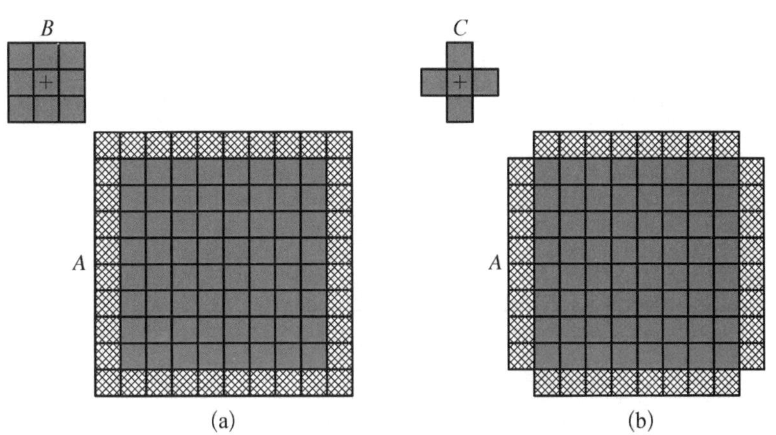

图 2-11　结构元素形状对膨胀结果的影响

腐蚀与膨胀除有上述定义之外，还有一些等价的表达，如都可以通过向量运算或位移运算实现，具体的表达式如下：

腐蚀：

$$A \ominus B = \{z \mid z + b \in A,\ \forall b \in B\} \tag{2-7}$$

膨胀：

$$A \oplus B = \{z \mid z = a + b,\ \forall a \in A,\ \forall b \in B\} = \bigcup \{A + b,\ \forall b \in B\} \tag{2-8}$$

一般情况下，在计算机中可以通过上述公式实现腐蚀与膨胀的快速计算。但在腐蚀与膨胀的定义式中，能清晰地看出其操作流程及其具体的含义。下面用向量运算实现腐蚀操作。

1）腐蚀操作

图像的左上角像素设为(0，0)，结构元素的参考点(1，1)是 B 中的"+"。原始图像为 X=｛(2，4)，(3，2)，(3，3)，(3，4)，(4，2)，(4，3)，(4，4)，(5，1)｝，共 8 个像素；结构元素图像为 B=｛(1，1)，(1，0)，(0，1)｝，共 3 个像素。图像如图 2-12 所示，最终得到的腐蚀结果为 $X \ominus B$=｛(3，2)，(3，3)｝。具体运算操作过程如图 2-13 所示。

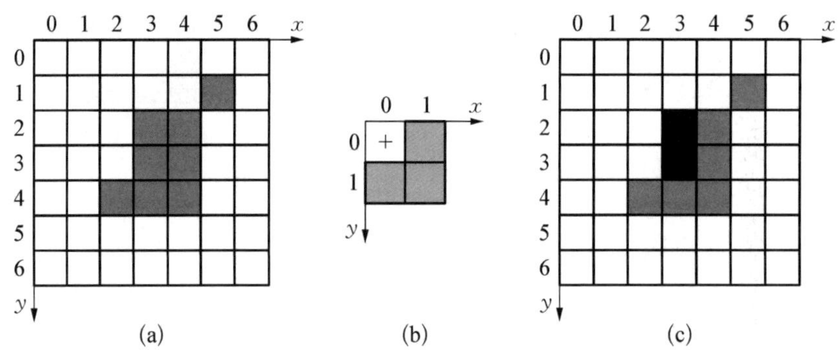

图 2-12　腐蚀操作示意图

	目标像素集合								
		X(2，4)	X(3，2)	X(3，3)	X(3，4)	X(4，2)	X(4，3)	X(4，4)	X(5，1)
结构元素	b(1，0)	(3，4)	(4，2)	(4，3)	(4，4)	(5，2)	(5，3)	(5，4)	(6，1)
	b(0，1)	(2，5)	(3，3)	(3，4)	(3，5)	(4，3)	(4，4)	(4，5)	(5，2)
	b(1，1)	(3，5)	(4，3)	(4，4)	(4，5)	(5，3)	(5，4)	(5，5)	(6，2)
	$X+b$	$\notin X$	$\in X$	$\in X$	$\notin X$	$\notin X$	$\notin X$	$\notin X$	$\notin X$

图 2-13　腐蚀运算操作过程

2）膨胀操作

X 和 B 分别表示图 2-14 中的第 1 行和第 1 列，位移的结果放在其他的 5×8=40 个单元格中，这就是通过向量运算进行膨胀得到的结果。

	目标像素集合								
		X(2，4)	X(3，2)	X(3，3)	X(3，4)	X(4，2)	X(4，3)	X(4，4)	X(5，1)
结构元素	b(0，0)	(2，4)	(3，2)	(3，3)	(3，4)	(4，2)	(4，3)	(4，4)	(5，1)
	b(0，1)	(2，5)	(3，3)	(3，4)	(3，5)	(4，3)	(4，4)	(4，5)	(5，2)
	b(1，0)	(3，4)	(4，2)	(4，3)	(4，4)	(5，2)	(5，3)	(5，4)	(6，1)
	b(−1，0)	(1，4)	(2，2)	(2，3)	(2，4)	(3，2)	(3，3)	(3，4)	(4，1)
	b(0，−1)	(2，3)	(3，1)	(3，2)	(3，3)	(4，1)	(4，2)	(4，3)	(5，0)

图 2-14　膨胀操作过程

其中不重复的 21 个像素就是膨胀的结果，把它们“并”起来与图 2－15(c)相同。其中，灰色方块是膨胀前存在的像素元素，条纹色方块是膨胀操作后新增的像素元素，膨胀结果的像素集合表示如下：

$$X \oplus B=\{(1,4),(2,2),(2,3),(2,4),(2,5),(3,1),(3,2),(3,3),(3,4),(3,5),(4,1),(4,2),(4,3),(4,4),(4,5),(5,1),(5,2),(5,3),(5,4),(5,5),(6,1)\} \tag{2-9}$$

具体运算过程如图 2－15 所示。

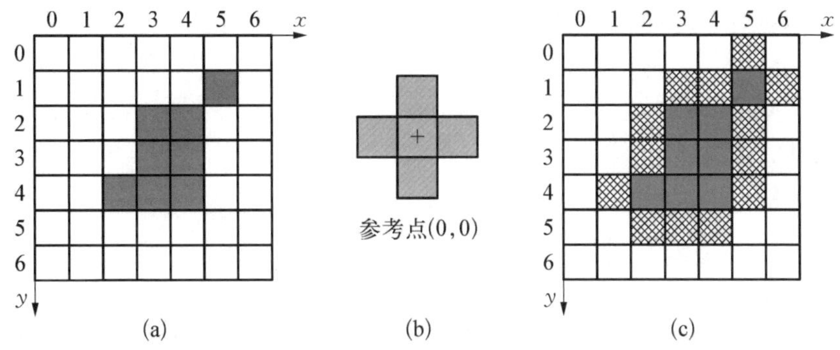

图 2－15　膨胀运算示意图

为了更加清晰地理解腐蚀与膨胀的效果，通过一个实际的例子对其进行进一步分析。在本章的开篇曾提到结构元素的大小会影响形态学运算的结果，下面分别用 7×7 的结构元素与 11×11 的结构元素对同一张细胞图进行腐蚀与膨胀运算。首先对于同一大小的结构元素，当对原图中的细胞进行腐蚀操作时，细胞会变小，而当进行膨胀操作后细胞会变大。而当分别用不同大小的结构元素对细胞图像进行腐蚀与膨胀操作时，结构元素越大，腐蚀与膨胀的效果越明显。简单地说，腐蚀的作用是消除物体的边界点，使目标缩小，可以消除小于结构元素的噪声点；膨胀的作用是将与物体接触的所有背景点合并到物体中，使目标增大，可用于填补目标中的空洞。图 2－16 与图 2－17 给出了腐蚀与膨胀的实例。

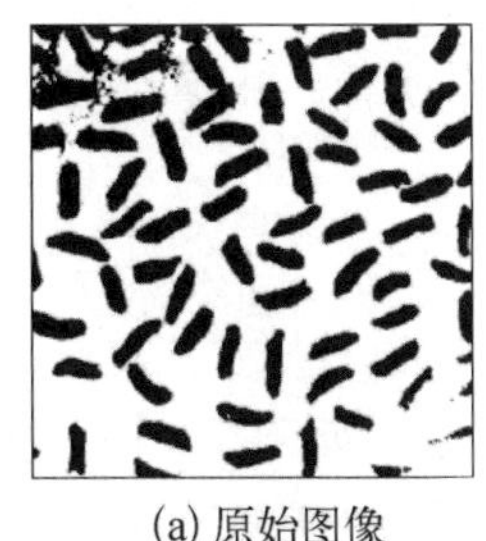

(a) 原始图像

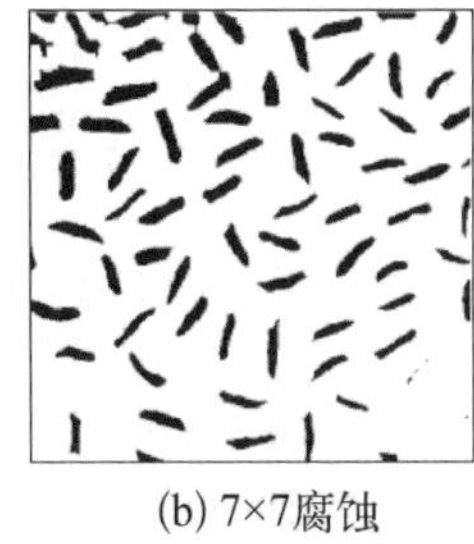

(b) 7×7腐蚀

(c) 11×11腐蚀

图 2－16　不同尺度的结构元素进行腐蚀操作

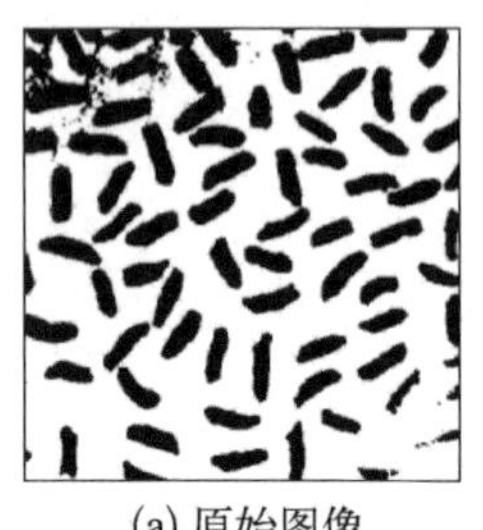
(a) 原始图像

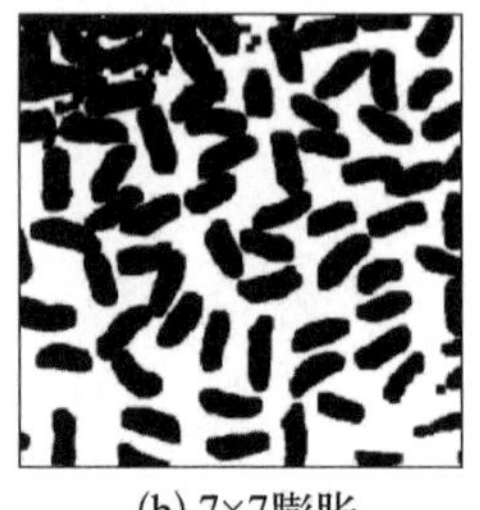
(b) 7×7膨胀

(c) 11×11膨胀

图 2-17 不同尺度的结构元素进行膨胀操作

腐蚀与膨胀之间存在对偶性，它们之间是紧密相关的，一个运算对图像目标的操作等同于另一个运算对背景的操作，膨胀与腐蚀之间的对偶关系可表示为

$$(A \ominus B)^c = A^c \oplus \hat{B} \tag{2-10}$$

下面对该式加以证明。

由定义可知：

$$(A \ominus B)^c = \{z \mid (B)_z \subseteq A\}^c \tag{2-11}$$

如果集合 $(B)_z$ 包含于集合 A，则 $(B)_z \cap A^c = \varnothing$，在此情况下，上述公式可变为

$$(A \ominus B)^c = \{z \mid (B)_z \cap A^c = \varnothing\}^c \tag{2-12}$$

但满足 $(B)_z \cap A^c = \varnothing$ 的 z 的集合的补集是满足 $(B)_z \cap A^c \neq \varnothing$ 的集合。因此：

$$(A \ominus B)^c = \{z \mid (B)_z \cap A^c \neq \varnothing\} = A^c \oplus \hat{B} \tag{2-13}$$

至此，上述对偶关系得到证明。

腐蚀与膨胀之间为对偶关系，并不互为逆运算，这也就意味着两者可以级联使用，可以先对一张图片执行腐蚀操作，再进行膨胀操作，也可以先对一张图片执行膨胀操作，再进行腐蚀操作。这也就是在下一节将要介绍的开闭操作。

2.3.2 开闭操作

腐蚀与膨胀分别使图像缩小与扩大，下面介绍两个基本操作：开操作与闭操作。使用结构元素 B 对集合 A 执行开操作，表示为 $A \circ B$，定义为

$$A \circ B = (A \ominus B) \oplus B \tag{2-14}$$

即利用 B 先对 A 执行腐蚀，再利用 B 对得到的结果进行膨胀。如图 2-18 所示，在执行腐蚀操作之后，目标的面积变小，随后的膨胀操作使其面积得到“恢复”，同时使其外部边缘变得平滑。

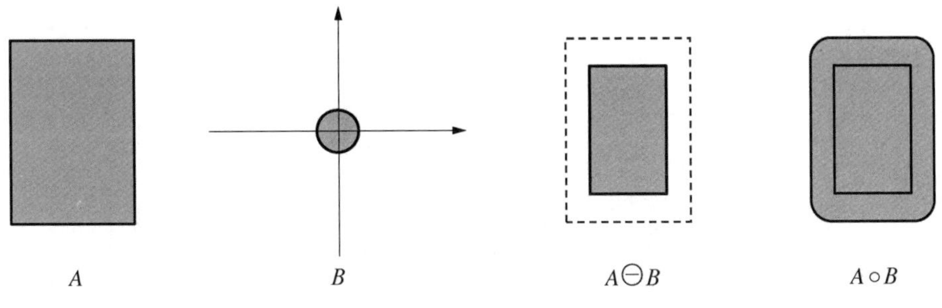

图 2-18 开操作示意图

通过图 2-19,对开操作的效果进一步进行阐述。

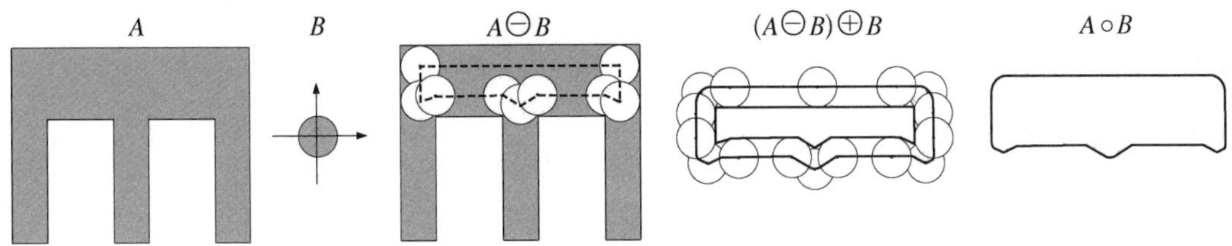

图 2-19 开操作特性示意图

利用结构元素 B 对图像 A 执行开操作,目标 A 的表面有许多“突起”。先利用 B 对 A 执行腐蚀操作,由于 A 表面的突起较小,这些突起在腐蚀的过程中即被平滑掉了,但此时由于腐蚀作用,A 的面积有一定的缩小,外表轮廓也不是很平滑。在此基础上利用 B 对其继续进行膨胀操作,进一步对其轮廓进行平滑,并尽量还原其面积。由此可见,开操作可以使轮廓平滑,抑制物体边界的小离散点或尖峰,在平滑大物体边界的同时并不明显改变其面积。

类似上述定义,利用结构元素 B 对 A 执行闭操作,表示为 $A \cdot B$,定义为

$$A \cdot B = (A \oplus B) \ominus B \tag{2-15}$$

即先利用 B 对 A 进行膨胀操作,再利用 B 对得到的结果进行腐蚀操作。具体如图 2-20 所示。

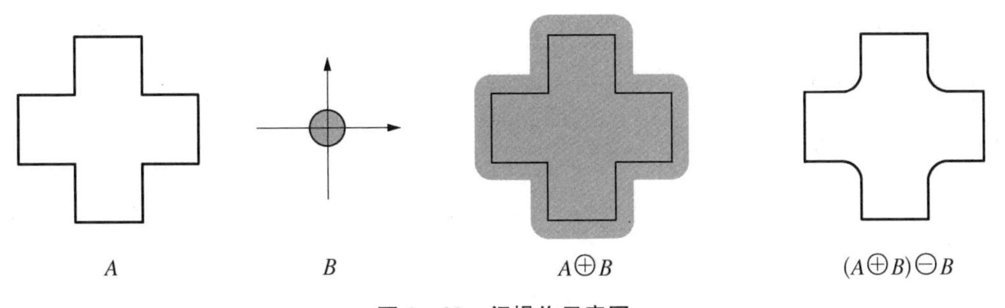

图 2-20 闭操作示意图

如图 2-21 所示，进一步分析闭操作的特点。

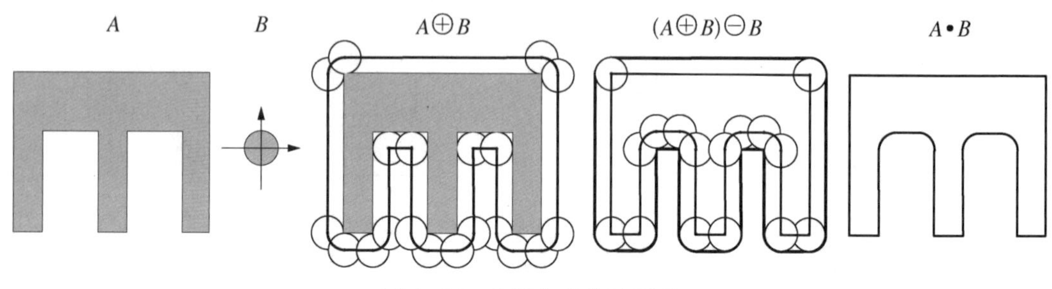

图 2-21　闭操作特性示意图

利用结构元素 B 对图像 A 执行闭操作，A 的表面有许多“突起”。先利用 B 对 A 执行膨胀操作，即对 A 的补集执行腐蚀操作，从而平滑了 A 外凸的边缘拐角，但此时由于膨胀作用，A 的面积有一定的增大。在此基础上利用 B 对其进行腐蚀操作，进一步对其轮廓内凹的边缘拐角进行平滑，并尽量还原其面积，但可以看出此时曾经被平滑过的外凸的边缘拐角由于腐蚀的作用而“失效”。由此可见，闭操作主要用于填充物体内的细小空洞、连接邻近物体、平滑 A 的边界，同时并不明显改变其面积。

在图 2-19 与图 2-21 的分析过程中，可以进一步看出利用圆形模板对目标进行开操作时可以平滑其外凸的边缘拐角，而使用圆形模板对目标进行闭操作时则会平滑其内凹的边缘拐角。

与腐蚀和膨胀类似，开操作和闭操作也是一对关于集合求补及映射的对偶操作，即

$$(A \bullet B)^c = (A^c \circ \hat{B}) \tag{2-16}$$

此对偶性可以通过腐蚀与膨胀之间的对偶性推得，此处不再详述。

下面通过开、闭操作的一个实际的例子，对其特性进行进一步分析(见图 2-22)。

在图 2-22(a)中的二值图像显示了受噪声污染的部分指纹图像。噪声表现为黑色背景上的亮元素和亮指纹部分的暗元素。由开操作后紧跟着闭操作形成的形态学滤波器可以消除噪声。图(b)显示了所使用的结构元素，一个 3×3 的全部置 1 的方形模板。图(c)显示了使用结构元素对 A 腐蚀的结果。由于背景噪声的物理尺寸比结构元素小，在腐蚀过程中被消除了，而包含于指纹中的噪声元素的尺寸却有增加。图(d)显示通过膨胀操作将指纹中噪声分量的尺寸减小。然而，指纹纹路间产生了新的间断。在开操作的基础上继续进行膨胀，结果如图(e)所示，间断被恢复，但纹路变粗了，可以通过腐蚀弥补。图(f)显示了在图(e)的基础上进行腐蚀的结果，恢复了指纹的尺寸，噪声斑点被清除。

2.3.3　击中击不中变换

击中与击不中变换是一种目标探测方法，常用于模式识别和检测系统中，它用于在图像的多个目标中找到特定形状的目标。该变换基于腐蚀运算的一个特性——腐蚀的过程相当于对填入结构元素的位置做标记的过程。在腐蚀过程中，虽然标记点由参考点在结

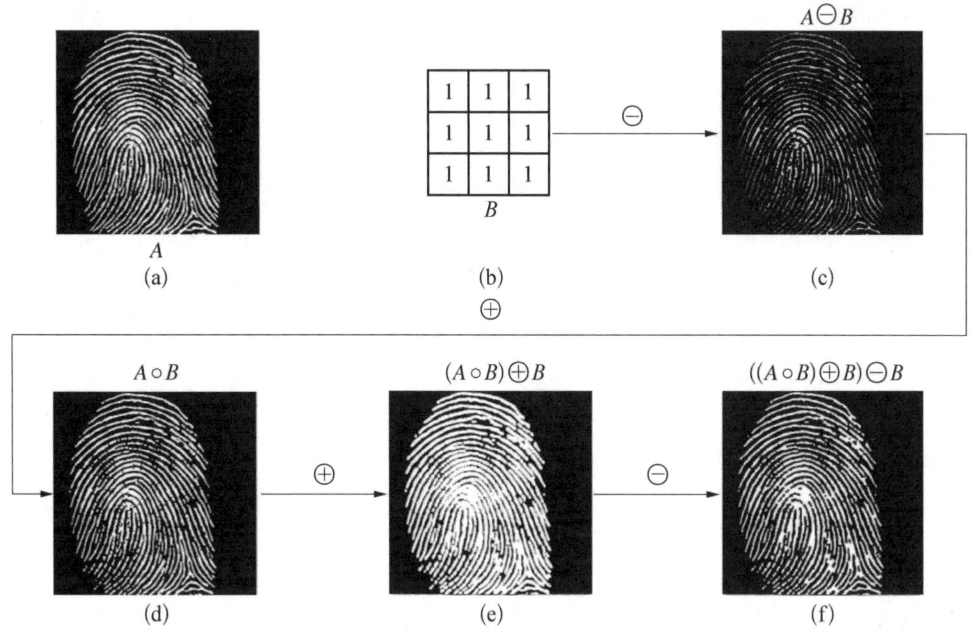

图 2-22　开闭操作应用实例

构元素中的相对位置决定，但输出图像的形状与此无关，改变参考点的位置，只会导致输出结果发生平移。因此，既然腐蚀过程相当于对可以填入结构元素的位置做标记的过程，则可以利用腐蚀来确定目标位置。而在进行目标检测时，既要检测目标的内部，也要检测目标的外部，否则检测的结果可能会是包含待检测目标的更大的集合。因此，在一次运算中需同时捕获内外两种标记，两种标记的交集就是检测得到的结果。下面结合图 2-23，对击中与击不中变换进行详细阐述。

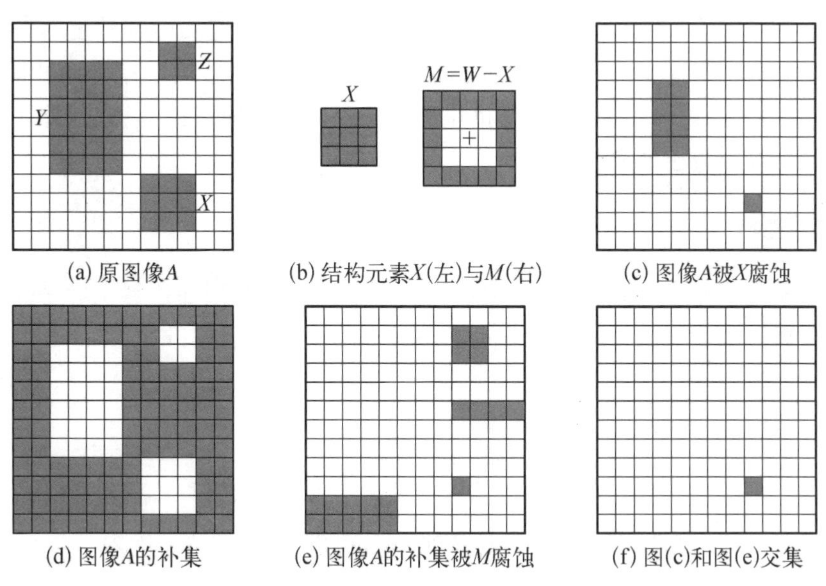

图 2-23　击中与击不中变换

在图 2-23 中，$A=X\cup Y\cup Z$，X 为结构元素，现在利用击中与击不中变换在 A 中对 X 进行检测，首先利用腐蚀相当于对填入结构元素的位置做标记这一性质，用 X 对 A 进行腐蚀，得到的结果如图(c)所示，在由腐蚀得到集合的两个子集中，其中一个为所要求取的目标，另一个则代表着 A 中比 X 更大的目标。为了进一步锁定目标，对目标的外部 $M=W-X$ 进行检测，W 为包含 X 的小窗口，利用 W 对 A 的补集进行腐蚀，得到的结果如图(e)所示。图(e)中的结果由四部分组成，除了希望求取的目标，还有三个集合，分别由比结构元素更小的目标以及背景产生。在此基础上，求取(c)和(e)两图中对应集合的交集便可得到待检测的目标的位置，如图(f)所示。

至此，可以给出击中与击不中变换的定义：

设 $B=(B_1,B_2)$，B_1 是与目标相关的 B 元素的集合，B_2 是与背景相关的 B 元素的集合，则击中与击不中变换表示为

$$A\circledast B=(A\ominus B_1)\cap(A^c\ominus B_2) \tag{2-17}$$

其中，通过 $A\ominus B_1$ 获得前景中包含特定目标 B_1 的物体参考点位置，通过 $A^c\ominus B_2$ 获得了背景中包含目标背景的参考点位置，两者的交集即可在图像中锁定目标。需要指出的是，使用与对象有关的结构元素 B_1 和与背景有关的结构元素 B_2 是基于以下假设：只有在两个或更多对象构成彼此不连通的集合时，这些对象才是可分的，即每个对象周围至少被一圈一个像素宽的背景围绕。只有在满足此假设的基础上才能通过击中与击不中变换提取目标。

2.4 基本二值形态学算法

在 2.3 中介绍了二值形态学的基本运算，现在可以利用这几种基础运算对图像进行一些形态学处理。形态学的主要应用是提取对于描绘和表达形状更有用的图像成分。本节将介绍边界提取、区域填充、细化与粗化和骨架提取的二值形态学算法，并讨论几种与其相关的预处理以及后处理方法。

2.4.1 边界提取

在一幅图像中很多有用的信息都包含在目标的边界中，因而边界提取是一种很重要的图像预处理方法。下面介绍如何通过形态学方法提取二值图像中目标的内、外边界以及形态学梯度信息。

集合 A 的边界表示为 $\beta(A)$，计算方法如下：

$$\beta(A)=A-(A\ominus B) \tag{2-18}$$

即先用 B 对 A 进行腐蚀，再用 A 减去腐蚀结果得到 A 的边界。B 为一个适当的结构元素。

图 2-24 显示了利用结构元素 B 对二值图像 A 进行边界提取的过程。首先利用 B 对 A 进行腐蚀，其次从 A 中减去腐蚀得到的结果即为边界。由腐蚀的性质可知，用不同大小的结构元素进行腐蚀的效果不同，得到的边界宽度自然也不相同。在一般情况下，结构元素越大，提取边界的宽度越宽。

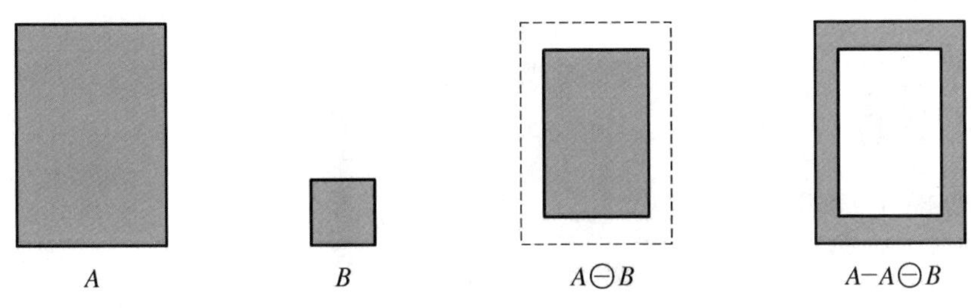

图 2-24　基于腐蚀操作的边界提取

通过上述过程得到的是图像的内边界。除此之外，还可以通过类似的方法获得目标的外边界，要执行的操作如下：

$$\alpha(A)=(A\oplus B)-A \tag{2-19}$$

即通过膨胀运算增大图像，在此基础上减去原图像，进而得到目标的外边界。

如果进一步利用膨胀得到的结果减去腐蚀得到的结果，便可以得到目标的形态学梯度，计算方法如下：

$$(A\oplus B)-(A\ominus B) \tag{2-20}$$

图 2-25 展示了利用圆形的结构元素 B 对图像中的目标 A 分别进行外边界、内边界以及形态学梯度提取的结果。

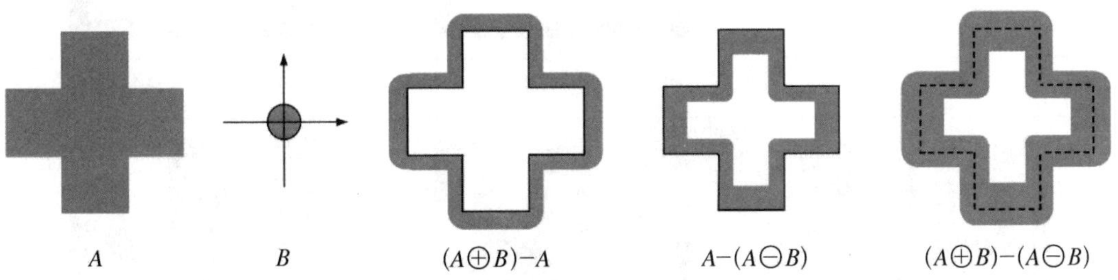

图 2-25　基于腐蚀与膨胀联合操作的梯度提取

2.4.2　区域填充

区域是图像中目标的边界线所包围的部分。所谓区域填充，则是对目标边界包围的区域进行填充，在图像分割中具有重要意义。利用迭代进行膨胀的方法可以实现形态学的区域填充，如图 2-26 所示。A 中的黑色区域代表边界，灰色区域代表初始填充点，B 代表结构元素，迭代执行下式可以实现对 A 中边界包围区域的填充：

$$X_k=(X_{k-1}\oplus B)\cap A^c,\ k=1,\ 2,\ 3\cdots \tag{2-21}$$

其中 X_0 为迭代的起始点，其为包围区域内的一点，如图 2-26(a)中的格点所示。若在某次迭代时有 $X_k=X_{k-1}$，则填充结束；(f)为迭代一次的结果，(d)与(e)展示了迭代的中间过程。

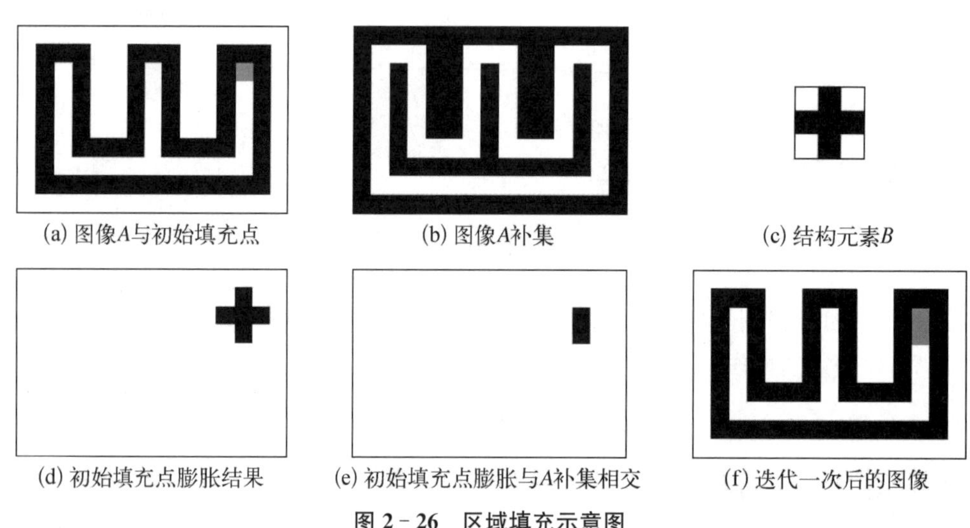

图 2-26 区域填充示意图

内部填充点对应不同迭代次数的填充效果如图 2-27 所示。

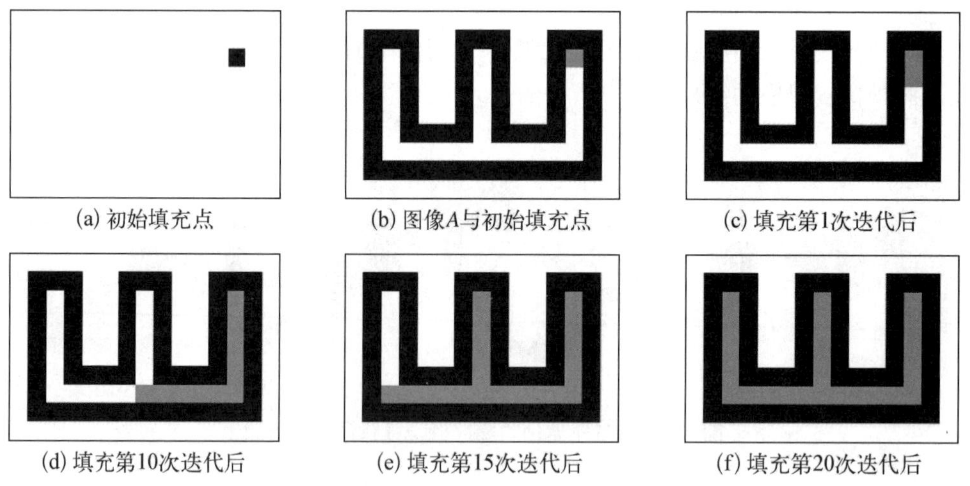

图 2-27 区域填充示意图(20 次迭代)

最终的填充结果与迭代起点的选择有关，如果起始点 p 选择在边界内部，则会完成内部区域填充；如果起始点 p 选在边界外部，则会实现外部区域填充；当起始点 p 选择在边界上时，填充的结果则取决于 p 点在边界上的位置，即在第一步实现了对内部还是外部区域的填充。图 2-28 展示了初始填充点在边界外部的填充结果。

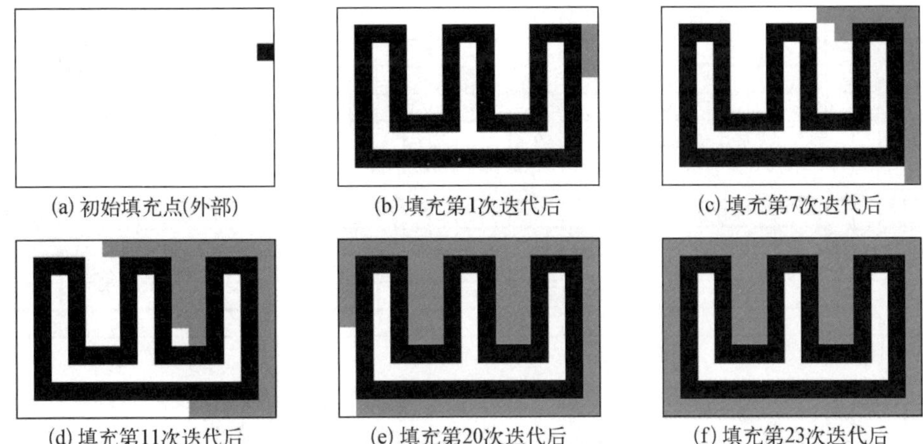

(a) 初始填充点(外部)　(b) 填充第1次迭代后　(c) 填充第7次迭代后

(d) 填充第11次迭代后　(e) 填充第20次迭代后　(f) 填充第23次迭代后

图 2-28　不同迭代次数区域填充示意图(外部起始点)

2.4.3　细化

用结构元素 B 细化集合 A，被记作 $A \otimes B$。根据 2.3.3 中介绍的击中击不中变换的相关内容，可以定义细化为

$$A \otimes B = A - (A \circledast B) = A \cap (A \circledast B)^c \tag{2-22}$$

在该式中，如果需要对称地细化 A，则可以采用一种更加有效的表达方式。结构元素的序列如下：

$$\{B\} = \{B_1, B_2, B_3, \cdots, B_n\} \tag{2-23}$$

其中：B_i 是 B_{i-1} 旋转后的表示形式。采用一个结构元素序列的形式将细化定义为

$$A \otimes \{B\} = ((\cdots((A \otimes B_1) \otimes B_2)\cdots) \otimes B_n) \tag{2-24}$$

上述表达式所代表的含义是：A 被 B_1 细化一次，再用 B_2 对前一项结果进行细化，如此按照所需细化的次数进行下去，整个过程不断地重复，直到没有变化产生为止。

图 2-29 是利用一组用于细化 A 的结构元素 B，其中"×"项表示不考虑的条件。根据式(2-24)可知，每一步处理都是按照次序，用对应的结构元素 B 对前一次细化结果进行细化操作，下标处多个标号表示用对应结构元素依次进行多次细化。图(l)是转换为 m 连通的细化集合，它去除了关节点处多余的像素。

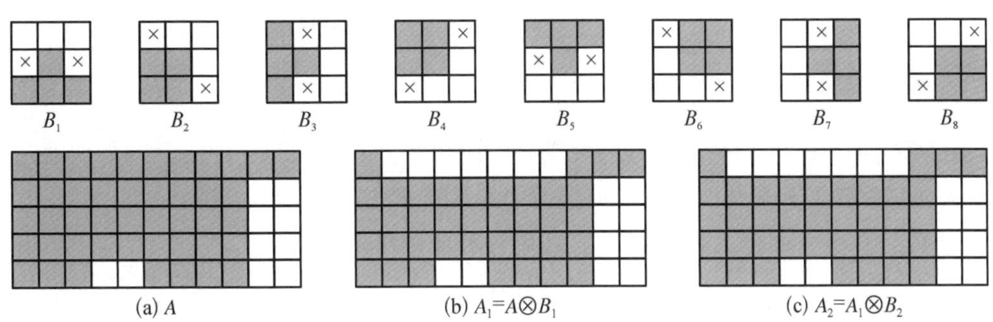

(a) A　(b) $A_1 = A \otimes B_1$　(c) $A_2 = A_1 \otimes B_2$

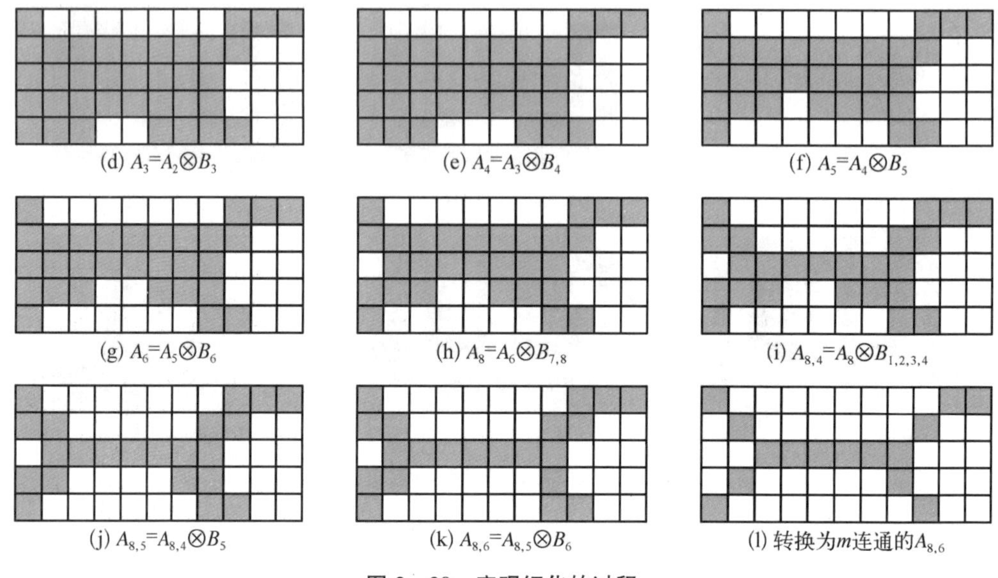

图 2-29　实现细化的过程

2.4.4　粗化

用结构元素 B 粗化集合 A 记作 $A\odot B$，其计算方法如下：

$$A\odot B = A \cup (A \circledast B) \tag{2-25}$$

式中：B 是进行粗化处理的结构元素。同样，粗化处理也可以用一个系列操作表示：

$$A\odot\{B\} = (\cdots((A\odot B_1)\odot B_2)\cdots)\odot B_n \tag{2-26}$$

粗化中使用的结构元素和细化中使用的结构元素具有相同的形式，只是所有 1 和 0 需要互相交换位置。其实在实际应用中，关于粗化的分离算法使用频率较低，常采取的方法反而是：先细化集合的背景，然后对细化结果的求补实现粗化。也就是，为了粗化所讨论的集合 A，先令 $C=A^c$，再细化 C，最后得到粗化的结果 C^c。图 2-30 表示了这个过程。

如图 2-30 所示，在这个过程中可能产生一些不连贯的点，这取决于 A 的性质。因此，用此类方法进行粗化通常还涉及用一个后处理步骤来清除不连贯的点。从图 2-30(c)可以看出，细化的背景为粗化过程形成一个边界。但是这个性质在直接使用定义中的公式实现粗化时不会出现，所以这是用背景细化来实现粗化的一个主要原因。

2.4.5　骨架提取

在实际应用中，骨架提取也是一种重要的图像预处理手段。下面将介绍如何通过形态学方法如腐蚀和开操作来提取二值图像中的骨架信息。

设集合 A 的骨架记为 $S(A)$，可使用腐蚀和开操作得到：

$$S(A) = \bigcup_{i=0}^{K} S_i(A) \tag{2-27}$$

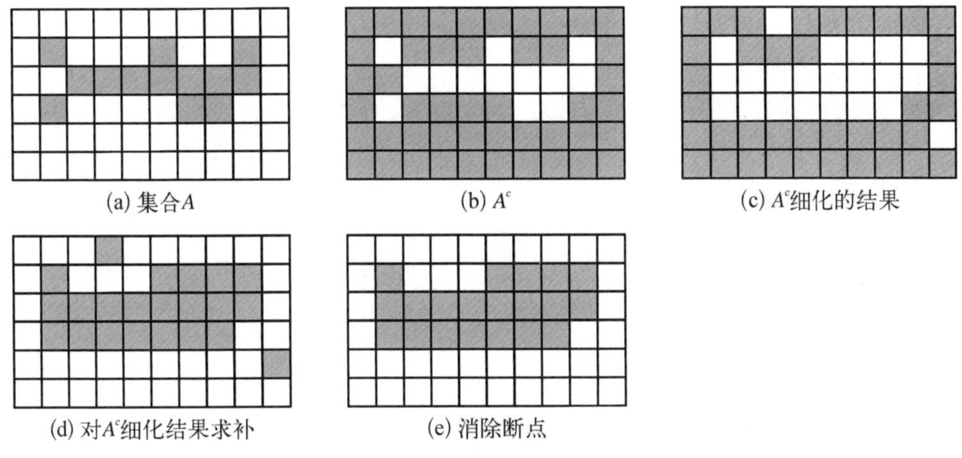

图 2-30　实现粗化的过程

其中：

$$S_i(A) = (A \ominus iB) - (A \ominus iB) \circ B \tag{2-28}$$

式中：$(A \ominus iB)$ 表示用 B 对 A 连续进行 i 次腐蚀操作；K 是集合 A 被腐蚀为空集前的最大迭代次数。由上述公式，可以得知集合 A 的骨架 $S(A)$ 是骨架子集 $S_i(A)$ 的并集。反之可以得到，集合 A 可以由骨架子集 $S_i(A)$ 重建，其计算公式如下：

$$A = \bigcup_{i=0}^{K}(S_i(A) \oplus iB) \tag{2-29}$$

式中：$(S_i(A) \oplus iB)$ 表示用 B 对 $S_i(A)$ 连续进行 i 次膨胀操作。

图 2-31 展示了对原始集合 A（表格中左上角的集合）使用结构元素 B（表格外右下角的集合）进行骨架提取和集合重建的过程。其中第 1 列显示了对 A 使用 2 次连续腐蚀

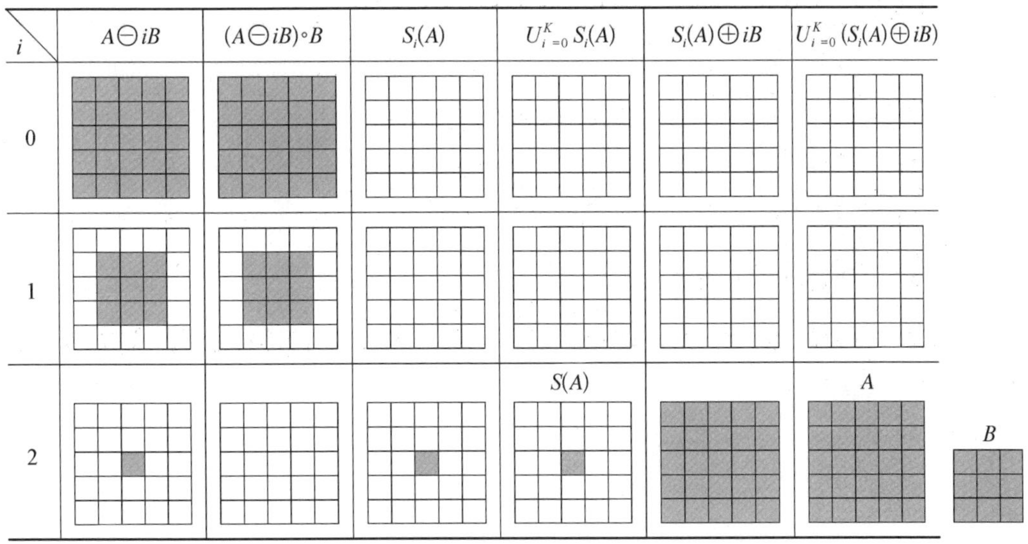

图 2-31　骨架提取与集合重建过程示意图

操作，此时 $K=2$，因为如果进行第 3 次腐蚀将得到空集。第 2 列显示了对第 1 列集合使用 B 进行开操作所得的结果。第 3 列显示了第 1 列与第 2 列的差集。第 4 列的最后一行包含了对 A 进行骨架提取的结果 $S(A)$，它是 $K+1$ 个骨架子集的并集。第 5 列与第 6 列显示了由骨架子集 $S_i(A)$ 重建集合 A 的过程，其中第 6 列的最后一行包含了重建结果。

图 2 - 32 显示了对原始二值图像(a)使用 3×3 大小的结构元素进行骨架提取所得到的结果图(b)。可以观察到，原图中的粗体英文字母图像在图(b)中只保留为很简单的骨架。

(a) 原始二值图像

(b) 骨架提取结果

图 2 - 32　二值图像骨架提取示例

2.5　灰度形态学

早期的形态学处理方法只能作用于二值图像，如果想要对灰度图像进行处理则需提前对其进行二值化处理。灰度形态学方法是形态学处理方法在灰度图像上的扩展，与传统的二值形态学不同的是，其操作对象不再是集合，而是图像函数。同时，二值形态学中用到的交、并运算在灰度形态学中分别用求取最大、最小极值运算代替。在以下介绍中，$f(x, y)$ 为输入图像，$b(x, y)$ 为结构元素。

2.5.1　灰度图像腐蚀

同样地，在介绍灰度图像的腐蚀之前，先对一维信号的腐蚀加以简要介绍，在此基础上扩展到二维的图像。

利用结构元素 b 对一维信号 f 进行腐蚀，定义为

$$(f \ominus b)(s)=\min\{f(s+x)-b(x) \mid (s+x)\in D_f;\ x\in D_b\} \tag{2-30}$$

式中：D_f 与 D_b 分别为 f 与 b 的定义域。$(s+x)$ 必须在 f 的定义域中以及 x 必须在 b 的定义域中的要求与腐蚀在二值形态学中的定义类似，即结构元素必须完全包含在被腐蚀

的集合内。

图 2-33 显示了半圆形的结构元素 b 对一维信号 f 进行腐蚀得到的结果。可以看出，式(2-30)表达的腐蚀操作过程可以理解为，将结构元素 b 从左侧向右平移，当其被完全包含于 f 的定义域中时，计算跨度为 b 的区间中 f 与 b 之间差值的最小值。最终得到的结果如图 2-33(d)所示。

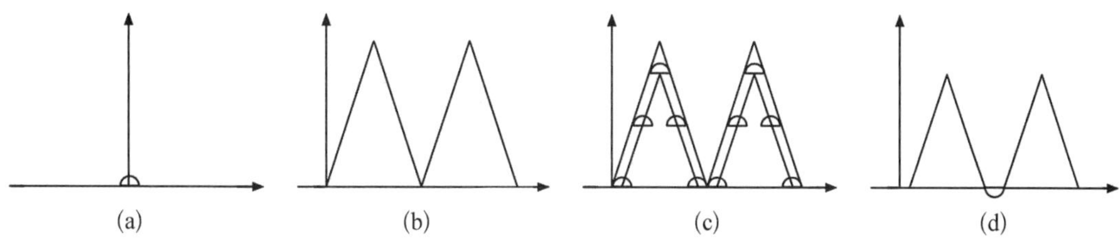

图 2-33　一维信号腐蚀操作示意图

进一步地，将结果扩展到二维灰度图像，用结构元素 $b(x, y)$ 对图像 $f(x, y)$ 进行腐蚀操作，表示为 $f \ominus b$，定义为

$$(f \ominus b)(s, t) = \min\{f(s+x, t+y) - b(x, y) \mid (s+x), (t+y) \in D_f; (x, y) \in D_b\} \tag{2-31}$$

式中：D_f 与 D_b 分别为 f 与 b 的定义域；此处，f 与 b 为函数而非集合。

在对二维灰度图像进行腐蚀操作时，逐点计算该点局部范围内各点与结构元素中对应的点灰度值的差，并选取其中的最小值作为该点的腐蚀结果，所以对灰度图像进行腐蚀操作后，根据结构元素取值的不同，会有以下结果：

(1) 如果结构元素值都为正，则腐蚀后的灰度图像会比输入图像暗。

(2) 如果输入图像中明亮细节的尺寸比结构元素小，则腐蚀后明亮细节将会削弱。

2.5.2　灰度图像膨胀

在对灰度图像的膨胀操作进行讨论之前，先对一维信号的膨胀加以简要介绍，在此基础上扩展到二维的图像。

利用结构元素 b 对一维信号 f 进行膨胀，定义为

$$(f \oplus b)(s) = \max\{f(s-x) + b(x) \mid (s-x) \in D_f; x \in D_b\} \tag{2-32}$$

式中：D_f 与 D_b 分别为 f 与 b 的定义域。$(s-x)$ 必须在 f 的定义域中以及 x 必须在 b 的定义域中的要求与膨胀在二值形态学中的定义类似，即结构元素需与被膨胀的集合有交集。

图 2-34 显示了半圆形的结构元素 b 对一维信号 f 进行膨胀得到的结果。将左侧的结构元素 b 进行翻转，之后向右平移，当其与 f 的定义域有交集时，计算跨度为 b 的区间中 f 与 b 之和的最大值。最终得到的结果如图 2-34(d)所示。灰度膨胀运算实际上就是要求由结构元素形状定义的邻域中 $f+b$ 的最大值，所以对灰度图像进行膨胀操作时，根据结构元素取值的不同，会有以下结果：

(1) 如果结构元素在其定义的邻域内取值均为正,则膨胀得到的图像会比原图像亮一些。

(2) 如果输入图像暗细节的面积(宽度)远小于结构元素,那么暗细节很容易因膨胀而消除。

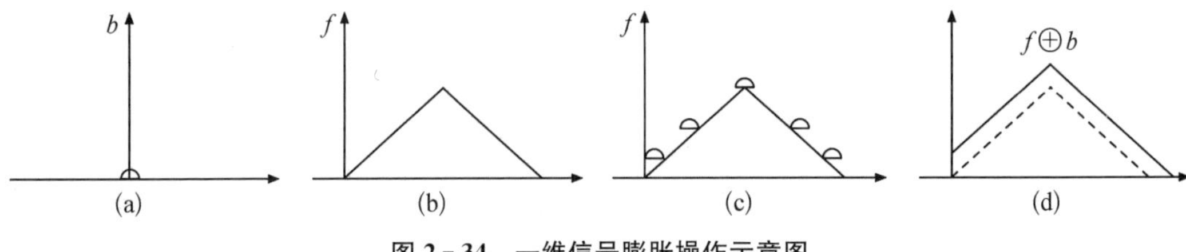

图 2-34 一维信号膨胀操作示意图

进一步地,将灰度膨胀操作扩展到二维,用结构元素 $b(x, y)$ 对图像 $f(x, y)$ 进行膨胀操作,表示为 $f \oplus b$,定义为

$$(f \oplus b)(s, t) = \min\{f(s-x, t-y) + b(x, y) \mid (s-x), (t-y) \in D_f; (x, y) \in D_b\} \tag{2-33}$$

式中: D_f 与 D_b 分别为 f 与 b 的定义域。

下面用具体实例来说明灰度图像腐蚀与膨胀操作:

1) 灰度图像腐蚀操作实例

下面给出灰度腐蚀算法效果的一个具体示例,如图 2-35 所示。一个 5×5 的图像 A,被一个 3×3 的结构元素 B(原点在其中心)腐蚀。开始时将 B 的原点重叠到 A 的中心元素上(实际上也可以从任意一个位置开始),用 A 中被 B 模板覆盖范围内的元素分别减去 B 中对应的各个元素,并取这些差值的最小值作为腐蚀后 A 中与 B 原点对应的元素的值,即 $\min\{2-0, 3-2, 4-0, 3-2, 5-3, 3-2, 4-0, 3-2, 2-0\} = \{1\}$。

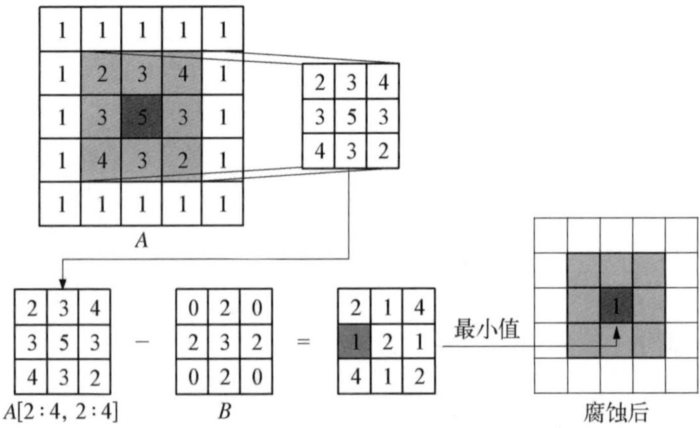

图 2-35 灰度腐蚀算法示例图

2）灰度图像膨胀操作实例

下面给出灰度膨胀算法效果的一个具体示例，如图 2－36 所示。一个 5×5 的图像 F，被一个 3×3 的结构元素 B（原点在其中心）膨胀。开始时将 B 的原点重叠到 F 的中心元素上（实际上，也可以从任意一个位置开始），将 F 的中心元素在 B 的模板范围内移动，将 F 中 B 模板范围内的元素里加上 B 的各个元素，取同时处在 F 与 B 覆盖范围内值的最大值作为膨胀后 F 中与 B 原点对应的元素的值。值得注意的是，在膨胀的过程中要对 F 以外的位置进行补零操作，以保证膨胀后 F 的尺寸不变。图中下划线对应最大的元素。

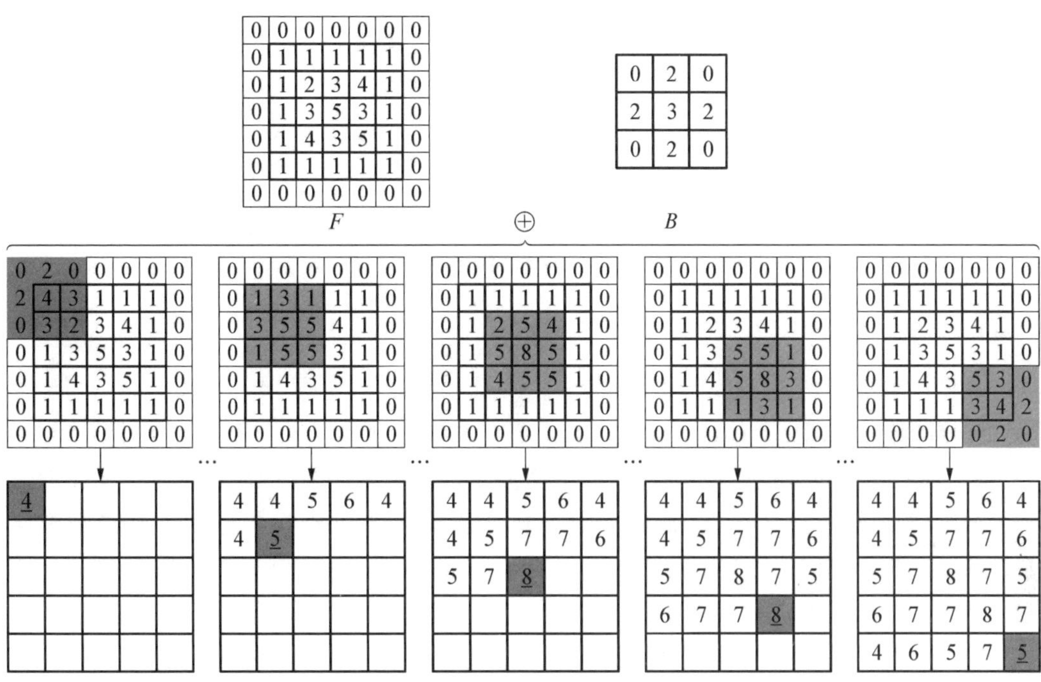

图 2－36　灰度膨胀示意图

通过下面的一个实例，对灰度图像腐蚀与膨胀的特点做进一步阐述。在图 2－37 中，(a)为原始图像，通过对图(a)仔细观察，可以发现其中有一处明显的亮细节——摄像机的

(a)　(b)　(c)

图 2－37　灰度图像腐蚀膨胀操作

把手，而摄像机的支撑处则表现出明显的暗细节。图(b)为对图(a)做腐蚀操作的结果。可以看出，相对于原图腐蚀后图像的亮度整体降低，摄像机把手处的亮细节已经几乎不可区分。图(c)为对图(a)做膨胀操作的结果，相对于原图膨胀后图像的亮度有所提高，摄像机支撑处的暗细节有明显的减弱，同时亮细节得到了加强。

2.5.3 灰度开闭运算

灰度图像的开闭操作与二值图像的开闭操作具有类似的定义，用结构元素 b 对图像 f 进行开操作表示为 $f \circ b$，定义为

$$f \circ b = (f \ominus b) \oplus b \tag{2-34}$$

类似地，用结构元素 b 对图像 f 进行闭操作表示为 $f \bullet b$，定义为

$$f \bullet b = (f \oplus b) \ominus b \tag{2-35}$$

灰度图像的开操作和闭操作关于求补和结构元素的反射运算是对偶的，即

$$(f \bullet b)^c = f^c \circ \hat{b} \tag{2-36}$$

灰度图像可以视为三维坐标系中的一个曲面，x 轴与 y 轴为通常意义上的空间坐标轴，而 z 轴则反映灰度值 $f(x, y)$ 的大小。灰度图像的开操作可以用如下方式形象地解释，用结构元素 b 对 f 进行开操作时，可将结构元素 b 视为一个“滚动的”球，开操作的过程可视为将该球在 $f(x, y)$ 的曲面下侧面滚动，当球体滚过整个下侧面时，由球体在接触到曲面时任何部位能达到的最高点组成了 $f \circ b$ 的结果。为了有更加直观的理解，将该过程映射到二维图上，做进一步分析。

图 2-38 所示为将 $f(x, y)$ 曲面投影到二维时的示意图。可以看到，曲线有很多突起的峰值，也就是亮度比较大的点。当用圆形的结构元素(b)在曲线(a)下滚动时，所有比球体直径窄的波峰在幅值和尖锐程度上都减小了。可见对灰度图像执行开操作，可以去除其中较小的明亮细节，同时保持与原图像同等大小的灰度级。

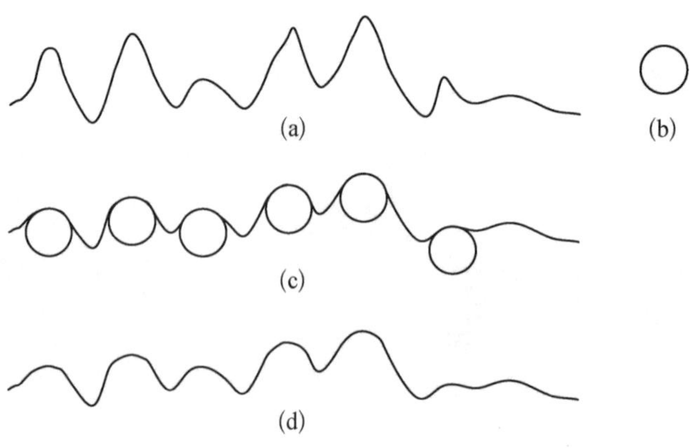

图 2-38 灰度图像开操作的几何意义

类似地,灰度图像的闭操作有如下的形象解释,用结构元素 b 对 f 进行闭操作时,可将结构元素 b 视为一个"滚动的"球,闭操作的过程可视为将该球在 $f(x, y)$ 的曲面上侧面滚动,当球体滚过整个上侧面时,$f \cdot b$ 的结果由球体与曲面任何接触到的部位中的最低点组成。同样,将 $f(x, y)$ 曲面投影到二维,做进一步分析。

图 2-39 所示为当用圆形的结构元素(b)在曲线(a)上滚动时,波峰基本保持不变,而所有比球体直径窄的波谷的幅值增大了,尖锐程度减小了。可见对灰度图像执行闭操作,可以去除其中较小的暗细节部分,同时原图像中的明亮部分基本不受影响。

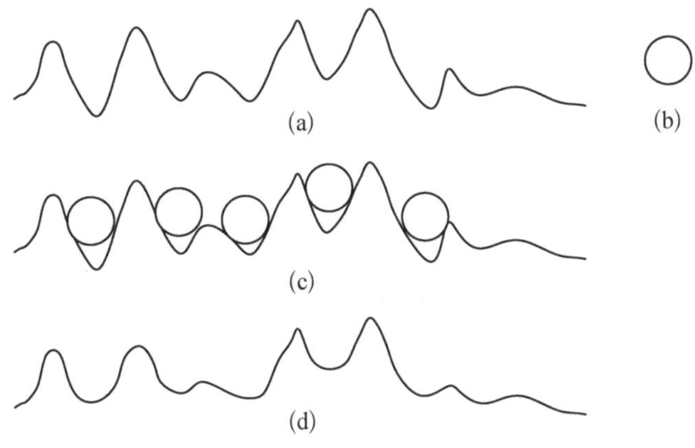

图 2-39　灰度图像闭操作的几何意义

2.5.4　灰度形态学算法

灰度形态学算法可以用于图像平滑处理。其一般的操作步骤是先对图像执行形态学开操作,而后执行形态学闭操作。通过这两个步骤,消除了原图像中存在的亮、暗因素,实现了图像平滑。一个典型的应用就是消除图像中的椒盐噪声,如图 2-40 所描述的过程。

(a)

(b)

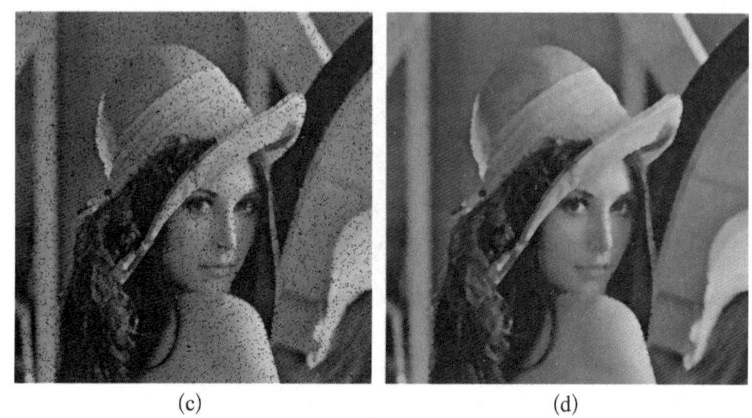

(c) (d)

图 2-40 灰度图像开闭操作应用

图 2-40 显示在灰度图像中,(a)为原始图像,(b)在原始图像的基础上增加了盐点(亮点)与椒点(暗点),(c)图像为对(b)图像执行开操作的结果,图像中的亮点已被清除,可以看出灰度图像的开操作可以除去其中较小的明亮细节;(d)图像为对(c)图像执行闭操作的结果,图像中的暗点已被清除,可以看出灰度图像的闭操作可以除去其中较小的暗细节。

2.5.4.1 形态学梯度

腐蚀与膨胀的结合可以用于计算形态学梯度,灰度图像的形态学梯度一般用 g 表示,定义为

$$g=(f\oplus b)-(f\ominus b) \tag{2-37}$$

形态学梯度可以将图像中比较尖锐的灰度过渡区加强。相对于传统的空间梯度算子(见第 3 章),利用对称的结构元素获得的形态学梯度受边缘方向的影响较小,但计算量相对较大。

在图 2-41 中,(a)图为原始图像,(b)图为利用灰度腐蚀与膨胀求取的形态学梯度,(c)图则为利用 Sobel 算子提取的边缘。对比(b)与(c)的图像可以发现,形态学梯度受边缘方向的影响较小。

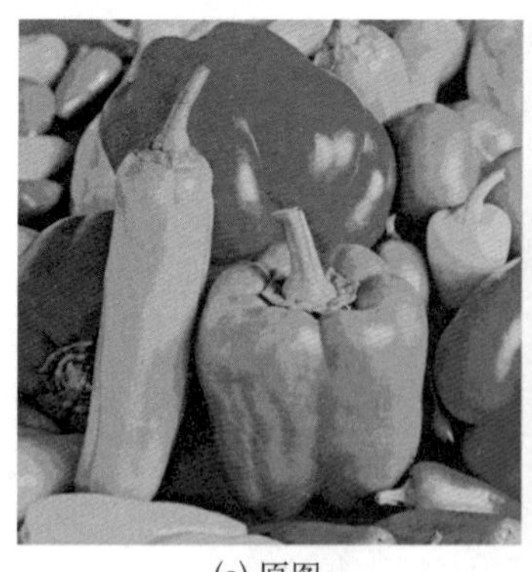

(a) 原图

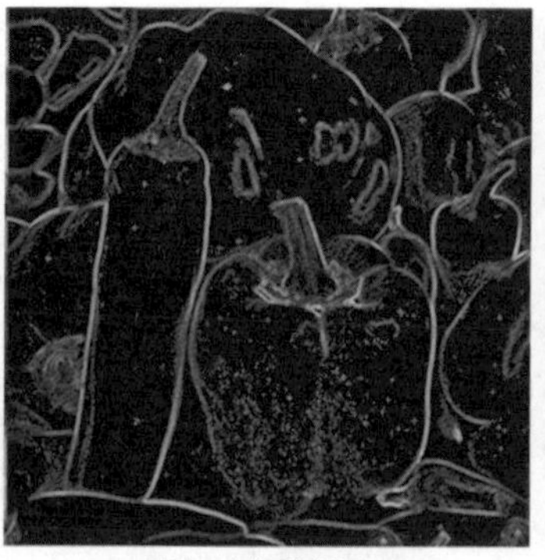

(b) 形态学梯度

(c) Sobel算子边缘提取

图 2-41 形态学梯度对比图

高帽变换(Top－Hat 变换):

通过形态学方法,可以实现对图像的 Top－Hat 变换,其定义为

$$\mathrm{hat}(f)=f-(f\circ b) \tag{2-38}$$

式中:b 为结构元素;f 为输入图像。这种变换具有检测波峰的作用,对在较暗的背景中求亮的像素聚集体非常有效。

除了 Top－Hat 变换,还有一种与其类似的变换,称为低帽(Bot－Hat)变换,定义为

$$\mathrm{bth}(f)=(f\bullet g)-f \tag{2-39}$$

它与 Top－Hat 变换对偶,是一种波谷检测器,能将暗目标从亮背景中凸显出来。

在图 2－42 中,(a)为原始图像,(b)为 Top－Hat 变换之后的图像,(c)为 Bot－Hat 变换之后的图像。可以看到,执行 Top－Hat 变换之后图像中的亮细节得到了增强,暗区域被削弱,而执行 Bot－Hat 变换之后的图像则表现出相反的结果。

(a) 原图

(b) Top-Hat变换

(c) Bot-Hat变换

图 2－42 形态学梯度对比图

2.5.4.2 粒子测度

粒子测度是一种可以对图像中粒子的尺度分布进行估计的方法。以图 2－43(a)中的原始图像为例,图(a)中明显有两种尺寸差异较大的白色圆形图案,称为"粒子"。考虑到这些"粒子"的亮度比背景亮度高,可用一系列尺寸递增的结构元素对图像进行开运算。当粒子大小和所用结构元素的大小接近时,对应的粒子会被消除,对应的区域变为黑色背景。每当进行完一次开运算后,可计算操作前后两张图像白色区域减小的面积,除以结构元素尺寸即可得到该尺寸粒子个数的一个估计值。

图 2－43(b)显示了对图(a)进行粒子测度操作的结果。横坐标为结构元素的尺寸,纵坐标为粒子个数归一化后得到的比例。可以看到,图(b)的直方图中有 2 个明显的高峰,代表原图中应有 2 种尺寸差异明显的粒子。

2.5.4.3 纹理分割

纹理分割的目的是以纹理内容为基础找到两个区域的边界。图 2－44 显示了一幅在

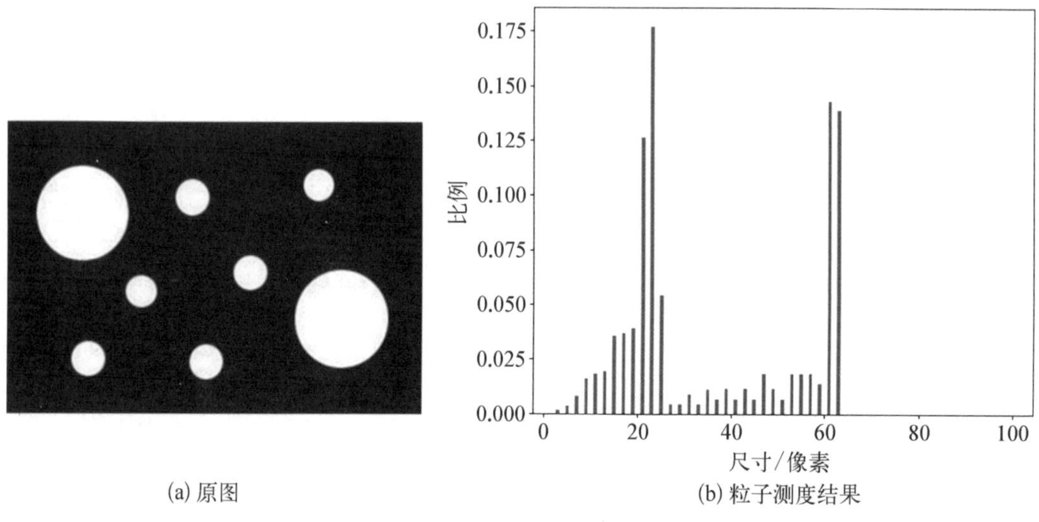

(a) 原图　　(b) 粒子测度结果

图 2-43　粒子测度示意图

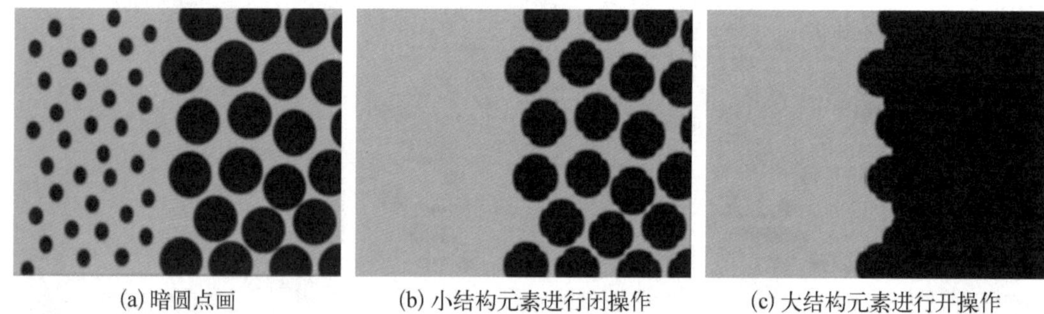

(a) 暗圆点画　　(b) 小结构元素进行闭操作　　(c) 大结构元素进行开操作

图 2-44　不同大小结构元进行闭、开操作

较亮背景上存在两种大小不一的较暗圆组成的图像。该图像有两个纹理区域：右边较大圆组成的区域和左边较小圆组成的区域。

感兴趣的目标比背景暗，当使用的结构元素尺寸和小圆的尺寸相同或大于小圆尺寸时，再进行闭操作，那么这些小圆将从图像中除去。因此执行完闭操作后，得到了一幅亮背景上带有暗的大圆的图像。若继续使用一个尺寸比大圆之间间隔要大的结构元素对闭操作处理后的图像做开操作，则最后的结果是大圆之间亮的间隔被除去，并使整个大圆所在区域相对较暗，如图 2-44(c)所示。

本章从最基本的集合论概念以及逻辑运算讲起，首先，对形态学的处理过程以及结构元素这一重要概念加以介绍；其次，对二值形态学的基本运算——腐蚀与膨胀、开闭操作、击中击不中变换进行详细的说明；再次，在此基础上介绍了二值形态学在图像处理中常用的几种算法，如边缘提取、区域填充、细化、粗化、骨架提取等；最后，将几种形态学基本操作由二值图像拓展到灰度级图像，对灰度形态学中腐蚀、膨胀和开闭运算进行了阐述，并举例讨论了形态学梯度、高低帽变换、粒子测度和纹理分割等组合形态学算法。

习题

1. 请举一个生活中的例子来说明数字图像形态学处理可能的应用场景，并进一步讨论应用形态学算法可能的优点和不足。
2. 如题图 2－1 所示，已知一个二值图像为(a)，结构元素为(b)，那么该结构元素在给定二值图像上分别进行形态学开、闭运算的结果是什么？

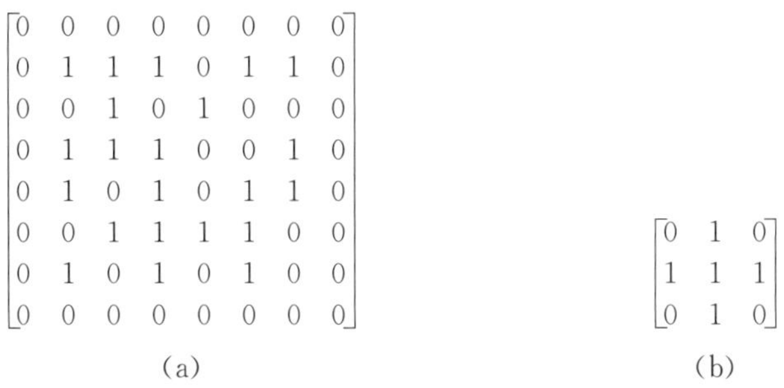

$$\begin{bmatrix}0&0&0&0&0&0&0&0\\0&1&1&1&0&1&1&0\\0&0&1&0&1&0&0&0\\0&1&1&1&0&0&1&0\\0&1&0&1&0&1&1&0\\0&0&1&1&1&1&0&0\\0&1&0&1&0&1&0&0\\0&0&0&0&0&0&0&0\end{bmatrix}$$

(a)

$$\begin{bmatrix}0&1&0\\1&1&1\\0&1&0\end{bmatrix}$$

(b)

题图 2－1

3. 试讨论本章图 2－5 中的腐蚀操作实例中如果继续利用结构元素进行 2 次和 3 次腐蚀操作的结果。
4. 试讨论本章图 2－9 中的膨胀操作实例中如果结构元素参考点的位置左移 1 位，得到的膨胀结果是什么呢？
5. 击中击不中变换和腐蚀操作有什么关联吗？试通过实验验证自己的想法。
6. 如何通过形态学操作获得图像中目标的边缘信息？这和通过基于梯度的边缘算法得到的结果有什么差别？
7. 试通过实验探讨区域填充算法中填充起点对最终填充结果的影响，并讨论该如何设置填充起点。
8. 考虑图 2－43 或图 2－44 中圆形目标计数问题，如何用数字形态学算法统计图像中圆形目标的个数呢？如果目标间有重叠该如何处理呢？试说明你的处理流程并分析其可行性。
9. 试归纳总结二值图像的形态学算法和灰度图像形态学算法处理上的异同。
10. 试在 OpenCV 或 Matlab 等框架或平台上根据示例代码进行编程实验，修改相应参数并观察对应的结果。

参考文献

[1] Serra J, Soille P. Mathematical Morphology and its Applications to Image

Processing[M]. Berlin：Springer，2012.

[2] 拉斐尔·C.冈萨雷斯，理查德·E.伍兹.数字图像处理[M].3版.阮秋琦，阮宇智，等译.北京：电子工业出版社，2011：402－438.

[3] Laurent N，Hugues T. Mathematical Morphology：from Theory to Applications [M]. New York：John Wiley and Sons，2013.

3 图像变换

图像变换是图像处理和分析技术的基础。图像变换在图像增强、恢复和编码压缩以及特征抽取等方面都有十分重要的应用。为了有效和快速地对图像进行处理和分析,研究人员常常将离散的图像信号以某种形式转换到另外一些空间中,从另一个角度分析图像的特性,图像在这些不同空间中特有的性质使得图像的加工和处理更简单和有效,最后研究人员将所得结果进行逆变换,将其转换回图像空间。

原则上,所有的图像处理都是图像变换,而本章的图像变换特指数字图像经过正交变换把原先二维空间域中的数据变换到另外一个"变换域"形式描述的过程。一般变换后图像的大部分能量都分布于低频谱段,这对图像的压缩、传输都比较有利。

另外,任何图像信号处理都不同程度地改变图像信号频率成分的分布。因此,对信号的频域分析和处理是重要的技术手段,而且有一些在空间域不容易实现的操作或者处理可以在频域中简单方便地完成。本章主要介绍和讨论这些转换方法,即图像变换技术,如傅里叶变换、离散余弦变换、沃尔什-哈达玛变换等。

3.1 一维傅里叶变换

3.1.1 一维连续傅里叶变换的定义

傅里叶变换为图像的频域处理提供了良好的工具。图像处理主要使用二维傅里叶变换作为学习的基础,下面先介绍一维傅里叶变换。

对于一维连续信号 $f(t)$ 和连续变量 t,由 $\mathcal{F}\{f(t)\}$ 表示的连续函数 $f(t)$ 的傅里叶变换定义为

$$F(\mu)=\mathcal{F}\{f(t)\}=\int_{-\infty}^{\infty} f(t)e^{-j2\pi\mu t}\mathrm{d}t \tag{3-1}$$

同样,给定 $F(\mu)$,通过傅里叶反变换也可以得到 $f(t)$,

$$f(t)=\mathcal{F}^{-1}\{F(\mu)\}=\int_{-\infty}^{\infty} F(\mu)e^{j2\pi\mu t}\mathrm{d}\mu \tag{3-2}$$

在这里，时域信号 $f(t)$ 和频域信号 $F(\mu)$ 合起来称为傅里叶变换对。

3.1.2 一维卷积定理

为了更深入地研究傅里叶变换，卷积和卷积定理是两个非常重要的概念。卷积的定义如下式：

$$f(t) \otimes h(t) = \int_{-\infty}^{\infty} f(\tau) h(t-\tau) \mathrm{d}\tau \tag{3-3}$$

其中⊗为卷积符号，应注意与第 2 章中的细化符号加以区分。卷积定理是傅里叶变换满足的一个重要性质。卷积定理指出，函数卷积的傅里叶变换是函数傅里叶变换的乘积。卷积定理分为时域卷积定理和频域卷积定理，时域卷积定理即时域内的卷积对应频域内的乘积，即式(3-4)；频域卷积定理即频域内的卷积对应时域内的乘积，即式(3-5)。两者具有对偶关系：

$$f(t) \otimes h(t) \Leftrightarrow H(\mu) F(\mu) \tag{3-4}$$

$$f(t) h(t) \Leftrightarrow H(\mu) \otimes F(\mu) \tag{3-5}$$

3.1.3 冲激及取样特性

然而在图像处理中，很难对连续信号进行处理。因此，对连续信号的采样和对离散信号的处理就变得必要。这里用狄拉克函数 $\delta(t)$ 对信号进行采样。对于连续函数，$\delta(t)$ 满足：

$$\delta(t) = \begin{cases} \infty, & t = 0 \\ 0, & t \neq 0 \end{cases} \tag{3-6}$$

且

$$\int_{-\infty}^{\infty} \delta(t) \mathrm{d}t = 1 \tag{3-7}$$

一个冲激具有如下的取样特性：

$$\int_{-\infty}^{\infty} f(t) \delta(t) \mathrm{d}t = f(0) \tag{3-8}$$

这种取样特性的更一般的表达形式为

$$\int_{-\infty}^{\infty} f(t) \delta(t - t_0) \mathrm{d}t = f(t_0) \tag{3-9}$$

而对于离散函数，$\delta(x)$ 满足：

$$\delta(x)=\begin{cases}1, & x=0\\0, & x\neq 0\end{cases} \tag{3-10}$$

且

$$\sum_{-\infty}^{\infty}\delta(x)=1 \tag{3-11}$$

同样地，离散变量的取样特性为

$$\sum_{-\infty}^{\infty}f(x)\delta(x)=f(0) \tag{3-12}$$

$$\sum_{-\infty}^{\infty}f(x)\delta(x-x_0)=f(x_0) \tag{3-13}$$

在接下来的离散傅里叶变换的介绍中，将涉及一个非常重要的冲激串函数，其定义为

$$s_{\Delta T}(t)=\sum_{n=-\infty}^{\infty}\delta(t-n\Delta T) \tag{3-14}$$

将冲激串函数代入傅里叶变换公式(3-1)可得，$s_{\Delta T}(t)$ 的傅里叶变换 $S(\mu)$ 为

$$S(\mu)=\mathcal{F}\{s_{\Delta T}(t)\}=\frac{1}{\Delta T}\sum_{n=-\infty}^{\infty}\delta\left(\mu-\frac{n}{\Delta T}\right) \tag{3-15}$$

由此可得，周期为 ΔT 的冲激串的傅里叶变换是周期为 $\dfrac{1}{\Delta T}$ 的冲激串，这个性质十分重要。图 3-1 是 $s_{\Delta T}(t)$ 和 $S(\mu)$ 的图像。

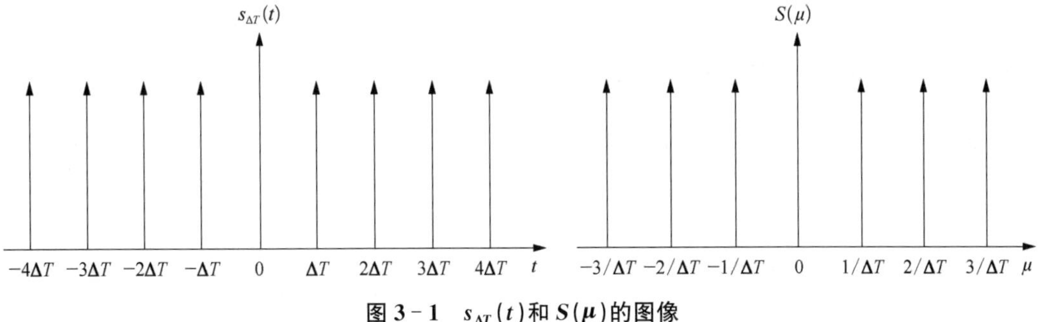

图 3-1　$s_{\Delta T}(t)$和$S(\mu)$的图像

3.1.4　取样函数的傅里叶变换

正如之前所讨论的那样，对时域内信号的等间距采样(间隔为 ΔT)可以使用冲激串函数 $s_{\Delta T}(t)$，得到采样后信号 $f(t)$：

$$\tilde{f}(t)=f(t)s_{\Delta T}(t)=\sum_{-\infty}^{\infty}f(t)\delta(t-n\Delta T) \tag{3-16}$$

式中：n 为整数，ΔT 为时域信号的采样周期。

为得到时域信号采样后的频域特性，对 $\tilde{f}(t)$ 进行傅里叶变换。根据式(3-5)可得：

$$\tilde{F}(\mu)=\mathcal{F}\{\tilde{f}(t)\}=\mathcal{F}\{f(t)s_{\Delta T}(t)\}=F(\mu)\otimes S(\mu) \tag{3-17}$$

再根据冲激取样特性式(3-9)可得：

$$\tilde{F}(\mu)=F(\mu)\otimes S(\mu)=\frac{1}{\Delta T}\sum_{n=-\infty}^{\infty}F\left(\mu-\frac{n}{\Delta T}\right) \tag{3-18}$$

由式(3-18)可以看出，取样后的函数 $\tilde{f}(t)$ 的傅里叶变换 $\tilde{F}(\mu)$ 是 $F(\mu)$ 的一个无限周期复制序列，复制的间隔由 $\frac{1}{\Delta T}$ 的值决定。由此可以得到离散傅里叶变换中的一个非常重要的性质：时域内以 ΔT 等间隔的采样对应频域内以 $\frac{1}{\Delta T}$ 为间隔的无限周期复制序列。这个性质在之后的讨论中还会用到。

3.1.5 取样定理

为了不产生混叠现象，采样频率必须大于带限信号(以原点为中心，频域内占据一定的带宽 $[-\mu_{\max},\mu_{\max}]$，而其外恒等于零的信号)的最大频率值的 2 倍：

$$\frac{1}{\Delta T}>2\mu_{\max} \tag{3-19}$$

这个定理称为奈奎斯特采样定理，最高频率两倍的取样率称为奈奎斯特采样率。

3.1.6 一维离散傅里叶变换的定义

将 $\tilde{f}(t)$ 代入傅里叶变换公式，得：

$$\begin{aligned}\tilde{F}(\mu)&=\int_{-\infty}^{\infty}\tilde{f}(t)e^{-j2\pi\mu t}\,\mathrm{d}t\\&=\int_{-\infty}^{\infty}\sum_{-\infty}^{\infty}f(t)\delta(t-n\Delta T)e^{-j2\pi\mu t}\,\mathrm{d}t\\&=\sum_{n=-\infty}^{\infty}f_n\mathrm{e}^{-j2\pi\mu n\Delta T}\end{aligned} \tag{3-20}$$

式中：$f_n=\int_{-\infty}^{\infty}f(t)\delta(t-n\Delta T)\mathrm{d}t=f(n\Delta T)$，由式(3-18)得到的性质可知，离散函数 f_n 的傅里叶变换 $\tilde{F}(\mu)$ 为无限周期连续函数，其周期为 $\frac{1}{\Delta T}$。所以，对一个周期内的 $\tilde{F}(\mu)$ 进行采样是离散傅里叶变换的基础。

在周期 $\mu=0$ 到 $\mu=\dfrac{1}{\Delta T}$ 间对 $\widetilde{F}(\mu)$ 取 M 个等间距样本。

$$\mu=\frac{m}{M\Delta T},\ m=0,\ 1,\ 2,\ \cdots,\ M-1 \tag{3-21}$$

把 μ 的值代入式(3-20),得

$$F_m=\sum_{n=0}^{M-1} f_n \mathrm{e}^{-\frac{j2\pi mn}{M}},\ m=0,\ 1,\ 2,\ \cdots,\ M-1 \tag{3-22}$$

令 $F(u)\equiv F_m$, $f(x)\equiv f_n$,则得到一维离散傅里叶变换公式:

$$F(u)=\sum_{x=0}^{M-1} f(x)\mathrm{e}^{-\frac{j2\pi ux}{M}},\ u=0,\ 1,\ 2,\ \cdots,\ M-1 \tag{3-23}$$

同样地,$f(x)$ 也可以通过 $F(u)$ 进行离散傅里叶反变换得到:

$$f(x)=\frac{1}{M}\sum_{u=0}^{M-1} F(u)\mathrm{e}^{\frac{j2\pi ux}{M}},\ x=0,\ 1,\ 2,\ \cdots,\ M-1 \tag{3-24}$$

可以证明,傅里叶变换和傅里叶反变换都是无限周期的,周期为 M,

$$F(u)=F(u+kM) \tag{3-25}$$

且

$$f(x)=f(x+kM) \tag{3-26}$$

式中:k 为整数。

离散信号的卷积公式为

$$f(x)\otimes h(x)=\sum_{m=0}^{M-1} f(m)h(x-m),\ x=0,\ 1,\ 2,\ \cdots,\ M-1 \tag{3-27}$$

3.2 二维离散傅里叶变换

3.2.1 二维离散傅里叶变换的定义

在图像处理中,将图像看作一个二维离散信号。所以,二维离散傅里叶变换是本章的关键。由前一节的一维离散傅里叶变换类比可得,二维图像 $f(x,\ y)$ 的正、反傅里叶变换定义为

$$F(u,\ v)=\sum_{x=0}^{M-1}\sum_{y=0}^{N-1} f(x,\ y)\mathrm{e}^{-j2\pi\left(\frac{ux}{M}+\frac{vy}{N}\right)} \tag{3-28}$$

其中 u、v 为频率变量；$u=0, 1, 2, \cdots, M-1$ 和 $v=0, 1, 2, \cdots, N-1$；又

$$f(x, y)=\frac{1}{MN}\sum_{u=0}^{M-1}\sum_{v=0}^{N-1}F(u, v)e^{j2\pi\left(\frac{ux}{M}+\frac{vy}{N}\right)} \tag{3-29}$$

式中：$x=0, 1, 2, \cdots, M-1$ 和 $y=0, 1, 2, \cdots, N-1$。

其中，M 和 N 为空域中采样点的个数，ΔT 为采样间隔，则相应的离散频域变量间隔为

$$\Delta u=\frac{1}{M\Delta T} \tag{3-30}$$

$$\Delta v=\frac{1}{N\Delta T} \tag{3-31}$$

所以，频域样本间距和空间样本间距与采样点数 M 和 N 成反比。

3.2.2 二维离散傅里叶变换的性质

3.2.2.1 平移和旋转特性

由离散傅里叶变换和反变换公式可得，其平移特性为

$$f(x, y)e^{j2\pi\left(\frac{u_0x}{M}+\frac{v_0y}{N}\right)}\Leftrightarrow F(u-u_0, v-v_0) \tag{3-32}$$

$$f(x-x_0, y-y_0)\Leftrightarrow F(u, v)e^{-j2\pi\left(\frac{x_0u}{M}+\frac{y_0v}{N}\right)} \tag{3-33}$$

如上两式所示，平移不改变 $F(u, v)$ 的幅度（频谱）。所以，如果将频域 $F(u, v)$ 移动半个周期，根据式(3-32)，需要将空域函数乘以 $(-1)^{x+y}$，如下：

$$f(x, y)(-1)^{x+y}\Leftrightarrow F\left(u-\frac{M}{2}, v-\frac{N}{2}\right) \tag{3-34}$$

在后文傅里叶变换对频谱图的中心化操作中，式(3-34)会再次被提及。

使用极坐标表示空域和频域信号：

$$x=r\cos\theta,\ y=r\sin\theta,\ u=\omega\cos\varphi,\ v=\omega\sin\varphi$$

则旋转特性为

$$f(r, \theta+\theta_0)\Leftrightarrow F(\omega, \varphi+\varphi_0) \tag{3-35}$$

由此可以看出，若空域信号旋转一定角度，频域信号也旋转相同的角度。如图 3-2 所示，(a)为原始图像，(b)为其(a)对应的快速傅里叶变换频谱幅值的灰度图，(c)为(a)经过顺时针旋转 45°角所得图像，(d)为(c)所对应的快速傅里叶变换频谱幅值的灰度图。

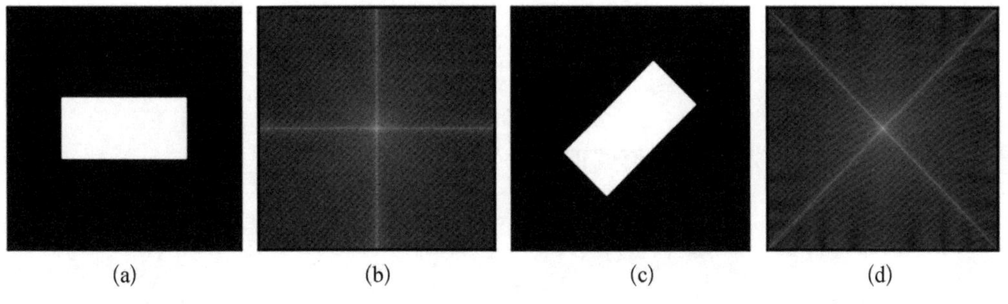

图 3-2 二维傅里叶变换的旋转特性

3.2.2.2 周期性

二维离散傅里叶变换的周期性与一维相似，其傅里叶变换和反变换得到的结果在两个方向上均是无限周期的：

$$\begin{aligned}F(u, v) &= F(u+k_1M, v) = F(u, v+k_2N) \\ &= F(u+k_1M, v+k_2N)\end{aligned} \tag{3-36}$$

$$\begin{aligned}f(x, y) &= f(x+k_1M, y) = f(x, y+k_2N) \\ &= f(x+k_1M, y+k_2N)\end{aligned} \tag{3-37}$$

式中：k_1 和 k_2 是整数。

3.2.2.3 频谱与相角

由于二维离散傅里叶变换通常是复函数，也可使用极坐标形式表示：

$$F(u, v) = |F(u, v)| \mathrm{e}^{j\phi(u, v)} \tag{3-38}$$

其中，幅度

$$|F(u, v)| = [Re^2(u, v) + Im^2(u, v)]^{\frac{1}{2}} \tag{3-39}$$

称为傅里叶谱（或频谱），Re 和 Im 分别表示 $F(u, v)$ 的实部和虚部，而

$$\phi(u, v) = \arctan\left[\frac{Im(u, v)}{Re(u, v)}\right] \tag{3-40}$$

称为相角。最后，功率谱定义为

$$P(u, v) = |F(u, v)|^2 = Re^2(u, v) + Im^2(u, v) \tag{3-41}$$

并且，所有的计算直接对离散变量 $u=0, 1, 2, \cdots, M-1$ 和 $v=0, 1, 2, \cdots, N-1$ 进行。所以，$|F(u, v)|$，$\phi(u, v)$ 和 $P(u, v)$ 是大小为 $M \times N$ 的阵列。

实函数的傅里叶变换是共轭对称的，即 $F(u, v) = F^*(-u, -v)$，所以频谱关于原点偶对称：

$$|F(u, v)| = |F(-u, -v)| \tag{3-42}$$

相角关于原点奇对称

$$\phi(u, v) = -\phi(-u, -v) \tag{3-43}$$

由式(3-28)可知

$$F(0,\ 0)=\sum_{x=0}^{M-1}\sum_{y=0}^{N-1}f(x,\ y) \tag{3-44}$$

所以,零频率项与 $f(x,\ y)$ 的均值成正比

$$F(0,\ 0)=MN\frac{1}{MN}\sum_{x=0}^{M-1}\sum_{y=0}^{N-1}f(x,\ y)=MN\ \bar{f}(x,\ y) \tag{3-45}$$

由于 MN 通常很大,一般 $|F(0,\ 0)|$ 是频谱的最大分量。因为在原点处的频率分量 u 和 v 是 0,所以 $F(0,\ 0)$ 也称为直流分量。

图 3-3 展示了原图(a)进行二维傅里叶变换所得的频谱幅值(b)及相角灰度图(c)。

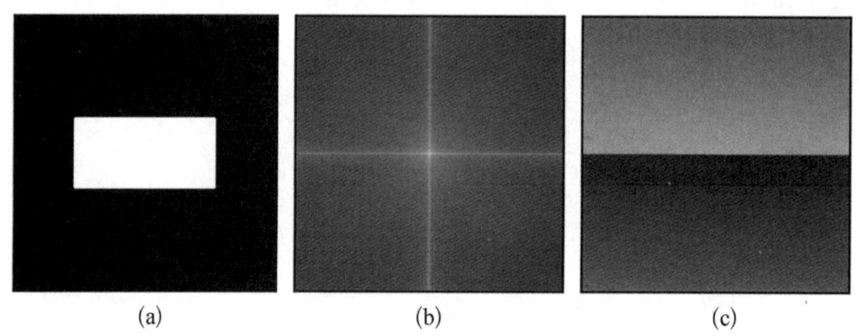

图 3-3　傅里叶变换所得频谱与相角

3.2.3　二维离散卷积定理

同样地,二维函数的卷积可以表示为

$$f(x,\ y)\otimes h(x,\ y)=\sum_{m=0}^{M-1}\sum_{n=0}^{N-1}f(m,\ n)h(x-m,\ y-n) \tag{3-46}$$

式中:$x=0,\ 1,\ 2,\ \cdots,\ M-1,\ y=0,\ 1,\ 2,\ \cdots,\ N-1$。

卷积定理式(3-4)和式(3-5)对于二维函数同样适用:

$$f(x,\ y)\otimes h(x,\ y)\Leftrightarrow F(u,\ v)H(u,\ v) \tag{3-47}$$

反之,

$$f(x,\ y)h(x,\ y)\Leftrightarrow\frac{1}{MN}F(u,\ v)\otimes H(u,\ v) \tag{3-48}$$

3.2.4　缠绕现象

由于处理的语音信号是时域内的有限信号,而通过离散傅里叶变换和反变换后,得到的离散时域信号是无限周期的信号,周期信号卷积操作可能产生缠绕。缠绕现象是指卷积操作时对两个信号滑动乘积进行累加,当累加区间大于信号周期时,就可能对一个信号

周期外的值进行重复累加，导致其卷积与期望计算的有限信号的卷积不同。解决卷积缠绕的方法就是在傅里叶变换前进行 0 填充处理，0 填充使得信号周期不小于卷积区间，从而避免了卷积缠绕。

因此，对于一维信号，为避免缠绕现象，必须将两个时域信号的结尾处进行 0 填充处理，即在每个函数的结尾处添加足够多的 0。对于分别具有 A 个样本和 B 个样本的两个函数，通过 0 填充处理，使两个函数具有相同的长度 P，若满足

$$P \geqslant A + B - 1 \tag{3-49}$$

则可以避免缠绕现象的产生。

二维信号的卷积同样会遇到缠绕现象的问题，所以在图像处理中，也可以通过 0 填充的方式避免缠绕现象，即

$$f_p(x) = \begin{cases} f(x, y), & 0 \leqslant x \leqslant A - 1 \text{ 和 } 0 \leqslant y \leqslant B - 1 \\ 0, & A \leqslant x \leqslant P \text{ 或 } B \leqslant y \leqslant Q \end{cases} \tag{3-50}$$

和

$$h_p(x) = \begin{cases} h(x, y), & 0 \leqslant x \leqslant C - 1 \text{ 和 } 0 \leqslant y \leqslant D - 1 \\ 0, & C \leqslant x \leqslant P \text{ 或 } D \leqslant y \leqslant Q \end{cases} \tag{3-51}$$

其中，

$$P \geqslant A + C - 1 \tag{3-52}$$

和

$$Q \geqslant B + D - 1 \tag{3-53}$$

在频域图像处理中，图像和频域滤波器的阵列通常大小相同，均为 $M \times N$。所以有

$$P \geqslant 2M - 1 \tag{3-54}$$

和

$$Q \geqslant 2N - 1 \tag{3-55}$$

3.3 频域滤波步骤

正如前面提到的，介绍傅里叶变换是为了将图像的信息看作二维离散信号，并将其转化到频域上进行处理。这里通过一幅简单图像的傅里叶变换来说明傅里叶变换的具体步骤。

图 3-4 矩形函数图像

例：图 3-4 的傅里叶变换

这里，傅里叶谱不是直接显示 $|F(u, v)|$，因为傅里叶变换中的 $F(u, v)$ 随着 u 或 v 的增加衰减太快，只能显示高频项很少的峰值，其余都难以看清楚。为了使 $F(u, v)$ 频谱有更好的视

觉显示效果，通常采用对数形式，即 $lg(1+|F(u, v)|)$ 的图像显示频谱。另外，再利用傅里叶变换的平移性质，将 $F(u, v)$ 的原点移动到频域窗口的中心处，这样显示的傅里叶谱图像中心为低频部分，向外为高频部分，如图 3-5 所示。

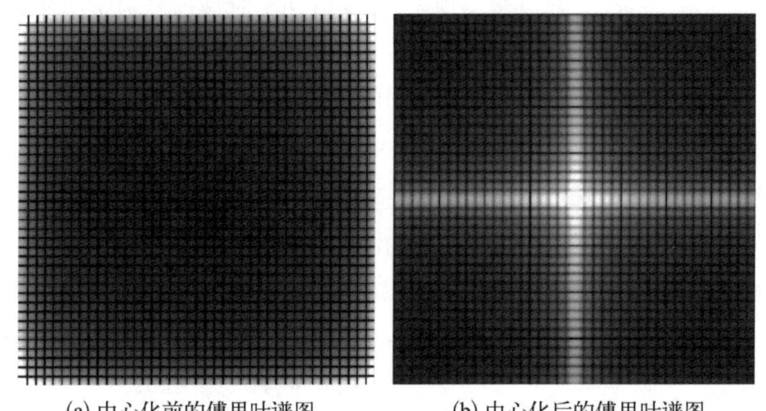

(a) 中心化前的傅里叶谱图　　(b) 中心化后的傅里叶谱图

图 3-5　矩形函数的傅里叶谱

根据前面的讨论，得出频域滤波的主要步骤如下：

(1) 对于大小为 $M\times N$ 的图像 $f(x, y)$，通过 $P=2M$ 和 $Q=2N$ 得到填充参数。

(2) 对 $f(x, y)$ 进行 0 填充处理，形成阵列大小为 $P\times Q$ 的填充图像 $f_p(x, y)$。

(3) 用 $(-1)^{x+y}$ 乘以 $f_p(x, y)$，使频域图像的原点移至图像中心。

(4) 计算 $f_p(x, y)(-1)^{x+y}$ 的离散傅里叶变换。

(5) 生成一个实的、对称的滤波函数 $H(u, v)$，大小为 $P\times Q$，中心在 $\left(\frac{P}{2}, \frac{Q}{2}\right)$ 处。逐点相乘 $G(u, v)=H(u, v)F(u, v)$。

(6) 对 $G(u, v)$ 进行反变换：$g_p(x, y)=\{Re[\mathcal{F}^{-1}[G(u, v)]]\}(-1)^{x+y}$。

(7) 从 $g_p(x, y)$ 的左上方中提取 $M\times N$ 阵列大小的图像，即为滤波后图像 $g(x, y)$。

其中，步骤(1)(2)为避免缠绕现象(详见 3.2.4)；步骤(3)将频域图像的原点移至图像中心(详见 4.2.2)；步骤(6)为步骤(4)的反变换；步骤(7)为步骤(1)(2)的反变换。下面介绍通过频域高通滤波器和低通滤波器进行图像的锐化和平滑处理的方法。

3.4　离散余弦变换

3.4.1　离散余弦变换的定义

离散余弦变换是利用傅里叶变换的实数部分构成的变换。

正变换如下：

$$F_c(\mu, v)=\frac{2}{\sqrt{MN}}c(\mu)c(v)\sum_{x=0}^{M-1}\sum_{y=0}^{N-1}f(x, y)\cos\left[\frac{\pi}{2N}(2x+1)\mu\right]\cos\left[\frac{\pi}{2M}(2y+1)v\right] \tag{3-56}$$

逆变换如下：

$$f(x, y)=\frac{2}{\sqrt{MN}}\sum_{\mu=0}^{M-1}\sum_{v=0}^{N-1}c(\mu)c(v)F_c(\mu, v)\cos\left[\frac{\pi}{2N}(2x+1)\mu\right]\cos\left[\frac{\pi}{2M}(2y+1)v\right] \tag{3-57}$$

其中：

$$c(x)=\begin{cases}\dfrac{1}{\sqrt{2}}, & x=0\\ 1, & x=1, 2, \cdots, N-1\end{cases} \tag{3-58}$$

3.4.1.1　余弦变换

离散余弦变换是计算余弦级数(傅里叶级数的特例)系数的变换。

若函数 $f(x)$以 $2l$ 为周期在 $[-l, l]$ 上绝对可积,则 $f(x)$可展开成傅里叶级数：

$$f(x)=\frac{a_0}{2}+\sum_{n=1}^{\infty}\left(a_n\cos\frac{n\pi x}{l}+b_n\sin\frac{n\pi x}{l}\right) \tag{3-59}$$

其中,余弦变换和正弦变换分别为

$$a_n=\frac{1}{l}\int_{-l}^{l}f(x)\cos\frac{n\pi x}{l}\mathrm{d}x \tag{3-60}$$

$$b_n=\frac{1}{l}\int_{-l}^{l}f(x)\sin\frac{n\pi x}{l}\mathrm{d}x \tag{3-61}$$

若 $f(x)$为奇函数或偶函数,有 $a_n\equiv 0$ 或 $b_n\equiv 0$,则 $f(x)$可展开为正弦或余弦级数：

$$f(x)=\sum_{n=1}^{\infty}b_n\sin\frac{n\pi x}{l} \tag{3-62}$$

$$f(x)=\frac{a_0}{2}+\sum_{n=1}^{\infty}a_n\cos\frac{n\pi x}{l} \tag{3-63}$$

任给 $f(x), x\in[0, l]$,总可以将其偶延拓到 $[-l, l]$：

$$f(x)=\begin{cases}f(x), & x\in[0, l]\\ f(-x), & x\in[-l, 0]\end{cases} \tag{3-64}$$

然后,再以 $2l$ 为周期进行周期延拓,使其成为以 $2l$ 为周期的偶函数,则 $f(x)$可展开为余弦级数：

$$f(x)=\frac{a_0}{2}+\sum_{n=1}^{\infty}a_n\cos\frac{n\pi x}{l} \tag{3-65}$$

其中,展开式系数的计算式

$$a_n=\frac{1}{l}\int_{-l}^{l}f(x)\cos\frac{n\pi x}{l}\mathrm{d}x \tag{3-66}$$

称为 $f(x)$的正(连续)余弦变换。而展开式本身称为 a_n 的反(连续)余弦变换。

3.4.1.2 一维离散余弦变换

将只在 N 个整数采样点上取值的离散函数 $f(x)$, $x=0, 1, 2, \cdots, N-1$ 偶延拓到 $2N$ 个点:

$$f(x)=\begin{cases}f(x), & x=0,\ 1,\ 2,\ \cdots,\ N-1\\ f(-x-1), & x=-N,\ -N+1,\ \cdots,\ -2,\ -1\end{cases} \tag{3-67}$$

则 $f(-1)=f(0)$, 函数对称于点 $x=-1/2$, 所以将 $f(x)$平移$-1/2$,区间的半径 $l=N$(见图 3-6),则有:

$$\frac{x-\left(-\frac{1}{2}\right)}{l}=\frac{x+\frac{1}{2}}{N}=\frac{2x+1}{2N} \tag{3-68}$$

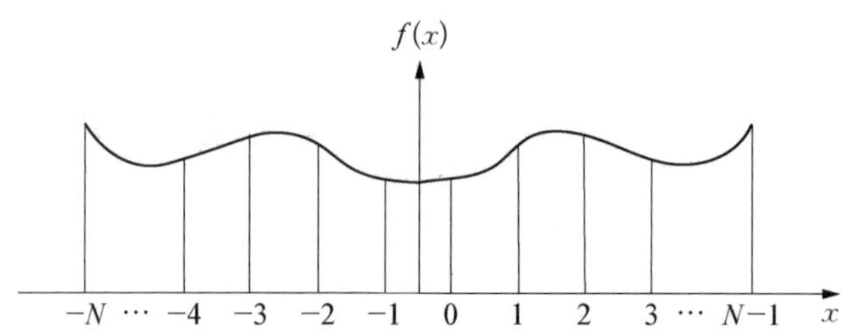

图 3-6 $f(x)$的偶延拓

再以 $2N$ 为周期进行周期延拓,可得:

$$f(x)=\frac{a_0}{2}+\sum_{n=1}^{N-1}a_n\cos\frac{(2x+1)n\pi}{2N} \tag{3-69}$$

$$a_n=\frac{2}{N}\sum_{x=0}^{N-1}f(x)\cos\frac{(2x+1)n\pi}{2N} \tag{3-70}$$

其中, a_n 称为 $f(x)$的正离散余弦变换(forward discrete cosine transformation, FDCT),而 $f(x)$ 的展开式本身则被称为 a_n 的反离散余弦变换(inverse discrete cosine transformation, IDCT)。

为了使反离散余弦变换能写成统一的格式,引入函数:

$$C(n)=\begin{cases}\dfrac{1}{\sqrt{2}}, & n=0\\ 1, & n>0\end{cases} \tag{3-71}$$

为了使正离散余弦变换和反离散余弦变换对称，将 a_n 中的 $\frac{2}{N}=\sqrt{\frac{2}{N}}\cdot\sqrt{\frac{2}{N}}$ 拆开后分别乘在正离散余弦变换和反离散余弦变换中，并改记 a_n 为 $F(n)$、n 为 u、x 为 i，则上式变为：

$$正离散余弦变换：F(u)=\sqrt{\frac{2}{N}}C(u)\sum_{i=0}^{N-1}f(i)\cos\frac{(2i+1)u\pi}{2N} \tag{3-72}$$

$$反离散余弦变换：f(i)=\sqrt{\frac{2}{N}}\sum_{u=0}^{N-1}C(u)F(u)\cos\frac{(2i+1)u\pi}{2N} \tag{3-73}$$

3.4.1.3 二维离散余弦变换

一维离散余弦变换是基础，可以直接用于声音信号等一维时间数据的压缩。而图像是一种二维的空间数据，需要二维的离散余弦变换。

设二维离散函数 $f(i, j)$，$i, j=0, 1, 2, \cdots, N-1$，与一维类似地延拓，可得二维离散余弦变换：

正离散余弦变换：

$$F(u, v)=\frac{2}{N}C(u)C(v)\sum_{i=0}^{N-1}\sum_{j=0}^{N-1}f(i, j)\cos\frac{(2i+1)u\pi}{2N}\cos\frac{(2j+1)v\pi}{2N} \tag{3-74}$$

反离散余弦变换：

$$f(i, j)=\frac{2}{N}\sum_{u=0}^{N-1}\sum_{j=0}^{N-1}C(u)C(v)F(u, v)\cos\frac{(2i+1)u\pi}{2N}\cos\frac{(2j+1)v\pi}{2N} \tag{3-75}$$

若取 $N=8$，则上式变为：

正离散余弦变换：

$$F(u, v)=\frac{1}{4}C(u)C(v)\sum_{i=0}^{7}\sum_{j=0}^{7}f(i, j)\cos\frac{(2i+1)u\pi}{16}\cos\frac{(2j+1)v\pi}{16} \tag{3-76}$$

反离散余弦变换：

$$f(i, j)=\frac{1}{4}\sum_{u=0}^{7}\sum_{j=0}^{7}C(u)C(v)F(u, v)\cos\frac{(2i+1)u\pi}{16}\cos\frac{(2j+1)v\pi}{16} \tag{3-77}$$

3.5 沃尔什-哈达玛变换

3.5.1 沃尔什变换

3.5.1.1 一维沃尔什变换

由于傅里叶变换和余弦变换的变换核由正弦、余弦函数组成，运算速度受影响。在特定问题中，往往引进不同的变换方法，以求运算简单且变换核矩阵产生方便。沃尔什变换中的变换矩阵简单(只有 1 和−1),占用存储空间少,产生容易,有快速算法,在需要实时处理大量数据的图像处理问题中应用广泛。

沃尔什变换要求空域矩阵阶数 N 满足 $N=2^n$,若满足,则变换核为

$$h(x,u)=\frac{1}{N}\prod_{i=0}^{n-1}(-1)^{b_i(x)b_{n-1-i}(u)} \tag{3-78}$$

函数 $f(x)$ 的离散沃尔什变换 $W(u)$ 为

$$W(u)=\frac{1}{N}\sum_{x=0}^{N-1}f(x)\prod_{i=0}^{n-1}(-1)^{b_i(x)b_{n-1-i}(u)} \tag{3-79}$$

式中:$b_i(x)$ 表示 x 的二进制表达中从右到左的第 i 位。例如对 $x=6(110_2)$,有 $b_0(6)=0$,$b_1(6)=1$,$b_2(6)=1$。式(3-80)给出了 $N=4$ 时一维沃尔什变换核的值。

$$h_4=\begin{bmatrix}1 & 1 & 1 & 1\\ 1 & -1 & 1 & -1\\ 1 & 1 & -1 & -1\\ 1 & -1 & -1 & 1\end{bmatrix} \tag{3-80}$$

由沃尔什变换核组成的矩阵是一个行和列正交的对称矩阵。这些性质表明反变换核与正变换核只相差一个常数 $1/N$,即反变换核为

$$k(x,u)=\prod_{i=0}^{n-1}(-1)^{b_i(x)b_{n-1-i}(u)} \tag{3-81}$$

因此,可以得到离散沃尔什反变换为

$$f(x)=\sum_{x=0}^{N-1}W(u)\prod_{i=0}^{n-1}(-1)^{b_i(x)b_{n-1-i}(u)} \tag{3-82}$$

同样地,从式(3-79)和式(3-82)可以看出,一维沃尔什正变换和反变换只差一个常数 $1/N$,计算正变换的方法同样可以用于反变换。

3.5.1.2 二维沃尔什变换

二维沃尔什正变换核和反变换核是完全相同的,即

$$h(x,y,u,v)=\frac{1}{N}\prod_{i=0}^{n-1}(-1)^{[b_i(x)b_{n-1-i}(u)+b_i(y)b_{n-1-i}(v)]} \tag{3-83}$$

$$k(x,y,u,v)=\frac{1}{N}\prod_{i=0}^{n-1}(-1)^{[b_i(x)b_{n-1-i}(u)+b_i(y)b_{n-1-i}(v)]} \tag{3-84}$$

因此,二维沃尔什正变换和反变换具有相同的形式:

$$W(u,v)=\frac{1}{N}\sum_{x=0}^{N-1}\sum_{y=0}^{N-1}f(x,y)\prod_{i=0}^{n-1}(-1)^{[b_i(x)b_{n-1-i}(u)+b_i(y)b_{n-1-i}(v)]} \tag{3-85}$$

$$f(x, y)=\frac{1}{N}\sum_{u=0}^{N-1}\sum_{v=0}^{N-1}W(u, v)\prod_{i=0}^{n-1}(-1)^{[b_i(x)b_{n-1-i}(u)+b_i(y)b_{n-1-i}(v)]} \tag{3-86}$$

从式(3－85)和式(3－86)可知，与傅里叶变换一样，二维沃尔什变换是可分离和对称的，可以通过两个一维沃尔什变换完成计算：

$$h(x, y, u, v)=h_1(x, u)h_1(y, v) \tag{3-87}$$

图像数据越是均匀分布，经过沃尔什变换后的数据越是集中于矩阵的边角上，因此沃尔什变换具有能量集中的性质，可以用于压缩图像信息。

3.5.2 哈达玛变换

3.5.2.1 一维哈达玛变换

哈达玛正变换核的定义如下：

$$h(x, u)=\frac{1}{N}(-1)^{\sum_{i=0}^{n-1}b_i(x)b_i(u)} \tag{3-88}$$

$b_i(x)$ 的定义与沃尔什变换相同，需注意指数上的求和是以 2 为模的。

哈达玛变换 $W(u)$ 定义为

$$W(u)=\frac{1}{N}\sum_{x=0}^{N-1}f(x)(-1)^{\sum_{i=0}^{n-1}b_i(x)b_i(u)} \tag{3-89}$$

与沃尔什变换一样，哈达玛变换核组成的矩阵是一个对称矩阵且其行和列是正交的。这同样表明正变换核和反变换核只差一个常数 $1/N$，即

$$k(x, u)=(-1)^{\sum_{i=0}^{n-1}b_i(x)b_i(u)} \tag{3-90}$$

所以哈达玛反变换为

$$f(x)=\sum_{x=0}^{N-1}W(u)(-1)^{\sum_{i=0}^{n-1}b_i(x)b_i(u)} \tag{3-91}$$

同样地，哈达玛正变换和反变换之间只差常数 $1/N$，正变换和反变换的计算方法是通用的。

$N=8$ 时一维哈达玛变换核的值由式(3－92)给出：

$$h_8=\begin{pmatrix} 1 & 1 & 1 & 1 & 1 & 1 & 1 & 1 \\ 1 & -1 & 1 & -1 & 1 & -1 & 1 & -1 \\ 1 & 1 & -1 & -1 & 1 & 1 & -1 & -1 \\ 1 & -1 & -1 & 1 & 1 & -1 & -1 & 1 \\ 1 & 1 & 1 & 1 & -1 & -1 & -1 & -1 \\ 1 & -1 & 1 & -1 & -1 & 1 & -1 & 1 \\ 1 & 1 & -1 & -1 & -1 & -1 & 1 & 1 \\ 1 & -1 & -1 & 1 & -1 & 1 & 1 & -1 \end{pmatrix} \tag{3-92}$$

3.5.2.2 二维哈达玛变换

二维哈达玛正变换核和反变换核的定义由下面两式给出：

$$h(x, y, u, v)=\frac{1}{N}(-1)^{\sum_{i=0}^{n-1}[b_i(x)b_i(u)+b_i(y)b_i(v)]} \tag{3-93}$$

$$k(x, y, u, v)=\frac{1}{N}(-1)^{\sum_{i=0}^{n-1}[b_i(x)b_i(u)+b_i(y)b_i(v)]} \tag{3-94}$$

这两个变换核完全相同,且都是可分离和对称的,即

$$h(x, y, u, v)=h_1(x, u)h_1(y, v) \tag{3-95}$$

二维哈达玛正变换和反变换都可以分成两步计算,每步用一个一维哈达玛变换实现。

二维哈达玛正变换和反变换也具有相同形式：

$$H(u, v)=\frac{1}{N}\sum_{x=0}^{N-1}\sum_{y=0}^{N-1}f(x, y)(-1)^{\sum_{i=0}^{n-1}[b_i(x)b_i(u)+b_i(y)b_i(v)]} \tag{3-96}$$

$$f(x, y)=\frac{1}{N}\sum_{x=0}^{N-1}\sum_{y=0}^{N-1}H(u, v)(-1)^{\sum_{i=0}^{n-1}[b_i(x)b_i(u)+b_i(y)b_i(v)]} \tag{3-97}$$

沃尔什变换和哈达玛变换唯一的不同点在于行和列的次序。由于在绝大多数的图像变换应用中 $N=2^n$ 都成立,两种变换常常混合使用。沃尔什-哈达玛变换常用于指代两者的任一个。与傅里叶变换相比,它们缺少明确的物理意义和比较直观的解释,不过由于只需要做加、减法,运算复杂度较低,沃尔什-哈达玛变换曾经得到广泛的应用。图 3-7 给出了二维哈达玛变换的应用实例,其中(a)为原图,(b)为效果图。

(a)

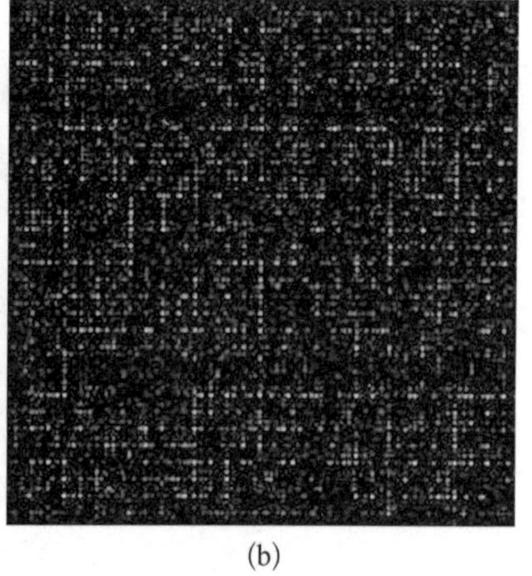

(b)

图 3-7 二维哈达玛变换效果实例

(a)为原图;(b)为效果图。

3.6 基于频域滤波的图像增强

从本节开始，将介绍频域中各种滤波技术在图像增强中的应用。众所周知，傅里叶变换的低频部分主要对应图像灰度变化平缓的区域；而高频部分主要对应图像的边缘信息和尖锐的图像转变(如噪声)。所以，图像的平滑可以通过低通滤波器完成；相反地，图像的锐化可以通过高通滤波器加以实现。本节从低通滤波器开始介绍。

3.6.1 频域图像平滑滤波

1) 理想低通滤波器

在以原点为圆心、以 D_0 为半径的圆内，无衰减地通过所有频率，而在该圆外"切断"所有频率的二维低通滤波器，称为理想低通滤波器(ideal low pass filter, ILPF)；它由下面的函数确定：

$$H(u, v)=\begin{cases}1, & D(u, v)\leqslant D_0\\ 0, & D(u, v)>D_0\end{cases} \tag{3-98}$$

式中：D_0 是一个正常数。将图像 $f(x, y)$ 的二维离散傅里叶变换 $F(u, v)$ 所构成的矩形区域称为频率矩形，其大小和输入图像的大小相同，则 $D(u, v)$ 是频域中点 (u, v) 与频率矩形中心 $F(P/2, Q/2)$ 的距离，即

$$D(u, v)=[(u-P/2)^2+(v-Q/2)^2]^{\frac{1}{2}} \tag{3-99}$$

低通滤波器滤除了高频成分，所以使得图像模糊。由于理想低通滤波器的过渡特性过于陡峭，会产生振铃现象，因此在实际工程中应用较少。图 3-8 展示了理想低通滤波器函数的剖面。

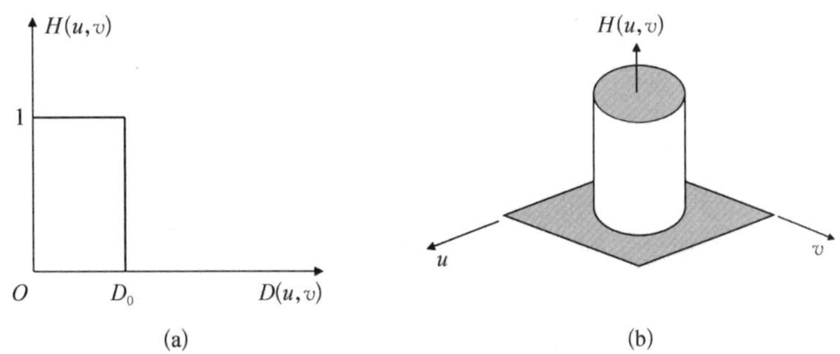

图 3-8 理想低通滤波器函数的剖面图

2) 高斯低通滤波器

高斯滤波器是一类根据高斯函数的形状选择权值的线性平滑滤波器。高斯低通滤波器(Gaussian low pass filter, GLPF)对于抑制服从正态分布的噪声非常有效。对于图像

处理，常用二维零均值离散高斯函数作为平滑滤波器，二维零均值高斯函数由下式给出：

$$H(u, v)=\mathrm{e}^{-\frac{D^2(u, v)}{2D_0^2}} \tag{3-100}$$

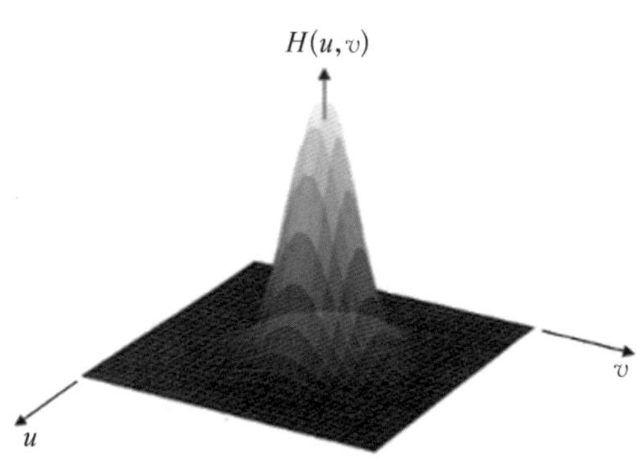

图 3-9　高斯低通函数示意图

式中：$D(u, v)$ 是与频率矩形中心的距离。D_0 是关于中心的扩展度的度量，在这里是截止频率。当 $D(u, v)=D_0$ 时，高斯低通滤波器的幅值下降至其最大值的 0.607 处。图 3-9 为高斯低通函数的示意图。

高斯函数具有三个非常重要的性质，这些性质使得它在早期图像处理中特别有用。这些性质表明，高斯平滑滤波器无论在空间域还是在频域都是十分有效的低通滤波器，且在实际图像处理中得到了工程人员的有效使用。高斯函数这三个重要的性质如下。

（1）二维高斯函数具有旋转对称性，即滤波器在各个方向上的平滑程度是相同的。一般来说，一幅图像的边缘方向是事先不知道的，因此，在滤波前无法确定一个方向是否比另一个方向需要更多的平滑。旋转对称性意味着高斯平滑滤波器在后续边缘检测中不会偏向任一方向。

（2）高斯函数是从 0 到∞的单调递减函数。这表明，高斯滤波器用像素邻域的加权均值来代替该点的像素值，而每一邻域像素点的加权均值是随该点与中心点的距离单调增减的。这一性质是很重要的，因为边缘是一种图像局部特征，如果平滑运算对离算子中心很远的像素点仍然有很大作用，则平滑运算会使图像失真。

（3）高斯滤波器宽度是由参数 D_0 表征的，而且 D_0 和平滑程度有关。D_0 越大，高斯滤波器的频带就越宽，因而平滑的力度就越小。通过调节平滑程度参数 D_0，可在过平滑（即图像特征过分模糊）与欠平滑（即由噪声和细纹理引起过多的突变量）之间取得折中。

图 3-10 为运用高斯低通滤波器的去噪实例，(a) 为被噪声污染的图像，(b) 为 $D_0=$

(a)

(b)

(c)

图 3-10　高斯低通滤波器效果图

20 的滤波图像，(c) 为 $D_0=100$ 的滤波图像。可以看出，当 $D_0=20$ 时，图像保留了较多低频信息，显得更加模糊；当 $D_0=100$ 时，图像保留了更多的细节、纹理信息。因此，在运用高斯低通滤波器去噪的过程中，选择合适的参数显得尤为重要。

3.6.2 频域图像锐化滤波

上面介绍了使用低通滤波器平滑图像，下面将介绍通过高通滤波器进行图像的锐化处理。在这里，使用高通滤波器的图像锐化可以理解为图像平滑的“反操作”，即将低通滤波器希望去除的频率部分保留，而将低通滤波器希望保留的频率部分去除，便得到了下面介绍的高通滤波器。所以，一个高通滤波器是在给定的低通滤波器的基础上通过下式得到的：

$$H_{HP}(u,\ v)=1-H_{LP}(u,\ v) \tag{3-101}$$

式中：$H_{HP}(u,\ v)$ 为高通滤波器的传递函数，$H_{LP}(u,\ v)$ 为低通滤波器的传递函数。如果能够很好地理解前面关于低通滤波器的介绍，高通滤波器将很容易理解。

1）理想高通滤波器

一个二维理想高通滤波器(ideal high pass filter，IHPF)定义为

$$H(u,\ v)=\begin{cases}0, & D(u,\ v)\leqslant D_0\\ 1, & D(u,\ v)>D_0\end{cases} \tag{3-102}$$

式中：D_0 为截止频率。这个表达式直接来自式(3-101)和式(3-102)。如前所述，理想高通滤波器和理想低通滤波器是相对的。理想低通滤波器去除了所有大于 D_0 的频率分量，保留了所有小于 D_0 的频率分量；而理想高通滤波器去除了所有小于 D_0 的频率分量，保留了所有大于 D_0 的频率分量。图 3-11 展示了理想高通滤波器函数的剖面。

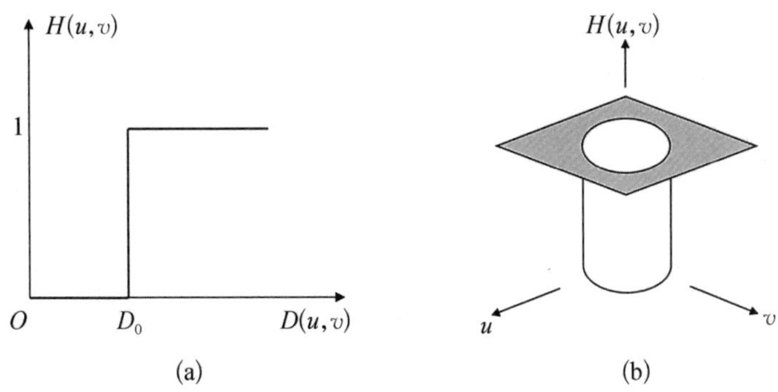

图 3-11 理想高通滤波器函数的剖面图

2）高斯高通滤波器

高斯高通滤波器(Gaussian high pass filter，GHPF)的表达式由下式给出：

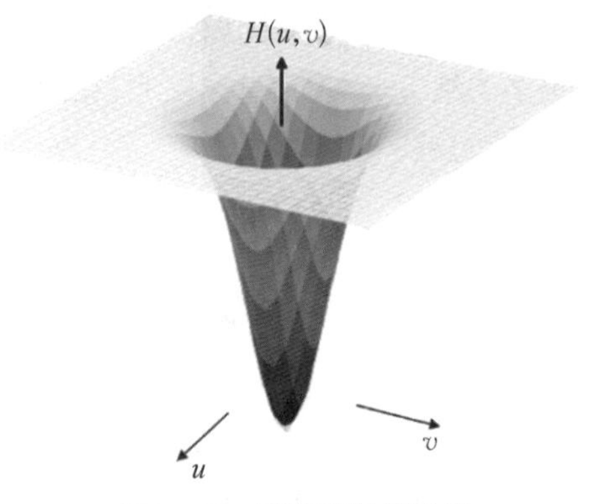

图 3-12 高斯高通滤波器函数的示意图

$$H(u, v) = 1 - e^{-\frac{D^2(u, v)}{2D_0^2}} \qquad (3-103)$$

可以看出，这个表达式直接来自式(3-103)。所以，高斯低通滤波器和高斯高通滤波器也是相对的。图 3-12 为高斯高通滤波器函数的示意图。

高斯高通滤波器的图像处理结果如图 3-13 所示，其中(a)为原图，(b)和(c)分别为 $D_0=5$ 和 $D_0=20$ 时对(a)进行高斯高通滤波器处理所得结果。

通过图 3-13 可以看出，图像经过高斯高通滤波器处理后，结果图只保留了原始图像的边缘信息，而图像中灰度变化较平缓的区域均被滤除。而且随着 D_0 的增大，保留的边缘信息减少。

(a)

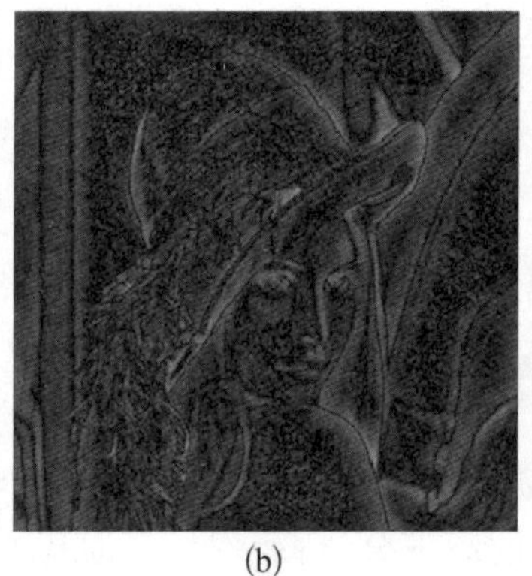
(b)

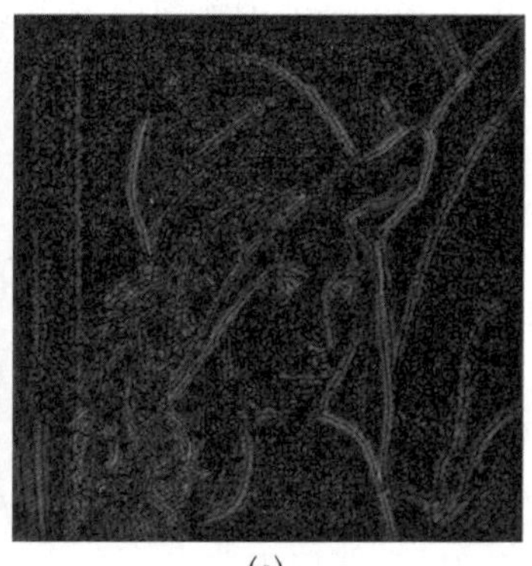
(c)

图 3-13 原图及高斯高通滤波器处理结果

3.6.3 选择性滤波

有时需要对图像的指定频率区段进行处理，这样的滤波器称为带通或带阻滤波器。与之前介绍的低通或高通滤波器的概念类似，定义 $D(u, v)$ 是到频率矩形中点的距离，D_0 是带宽的径向中心，W 是带宽。理想带通滤波器的函数表达式如下：

$$H(u, v) = \begin{cases} 1 & D_0 - \frac{W}{2} \leqslant D(u, v) \leqslant D_0 + \frac{W}{2} \\ 0 & \text{其他} \end{cases} \qquad (3-104)$$

高斯带通滤波器的函数表达式如下：

$$H(u, v) = e^{-\left[\frac{D^2(u, v) - D_0^2}{D(u, v)W}\right]^2} \qquad (3-105)$$

图 3-14 展示了带通、带阻滤波器的径向剖面图。带阻滤波器可以用相应的带通滤

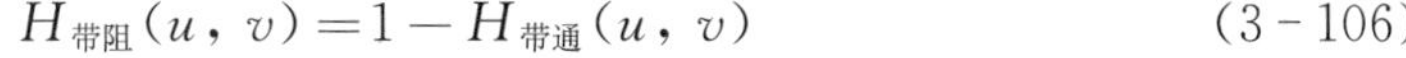

波器处理得到：

$$H_{带阻}(u, v)=1-H_{带通}(u, v) \tag{3-106}$$

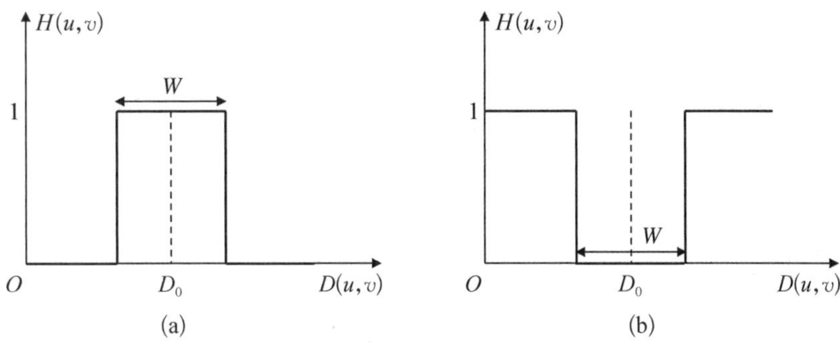

图 3-14 带通、带阻滤波器的径向剖面图

(a) 理想带通滤波器；(b) 理想带阻滤波器。

图 3-15 为带通和带阻滤波器应用实例。下图中(a) 为 $D_0=20$，$W=20$ 的高斯带通滤波效果；(b) 为 $D_0=50$，$W=20$ 的高斯带通滤波效果；(c) 为 $D_0=20$，$W=20$ 的高斯带阻滤波效果；(d) 为 $D_0=50$，$W=20$ 的高斯带阻滤波效果。

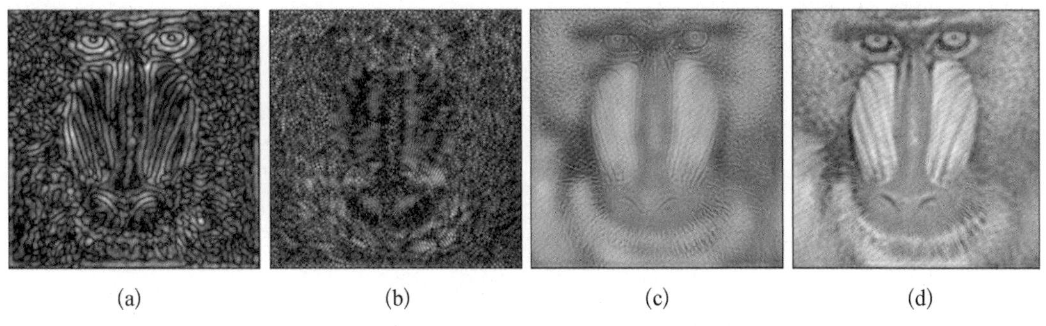

(a) (b) (c) (d)

图 3-15 高斯带通和带阻滤波效果实例

3.6.4 图像的同态滤波器

同态滤波是频域滤波的一种，但是相比之下同态滤波有自己的优势。频域滤波可以灵活地解决加性噪声问题，但无法消减乘性或卷积性噪声。

同态滤波是一种在频域中同时将图像亮度范围进行压缩和将图像对比度进行增强的方法，是基于图像成像模型进行的。一幅图像 $f(x, y)$ 是由光源产生的照度场 $i(x, y)$ 和目标(景物)的反射系数场 $r(x, y)$ 共同作用产生的，三者的关系如下：

$$f(x, y)=i(x, y)r(x, y) \tag{3-107}$$

在理想情况下，照度场 $i(x, y)$ 是一个常数，这时 $f(x, y)$ 可以不失真地反映 $r(x, y)$。然而在一般情况下，由于光照不均匀，$i(x, y)$ 不是常数，其值随坐标的变化而缓慢地变化。此外,光电转换设备不完善,可能造成类似于照度场不均匀的效果,也可等效看成照度场的不均匀。这样会造成图像 $f(x, y)$ 有大面积的阴影。同态滤波处理可以在保留图像细节的同时,消除这些大面积阴影,以提高目标的清晰度。

由于光源照度场 $i(x, y)$ 的变化缓慢,在频谱上能量集中于低频区域;而反射系数场 $r(x, y)$ 包含的图像信息在空间变化较快,能量集中于高频区域。采用同态分析方法可以把这两个分量变为相加的两个分量分开处理。

为了分离加性组合的信号,常采用线性滤波的方法。而非加性信号组合常用同态滤波的技术将非线性问题转化成线性问题处理,即先对非线性(乘性或者卷积性)混杂信号进行某种数学运算,变换成加性的,然后用线性滤波方法处理,最后进行反变换运算,恢复处理后图像。图 3-16 为同态滤波处理流程图。其中 ln 表示以常数 e 为底的对数,exp 为指数函数。

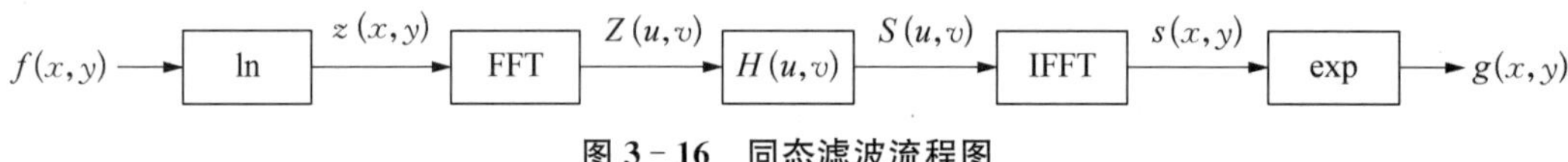

图 3-16　同态滤波流程图

同态滤波流程及公式如下:

(1) 两边取对数:

$$\ln f(x, y) = \ln i(x, y) + \ln r(x, y) \tag{3-108}$$

(2) 两边取傅里叶变换:

$$F(u, v) = I(u, v) + R(u, v) \tag{3-109}$$

(3) 用频域函数 $H(u, v)$ 处理 $F(u, v)$, $H(u, v)$ 是同态滤波函数:

$$H(u, v)F(u, v) = H(u, v)I(u, v) + H(u, v)R(u, v) \tag{3-110}$$

(4) 反变换到时域:

$$h_f(x, y) = h_i(x, y) + h_r(x, y) \tag{3-111}$$

(5) 两边取指数:

$$g(x, y) = \exp\mid h_f(x, y)\mid = \exp\mid h_i(x, y)\mid \cdot \exp\mid h_r(x, y)\mid \tag{3-112}$$

同态滤波的效果与 $H(u, v) \sim D(u, v)$ 曲线的参数 H_H 和 H_L 的选择有关。为了压缩照度分量 $i(u, v)$, 应取 $0 < H_L < 1$; 而为增强反射系数分量 $r(u, v)$, 应取 $H_H > 1$。这样可以达到减弱低频,同时也加强了高频的效果,产生的结果是压缩图像的整体动态范围并增加图像中相邻区域间的对比度。

图 3-17 所示函数的形状可以用高通滤波器传递函数来近似,如采用高斯高通滤波函数稍加变化可得到同态函数:

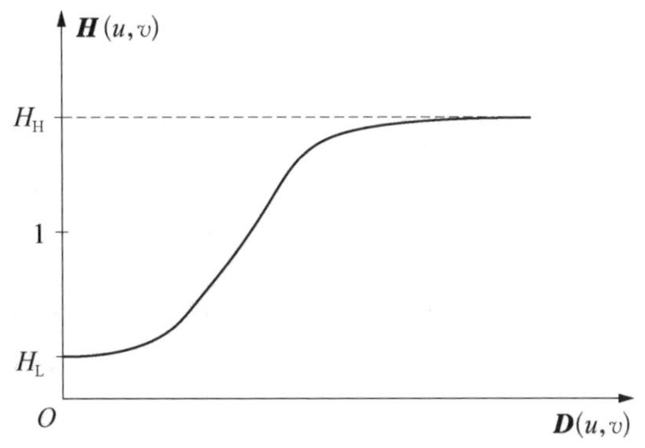

图 3-17 同态滤波器的剖面图[绕纵轴旋转可得二维 $H(u, v)$]

$$H(u, v)=(H_H-H_L)\left[1-e^{-c\left[\frac{D^2(u, v)}{D_0^2}\right]}\right]+H_L \tag{3-113}$$

图 3-18 为同态滤波效果的实例。

图 3-18 同态滤波效果实例

(a)为原图像;(b)为同态滤波图像。

在实例中,使用的参数为 $H_L=0.3$, $H_H=1.2$, $c=1$, $D_0=20$。经过同态滤波所得的(b)图,将原本阴影区域内的种子(高频信息)明显地锐化,光照的整体动态范围被压缩。

习题

1. 证明连续和离散傅里叶变换都是线性操作。
2. 二维傅里叶变换是否存在分离性?有什么实际意义?
3. 连续函数 $f(t)=\cos(2\pi nt)$,求其频率和周期并证明其傅里叶变换为 $\frac{1}{2}[\delta(\mu+n)+\delta(\mu-n)]$,其中 n 是整数。

4. 证明式 3-20 的 $\widetilde{F}(\mu)$ 在两个方向上是无限周期的，周期为 $\dfrac{1}{\Delta T}$。

5. 题图 3-1 的右侧图像是通过以下步骤得到的：

(1) 用 $(-1)^{x+y}$ 乘以左侧的图像；

(2) 计算离散傅里叶变换；

(3) 取变换的复共轭；

(4) 计算傅里叶反变换；

(5) 用 $(-1)^{x+y}$ 乘以结果的实部。

题图 3-1

试从数学上解释右侧图像所示现象的原因。

6. 将高通滤波与直方图均衡相结合是实现边缘锐化和对比度增强的有效方法。说明这种方法是否与使用高通滤波和直方图均衡两个操作的先后顺序有关，如果有关，请说明应该先采用哪个操作并说明理由(直方图均衡是一个非线性操作)。

7. 有一种计算梯度的基本步骤是计算 $f(x, y)$ 和 $f(x+1, y)$ 的差，请你

(1) 给出在频域进行等价计算所用的滤波器传递函数 $H(u, v)$。

(2) 证明这个运算相当于一个高通滤波器的功能。

8. 说明以下模板属于低通滤波器还是高通滤波器，并简述它们的作用：

$$\begin{bmatrix} 1 \\ 0 \\ -1 \end{bmatrix} \quad \begin{bmatrix} 1 & 0 & 1 \\ \sqrt{2} & 0 & \sqrt{2} \\ 1 & 0 & 1 \end{bmatrix} \quad \frac{1}{81}\begin{bmatrix} 1 & 2 & 3 & 2 & 1 \\ 2 & 4 & 6 & 4 & 2 \\ 3 & 6 & 9 & 6 & 3 \\ 2 & 4 & 6 & 4 & 2 \\ 1 & 2 & 3 & 2 & 1 \end{bmatrix} \quad \begin{bmatrix} -1 & -2 & 0 \\ -2 & 0 & 2 \\ 0 & 2 & 1 \end{bmatrix} \quad \begin{bmatrix} -1 & -1 & -1 \\ 2 & 2 & 2 \\ 1 & 1 & 1 \end{bmatrix}$$

9. 理想低通滤波器的截止频率选择不恰当时，会有很强的振铃效应。试从原理上解释振铃效应产生的原因。

10. 离散的沃尔什变换与哈达玛变换之间有哪些异同？

11. 设 $f(0)=0$，$f(1)=1$，$f(2)=1$，$f(3)=2$，求沃尔什变换和哈达玛变换。

12. 设 $f(x, y)=\begin{bmatrix} 2 & 4 \\ 6 & 12 \end{bmatrix}$，计算它的沃尔什变换。

参考文献

[1] 拉斐尔·C.冈萨雷斯，理查德·E.伍兹，史蒂文·L.艾丁斯.数字图像处理的 MATLAB 实现[M].2 版.阮秋琦，译.北京：清华大学出版社，2013.

[2] 章毓晋.图像工程(上册)——图像处理(第 2 版)[M].2 版.北京：清华大学出版社，

2006.
[3] 理查德·塞利斯基.计算机视觉——算法与应用[M].艾海舟,兴军亮,等译.北京:清华大学出版社,2012.
[4] Bracewell R. Fourier Analysis and Imaging[M]. Berlin: Springer, 2003.
[5] Cannon T M. Digital image deblurring by nonlinear homomorphic filtering[EB/OL]. https://collections.lib.utah.edu/ark: 87278/s6mw5b20.
[6] Champeney D C. A Handbook of Fourier Theorems[M]. Cambridge: Cambridge University Press, 1987.
[7] Smith J O. Mathematics of the Discrete Fourier Transform (DFT): with Audio Applications, Second Edition[M]. 2nd ed. W3K Publishing, 2007.
[8] Fries R, Modestino J. Image enhancement by stochastic homomorphic filtering [J]. IEEE Transactions on Acoustics, Speech, and Signal Processing, 1979, 27 (6): 625 - 637.
[9] Fourier J. The Analytical Theory of Heat[M]. Freeman A, Trans. Cambridge: Cambridge University Press, 2009.

4 图像压缩与编码

图像压缩就是对图像数据按照一定的规则进行变换和组合，用尽可能少的数据量来表示影像。和字符等数据相比，图像的数据量往往比较大。为了高效地存储和传输图像数据，需要对图像数据进行压缩与编码。原始数字图像数据存在一定的冗余，包括编码冗余、像素间冗余和心理视觉冗余。例如，图像序列中前后相邻的两帧图像可能存在较强的相关性；又如，单帧图像相邻空间位置的像素也可能存在较大的相关性。此外，图像部分区域包含的信息在视觉形成过程中作用较小，去除这些信息并不会明显地降低人眼对图像主观感受的质量。通过对上述冗余信息的重新编码，可以在不损失或较小损失图像质量的情况下，压缩图像数据，用更小的空间存储图像，用更少的时间传输图像。

4.1 图像冗余

4.1.1 基本概念

在描述信息的数据中存在相似的部分，减少这部分数据不会引起主要信息的丢失或改变。这种情况称为数据冗余，该部分数据称为冗余数据。

数据是用来表示信息的。为了表示给定量的信息，采用了不同的方法，进而使用了不同的数据，那么在使用较多数据量的方法中，有些数据必然代表了无用的信息，或者重复地表示了其他数据已表示的信息。压缩是通过去除数据冗余的方法实现的。

如果 n_1 和 n_2 代表两个表示相同信息的数据集合中信息载体单元的数量，那么第一个数据集（相对于第二个数据集）的相对数据冗余 R_D 定义为

$$R_D = 1 - \frac{1}{C_R} \tag{4-1}$$

式中：C_R 为压缩率，定义为

$$C_R = \frac{n_1}{n_2} \tag{4-2}$$

其中 C_R 越大表示压缩率越高。例如，在实际情况中 C_R 为 10（或 10∶1），表明第一个数据集中的信息载体单元数是第二个数据集中的 10 倍；对应的 $R_D=0.9$，表明在第一个数据集中 90%的数据是冗余数据。

在图像压缩中，有三种基本的数据冗余：① 编码冗余；② 像素间冗余；③ 心理视觉冗余。如果能减少或者消除其中的一种或多种冗余，就能取得数据压缩的效果。

4.1.2　编码冗余

表示图像的灰度级用二进制编码，不管每个灰度级出现的概率大小，所有灰度级均采用表示最大灰度级的比特数(bits)，必然导致被表达的图像使用了多余的编码长度。如果一个图像的灰度级编码，使用了多于实际需要的编码符号，就称该图像包含了编码冗余。

以图 4-1 为例，如果用 8 位二进制数表示该图像的像素灰度值，就称该图像存在编码冗余，因为该图像的像素只有 2 个灰度，用 1 位即可表示。

图 4-1　黑白二值图像编码

图像直方图定义为：

$$p_r(r_k)=\frac{n_k}{n},\ k=0,\ 1,\ 2,\ \cdots,\ L-1 \tag{4-3}$$

式中：r_k 代表第k 个灰度级数，n_k 是第k 个灰度级在图像中出现的次数，n 是图像中的像素总数，L 是总灰度级数。如果用于表示每个 r_k 值的比特数为 $l(r_k)$，则表达每个像素所需的平均比特数为

$$L_{\text{avg}}=\sum_{k=0}^{L-1}l(r_k)p_r(r_k) \tag{4-4}$$

不同的编码方法可能会有不同的 L_{avg}，由此引出两种编码冗余：

(1) 相对编码冗余：L_{avg} 大的编码相对于 L_{avg} 小的编码就存在相对编码冗余。

(2) 绝对编码冗余：使 $L_{\text{avg}}>L_{\min}$ 的编码就存在绝对编码冗余。这里的 $L_{\min}$ 指的是最短编码长度，是信息熵与表达能力的比值，表达能力常用 $\log_2$(进制数) 表示，如二进制时为 $\log_2(2)=1$。

255	35	34	34	34
34	34	31	34	34
33	37	30	34	34
34	34	34	34	34
34	34	34	34	121

图 4-2　一幅图像中的像素值情况

如图 4-2 所示的各像素情况，当对全部像素都采用 8 位二进制编码方式时，可以得出：25×8=200(bits)，此时的 $L_{\text{avg}}=6.04$。但如果根据每个像素点对应的实际灰度值进行比特位数分配，则可以计算出：8×1+7×1+6×21+5×2=151(bits)，此时的 $L_{\text{avg}}=6.04$。因此，采用该方法后的压缩比为 200∶151=1.32∶1。

4.1.3　像素间冗余

如果图像中有相邻像素值相同的区域（即该区域内存在冗余信息），那么逐一描述该区域内的每一个像素是不经济的。由于相邻像素存在相关性，该区域内所有像素的值可以通过它的相邻像素推测获得。对于图像序列而言，相邻时间步长的两帧图像也存在一定的相关性，下一时刻的图像像素可通过当前时刻的像素进行预测。

如图 4－3 所示，当对全部像素都采用 8 比特编码方式时，根据像素个数乘以每个像素对应的位数，编码总共需要的比特数为：$25\times 8=200$ bits。但如果用表示灰度值的位数与表示像素个数的位数之和与相邻不同灰度像素单元总数相乘，即图中右侧括号所示的表示方法，则可以计算出编码所需的总比特数：$10\times(8+4)=120$ bits。(255∶1)表示有连续相同的 1 个像素，其像素值为 255。在这种表示方法下，比特数由最大像素值和连续像素个数的最大值确定，如只需要 8 比特位就可满足最大像素值(255)的编码，只需 4 位就可满足最大连续像素个数(11)的编码。

255	35	34	34	34
34	34	31	34	34
33	37	30	34	34
34	34	34	34	34
34	34	34	34	121

(255∶1)；(35∶1)；(34∶5)；
(31∶1)；(34∶2)；(33∶1)；
(37∶1)；(30∶1)；(34∶11)；
(121∶1)；共10对

图 4－3　对图中各像素值的统计情况

因此，采用该方法后的压缩比为 200∶120＝1.67∶1。

4.1.4　心理视觉冗余

在正常视觉处理过程中各种信息的相对重要程度不同，非十分重要的信息被称为心理视觉冗余，它可在不削弱图像感知质量的情况下被消除。例如，人类视觉的一般分辨能力为 26 个灰度等级，而一般的图像量化采用的是 256 个灰度等级，即存在视觉冗余。如图 4－4 所示，色块下方为 RGB 颜色空间像素值，两张图像存在一定灰度级范围内的差异，但人眼无法有效地区分出相应的改变。

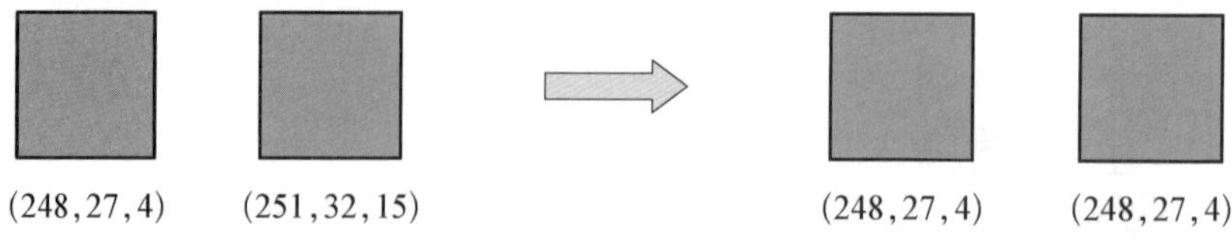

图 4－4　心理视觉冗余样例

人在观察图像时主要是寻找某些比较明显的目标特征，而不是定量地分析图像中每个像素的亮度，或至少不是对每一个像素等同地进行分析。人通过在大脑中分析这些特征并与先验知识结合完成对图像的解释过程。由于每个人所具有的先验知识不同,对同一幅图像的心理视觉冗余也就因人而异。

总之,在正常视觉处理过程中各种信息的相对重要程度不同,有些信息在通常的视觉过程中与另外一些信息相比并不是那么重要,这些信息被认为是心理视觉冗余,去除这些信息并不会明显降低图像质量。消除心理视觉冗余数据会导致一定量的信息丢失,这一过程通常称为量化。心理视觉冗余压缩是不可恢复的,量化导致的对数据的压缩是有损压缩。

4.1.5 图像压缩原理

由于一幅图像中存在数据冗余、像素间冗余和心理视觉冗余,压缩可从以下两方面着手开展。

(1) 改变图像信息的描述方式,以压缩图像中的数据冗余和像素间冗余。

在图像的同一行相邻像素之间、运动图像的相邻帧的对应像素之间往往存在很强的相关性,去除或减少这些相关性,也就是去除或减少图像信息中的冗余度,即实现了对数字图像的压缩。

(2) 忽略一些视觉上不太明显的微小差异,以压缩图像中的心理视觉冗余。

在一定条件下人的视觉对于边缘急剧变化的感知能力和对颜色的分辨能力会下降,利用这个特征可以在相应部分适当降低编码精度,使人从视觉上感觉不到图像质量的下降,从而达到对数字图像压缩的目的。

4.1.6 图像保真度与质量

在图像压缩中,为了提高压缩率时常会放弃一些图像的细节或者不太重要的内容,如前面提到的去除心理视觉冗余数据会导致实际的信息丢失,因此在图像压缩编码中解码图像与原始图像可能不完全相同。在这种情况下,常常需要用对信息损失的测度描述解码图像相对于原始图像的质量损失程度,这些测度一般称为保真度准则。常用保真度准则分为两大类:① 客观保真度准则;② 主观保真度准则。

1) 客观保真度准则

当信息损失的程度可以用编码输入图与解码输出图的函数表示时,可以说这个评价是基于客观保真度准则的。最常用的一个准则是输入图像与输出图像之间的均方根误差。令 $f(x, y)$ 代表 $M \times N$ 的输入图像,$\hat{f}(x, y)$ 代表 $f(x, y)$ 先压缩又解压缩后得到的 $f(x, y)$ 的近似,对于任意 x 和 y,$f(x, y)$ 和 $\hat{f}(x, y)$ 之间的均方根误差定义为:

$$e_{rms} = \left[\frac{1}{MN}\sum_{x=0}^{M-1}\sum_{y=0}^{N-1}[\hat{f}(x, y) - f(x, y)]^2\right]^{1/2} \tag{4-5}$$

另一个客观保真度准则是均方信噪比。如果将 $\hat{f}(x, y)$ 看作原始图像 $f(x, y)$ 和噪声 $e(x, y)$ 的和,那么输出图像的均方信噪比为:

$$SNR_{ms}=\sum_{x=0}^{M-1}\sum_{y=0}^{N-1}[\hat{f}(x,y)]^2/\sum_{x=0}^{M-1}\sum_{y=0}^{N-1}[\hat{f}(x,y)-f(x,y)]^2 \quad (4-6)$$

如果对上式求平方根，就得到均方根信噪比 SNR_{rms}。

如果令 $f_{max}=\max\{f(x,y),x=0,1,\cdots,M-1,y=0,1,\cdots,N-1\}$，则可得到峰值信噪比 $PSNR$：

$$PSNR=10\lg\left[\frac{f_{max}^2}{\frac{1}{MN}\sum_{x=0}^{M-1}\sum_{y=0}^{N-1}[\hat{f}(x,y)-f(x,y)]^2}\right] \quad (4-7)$$

2）主观保真度准则

客观保真度准则提供了一种简单和方便的评价信息损失的方法，但解压图像的目的更多是供人观看，因此用主观的评测方法评判图像质量显得更为合适。通常采取的方法是通过向一组观察者展示一幅图像，将他们对该图的评价进行综合平均，得到统计的质量评价结果。评价的准则可以分等级，如{优秀，良好，较好，一般，较差，差}，为了统计方便可以对应为分数{1，2，3，4，5，6}。

评价也可以通过让观察者逐个对比 $f(x,y)$ 和 $\hat{f}(x,y)$，给出相对质量分，如{很差，较差，差，相同，稍好，较好，很好}；同样也可以用分数替代，如{－3，－2，－1，0，1，2，3}。

需要指出的是，利用主观保真度准则得到的结果与客观保真度准则计算出的结果不一定很好地吻合。

4.2 行程编码

4.2.1 基本概念

行程编码是一种最简单的、在某些场合非常有效的无损压缩编码方法。无损压缩编码是指将压缩后的数据进行重构(或称为解压缩、还原)，重构后的信息与原来的信息完全相同的压缩编码方式。

行程编码的主要思路是将一个相同值的连续串用一个代表值和串长来代替。例如，有一个字符串“aaabccddddd”，经过行程编码后可以用“3a1b2c5d”来表示。对图像编码来说，定义沿特定方向连续相同灰度值的相邻像素集合为一轮行程。例如，若沿水平方向有一串 M 个像素具有相同的灰度 N，则经过行程编码后，(N,M) 就可以代替灰度值 N 的 M 个像素，上述示例字符串中的“aaa”即可表示为(a，3)。

行程编码对传输差错很敏感，如果其中一位符号发生错误，就会影响整个编码序列的正确性，使行程编码无法还原为原始数据。因此，一般要用行同步、列同步的方法把行程编码的差错控制在一行一列之内。

4.2.2　基本原理

行程编码(run length encoding，RLE)又称为游程编码、行程长度编码，这种压缩方法是最简单的图像压缩方法。行程编码的基本原理是在给定的数据图像中寻找连续的重复数值，然后用两部分字符表示对应的连续值。

在此方式下每个信息单元由两部分组成，第一部分给出其后面相连的像素的个数，第二部分给出这些像素使用的颜色索引表中的索引。例如，在信息单元 03 04 中，03 表示其后的像素个数是 3 个，04 表示这些像素使用的是颜色索引表中第五项的值或者就是它本身，压缩数据展开后就是 04 04 04。同理，04 05 可以展开为 05 05 05 05。信息单元的第一部分也可以是 00，在这种情况下信息单元并不表示数据单元，而是表示一些特殊的含义。这些含义通常由信息单元第二部分的值来描述。由此利用图像像素间的相关性，通过这种图像的描述方式，实现对图像的压缩，可以消除像素冗余。

例如，像素的灰度值 $a=100$，$b=1$，$c=23$，$d=254$，$e=78$，$f=126$。而在某幅图像中，某行像素的排列方式是 ccaaaaeeebbbccdeeeeeffffff。如果使用常规的编码方式，即每个像素位对应 8 位的编码方式，则该行像素共占据 $27\times8=216$ bits。但若使用行程编码的方式可将原始像素信息表示为 2c4a3e3b2c1d5e7f，一共有 8 个行程单元，以行程长度代替冗余像素。其中，行程编码的总位数等于行程单元数乘以行程长度与像素灰度值表示位数之和，并且行程长度与像素灰度均采用 8 bits 来表示，则一共有 $8\times(8+8)=128$ bits。如果将行程长度用 3 bits 表示，像素灰度值用 8 bits 表示，则一共用 $8\times(3+8)=88$ bits。由此可以看出，采用合适的位数来表示行程长度，能够在一定程度上实现最大化的编码压缩。

对于数字图像而言，同一幅图像某些连续的区域颜色相同，即在这些图像中，同一扫描行中许多连续的像素都具有同样的颜色值。在这种情况下，可以对其进行行程编码。进一步来看，相较于灰度图像与彩色图像，二值图像由于像素值数量更少，更有利于行程编码。

4.2.3　变长行程编码

行程编码分为定长行程编码和变长行程编码 2 种。定长行程编码是指编码的行程所使用的二进制位数固定。如果灰度值连续相等的像素个数超过了固定二进制位数所能表示的最大值，则进行下一轮行程编码，4.2.2 中阐述的是定长行程编码。变长行程编码是指对不同范围的行程使用不同的二进制位数进行编码，需要增加标志位来表明所使用的二进制位数。

以二值图变长行程编码为例，对图 4-5 的示例编码进行变长编码。

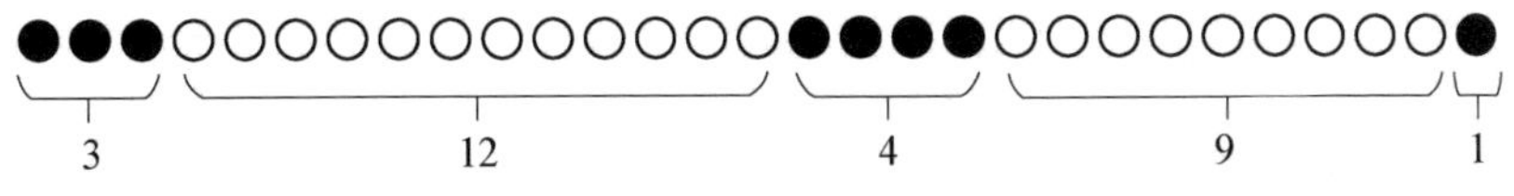

图 4-5　变长行程编码示例

具体地，一个数据的变长行程编码由 3 段构成，依次为编码读取长度指示段、零标志位和编码行程值段。对上述示例编码进行变长行程编码，首先求其对应行程的二进制表示，将该二进制表示减 1 作为编码行程值，同时将该编码行程值的表示位数减 2 作为编码读取长度指示段的位数，编码读取长度指示段全为 1。最后按照编码读取长度指示段、零标志位和编码行程值段依次组合就得到了原数据的变长行程编码，编码形式如所图 4－6 所示。

可表示行程长度值	编码			编码长度
1～4		0	? ?	3
5～8	1	0	? ? ?	5
9～16	1 1	0	? ? ? ?	7
17～32	1 1 1	0	? ? ? ? ?	9
33～64	1 1 1 1	0	? ? ? ? ? ?	11
65～128	1 1 1 1 1	0	? ? ? ? ? ? ?	13

图 4－6　编码对应行程编码长度示意图

以 3 为例，其二进制表示为 11，对应编码行程值 11－1＝10，其位数为 2。因此，对应的读取长度指示段的位数为 2－2＝0。因此，3 对应的变长行程编码为 010。又如 12，以二进制表示为 1100，编码行程值为 1100－1＝1011(十进制 11)，于是读取长度指示段的位数为 4－2＝2，即对应两个“1”，即“11”。最终行程编码为 1101011。示例编码对应行程编码过程如图 4－7 所示。

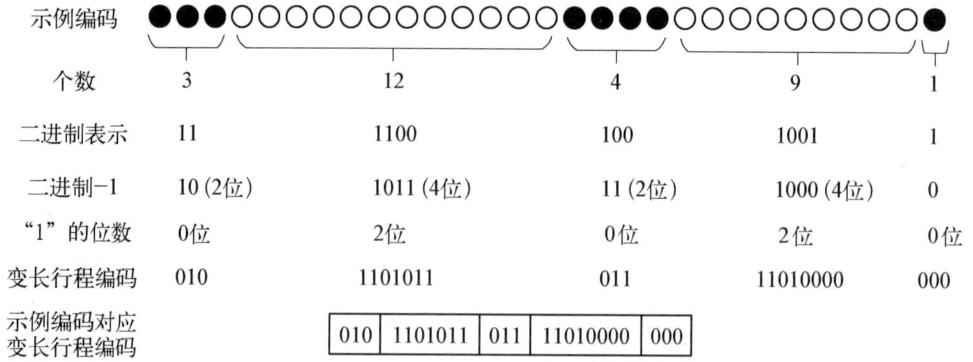

示例编码	●●●	○○○○○○○○○○○○	●●●●	○○○○○○○○○	●
个数	3	12	4	9	1
二进制表示	11	1100	100	1001	1
二进制-1	10 (2位)	1011 (4位)	11 (2位)	1000 (4位)	0
“1”的位数	0位	2位	0位	2位	0位
变长行程编码	010	1101011	011	11010000	000

示例编码对应变长行程编码

010	1101011	011	11010000	000

图 4－7　对示例编码进行变长行程编码示意图

还原方法则是从符号串左端开始往右搜索，遇到第一个 0 时停下来，计算这个 0 的前面有几个“1”。设“1”的个数为 K，则在 0 后面读 $K+2$ 个符号，这 $K+2$ 个符号所表示的二进制数加上 1 的值就是第 1 个行程的长度，如图 4－8 所示。

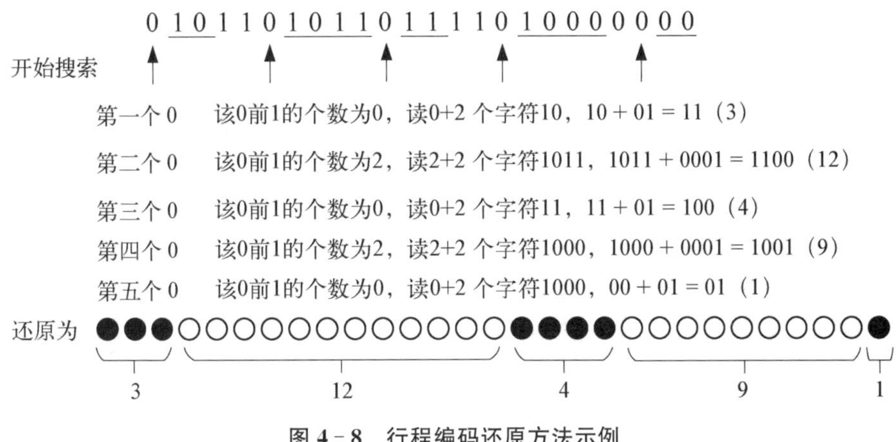

图 4 - 8 行程编码还原方法示例

行程编码比较适合于二值图像的编码，一般不直接应用于多灰度图像。为了达到较好的压缩效果，有时将行程编码与其他一些编码方法混合使用。例如，在 JPEG 中，行程编码和离散余弦变换(discrete cosine transform，DCT)及哈夫曼编码一起使用，首先对图像分块处理，然后对分块进行离散余弦变换，量化后的频域图像数据进一步做“Z”字形扫描，再做行程编码，最后对行程编码的结果进行哈夫曼编码。

如图 4 - 9 所示，对于有大面积相同色块的图像，使用行程编码时效果较好；对于纷杂的图像，压缩效果不好，最坏情况下图像中每两个相邻点的颜色都不同，会使数据量加倍，所以现在单纯采用行程编码的压缩算法并不多。

(a) 大面积相同色块示例

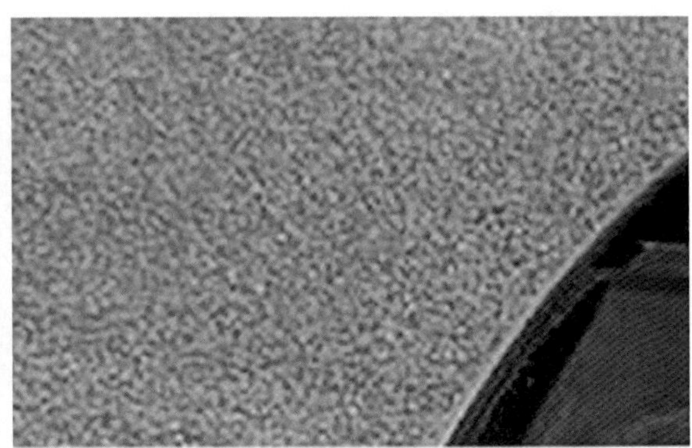
(b) 相邻像素不同示例

图 4 - 9 大面积色块的图像

4.2.4 二维行程编码

在二维情况下，使用二维行程编码的方式来消除行、列 2 个方向上的像素冗余，通过重新排序使相邻像素值相等的情况尽可能多。利用像素间的相关性，对二维排列的像素采用某种扫描路径遍历所有像素点，获得像素点之间的相邻关系后，按照一维行程编码方式进行压缩。常用的 2 种二维行程编码扫描方式如图 4 - 10 所示。

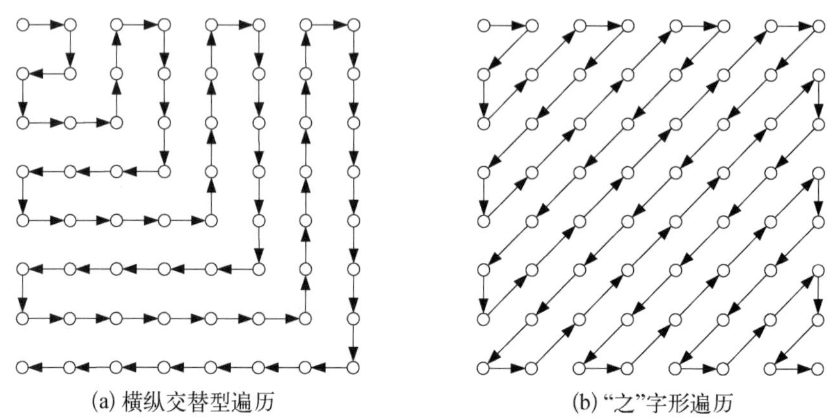

图 4-10 二维行程编码遍历示意图

行程编码所能获得的压缩比主要取决于图像本身的特点。若图像中具有相同颜色的图像块越大,图像块数目越少,则压缩比就越高;反之,压缩比就越小。行程编码适合于二值图像的编码,如果图像由很多块颜色或灰度相同的大面积区域组成,采用行程编码可以达到很大的压缩比。为了达到比较好的压缩效果,一般不单独使用行程编码,而是将其和其他编码方法结合使用。

4.3 哈夫曼编码

4.3.1 熵编码

4.3.1.1 基本概念

熵编码是利用信源的统计特性进行压缩的编码方法。设数字图像像素灰度级集合为 $(W_1, W_2, \cdots, W_M)$,其对应的概率分别为 $(p_1, p_2, \cdots, p_M)$,按信息论中信源信息熵的定义,数字图像的熵 H 为

$$H = -\sum_{k=1}^{M} p_k \log_2 p_k \tag{4-8}$$

假定图像中各像素间取何种灰度级是相互独立的,称为无记忆信息熵或 0 阶熵,记为 $H_0(\cdot)$。

4.3.1.2 平均码字长度

给 $(W_1, W_2, \cdots, W_M)$ 每个灰度级赋予一个编码 C_k,称为码字,其中 $k=1, 2, \cdots, M$(以二进制为例)。设 β_k 为数字图像第 k 个码字 C_k 的长度(二进制代码的位数)。其中第 k 个码字出现的概率为 p_k,则数字图像所赋予的码字平均长度 R 为

$$R = \sum_{k=1}^{M} \beta_k p_k \text{(bits)} \tag{4-9}$$

4.3.1.3　编码效率

编码效率 $\eta=\frac{H}{R}(\%)$，式中 H 为信源熵，R 为平均码字长度。根据信息论信源编码理论，可以证明 $R\geqslant H$。总可以设计出某种无失真编码方法 $R\gg H$，表明这种方法效率很低，占用比特数太多；$R\approx H$，此时为最佳编码；$R<H$，此时会丢失信息，图像失真。

例如，一幅图像某一行的像素是：aaaabbbccdeeeeefffffff。如果在不使用特殊编码的情况下，按照每个像素值对应 8 个比特位，则可以计算出需要的数据量为 $22\times 8=176$ bits。但是，如果按照熵编码的原理进行编码，则为 $f=0$，$e=10$，$a=110$，$b=1111$，$c=11100$，$d=11101$，这里采用的编码规则是码长长短不一。

按照上述的编码方式，可以计算出需要的数据量为 $3\times 4+4\times 3+5\times 2+5\times 1+2\times 5+1\times 7=56$ bits。显然，$56<176$，选择变长比特数的原则进行编码使得平均码字长度大大减小，因此在相同信源熵的条件下，变长比特数编码的编码效率会大于定长编码。

同时，若采取上述的熵编码方式，它的平均码字长度 $R=2.545$，而这一行像素的信息熵 $H=2.367$，相对于用定长 8 个比特位进行编码的 R 更接近 H，编码效果更好。

4.3.2　哈夫曼编码

哈夫曼(Huffman)编码的基本思想是给出现频率大的符号分配更短的比特，给出现频率小的符号分配长的比特，以此来提高数据压缩率，消除编码冗余从而提高传输效率。哈夫曼编码对于一个固定值 n 生成的编码是最佳的，因为信源变化会改变符号对应的频率，所以哈夫曼编码每次只能对来自一个信源的符号进行编码。在数字图像处理中，信源符号一般是图像的灰度或是一个灰度映射操作的输出。

4.3.2.1　基本原理

哈夫曼编码方法的第一步是构建哈夫曼二叉树。首先对信源中所有可能出现的符号根据其对应概率进行由大到小的排序，然后将排序后最小概率的两个符号合并为一个新的辅助符号，并将该辅助符号加入概率列表中替换原有的 2 个符号。该辅助符号对应的概率是其对应 2 个合并符号的概率之和，其在列表中的位置仍遵循概率由大到小的排列顺序。迭代此过程直至列表中只剩下对应概率为 1 的根，至此自底向上地完成了哈夫曼二叉树的构建。构建好的哈夫曼二叉树节点由信源中的符号和所新增的辅助符号构成，可以约定一个节点与其左子节点和右子节点的边分别对应编码 0 和编码 1。

哈夫曼编码过程的第 2 步是针对信源中的每个符号依次进行编码。注意到第 1 步中构建好的哈夫曼二叉树中的各边分别被赋予编码 0 或编码 1。在对信源中每个符号依次编码时，需自顶向下由根节点出发找到树中对应符号的节点，此过程所遍历的边对应的编码就构成了当前信源符号的编码。

下面以图 4-11 中的示例信源为例对哈夫曼编码过程进行进一步说明。图 4-11 所示信源中共有 6 个符号类别，首先将符号按照其概率进行降序排列，然后依次进行合并并生成新的辅助符号替换加入列表中，迭代此过程直至合并生成概率为 1 的辅助符号。

原始信源		信源化简				哈夫曼编码
符号	概率	1	2	3	4	
a2	0.4	0.4	0.4	0.4	0.6	1
a6	0.3	0.3	0.3	0.3	0.4	01
a1	0.1	0.1	0.2	0.3		000
a4	0.1	0.1	0.1			0011
a3	0.06	0.1				00101
a5	0.04					00100

图 4-11　示例信源的哈夫曼编码图

迭代过程逐渐自底向上地构建了哈夫曼二叉树，然后给每对左子节点和右子节点与其父节点之间的边分别分配编码 0 与编码 1，即可得到每个信源符号的哈夫曼编码，如图 4-12 所示。

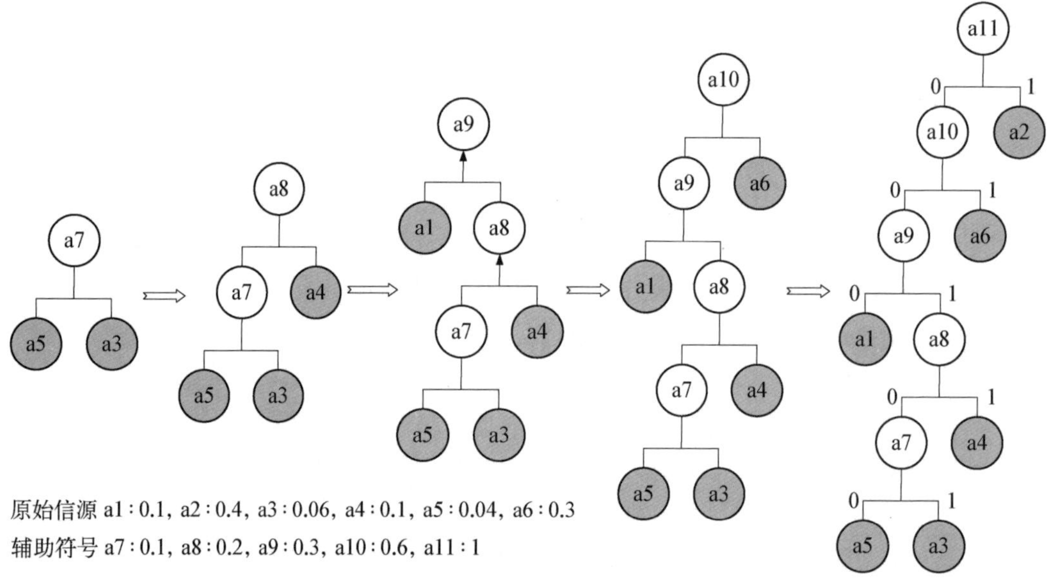

图 4-12　示例信源的哈夫曼树构建过程图

在上述例子中，被压缩的信源的信息熵为 $H = 2.14$，经过哈夫曼编码方式，平均码字长度为 $R = 2.2$。

4.3.2.2　分块哈夫曼编码

对一幅图像进行编码时，如果图像的大小大于 16×16 时，这幅图像的不同码字有可能很长，如果极限情况下有 256 种不同的灰度值，就有 256 个不同的码字。每个像素值出现的概率均为 1/256，则在构建哈夫曼树时，概率的合并到终节点需 8 层操作，因此每个像素值的码长为 8 位，这会影响编码的效率。

将图像分割成若干个小块，对每块进行独立的哈夫曼编码。例如，将图像分成 4 个

8×8 的块，就可以大大降低不同灰度值的个数(最多是 64，而不是 256)，从而减少哈夫曼树的层数，减少码字长度，提升压缩效率。

4.4 算术编码

算术编码是一种无损编码方法，也是一种熵编码的方法。与哈夫曼编码不同，算术编码是一种从整个符号序列出发，采取递推形式连续编码的方法。它是一种有记忆非分组编码方法，用某个实数区间来表示若干被编码的信息，用该实数区间对应的二进制码作为编码输出。在算术编码中，信源符号和码字之间的一一对应关系并不存在。一个算术码字要赋给整个信源符号序列，而码字本身确定 0～1 的一个实数区间。随着符号序列中符号数量的增加，用来代表它的区间减小，而用来表示区间所需的信息单位的数量变大。每个符号序列中的符号根据区间的概率减少区间长度。下面举例说明算术编码的原理。

设信源符号集为{a, b, c, d}，其概率分布为{0.4, 0.2, 0.4, 0.2}。若信源发出序列{d, a, c, a, b}，则算术编码过程如下：

各个数据符号在半封闭实数区间[0, 1)内按概率设定赋值范围为：a=[0.0, 0.4)，b=[0.4, 0.6)，c=[0.6, 0.8)，d=[0.8, 1.0)；计算新的取值区间范围方法如下：

新范围起始值=取值区间左端+取值区间长度×当前符号的赋值区间左端

新范围结束值=取值区间左端+取值区间长度×当前符号的赋值区间右端

第一个被压缩的符号为“d”，起初的间隔为[0.8, 1.0)。

第二个被压缩的符号为“a”，由于前面的符号“d”的取值区间被限制在[0.8, 1.0)内，所以“a”的取值范围应在前一个符号间隔[0.8, 1.0)的[0.0, 0.4)子区间内，根据公式可得：

$$Start_a = 0.8 + 0.0 \times (1.0 - 0.8) = 0.8$$

$$End_a = 0.8 + 0.4 \times (1.0 - 0.8) = 0.88$$

其中“a”的实际编码区间在[0.8, 0.88)内。

第三个被压缩的符号为“c”，其编码取值范围应在[0.8, 0.88)区间的[0.6, 0.8)子区间内，根据公式可得：

$$Start_c = 0.8 + 0.6 \times (0.88 - 0.8) = 0.848$$

$$End_c = 0.8 + 0.8 \times (0.88 - 0.8) = 0.864$$

其中“c”的实际编码区间在[0.848, 0.864)内。

第四个被压缩的符号为“a”，其编码取值范围应在[0.848, 0.864)区间的[0.0, 0.4)子区间内，根据公式可得：

$$Start_a = 0.848 + 0.0 \times (0.864 - 0.848) = 0.848$$

$$End_a = 0.848 + 0.4 \times (0.864 - 0.848) = 0.8544$$

其中“a”的实际编码区间在[0.848, 0.8544)内。

同理，被压缩的第五个符号为“b”，实际的编码区间在[0.85056, 0.85184)内。符号序列“dacab”被描述在这一实数区间内，在此区间内的任一实数值都唯一对应此符号序列。这样，就可以用一个实数表示这一符号序列。把区间[0.85056, 0.85184)用二进制形式表示为[0.110110011011, 0.110110100001)。0.1101101 位于这个区间内并且是最短的编码，故将其作为符号序列“dacab”的编码输出。不考虑“0”，把 1101101 作为此符号序列的算术编码。

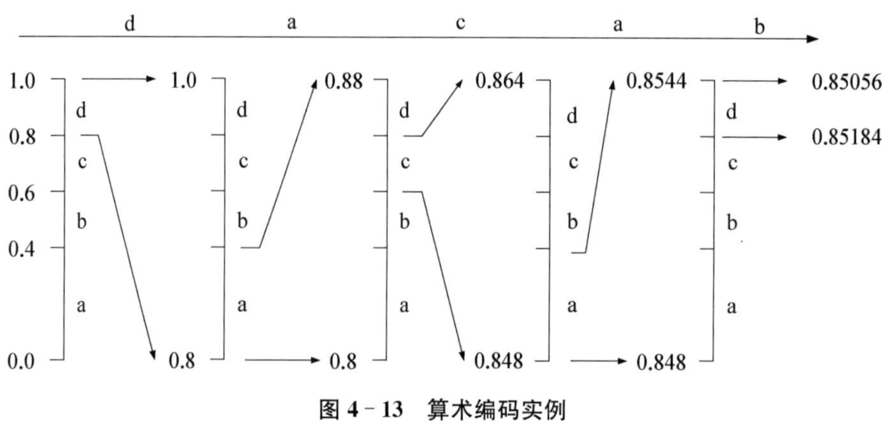

图 4-13　算术编码实例

解码是编码的逆过程。先将 1101101 转为“0.1101101”二进制，其对应的十进制为 0.8515625，这一实数落在[0.8, 1.0)区间内，因此为字符“d”；0.8515625 在[0.8, 1.0)区间的[0.0, 0.4)子区间[0.8, 0.88)内，因此第二个符号为“a”；同理，0.8515625 在区间[0.8, 0.88)的子区间[0.848, 0.864)内，因此第三个符号为“c”；依次推出“a”和“b”。这样，便从算术编码 1101101 解码出符号序列“dacab”。

4.5　LZW 编码

LZW 这种压缩算法属于无损压缩的一种。压缩的核心思想是用记号代替重复出现的字符串，就是把出现过的字符串映射到记号上，这样就可能用较短的编码表示长的字符串，从而实现压缩。在编码过程的开始阶段，先构建一个包含被编码信源符号的码书或字典。

例如，对于字符串 ababab，可以看到子串 ab 在后面重复出现，就可以用一个特殊记号表示 ab，如数字 2，这样原来的字符串就可以表示为 ab22。这里称 2 是子串 ab 的记号。如果规定数字 0 表示 a，数字 1 表示 b。实际上，最后得到的压缩后的数据应该是一个记号流 0122。那么，是否可以编码成 222?

这里就引出 LZW 的一个核心思想，即压缩后的编码是自解释的。其含义是字典是不会被写进压缩文件的，在解压缩的时候，一开始字典里除了默认的 0 代表 a 和 1 代表 b 之外并没有其他映射，2 代表 ab 是在解压缩的过程中自己生成的。这就要求压缩后的数据自己能告诉解码器完整的字典，如 2 代表 ab 是如何生成的，在解码的过程中还原出编码时用的字典。

下面给出完整的 LZW 编码和解码的过程。结合一个稍微复杂的例子，说明 LZW 的原理，重点介绍解码中每一步如何对应和还原编码中的步骤并恢复编码字典。

1）编码算法

编码器从原字符串不断地读入新的字符，并将单个字符或字符串编码为记号。在这个过程中需要维护两个变量：一个是 P（前缀），表示手头已有的，还没有被编码的字符串；一个是 C（当前），表示当前新读进来的字符。

① 初始状态，字典里只有所有的默认项，如 0→a，1→b，2→c。此时 P 和 C 都是空的。

② 读入新的字符进 C，与 P 合并形成字符串 $P+C$。

③ 在字典里查找 $P+C$：

如果 $P+C$ 在字典里，则 $P=P+C$。

如果 $P+C$ 不在字典里，将 P 的记号输出；在字典中为 $P+C$ 建立一个记号映射；更新 $P=C$。

④ 返回步骤②重复，直至读完原字符串中所有的字符。

以上显示的是编码中间的一般过程，在收尾的时候有一些特殊的处理，即在步骤②中，如果到达字符串尾部，没有新的 C 读入了，则将手头的 P 对应的记号输出并结束。

编码过程的核心在于第③步，P 是当前维护的、可以被编码为记号的子串。注意 P 可以被编码为记号，但还未输出。新的字符 C 不断被读入并添加到 P 的尾部，只要 $P+C$ 仍然能在字典里被找到，就不断增长更新 $P=P+C$，这样就能将一个尽可能长的子串 P 编码为一个记号，这就是压缩的实现。当新的 $P+C$ 无法在字典里找到时，输出已有的 P 的编码记号，并为新子串 $P+C$ 建立字典表项。然后，新的 P 从单字符 C 开始，重新增长，重复上述过程。

这里用一个例子说明编码的过程，之所以用小写的字符串是为了与 P 和 C 区分开。字符串为：ababcababac。假设默认 0→a，1→b，2→c，编码步骤如表 4-1 所示：

表 4-1　LZW 编码示例

步　骤	P	C	$P+C$	$P+C$ 是否在字典里	操　　作	输出
1	—	a	a	是	更新 P=a	—
2	a	b	ab	否	添加 3→ab，更新 P=b	0

（续表）

步　骤	P	C	$P+C$	$P+C$ 是否在字典里	操　　作	输出
3	b	a	ba	否	添加 4→ba，更新 P=a	1
4	a	b	ab	是	更新 P=ab	—
5	ab	c	abc	是	添加 5→abc，更新 P=c	3
6	c	a	ca	是	添加 6→ca，更新 P=a	2
7	a	b	ab	是	更新 P=ab	—
8	ab	a	aba	否	添加 7→aba，更新 P=a	3
9	a	b	ab	是	更新 P=ab	—
10	ab	a	aba	是	更新 P=aba	—
11	aba	c	abac	否	添加 8→abac，更新 P=c	7
12	c	—	—	—	—	2

注意编码过程的第 3～4 步、第 7～8 步以及第 8～10 步，子串 P 发生了增长，直到新的 $P+C$ 无法在字典中找到，则将当前的 P 输出，P 则更新为单字符 C，重新开始增长。输出的结果为 0132372，完整的字典如表 4-2 所示：

表 4-2　示例字典

记　号	0	1	2	3	4	5	6	7	8
字符串	a	b	c	ab	ba	abc	ca	aba	abac

2）解码算法

解码的过程比编码复杂，其核心思想在于解码需要还原出编码时用的字典。因此要理解解码的原理，必须分析它是如何对应编码过程的。下面首先给出算法：

解码器的输入是压缩后的数据，即记号流(symbol stream)。解码与编码类似，仍然需要维护两个变量 pW(previous word)和 cW(current word)，后缀 W 的含义实际上就是记号(symbol)，一个记号就代表一个字串。pW 表示之前刚刚解码的记号；cW 表示当前新读进来的记号。注意 cW 和 pW 都是记号，这里用 Str(cW)和 Str(pW)表示它们解码出来的原字符串。

具体解码算法如下。

① 初始状态，字典里只有所有的默认项，如 0→a，1→b，2→c。此时 pW 和 cW 都是空的。

② 读入第一个符号 cW，解码输出(注意第一个 cW 肯定是能直接解码的，而且一定是单个字符)。

③ 赋值 $pW=cW$。

④ 读入下一个符号 cW。

⑤ 在字典里查找 cW：

如果符合情况 1(cW 在字典里)，则

◇ 解码 cW，即输出译出的符号 Str(cW)；

◇ 令 P=Str(pW)，C=Str(cW)的第一个字符；

◇ 在字典中为 $P+C$ 添加新的记号映射。

如果符合情况 2(cW 不在字典里)，则

◇ 令 P=Str(pW)，C=Str(pW)的第一个字符；

◇ 在字典中为 $P+C$ 添加新的记号映射，这个新的记号一定就是 cW；

◇ 输出 $P+C$ 。

⑥ 返回步骤③重复，直至读完所有记号。

解码步骤如表 4-3 所示。

表 4-3 解码示例

步骤	pW	cW	cW 是否在字典中	操作	输出
0	空	0	是	P=空，C=a，$P+C$=a	a
1	0	1	是	P=a，C=b，$P+C$=ab，添加 3→ab	b
2	1	3	是	P=b，C=a，$P+C$=ba，添加 4→ba	ab
3	3	2	是	P=ab，C=c，$P+C$=abc，添加 5→abc	c
4	2	3	是	P=c，C=a，$P+C$=ca，添加 6→ca	ab
5	3	7	否	P=ab，C=a，$P+C$=aba，添加 7→aba	aba
6	7	2	是	P=aba，C=c，$P+C$=abac，添加 8→abac	c

LZW 编码和解码过程的思想本身是简单的，就是将原始数据中的字符串用记号表示，类似于编一部字典。编码过程中切割字符串以及建立映射的方式其实并不是唯一的，但是 LZW 算法的严格之处在于：它提供了一种方式，这使得通过压缩后的编码能够唯一地反推出编码过程中建立的字典，从而不必将字典本身写入压缩文件。如果字典也需要写入压缩文件，那它占据的体积就会很大，最后可能起不到压缩的效果。

4.6 预测编码

由图像的统计特性可知，相邻像素之间有较强的相关性，即相邻像素的灰度值相同或相近，因此某像素的值可根据以前已知的几个像素值来预测。

4.6.1 基本概念

预测编码是根据离散信号之间存在一定关联性的特点,利用前面一个或多个信号预测下一个信号,然后对实际值和预测值的差(预测误差)进行编码。如果预测比较准确,误差就会很小。在同等精度要求的条件下,就可以用比较少的比特进行编码,达到压缩数据的目的。

预测编码的性能取决于预测器的性能,所谓最佳预测器就是在某一准则下使预测编码的性能达到最佳的预测器的水平。常用的一些准则有:误差均方值最小准则、零(无)误差概率最大准则、误差平均分布熵最小准则等。最佳预测器的结构不但与准则有关,而且与信源的统计特性有关。对于平稳高斯信源,上述三种准则等价,而且最佳预测器是线性预测器。对于非高斯信源已经证明,非线性预测器可以提供更好的性能,但是寻找和实现最佳的非线性预测器比较困难。

预测编码的局限性在于它认为样本之间的统计依存关系仅影响样本分布的均值而不影响分布的形状。从理论上讲,除了高斯信源外,一般信源都是不能满足这一条件的。预测编码的最大优点在于它实现方便,且对大部分实际信源相当有效,所以预测编码在实际中有广泛应用。增量调制和差分脉冲编码调制就是两种很好的例子。

4.6.2 基本原理

利用以往的样本值对新样本值进行预测,将新样本值的实际值与其预测值相减,得到误差值,对该误差值进行编码,传送此编码即可。

理论上,数据源可以准确地用一个数学模型表示,使其输出数据总是与模型的输出一致,因此可以准确地预测数据。但是实际上,预测器不可能找到如此完美的数学模型。

预测本身不会造成失真。误差值的编码可以采用无失真压缩法或失真压缩法。预测编码是数据压缩理论的一个重要分支。根据离散信号之间存在一定相关性的特点,利用前面的一个或多个信号对下一个信号进行预测,然后对实际值和预测值的差(预测误差)进行编码。如果预测比较准确,那么误差信号就会很小,就可以用较少的码位进行编码,以达到数据压缩的目的。

第 n 个符号 X_n 的熵满足:

$$\begin{aligned} H(x_n) &\geqslant H(x_n \mid x_{n-1}) \geqslant H(x_n \mid x_{n-1}x_{n-2}) \geqslant \cdots \\ &\geqslant H(x_n \mid x_{n-1}x_{n-2}\cdots x_1) \end{aligned} \tag{4-10}$$

n 越大,考虑更多元素之间的依赖关系时熵值进一步降低,得到的熵越接近于实际信源所含的实际熵(极限熵)。

$$\lim_{n\to\infty} H(x_n) = \lim_{n\to\infty} H(x_n \mid x_{n-1}x_{n-2}\cdots x_1) \tag{4-11}$$

所以参与预测的符号越多,预测就越准确,该信源的不确定性就越小,数码率(即数字信号产生和传输的速率)就可以降低。

线性预测的编码思想如下。① 去除像素冗余。② 认为相邻像素的信息有冗余,当前像素值可以用以前的像素值来获得。③ 用当前像素值 f_n，通过预测器得到一个预测值 $\hat{f}_n$，对当前值和预测值求差 $e_n = f_n - \hat{f}_n$，对差编码,作为压缩数据流中的下一个元素。④ 由于通常误差值比样本值小很多,因此可以达到数据压缩的效果。在大多数情况下，$\hat{f}_n$ 是通过 m 个以前像素的线性组合生成的。

4.6.3 预测编码的分类

预测编码是指在均方误差最小的准则下,使预测值误差最小的方法。

线性预测是利用线性方程计算预测值的编码方法。线性预测编码方法也称为差分脉冲编码调制(differential pulse code modulation, DPCM)。

非线性预测是指利用非线性方程计算预测值的编码方法。

帧内预测编码是指根据同一帧样本进行预测的编码方法。

帧间预测编码是指根据不同帧样本进行预测的编码方法。

自适应预测编码是指预测器和量化器参数按图像局部特性进行调整的编码方法。

4.6.3.1 线性预测

1）无损预测编码

无损预测编码过程如图 4－14 所示。当输入信号序列 $x_k(k=1, 2, \cdots)$ 逐个进入编码器时,预测器根据若干个过去的输入产生当前输入的预测(估计)值。将预测器的输出舍入成最接近的整数,并用来计算预测误差 e_k：

$$e_k = x_k - \hat{x}_k \tag{4-12}$$

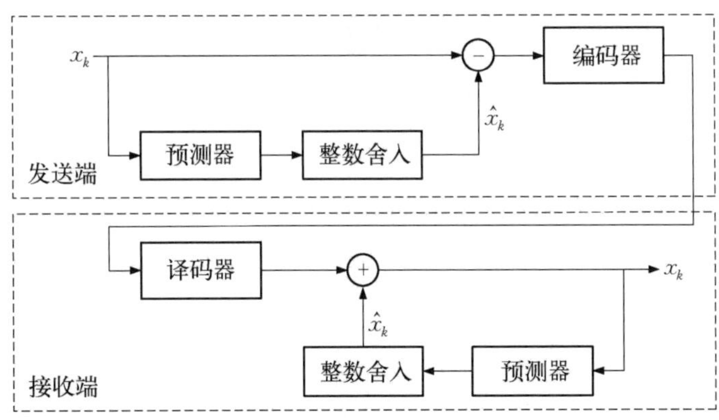

图 4－14 无损预测编码示意图

误差 e_k 可用符号编码器借助变长码字进行编码以产生压缩信号数据流的下一个元素。解码器根据接收到的变长码字重建预测误差,并执行以下操作以得到解码信号：

$$x_k = e_k + \hat{x}_k \tag{4-13}$$

借助预测器将原来对原始信号的编码转换成对预测误差的编码。在预测比较准确时,预测误差的动态范围会远小于原始信号序列的动态范围,所以预测误差的编码所需的比特数会大大减少,这是预测编码获得数据压缩结果的原因。在多数情况下,可通过将 m 个先前的值进行线性组合以得到预测值,m 称为线性预测期的阶。

预测方程式如下,其中 $k > m$ 表示 $x_1, x_2, \cdots, x_m$ 的时序在 x_k 之前。

$$\hat{x}_k = f(x_1, x_2, x_3, \cdots, x_m, k), k > m \tag{4-14}$$

线性预测是指预测方程式的右方是各个 x_i 的线性函数:

$$\hat{x}_k = \sum_{i=1}^{m} a_i(k) x_{k-i} \tag{4-15}$$

如果 $a_i(k)$ 是常数,则为时不变线性预测。最简单的预测方程为

$$\hat{x}_k = x_{k-1} \tag{4-16}$$

而能够使均方误差函数 $\text{mse} = E[(x_k - \hat{x}_k)^2]$ 达到最小值的预测方程式则被称为最佳线性预测。而求其中的各个参数 a_i,则需要列如下方程组。

$$\frac{\partial E[(x_k - \hat{x}_k)^2]}{\partial a_i} = 0, (i = 1, 2, \cdots, m) \tag{4-17}$$

并将 $\hat{x}_k = \sum_{i=1}^{m} a_i(k) x_{k-i}$ 代入,联立方程组进行求解即可得到 a_i。

2) 有损预测编码

有损预测编码主要包括差分脉冲编码调制和自适应差分脉冲编码调制(adaptive differential pulse code modulation, ADPCM)。

差分脉冲编码调制的方法是利用信号的相关性找出可以反映信号变化特征的差值量进行编码。

差分脉冲编码调制预测是在无损预测编码系统的基础上加一个量化器,如图 4-15 所示。其压缩过程主要有四步,分别如下。

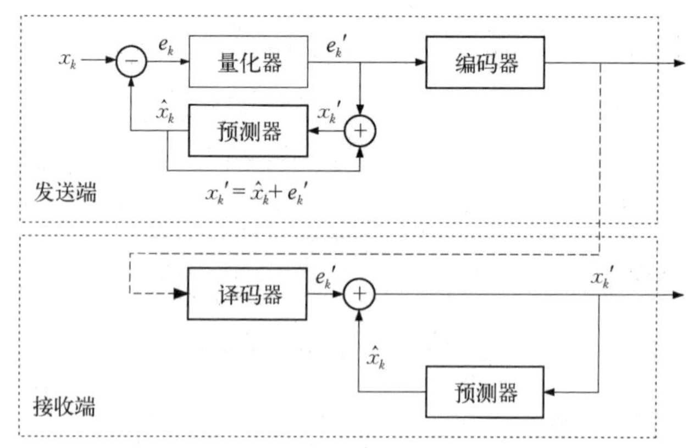

图 4-15　差分脉冲编码调制预测示意图

(1) 发送端预测器带有存储器,把 t_k 时刻以前的采样值 $x_1, x_2, \cdots, x_{k-1}$ 存储起来并据此对 x_k 进行预测,得到预测值。

(2) e_k 为 x_k 与 $\hat{x}_k$ 的差值,e_k' 为 e_k 经量化器量化的值。

(3) x'_k 是接收端的输出信号。

(4) 误差为

$$\Delta = x_k - x'_k = x_k - (\hat{x}_k + e'_k) = x_k - \hat{x}_k - e'_k = e_k - e'_k \tag{4-18}$$

该误差实际上可以视为发送端量化器量化的误差,对 e_k 的量化越粗糙,压缩比越高,失真越大。

自适应差分脉冲编码调制预测是指由于输入数据不是平稳的随机过程,差值的动态范围不确定(见图 4-16),因此需要通过定期重新调整预测器的预测参数,使预测器随输入数据的变化而变化,能够自适应地改变量化器的量化阶数,用小量化阶量化小差值,大量化阶量化大差值。自适应差分脉冲编码调制预测也分为线性自适应预测与非线性自适应预测两种。图 4-17 是自适应量化器的示意图。

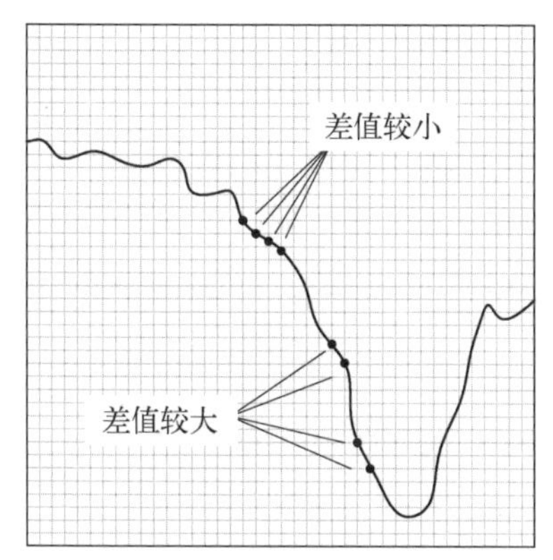

图 4-16 数据不平稳致差值动态范围不确定

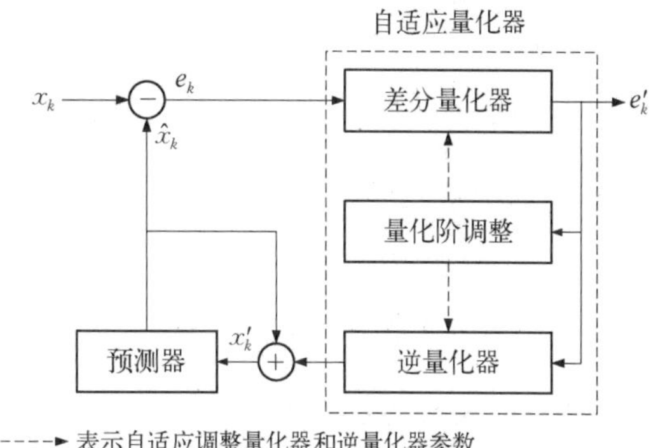

图 4-17 自适应量化器示意图

自适应量化能够在一定量化级数下减少量化误差或在同样的误差条件下压缩数据,根据信号分布不均匀的特点,当输入信号在一定范围内变化时,系统能够保持输入量化器的信号基本均匀。图 4-18 可以直观反映自适应预测与普通线性预测的区别。

(a) DPCM效果图(像素深度为1.0 bpp)

(b) ADPCM效果图(像素深度为1.2 bpp)

图 4-18 在相近像素深度下 DPCM 和 ADPCM 的效果图对比

DPCM,差分脉冲编码调制;ADPCM,自适应差分脉冲编码调制。

4.6.3.2 帧内预测编码

帧内预测的具体方法是根据一个像素点周围的像素值来预测当前像素值。具体方法有一维预测(只利用同行相邻像素点的相关性进行预测,将前一个点的像素值作为当前点的预测值,在大多数情况下一个像素点的像素值总与它前一个像素点相同或相近)和二维预测(除利用本行相邻像素外还利用了前一行的相邻像素来预测,预测时一般为周围不同位置的点分配一个权重,然后依据权重求平均作为当前点的像素预测值)。

在量化的一步,人眼视觉特性实验表明,在亮度突变部分,量化误差大些不会使人眼敏感,可采取粗量化(量化间距大);反之,在亮度变化缓慢区域,则应取细量化。总之,利用人眼这种掩盖效应采用非线性(不均匀)量化,可使总码率有所下降。下面是一个差值量化表示例(下面的值是差值,差值越大,说明变化越快,量化间距就可以取得越大)。

表 4-4 量化值示例

输出量化值	0	3	6	11	18	29	46	71	110	150
输入量化值	0～1	2～4	5～8	9～14	15～23	24～37	38～58	59～90	91～139	140～225

当进行完预测之后,再将测量到的实际值与预测值比较,得出差值,将此差值记录下来并编码,而不是直接对实际值编码。此外,帧内预测有一个“预测编码增益”的概念,用来反映预测的质量,大致可由原始信号的方差与预测误差的方差之比反映。此值越大,说明预测误差越小,预测的效果越好。

4.7 离散余弦变换编码

4.7.1 基本概念

行程编码与哈夫曼编码的设计思想基于对信息表述方法的改变,属于无损压缩方式。虽然无损压缩可以保证接收方获得的信息与发送方相同,但其压缩率有限。采用忽略视觉不敏感的部分进行有损压缩是提高压缩率的一条好的途径。

利用预测编码可以去除图像数据的时间和空间的冗余。它的优点是直观、简洁、易于实现,特别是易于硬件实现。但其压缩能力有限,差分脉冲编码调制一般只能压缩到 2～4 bits/像素。

变换编码是进行一种函数变换,该变换实现了从一个信号域变换到另一个信号域。

预测编码是通过对信源建模尽可能地预测源数据;而变换编码则考虑将原始数据变换到另一个表示空间,使数据在新的空间上尽可能相互独立,能量更集中。

离散余弦变换是一种变换型的源编码,使用十分广泛,也是 JPEG 编码的一种基础算法。离散余弦变换将时间或空间数据变成频率数据,利用人的听觉和视觉对高频信号(的变化)不敏感和对不同频带数据感知特征不一样等特点,可以对多媒体数据进行压缩。

4.7.2 变换编码原理

变换编码就是将时间域信号或空间域信号,变换到另外一些正交矢量空间,产生一批变换系数,然后对系数进行编码处理。

变换编码的原理是：信号在时域或空域的信息冗余度大,变换后参数之间相关性很小或互不相关,数据量减少。同时,利用人对高频细节不敏感的视觉特性,可以滤除高频系数,保留低频系数,达到数据压缩的效果。

离散余弦变换在携带的信息量和计算复杂性之间取得了很好的折中,因此多数变换编码系统都是基于离散余弦变换实现的。离散余弦变换的优良性质使其成为变换编码系统的国际标准。

为了方便理解,本节先阐述离散余弦变换编码方式,在下一节会完整地介绍基于离散余弦变换的JPEG图像编码流程。图4-19是离散余弦变换编码、解码的流程示意图。从该图可以发现,其中对应着取整的步骤,会损失信息,因此离散余弦变换编码属于有损编码的类别,解码无法完全恢复原图像的所有信息。

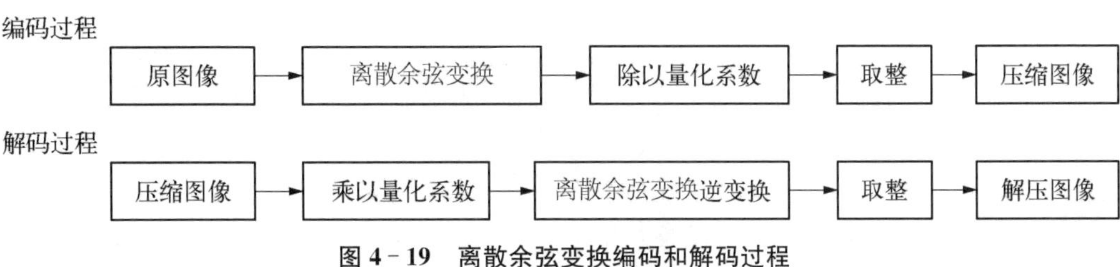

图4-19　离散余弦变换编码和解码过程

因为离散余弦变换是基于8×8大小的像素块的,所以对一幅数字图像进行离散余弦变换之前需要先进行8×8的分块,如图4-20所示。但是一幅图像的长和宽不一定都是8的倍数,此时需要将其边缘补成8的倍数,然后进行分块,依次处理。这里需要注意,分为8×8的块后,需要对每个像素点减去2^p(p为采样精度),将像素数据从无符号整数变为有符号整

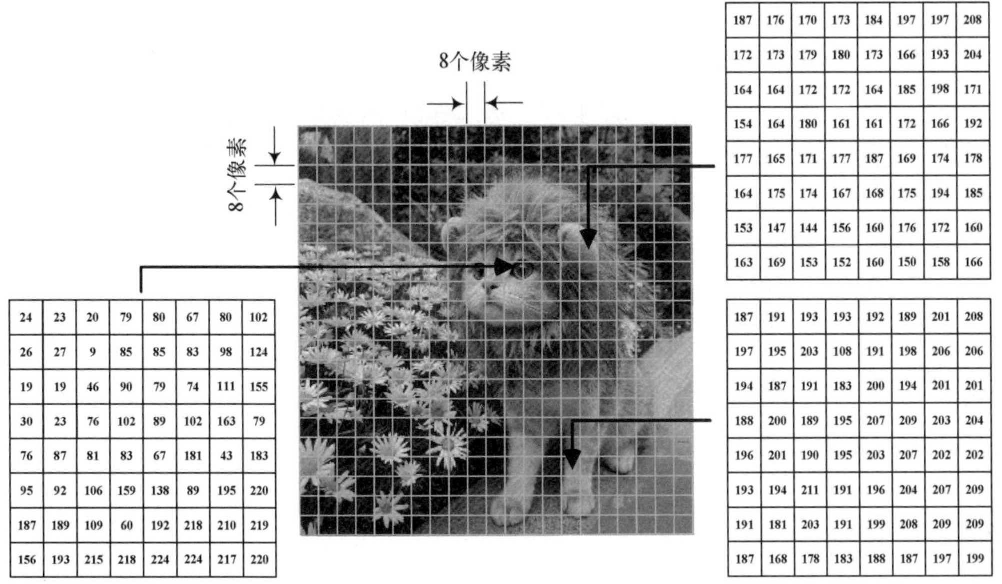

24	23	20	79	80	67	80	102
26	27	9	85	85	83	98	124
19	19	46	90	79	74	111	155
30	23	76	102	89	102	163	79
76	87	81	83	67	181	43	183
95	92	106	159	138	89	195	220
187	189	109	60	192	218	210	219
156	193	215	218	224	224	217	220

187	176	170	173	184	197	197	208
172	173	179	180	173	166	193	204
164	164	172	172	164	185	198	171
154	164	180	161	161	172	166	192
177	165	171	177	187	169	174	178
164	175	174	167	168	175	194	185
153	147	144	156	160	176	172	160
163	169	153	152	160	150	158	166

187	191	193	193	192	189	201	208
197	195	203	108	191	198	206	206
194	187	191	183	200	194	201	201
188	200	189	195	207	209	203	204
196	201	190	195	203	207	202	202
193	194	211	191	196	204	207	209
191	181	203	191	199	208	209	209
187	168	178	183	188	187	197	199

图4-20　原始图像分割成8×8大小的块

数后再代入离散余弦变换计算，也就是输入时把$[0, 2^p]$变为$[-2^{p-1}, 2^{p-1}-1]$。

将处理好的8×8大小的像素数据依次进行离散余弦变换，得到正变换后的8×8的数据矩阵，它反映了原始数据块的能量分布，低频部分的能量集中在左上角，其余高频部分的能量分布于右下角。当u、v为0时，左上角的$F(0, 0)$是所有像素的一个均值，相当于直流分量，称为直流系数；随着u、v的增加，矩阵其余元素为交流分量，或称为交流系数。

由于大多数图像的高频分量比较小，相应图像高频分量的离散余弦变换系数经常接近于0，再加上高频分量中只包含了图像的细微细节变化信息，而人眼对这种高频成分的失真不太敏感，因此考虑将这些高频成分抛弃，从而降低需要传输的数据量。采用的方法是对$G(u, v)$矩阵进行量化，量化取整方法为按$G(u, v)$和量化矩阵位置对应位置相除后再四舍五入为整数，即$c(x, y)=\mathrm{round}(G(u, v)/z(x, y))$，$z(x, y)$，如图4-21所示。

16	11	10	16	24	40	51	61
12	12	14	19	26	58	60	55
14	13	16	24	40	57	69	56
14	17	22	29	51	87	80	62
18	22	37	56	68	109	103	77
24	35	55	64	81	104	113	92
49	64	78	87	103	121	120	101
72	92	95	98	112	100	103	99

图4-21　离散余弦变换编码量化矩阵

(a) 原始图像

(b) 离散余弦变换编解码后图像

图4-22　图像编解码前后对比

可以看到，上述量化矩阵$z(x, y)$左上角的值较小，右下部分的值较大。经过量化取整后$G(u, v)$右下角部分的信息进一步被削弱，去掉更多不重要的信息。

经过量化取整发现，$c(x, y)$除了左上角部分以外，其他大部分区域全部为0，这大大提升了图像压缩的效率。对$c(x, y)$的编码方式可以采用"之"字形扫描的行程编码来实现。在解码过程中，依次按照图4-19所示的过程进行还原，最终得到恢复的图像。如图4-22所示，可以比较原始图与经过编解码后恢复的图像。

下一节介绍的JPEG图像编码是在离散余弦变换编码基础上的进一步优化和提升，了解本节内容有助于理解JPEG图像编码的算法原理。

4.8　JPEG图像编码

4.8.1　基本概念

联合图像专家小组(Joint Photographic Experts Group，JPEG)是由国际电报电话咨

询委员会(International Telegraph and Telephone Consultative Committee, CCITT)与国际标准化组织(International Organization for Standardization, ISO)于1986年联合成立的一个小组,负责制定静态数字图像的编码标准。

该小组一直致力于标准化工作,开发研制出了连续色调、多级灰度、静止图像的数字图像压缩编码方法,即JPEG算法。JPEG算法被确定为国际通用标准,其适用范围广泛,除用于静态图像编码外,还推广到电视图像序列的帧内图像压缩。而用JPEG算法压缩出来的静态图片文件称为JPEG文件,扩展名通常为.jpg、.jpe或.jpeg。

4.8.2　压缩算法

JPEG压缩标准包括两种:JPEG的无损预测算法、JPEG的基于离散余弦变换的有损编码算法。

JPEG的无损预测算法是基于差分脉冲编码调制,保证解码后完全精确恢复到原图像采样值。无损压缩不使用离散余弦变换方法,而是采用一个简单的预测器。预测器可以采用不同的预测方法,不同的预测方法将决定哪些相邻的像素被用于预测下一个像素。框图如图4-23所示。

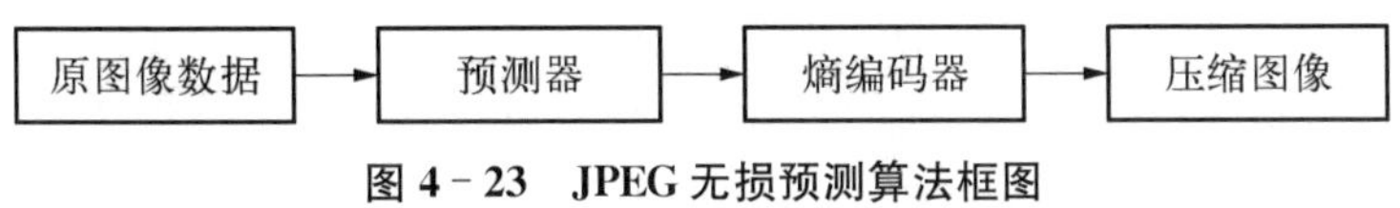

图4-23　JPEG无损预测算法框图

JPEG基于离散余弦变换的压缩编码算法包括基本系统和增强系统两种不同层次的系统,并定义了顺序工作方式和累进工作方式。基本系统只采用顺序工作方式,熵编码时只能采用哈夫曼编码,且只能存储两套码表。增强系统是基本系统的扩充,可采用累进工作方式、分层工作方式等,熵编码时可选用哈夫曼编码或算术编码。基于离散余弦变换编码的过程为先进行正离散余弦变换,再对离散余弦变换系数进行量化,并对量化后的直流系数和交流系数分别进行差分编码或行程编码,最后进行熵编码。在此过程中应用了离散余弦变换、"之"字形扫描和哈夫曼编码,其编码、解码过程如图4-24和图4-25所示。

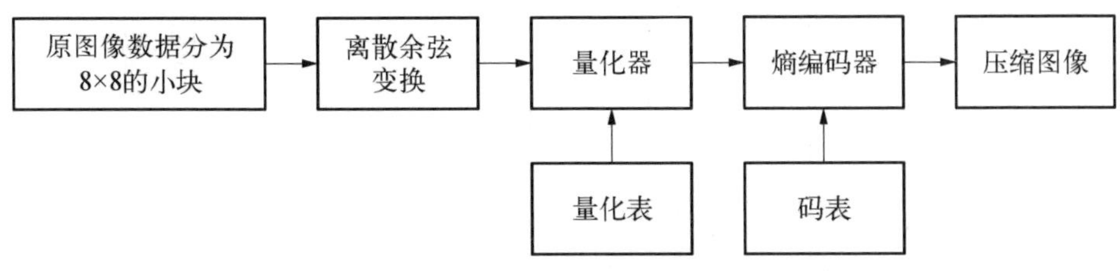

图4-24　JPEG编码过程示意图

具体过程如下,以编码为例,解码过程为其逆过程。

第1步,将原始图像按照8的倍数补足,再分为8×8的小块,每个像素块里有64个

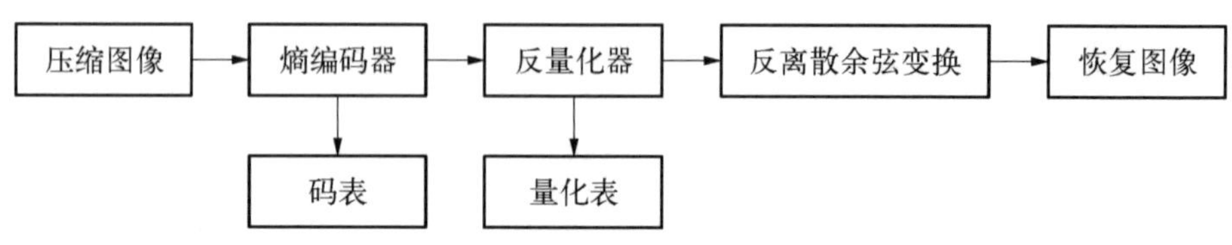

图 4-25　JPEG 解码过程示意图

像素点。

第 2 步，进行离散余弦变换。将图像中每个 8×8 的像素块进行离散余弦变换。和快速傅里叶变换(fast Fourier transform, FFT)一样，离散余弦变换也是将信号从时域到频域的变换，不同的是离散余弦变换中变换结果没有复数，全是实数。图像经过离散余弦变换后，低频信息集中在每个 8×8 像素块的左上角，高频信息集中在右下角。所谓 JPEG 的有损压缩，损的是量化过程中的高频部分。因为低频部分所包含的信息比高频部分要重要得多，去掉 50%的高频信息可能对于编码信息而言只损失了 5%的有效信息(视觉感知不明显的信息)。

第 3 步，量化。JPEG 中采用的量化就是用像素值除以量化表对应值所得的结果。由于量化表左上角的值较小，右上角的值较大，起到了保持低频分量、抑制高频分量的目的。JPEG 使用的颜色是 YUV 格式。前面提到过，Y 分量代表了亮度信息，U、V 分量代表了色度信息。相比而言，Y 分量更重要一些。可以对 Y 采用细量化，对 U 和 V 采用粗量化，这样可进一步提高压缩比。因此，上面所说的量化表通常有 2 张，一张是针对 Y 的；一张是针对 U、V 的。

量化可以减少码字和部分图像组成成分，达到通低频、减高频的效果，图 4-26 就是两张量化表的例子。

1	1	1	1	1	2	2	4
1	1	1	1	1	2	2	4
1	1	1	1	2	2	2	4
1	1	1	1	2	2	4	8
1	1	2	2	2	2	4	8
2	2	2	2	2	4	8	8
2	2	2	4	4	8	8	16
4	4	4	4	8	8	16	16

(a) 低压缩量化表

1	2	4	8	16	32	64	128
2	4	4	8	16	32	64	128
4	4	8	16	32	64	128	128
8	8	16	32	64	128	128	256
16	16	32	64	128	128	256	256
32	32	64	128	128	256	256	256
64	64	128	128	256	256	256	256
128	128	128	256	256	256	256	256

(b) 高压缩量化表

图 4-26　高、低压缩量化表示意图

比如左边的低压缩量化表，令最右下角的高频除以 16，使得原先离散余弦变换后[－127, 127]的范围就变成了[－7, 7]，减少了码字(从 8 位减至 4 位)。

第 4 步，进行编码分类。编码信息分为两类。一类是每个 8×8 像素块 F 中[0, 0]位置上的元素，这是直流分量(DC component)，代表 8×8 个子块的平均值，JPEG 中对 F[0, 0]单独编码。8×8 的像素块经过离散余弦变换之后得到的 DC 系数有两个特点：① 系数的数值比较大；② 相邻的 8×8 像素块的 DC 系数值变化不大。根据这两个特点，DC 系数一般采用差分脉冲编码调制，即取同一个图像分量中每个 DC 值与前一个 DC 值的差值来进行编码。对差值进行编码所需要的位数会比对原值进行编码所需要的位数少很多。假设某一个 8×8 像素块的 DC 系数值为 15，而上一个 8×8 像素块的 DC 系数值为 12，则两者之间的差值为 3。由于两个相邻的 8×8 像素块的 DC 系数相差很小，对它们采用差分脉冲编码调制，可以提高压缩比，也就是对相邻的子块 DC 系数的差值进行编码。

另一类是 8×8 像素块的其他 63 个子块，即交流(AC)系数。量化之后的 AC 系数的特点是，63 个系数中含有很多值为 0 的系数。因此，可以采用行程编码来进一步降低数据的传输量。利用该编码方式，可以将一个字符串中重复出现的连续字符用 2 个字节来代替。其中，第 1 个字节代表重复的次数，第 2 个字节代表被重复的字符串。例如，(4, 6) 就代表字符串“6666”。但是，在 JPEG 编码中，行程编码的含义同其原有的意义略有不同。在 JPEG 编码中，假设行程编码之后得到了一个 (M, N) 的数据对，其中 M 是两个非零 AC 系数之间连续的 0 的个数(即行程长度)，N 是下一个非零的 AC 系数的值。采用这样的方式进行表示，是因为 AC 系数当中有大量的 0，而采用“之”字形扫描也会使得 AC 系数中有很多连续的 0 存在。如此一来，便非常适合用行程编码进行编码。这 63 个元素采用了“之”字形的排列方法，在上文的二维行程编码中已做介绍(详见 4.2.4)，如图4－10 所示。

第 5 步，进行熵编码。在得到 DC 系数的中间格式和 AC 系数的中间格式之后，为进一步压缩图像数据，有必要对两者进行熵编码。JPEG 标准规定了两种熵编码方式：哈夫曼编码和算术编码。JPEG 基本系统规定采用哈夫曼编码，但 JPEG 标准并没有限制 JPEG 算法必须用哈夫曼编码方式或者算术编码方式。对于哈夫曼编码，上文已有介绍，JPEG 提供了针对 DC 系数、AC 系数使用的哈夫曼表(包括对于图像的亮度值与色度值两种情况)，在编码和解码时使用。JPEG 解码器能够同时存储最多 4 套不同的哈夫曼编码表，分别是高度 AC、亮度 DC、色度 AC 与色度 DC 哈夫曼编码表。

本章主要介绍了图像压缩与编码的相关内容，从压缩的必要性出发介绍了各类图像冗余的基本概念，然后依次介绍了行程编码、哈夫曼编码、算术编码、预测编码和离散余弦变换编码的相关原理，最后简要介绍了基于上述各类编码的 JPEG 图像编码算法。

习题

1. 什么是图像冗余？不同冗余在什么情况下更容易出现？

2. 行程编码是针对哪种冗余设计的？试参考本章内容中的对应示例编程实现一个基本的行程编码算法。
3. 哈夫曼编码的核心思想是什么？试讨论信源码字不同分布频率特点对哈夫曼编码效率的影响。
4. 试分析哈夫曼树结构与编码效率之间的关系，并讨论如何提高哈夫曼编码的效率。
5. 预测编码主要考虑的是哪方面的冗余？不同种类的预测编码各自有什么特点？
6. 离散余弦变换编码的主要数学原理是什么？其在具体实现过程中又有什么考虑？
7. 试查阅相关资料并总结 JPEG 图像编码中用到的编码算法。
8. 在本章所介绍的编码算法中，哪些是无损编码，哪些是有损编码？
9. 试分析不同编码算法在哪些情况下编码效率更高。

参考文献

[1] 拉斐尔·C.冈萨雷斯，理查德·E.伍兹.数字图像处理[M].3 版.阮秋琦，阮宇智，等译.北京：电子工业出版社，2011：334－399.

[2] Li Z-N, Drew M S, Liu J. Fundamentals of Multimedia[M]. 3rd ed. Berlin: Springer, 2021.

[3] Richardson I E. The H. 264 Advanced Video Compression Standard[M]. Hoboken: John Wiley and Sons, 2010.

[4] Sullivan G J, Topiwala P N, Luthra A. The H.264/AVC advanced video coding standard: Overview and introduction to the fidelity range extensions[J]. Proceedings of SPIE-The International Society for Optical Engineering, 2004, 5558: 454－474.

5 图像增强

近年来，随着消费型和专业型数码相机的日益普及，产生了海量的图像数据，但由于场景条件的影响，很多在高动态范围场景或特殊光线条件下拍摄的图像视觉效果不佳，需要进行后期增强处理以满足显示和印刷的要求。人类的视觉系统是非线性的，且具有很强的自适应性，在不同的光照条件下都能清晰地辨识细节，具有电子设备不可比拟的优势。因此，图像增强技术引起了广泛的关注，很多图像增强方法在设计时模仿人类视觉系统的特性，以期获得符合人类视觉系统特性的增强效果。

图像增强是数字图像处理的基本内容之一。针对给定图像的应用场合，有目的地强调图像的整体或某些局部特性，将原来不清晰的图像变得清晰或强调某些感兴趣的特征，扩大图像中不同物体特征之间的差别，抑制不感兴趣的特征，使图像质量改善，加强图像判读和识别的效果，以满足某些特定分析的需要。

如图 5 - 1 所示，图像增强算法可分成两大类：频域法和空域法。前者把图像看成一种二维信号，对其进行基于二维傅里叶变换的信号增强，是一种间接增强的算法。采用低通滤波法，可去掉图中的噪声；采用高通滤波法，则可增强边缘等高频信号，使模糊的图像变得清晰。

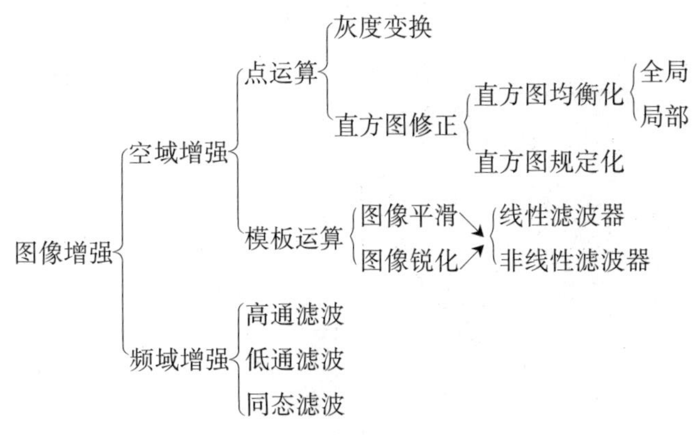

图 5 - 1　图像增强的基本方法

基于空域的图像增强算法分为点运算法和模板运算(邻域运算)法。点运算法包括灰度变换和直方图修正等，其目的是使图像成像均匀，或扩大图像的动态范围，扩展对比度。模板运算法分为图像平滑和锐化两种。图像平滑一般用于消除图像噪声，但是也容易引起边缘的模糊，常用算法有均值滤波、中值滤波等。图像锐化的目的在于突出物体的边缘轮廓，便于目标识别，常用算法有拉普拉斯算子、高频提升滤波等。本章将介绍空域的图像增强算法。

5.1 点运算

5.1.1 灰度变换

灰度变换是所有图像处理中最简单的技术。s 和 r 分别代表处理前后的像素值，这些值与 $r=E_H(s)$ 表达式的形式有关，其中 E_H 是把像素 s 映射到像素 r 的一种变换。

5.1.1.1 图像反转

使用反转变换，可得到灰度级范围为 $[0, L-1]$ 的一幅图像的反转图像，该反转图像由式(5-1)给出：

$$r=L-1-s \tag{5-1}$$

使用这种方式反转一幅图像的灰度级，可得到等效的照片底片。这种类型的处理适用于增强嵌入在一幅图像的暗区域中的白色或灰色细节，特别是当黑色面积在尺寸上占主导地位时。图 5-2 显示了一个例子。原图是一幅肺部 X 线片。尽管事实上两幅图在视觉内容上都一样，但应注意，在这种特殊情况下，对肺部组织的分析使用反转图像会容易得多。

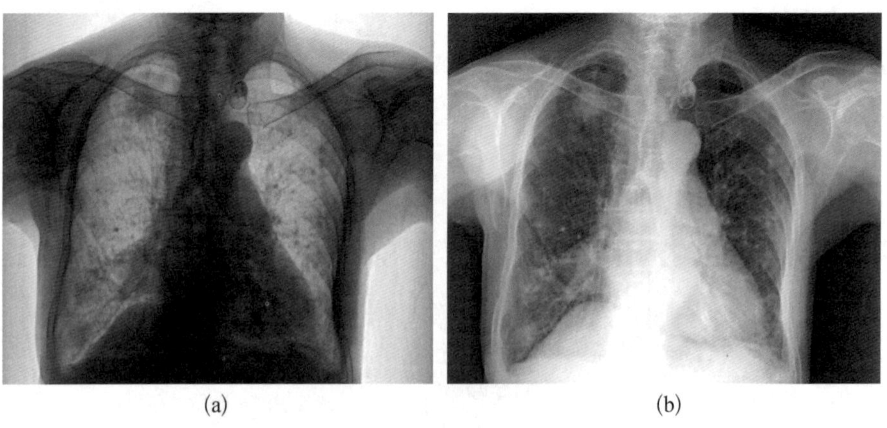

(a) (b)

图 5-2 图像反转样例

(a)为 X 线片原图；(b)为反转后图像。(图片引自医影在线网，网址为 http://www.radida.com/)

5.1.1.2 分段线性变换

为了突出感兴趣目标所在的灰度区间，相对抑制那些不感兴趣的灰度区间，可采用分段线性变换。如图 5-3 所示，通过调整折线拐点的位置及分段直线的斜率，可对任一灰度区间进行拉伸或压缩。其优势在于变换形式可以任意合成，缺点是需要更多的先验信息。在工程中，一般采用三段线性变换的形式。

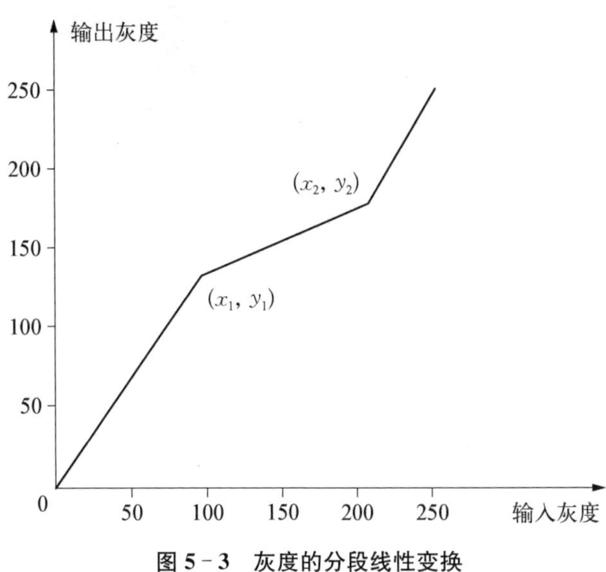

图 5-3 灰度的分段线性变换

分段线性变换的函数形式为

$$f(x)=\begin{cases}\dfrac{y_1}{x_1}x & x<x_1\\[2ex] \dfrac{y_2-y_1}{x_2-x_1}(x-x_1)+y_1 & x_1\leqslant x\leqslant x_2\\[2ex] \dfrac{255-y_2}{255-x_2}(x-x_2)+y_2 & x\geqslant x_2\end{cases} \tag{5-2}$$

式中：x_1、x_2 给出需要转换的灰度范围；y_1、y_2 决定线性变换的斜率。

分段的灰度拉伸可以更加灵活地控制输出灰度直方图的分布，可以有选择性地拉伸某段灰度区间，以改善输出图像。如果一幅图像的灰度集中在较暗的区域而导致图像偏暗，可以用灰度拉伸功能来扩展(斜率>1)感兴趣物体的灰度区间以改善视觉效果；如果图像的灰度集中在较亮的区域而导致图像偏亮，也可以用灰度拉伸功能来压缩(斜率<1)感兴趣物体的灰度区间以改善视觉效果。

一般情况下，限制 $x_1<x_2$，$y_1<y_2$，从而保证函数是单调递增的，以免造成处理过的图像中灰度级发生颠倒。图 5-4 为分段线性变换样例。

图 5－4　分段线性变换样例

5.1.1.3　非线性灰度变换

非线性灰度变换采用了非线性函数对图像的灰度值进行变换。非线性灰度变换有很多种,其中 γ 矫正是最常见的矫正方法。

这种方式的实质是对感兴趣的图像灰度值区域进行展宽,对不感兴趣的背景灰度值区域进行压缩,从而达到图像增强的效果。γ 矫正的公式为

$$f(I)=I^{\gamma} \tag{5-3}$$

结合图 5－5 可以看出,γ 校正的作用如下:

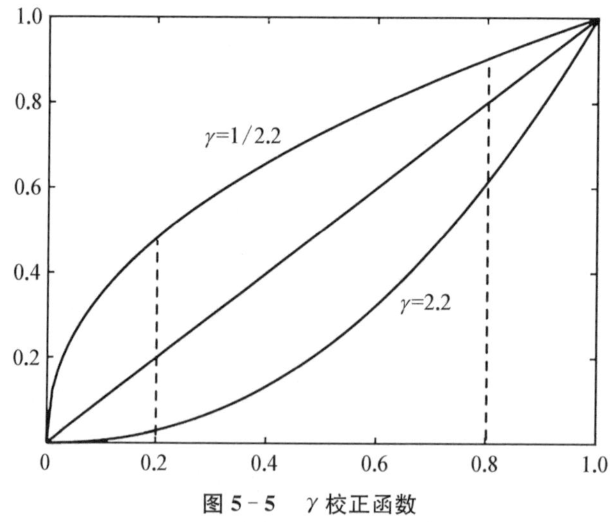

图 5－5　γ 校正函数

当 $\gamma<1$ 时,在低灰度值区域内动态范围变大,进而图像对比度增强(当 $x\in[0,\ 0.2]$ 时,y 的范围从[0, 0.2]扩大到[0, 0.048]);在高灰度值区域内动态范围变小,图像对比度降低(当 $x\in[0.8,\ 1]$ 时,y 的范围从[0.8, 1]缩小到[0.9, 1]),同时,图像整体的灰度值变大。

当 $\gamma > 1$ 时，低灰度值区域的动态范围变小，高灰度值区域的动态范围变大，降低了低灰度值区域的图像对比度，提高了高灰度值区域的图像对比度。同时，图像整体的灰度值变小。

图 5-6 为 γ 矫正的样例。从图中可以看出，当 $\gamma < 1$ 时，图像的亮度明显得到了提高；而当 $\gamma > 1$ 时，图像变暗。

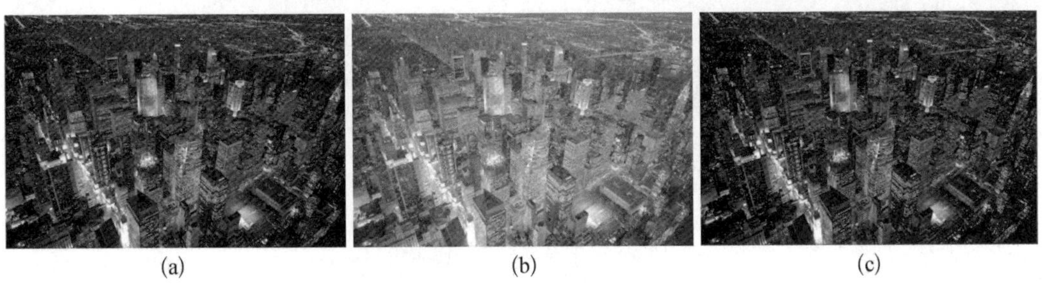

(a)　　(b)　　(c)

图 5-6　γ 矫正样例

(a)为航拍图像原图；(b)为 $\gamma = 0.4$ 时的结果图；(c)为 $\gamma = 1.4$ 时的结果图。(图片引自 https://www.jasonhawkes.com)

5.1.2　直方图修正法

将统计学中直方图的概念引入数字图像处理中，对一幅灰度图像，其直方图反映了该图像中不同灰度级出现次数的统计情况。不同的灰度分布对应不同的图像质量，因此，灰度直方图能反映图像的概貌和质量，修改直方图来增强图像是一种实用而有效的处理方法。

5.1.2.1　直方图的概念

直方图表示数字图像中每一灰度级与其出现频数(该灰度像素的个数与图像的总像素数之比)间的统计关系。在直角坐标系中，用横坐标表示灰度级，纵坐标表示灰度级频数(也有用相对频数即概率表示的)。假定数字图像的灰度级范围 k 为 $0 \sim L-1$，则数字图像的直方图式为

$$p(s_k) = \frac{n_k}{n} \tag{5-4}$$

式中：s_k 表示第 k 级灰度值；n_k 表示第 k 级灰度的像素总数；$p(s_k)$ 表示第 k 级灰度的频率，且 $\sum_{k=0}^{L-1} p(s_k) = 1$，$n$ 表示图像的总像素数。图 5-7 是原始数字图像及其所对应的直方图。

简单地说，$p(s_k)$ 给出了 s_k 灰度级发生的概率估计值，直方图提供了原始图像的灰度值分布情况，即给出了一幅图像所有灰度值的整体描述。通过直方图能对原始图像的灰度范围、灰度级分布和整幅图像的平均亮度等进行大致的描述，但仅通过直方图不能完整地描述一幅图像，因为一幅图像只对应一个直方图，而一个直方图可以对应不同的图像，即数字图像与其直方图不是一一对应的。

由灰度直方图的定义可知，数字图像的灰度直方图具有以下几个特性：

(1) 直方图的位置缺失性。灰度直方图仅反映数字图像中各灰度级出现频数的分

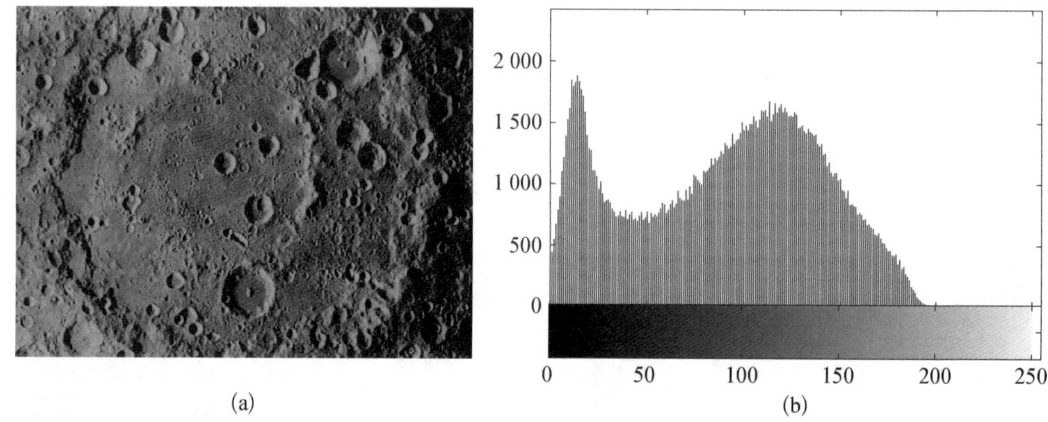

图 5 - 7　原始图像及其直方图

（图片引自美国国家航天局官方网站）

布，即取某灰度值的像素个数占图像总像素个数的比例，但对那些具有同一灰度值的像素在图像中的空间位置一无所知，即灰度直方图具有位置缺失性。

(2) 直方图与图像的一对多特性。任何一幅图像都能唯一地确定与其对应的一个直方图，但由于直方图具有位置缺失性，对于不同的多幅图像，只要其灰度级的频数分布相同，就都具有相同的直方图，即直方图与图像是一对多的关系。

(3) 直方图的可叠加性。由于灰度直方图是各灰度级出现频数的统计值，若一幅图像分成几个子图像，则该图像的直方图就等于各子图像直方图的叠加。

(4) 归一化直方图具有统计特征。因为直方图可定义为（连续 r）：$p(r)=\lim\limits_{n\to\infty}\dfrac{\text{灰度为 } r \text{ 的像素数 } n_r}{\text{图像的像素总数 } n}$。显然有：$0\leqslant p(r)\leqslant 1$，$\sum\limits_r p(r)=1$。因此，$p(r)$满足概率密度函数条件（实际上可作为概率密度函数）。

(5) 直方图的动态范围。直方图的动态范围是由计算机图像处理系统的模-数转换器的灰度级决定的。

同样可以定义图像的累计直方图，累计直方图中列 $H(k)$的高度表示图像灰度值小于等于灰度值 k 的像素点的总个数，在这种情况下有：

$$H(k)=\sum_{i=0}^{k} n_i,\ k=0,\ 1,\ \cdots,\ L-1 \tag{5-5}$$

5.1.2.2　直方图的均衡化

直方图均衡化是一种最常用的直方图修正方法，这种方法的思想是把原始图像的直方图变换为均匀分布的形式，增加像素灰度值的动态范围。也就是说，直方图均衡化是使原图像中具有相近灰度且占有大量像素点的区域的灰度范围展宽，使大区域中的微小灰度变化显现，增强图像的整体对比度效果，使图像更清晰。从信息学的理论来解释，具有更大熵（信息量）的图像为均衡化图像。更直观地讲，直方图均衡化可以使图像的对比度增加。其中图 5 - 8(c)和图 5 - 8(d)为图 5 - 8(a)进行直方图均衡化的结果。

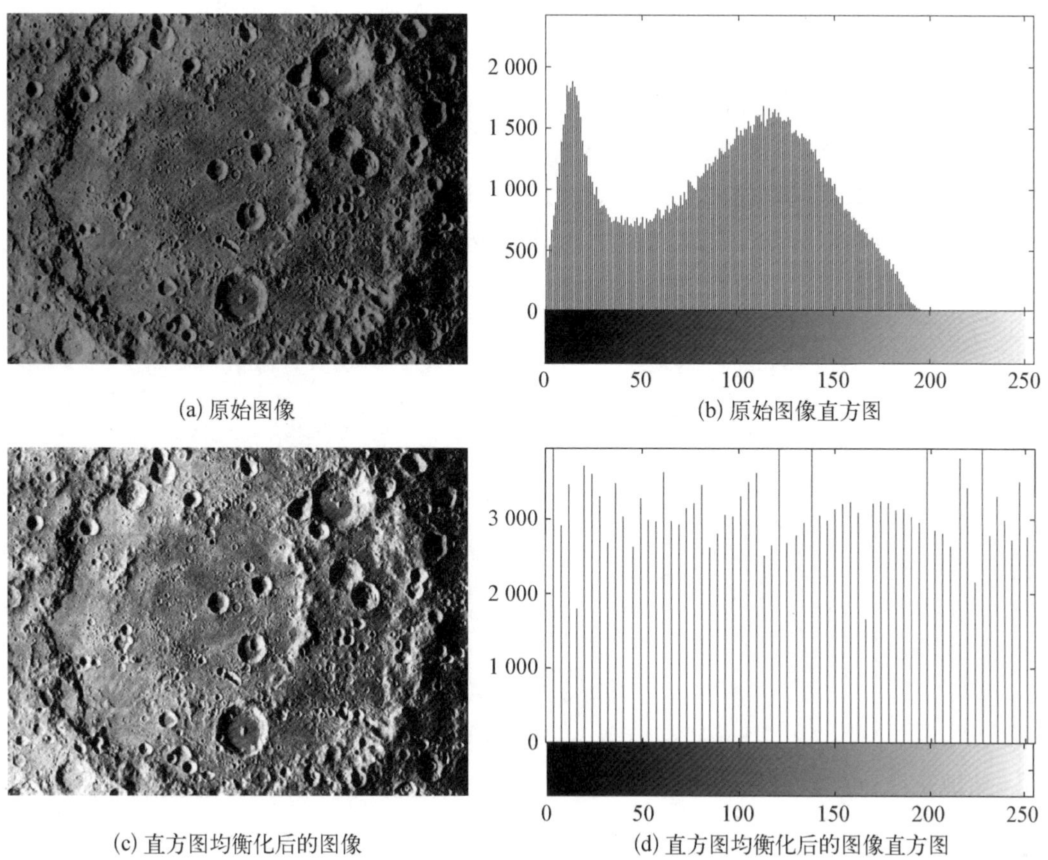

(a) 原始图像　　(b) 原始图像直方图

(c) 直方图均衡化后的图像　　(d) 直方图均衡化后的图像直方图

图 5-8　直方图均衡化效果图

（图片引自美国国家航天局官方网站）

为方便讨论，把一幅图像进行归一化处理，设 s 代表原图像的灰度级，这样它的灰度级就分布在[0, 1]的范围内（$s=0$ 代表黑，$s=1$ 代表白）。设变换后的图像灰度级为 t，t 与 s 的变换关系可表示为 $T(s)$。为使这种变换关系具有实际意义，图像灰度变换函数 $t=T(s)$ 应满足如下条件：

(1) 在[0, 1]区间内，$T(s)$ 为单值单调递增函数；

(2) 对于[0, 1]，对应有 $0 \leqslant T(s) \leqslant 1$。

这里的第一个条件保证了图像的灰度级从黑到白的单一变化顺序，第二个条件是要求变换后的图像灰度变化范围和原始图像灰度变化范围保持一致，也就是说，保证变换后像素灰度级仍在允许范围内。同时，当 $T(s)$ 是"严格单调递增函数"时，也保证了变换函数可逆，从 s 到 t 的反变换可表示为 $s=T^{-1}[t]$。同理，s 的反变换也应满足以上两个条件。

可以证明累积分布函数(CDF)满足上述两个条件，同时，可以证明 CDF 作为 $T(s_k)$ 时变换后的图像的灰度服从(0, 1)上的均匀分布。实际上，CDF 正是直方图均衡化的灰度变换函数 $T(s_k)$，s 的 CDF 就是原始图的累计直方图：

$$t_k = T(s_k) = \sum_{i=0}^{k} \frac{n_i}{N} = \sum_{i=0}^{k} P_s(s_i),\ 0 \leqslant s_k \leqslant 1,\ k = 0,\ 1,\ \cdots,\ L-1 \tag{5-6}$$

下面给出映射函数的简单推导。

首先,PDF 是指每个灰度值出现的概率,用每个灰度值的像素总个数除以图像的像素总个数得到,用 p 表示,$p_s(s)$ 表示原始灰度为 s 的概率,$p_t(t)$ 表示变换后灰度为 t 的概率。

其次,s 到 t 是一对一的映射,所以假设灰度级 k_s 映射到 k_t,则有 $p_s(s)\mathrm{d}s = p_t(t)\mathrm{d}t$。因为像素个数不会改变,只是对应的灰度值改变了,所以积分相同。根据这一原理存在:

$$\int_0^s p_s(w)\mathrm{d}w = \int_0^t p_t(w)\mathrm{d}w \tag{5-7}$$

由于期望得到的目标灰度分布为均匀分布,因此 $p_t(w) = \dfrac{1}{L-1}$,代入上式得到:

$$\int_0^s p_s(w)\mathrm{d}w = \int_0^t \frac{1}{L-1}\mathrm{d}w = \frac{t}{L-1} \tag{5-8}$$

因此有:

$$t = T(s) = (L-1)\int_0^s p_s(w)\mathrm{d}w \tag{5-9}$$

离散化得到:

$$t = T(s) = (L-1)\sum_{i=0}^{s} p_s(i) \tag{5-10}$$

实际上,可以采用列表的方式进行直方图均衡化的操作。下面结合一个直方图均衡化的实例介绍具体的计算过程。

例 5.1 直方图均衡化列表计算实例

设一幅图为 64×64,8 灰度值图像,其直方图图像如图 5-9(a)所示。均衡化后的直方图如图 5-9(b)所示,请注意实际均衡化的结果。

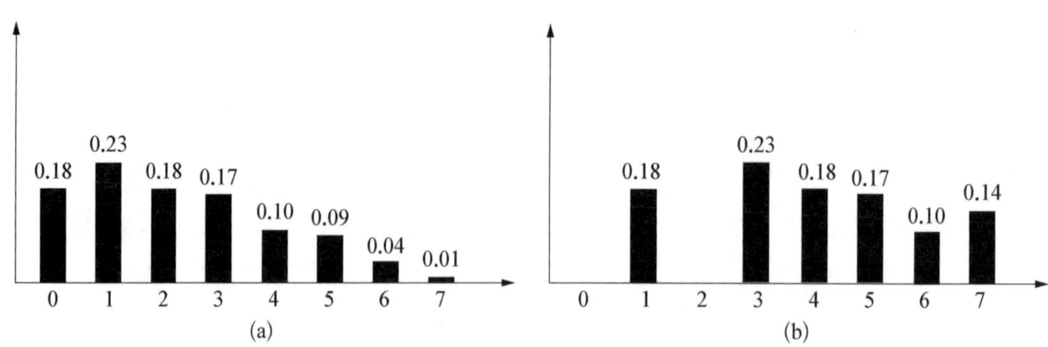

图 5-9 直方图均衡化

(a) 原始图像直方图;(b) 均衡化后直方图。

表 5-1 列出了计算直方图均衡化的步骤和结果，以供参考。

表 5-1 直方图均衡化计算过程和结果

序号	步　骤	运算和结果							
1	原始图像灰度级 k_s	0	1	2	3	4	5	6	7
2	原始直方图 s_k	0.18	0.23	0.18	0.17	0.10	0.09	0.04	0.01
3	计算累计直方图各项 t_k	0.18	0.41	0.59	0.76	0.86	0.95	0.99	1.00
4	取整扩展：$t_k=\text{int}[(L-1)t_k+0.5]$	1	3	4	5	6	7	7	7
5	确定映射关系 $(k_s \rightarrow k_t)$	0→1	1→3	2→4	3→5	4→6	5,6,7→7		
6	根据映射关系计算均衡化直方图	—	0.18	—	0.23	0.18	0.17	0.10	0.14

在表 5-1 中使用了累计直方图 t_k 来表示公式(5-10)的 $\sum_{i=0}^{s} p_s(i)$，int 表示取整操作，0.5 的引入是为了方便取整。通过表 5-1 可以注意到，在一些灰度级上是没有像素的，这是因为在均衡化过程中，只能将源图像的直方图条移动到另外的位置上，并没有理由也不可能将原来的灰度值映射到不同的灰度值。因此，此均衡化得到的直方图中的直方图条的个数一定小于等于原始图像直方图条的个数。这样一来，均衡化后在直方图的一些灰度级上是没有像素的。

5.2 局部增强

前文所讲的直方图均衡化大多用于图像全局的明暗度处理，然而因为不同图像的明暗分布有着不同的情况，所以不分具体情况对一张图片直接进行全局的直方图均衡化，可能会导致明部或者暗部的细节丢失。因此，为了更加有针对性地使明暗分布不均的图像也可以有更优化的均衡化效果，可以对不同区域分别进行直方图均衡化处理，方法包括自适应直方图均衡化(adaptive histogram equalization，AHE)和限制对比度自适应直方图均衡化(contrast-limited adaptive histogram equalization，CLAHE)。

5.2.1 自适应直方图均衡化

自适应直方图均衡化是用来提升图像对比度的一种计算机图像处理技术。和普通的直方图均衡化算法不同，自适应直方图均衡化算法通过计算图像的局部直方图，重新分布亮度，改变图像的对比度。因此，该算法更适合于改进图像的局部对比度以及获得更多的图像细节。

自适应直方图均衡化算法的核心就是对局部区域的直方图进行均衡化。最简单的形式就是对每个像素周边一个矩形范围内的直方图进行均衡化操作，均衡的方式是使用前面介绍的均衡化算法，变换函数同样是累积分布函数。

按照处理局部图像的方法不同，自适应直方图均衡化大致分为以下三类。

(1) 将原始图像分成不同的若干块，然后对每个子块内的像素进行直方图均衡化处理，这样输出的图像会有块效应，即不同子块的图像区别比较明显。

(2) 以待处理的点为中心，取其邻域为子块，在子块内做直方图均衡化处理，处理后的子块仅取中心像素点的灰度值为处理后图像的灰度值，然后迭代到下一个像素点，以此类推。对于边缘的像素点，取邻域的镜像(以图像边界为轴镜像行和列像素来扩展图像，简单地复制边界上的像素线是不合适的，因为它会导致邻域直方图峰值过高)来组成一个满足大小的子块或采用插值法。

(3) 结合前 2 种方法，不再逐像素移动，取步长小于子块大小以确保 2 个相邻子块有重叠；每个子块做直方图均衡映射后的结果赋值给子块内所有的点，这样有些点会多次赋值，最终像素点的取值为这些赋值的均值。

自适应直方图均衡化算法需要求解原图像中的每个像素邻域直方图以及对应的变换函数，这使得算法极其耗时。一般采用插值法解决这一问题，这样不仅提升了效率，而且也能避免图像的块状效应问题。

具体做法如图 5-10 所示：对于一张图像，首先将其分成大小均等的小块(见图 5-10 右图，假设图像分成 20 块)，并在每个小块中根据像素灰度值的累积分布函数产生相应的映射图像。图像上的像素点按照位置分布不同可以分为 3 类，需要分别做进一步处理。

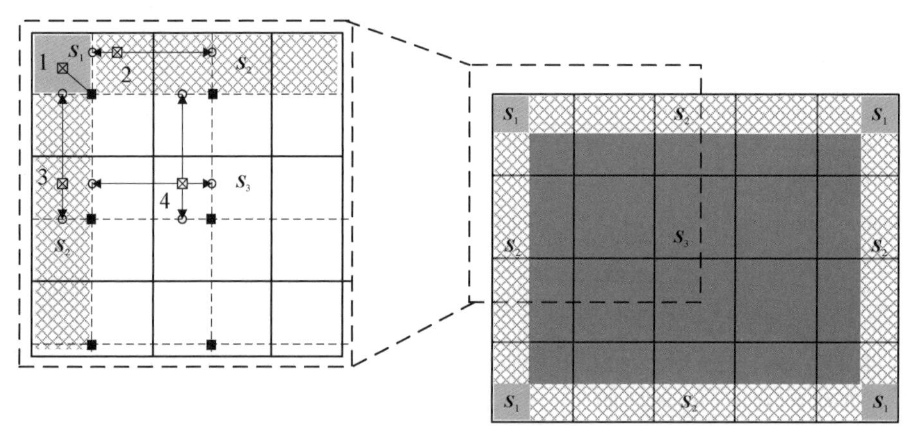

图 5-10　插值法示意图

(1) 位置分布在四个角的小块中心点与图像四个角围成的四个区域中的像素 S_1，如图 5-10 中的 1 号点。以 1 号点为例，其映射结果就是其所在小块映射函数的映射值。

(2) 位置分布在图像边界的区域[除(1)以外的像素] S_2，如图 5-10 中的 2 号点和 3 号点。以 2 号点为例，向左和向右延伸，与小块中心点(在图中用实心方块标记)的上下延伸线相交(交点在图中用空心圆标记)，计算两个交点分别在各自小块内的映射函数的结果，再对这两个结果计算线性插值，即得到 2 号点的映射结果。

(3) 除(1)(2)以外的点的区域 S_3，即分布在图像内部的像素，如图 5－10 的 4 号点。以 4 号点为例，向上、下、左、右延伸，与小块中心点(在图中用实心方块标记)的垂线和水平线相交(交点在图中用空心圆标记)，计算四个交点分别在各自小块内的映射函数的结果，再利用这四个结果运用双线性插值方法得到 4 号点的映射结果。

图 5－11 为自适应直方图均衡化的结果比较。

(a) 原始图像

(b) 直方图均衡化

(c) 自适应直方图均衡化

图 5－11　自适应直方图均衡化算法效果比较

5.2.2　限制对比度自适应直方图均衡化

自适应直方图均衡化算法对于通用的直方图均衡化算法的确能够明显地改善图像的细节表现，然而自适应直方图均衡化也存在一定问题。在对一张明部和暗部对比度跨度过大的图片进行处理时，会导致局部对比度经过均衡后向另一端过分偏移。此外，当某个区域包含的像素值非常相似时，其直方图就会尖状化，此时直方图的变换函数会将一个很窄范围内的像素映射到整个像素范围。这将使得某些平坦区域中的少量噪声经自适应直方图均衡化处理后过度放大。此时，另外一种自适应的直方图均衡化算法即限制对比度自适应直方图均衡化算法能有效地限制这种不利的放大。

限制对比度自适应直方图均衡化算法的原理容易理解，即在自适应直方图均衡化算法的基础上进行对比度限幅，这个特性也可以应用到全局直方图均衡化中，即构成所谓的"限制对比度自适应直方图均衡化"。限制对比度自适应直方图均衡化通过裁剪修改直方图的方式，实现限制对比度的效果。修改后的直方图在各个灰度级上统计数量的差异会变小。

通常情况下，将超出直方图幅值阈值的部分均匀地分配到直方图的各个灰度级(见图 5－12)，均匀分配后直方图的幅值会继续出现超出阈值的情况，重复上一步骤，直到超出部分的影响可忽略不计。具体做法可以如下。

设直方图幅值裁剪阈值为 ClipLimit，求直方图中幅值高于该值的部分的和 totalExcess。此时假设将 totalExcess 均分给所有灰度级，求出这样导致的直方图整体上升的高度 $H=\text{totalExcess}/N$(N 为直方图的灰度级数)。以 Upper＝ ClipLimit－H 为界限对直方图进行如下处理：

(1) 若幅值高于 ClipLimit，直接置为 ClipLimit。

(2) 若幅值处于 Upper 和 ClipLimit 之间，则将其填补至 ClipLimit。

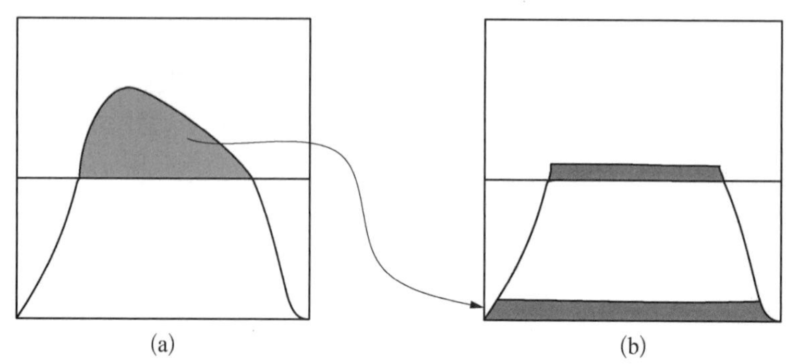

图 5-12 直方图裁剪限幅处理

(3) 若幅值低于 Upper,则直接填补 H 个像素点。

经过上述操作,用来填补的像素点个数通常会略小于 totalExcess,也就是还有一些剩余的像素点没分出去,这个剩余来自(1)(2)两处。这时,可以再把这些点均匀地分给那些目前幅值仍然小于 ClipLimit 的灰度值。

总的来说,与自适应直方图均衡化相比,限制对比度直方图均衡化仅多了一项阈值 ClipLimit,其目的在于限制在某些情况下对于噪声的放大,其后续的处理仍然是采用自适应直方图均衡化算法的后续操作——根据局部区域的累计直方图进行直方图均衡操作。因此,自适应直方图均衡化和限制对比度直方图均衡化都是针对图像局部的局部增强图像技术。

图 5-13 是本节算法的结果展示和比较。

(a) 原始图像

(b) 直方图均衡化

(c) 自适应直方图均衡化

(d) 限制对比度自适应直方图均衡化

图 5-13 自适应直方图均衡化、限制对比度自适应直方图均衡化算法效果比较

5.2.3 直方图的规定化

直方图规定化又称为直方图匹配,就是通过一个灰度映像函数,将原灰度直方图改造成所希望的直方图。所以,直方图修正的关键就是灰度映射函数。在理想情况下,上文所介绍的直方图均衡化可以实现图像灰度的均衡分布,对提高图像对比度以及提升图像的

亮度具有明显的作用。然而在实际的应用场景中，有时并不一定需要图像的直方图具有整体的均匀分布，而希望直方图以一定方式转化为规定要求的直方图，这就是直方图规定化。通过直方图规定化，可以人为地将原始图像直方图的形状进行改变，使其成为某个特定的形状，即增强特定灰度级分布范围内的图像。

5.2.3.1 基本原理

直方图规定化的目的就是根据一定映射关系调整原始图像的直方图，使之符合某一预期的直方图的要求，其基本原理如下。

(1) 首先计算原始图像的累计直方图分布，其中 M 为原图像的灰度级数。

$$t_k = T_{H_s}(s_i) = \sum_{i=0}^{k} P_s(s_i) \quad k = 0,\ 1,\ \cdots,\ M-1 \tag{5-11}$$

(2) 规定需要的直方图，并计算规定直方图的累计直方图分布的变换，其中 N 为规定直方图图像的灰度级数。

$$v_l = T_{H_u}(u_j) = \sum_{j=0}^{l} P_u(u_j) \quad l = 0,\ 1,\ \cdots,\ N-1 \tag{5-12}$$

(3) 将(1)得到的变换反转，即将原始直方图对应映射到规定的直方图中，也就是将所有的 $P_s(s_i)$ 映射到 $P_u(u_j)$ 中去。

在(3)中，一般采用的对应规则称为单映射规则(Single Mapping Law, SML)，即从小到大依次找到能使下式最小的 k 和 l。

$$\left| \sum_{i=0}^{k} P_s(s_i) - \sum_{j=0}^{l} P_u(u_j) \right| \begin{cases} k = 0,\ 1,\ 2,\ \cdots,\ M-1 \\ l = 0,\ 1,\ 2,\ \cdots,\ N-1 \end{cases} \tag{5-13}$$

然后将得到的 $P_s(s_i)$ 映射到 $P_u(u_j)$ 中即可。

简单来说，就是从原始累计直方图的某个灰度级出发，寻找距离规定直方图累计直方图分布各个灰度级中差值最小的作为映射之后的灰度级。

此外，还有一种更好的映射方法，称为组映射规则(Group Mapping Law, GML)。设有一个整数函数 $I(l)$，$l=0,\ 1,\ 2,\ \cdots,\ N-1$，满足 $0 \leqslant I(0) \leqslant \cdots \leqslant I(l) \leqslant \cdots \leqslant I(N-1) \leqslant M-1$。现在要确定能使下式最小的 $I(l)$：

$$\left| \sum_{i=0}^{I(l)} P_s(s_i) - \sum_{j=0}^{l} P_u(u_j) \right| l = 0,\ 1,\ 2,\ \cdots,\ N-1 \tag{5-14}$$

如果 $l=0$，则将其 i 从 0 到 $I(0)$ 的 $P_s(s_i)$ 映射到 $P_u(u_j)$；如果 $l \geqslant 1$，则将其 i 从 $I(l)$ 到 $I(l)+1$ 的 $P_s(s_i)$ 映射到 $P_u(u_j)$。

同理，从规定直方图的累计直方图的某个灰度级出发，寻找原始直方图累计直方图分布各个灰度级中差值最小的作为映射之后的灰度级。

5.2.3.2 直方图规定化的列表计算

可以采用列表的方法逐步进行直方图规定化计算。下面给出具体计算的示例。

例 5.2 回顾例 5.1，对其进行直方图规定化操作，运算步骤和结果如表 5-2 和

图 5-14 所示。

表 5-2 两种规则下直方图规定化列表计算过程与结果

序号	步　　骤	运算和结果							
1	原始图像灰度级 k	0	1	2	3	4	5	6	7
2	原始直方图 s_k	0.18	0.23	0.18	0.17	0.10	0.09	0.04	0.01
3	计算原始图像累计直方图	0.18	0.41	0.59	0.76	0.86	0.95	0.99	1.00
4	规定直方图	—	—	—	0.2	—	0.6	—	0.2
5	计算规定累计直方图	—	—	—	0.2	0.2	0.8	0.8	1
6S	SML 映射	3	3	5	5	5	7	7	7
7S	确定映射关系	0,1→3			2,3,4→5		5,6,7→7		
8S	变换后直方图	—	—	0.41	—	—	0.45	—	0.14
6G	GML 映射	3	5	5	5	7	7	7	7
7G	确定映射关系	0→3	1,2,3→5			4,5,6,7→7			
8G	变换后直方图	—	—	—	0.18	—	0.58	—	0.24

注：SML，单映射规则；GML，组映射规则。其中，6S、7S、8S 为单映射规则计算流程，6G、7G、8G 为组映射规则计算流程。

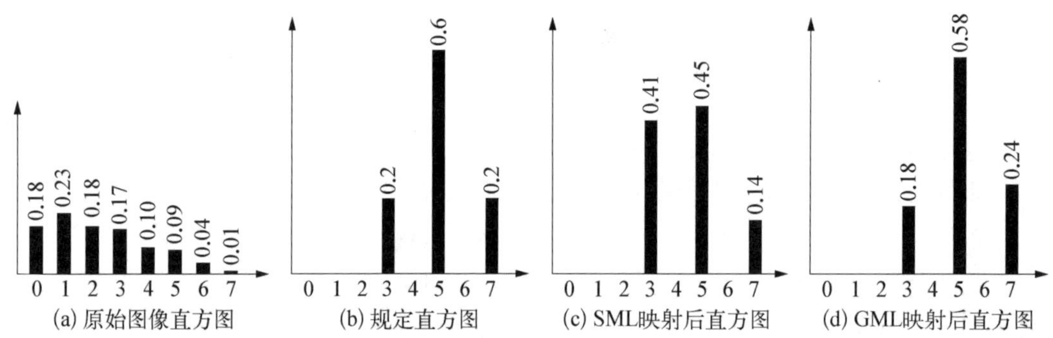

(a) 原始图像直方图　(b) 规定直方图　(c) SML映射后直方图　(d) GML映射后直方图

图 5-14 直方图规定化结果图

SML，单映射规则；GML，组映射规则。

5.2.3.3 直方图规定化的绘图计算

利用直方图列表法来计算直方图规定化不是很直观，下面介绍一个利用绘图比较直观和简便地进行计算的方法。这里，绘图是指将直方图画成一个长条，每一段代表直方图中的一项，而整个长条则代表累计直方图。

在单映射规则中，都是从原始累计直方图的每项依次向规定累计直方图进行映射，选择使公式值最小的一项，在图中则表示为连线最短或者最竖直的连线。图 5-15 的数据同例 5.2。图中实线箭头表示最终的映射，虚线为相比实线箭头舍弃的映射。结果与表 5-2 中单映射规则的结果是一致的。

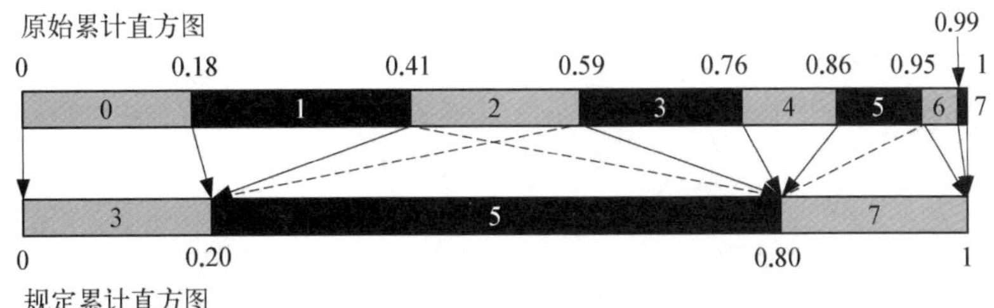

图 5-15 单映射规则绘图计算示例

同理,组映射规则则是从规定的累计直方图出发,向原始累计直方图的每一项连线,同样也是遵循线段最短或者最竖直的原则。图 5-16 的数据同例 5.2,图中实线箭头表示最终的映射,虚线为相比实线箭头舍弃的映射。结果也是与表 5-2 中组映射规则的结果相一致的。

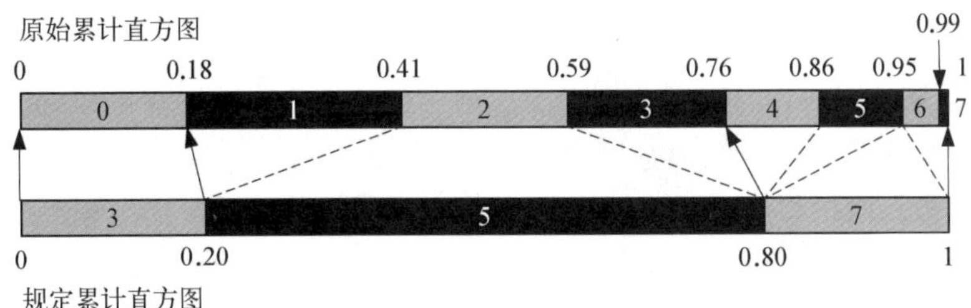

图 5-16 组映射规则绘图计算示例

图 5-17 给出直方图规定化的一个示例,其中利用模板图像作为目标图像直方图,并对原始图进行直方图规定化的变换,得到的结果如规定化后的图像所示。

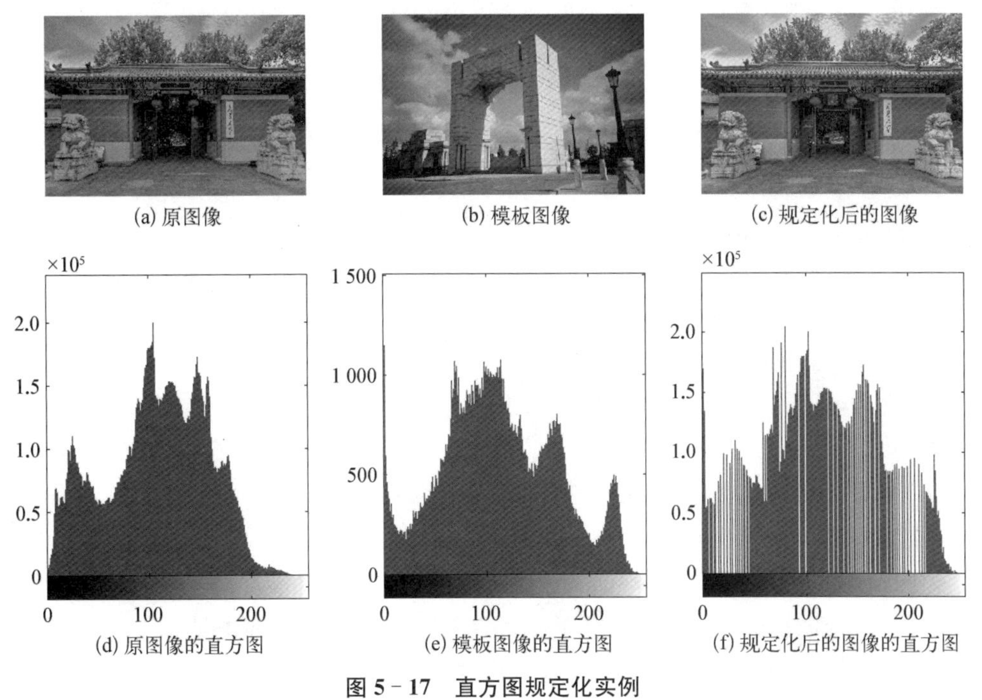

图 5-17 直方图规定化实例

5.3 模板运算

模板也称为窗口,可以被看作一幅尺寸为 $n \times n$(n 一般为奇数,通常远小于图像尺寸)的小矩阵,其各个位置上的值称为系数值,不同的系数值及其组合决定了不同模板的功能。模板的作用主要是将某个像素的灰度值与其相邻像素的灰度值通过函数结合起来赋予该像素。函数的形式可以是线性的,也可以是非线性的,运算方式可以是卷积或者排序等。这种处理图像像素的方法常称为滤波,模板也就相当于滤波器。

5.3.1 模板卷积

模板卷积是指用模板与需要处理的图像进行空间上卷积的运算过程,实际上可以被看作阵列在空间上的相乘。模板卷积的主要步骤如下。

(1) 将模板在图中移动,并将模板中心与输入图像的某个像素位置重合。

(2) 将模板上的各个系数和模板下输入图像对应的像素灰度值相乘。

(3) 将所有的乘积相加,通常再除以模板系数之和以保持灰度值不超出范围。

(4) 将上述运算结果赋给模板中心对应的输入图像像素。

(5) 移动模板,重复上述过程直到遍历所有像素点。

一般来说,模板的尺寸 n 多为奇数,是中心对称的且有一个中心像素,常用尺寸有 3×3、5×5、7×7 或者更大的尺寸。

5.3.2 模板排序

模板排序也是一种模板运算。模板排序是指利用模板来获得输入图像中与模板尺寸大小相一致的子图像,并将其中像素按照某种顺序(一般是幅值大小)排序的运算。与模板卷积类似,其基本步骤如下。

(1) 将模板覆盖在输入图像上,并将模板中心与输入图像的某个像素位置重合。

(2) 读取模板所覆盖的输入图像对像素的灰度值。

(3) 将灰度值按照既定顺序进行排序。

(4) 根据运算的目的从(3)的排序中取得一个值,作为模板所覆盖输入图像中心位置像素的灰度值。

(5) 移动模板,重复上述过程直到遍历所有像素点。

从上述步骤可以看出,输出图像对应模板中心位置的像素灰度值一定是其相邻像素灰度值中的一个。(4)中不同的取值方法决定了模板的不同功能。与模板卷积不同的是,模板排序中模板的作用仅仅是为图像处理的像素点划定一个排序的范围,模板上的系数并不起作用。因此,所用的模板不一定是方形的。

5.3.3 图像边界处的模板运算

由于在模板运算中要取得输入图像中与模板中心的邻域所对应的像素，当模板中心对应的像素处于边界时，其邻域范围会延伸到输入图像的边界之外，并不存在像素和对应的灰度值。有两种解决的方法。第一种是直接忽略这些边界处的像素，将输入图像边界像素灰度值直接赋给输出图像的对应位置，仅仅对那些模板完全处于输入图像内部的像素点进行处理。当图像较大或者关注区域处于图像中心时这个方法是可行的。另一种方法是将输入图像进行扩展，扩展半径为模板的半径 r，即先对输入图像的第一行和最后一行分别向上、向下扩展 r 行，再对得到图像的第一列和最后一列向左、向右扩展 r 列，之后对得到的图像进行模板运算。一般对于新增的行、列像素的灰度值可以用如下方法来确定。

(1) 将新增像素的值赋为 0，这样做可能会导致输出图像边界不连贯。

(2) 将这些新增像素的灰度值赋为其在原图像的 4 邻接像素的灰度值，四个角上新增像素的灰度值赋为原图像中 8 邻接像素的灰度值。

(3) 将图像进行周期性循环。

(4) 利用外插或者其他特定规则。

5.3.4 模板运算分类

使用空域模板进行的图像处理称为空域滤波，主要分为平滑滤波和锐化滤波两类。由于两者的功能不同，其模板系数也不相同。

1) 平滑滤波

平滑滤波用于模糊处理和降低噪声。平滑滤波可以减弱图像中的高频分量，但不影响低频分量，进而降低局部灰度起伏，平滑图像。平滑滤波经常用于预处理任务中，如在大目标提取之前去除图像中的一些琐碎细节，以及桥接直线或曲线的缝隙。

2) 锐化滤波

锐化处理的主要目的是突出灰度的过渡部分。锐化滤波能够减弱图像中的低频分量而不影响高频分量，忽略整体对比度和平均灰度值，强调图像反差，使得图像的边缘更加明显。锐化滤波的用途多种多样，应用范围有电子印刷、医学成像、工业检测和军事系统的制导等。

5.4 线性滤波

线性滤波主要根据模板系数值的不同，既可以使得图像平滑，降低图像对比度，也能够使得图像锐化，增加图像的反差和边界线。线性滤波主要是基于模板卷积实现的。

5.4.1 线性平滑滤波

线性平滑滤波的方法有很多种。但通常来说,线性平滑滤波器的系数值均为正数,而且可以通过调整中心和大小来实现不同的功能。

下面介绍几种经典的线性平滑滤波。

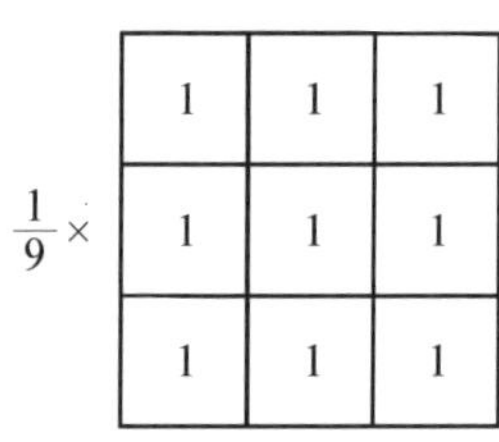

$\frac{1}{9}\times$

1	1	1
1	1	1
1	1	1

图 5-18 一个邻域平均模板

1) 邻域平均

最基本的一个平滑滤波器就是取一个像素的周围邻域内像素点灰度值均值作为滤波器输出结果。显然,此时滤波器模板系数的取值均为 1。为了保证输出图像的灰度值范围与输入图像相一致,计算得到的卷积值要除以模板系数总和。如图 5-18 所示,对于一个 3×3 的模板在计算得到卷积值之后要将其除以系数之和 9,领域平均的一般表达式为

$$g(x, y)=\frac{1}{n^2}\sum_{(s, t)\in N(x, y)} f(s, t) \tag{5-15}$$

式中:$g(x, y)$ 表示输出图像像素点 (x, y) 的灰度值,$N(x, y)$ 表示被模板覆盖的邻区范围,$f(s, t)$ 表示输入图像像素点 (s, t) 的灰度值。

2) 加权平均

使用线性平滑滤波器进行模板运算时,模板中心像素的邻域像素也会参与运算。如果认为距离模板中心点像素空间位置越近的像素点对输出结果具有较大的贡献,而距离较远像素点的贡献相对较小,那么可将接近模板中心的系数取较大的值,而距离较远的模板系数取较小的值,也就是俗称的加权平均。加权平均的一般表达式为

$$g(x, y)=\frac{\sum_{(s, t)\in N(x, y)} w(s, t) f(s, t)}{\sum_{(s, t)\in N(x, y)} w(s, t)} \tag{5-16}$$

在图 5-19 中,为了方便调整不同位置的模板系数的贡献,常取模板周边最小的系数为 1,而取模板内部的系数成比例增加,直到模板中心系数取得最大值。

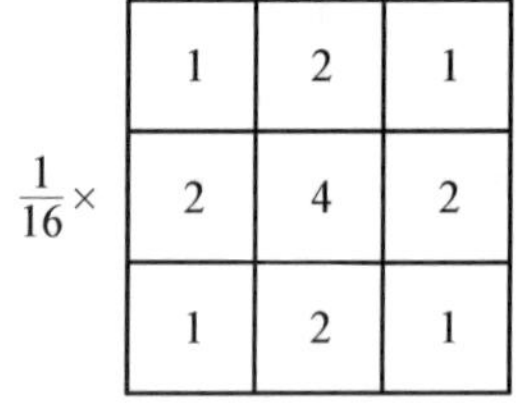

$\frac{1}{16}\times$

1	2	1
2	4	2
1	2	1

图 5-19 一个加权平均模板

在邻域平均中,选取不同的尺寸会得到不同的输出效果。而在加权平均中,既可以选取不同的模板尺寸,又可以选取不同的模板系数。如果将小尺寸的邻域平均模板反复使用,也可以得到加权大尺寸模板的效果。

3) 高斯平均

高斯平均滤波器是一种比较特殊的加权平均滤波器,其模板上的系数值都是由高斯分布确定的。与加权平均相同,靠近模板中心位置的系数取值较大,模板周围位置的系数取值较小。例如,一个 5×5 的高斯平均模板如下:

$$\frac{1}{273}\begin{bmatrix}1 & 4 & 7 & 4 & 1\\4 & 16 & 26 & 16 & 4\\7 & 26 & 41 & 26 & 7\\4 & 16 & 26 & 16 & 4\\1 & 4 & 7 & 4 & 1\end{bmatrix}$$

在实际使用中，高斯平均往往使用比较大的模板。因此，可能需要很大的计算量。可以证明，一个二维高斯卷积可以分解为顺序执行的两个一维高斯卷积，即一个二维高斯平均模板可以拆分成两个一维高斯平均模板，这么做可以简化计算。例如，

$$\frac{1}{16}\begin{bmatrix}1 & 2 & 1\\2 & 4 & 2\\1 & 2 & 1\end{bmatrix}=\frac{1}{4}\begin{bmatrix}1\\2\\1\end{bmatrix}\times\frac{1}{4}\begin{bmatrix}1 & 2 & 1\end{bmatrix}$$

图 5-20 是均值滤波降低高斯噪声和椒盐噪声的一个示例。

(a) 高斯噪声　(b) 高斯噪声的均值滤波　(c) 高斯噪声的高斯平均滤波

(d) 椒盐噪声　(e) 高斯噪声的均值滤波　(f) 椒盐噪声的高斯平均滤波

图 5-20　不同噪声的均值滤波结果

5.4.2 线性锐化滤波

下面介绍几种经典的线性锐化滤波。

1）拉普拉斯算子

与线性平滑滤波相似，线性锐化滤波也可以借助模板卷积来实现。对应平滑图像的模板卷积是积分运算（数字图像为求和），那么对应锐化图像的模板卷积就是微分运算（数字图像为差分）。锐化模板系数的取值应在中心为正而在周围为负。

最受关注的是一种各向同性滤波器，这种滤波器的响应与滤波器作用的图像的突变方向无关。在本节，广义地认为旋转角度为90°的整数倍。也就是说，（广义）各向同性滤波器是旋转（90°的整数倍）不变的，即将原图像旋转（90°的整数倍）后进行滤波处理给出的结果与先对图像滤波然后再旋转的结果相同。可以证明，最简单的各向同性微分算子是拉普拉斯算子。

一个二维图像函数 $f(x, y)$ 的拉普拉斯算子定义为

$$\nabla^2 f=\frac{\partial^2 f}{\partial x^2}+\frac{\partial^2 f}{\partial y^2} \tag{5-17}$$

两个分别沿 x 和 y 方向的二阶偏导数可借助差分进行计算：

$$\frac{\partial^2 f}{\partial x^2}=-2f(x, y)+f(x+1, y)+f(x-1, y) \tag{5-18}$$

$$\frac{\partial^2 f}{\partial y^2}=-2f(x, y)+f(x, y+1)+f(x, y-1) \tag{5-19}$$

将式(5-14)和式(5-15)代入式(5-13)得到

$$\begin{aligned}\nabla^2 f(x, y)= & -4f(x, y)+f(x+1, y)+f(x-1, y) \\ & +f(x, y+1)+f(x, y-1)\end{aligned} \tag{5-20}$$

根据上式得到的模板如图5-21(a)所示，如果考虑的是中心元素的8邻域而不是4邻域，就能得到如图5-21(b)的模板。不管是4邻域还是8邻域模板的所有系数和均为0。当模板放在图像中灰度值是常数或者变化很小的区域，也就是图像中不是边界的部分时，卷积输出的结果为0或者很小，这样做会使图像的平均灰度值变为0，有一部分像素点的灰度值变为负数。在实际处理中，还需要将卷积后的图像的灰度值通过变换变回到$[0, L-1]$去检测才能正确显示出来。

0	1	0
1	−4	1
0	1	0

(a)

1	1	1
1	−8	1
1	1	1

(b)

0	−1	0
−1	4	−1
0	−1	0

(c)

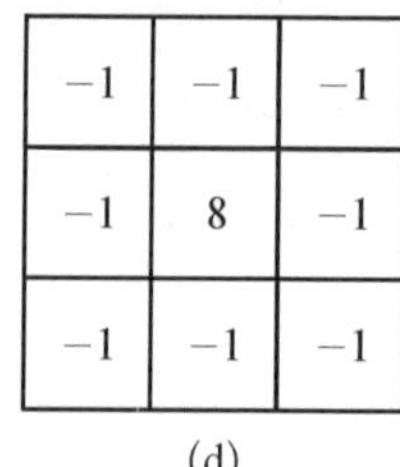

−1	−1	−1
−1	8	−1
−1	−1	−1

(d)

图5-21　一些拉普拉斯算子模板

拉普拉斯算子增强了图像中灰度不连续的区域，如物体边界；而减弱了图像中灰度值变化缓慢的区域。

图 5 - 22 显示了运用拉普拉斯算子进行图像锐化的实例。从图中可以明显看出，经过锐化后火星图片表面的深坑变得更加明显。

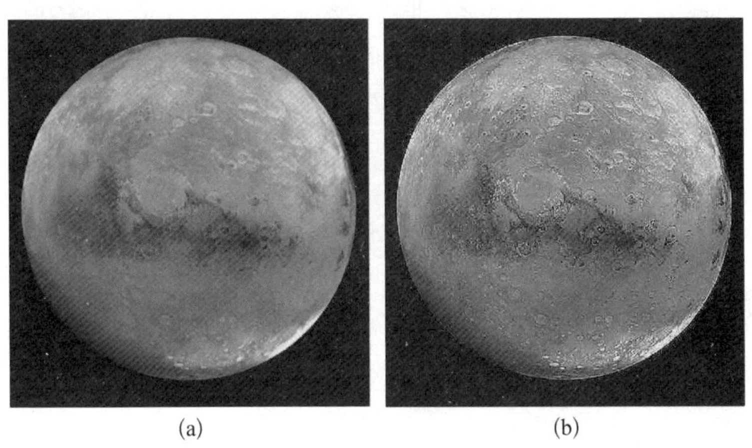

(a) (b)

图 5 - 22 拉普拉斯图像锐化效果图

(a)为火星原图像，(b)为拉普拉斯滤波后的图像。(图片引自美国国家航天局官方网站)

2）高频提升滤波

图像锐化不仅可以通过对图像进行微分(数字图像为差分)得到，还可以利用原图像减去图像积分(数字图像为求和)得到。设原始图像为 $f(x, y)$，平滑后的图像为 $g(x, y)$，则可以用原始图像减去平滑后的图像，得到的差值称为非锐化掩膜，非锐化掩膜表示的是平滑时舍弃的锐化分量。把非锐化掩膜加到原始图像上，也可以得到图像的锐化结果。如果在原始图像上乘以一个系数 A 再减去平滑图像就可以实现高频提升滤波：

$$h_b(x, y) = Af(x, y) - g(x, y) = (A-1)f(x, y) + h(x, y) \tag{5-21}$$

当 $A = 1$ 时得到的 $h(x, y)$ 就是非锐化掩膜。当 $A > 1$ 时，就能对图像进行锐化处理。其中，$A = 2$ 时的处理被称为非锐化掩膜化。简单来说，非锐化掩膜化的步骤如下。

(1) 平滑原始图像得到 $g(x, y)$。

(2) 从原始图像减去平滑图像得到非锐化掩膜 $h(x, y)$。

(3) 在原始图像上加上非锐化掩膜 $h(x, y)$ 就能得到图像锐化的结果。

5.5 非线性滤波

线性滤波器的原始数据与滤波结果是一种算术运算，即用加减乘除等运算实现，如均值滤波器(模板内像素灰度值的平均值)、高斯滤波器(高斯加权平均值)等。但在实际应用中,线性滤波器常常不能区分图像中有用的信息和无用的噪声,因为线性滤波可以被描述为原始图像的傅里叶变换和滤波模板的傅里叶变换相乘,结果是在每个频率处,有用的信息和噪声都乘以相同的因子,图像信噪比并没有被改变。

解决上述问题的一种方法就是引入非线性滤波。非线性滤波表示的原始数据与滤波结果是一种逻辑关系,即用逻辑运算实现,如最大-最小滤波、中值滤波等,是通过比较一定邻域内的灰度值大小来实现的。

5.5.1 非线性平滑滤波

在基于排序的非线性滤波中,最典型的就是中值滤波。

1) 中值滤波的原理

中值滤波主要依靠排序来实现。先从一维信号看起。设模板尺寸为 M, $M=2r+1$, r 为模板半径,给定一维信号序列 $\{f_i\}$, $i=1, 2, \cdots, N$,则中值滤波输出为

$$g_j=\text{median}[f_{j-r}, f_{j-r+1}, \cdots, f_j, \cdots, f_{j+r}] \tag{5-22}$$

式中:median 代表取中值,就是对模板覆盖的信号序列按照数值大小排序,然后取处在中间位置的值。换句话说,$\{f_i\}$中有一半值大于 g_i,而另一半值小于 g_i。

中值滤波适用于噪声的消除,尤其是脉冲噪声。脉冲噪声会导致受影响的信号发生明显突变,出现野点。平均滤波会将噪声的信号幅值考虑在内,而中值滤波往往会忽略这一幅值,滤波效果优于平均滤波。中值滤波可以完全消除孤立的脉冲而对其他的信号不产生任何影响。

2) 二维(图像)中值滤波

从上文可以看出,中值滤波对于噪声处理尤其是孤立噪声处理是可行的。在二维平面,考虑一个图像的中值滤波的一般表达式为

$$g_{\text{median}}(x, y)=\text{median}_{(x, t)\in N(x, y)}[f(s, t)] \tag{5-23}$$

简单来说,就是对模板所覆盖的图像区域的像素灰度值进行排序,取得排序位于中值的灰度值作为模板中心点对应的灰度值。例如,一个尺寸为 $n\times n$ 的中值滤波模板,其输出值应该大于或等于对应图像中 $(n^2-1)/2$ 个像素的值,也应小于或等于对应图像中 $(n^2-1)/2$ 个像素的值。所以,中值滤波的主要功能就是使得模板范围内像素灰度值远超过或者远小于模板范围内平均灰度值的像素改取为周围像素值最接近的值。

为了比较中值滤波器和均值滤波器的去噪效果,图 5-23 分别显示了被高斯噪声和椒盐噪声污染的 lena 图像,以及它们分别经过 3×3 邻域均值模板和 3×3 中值滤波器处理后的结果图像。在图像中可以明显地看出,中值滤波器对椒盐噪声的处理效果比均值滤波器更好;而 2 种滤波器对高斯噪声的处理效果相似。

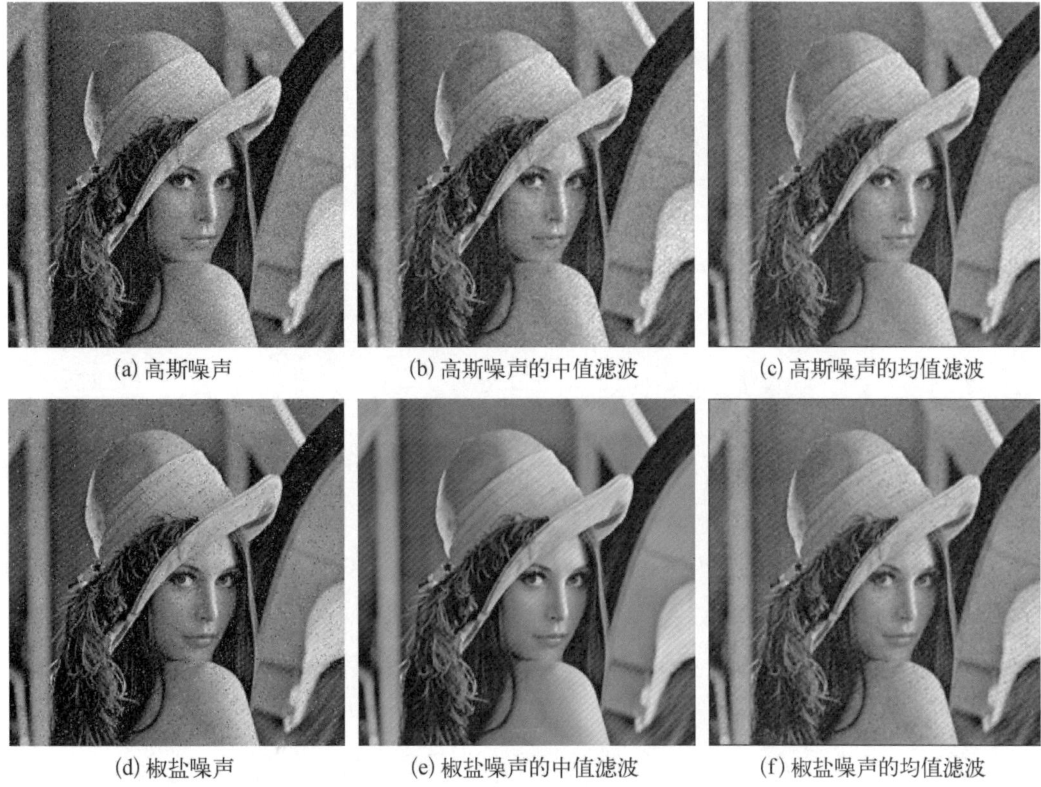

图 5-23 不同噪声的中值滤波和均值滤波结果比较

3) 中值滤波的模板

中值滤波的效果不仅与所用模板的尺寸有关,也与在模板内参与排序的像素的个数有关。既可以让模板内所有的像素都参与排序,也可以仅让其中的一部分参与排序。图 5-24 给出了在 5×5 大小的模板中常用的一些中值滤波模板示例。其中图(a)表示只考虑像素 4 邻域的延伸,图(b)表示只考虑像素对角邻域的延伸,图(c)则表示考虑像素的 16 邻域,图(d)包含与中心像素的距离小于或等于 2 个单位的像素。此外,还可以任意组合图 5-24 的(a)(b)(c)来得到不同的效果。通常情况下,统计排序的像素个数不超过 9～

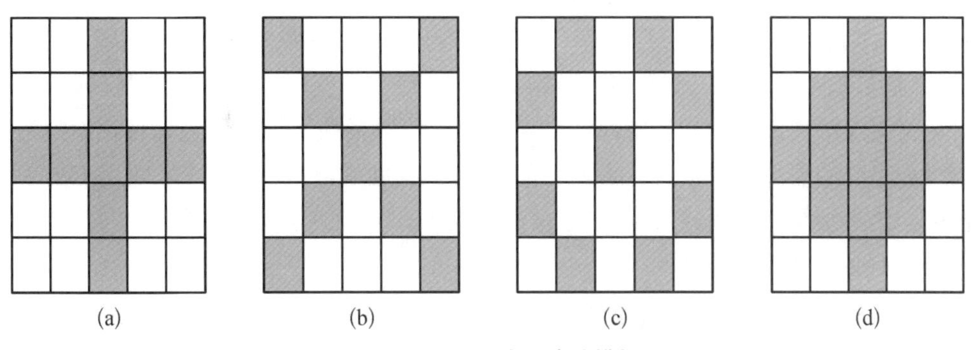

图 5-24 5×5 中值滤波模板

13 个，有实验表明，超过 13 个时计算量的增加比噪声消除的改善更加明显，所以一般采用稀疏矩阵模板来减少计算量。

5.5.2 非线性锐化滤波

同样地，非线性滤波也可以获得对图像锐化的结果，模板运算采用模板卷积进行。

1）基于梯度的锐化滤波

图像处理中最常用的微分方法是利用梯度（基于一阶微分）。图像 $f(x, y)$ 在点 (x, y) 处的梯度定义为一个二维列向量：

$$\nabla \boldsymbol{f} = grad(f) = [g_x, g_y]^T = \left[\frac{\partial f}{\partial x}\ \frac{\partial f}{\partial y}\right]^T \tag{5-24}$$

向量 $\nabla \boldsymbol{f}$ 的长度表示为 $M(x, y)$，为

$$M(x, y) = \left[\left(\frac{\partial f}{\partial x}\right)^2 + \left(\frac{\partial f}{\partial y}\right)^2\right]^{\frac{1}{2}} \tag{5-25}$$

它是梯度向量方向变化率在 (x, y) 处的幅值。注意，$M(x, y)$ 是与原图像大小相同的图像，它是当 x 和 y 允许在 f 中的所有像素位置变化时产生的。在实际应用中，该图像通常称为梯度图像（简称为梯度图）。

因为梯度向量的分量是微分，所以它们是线性算子。但该向量的幅度不是线性算子，因为求幅度是做平方和平方根操作。而且，式(5-24)中的偏微分不是旋转不变的（各向同性），而梯度向量的幅度是旋转不变的。在某些实现中，用绝对值近似平方和平方根操作更适于计算：

$$M(x, y) \approx |g_x| + |g_y| \tag{5-26}$$

该表达式仍保留了灰度的相对变化，但通常丢失了各向同性特性。然而，像拉普拉斯的情况那样，使用的算子的核应当是各向同性的，即它们的响应结果与图像中灰度不连续的方向无关。例如，前面介绍的高斯低通是一个完美的圆对称核，其相应具有完美的方向不变性。在拉普拉斯和梯度算子中，具有多大的旋转不变性（即旋转多大角度，仍然具有方向不变性）取决于设定的算子的核。例如，图 5-21 中(a)和(c)具有 90°旋转不变性，具有 90°的旋转增量不变性；而(b)和(d)则具有 45°旋转不变性，具有 45°的旋转增量不变性。后文定义的离散梯度的各向同性仅在有限旋转增量的情况下才被保留，它依赖于所用的近似微分的滤波器模板。结果表明，用于近似梯度的常用模板在 90°的倍数时是各向同性的。这些结果与使用式(5-25)还是使用式(5-26)无关，因此在选择这样做时，使用后一公式对结果并无影响。

下面离散化前面的公式，并由此形成合适的滤波模板。为简化下面的讨论，这里将使用图 5-25(a)中的符号来表示一个 3×3 区域内图像点的灰度。例如，令中心点 z_5 表示

任意位置 (x, y) 处的 $f(x, y)$，z_1 表示为 $f(x-1, y-1)$ 等。为了方便计算，常常取一阶微分的最简近似 $g_x=(z_8-z_5)$ 和 $g_y=(z_6-z_5)$。在早期数字图像处理的研究中，由 Roberts 于 1965 年提出的其他两个定义使用交叉差分：

$$g_x=(z_9-z_5) \text{ 和 } g_y=(z_8-z_6) \tag{5-27}$$

因此，用式(5－26)计算得到：

$$M(x, y)=|z_9-z_5|+|z_8-z_6| \tag{5-28}$$

按照此前的描述方式，很容易理解 x 和 y 会随图像的维数变化。式(5—27)中所需的偏微分项可以用图 5－25(b)中的两个线性滤波器模板来实现。这些模板称为罗伯特交叉梯度算子。

偶数尺寸的模板很难实现，因为它们没有对称中心。研究人员感兴趣的最小模板是 3×3 模板。使用以 z_5 为中心的 3×3 邻域对 g_x 和 g_y 的近似如下式所示：

$$g_x=(z_9+2z_8+z_7)-(z_1+2z_2+z_3) \tag{5-29}$$

$$g_y=(z_9+2z_6+z_3)-(z_1+2z_4+z_7) \tag{5-30}$$

这两个公式可以使用图 5－25(d)和图 5－25 (e)中的模板来实现。使用图 5－25(d)中模板实现的 3×3 图像区域的第三行和第一行的差近似 x 方向的偏微分，另一个模板中的第三列和第一列的差近似 y 方向的微分。用这些模板计算偏微分后，就得到了之前所说的梯度幅值。

图 5－25(d)和图 5－25(e)中的模板称为 Sobel 算子。中心系数使用权重 2 的原因是通过突出中心点的作用达到锐化的目的。注意，图 5－25 所示的所有模板中的系数总和为 0，这正如微分算子的期望值那样，表明灰度恒定区域的响应为 0。

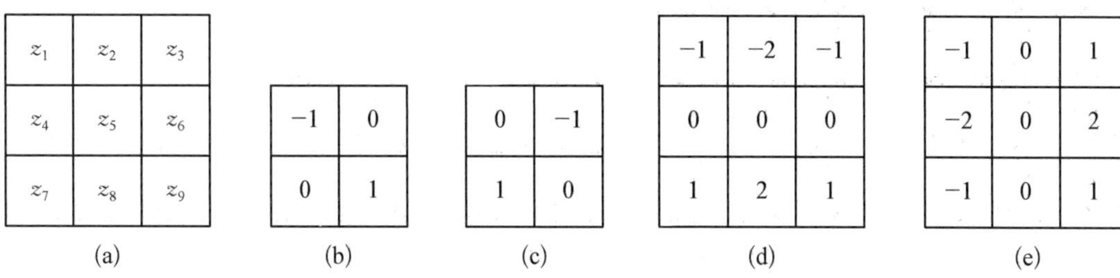

图 5－25　滤波模板示例

(a) 一幅图像的 3×3 区域(z 是灰度值)；(b)～(c) 罗伯特交叉梯度算子；(d)～(e) 所有模板系数之和为零。

如前所述，g_x 和 g_y 的计算是线性操作，因为它们涉及微分操作，所以可以使用图5－25中的空间模板如乘积求和那样实现。使用梯度进行非线性锐化时，涉及 $M(x, y)$ 的平方和平方根计算，或使用绝对值计算代替，所有这些计算都是非线性操作。

图 5－26 显示了基于梯度的锐化实例。

图 5-26　基于梯度锐化实例

2）最大-最小锐化滤波

最大-最小锐化滤波是一种将最大值滤波和最小值滤波结合使用的图像增强技术，可以锐化模糊的边缘并让模糊的目标清晰起来。这种方法可以迭代进行，在每次迭代中，将一个模板覆盖区域里的中心像素值与该区域里的最大值和最小值进行比较，然后将中心像素值用与其较接近的极值（最值）替换。

最大-最小锐化变换 S 定义为

$$S[f(x, y)] = \begin{cases} g_{\max}(x, y), & g_{\max}(x, y) - f(x, y) \leqslant f(x, y) - g_{\min}(x, y) \\ g_{\min}(x, y), & \text{其他} \end{cases} \tag{5-31}$$

在图像增强中，这个过程可以重复迭代：

$$S^{n+1}[f(x, y)] = S\{S^n[f(x, y)]\} \tag{5-32}$$

5.6　彩色图像增强

前面章节讨论的都是对单色图像的处理技术，为了更有效地增强图像，在数字图像处理中广泛采用了彩色图像处理技术。

虽然人的眼睛只能分辨出几十种不同深浅的灰度级，但却能分辨出几千种不同的颜色。因此，在图像处理中常可借助彩色来处理图像以得到对人眼来说增强了的视觉效果。一般来说，彩色图像增强有两大类：伪彩色（pseudocolor）增强和真彩色增强。

伪彩色增强是把一幅黑白图像的不同灰度级映射为一幅彩色图像。伪彩色技术早期在遥感图像处理中得到广泛的应用，后来又大量地应用于医学图像处理中。真彩色增强实际上是映射一幅彩色图像为另一幅彩色图像，从而达到增强对比度的目的。

5.6.1　伪彩色图像增强

一种常用的伪彩色图像增强(pseudocolor image enhancement)方法是对原来灰度图像中不同灰度值的区域赋予不同的颜色以更明显地区分它们。下面主要讨论三种根据图像灰度的特点赋予伪彩色的方法。

1) 密度切割法

设一幅黑白图像 $f(x, y)$，在某一个灰度级如 $f(x, y)=L_i$ 上设置一个平行于 xOy 平面的切割平面，如图 5－27 所示，黑白图像被切割成只有两个灰度级，切割平面下面的像素即灰度级小于 L 的像素分配给一种颜色(如蓝色)，相应的切割平面上的像素即灰度级大于 L 的像素分配给另外一种颜色(如红色)。这样切割就可以将黑白图像变为只有两个颜色的伪彩色图像。

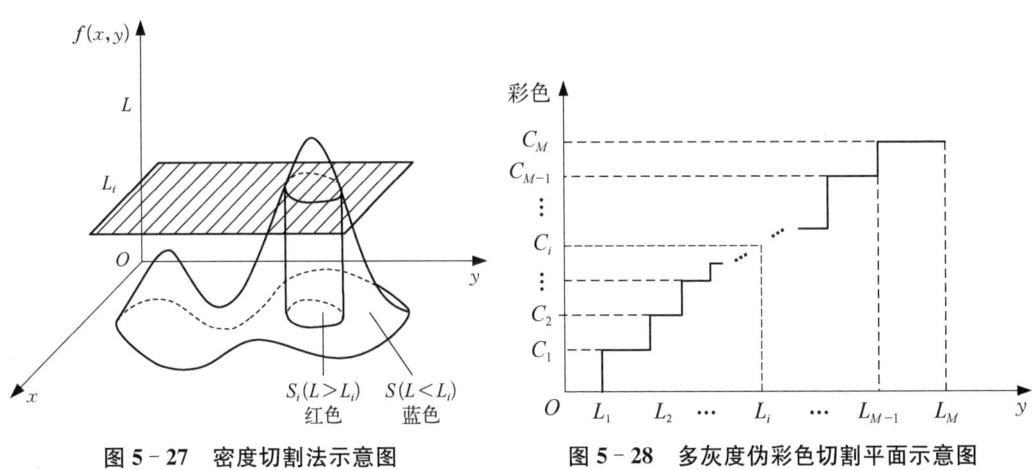

图 5－27　密度切割法示意图　　**图 5－28　多灰度伪彩色切割平面示意图**

若将黑白图像灰度级用 M 个切割平面去切割，就会得到 M 个不同灰度级的区域 S_1，S_2，…，S_M。为这 M 个区域中的像素人为分配 M 种不同的颜色，这样就得到具有 M 种颜色的伪彩色图像，如图 5－28 所示。

利用该方法进行伪彩色处理非常简单，可以用硬件实现，还可以扩大用途，如计算图像中某灰度级面积等，但视觉效果不理想，彩色生硬，量化噪声大(分割误差)。为了减少量化误差，必须增加分割级数，使得硬件设备变得复杂，而且彩色漂移严重。

2) 灰度级-彩色变换

这种伪彩色变换的方法是先将黑白灰度图像送入具有不同变换特性的红、绿、蓝三个变换器，然后再将三个变换器的不同输出分别作为伪彩色图像的红、绿、蓝分量。同一灰度由于三个变换器对其实施不同变换而输出不同，从而在伪彩色图像里合成某一种彩色。由此可见，不同大小灰度级的图像一定可以合成不同彩色的图像，其变换示意图及常用的变换特性如图 5－29 所示。

从图 5－29 可见，若 $f(x, y)=0$，则 $I_B(x, y)=L$，$I_R(x, y)=I_G(x, y)=0$，从而

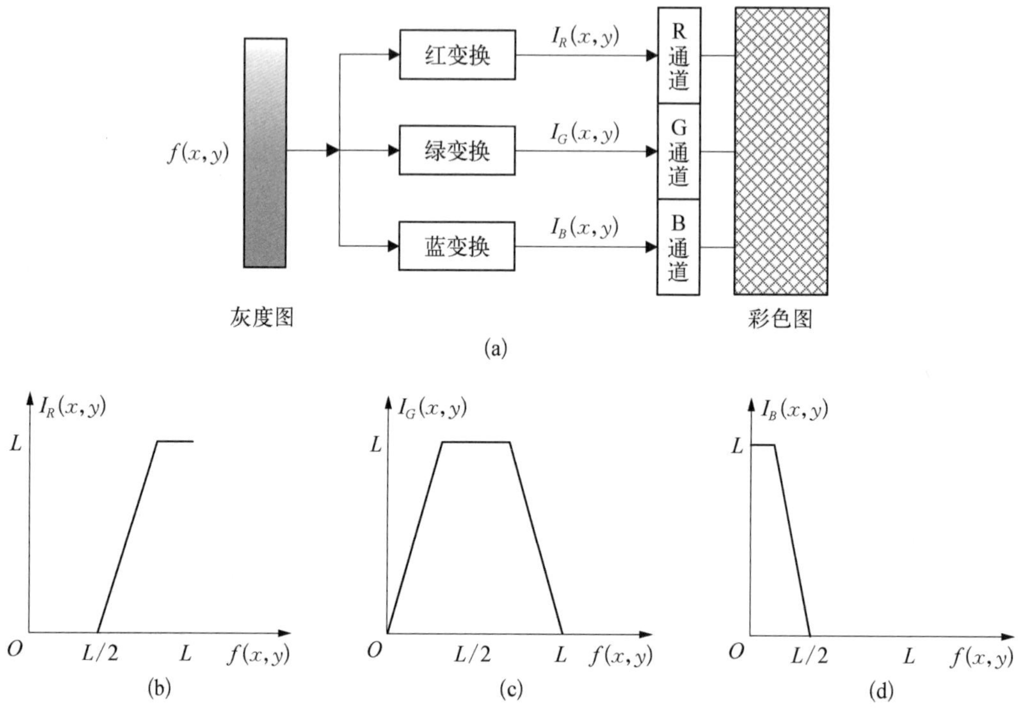

图 5-29　变换示意图及常用的变换特性

显示蓝色。同样,若 $f(x, y)=L/2$,则 $I_G(x, y)=L$,$I_R(x, y)=I_B(x, y)=0$,从而显示绿色。若 $f(x, y)=L$,则 $I_R(x, y)=L$,$I_G(x, y)=I_B(x, y)=0$,从而显示红色。

3) 滤波法

伪彩色图像增强也可在频域中运用各种滤波器进行处理。在实际应用中,可根据需要针对图像中的不同频率成分加以彩色增强,以更有利于抽取频率信息。也就是说,图像的灰度图不同频率成分被编成不同的彩色。例如,把图像的低频域、高频域分开,分别赋予不同的三基色,便可得到对频率敏感的伪彩色图像。频域伪彩色处理原理如图 5-30 所示。

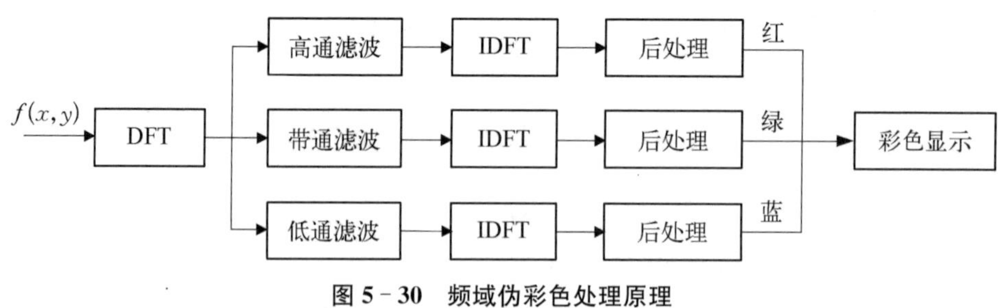

图 5-30　频域伪彩色处理原理

5.6.2　真彩色图像增强

在图像的自动分析中,彩色是一种能简化目标提取和分类的重要参数。在彩色图像处理(color image processing)中选择合适的彩色模型是很重要的。电视摄像机和彩色扫描仪都是根据 RGB 模型工作的,为在屏幕上显示彩色图像也需要借助 RGB 模型,但 HSI 模型在许多处理中有其独特的优点。如果直接将 RGB 模型的每个颜色分量进行增强,由于这些颜色分量之间有较强的相关性,所以这么做将导致增强后的图像偏色,这在大多数增强应用中是不可接受的。因此,根据应用需要,有时将 RGB 模型转换为 HSI 模型进行处理,这样亮度和色度分量就分开了。当然,在实际应用中,根据需要还可以转换为其他彩色模型进行处理。

将 RGB 彩色模型转换为 HSI 彩色模型的真彩色增强的一种简单处理方法为:

(1) 将 RGB 分量图转化为 HSI 分量图。

(2) 利用灰度图像增强的方法增强其中的亮度(I)分量图。这里的增强方法可以是直方图均衡化、平滑与锐化处理等,应根据实际情况选择相应的方法。

(3) 再将结果转换为 RGB 分量图显示出来。

上述方法并不改变原图的彩色内容,但增强后的图像从视觉上看可能会有些不同,这是因为尽管色调和饱和度没有变化,但亮度分量得到了增强,整个图像会比原来更清晰。

习题

1. 考虑题图 5-1 给出的门型灰度映射函数,其作用是将某个灰度值范围变得比较突出,而将其余灰度值变为某个高灰度值。

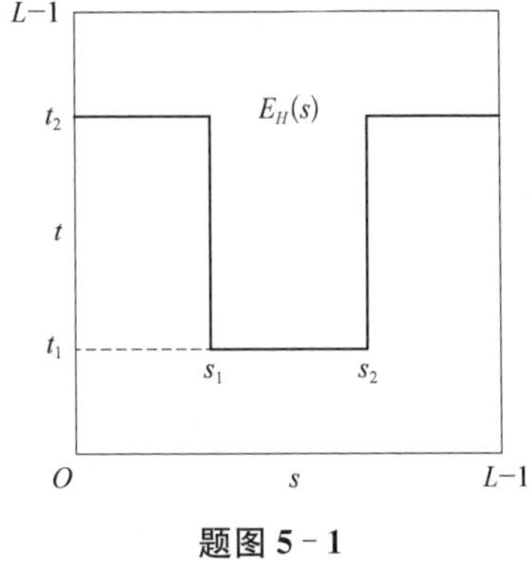

题图 5-1

   (1) 如果用题图 5-1 所示的门形灰度映射函数对给定输入图像进行增强,当同时增加 s_1 和 s_2 的值或同时减小 s_1 和 s_2 的值时,指出两种情况下输出图像会发生的变化。

   (2) 如果用题图 5-1 所示的门形灰度映射函数对给定输入图像进行增强。考虑增加 s_1 而减小 s_2 的值,或减小 s_1 而增加 s_2 的值,指出两种情况下输出图像会发生的变化。

2. 设计一个灰度映射函数(写出表达式,并画出示意图),它可以将一幅 256 个灰度级图像中灰度小于 20 的像素转变成黑色(灰度为 0),而将图像中灰度最高的 20%的像素转变成白色(灰度为 255),对于其余的像素:

   (1) 保持它们的灰度不变。

   (2) 使它们的灰度在黑色和白色间呈线性分布。

3. 设一幅图像具有如题图 5-2(a)所示的直方图,拟对其进行规定直方图变换,所需规定直方图如题图 5-2(b)所示。参照表 5-2 列出直方图规定化计算结果,并比较分析 SML 方法和 GML 方法的结果。

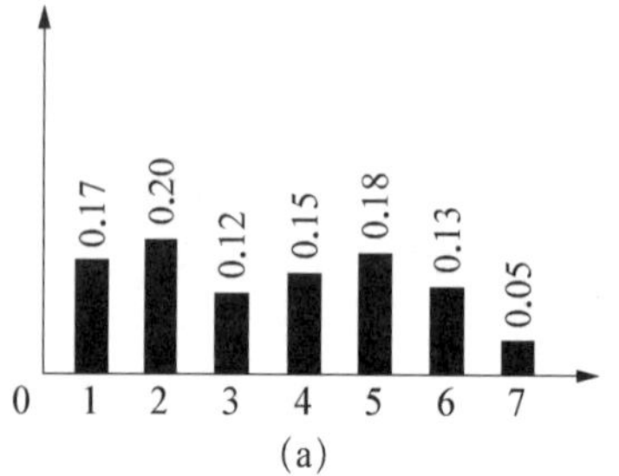

(a)

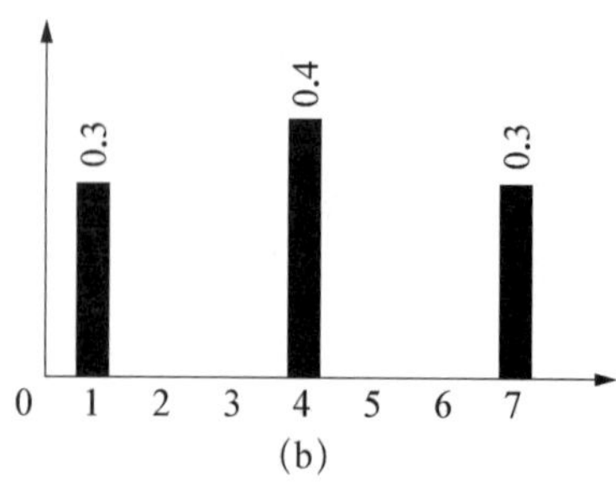

(b)

题图 5－2

4. 题图 5－3 中，$E_1(s)$ 和 $E_2(s)$ 为两条灰度变换曲线：

(1) 讨论这两条曲线的特点、功能及适用的场合。

(2) 设 $L=8$，$E_1(s)=\text{int}[(7s)^{1/2}+0.5]$，对题图 5－2(a)直方图所对应的图像进行灰度变换，给出变换后图像的直方图(可画图或列表，标出数值)。

(3) 设 $L=8$，$E_2(s)=\text{int}[s^2/7+0.5]$，对题图 5－2(a)直方图所对应的图像进行灰度变换，给出变换后图像的直方图(可画图或列表，标出数值)。

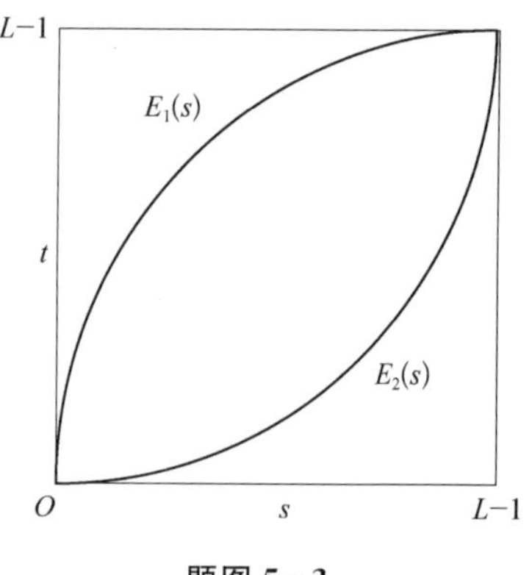

题图 5－3

5. 考虑先将一幅灰度图像用 3×3 平均滤波器平滑一次，再进行如下增强：

$$g(x,y)=\begin{cases}G[f(x,y)] & G[f(x,y)]\geqslant T\\ f(x,y), & \text{其他}\end{cases}$$

式中：$G[f(x,y)]$ 是 $f(x,y)$ 在点 (x,y) 处的梯度；T 是非负的阈值。

(1) 比较原始图像和增强图像，在哪些地方图像会得到增强？

(2) 改变阈值 T 的数值，这会对增强效果带来哪些影响？

6. 考虑如下增强算法：在每个像素位置，计算其水平方向上左边一个和右边一个位置两个像素的灰度差 H，计算其垂直方向上高一个和低一个位置两个像素的灰度差 V。如果 $V>H$，则将该像素的灰度变为水平方向上两个像素的灰度和的平均值，否则将该像素的灰度变为垂直方向上两个像素的灰度和的平均值。

(1) 讨论该算法的效果特点。

(2) 如果反复利用该算法，可获得什么效果？

7. 如果仅需要增强图像中灰度比较小且方差也比较小的区域，可根据下式进行：

$$g(x,y)=\begin{cases}E[f(x,y)], & M_W\leqslant aM_f \text{ 且 } bS_f\leqslant S_W\leqslant cS_f\\ f(x,y), & \text{其他}\end{cases}$$

式中：a、b、c、E 均为系数(一般 $a<0.5$，$b<c<0.5$，$2<E<5$)，M_W 和 S_W 分别是以 (x,y) 为中心的图像窗口 W (常可取 3×3) 中的灰度均值和灰度方差，M_f 和 S_f

分别是图像 $f(x, y)$ 的灰度均值和灰度方差。逻辑运算前的不等式用于选择相对于全图比较暗的区域,逻辑运算后的不等式用于选择相对于全图方差比较小的区域。

(1) 分析上述增强方法的原理,为什么两个不等式可帮助选择不同区域?

(2) 如果需要增强图像中灰度比较大但方差比较小的区域,应如何调整上式,各系数如何选?

参考文献

[1] 拉斐尔·C.冈萨雷斯,理查德·E.伍兹,史蒂文·L.艾丁斯.数字图像处理(MATLAB版)[M].2版.阮秋琦,译.北京:电子工业出版社,2014.

[2] 章毓晋.图像工程(上册)——图像处理(第2版)[M].2版.北京:清华大学出版社,2006.

[3] Ketcham D J. Real-time image enhancement techniques[J]. Proceedings of SPIE-the International Society for Optical Engineering, 1976, 74: 120-125.

[4] Pizer S M, Amburn E P, Austin J D, et al. Adaptive histogram equalization and its variations[J]. Computer Vision, Graphics, and Image Processing, 1987, 39(3): 355-368.

[5] Rosenfeld A, Kak A C. Digital Picture Processing[M]. 2nd ed. New York: Elsevier, 1982.

6 图像分割

图像分割(Segmentation)指的是将数字图像划分为多个图像子区域(像素的集合)的过程。进一步讲,图像分割就是把图像分成若干个特定的、具有独特性质的区域并提出感兴趣目标的技术和过程,它是从图像处理到图像分析的关键步骤。图像分割的目的是简化或改变图像的表示形式,使得图像更容易理解和分析。图像分割通常用于定位图像中的物体和边界(线、曲线等)。更精确地说,图像分割是对图像中的每个像素加标签的过程,这一过程使得具有相同标签的像素具有某种共同的视觉特性。

边缘检测和图像分割中的大多数算法都建立在灰度值的两个基本性质上:不连续性和相似性。边缘检测更多是以灰度突变为依据分割图像,因此属于不连续性这一类;而在相似性这一类中,通过预先定义的一组相似性准则,将一幅图像分割为多个子区域,每一个子区域中的每个像素在某种特性的度量下或是由计算得出的特性都是相似的,如颜色、亮度、纹理,邻接区域在某种特性的度量下有很大的不同。通常使用的分割方法包括阈值处理、区域生长、区域分裂和区域聚合等,综合运用不同种类的方法可以达到不同的改善分割性能的效果。

6.1 图像分割概述

图像分割就是将图像按一定标准划分成若干个具有独特性质的特定区域,并从中选取感兴趣物体的技术过程,它是从图像处理到图像分析的关键步骤。一幅图像通常由代表目标物体的图案与背景组成,简称为目标与背景。若想从一幅图像中"提取"目标,可以设法用专门的方法标出属于该目标的像素点,如把目标上的点标为"1",而把背景点标为"0"。通过分割,可以得到一幅二值图像。图像分割的目的是将图像中的目标分为各个感兴趣的区域,与图像中各种物体目标相对应,如图 6-1 所示。有了分割做基础,可以进一步理解图像中包含的信息。

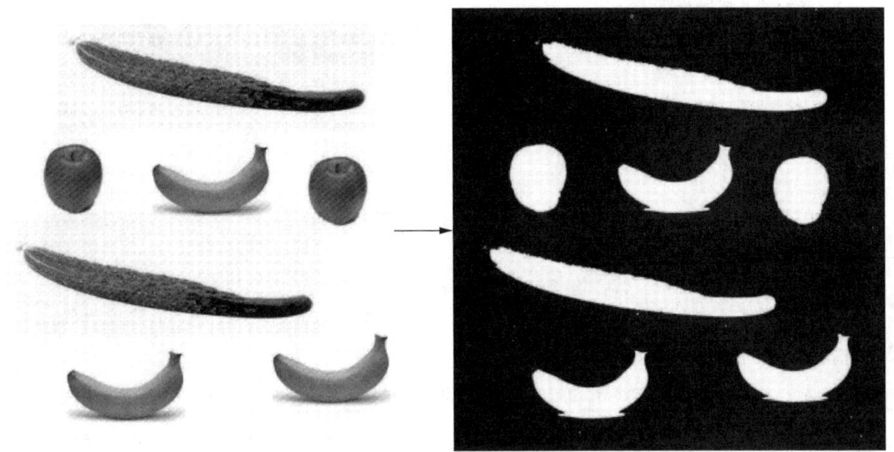

图 6-1　图像分割示意图

6.2　边缘检测

机器视觉主要是利用计算机实现人类的视觉功能和对客观世界三维场景的感知、识别和理解。边缘是图像的最基本特征，边缘检测通常是机器视觉系统处理图像的第 1 个阶段，是机器视觉领域内经典的研究课题之一，其结果的正确性和可靠性将直接影响机器视觉系统对客观世界的理解。

本节内容主要分为三个部分。第一部分介绍边缘检测的基础概念，对图像边缘的定义以及图像边缘检测的步骤进行介绍。第二部分介绍经典的图像边缘检测的方法，并分别对一阶微分算子和二阶微分算子进行详细介绍。第三部分介绍霍夫变换在图像边缘检测中的应用，其中讲述了霍夫变换的基本原理，以及直线、曲线和任意形状的检测。

6.2.1　边缘检测概述

6.2.1.1　图像边缘

图像的大部分信息都存在于图像的边缘中，主要表现为图像局部特征的不连续性，即图像中灰度变化比较剧烈的区域。因此，边缘被定义为图像中灰度发生急剧变化的区域。根据灰度变化的不同，通常将边缘划分为阶跃边缘和屋顶边缘 2 种类型。图 6-2 所示为两种边缘类型的剖面灰度曲线图。阶跃边缘两侧的灰度值差异明显，而屋顶边缘位于灰度值增加与减少的交界处。因此，阶跃边缘和屋顶边缘可以用图像灰度的一阶、二阶梯度的特征来表示。在理想情况下，对于一个阶跃边缘点，图像灰度的一阶梯度幅值在该点达到极大值，二阶梯度幅值在该点为 0；对于一个屋顶边缘点，图像灰度的一阶梯度幅值在该点为 0，二阶梯度幅值在该点达到极大值。

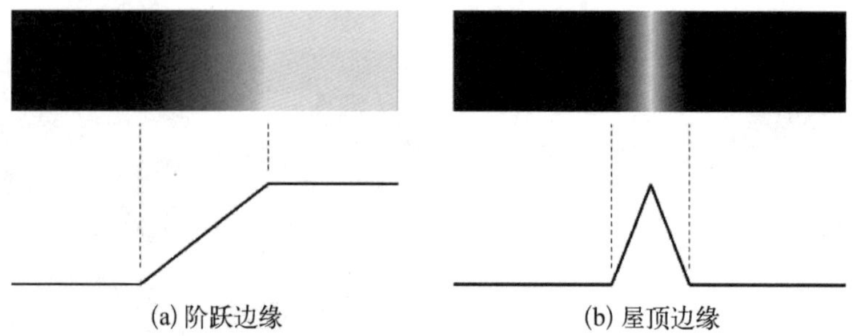

图 6-2　2 种基本边缘类型

6.2.1.2　图像边缘检测

图像边缘检测广泛应用于工业检测、图像分割、运动检测、人脸识别、目标跟踪和感兴趣区域选择。边缘检测的目的是采用某种算法提取图像中对象与背景的交界线。边缘检测算法一般有四个步骤，如图 6-3 所示。

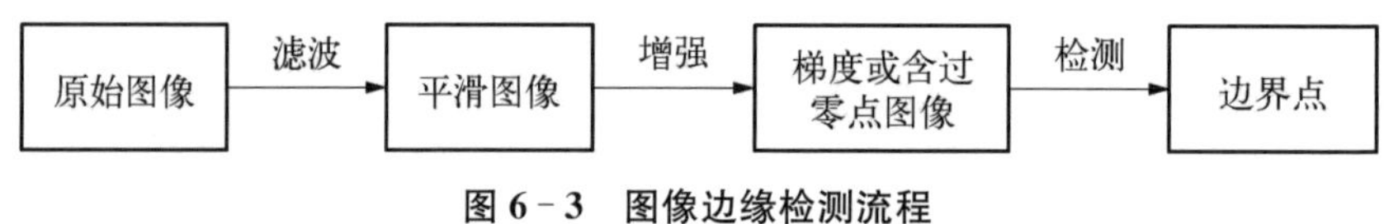

图 6-3　图像边缘检测流程

如前文所述，阶跃边缘同图像灰度的一阶梯度幅值的局部峰值有关。而一幅数字图像可以被看作图像灰度连续函数的采样点阵列。因此，图像灰度值的显著变化可用梯度的离散逼近函数来检测。在二维的情况下，梯度定义为向量：

$$\boldsymbol{G}(x, y)=\begin{bmatrix} G_x \\ G_y \end{bmatrix}=\begin{bmatrix} \dfrac{\partial f}{\partial x} \\ \dfrac{\partial f}{\partial y} \end{bmatrix} \tag{6-1}$$

梯度有一个重要的性质：梯度向量 $\boldsymbol{G}(x, y)$ 的方向就是灰度函数 f 在点 (x, y) 处增长的变化率最大的方向，而该方向上的最大变化率即为梯度的幅值。梯度幅值的计算由下式给出：

$$|\boldsymbol{G}(x, y)|=\sqrt{G_x^2+G_y^2} \tag{6-2}$$

在实际应用中，因为平方根运算开销较大，通常用偏导数的绝对值之和来近似梯度幅值：

$$|\boldsymbol{G}(x, y)|=|G_x|+|G_y| \tag{6-3}$$

或

$$|\boldsymbol{G}(x, y)|\approx \max(|G_x|, |G_y|) \tag{6-4}$$

由向量分析可知，梯度的方向定义为

$$\alpha(x, y)=\arctan\left(\frac{G_y}{G_x}\right) \tag{6-5}$$

式中：α 角是相对 x 轴的角度。

注意，式(6-2)计算的梯度幅值不随边缘方向变化而变化，这样的算子称为各向同性算子。而式(6-3)计算的梯度幅值虽然在计算开销上下降很多，但不再具有各向同性。

对于数字图像，式(6-1)中的梯度可用一阶有限差分来近似。最简单的梯度近似表达式为

$$G_x = f(i+1, j) - f(i, j) \tag{6-6}$$

$$G_y = f(i, j+1) - f(i, j) \tag{6-7}$$

这些计算可用与下面简单模板的卷积来完成：

$$G_x = [-1 \quad 1] \tag{6-8}$$

$$G_y = \begin{bmatrix} -1 \\ 1 \end{bmatrix} \tag{6-9}$$

更常用的是用 2×2 一阶差分模板来求 x 和 y 方向上的梯度：

$$G_y = \begin{bmatrix} -1 & 1 \\ -1 & 1 \end{bmatrix} \tag{6-10}$$

$$G_x = \begin{bmatrix} -1 & -1 \\ 1 & 1 \end{bmatrix} \tag{6-11}$$

根据以上基本理论，在最近的 20 年里发展了许多边缘检测器，下面将讨论常用的几种经典边缘检测方法。

6.2.2 经典边缘检测

6.2.2.1 基于梯度的边缘检测

1) Roberts 边缘检测算子

由 Roberts 提出的交叉梯度算子在 2 × 2 邻域上计算对角方向上的梯度：

$$G_x = f(i, j) - f(i+1, j+1) \tag{6-12}$$

$$G_y = f(i+1, j) - f(i, j+1) \tag{6-13}$$

Roberts 梯度算子用卷积模板表示如图 6-4 所示。对应的梯度幅值可用式(6-2)来计算。在实际应用中，为简化运算，用偏导数的绝对值之和来近似：

$$|G(i, j)| = |f(i, j) - f(i+1, j+1)| + |f(i+1, j) - f(i, j+1)| \tag{6-14}$$

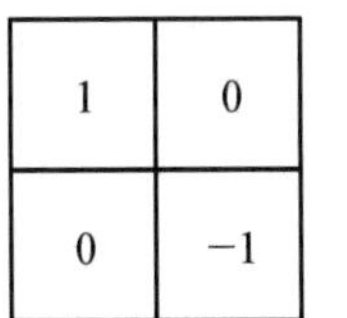

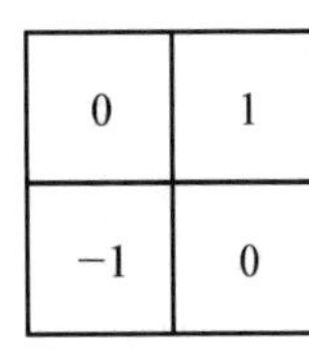

图 6-4 Roberts 交叉梯度算子

求得图像的梯度幅值 $|G(i, j)|$ 后,选取适当的阈值 TH,然后进行如下判断:若 $|G(i, j)| > TH$,则点 (i, j) 为边缘点。

2) Prewitt 边缘检测算子

2×2 大小的梯度算子虽然在计算和概念上简单,但在计算边缘方向时,不如 3×3 大小的算子准确。如图 6-5 所示,尺寸为 3×3 的梯度算子考虑了中心点两侧的灰度信息,并且带有更多的边缘方向信息。

a_0	a_1	a_2
a_7	(i, j)	a_3
a_6	a_5	a_4

图 6-5　3×3 大小的梯度算子

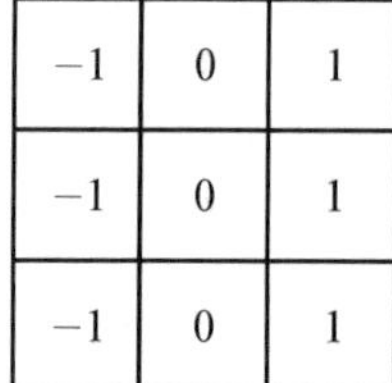

−1	0	1
−1	0	1
−1	0	1

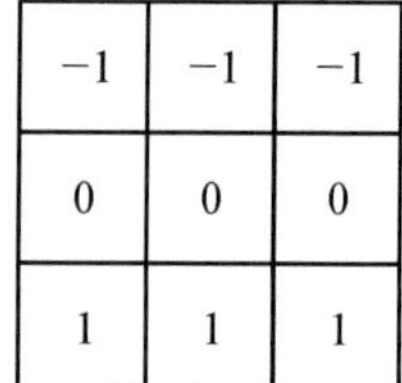

−1	−1	−1
0	0	0
1	1	1

图 6-6　Prewitt 梯度算子

Prewitt 算子是一种典型的 3×3 大小的梯度算子,其卷积模板形式如图 6-6 所示。

Prewitt 梯度算子的一个问题是,它主要对水平和垂直方向的边缘表现出最强的响应,且仅对这两个方向上的边缘具有旋转不变性(各向同性)。也就是说,两个具有相同灰度变化但方向不同的边缘,若它们位于水平与竖直方向,则用 Prewitt 算子进行边缘检测的结果是相同的;否则,用 Prewitt 算子可能对两个边缘得到不同的结果。

一种解决的方法是,将 Prewitt 算子扩展成八个方向,如图 6-7 所示。拓展后的算子不计算梯度的幅值和角度,而是采用八个卷积运算中最强的响应作为边缘的幅值和方向。

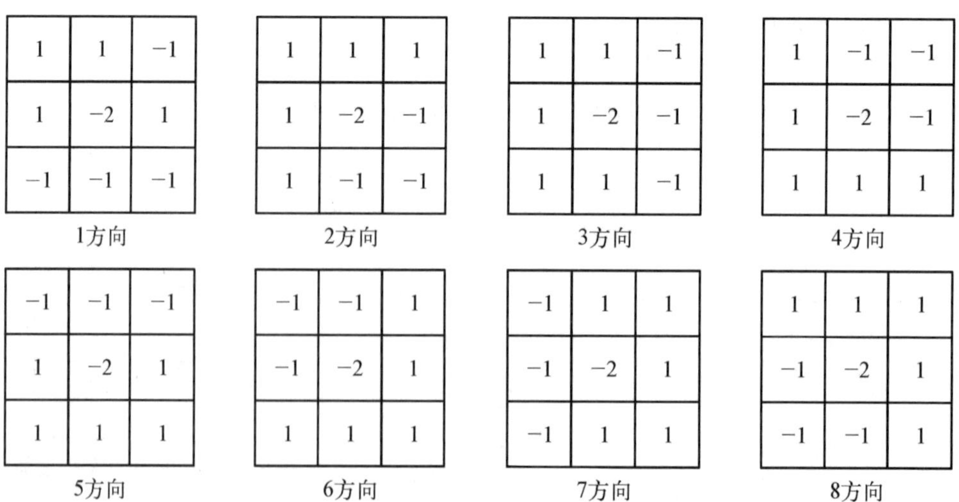

1	1	−1
1	−2	1
−1	−1	−1

1方向

1	1	1
1	−2	−1
1	−1	−1

2方向

1	1	−1
1	−2	−1
1	1	−1

3方向

1	−1	−1
1	−2	−1
1	1	1

4方向

−1	−1	−1
1	−2	1
1	1	1

5方向

−1	−1	1
−1	−2	1
1	1	1

6方向

−1	1	1
−1	−2	1
−1	1	1

7方向

1	1	1
−1	−2	1
−1	−1	1

8方向

图 6-7　八方向 Prewitt 算子

八个卷积模板对应的边缘方向如图 6-8 所示。Prewitt 算子边缘检测效果如图 6-9 所示。

2方向	1方向	8方向
3方向	中心点	7方向
4方向	5方向	6方向

图 6-8 八方向卷积模板对应的边缘方向

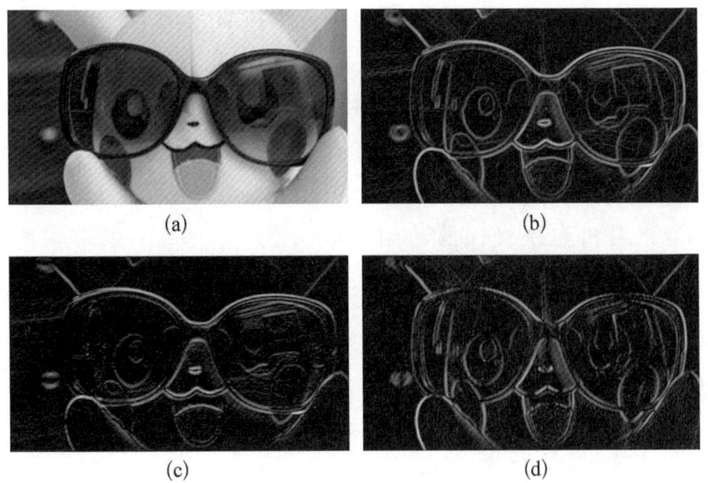

图 6-9 Prewitt 算子边缘检测效果图

(a) 原图；(b) Prewitt 算子；(c) Prewitt 纵向梯度算子；(d) Prewitt 横向梯度算子。

3) Sobel 边缘检测算子

Sobel 算子也是一种 3×3 尺寸的梯度算子，其卷积模板形式如图 6-10 所示。

−1	0	+1
−2	0	+2
−1	0	+1

−1	−2	−1
0	0	0
+1	+2	+1

图 6-10 Sobel 梯度算子

由简单的数学证明可以知道，若先使图像 f 与平滑算子 $[1,\ 2,\ 1]^T$ 做卷积，再使图像 f 与一阶差分算子 $[-1,\ 0,\ 1]$ 做卷积，就可以得到 Sobel 算子（$\otimes$为卷积运算符）：

$$f \otimes \begin{bmatrix} 1 \\ 2 \\ 1 \end{bmatrix} \otimes \begin{bmatrix} -1 & 2 & 1 \end{bmatrix} = f \otimes \begin{bmatrix} -1 & 0 & 1 \\ -2 & 0 & 2 \\ -1 & 0 & 1 \end{bmatrix} \tag{6-15}$$

所以，相较于 Prewitt 算子，Sobel 算子在计算梯度时对图像有一定的平滑作用，能够更好地抑制噪声，因而更常被使用。

4）Canny 边缘检测算子

Canny 边缘检测算子是经典边缘检测算子中效果最好的算子之一，被广泛应用于各种计算机视觉系统中。该算法由 John F. Canny（简称为 Canny）于 1986 年提出，且 Canny 同时也阐述了"边缘检测计算理论"以解释 Canny 算子的工作原理。

Canny 认为，一个好的边缘检测算子应该致力于三个目标：

（1）低错误率。边缘检测要尽可能准确，所有的边缘都应该被检测出来。

（2）精确的定位。检测出来的边缘点应该尽可能接近边缘的中心。

（3）单边缘点和低错检率。一条边缘的同一个位置只应有一个边缘点被检测出来，且不应该有噪声造成的假边缘。

要得到上述三个目标的最优解析十分困难，但 Canny 通过边缘的简化建模得到了最优的近似，也就是 Canny 算子。Canny 算子的计算步骤包括：

（1）用高斯滤波对图像进行平滑；

（2）用任意一阶梯度算子，如前述的 Roberts 算子、Prewitt 算子或 Sobel 算子，计算出图像灰度的梯度幅值图和梯度方向图：

$$|G(x, y)| = \sqrt{G_x^2 + G_y^2} \tag{6-16}$$

$$\alpha(x, y) = \arctan\left(\frac{G_y}{G_x}\right) \tag{6-17}$$

（3）对梯度幅值图像进行非极大值抑制；

（4）对非极大值抑制的结果进行双阈值法处理，得到边缘点。

其中，非极大值抑制的目的是，只保留梯度幅值图像中在边缘法线方向上是局部极大值的像素点，这些点被认为是候选的边缘点。非极大值抑制的原理如图 6－11 所示，假设非极大值抑制的结果是图像 G_N，那么对每个像素点 $C(x, y)$，观察与其梯度方向所在直线（即边缘法线）最接近的一对或两对相邻像素点，如图中的 p_1 和 p_2，若该像素点处的梯度幅值大于这几个相邻像素点，则令 $G_N(x, y) = |G(x, y)|$，否则令 $G_N(x, y) = 0$。但实际上，只能得到点 $C(x, y)$ 邻域的 8 个点的值，而 p_1 和 p_2 并不在其中，要得到这两个值就需要对这两个点两端的已知灰度的点进行线性插值，也即根据图中的 g_1 和 g_2 对 p_1 进行插值，根据 g_3 和 g_4 对 p_2 进行插值，这就要用到其梯度方向，这是 Canny 算法中要求解梯度方向 α 的原因。

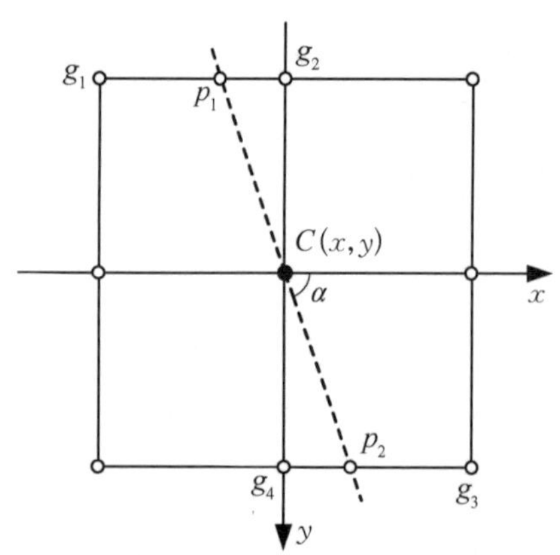

图 6－11　非极大值抑制

完成非极大值抑制后，进行阈值处理即可得到边缘点。但是，在采用单个阈值的情况下，若阈值设置太低，则会产生许多假边缘；若阈值设置太高，则又会删除许多真正的边缘点。所以，Canny 算子采用了双阈值，即一个高阈值和一个低阈值。G_N 中梯度幅值高于高阈值的像素点直接被选为边缘点，称为强边缘点；而 G_N 中梯度幅值位于高、低阈值之间且与强边缘点 8-连通的点也被选为边缘点，称为弱边缘点(注意，这里的 8-连通不途经 G_N 中梯度幅值小于低阈值的点)。强边缘点和弱边缘点合并后便是 Canny 边缘检测算子最终的结果。

双阈值法示例如图 6-12 所示，其中，p_1 和 p_2 为强边缘点；$p_3 \sim p_6$ 与 p_1 和 p_2 连通，为弱边缘点；而 p_7 不与任何强边缘点连通，因而被排除。

实验表明，高阈值和低阈值的比率应在 2∶1 到 3∶1 的范围内。

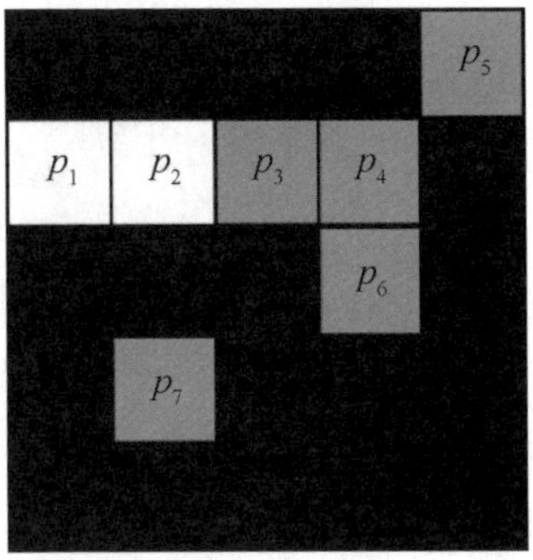

图 6-12 双阈值法

6.2.2.2 基于二阶微分的边缘检测

1) 拉普拉斯算子

拉普拉斯算子是定义在 n 维欧几里得空间中的一个二阶微分算子，在二维情况下其公式为

$$\nabla^2 f = \frac{\partial^2 f}{\partial x^2} + \frac{\partial^2 f}{\partial y^2} \tag{6-18}$$

拉普拉斯算子中的二阶偏导数可以使用二阶有限差分来近似：

$$\frac{\partial^2 f}{\partial x^2} = \frac{\partial(f(x+1,\ y) - f(x,\ y))}{\partial x} = f(x-1,\ y) - 2f(x,\ y) + f(x+1,\ y) \tag{6-19}$$

$$\frac{\partial^2 f}{\partial y^2} = \frac{\partial(f(x,\ y+1) - f(x,\ y))}{\partial y} = f(x,\ y-1) - 2f(x,\ y) + f(x,\ y+1) \tag{6-20}$$

将这两个算子合并起来，可以得到如图 6-13 所示的拉普拉斯算子。

0	1	0
1	−4	1
0	1	0

图 6-13 拉普拉斯算子

1	1	1
1	−8	1
1	1	1

图 6-14 拉普拉斯扩展算子

若同时考虑对角方向的二阶微分，则可以得到如图 6-14 所示的拉普拉斯扩展算子，该算子具有各向同性，也就是其响应大小与边缘方向无关。这是一阶梯度算子所不具备的良好特性。

由于二阶微分本身的特性，相比于一阶梯度算子，二阶微分算子对噪点和细线的响应更强，因而对噪声更加敏感。因此，用拉普拉斯算子进行滤波之前，应首先对图像进行一次高斯滤波以平滑图像。

与基于一阶梯度的边缘检测算子采用阈值处理不同，由于边缘中心处的二阶偏导数为 0，因此图像经拉普拉斯算子滤波后，检测边缘的方法是寻找过零点。

2）Marr - Hildreth 边缘检测算子

这里介绍一个基于二阶微分算子的经典边缘检测算法——Marr - Hildreth 边缘检测算子。该算子由 Marr 和 Hildreth 于 1980 年提出。

Marr 和 Hildreth 认为，边缘检测算子应该具有两个特征：① 这个算子应当是一个微分算子；② 因为图像尺度不同，灰度的变化尺度也不同，算子的尺寸大小应根据图像的尺度变化，应允许自由调整。最终，他们认为符合这两个条件的最好算子是高斯拉普拉斯算子（LoG），即先进行高斯滤波，再进行拉普拉斯滤波。显然，高斯滤波器的尺寸允许自由调整。图像通过 LoG 算子进行滤波后的过零点，即为检测到的边缘点。

Marr - Hildreth 算子的步骤如下：

（1）用标准差为 σ、尺寸为 $n \times n$ 的高斯滤波器（卷积模板）对图像进行平滑。σ 的大小应根据图像尺寸来决定，如图像短边长的 0.5%；n 应取 6σ 向上首个奇数。

（2）用拉普拉斯算子对图像进行滤波，得到拉普拉斯图像 $g(x, y)$。

（3）在图像 $g(x, y)$ 中寻找过零点，即为边缘点。

Marr - Hildreth 算子的显著特征在于检测拉普拉斯过零点。对于在图像 $g(x, y)$ 中寻找过零点，直接检查 $g(x, y) = 0$ 显然是不明智的。一种在图像 $g(x, y)$ 中寻找过零点的方法是，对每个像素 p，在其 8 -邻域中，分别对比 4 对相对方向上的相邻像素。若至少有 2 对相对的相邻像素的拉普拉斯值符号相反，且它们的差超过一个阈值 T，则认为 p 是过零点。

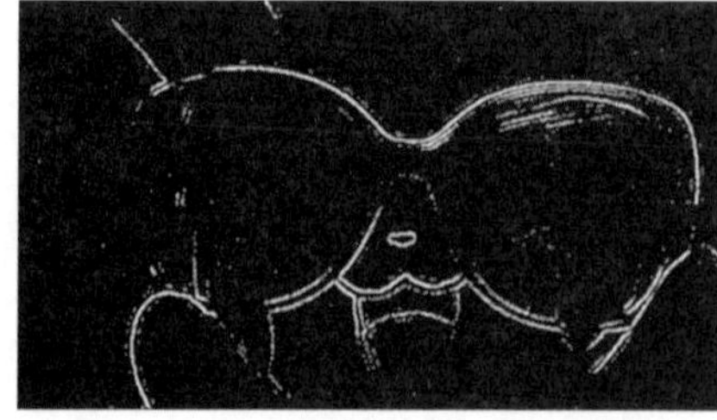

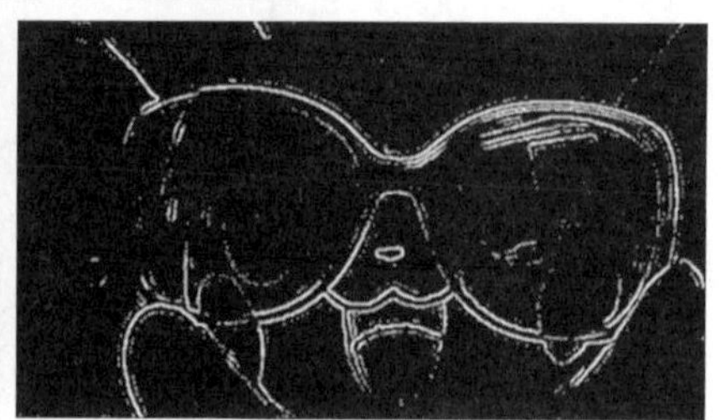

图 6 - 15　Marr - Hildreth 算子边缘检测效果图

（左下）使用拉普拉斯算子；（右下）使用拉普拉斯扩展算子。

6.2.3 用霍夫变换进行边缘检测

在用计算机分析数字图像时经常需要检测某些简单的几何形状如直线、圆、椭圆等。在多数情况下，边缘检测器会先被用来做图像预处理，将原本的图像变成只含有边缘的图像。由于图像质量的不确定性或是边缘检测算法的局限性，预处理后的图像经常有一些像素点缺漏，或是有噪声使得边缘检测器所得的边缘偏离了实际的边缘，所以无法直观地将检测出的边缘分成直线、圆形、椭圆形等几何形状点的集合。而霍夫变换(Hough transform)可以用来解决上述问题，借由霍夫变换算法中的累加步骤，可以在复杂的参数空间中找到预期几何形状图形的参数，计算机可以由参数得知该边缘是哪种形状。

6.2.3.1 概述

霍夫变换是一种广泛应用在图像分析、计算机视觉以及数字图像处理中的边缘检测方法。现在广泛使用的霍夫变换是由 Richard Duda 和 Peter Hart 在 1972 年提出的，称为广义霍夫变换。经典的霍夫变换用于检测图像中的直线，之后霍夫变换不仅能识别直线，也能够识别任何形状，常见的有圆形、椭圆形。1981 年，Dana H. Ballard 的一篇期刊论文 *Generalizing the Hough transform to detect arbitrary shapes*，让霍夫变换在计算机视觉界被广泛关注和应用。

6.2.3.2 直线检测

1) $x-y$ 参数空间

在图像 $x-y$ 坐标空间中，经过点 (x_i, y_i) 的直线表示为

$$y_i = ax_i + b \tag{6-21}$$

式中：参数 a 为斜率，b 为截距。通过点 (x_i, y_i) 的直线有无数条，且对应于不同的 a 和 b 值。如果将 x_i 和 y_i 视为常数，而将原本的参数 a 和 b 看作变量，则上式可以表示为

$$b = -x_i a + y_i \tag{6-22}$$

这样就变换到参数平面 $a-b$。这个变换就是直角坐标中对于 (x_i, y_i) 点的霍夫变换。该直线是图像坐标空间中的点 (x_i, y_i) 在参数空间的唯一方程。考虑到图像坐标空间中的另一点 (x_j, y_j)，它在参数空间中也有相应的一条直线，表示为

$$b = -x_j a + y_j \tag{6-23}$$

这条直线与点 (x_i, y_i) 在参数空间的直线相交于一点 (a_0, b_0)，如图 6-16 所示。

图像坐标空间中过点 (x_i, y_i) 和点 (x_j, y_j) 的直线上的每一点在参数空间 $a-b$ 上各自对应一条直线，这些直线都相交于点 (a_0, b_0)，而 a_0、b_0 就是图像坐标空间 $x-y$ 中点 (x_i, y_i) 和点 (x_j, y_j) 所确定的直线的参数。

反之，在参数空间相交于同一点的所有直线，在图像坐标空间都有共线的点与之对应。根据这个特性，给定图像坐标空间的一些边缘点，就可以通过霍夫变换确定连接这些

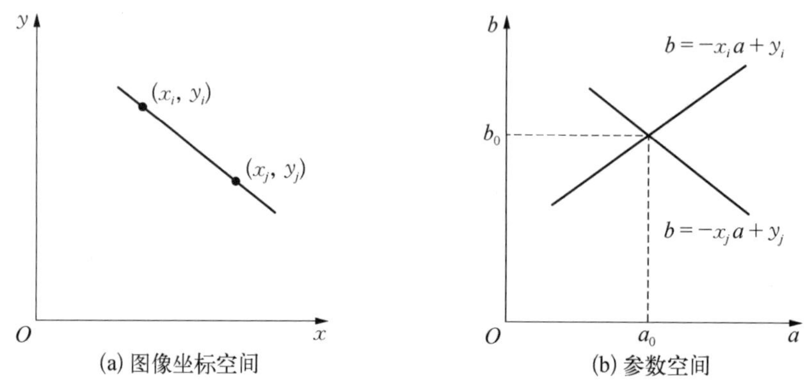

(a) 图像坐标空间　　(b) 参数空间

图 6-16　直角坐标中的霍夫变换

点的直线方程。

具体计算时,可以将参数空间视为离散的。建立一个二维数组 $A(a, b)$,第 1 维的范围是图像坐标空间中直线斜率的可能范围,第 2 维的范围是图像坐标空间中直线截距的可能范围。开始时将 $A(a, b)$ 初始化为 0,然后对图像坐标空间的每一个点 (x_i, y_i),将参数空间中每一个 a 的离散值代入式(6-22)而计算出对应的 b 值。每计算出一对 (a, b),都将对应的数组元素 $A(a, b)$ 加 1,即 $A(a, b)=A(a, b)+1$。所有的计算结束之后,在参数计算表决结果中找到 $A(a, b)$ 的最大峰值,所对应的 a_0、b_0 就是原图像中共线点数目最多的直线方程的参数;接下来可以继续寻找次峰值、第 3 峰值和第 4 峰值等,它们对应于原图中共线点数目略少一些的直线。

2) $\rho-\theta$ 参数空间

利用图像 $x-y$ 坐标空间的表示方法存在一个缺点:直线趋近垂直于 x 轴方向时,斜率参数 a 趋于无穷大,截距 b 则不存在。弥补这一缺陷的方法之一是使用图像 $\rho-\theta$ 坐标空间。在图像 $\rho-\theta$ 坐标空间中用如下参数方程表示一条直线:

$$\rho=x\cos\theta+y\sin\theta \tag{6-24}$$

其中,ρ 代表直线到原点的垂直距离,θ 代表 x 轴到直线垂线的角度,取值范围为 $\pm 90°$,如图 6-17 所示。

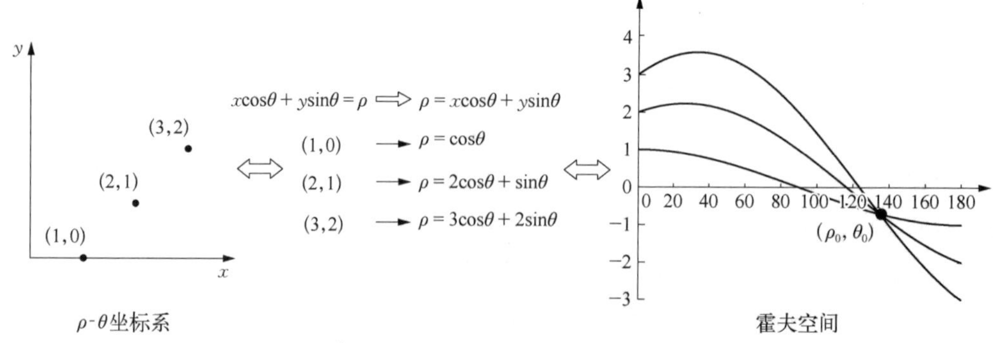

ρ-θ坐标系　　霍夫空间

图 6-17　坐标系与霍夫空间

与 $x-y$ 坐标类似，$\rho-\theta$ 坐标中的霍夫变换也将图像坐标空间中的点变换到参数空间中。在 $\rho-\theta$ 参数表示下，图像坐标空间中共线的点变换到参数空间中后，在参数空间都相交于同一点，此时所得到的 ρ、θ 即为所求直线的参数。不同的是，用 $\rho-\theta$ 坐标表示时，图像坐标空间共线的两点 (x_i, y_i) 和 (x_j, y_j) 映射到参数空间是两条曲线，相交于点 (ρ_0, θ_0)，如图 6－17 所示。

具体计算时，与直角坐标类似，也要在参数空间中建立一个二维数组 A，只是取值范围不同。对于一幅大小为 $D\times D$ 的图像，通常 ρ 的取值范围为 $[-\sqrt{2}D, \sqrt{2}D]$，θ 的取值范围为 $[-90°, 90°]$。计算方法与直角坐标系中累加器的计算方法相同，最后得到最大的 A 所对应的 (ρ, θ)。

下面给出一个霍夫变换检测直线的简单例子。图 6－18 中有一些在 $x-y$ 坐标系中的散点。

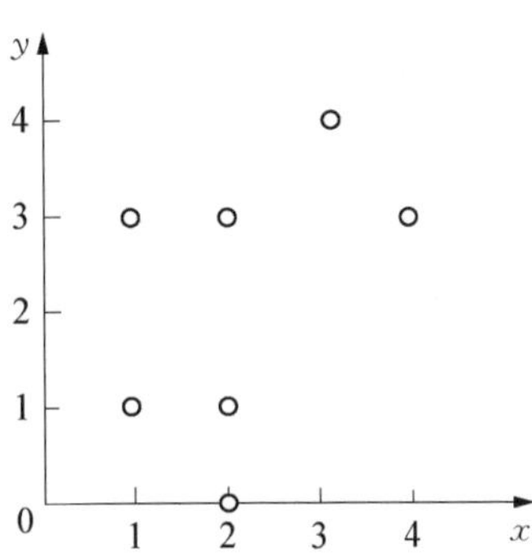

图 6－18　坐标系中的 7 个散点

首先离散化 θ 使其取值分别为 $-45°$、$0°$、$45°$、$90°$，之后把每个点的坐标 (x_i, y_i) 和角度 θ 代入式(6－24)以求得 ρ，如表 6－1 所示。

表 6－1

(x_i, y_i)	$-45°$	$0°$	$45°$	$90°$
(2, 0)	1.4	2	1	0
(1, 1)	0	1	1.4	1
(2, 1)	0.7	2	2.1	1
(1, 3)	−1.4	1	2.8	3
(2, 3)	−0.7	2	3.5	3
(4, 3)	0.7	4	4.9	3
(3, 4)	−0.7	3	4.9	4

根据上表统计出 (ρ, θ) 出现的次数，如表 6－2 所示。

表 6－2

	−1.4	−0.7	0	0.7	1	1.4	2	2.1	2.8	3	3.5	4	4.9
$-45°$	1	2	1	2	0	1	0	0	0	0	0	0	0
$0°$	0	0	0	0	2	0	**3**	0	0	1	0	1	0
$45°$	0	0	0	0	0	2	0	1	1	0	1	0	2
$90°$	0	0	1	0	2	0	0	0	0	**3**	0	2	0

其中(2, 0°)和(3, 90°)出现的次数最多,为 3。则相对应的 $x-y$ 坐标系中的直线分别为 $2=x\cos 0°+y\sin 0°$ 和 $3=x\cos 90°+y\sin 90°$ 即 $x=2$ 和 $y=3$,直线检测结果如图 6-19 所示。

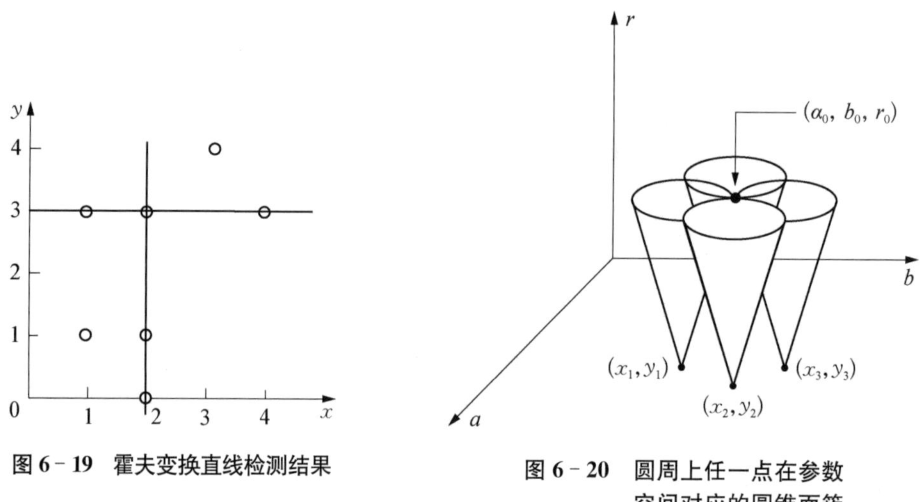

图 6-19 霍夫变换直线检测结果

图 6-20 圆周上任一点在参数空间对应的圆锥面簇

6.2.3.3 圆检测

上述关注的是直线检测,但霍夫变换同样适用于方程已知的曲线检测。对于图像坐标空间中一条已知的曲线也可以建立其相应的参数空间。由此,图像坐标空间中的一点,在参数空间中就可以映射为相应的轨迹曲线或者曲面。

霍夫变换做曲线检测时,最重要的是写出图像坐标空间到参数空间的变换公式。例如,对于已知的圆方程,其直角坐标的一般方程为

$$(x-a)^2+(y-b)^2=r^2 \tag{6-25}$$

式中:(a, b) 为圆心坐标;r 为圆的半径。那么,参数空间可以表示为 (a, b, r),式(6-25)在参数空间对应的曲面为三维锥面。图像中任意确定的一点均有参数空间的一个三维锥面与之对应。对于圆周上的任一点 $\{(x_i, y_i), i=1, 2, \cdots, n\}$,这些三维锥面构成圆锥面簇,如图6-20 所示。

若集合中的点均在同一个圆周上,则这些圆锥面簇相交于参数空间上某一点[即图中的点 (a_0, b_0, r_0)],该点恰好对应于图像平面的圆心坐标及圆的半径。

具体计算时,与前面讨论的方法相同,只是数组变为三维数组 $A(a, b, r)$。计算过程是让 a、b 在取值范围内增加,解出满足上式的 r 值,每计算出一个 (a, b, r) 值,就对相应的数组元素 $A(a, b, r)$ 加 1。计算结束后,找到的最大的 $A(a, b, r)$ 所对应的 a、b、r 就是所求的圆的参数。

与直线检测一样,曲线检测也可以通过 $\rho-\theta$ 参数形式计算。

图 6-21 给出用霍夫变换检测圆的例子。

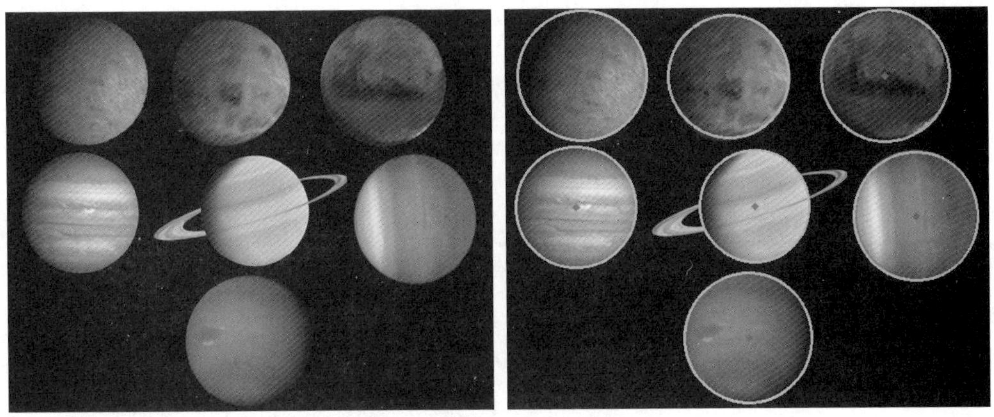

图 6 - 21 霍夫变换圆检测实例 1

此外,霍夫变换对于椭圆形或者圆周附近有干扰的圆形同样有较好的检测效果,如图 6 - 22所示。

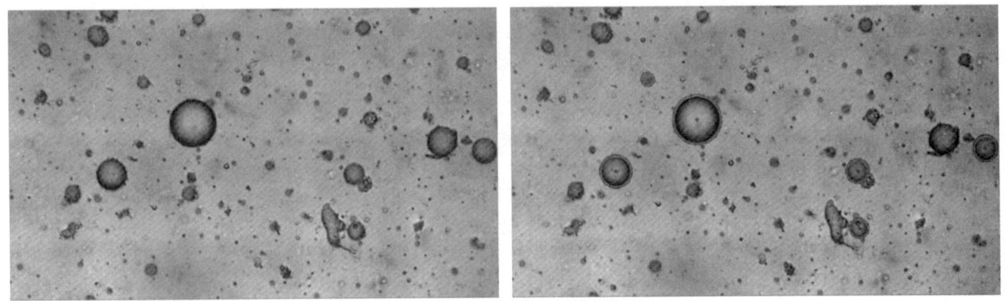

图 6 - 22 霍夫变换圆检测实例 2

6.2.3.4 任意形状检测

这里所说的任意形状的检测,是指应用广义霍夫变换去检测某一任意形状边界的图形。它首先选取该形状中的任意点 (a, b) 为参考点,然后从该任意形状图形的边缘每一点上,计算其切线方向 ϕ 和到参考点 (a, b) 位置的偏移矢量 $r(\phi)$,以及 r 与 x 轴的夹角 $\alpha(\phi)$。

参考点 (a, b) 的位置可由下式算出:

$$a = x + r(\phi)\cos(\alpha(\phi)) \tag{6-26}$$

$$b = y + r(\phi)\sin(\alpha(\phi)) \tag{6-27}$$

霍夫变换检测曲线示例如下,以正弦曲线为例。

正弦曲线如下:

$$I = A\sin(\theta + B) + C \tag{6-28}$$

由于方程有 3 个参数,需要建立三维的累加数组 $M(A, B, C)$。对图像中每一个给定点,让 A 和 B 在取值范围内依次变化,并计算出相应的 C,令 $M(A, B, C) = M(A, B, C) + 1$。

累加结束后，数组元素最大值对应的 A 即为正弦的模，B 为初相位，C 为直流分量。

6.2.3.5 相关实例

Python 中想要使用霍夫变换有 OpenCV 和 skimage 两种途径，一般使用 OpenCV 库。其中调用霍夫变换的函数原型为 cv2.HoughLines。

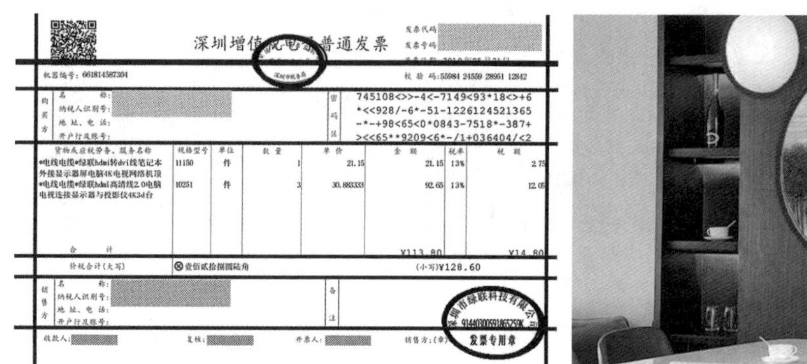

图 6-23 霍夫变换实例结果图

霍夫变换的应用很广泛，如支票识别的任务。假设支票上肯定有一个红颜色的方形印章，就可以通过霍夫变换对这个印章进行快速定位，再配合其他手段进行其他处理。此外，霍夫变换由于不受图像旋转的影响，可以很容易地用来进行定位。

6.3 基于阈值的分割

阈值分割的基本思想是基于图像的灰度特征计算一个或多个灰度阈值，并对图像中每个像素的灰度值与阈值进行比较，最后根据比较结果将像素分到合适的类别中。因此，该类方法最为关键的一步就是按照某个准则函数求解最佳灰度阈值。

6.3.1 图像阈值分割的基本原理

图像阈值分割是图像分割技术的基础，因为图像阈值分割有实现简单且计算迅速的优点。利用图像中要提取的目标物与其背景在灰度特性上的差异，把图像视为具有不同灰度级的两类区域（目标和背景）的组合，选取一个合适的阈值，以确定图像中每个像素点应该属于目标还是背景区域，从而产生相应的二值图像。利用阈值分割图像的基本原理，可用下式表示：

$$g(x, y)=\begin{cases}1, & f(x, y)>T \\ 0, & f(x, y) \leqslant T\end{cases} \tag{6-29}$$

式中：$f(x, y)$ 对应分割前的图像，$g(x, y)$ 对应分割后的图像，称 $f(x, y)>T$ 的点为一个目标点，否则称为背景点。阈值 T 的选取非常关键——如果阈值过高，则过多的目标点被误归为背景；如果阈值过低，则过多的背景点被误判为目标。

6.3.2 直方图双峰法

Prewitt 等于 20 世纪 60 年代中期提出的直方图双峰法（也称为 mode 法）是典型的全局单阈值分割方法。当灰度级直方图具有较为典型的双峰特性时，选取两峰之间的谷底对应的灰度级作为阈值。如果背景的灰度值在整个图像中可以合理地看作恒定，而且所有的目标与背景都具有几乎相同的对比度，那么选择一个正确的、固定的全局阈值会有较好的结果。

该方法的基本思想：假设图像中有明显的目标和背景，则其灰度直方图呈双峰分布，如图 6-24 所示，此时的最佳门限是 $T = z_j$。

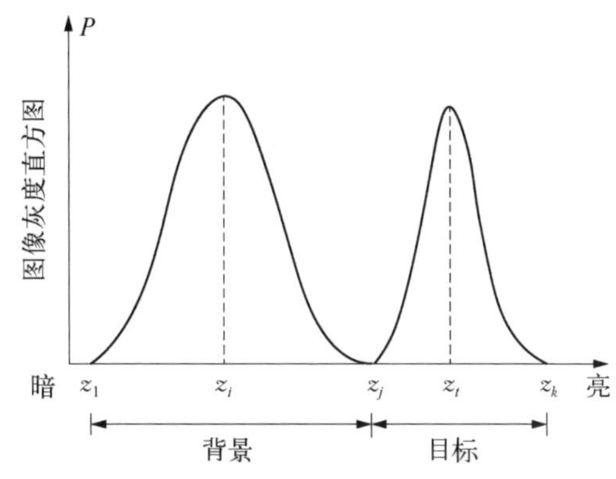

图 6-24 呈双峰分布的灰度直方图

6.3.3 迭代阈值图像分割

迭代法阈值选择算法是对双峰法的改进。首先选择一个近似的阈值 T，将图像中的像素分割成 2 个部分 R_1 和 R_2，计算出区域 R_1 和 R_2 的灰度值均值 μ_1 和 μ_2，再选择新的阈值 $T = \frac{(\mu_1 + \mu_2)}{2}$；重复上面的过程，直到 μ_1 和 μ_2 不再变化或小于某个预先设定的阈值为止。处理流程如下：

(1) 为全局阈值选择一个初始估计值 T（一般为图像的平均灰度）。

(2) 用 T 分割图像。产生两组像素：R_1 由灰度值大于 T 的像素组成，R_2 由小于或等于 T 的像素组成。

(3) 计算 R_1 和 R_2 像素集合的平均灰度值 μ_1 和 μ_2。

(4) 计算一个新的阈值：$T = \frac{(\mu_1 + \mu_2)}{2}$。

(5) 重复步骤(2)至(4)，直到连续迭代中的 T 值的变化小于一个预定义参数为止。

6.3.4 自适应阈值图像分割

在许多情况下，物体和背景的对比度在图像中各处是不一样的，很难用统一的一个阈值将目标与背景分开。这时可以根据图像的局部特征分别采用不同的阈值进行分割。在实际处理时，需要按照具体问题将图像分成若干个子区域分别选择阈值，或者动态地根据一定的邻域范围选择每点处的阈值，进行图像分割。

6.3.4.1 最大类间方差法

最大类间方差法，由日本学者大津于 1979 年提出，是一种自适应的阈值确定的方法，又称为大津法，简称为 OTSU 算法。它是在判决分析最小二乘法原理的基础上推导得到的。

设原图灰度级为 L，灰度级 i 的像素点数为 n_i，则图像的全部像素数为 $N=n_0+n_1+\cdots+n_i$。归一化直方图，则

$$p_i=\frac{n_i}{N},\ \sum_{i=0}^{L-1}p_i=1 \tag{6-30}$$

按灰度级用阈值 t 划分为两类：$C_0=(0,1,2,\cdots,t)$，$C_1=(t+1,t+2,\cdots,L-1)$。因此，C_0 和 C_1 类出现概率及均值分别为：

$$W_0=P(C_0)=\sum_{i=0}^{t}p_i=w(t)$$

$$W_1=P(C_1)=\sum_{i=t+1}^{L-1}p_i=1-w(t)$$

$$\mu_0=\frac{\sum_{i=0}^{t}ip_i}{W_0}=\frac{\mu(t)}{w(t)}$$

$$\mu_1=\frac{\sum_{i=t+1}^{L-1}ip_i}{w_1}=\frac{\mu_r(t)-\mu(t)}{1-w(t)} \tag{6-31}$$

其中

$$\mu(t)=\sum_{i=0}^{t}ip_i\mu_r(t)=\mu(L-1)=\sum_{i=0}^{L-1}ip_i \tag{6-32}$$

由概率论可得，对任何 t 值，下式都能成立

$$w_0\mu_0+w_1\mu_1=\mu_r$$

$$w_0+w_1=1 \tag{6-33}$$

C_0 和 C_1 类的方差可由下式求得

$$\sigma_0^2=\frac{\sum_{i=0}^{t}(i-\mu_0)^2p_i}{w_0}$$

$$\sigma_1^2=\frac{\sum_{i=t+1}^{L-1}(i-\mu_1)^2p_i}{w_1} \tag{6-34}$$

定义类内方差为：

$$\sigma_w^2=w_0\sigma_0^2+w_1\sigma_1^2 \tag{6-35}$$

定义类间方差为：

$$\sigma_B^2=w_0(\mu_0-\mu_r)^2+w_1(\mu_1-\mu_r)^2=w_0w_1(\mu_0-\mu_1)^2 \tag{6-36}$$

定义总体方差为：

$$\sigma_T^2 = \sigma_B^2 + \sigma_w^2 \tag{6-37}$$

引入以下关于 t 的判决准则,它们都是等价的:

$$\lambda(t) = \frac{\sigma_B^2}{\sigma_w^2} \quad \eta(t) = \frac{\sigma_B^2}{\sigma_T^2} \quad \kappa(t) = \frac{\sigma_T^2}{\sigma_w^2} \tag{6-38}$$

这三个准则是彼此等效的,把使 C_0 和 C_1 两类得到最佳分离的 t 值作为最佳阈值,因此将 $\lambda(t)$、$\eta(t)$ 和 $\kappa(t)$ 定为最大判决准则。由于 σ_w^2 是基于二阶统计特性,而 σ_B^2 是基于一阶统计特性,σ_w^2 和 σ_B^2 是阈值 t 的函数。因此,在三个准则中 $\eta(t)$ 最简单,利用简单的顺序搜索所有值可得最佳阈值 t^* :

$$t^* = \underset{0 \leqslant t \leqslant L-1}{\arg\max} \eta(t) \tag{6-39}$$

结合一个例子理解类间方差分割法的原理。图 6-25(a)是一个 5×5 的原图,灰度级为 0～4。

0	3	3	1	2
0	1	1	1	1
2	2	3	1	2
3	2	2	2	0
4	4	2	2	1

(a)

0	1	1	0	1
0	0	0	0	0
1	1	1	0	0
1	1	1	1	0
1	1	1	1	0

(b)

图 6-25　对 5×5 的图像进行类间方差分割

(1) 计算每个灰度级的直方图为[0.12, 0.25, 0.36, 0.16, 0.08]。

(2) 计算累计的概率分布为[0.12, 0.4, 0.76, 0.92, 1]。

(3) 分别以灰度级 0～4 作为分割阈值,按照每个灰度级分成两类的均值 C_0 和 C_1 分别为[0, 0.70, 1.32, 1.61, 1.80]和[2.05, 2.53, 3.33, 4.00, 0]。

(4) 计算全图的灰度级平均值为 1.8。

(5) 根据式(6-31)计算以灰度级 0～4 作为分割阈值的类间方差为[0.44, 0.81, 0.74, 0.42, 0]。

(6) 寻找最大的类间方差为 0.81,遍历过程中对应的灰度值为 1,因此采用的灰度级分割阈值为 1,整个图像被分为[0, 1]和[2, 3, 4]两类灰度,得到的结果如图 6-25(b)所示。

图 6-26 是最大类间方差法的一个示例。其中,图 6-26(a)为原图,图 6-26(b)为基于全局阈值为 50 的图像分割结果,图 6-26(c)为最大类间方差分割结果。

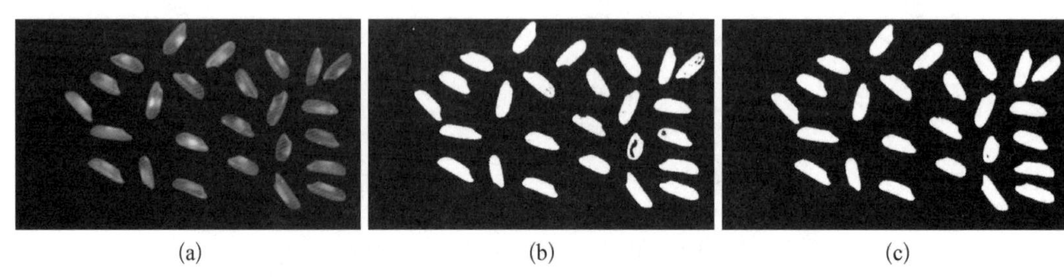

图 6-26　最大类间方差法结果图

6.3.4.2　一维最大熵阈值分割

除了上述算法以外，还可以将香农信息熵(entropy)的概念应用于图像阈值化，其基本思想都是利用图像的灰度分布密度函数定义图像的信息熵，根据假设的不同或视角的不同提出不同的熵准则，最后通过优化该准则得到阈值。本章仅介绍一维最大熵阈值分割。

根据信息论，熵定义为

$$H = -\int_{-\infty}^{+\infty} p(x)\lg(p(x))\mathrm{d}x \tag{6-40}$$

其中，$p(x)$ 是随机变量 x 的概率密度函数。对于数字图像而言，这个随机变量可以是灰度级值、区域灰度、梯度等特征。所谓灰度的一维熵最大，就是选择一个阈值，使图像用这个阈值分割出的两部分一阶灰度统计的信息量最大。

设 n_i 为数字图像中灰度级 i 的像素点数，p_i 为灰度级 i 出现的概率，则

$$p_i = \frac{n_i}{N \times N} \quad i = 1,\ 2,\ \cdots,\ L \tag{6-41}$$

其中，$N \times N$ 为图像的总像素数，L 为图像的总灰度级数。

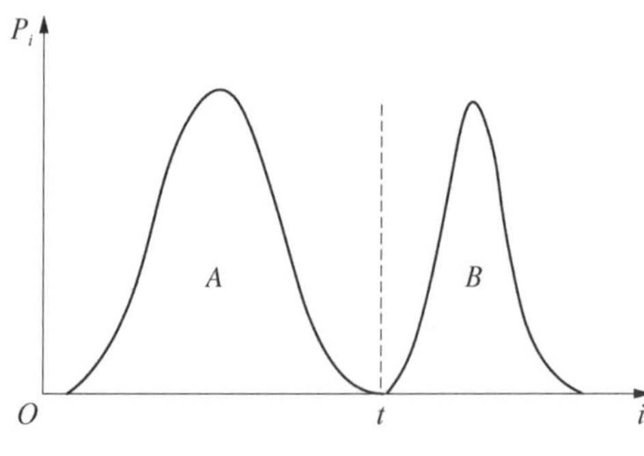

图 6-27　图像灰度一维直方图

图像灰度一维直方图如图 6-27 所示，假设图中灰度级低于 t 的像素点构成目标区域 A，灰度级高于 t 的像素点构成背景区域 B，则各概率在其本区域的分布分别如下。

A 区域：$p_i/p_t \qquad i = 1,\ 2,\ \cdots,\ t$

B 区域：$\dfrac{p_i}{(1-p_t)} \qquad i = t+1,\ t+2,\ \cdots,\ L$

其中：$p_t = \sum_{i=1}^{t} p_i$。

对于数字图像，目标区域和背景区域的熵分别定义为：

$$H_A(t) = -\sum_i \left(\frac{p_i}{p_t}\right)\lg\left(\frac{p_i}{p_t}\right),\ i = 1,\ 2,\ \cdots,\ t$$

$$H_B(t) = -\sum [p_i/(1-p_t)]\lg[p_i/(1-p_t)],\ i = t+1,\ t+2,\ \cdots,\ L \tag{6-42}$$

则熵函数定义为

$$\varphi(t)=H_A+H_B=\lg p_t(1-p_t)+\frac{H_f}{p_i}+\frac{H_L-H_t}{1-p_t}$$

$$H_t=-\sum_i p_i \lg p_i,\ i=1,\ 2,\ \cdots,\ t$$

$$H_L=-\sum p_i \lg p_i,\ i=1,\ 2,\ \cdots,\ L \tag{6-43}$$

当熵函数取得最大值时，对应的灰度值 t^* 就是所求的最佳阈值，即

$$t^*=\text{argmax}\{\varphi(t)\} \tag{6-44}$$

图 6-28 是一维最大熵阈值图像分割的一个示例。

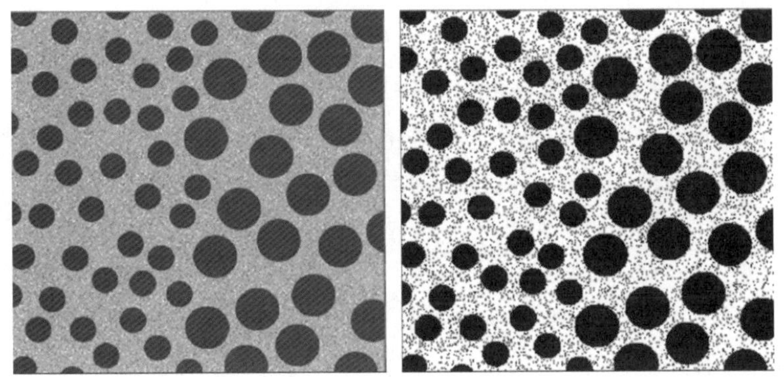

图 6-28　一维最大熵阈值图像分割

6.4　基于区域的分割

6.4.1　区域生长

区域生长是根据事先定义的准则将像素或者子区域聚合成更大区域的过程。其基本思想是从一组生长点开始(生长点可以是单个像素，也可以是某个小区域)，将与该生长点性质相似的相邻像素或者区域与生长点合并，形成新的生长点，重复此过程直到不能生长为止。生长点和相似区域的相似性判断依据可以是灰度值、纹理、颜色等图像信息。

阈值对于区域生长的结果至关重要，以图 6-29 为例。假设图 6-29(a)是需要分割的图像，设图中由不同颜色标记的像素为种子像素，若某一像素与种子像素灰度值差的绝对值小于某个阈值 T 时，则将该像素包括进种子像素所在的区域；当 $T=3$ 时，区域生长的结果如图 6-29(b)所示，由此可以看出图像被较好地分割成了两个区域；当 $T=1$ 时，区域生长的结果如图 6-29(c)所示，此时有部分像素无法判定属于哪一区域；当 $T=8$，区域生长的结果如图 6-29(d)所示，此时整幅图像都被划分为同一个区域。

根据上述示例，可以得出实际应用中区域生长算法的三个关键点：

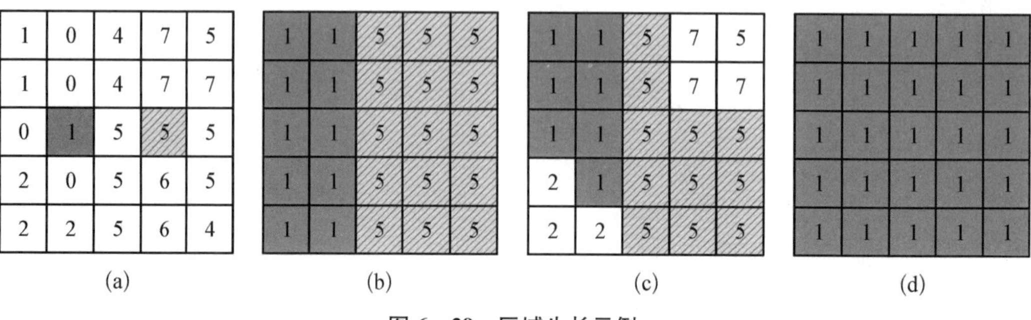

图 6-29　区域生长示例

(1) 选择或确定一组合适的种子像素;

(2) 确定相似性准则,即生长准则;

(3) 确定生长停止条件。

种子像素的选取需要根据具体问题进行具体分析。例如,分割有缺陷的焊缝时,包含缺陷的像素相对较亮,因此可以通过用高阈值对原图进行阈值处理来提取种子像素。若没有先验知识,则可根据生长准则对每个像素进行计算。若结果出现聚类情况,则可选取接近聚类中心的像素为种子像素。

生长准则的选择不仅取决于实际问题,而且还取决于所用图像数据的类型。例如,对于彩色图像,若只使用单色准则,分割效果就会受到影响;对于单色图像,则需要使用一组基于灰度级和空间性的生长准则来分析区域。同时,在区域生长过程中还应考虑连通性,否则会产生错误或无意义的分割结果。

区域生长算法的生长准则常用的有三种,即相邻区域灰度差、区域形状与区域灰度分布统计,下面将逐一进行介绍。

6.4.1.1　基于相邻区域灰度差

区域生长方法是将图像以像素作为最基本的操作单元,该方法主要有以下步骤:

(1) 逐行扫描图像并找出未被划分区域的像素。

(2) 以该像素为中心,与其邻域像素逐个进行比较,若灰度差小于阈值,则进行合并。

(3) 以新合并的像素为中心,如(2)中所述,检查邻域像素,直至该区域不能再生长。

(4) 返回(1),继续对图像进行扫描直至图像中所有像素都被划分后,整个区域生长过程结束。

上述区域生长方法的效果重度依赖于种子像素的选择。为解决该问题,可将灰度差阈值设为 0,用上述方法将灰度相同的像素合并,随后求出邻接区域之间的平均灰度差,对具有最小灰度差的邻接区域进行合并,反复进行邻接区域合并至满足预先设定的生长停止条件。

此外,该方法是根据像素之间的特性是否相似对区域进行生长,较为简单,但对于复杂或有噪声的图像,则会生长出错误的区域。当区域间边缘灰度变化平缓或两个相交区域的对比度较弱时,两个区域会合并,从而产生错误的生长结果。

为了解决该问题,可用待生长像素所在区域的平均灰度值和邻域像素进行比较。

设一个含 N 个像素的图像区域 v,其像素均值为 m, T 为给定阈值,则对于该区域的邻域像素若满足:

$$f(x,\ y)-m \leqslant T \tag{6-45}$$

则对该像素进行生长。图 6-30 为该方法的一个示例。

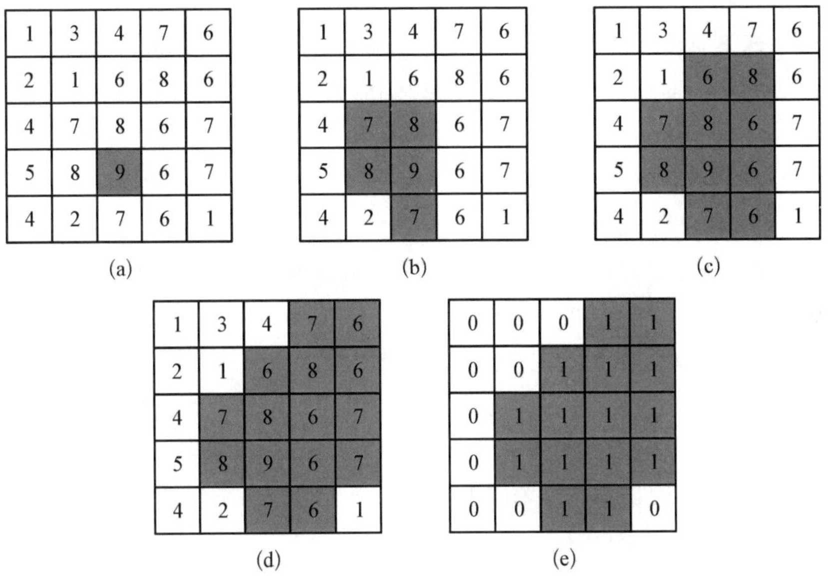

图 6-30　区域生长算法示例

图 6-30(a)是一个 5×5 的图像阵列,选定图中阴影像素块为初始种子点,设区域生长的像素阈值为 2。根据式(6-45),此时待生长像素的取值范围为[7, 11],因此第一次生长后的区域如图 6-30(b)所示,此时生长区域内的像素均值为 7.8。

由生长像素阈值为 2 可得第二次生长像素的取值范围为[5.8, 9.8],图 6-30(c)为第二次区域生长的结果,此时生长区域内的像素均值为 7.1。同理,第三次生长像素的取值范围为[5.1, 9.1],得到的生长结果如图 6-30(d)所示,区域内的像素均值为 6.9。接下来,生长像素的取值范围应为[4.9, 7.9],此时邻域内不存在满足生长条件的像素点,故停止生长。

将生长后的区域标记为 1,其他区域标记为 0,可得最终的分割结果如图 6-30(e)所示。

6.4.1.2　基于区域形状

目标形状的检测结果可用于区域生长,首先需要将图片分割成灰度固定的区域。基于区域形状的区域生长算法有两种:

(1) 假设 P_1、P_2 为两个邻接区域的周长,对于邻接区域共同边界线两侧的区域,设其中灰度差小于阈值对应的边界线长度为 L,若 T_1 为阈值,有

$$\frac{L}{\min\{P_1,\ P_2\}} > T_1 \tag{6-46}$$

则将两个区域合并。

(2) 假设 B 为邻接区域共同边界长度，对于邻接区域共同边界线两侧的区域，设其中灰度差小于阈值对应的边界线长度为 L，若 T_2 为阈值，有

$$\frac{L}{B} > T_2 \tag{6-47}$$

则将两个区域合并。

该方法实际上是将共同边界中对比度较低部分比较多的区域进行了合并。

上述两种方法的区别是：第一种方法是合并两个邻接区域的共同边界中对比度较低部分占整个区域边界份额较大的区域，而第二种方法是合并两个邻接区域的共同边界对比度较低部分较多的区域。

6.4.1.3 基于区域灰度分布统计

该方法是以灰度分布相似性作为生长准则决定区域的合并，具体步骤为：

(1) 把图像分成互不重叠的小区域；

(2) 比较邻接区域的累积灰度直方图，并根据灰度分布的相似性进行区域合并；

(3) 设定生长停止条件，通过反复进行基于灰度分布相似性的区域合并将各个区域依次合并至满足生长停止条件。

这里，对灰度分布的相似性常用以下两种方法进行检测。假设 $h_1(z)$、$h_2(z)$ 分别为邻接区域的累积灰度直方图，则进行

(1) Kolmogorov - Smirnov 检测(K - S 检测)

$$\max_z |h_1(z) - h_2(z)| \tag{6-48}$$

(2) Smoothed - Difference 检测(S - D 检测)

$$\sum_z |h_1(z) - h_2(z)| \tag{6-49}$$

如果检测结果小于某个给定的阈值，则将两个区域合并。对于上述方法有以下说明：

(1) 小区域的尺寸对结果可能有较大的影响，尺寸过小会降低检测的可靠性，丢失小目标；而尺寸太大则可能导致区域形状不理想。

(2) 由于考虑了所有的灰度值，因此 K - S 检测和 S - D 检测方法在判断直方图的相似性方面表现较优。

区域生长的另一个问题是生长停止条件的制定，一般生长过程在进行到没有满足生长准则需要的像素时停止，但常用的基于灰度、纹理、色彩的准则大多基于图像中的局部性质。为增加区域生长的能力，常常需要考虑一些与尺寸、形状等图像全局性质有关的准则。

图 6 - 31 是区域生长算法的一个示例。图 6 - 31(a)为原始图像，选取图像中心偏上的点为种子像素，由于图像中存在较多噪声，因此首先对图像进行高斯滤波。图 6 - 31(b)是对滤波后图像应用区域生长算法得到的结果。

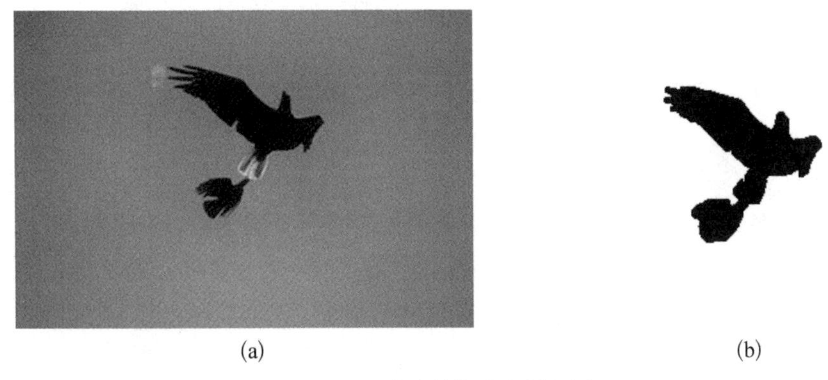

(a) (b)

图 6-31 区域生长算法应用示例

6.4.2 区域分裂-合并

前面介绍的区域生长方法是从单个种子像素开始，不断接纳新像素，最后得到整个区域。另一种方法是首先将图像划分为一组不相交的区域，然后通过合并或分离这些区域得到最终的结果。在实际应用中常常先将图像划分成任意大小且不重叠的区域，然后再分裂或合并这些区域以满足分割的要求。这种区域分裂-合并的方法可以用四叉树来表示(见图 6-32)。

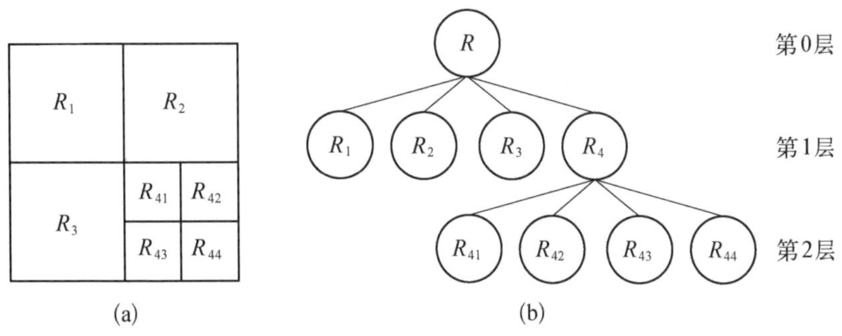

(a) (b)

图 6-32 区域分裂-合并算法四叉树表示法

如图 6-32(a)所示，设 R 代表正方形图像区域，从最高层开始，依次将 R 四等分，且任何区域 R_i 内的像素都具有相同的灰度值，即当 R_i 内存在多种不同灰度值时，R_i 将被四等分，依此类推直到 R_i 为单像素。图 6-32(b)是用图像四叉树表达方式的迭代分裂生长算法，每个节点都刚好有 4 个后代。其中，树根对应于整幅图像，而每个节点对应于该节点的 4 个细分子节点。在这种情况下，只有 R_4 被进一步细分。

如果只是用分裂，那么最后通常会出现邻接区域具有相同的性质却没有合并的现象。为解决这一问题，可允许子区域在每次分裂后继续分裂或合并，此时的合并是指使相邻且合并后组成的新区域满足区域内所有像素的灰度值都相同。

总结前面的步骤，可以得到分裂-合并算法的基本步骤如下：

(1) 把不满足区域内像素具有相同灰度值的任何区域 R_i 分割成四个不相交的子象限区域;

(2) 无法进一步分离时,若邻接区域 R_i 和 R_j 内所有的像素均具有相同的灰度值,则将其合并;

(3) 无法进一步聚合时停止操作。

图 6-33 是使用区域分裂-合并算法分割图像的一个例子。设灰色区域为目标,白色区域为背景,整个图像 R 内的像素间存在灰度差异,因此图像分裂成图 6-33(a)所示的四个子区域。此时,左上角区域内的像素灰度值相同,因此不继续分裂;其他三个区域继续四等分,得到图 6-33(b)。此时,目标下部的两个区域继续四等分,其余区域均可根据前文所述的基本步骤(2)进行邻接区域的合并,其结果如图 6-33(c)所示。此时,所有区域均满足内部像素具有相同灰度值的条件,最后进行一次合并就可得到最终结果,如图 6-33(d)所示。

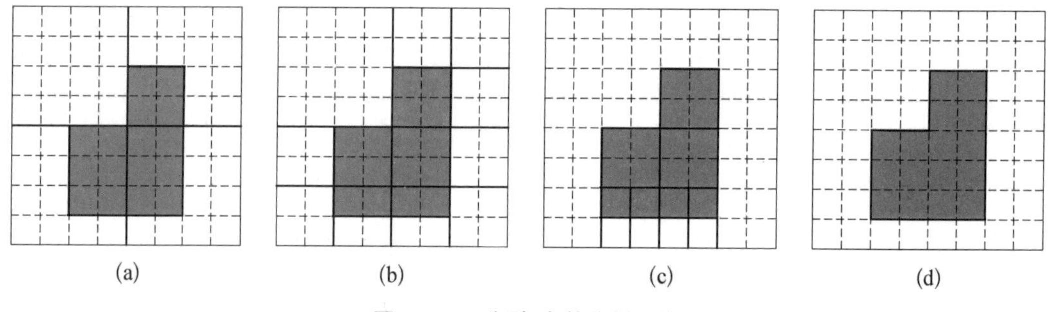

图 6-33 分裂-合并分割图像

当单个区域内像素的性质差别不大时,基于区域的分割方法会有较好的效果。对于区域生长算法,种子像素的选取、像素比较的顺序对结果会产生一定的影响;而区域分裂-合并算法得到的结果可能会使一些图像显示为方块形状。

图 6-34 是分裂-合并算法的一个实例。

图 6-34 分裂-合并算法应用实例

6.5 基于形态学分水岭的分割

6.5.1 分水岭分割算法的背景知识

分水岭分割算法是一种基于拓扑理论的数学形态学分割方法，其基本思想是将图像看作测地中的拓扑地貌，图像中每一个像素的灰度值表示该点的海拔高度，每一个图像区域的局部极小值影响的区域称为集水盆地，集水盆地的边界即为分水岭。其形象的表示如图 6-35 所示。

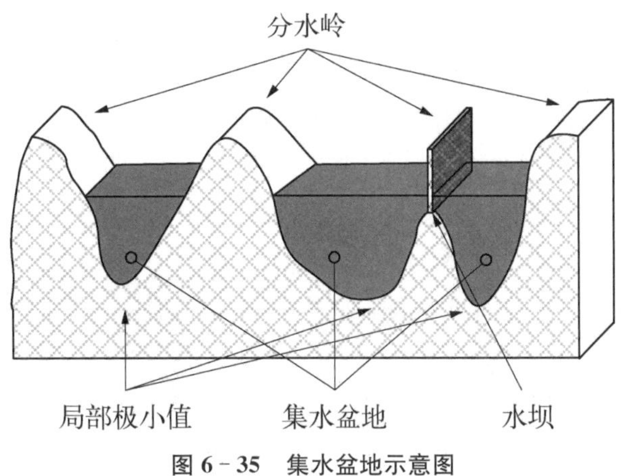

图 6-35 集水盆地示意图

分水岭的概念和形成可以通过模拟浸入过程说明。假设在每一个局部极小值处刺穿一个小孔，然后将其慢慢浸入水中，随着浸入的加深，每个极小值的影响慢慢地向外扩展形成如图 6-36 所示的集水盆地。当浸入继续加深时，相邻集水盆地之间将出现汇合的趋势。此时，在汇合处构建大坝即形成分水岭。

图 6-36(a)显示了一幅灰度级图像，图 6-36(b)是一幅地形图，地形图中“山”的高

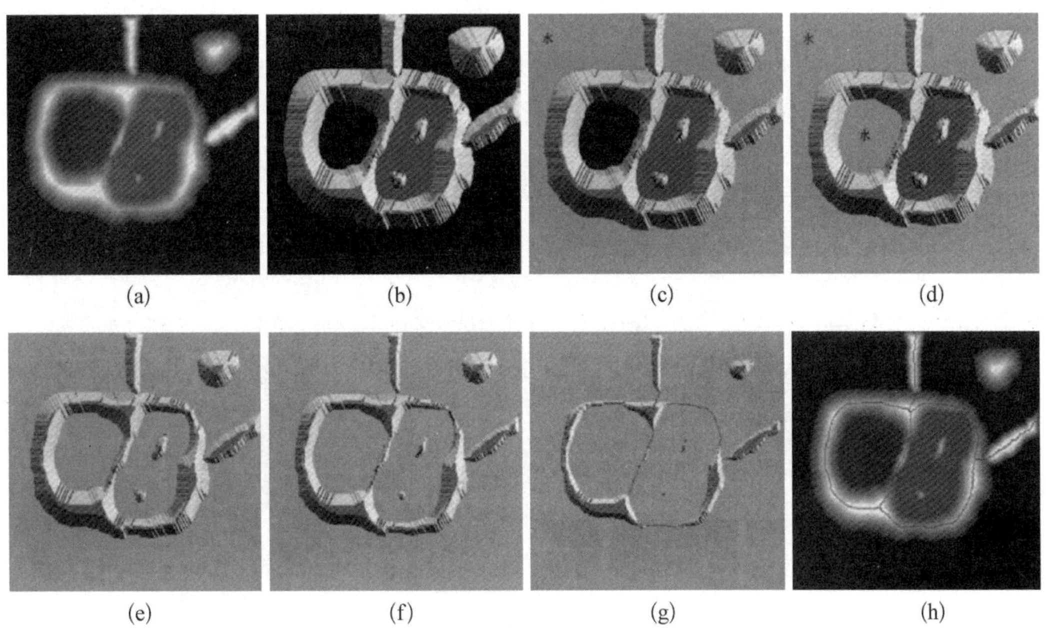

图 6-36 分水岭算法水坝形成的基本过程

度与输入图像中的灰度值成正比。为便于解释，结构的背面加了阴影。不要将它与灰度值混淆；人们感兴趣的只是普通地形的三维表示。为了防止上涨的水溢出图像边缘，假设整个地形(图像)的周长被高于最高山峰的水坝包围，水坝的值由输入图像中的最大灰度值决定。

假设在每个区域的极小值[图 6－36(b)中的黑暗区域]外钻一个洞让水从洞中以均匀的速率上升，直到淹没整个地形。图 6－36(c)显示了洪水上涨的第一阶段，其中以亮灰色显示的“水”只覆盖了与图像中的黑色背景对应的区域。在图 6－36(d)和(e)中，可以看到水已经分别流入第一个汇水盆地和第二个汇水盆地。当水位继续上升时，最终会从一个汇水盆地流入另一个汇水盆地。此时的第一个迹象如图 6－36(f)所示，水从左边盆地的下部溢出到了右边的盆地中，构建了一个短“水坝”(由单个像素组成)，以阻止水在洪水上涨时汇聚(构建水坝的细节将在下一节中讨论)。

更加明显的效果如图 6－36(g)所示，该图在两个汇水盆地之间显示了一座更长的水坝，并在右边盆地的顶部也显示构建了另一座水坝。构建后一座水坝的目的是，阻止来自该盆地的水与来自对应背景区域的水汇聚。持续这一过程，直到达到洪水的最高水位(对应于图像中的最高灰度值)。最终的水坝对应于分水线，这些分水线就是算法希望得到的分割边界。在图 6－36(h)中显示了叠加到原图像上的一条 1 像素宽的深色边界。注意，一条重要的性质是分水线形成了连通路径，于是给出了两个区域之间的连续边界。

由于目标区域内灰度值变化较小，其梯度值也较小，因此在分水岭分割中，应经常用到梯度图像，而不是图像本身。在上文的表述中，汇水盆地的区域极小值与对应感兴趣目标的梯度的极小值密切相关。

6.5.2 水坝构建

分水岭算法的核心是水坝的构建，通常是通过对二值化图像进行形态学膨胀实现上文所述的涨水过程。图 6－37 说明了基于进行连续的形态学膨胀操作实现涨水过程，从而构建水坝的基础方法。图 6－37(a)显示了洪水涨水第 $n-1$ 步时的两个汇水盆地，令 M_1 和 M_2 分别表示这两个区域极小值中的坐标点集。图 6－37(b)显示了洪水涨水第 n 步的结果。水已从一个汇水盆地溢到了另一个汇水盆地，因此必须构建一个水坝来阻止

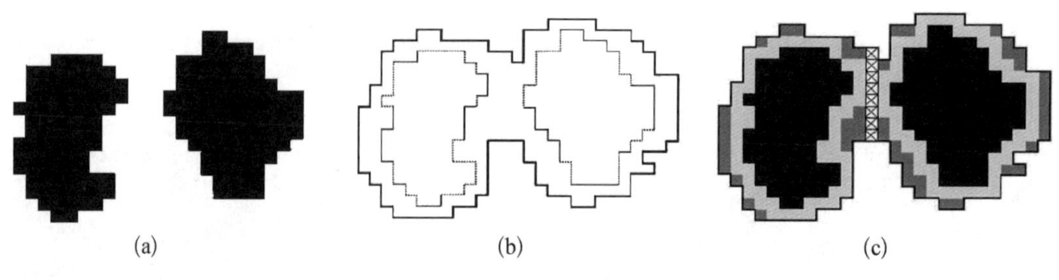

图 6－37　水坝构建过程图

(a)为第 $n-1$ 步被水淹没的区域；(b)为第 n 步被水淹没的结果，水已在两个汇水盆地间溢出；(c)为膨胀和水坝构建的结果，其中，浅灰色为第一次膨胀，深灰色为第二次膨胀。

这种情况的发生。将这个汇水盆地中的坐标点集与洪水涨水第 $n-1$ 步时的两个极小值[分别表示为 $C_{n-1}(M_1)$ 和 $C_{n-2}(M_2)$]关联起来。它们是图 6 - 37 (a)两个黑色区域。

令 $C[n-1]$ 表示这两个集合的并集。图 6 - 37(a)中有两个连通域;图 6 - 37(b)中只有一个连通域,这个连通域包含了虚线所示的前两个部分。已成为单个域的两个连通域表明,两个汇水盆地在洪水上涨第 n 步时已汇聚。令 q 表示这个连通域。注意,来自第 $n-1$ 步的两个连通域可从 q 中提取,方法是执行逻辑"与"运算,即 $q \cap C[n-1]$。

不断涨水的过程就是运用膨胀不断处理图像的过程。假设图 6 - 37(a)中的每个连通域被一个元素为 1、大小为 3×3 的结构元素膨胀,要满足两个条件:

(1) 膨胀必须约束到 q 上(这意味着在膨胀过程中,结构元素的中心只能位于 q 中的点);

(2) 会导致被膨胀的集合发生聚合(变成单个连通分量)的那些点不能执行膨胀操作。

图 6 - 37(c)显示,第一次膨胀(浅灰色)扩展了每个原始连通域的边界。注意,在膨胀期间,每个点都要满足条件(1)和(2)的情况也没有发生;这样就均匀地扩展了每个区域的边界。

在第二次膨胀中[在图 6 - 37(c)中显示为深灰色],很明显在 q 中出现了满足上述两个条件的点,在图 6 - 37(c)中用叉线块给予了特殊的显示,它们构成了 1 像素宽的连通路径。在洪水上涨的第 n 步,这条路径就是人们希望的分隔水坝。在这一洪水水位构建水坝的过程中,将刚才确定的路径上的所有点设置为一个大于图像最大灰度值的值(对 8 比特图像而言,这个值为 255),可以防止水位升高时洪水漫过构建的水坝。如前所述,采用这种方法构建水坝所形成的区域是连通,就是希望的分割边界。

6.5.3 分水岭分割算法

设图像区域为 $g(x, y)$,(x, y) 表示像素点的坐标。令 $M_1, M_2, \cdots, M_n$ 分别表示 $g(x, y)$ 区域的局部极小值点的集合,$C(M_i)$ 表示与 M_i 相联系的汇水盆地中点的坐标集合(即 M_i 所在盆地中所有的点的坐标集合),min 和 max 分别表示 $g(x, y)$ 中像素点的极小值与极大值。在被水淹没的第 n 个阶段,设水平面高度为 n(高度指的是该点的像素值)。最后令 $T[n]$ 表示图像中低于水平面 n 的所有像素点的坐标集合,即

$$T[n]=\{(s, t) \mid g(s, t)<n\} \tag{6-50}$$

因此,$T[n]$ 是 $g(x, y)$ 在水平面 $g(x, y)=n$ 下方的图像区域的集合。

当水位从整数 $n=\min+1$ 不断上升到 $n=\max+1$ 时,地形将被洪水逐步淹没。在洪水上涨的任意步骤,算法都需要知道位于当前水位下方的像素点数。理论上,假设 $T[n]$ 中位于 $g(x, y)=n$ 平面下方的坐标被"标记"为黑色,而所有其他坐标被标记为白色。这样以任何淹没增量 n 向下观察 xy 平面时,就会看到一幅二值图像,图像中的黑点对应于函数中平面 $g(x, y)=n$ 之下的点。这一设定十分重要,有助于对下文的理解。

令 $C_n(M_i)$ 表示在步骤 n 中，极小值点 M_i 所在盆地中被水淹没的图像区域的坐标集合。通过上一段的讨论，$C_n(M_i)$ 可以视为下式给出的二值图像：

$$C_n(M_i)=C(M_i)\cap T[n] \tag{6-51}$$

换句话说，在洪水涨水高度为 n 时，$C(M_i)$ 的水下部分为 $C_n(M_i)$，标记为黑色；而 $C(M_i)$ 的其他位置标记为白色。图 6-38 用一维示意图的形式较为直观地表述了 $C_n(M_i)$ 可以由 $C(M_i)$ 与 $T[n]$ 求交集得到，$C_n(M_{i+1})$ 也可以由 $C(M_{i+1})$ 与 $T[n]$ 求交集得到。

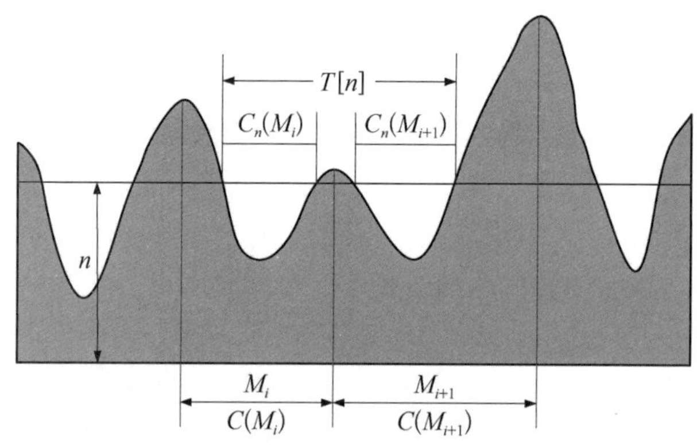

图 6-38　计算 $C_n(M_i)$的示意图

接下来用 $C[n]$ 表示在步骤 n 时所有被水淹没的图像区域的并集，R 表示在步骤 n 时被洪水淹没的汇水盆地的并集：

$$C[n]=\bigcup_{i=1}^{R} C_n(M_i) \tag{6-52}$$

令 $C[\max+1]$ 表示所有汇水盆地的并集：

$$C[\max+1]=\bigcup_{i=1}^{R} C_n(M_i) \tag{6-53}$$

在算法执行期间，$C_n(M_i)$ 和 $T(n)$ 中的元素不会被替换，而且在 n 增大时，这两个集合中元素的数量不是增加，就是保持不变。这样，就可得出 $C[n-1]$ 是 $C[n]$ 的一个子集。由上式可知，$C[n]$是 $T[n]$ 的一个子集，所以 $C[n-1]$ 也是 $T[n]$ 的一个子集。由此，得出一个重要的结论：$C[n-1]$ 中的每个连通域都恰好包含在 $T[n]$ 的一个连通域中。

寻找分水线的算法通过令 $C[\min+1]=T[\min+1]$ 来初始化。然后，这一算法使用如下递归方法，由 $C[n-1]$计算 $C[n]$。令 Q 表示 $T[n]$ 中的连通域集合。于是，对于每个连通域 $q\in Q[n]$，存在如下三种可能：

(1) $q\cap Q[n-1]$ 是空集[见图 6-39(a)]，此时出现一个新的汇水盆地[见图 6-39(a)右侧]，不够建水坝。

(2) $q \cap Q[n-1]$ 包含 $C[n-1]$ 的一个连通域[见图 6 - 39(b)],各个积水盆地水位正常升高,不出现新的汇水盆地,不够建水坝。

(3) $q \cap Q[n-1]$ 包含 $C[n-1]$ 的一个以上的连通域[见图 6 - 39(c)],存在积水盆地汇合的趋势,构建水坝。

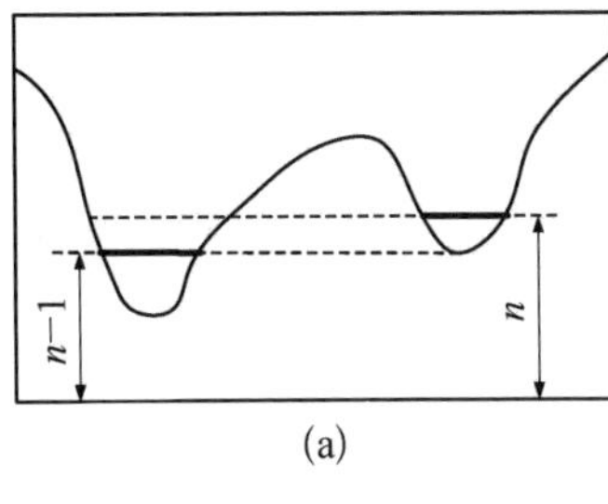

(a)

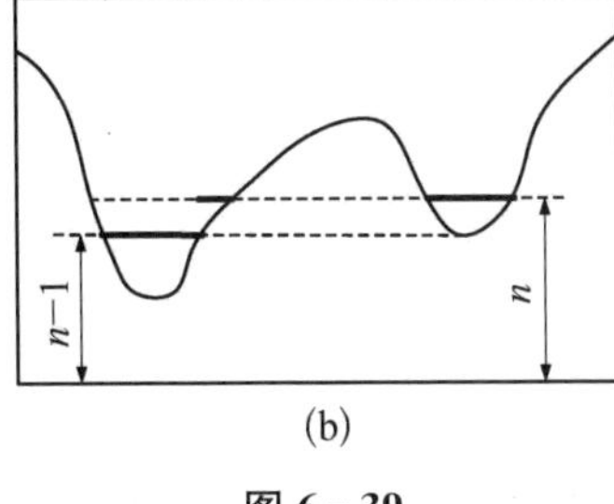

(b)

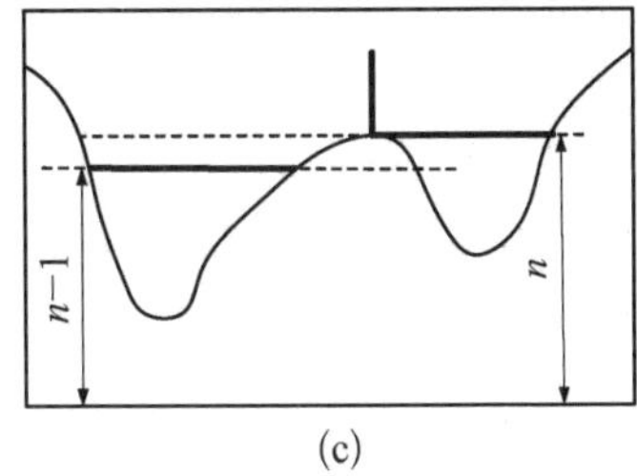

(c)

图 6 - 39

由 $C[n-1]$构建 $C[n]$取决于这三个条件中的哪一个成立。在涨水过程中,当遇到一个新的极小值时,条件(1)发生,此时连通域 q 并入 $C[n-1]$ 中形成 $C[n]$。q 位于某些局部极小值的汇水盆地内时,条件(2)发生,此时 q 并入 $C[n-1]$ 中形成 $C[n]$。遇到全部或部分分隔两个或多个汇水盆地的山脊线时,条件(3)发生。进一步淹没会使得这些汇水盆地中的水位聚合。因此,必须在内部构建一个水坝(涉及两个以上的汇水盆地时,要构建多个水坝)来阻止汇水盆地间的水流溢出。

这里结合图 6 - 39 来具体地看 $q \cap C[n-1]$ 的作用。首先重复一下上文的概念,$C[n-1]$ 表示在步骤 $n-1$ 时所有被水淹没的图像区域的并集,$T[n]$ 表示图像中低于水平面 n 的所有像素点的坐标集合,表示 $T[n]$ 中的连通域集合,q 是在步骤 n 中 Q 中的每一个连通域。$q \cap C[n-1]$ 就表示在步骤 n 中每个连通域与步骤 $n-1$ 中所有被水淹没的图像区域的并集的交集。

对于图 6 - 39(a),q 代表两个连通域(高度为 n 的虚线与两个盆地之间的部分),而 $C[n-1]$ 仅包含一个连通区域(高度为 $n-1$ 的虚线与左盆地之间的部分)。因此,对于图 6 - 39(a) 左侧的盆地,$q \cap C[n-1]$ 包含 $C[n-1]$ 的一个连通域(实际上这个连通域就是高度为 $n-1$ 的虚线与左侧盆地之间的部分),属于情况(2)。对于图 6 - 39(a)右侧的盆地,$q \cap C[n-1]$ 是空集,属于情况(1)。

对于图 6 - 39(b),q 代表两个连通域(高度为 n 的虚线与两个盆地之间的部分),这里从左向右依次记作 q_1、q_2,$C[n-1]$ 是包含两个连通区域的并集(高度为 $n-1$ 的虚线与两个盆地之间的部分的集合),对于任意的 q,$q \cap C[n-1]$ 均仅包含 $C[n-1]$ 的一个连通域($q_1 \cap C[n-1]$ 表示左侧盆地,$q_2 \cap C[n-1]$ 表示右侧盆地),属于情况(2)。

对于图 6 - 39(c),q 是一个连通域(高度为 n 的虚线与两个盆地之间的部分),$C[n-1]$ 是包含两个连通区域的并集(高度为 $n-1$ 的虚线与两个盆地之间的部分的集合),这里可以看到,$q \cap C[n-1]$ 已经包含 $C[n-1]$ 的一个以上连通域,此时存在积水盆地汇合的趋势,需要构建水坝。

如前所述,算法构建水坝的方法是使用一个元素值为 1、大小为 3×3 的结构元素膨胀 $q \cap Q[n-1]$,并且膨胀限制在 q 范围内,可以构建一座 1 像素宽的水坝。简单来说,就是不断使用这种结构元素膨胀,符合 6.5.2 中第一个条件,各个汇水盆地的水位正常上升,或者出现新的汇水盆地,此时还不需要建水坝,但在某一阶段膨胀过程中满足了 6.5.2 的两个条件时,各个汇水盆地存在汇合的趋势,用一个灰度值为 255(或者足够大)的像素构建水坝,即图 6-37(c)中打叉的部分。

下面给出了使用分水岭算法进行分割的例子。在图 6-40 中,(a)表示待分割的图像,(b)表示阈值分割的结果,(c)为分水岭方法分割的结果,(d)为将边界叠加到原始图像上的结果图。

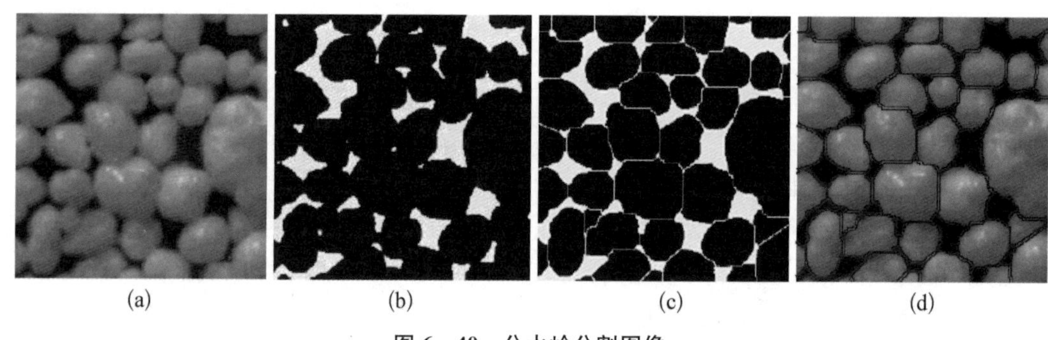

(a) (b) (c) (d)

图 6-40 分水岭分割图像

6.5.4 常用的分水岭算法

1) 基于距离变换的分水岭算法(针对二值图像)

距离变换在 1966 年首次被提出,目前已经被广泛应用于图像分析、计算机视觉、模式识别等领域,人们利用它来实现目标细化、骨架提取、形状插值及匹配、粘连物体的分离等。距离变换是针对二值图像的一种变换。在二维空间中,可以认为一幅二值图像仅仅包含目标和背景两种像素,目标的像素值为 1,背景的像素值为 0;距离变换的结果不是另一幅二值图像,而是一幅灰度级图像,即距离图像,图像中每个像素的灰度值为该像素与距其最近的背景像素间的距离。

现有的距离变换算法主要采用两类距离测度:非欧式距离和欧式距离。前者常用的有城市距离和棋盘距离等,算法采用串行扫描实现距离变换。图 6-41 显示了简单矩形的距离变换,这里采用欧氏距离。

在对图像使用分水岭算法分割前,首先使用距离变换来处理图像,然后对处理后的灰度图像使用分水岭算法,这样可以有效地解决目标粘连或者重叠的问题。

2) 基于梯度的分水岭算法

由于目标与背景边缘的梯度会较高,所以理论上分水线应接近目标的轮廓。因此,我们可以先求图像的梯度,再对梯度幅值图像使用分水岭算法。

0	0	0	0	0
0	1	0	0	0
0	0	0	0	0
0	0	0	1	0
0	0	0	0	0

(a)

1.414	1.000	1.414	2.236	3.162
1.000	0.000	1.000	2.000	2.236
1.414	1.000	1.414	1.000	1.414
2.236	2.000	1.000	0.000	1.000
3.1623	2.236	1.414	1.000	1.414

(b)

图 6-41 欧氏距离的距离变换

但由于梯度图像也带有较强的噪声，直接分割可能出现大量过分割现象。要先对梯度图像进行平滑，再使用分水岭算法，如图 6-42 所示。

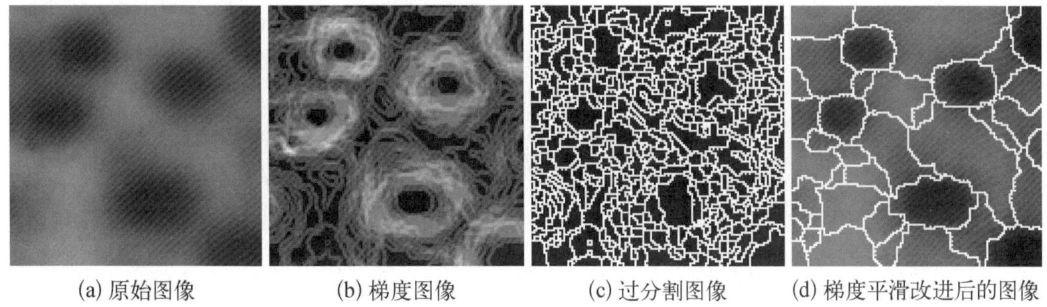

(a) 原始图像 (b) 梯度图像 (c) 过分割图像 (d) 梯度平滑改进后的图像

图 6-42 基于梯度的分水岭分割的过分割现象以及采用平滑梯度改进后的结果

3）基于标记的分水岭算法

对图像直接应用分水岭分割算法时，通常会由噪声和梯度的其他局部不规则性导致过度分割。即便加入了平滑预处理，效果仍然不理想，如图 6-42(d)所示。在这种情况下存在大量分割后的区域，与事实不符。解决这个问题的一个方案是，在分割过程中加入一个预处理阶段来限制区域的数量，进而为分割过程提供更多额外的知识，这就是基于标记的分水岭算法。

用于控制过度分割的一种方法依据的是**标记**这一概念。标记是属于一幅图像的连通域。与感兴趣目标相关联的标记称为**内部标记符**。与背景相关联的标记称为**外部标记符**。选择标记的过程通常包括两个主要步骤：① 预处理；② 定义标记必须满足的一个准则集合。为便于说明，参照图 6-43 来说明这一过程。

首先针对原图像，求得其梯度图像并将其平滑。

接下来需要寻找**内部标记符**。假设将一个内部标记定义为：① 是局部极小值，即被更高"海拔"的点包围的区域；② 是一个连通的区域，即区域中形成一个连通域的那些点；③ 具有相似性，即连通域中具有相同灰度值的所有点。

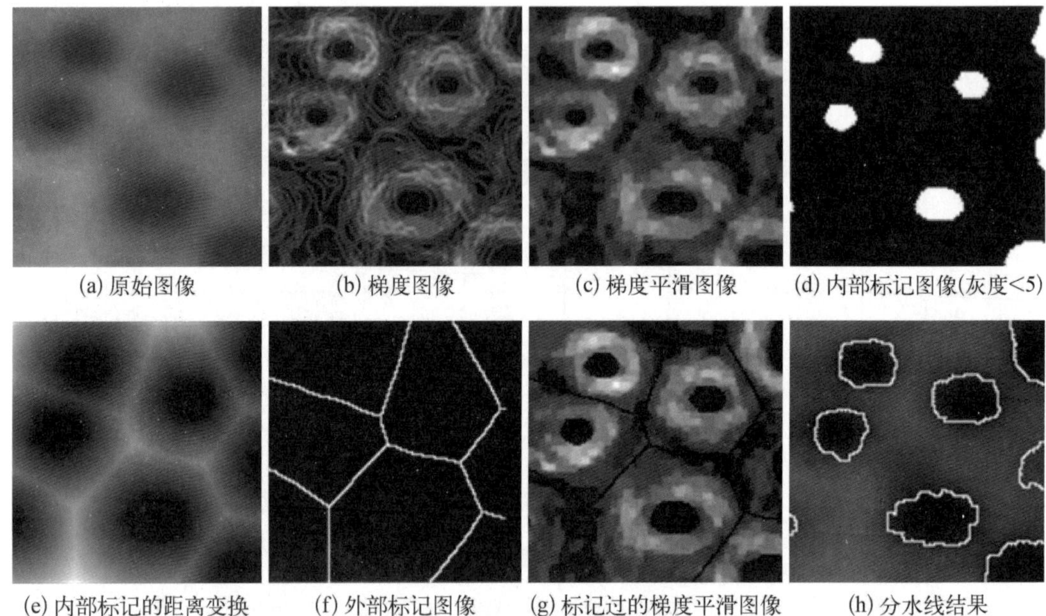

(a) 原始图像 (b) 梯度图像 (c) 梯度平滑图像 (d) 内部标记图像(灰度<5)

(e) 内部标记的距离变换 (f) 外部标记图像 (g) 标记过的梯度平滑图像 (h) 分水线结果

图 6－43 基于标记的分水岭算法分割

常常使用形态学操作后寻找符合上述条件的区域。针对图 6－43 的情况采取的一个最简单的选取方法是选取**原图像灰度局部最小值区域**,把这些像素作为内部标记符并转化为二值图像,以方便寻找外部标记符。图 6－43 中内部标记符选取的是原图像中灰度小于 5 的局部最小值区域对应的连通区域,其中黑色区域为 0,白色区域为 1。

对于**外部标记符**,可以对含有内部标记的图像(二值图像),计算距离变换,对该二值图像使用分水岭算法得到的分水线标记为外部标记符。图 6－43 采用了欧氏距离的距离变换,对其使用分水岭分割,得到的分水线作为外部标记符。

值得注意的是,基于标记的分水岭算法均是基于平滑后的梯度图像,因此令在平滑后的梯度图像中对应内部标记符和外部标记符的区域的梯度幅值降为最低值,即为分水岭算法的注水起点。对于此图像,采取分水岭图像分割算法即可。

6.6 Snake 主动轮廓模型

6.6.1 基于能量泛函的分割方法

该类方法是使用连续曲线来表达目标边缘,并定义一个能量泛函使得其自变量包含边缘曲线,原来的分割过程就转变为求解能量泛函最小值的过程,这一方法被称为主动轮廓模型(active contour model)。其基本思想是通过求解函数对应的欧拉-拉格朗日方程(Euler-Lagrange equation)来实现,能量达到最小时的曲线位置就是目标的轮廓所在。主动轮廓模型的主要原理是通过构造能量泛函,在最小化能量函数的驱动下轮廓曲线逐渐向待检测物体的边缘逼近，最终分割出目标。其最大优点是在高噪声的情况下也能得到连续、光滑的闭合分割边界。按照能量函数构造方式的不同，可以将主动轮廓模型主要分为基于边缘的主动轮廓模型（Snake 模型）和基于区域的主动轮廓模型（Mumford - Shah 模型）两类，同时也有一些研究人员提出了基于边缘和区域相结合的主动轮廓模型。

活动轮廓模型是一个自顶向下定位图像特征的机制。用户或其他自动处理过程通过事先在感兴趣目标附近放置一个初始轮廓线，在内部能量（内力）和外部能量（外力）的作用下变形，外部能量吸引活动轮廓朝物体边缘运动，而内部能量保持活动轮廓的光滑性和拓扑性。当能量达到最小时，活动轮廓收敛到所要检测的物体边缘。

6.6.2 Snake 主动轮廓模型概述

1988 年，Kass、Andrew Witkin 和 Demetri Terzopoulos 三个人提出了主动轮廓模型，将图像分割问题转换为求解能量泛函最小值问题，为图像分割提供一种全新的思路，这成为研究的重点和热点。

前已述及，Snake 模型是基于边缘的主动轮廓模型。该模型主要在于设计一条可变形的参数曲线及相应的能量函数，以最小化能量目标函数为目标，控制参数曲线变形，具有最小能量的闭合曲线就是目标轮廓。图 6 - 44 显示了初始轮廓上的点逼近目标边界的过程，其中 v_i 是当前主动轮廓上的一个点，v_i' 是当前根据最大梯度确定的最小能量位置。在逼近过程中，每个点 v_i 都移动到对应的能量最小值点的位置 v_i'。如果能量函数选择恰当，通过不断地调整和逼近，主动轮廓 v 应该最终停在（对应的最小能量）目标轮廓上。考虑到本书的适用人群范围，下面仅对该方法的思想进行表述，不做深入的数学推演和算法实现。

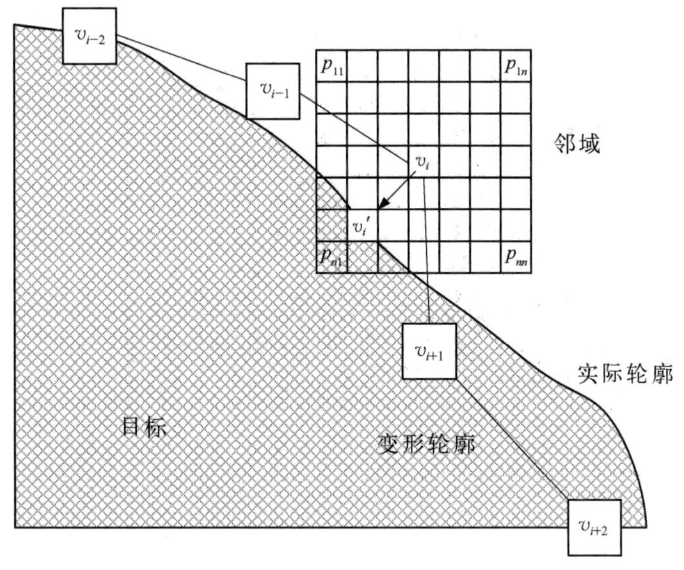

图 6 - 44 主动轮廓上的点运动

6.6.3 Snake 模型求解和实例

模型由一组控制点组成：$v(s)=[x(s), y(s)]s \in [0, 1]$，$s$ 是归一化的弧长参数。定义 Snake 模型的总能量函数为：

$$E_{\text{Snake}}=\int_0^1 (E_{\text{internal}}(v_{(s)})+E_{\text{external}}(v_{(s)}))\mathrm{d}s \tag{6-54}$$

其中第一项为曲线内部能量，第二项为曲线外部能量，也称为图像能量。从上文可知，我们的目的就是最小化这一能量函数，当 E_{Snake} 达到最小值时的曲线应是最终感兴趣的目标轮廓边缘。

(1) E_{internal} 是内部能量，内部能量是建立在曲线本身的属性上的，其值为曲线的弹性势能和弯曲势能之和，控制 Snake 模型特性，定义为：

$$E_{\text{internal}}=\int_0^1 \left(\frac{1}{2}\alpha(s)\mid v'(s)\mid^2+\frac{1}{2}\beta(s)\mid v''(s)\mid^2\right)\mathrm{d}s \tag{6-55}$$

$v'(s)$，$v''(s)$ 是 v 对 s 的一阶和二阶导数，系数 α、β 分别是控制 Snake 模型的弹性和刚性，这些参数操纵着模型的物理行为和局部连续性。若 $\alpha(s)$ 和 $\beta(s)$ 在点 s 处均为零，则允许曲线在该点不连续；若仅 $\beta(s)=0$，则允许曲线在该处的切线不连续，曲线弯曲成角。

(2) 外部能量 E_{external} 一般由计算图像的灰度、边缘等特征获得，它用来吸引曲线到达目标的边缘轮廓。定义如下：

$$E_{\text{external}}=E_{\text{image}}+E_{\text{cons}} \tag{6-56}$$

其中，外部能量 E_{image} 通常表示和图像相关的外部能量项目，一般由计算图像的灰度、梯度等特征获得，它用来吸引曲线到目标的边缘轮廓。

对于一个给定的灰度图像 $I(x, y)$，E_{external} 可以被看作 $I(x, y)$ 的连续函数，通常可以定义成如下形式：

$$E_{\text{external}}^{(1)}=-[\nabla I_{(v(s))}]^2 \tag{6-57}$$

$$E_{\text{external}}^{(2)}=-[\nabla G_\sigma(v_{(S)}) * I_{(v(s))}]^2 \tag{6-58}$$

其中：$G_\sigma(v_{(S)})=G_\sigma(x, y)=\dfrac{1}{2\pi\sigma^2}\mathrm{e}^{-\frac{x^2+y^2}{2\sigma^2}}$。在实际使用中图像的梯度信息 $E_{\text{external}}^{(1)}$ 使用得较为广泛；在后面的实现过程中，算法也会用 $E_{\text{external}}^{(2)}$ 作为外部力。负号的作用就在于，在边缘梯度较大的情况下，整体的能量泛函越小，曲线也就越趋向于演化到图像的边缘位置。

限制项 E_{cons} 就是对曲线演化添加一定的限制作用，如限制整体曲线到某一点或者某一区域 R 的距离：

$$E_{\text{cons}}=\int_0^1 \| V(s)-R \| \mathrm{d}s \tag{6-59}$$

图 6-45 是 Snake 活动轮廓示例结果。

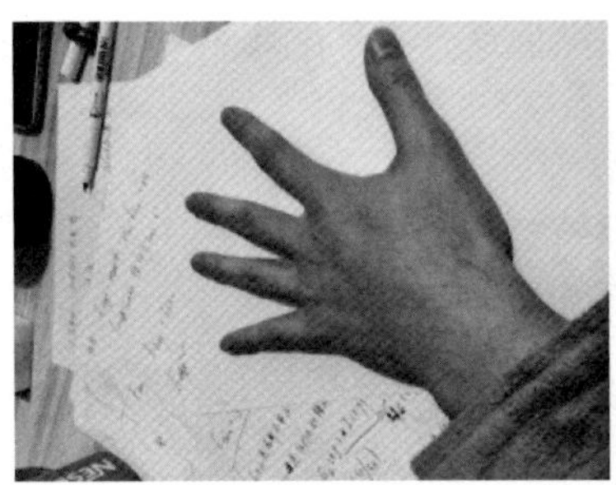

图 6-45　Snake 活动轮廓示例结果

6.6.4　Snake 模型能量的意义

模型的计算就是最小化：

$$E_{\text{snake}}=\int_0^1\left(\frac{1}{2}\alpha(s)\mid v'(s)\mid^2+\frac{1}{2}\beta(s)\mid v''(s)\mid^2\right)\mathrm{d}s+E_{\text{external}} \tag{6-60}$$

由欧拉-拉格朗日方程易得取极小值的必要(不充分)条件：

$$\alpha(s)v''(s)-\beta(s)v''''(s)-\nabla E_{\text{external}}=0 \tag{6-61}$$

这一方程可以被看作轮廓内外力的平衡公式。每个力都有对应的意义，在这些力的作用下轮廓发生形变。

1）弹性力

弹性力(elastic force)由轮廓的弹性能量产生：

$$F_{\text{elastic}}=\alpha(s)v''(s) \tag{6-62}$$

特性如图 6-46 所示，外圈是初始轮廓，内圈是最后的轮廓，这个力使得轮廓连续。若曲线上不存在其他力，则弹性力使曲线收缩为一个点。

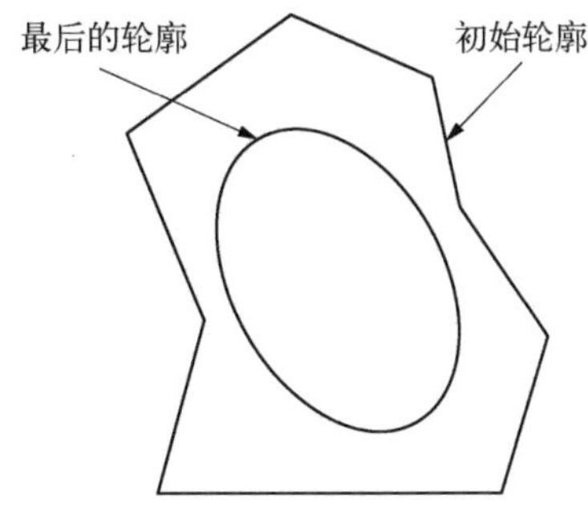

图 6-46　轮廓示意图

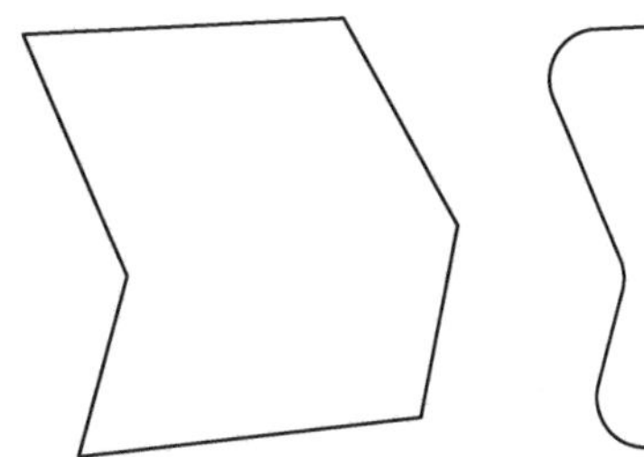
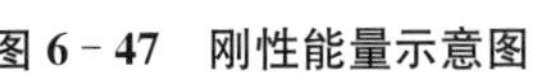

图 6-47　刚性能量示意图

2）弯曲力

弯曲力(bending force)对应轮廓的刚性能量，也就是曲率，定义如下：

$$F_{\text{elastic}}=\beta(s)v''''(s) \tag{6-63}$$

其特性如图 6-47 所示，这个力使得轮廓尽量平滑。左边是有较高弯曲能的初始轮廓，右边是被弯曲力平滑后的轮廓，有较低弯曲能。若曲线上不存在其他力，则弯曲力使曲线最终成为一个圆。

3）外部力

$$F_{\text{external}} = -\nabla E_{\text{image}} \tag{6-64}$$

外部力作用在使得外部能量减小的方向上。图 6-48 中(a)为初始图像，(b)为施加外部力后的图像，(c)为局部放大后的图像。

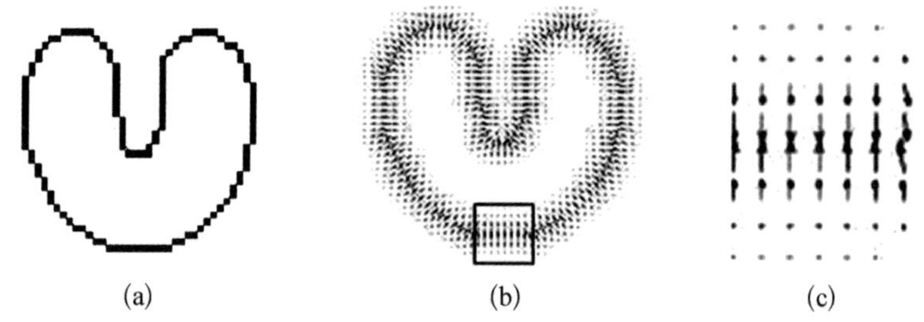

图 6-48　外部力作用结果示意图

(a)为初始图像；(b)为施加外部力后的图像；(c)为局部放大后的图像。

6.6.5　离散化

这里假设轮廓 $v(s)$ 由一系列控制点 v_0，v_1，…，v_{n-1} 组成。轮廓通过依次连接各个控制点并分段线性化得到。平衡力方程独立作用于各个控制点，每个控制点在内力和外力的作用下是可以移动的，能量以及平衡力的方程均进行离散化处理。

在实际应用中，需要对 Snake 模型离散化，计算曲线各个控制点的能量值，定义的能量函数如下：

$$\alpha(s)v''(s) - \beta(s)v''''(s) - \nabla E_{\text{ext}} = 0 \tag{6-65}$$

假设初始化的 Snake 曲线有 N 个点，对于曲线上任意一个点 $V(x(i),\ y(i))i \in [0,\ N-1]$，利用差分代替微分，在 x 方向上有：

$$x''[i] = x[i-1] - 2x[i] + x[i+1] \tag{6-66}$$

$$x''''[i] = x[i-2] - 4x[i-1] + 6x[i] - 4x[i+1] + x[i+2] \tag{6-67}$$

其中，由于 Snake 曲线是一个闭合曲线，因此有：$x[N]=x[0]$，$y[N]=y[0]$，$x[N+1]=x[2]$，$y[N+1]=y[2]$…… 在 y 方向上同理。

对于 E_{external}，在这里取 $E^{(1)}_{\text{external}}$，即计算图像在 $(x,\ y)$ 的梯度信息。设图像在 x 方向和 y 方向上的梯度为 $G(x,\ y)$（均为正值），则外部力在两个方向上的分力分别为 $G_x[x,\ y]$，$G_y[x,\ y]$。假定每次迭代后，曲线变化较小，可以用 $G_{t-1}[x,\ y]$ 代替 $G_t[x,\ y]$，那么对任意一点 $v(x(i),\ y(i))$ 可以得到离散化后的公式为（x 方向）：

$$\begin{aligned}\frac{\partial x_t[i]}{\partial t}=&\alpha(x_t[i-1]-2x_t[i]+x_t[i+1])+\beta(-x_t[i-2]\\&+4x_t[i-1]-6x_t[i]+4x_t[i+1]\\&-x_t[i+2])+G_x(x_t[i],\ y_t[i])\end{aligned}\tag{6-68}$$

用 λ 表示步长，可以进一步表示为：

$$\begin{aligned}\frac{x_t[i]-x_{t-1}[i]}{\lambda}=&\alpha(x_t[i-1]-2x_t[i]+x_t[i+1])+\beta(-x_t[i-2]\\&+4x_t[i-1]-6x_t[i]+4x_t[i+1]\\&-x_t[i+2])+G_x(x_{t-1}[i],\ y_{t-1}[i])\end{aligned}\tag{6-69}$$

在 y 方向上同理：

$$\begin{aligned}\frac{y_t[i]-y_{t-1}[i]}{\lambda}=&\alpha(y_t[i-1]-2y_t[i]+y_t[i+1])+\beta(-y_t[i-2]\\&+4y_t[i-1]-6y_t[i]+4y_t[i+1]\\&-y_t[i+2])+G_y(x_{t-1}[i],\ y_{t-1}[i])\end{aligned}\tag{6-70}$$

如果一条曲线上有 N 个点，那么就对 x 和 y 分别列出 N 个式子，用矩阵表示：

$$\frac{X_t-X_{t-1}}{\lambda}=AX_t+G_x(x_{t-1},\ y_{t-1})\tag{6-71}$$

$$\frac{Y_t-Y_{t-1}}{\lambda}=AY_t+G_y(x_{t-1},\ y_{t-1})\tag{6-72}$$

矩阵 A 为：

$$\begin{pmatrix}-2\alpha-6\beta & \alpha+4\beta & -\beta & 0 & 0 & 0 & \cdots & -\beta & \alpha+4\beta\\ \alpha+4\beta & -2\alpha-6\beta & \alpha+4\beta & -\beta & 0 & 0 & \cdots & 0 & -\beta\\ -\beta & \alpha+4\beta & -2\alpha-6\beta & \alpha+4\beta & -\beta & 0 & \cdots & 0 & 0\\ 0 & -\beta & \alpha+4\beta & -2\alpha-6\beta & \alpha+4\beta & -\beta & \cdots & 0 & \\ 0 & 0 & -\beta & \alpha+4\beta & -2\alpha-6\beta & \alpha+4\beta & \cdots & 0 & 0\\ \vdots & \vdots & \vdots & \ddots & \vdots & & & & \\ -\beta & 0 & 0 & 0 & 0 & 0 & \cdots & -2\alpha-6\beta & \alpha+4\beta\\ \alpha+4\beta & -\beta & 0 & 0 & 0 & 0 & \cdots & \alpha+4\beta & -2\alpha-6\beta\end{pmatrix}$$

求解矩阵即可得出迭代公式为：

$$X_t=(I-\lambda A)^{-1}X_{t-1}+\lambda G_x(X_{t-1},\ Y_{t-1})\tag{6-73}$$

$$Y_t=(I-\lambda A)^{-1}Y_{t-1}+\lambda G_y(X_{t-1},\ Y_{t-1})\tag{6-74}$$

根据设定的迭代次数，不断迭代的过程即为 Snake 曲线不断收缩的过程，最终的 Snake 曲线即为图像分割的结果。

图 6－49 是离散化 Snake 模型的结果。

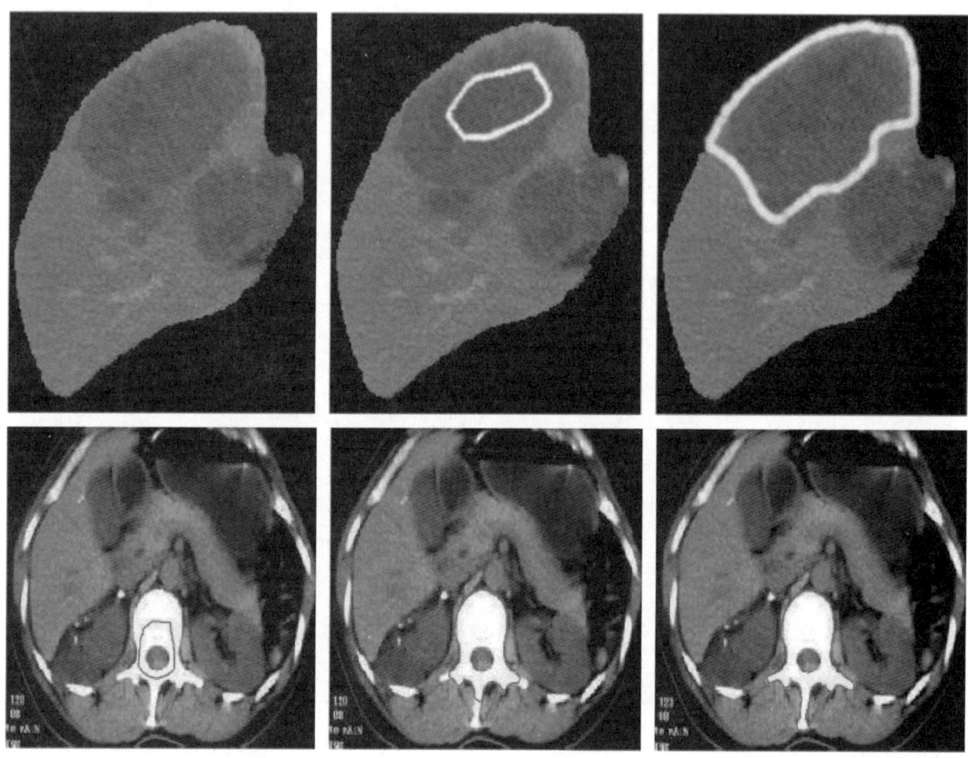

图 6－49　两个离散化 Snake 模型分割图像结果

6.6.6　传统 Snake 方法的不足

传统 Snake 方法存在以下缺点：

（1）初始位置敏感，需要依赖其他机制将 Snake 放置在感兴趣的图像特征附近。

（2）搜索范围小。

（3）容易陷入局部极小值点。

（4）由于曲线是参数模型，曲线在变形过程中无法自由改变拓扑结构，因此在轮廓提取时必须预先知道图像中目标的个数或增加其他附加的控制条件。

（5）Snake 方法在搜索凹形边界时存在问题，无法步入凹形区（见图 6－50）。

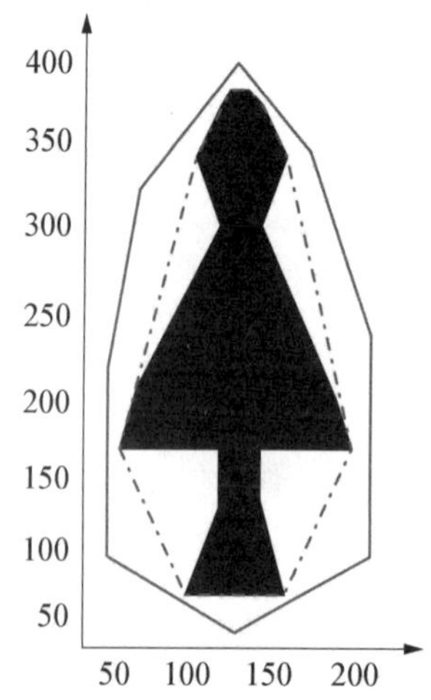

图 6－50　传统 Snake 方法的不足

在改进传统 Snake 模型方案中，外力是吸引曲线到目标轮廓附近的关键因素，因此目前大多数研究人员对 Snake 模型的改进都是集中在如何设计一个好的外力上。下面简单介绍三种改进方法的思路。

(1) 气球模型

Cohen 提出的气球(balloon)理论模型,不再要求将模型初始化在所期望的对象边界附近,在图像的梯度力场上叠加气球力,以使轮廓线作为一个整体进行膨胀或收缩,从而扩大了模型寻找图像特征的范围。

优势:对初始边界不敏感。

存在的缺点:存在弱边界、漏出边界间隙等问题。

(2) 梯度矢量流

Xu 提出梯度矢量流(gradient vector flow, GVF)概念,用梯度矢量流场代替经典外部力场,梯度矢量流场可以被看作对图像梯度场的逼近,这不仅使模型捕捉的范围得到了提高,而且能使活动轮廓进入凹陷区。

优势:有良好的收敛性,深入目标边缘的凹陷区域。

存在的缺点:仍不能解决曲线的拓扑变化问题。

(3) T-Snake 模型

T-Snake 模型(topological snake model, T-snake model)算法基于仿射细胞图像分解(affine cell image decomposition, ACID)先在待分割图像上加上一个三角形网格,然后在图像区域的适当位置做一条初始曲线,最后取曲线与网格的交点作为 Snake 的初始离散点,其第 i 个 Snake 离散点的坐标为 (x_i, y_i), $i=0, 1, \cdots, N-1$,相邻两点之间由一条弹性样条连接而成。由于 T-Snake 模型可以借助三角形网格和网格点的特征函数来确定边界三角形,可促使 Snake 模型演化过程中的分裂和合并,从而保证了其具有处理拓扑结果复杂图像的能力,因此能够很好地适应医学图像拓扑结果复杂的特点。此算法用于医学图像分割任务有良好的性能。

习题

1. 简述几种边缘检测算子的优、缺点。
2. 简述梯度法与拉普拉斯算子检测边缘的异同点。
3. 一幅二值图像包含水平、垂直、45°角和 −45°角方向的直线。给出一组 3×3 的核,它们可用来检测这些直线中的 1 像素断裂,假设直线和背景的灰度分别为 1 和 0。
4. 画出题图 6-1 中剖面线的梯度和拉普拉斯响应。

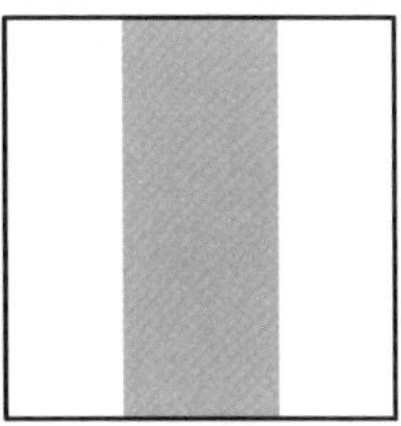

题图 6-1

5. 分别给出题图 6－2 的 Robert 算子、Sobel 算子、拉普拉斯算子、Canny 算子的边缘检测结果。观察并总结不同检测算子的检测结果差异。

题图 6－2

6. 对于题图 6－3，观察并总结当梯度阈值选取不同时，Robert 算子、Sobel 算子、Canny 算子边缘检测结果的变化情况。

题图 6－3

7. 简要回答为什么边缘检测之后通常还要进行边缘跟踪。
8. 参考霍夫变换内容，求直线 $y=-2x+1$ 的法线表示。
9. 证明：霍夫变换将图像空间 $x-y$ 的共线点映射为 $\rho-\theta$ 平面上的正弦曲线并交汇于一点。
10. 阈值分割适用于什么场景下的图像分割？
11. 证明迭代阈值图像分割算法在有限几步内收敛。
12. 图像的背景均值为 50，方差为 300；目标站图像像素总数百分比为 20%，均值为 150，方差为 100。求最佳分割阈值。
13. 为什么迭代阈值图像分割算法的初始阈值必须在图像的最大值和最小值之间？请给

出一种解释。

14. 迭代阈值图像分割算法得到的阈值和起始点无关吗？如果是，请证明；如果不是，请举出一个反例。
15. 如果图像的直方图在所有可能的灰度级上都是均匀的，证明利用迭代阈值图像分割将收敛到图像的平均灰度 $(L-1)/2$ 处。
16. 说明在分水岭算法执行过程中，$C_n(M_i)$ 和 $T[n]$ 的元素从不被替换。
17. 说明在 n 增加时，集合 $C_n(M_i)$ 和集合 $T[n]$ 的元素数量随着 n 的增加，不是增加，就是保持不变。
18. 对于题图 6-4 所示的一维灰度横截面，给出逐步构建水坝的实现过程。在每一步骤画出显示水位和已构建大坝的横截面。

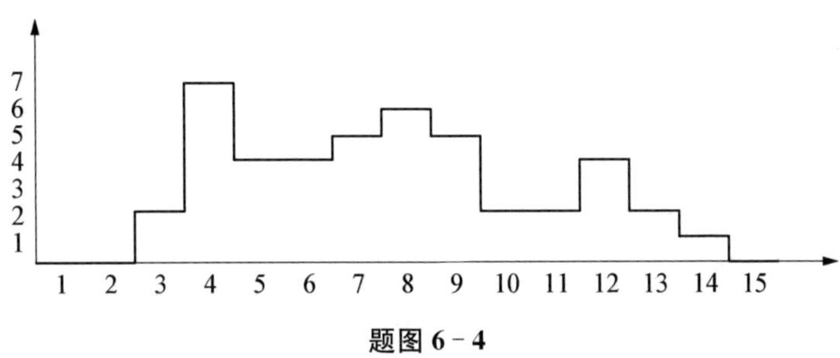

题图 6-4

参考文献

[1] 章毓晋.图像工程(上册)——图像处理(第 2 版)[M].2 版.北京：清华大学出版社，2006.

[2] Gonzalez R C, Woods R E. Digital Image Processing[M]. 3rd ed. Upper Saddle River: Pearson, 2008.

[3] Szeliski R. Computer Vision: Algorithms and Applications[M]. New York: Springer-Verlag, 2010.

[4] Duda R O, Hart P E. Pattern Classification and Scene Analysis[M]. Hoboken: Wiley, 1973.

[5] Wang L, Bai J. Threshold selection by clustering gray levels of boundary[J]. Pattern Recognition Letters, 2003, 24(12): 1983-1999.

[6] Canny J. A computational approach to edge detection[J]. IEEE Transactions on Pattern Analysis and Machine Intelligence, 1986, PAMI-8(6): 679-698.

[7] Ballard D H. Generalizing the Hough transform to detect arbitrary shapes[J]. Pattern Recognition, 1981, 13(2): 111-122.

[8] Chan T F, Sandberg B Y, Vese L A. Active contours without edges for vector-valued images[J]. Journal of Visual Communication and Image Representation, 2000, 11(2): 130 - 141.

[9] Harris C G, Stephens M. A combined corner and edge detector[C]//Alvey Vision Conference, 1988.

[10] Qian R J, Huang T S. Optimal edge detection in two-dimensional images[J]. IEEE Transactions on Image Processing, 1996, 5(7): 1215 - 1220.

[11] Otsu N. A threshold selection method from gray-level histograms[J]. IEEE Transactions on Systems, Man, and Cybernetics, 1979, 9(1): 62 - 66.

[12] Sonka M, Hlavac V, Boyle R. Image Processing, Analysis and Machine Vision [M]. Berlin: Springer, 1993: 193 - 242.

[13] Kass M, Witkin A, Terzopoulos D. Snakes: Active contour models[J]. International Journal of Computer Vision, 1988, 1(4): 321 - 331.

[14] Osher S, Fedkiw R. Level Set Methods and Dynamic Implicit Surfaces[M]. New York: Springer, 2003.

[15] 柳周,李宏伟.窄带水平集方法[J].计算机工程与设计,2009,30(14):3348 - 3351.

[16] 王晓峰.水平集方法及其在图像分割中的应用研究[D].合肥:中国科学技术大学,2009.

[17] 马尔可夫随机场(MRF)在图像处理中的应用——图像分割、纹理迁移[EB/OL]. https://oldpan.me/archives/markov-random-field-deeplearning.

[18] 拉斐尔·C.冈萨雷斯,理查德·E.伍兹,史蒂文·L.艾丁斯.数字图像处理(MATLAB版)[M].2版.阮秋琦,译.北京:电子工业出版社,2014.

7 特征表达

为了使计算机能够"理解"图像,从而具有真正意义上的"视觉",本章将研究如何从图像中提取有用的信息,得到图像的"非图像"表示或描述,如数值、向量和符号等。这一过程就是特征提取,而提取出来的这些"非图像"表示或描述就是特征。

对于图像而言,每一幅图像都具有能够区别于其他类图像的自身特征,有些是可以直观地感受到的自然特征,如亮度、边缘、纹理和色彩等;有些则是需要通过变换或处理才能得到的,如矩、直方图以及主成分等。有了这些数值或向量形式的特征,就可以通过训练过程教会计算机如何懂得这些特征,从而使计算机具有识别图像的本领。

7.1 灰度描述

7.1.1 幅度特征

灰度图像最基本的特征是灰度幅值。例如,在区域内的平均灰度幅度如下:

$$f(x, y)=\frac{1}{N^2}\sum_{i=0}^{N}\sum_{j=0}^{N}f(i, j) \tag{7-1}$$

7.1.2 直方图特征

灰度直方图描述了一幅图像的绘图统计信息,主要应用于图像分割和图像灰度变换等处理过程中。从数学上说,它是一个关于灰度的函数,如令 x 表示灰度值(一般 $0 \leqslant x \leqslant 255$),则 $f(x)$ 表示当 x 为特定灰度值时,一幅图像上灰度值为 x 的像素的数量,要注意的是此处的函数 $f(x)$ 是一个离散的函数。从图形上来说,灰度直方图就是一个二维图,横坐标表示灰度值(灰度级别),纵坐标表示具有各个灰度值或者灰度级别的像素在图像中出现的次数或者概率。此外,从直方图的分布中,可以得到图像对比度、动态范围、明暗程度等。直方图纵坐标的值如式(7-2)所示。

$$P(r_k)=\frac{n_k}{N} \tag{7-2}$$

式中：n_k 表示第 r_k 个灰度级出现的频数。

7.2 边界描述

7.2.1 链码

在数字图像中，边界或曲线由一系列离散的像素点组成，其最简单的表示方法是由美国学者弗雷曼(Freeman)提出的链码方法。因此，该方法也被称为弗雷曼链码。链码用于表示由顺次连接的具有指定长度和方向的直线段组成的边界，在图像处理、模式识别等领域中常被用来表示曲线和区域边界。它是一种边界的编码表示方法，用边界方向作为编码依据，简化边界的描述。

常用的链码按照中心像素点邻接方向个数的不同，分为 4 向链码和 8 向链码，如图 7-1所示。4 向链码的邻接点有 4 个，分别在中心点的上、下、左和右。8 向链码比4 向链码增加了 4 个斜方向，因为任意一个像素周围均有 8 个邻接点，而 8 向链码正好与像素点的实际情况相符，能够准确地描述中心像素点与其邻接点的信息。因此，8 向链码的使用相对较多。

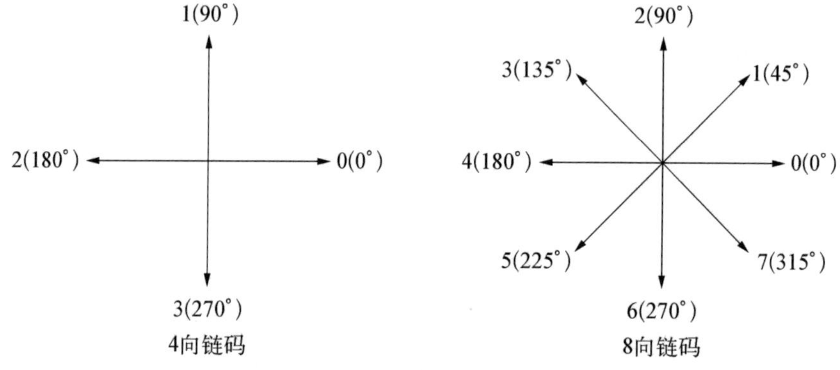

图 7-1　4 向链码和 8 向链码方向定义

链码的特点是利用一系列具有特定长度和方向的相连的直线段来表示目标的边界，每个线段的长度固定，方向数目取为有限，边界的起点用(绝对)坐标表示，其余点只用方向来代表偏移。因为链码表示 1 个方向数比表示 1 个坐标值所需的比特数少，而且对每 1 个点又只需 1 个方向数就可以代替 2 个坐标值，所以链码表达大大减少边界表示所需的数据量。

按照水平、垂直和两条对角线方向，可以为相邻的两个像素点定义 4 个方向符：0、1、2、3，分别表示 0°、90°、180°和 270°四个方向。同样，也可以定义 8 个方向符：0、1、2、3、4、

5、6、7，如图 7-1 所示。链码就是用线段的起点加上由这几个方向符所构成的一组数列。用弗雷曼链码表示曲线时需要曲线的起点。对 8 向链码而言，奇数码和偶数码对应的线段长度不等，规定偶数码的单位长度为 1，奇数码的单位长度为 1.414。

7.2.1.1 原链码

从边界(曲线)起点 S 开始，按顺时针方向观察每一线段走向，并用相应的指向符表示，结果就形成表示该边界(曲线)的数码序列，称为原链码，表示为：

$$M_N = SC_{i=1}^{n} a_i = Sa_1 a_2 \cdots a_n,\ a_i = 0,\ 1,\ 2,\ \cdots,\ N-1 \tag{7-3}$$

式中：S 表示边界(曲线)的起点坐标；$N=4$ 或 8 时分别表示 4 向链码和 8 向链码；当边界(曲线)闭合时，会回到起点，S 可省略。

假如从图像中提取了一个物体的轮廓，如图 7-2 所示，标注“起点”的像素点代表编码的起始点[假设标注坐标为(1，1)]。按照顺时针方向，以 8 连通的方式搜索下一个边界像素点。找到之后记录方向编码，然后从找到的像素点开始重复以上步骤，可知上图的原链码是(1，1)221100776544444。

(a) 原链码：221100776544444

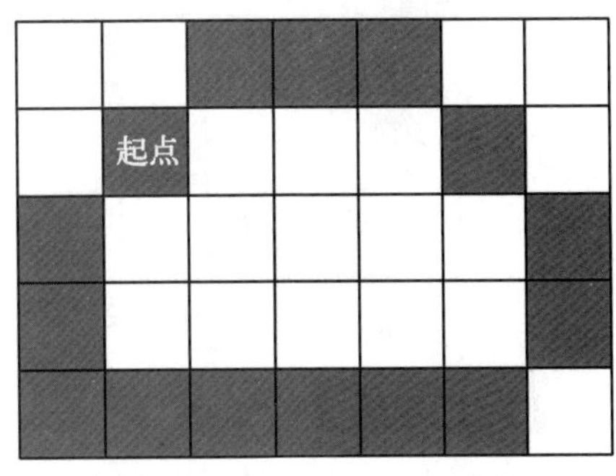

(b) 原链码：100776544444221

图 7-2 二值图像中的边界编码实例

7.2.1.2 归一化链码

原链码具有平移不变性(平移时不改变指向符)，但当改变起点 S 时，会得到不同的链码表示，即不具备唯一性。例如图 7-2 中(a)和(b)编码的起点不同，原链码呈现完全不同的形态。为此可引入归一化链码，其方法是：对于闭合边界，任选一起点 S 得到原链码，将链码看作由各方向数构成的 n 位自然数，将该码按照一个方向循环，使其构成的 n 位自然数最小，此时就形成起点唯一的链码，称为归一化链码，也称为规格化链码。将这样转换后所对应的链码起点作为这个边界的归一化链码的起点。

图 7-2 的两个原链码为 221100776544444 和 100776544444221，它们的归一化链码都为 007765444442211。

7.2.1.3 链码的旋转归一化

用归一化链码表示给定目标的边界时，如果目标平移，链码不会发生变化。但是，如果目标旋转则链码会发生变化。为了得到具有旋转不变性的链码，可以定义所谓的差分

码。链码对应的差分码定义为

$$M'_N = C_{i=1}^{n} a'_i,\ a'_1 = (a_1 - a_n)\,\mathrm{MOD}\,N,$$
$$a'_i = (a_i - a_{i-1})\,\mathrm{MOD}\,N,\ i = 2,\ 3,\ \cdots,\ n \tag{7-4}$$

归一化链码解决了因为起点坐标不同而编码不同的问题,但仍有不足。如果将边界旋转,那么它的归一化链码也会发生变化。如图 7-3 所示,该图为图 7-2 顺时针旋转 90°后的图形。其所对应的原链码为 007766554322222 和 766554322222007,归一化链码为 007766554322222,可以看出图片旋转后链码编码发生了改变。

(a) 原链码:007766554322222

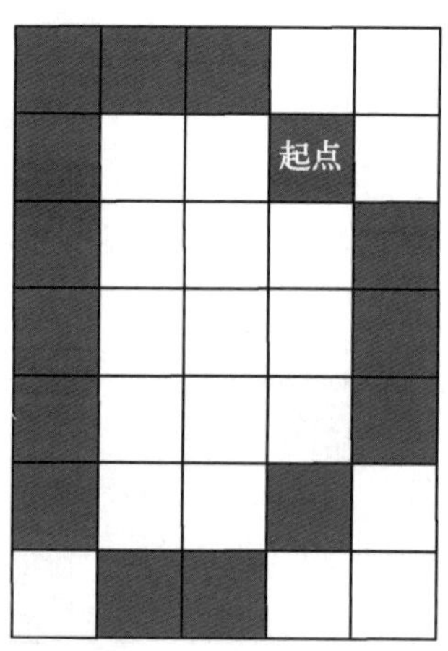

(b) 原链码:766554322222007

图 7-3 图像顺时针旋转 90°后边界的原链码

为了保证编码的旋转不变性,可以用一阶循环差分链码表示此目标边界。原理就是将链码(可以是原链码,也可以是归一化链码)首尾相连,计算相邻两个元素的差值(按顺时针方向),减法遵循 4 进制或者 8 进制减法规则,只是向前不记借位,这样得到的链码称为循环首差码。例如若是 8 链码,运用 8 进制减法规则,0—2 记为 6,4—7 记为 5。在此基础上经过归一化后得到的结果称为最小循环首差码,如图 7-4 所示,这里用图 7-2 和图 7-3 所示得到的两种归一化以后的链码作为例子来说明最小循环首差码的计算。

旋转前的归一化码	(1) 0 0 7 7 6 5 4 4 4 4 4 2 2 1 1
循环首差码	7 0 7 0 7 7 7 0 0 0 0 6 0 7 0
最小循环首差码	0 0 0 0 6 0 7 0 7 0 7 0 7 7 7
旋转后的归一化码	(2) 0 0 7 7 6 6 5 5 4 3 2 2 2 2 2
循环首差码	6 0 7 0 7 0 7 0 7 0 7 0 0 0 0
最小循环首差码	0 0 0 0 6 0 7 0 7 0 7 0 7 7 7

图 7-4 旋转前后最小循环首差码实例

由此可见，通过归一化可以消除起始位置的不同，而通过循环差分可以消除旋转带来的影响。因此，在对一个边界进行编码得到原链码后需要进行一阶循环差分和归一化，一阶差分和归一化的操作顺序不影响结果。

7.2.2 形状数

如前所述，链码边界的一阶差分与起始点有关。形状数是基于链码的一种边界形状描述符。根据链码起点位置的不同，一个用链码表达的边界可以有多个差分码，一个边界的形状数是这些差分码中值最小的一个序列，即归一化后的序列，也就是形状数是最小循环首差码，如图 7-5 的结果。

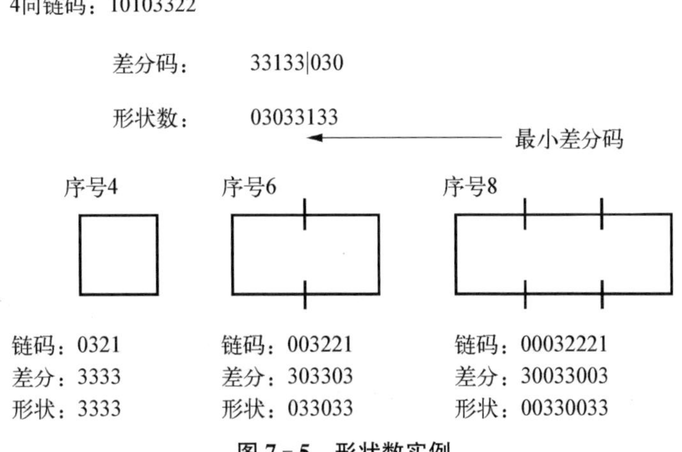

图 7-5 形状数实例

每个形状数都有一个对应的阶，阶的定义为：形状数序列的长度（即码的个数）。对 4 方向闭合曲线，阶总是偶数。对凸形区域，阶对应边界外包矩形的周长。

对于一个期望的形状数的阶，要找到阶为 n 的矩形（该矩形的离心率最接近基本矩形），并使用这个新矩形来建立网格尺寸。虽然链码的循环首差码是不依赖于旋转的，但一般情况下边界的编码依赖于网格的方向。因此，常常需要规整化网格方向（见图 7-5）。其中，边界最大轴 a 是连接距离最远的两个点的线段；边界最小轴 b 与最大轴垂直，且其长度确定的包围盒刚好包围边界；基本矩形（最小外界矩形）的离心率 c 是边界最大轴长度与边界最小轴长度的比，即 $c=a/b$。

规整化网格方向算法的思想是：在大多数情况下，将链码网格与基本矩形对齐，即可得到一个唯一的形状数。规整化网格方向的一种算法如下：

（1）首先确定形状数的阶 n。

（2）在阶为 n 的矩形形状数中，找出一个与给定形状基本矩形[见图 7-6(a)]的离心率最接近的矩形[见图 7-6(b)]。例如：如果 $n=12$，所有序号为 12 的矩形（即周长为 12）为 2×4，3×3，1×5。如果 2×4 矩形的离心率最接近于给定边界的基本矩形的离心率，那么建立一个 2×4 的网格。

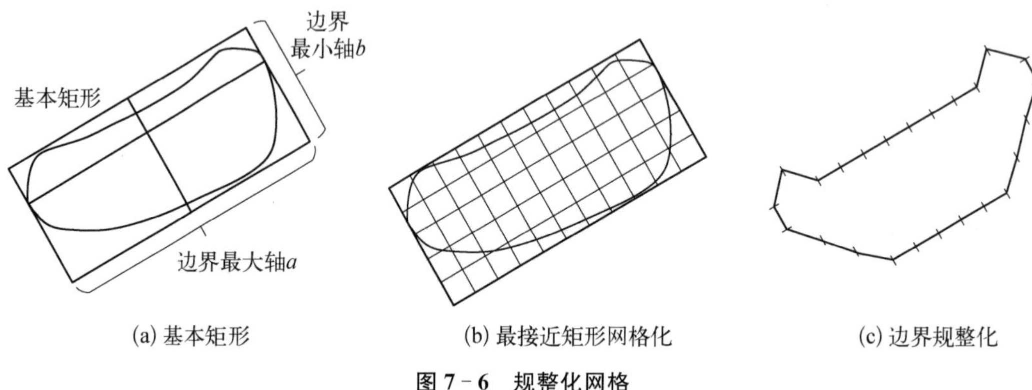

(a) 基本矩形　(b) 最接近矩形网格化　(c) 边界规整化

图 7 - 6　规整化网格

(3) 然后再用这个矩形与基本矩形对齐,构造网格,完成边界规整化[见图 7 - 6(c)]。

(4) 构造原链码。

(5) 再得到循环首差码。

(6) 循环首差码中的最小数即为形状数。

7.2.3　傅里叶描述子

傅里叶变换是一种线性变换。对边界的傅里叶变换表达可以将二维问题简化为一维问题。用复数 $x(k)+iy(k)$ 的形式来表示给定边界上的每一个点(x_k, y_k)。傅里叶描述子的基本思想:假定物体的形状是一条封闭的曲线,沿边界曲线上的一个动点 $P(k)$ 的坐标变化 $x(k)+iy(k)$ 是一个以形状边界周长为周期的函数,这个周期函数可以用傅里叶级数展开表示,傅里叶级数中的一系列系数 $a(u)$ 直接与边界曲线的形状有关,称为傅里叶描述子。

(1) 对于 XY 平面上的每个边界点,将其坐标用复数表示为

$$s(k)=x(k)+jy(k),\ k=0,\ 1,\ \cdots,\ N-1 \tag{7-5}$$

(2) 进行离散傅里叶变换如下:

$$a(u)=\frac{1}{N}\sum_{u=0}^{N-1}s(k)\exp\left(\frac{-j2\pi uk}{N}\right),\ u=0,\ 1,\ \cdots,\ N-1 \tag{7-6}$$

$$s(k)=\sum_{u=0}^{N-1}a(u)\exp\left(\frac{j2\pi uk}{N}\right),\ k=0,\ 1,\ \cdots,\ N-1 \tag{7-7}$$

其中系数 $a(u)$ 被称为边界的傅里叶描述子。

(3) 选取整数 $M\leqslant N-1$,进行逆傅里叶变换(重构)如下:

$$s'(k)=\sum_{u=0}^{M-1}a(u)\exp\left(\frac{j2\pi uk}{N}\right),\ k=0,\ 1,\ \cdots,\ N-1 \tag{7-8}$$

在上述方法中,相当于对于 $u>M-1$ 的部分舍去不予计算。由于傅里叶变换中高频部

分对应于图像的细节描述，M 取得越小，细节部分丢失得越多。如图 7-7 所示，低阶系数反映了边界的大体形状，随着系数阶数的不断增高，边界的细节特征逐渐变得明显，这与傅里叶变换中低频分量能较好地反映目标的整体形状和高频分量能较好地反映目标的细节特征是相一致的。

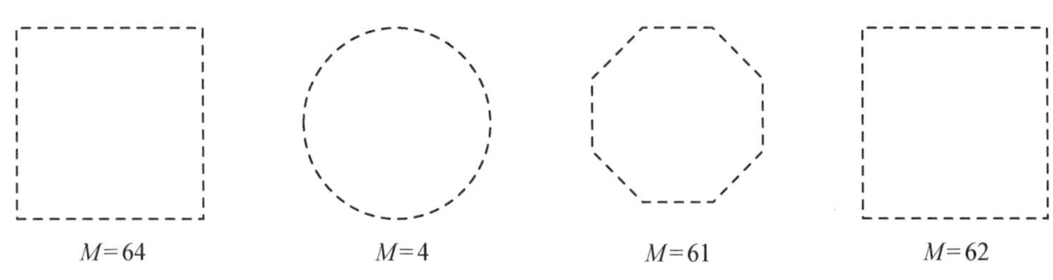

图 7-7 **M** 的选取与描述符的关系

7.3 纹理描述

纹理是一种反映图像中同质现象的视觉特征，它体现了物体表面具有缓慢变化或者周期性变化的结构组织排列属性。纹理具有三大标志：某种局部序列性不断重复、非随机排列、纹理区域内大致为均匀的统一体，如图 7-8 所示。纹理不同于灰度、颜色等图像特征，它通过像素及其周围空间邻域的灰度分布表现局部纹理信息。局部纹理信息具有不同程度的重复性，从而构成了全局纹理信息。

(a) 结构型纹理　　(b) 随机型纹理

图 7-8 纹理特征示意图

由于纹理只是一种物体表面的特性，并不能完全反映出物体的本质属性，仅利用纹理特征无法获得高层次图像内容。与颜色特征不同，纹理特征不是基于单个像素点的特征，它需要在包含多个像素点的区域中进行统计计算。在模式匹配中，这种区域性的特征具有较大的优越性，不会因为局部的偏差而无法匹配成功。作为一种统计特征，纹理特征常具有旋转不变性，并且对于噪声有较强的抵抗能力。但是，纹理特征也有其缺点，其中一个很明显的缺点是当图像的分辨率发生变化的时候，所计算出来的纹理可能会有较大偏差。另外，由于有可能受到光照、反射情况的影响，二维图像反映出来的纹理不一定是三维物体表面真实的纹理。

在检索粗细、疏密等方面具有较大差别的纹理图像时，利用纹理特征是一种有效的方法。但当纹理之间的粗细、疏密等用于辨识的信息相差不大的时候，通常的纹理特征很难准确地反映出人在视觉上感觉不同的纹理之间的差别。例如，水中的倒影、光滑的金属面互相反射造成的影响等都会导致纹理的变化。由于这些不是物体本身的特性，将纹理信息应用于识别时，这些虚假的纹理有时会对检索造成"误导"。下面将介绍几种常见的纹理特征信息的分析方法。

7.3.1 矩分析法

矩分析法是基于图像直方图 $f(k_i)$ 的纹理描述方法。令 $k_i=1, 2, \cdots, N$ 为不同的灰度级，则常用的矩分析评价参数有

(1) 均值(mean)，如下：

$$\mu=\sum_{i=0}^{N-1} k_i f(k_i) \tag{7-9}$$

(2) 方差(variance)，如下：

$$\sigma^2=\sum_{i=0}^{N-1}(k_i-\mu)^2 f(k_i) \tag{7-10}$$

(3) 扭曲度(skewness)，如下：

$$\mu_3=\frac{1}{\sigma^3}\sum_{i=0}^{N-1}(k_i-\mu)^3 f(k_i) \tag{7-11}$$

(4) 峰度(kurtosis)，如下：

$$\mu_4=\frac{1}{4}\sum_{i=0}^{N-1}(k_i-\mu)^4 f(k_i) \tag{7-12}$$

(5) 熵(entropy)，如下：

$$H=-\sum_{i=0}^{N-1} f(k_i)\log_2 f(k_i) \tag{7-13}$$

7.3.2 灰度差分统计法

灰度差分统计法又称为一阶统计法，通过计算图像中一对像素间灰度差分直方图反

映图像的纹理特征。令 $\delta=(\Delta x, \Delta y)$ 为两个像素间的位移矢量，$f_\delta(x, y)$ 是位移量为 δ 的灰度差分，则有：

$$f_\delta(x, y)=|f(x, y)-f(x+\Delta x, y+\Delta y)| \tag{7-14}$$

（1）在粗纹理时，位移相差为 δ 的两像素通常有相近的灰度等级，因此，$f_\delta(x, y)$ 值较小，灰度差分直方图值集中在 0 附近。

（2）在细纹理时，位移相差为 δ 的两像素的灰度有较大差异，$f_\delta(x, y)$ 值一般较大，灰度差分直方图值会趋于发散。

7.3.3 灰度共生矩阵法

灰度共生矩阵（gray-level co-occurrence matrix，GLDM）的统计方法是 20 世纪 70 年代初由 R. Haralick 等提出的，它假定图像中各像素间的空间分布关系包含图像纹理信息，是一种常用的纹理分析方法。

灰度共生矩阵 $P(d, \varphi)$ 被定义为从灰度为 i 的像素点出发，离开某个固定位置（相隔距离为 $d=1, 2, \cdots, N$；方位角为 $\varphi=0°, 45°, 90°, 135°$）的点上灰度值为 j 的概率，如图 7-9 所示，即所有估计的值可以表示成一个矩阵的形式，因此被称为灰度共生矩阵。由于灰度共生矩阵的数据量较大，一般不直接把它作为区分纹理的特征，而是把基于它构建的一些统计量作为纹理分类特征。Haralick 曾提出 14 种基于灰度共生矩阵计算出来的统计量：能量、熵、对比度、均匀性、相关性、方差、和平均、和方差、和熵、差方差、差平均、差熵、相关信息测度以及最大相关系数。能量、对比度、熵、逆方差、相关性是最常用的五个统计特征参数。

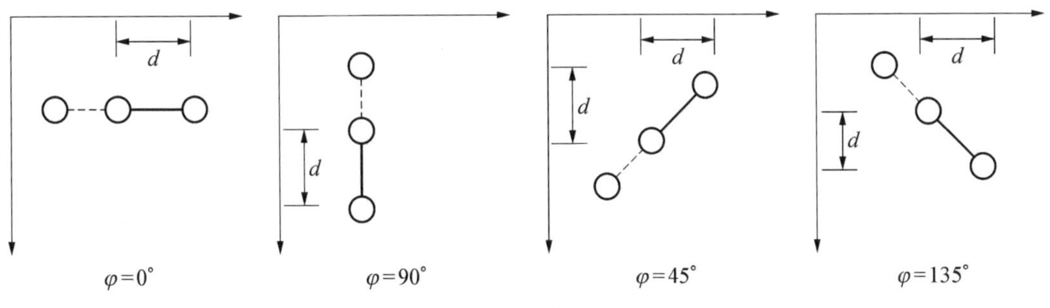

图 7-9 灰度共生矩阵的选取

在实际使用过程中，为了减少计算量，需要对图像灰度级进行变换。例如，如果原始图像为 8 位灰度图像，灰度值为[0, 255]，若将图像位深变为 2 位，则灰度值范围是[0, 3]。设图像的最大灰度级为 L，则该图像对应的灰度共生矩阵 $P(d, \varphi)$ 的大小为 $L\times L$。以灰度共生矩阵 $P(d=1, \varphi=0°)$ 为例，计算过程如图 7-10 所示。

一般来说，如果图像是由具有相似灰度值的像素块构成，则灰度共生矩阵的对角元素会有比较大的值；如果图像像素灰度值在局部有变化，那么偏离对角线的元素会有比较大的值。

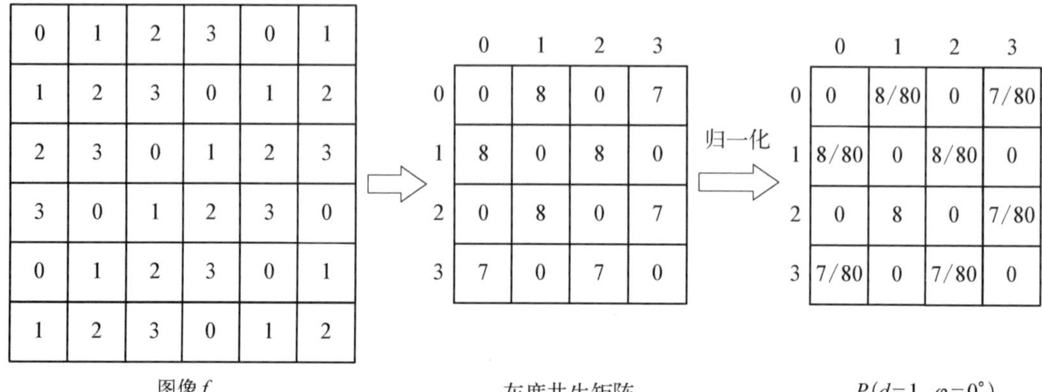

图 7-10 灰度共生矩阵计算示意图

通常可以用一些标量表征灰度共生矩阵的特征(灰度共生矩阵特征量),若 P 表示灰度共生矩阵,常用以下统计量表征灰度纹理特征:

1) 对比度

对比度用来度量矩阵值的分布情况和图像中局部变化的多少,反映了图像的清晰度和纹理的沟纹深浅。对比度越大,纹理的沟纹越深,效果越清晰;反之,对比度越小,则沟纹越浅,效果越模糊。对比度计算公式如下:

$$\mathrm{Con}=\sum_i\sum_j(i-j)^2P(i,j) \tag{7-15}$$

2) 能量

灰度共生矩阵元素值的平方和,也称为能量,反映了图像灰度分布的均匀程度和纹理的粗细度。如果共生矩阵的所有值均相等,则能量值小;相反,如果其中一些值大而其他值小,则能量值大。当共生矩阵中元素集中分布时,能量值大。能量值大表明图像模式是一种较均一和规则变化的纹理模式。能量计算公式如下:

$$\mathrm{Asm}=\sum_i\sum_jP(i,j)^2 \tag{7-16}$$

3) 熵

熵是图像所具有的信息量的度量,纹理信息也属于图像的信息,是一个随机性的度量。当共生矩阵中所有元素有最大的随机性、空间共生矩阵中所有值几乎相等、共生矩阵中元素分散分布时,熵较大。它表示了图像中纹理的非均匀程度或复杂程度,计算公式如下:

$$\mathrm{Ent}=-\sum_i\sum_jP(i,j)\log P(i,j) \tag{7-17}$$

4) 逆方差

逆方差反映了图像纹理局部变化的大小,若图像纹理的不同区域间分布较均匀,变化缓慢,逆方差会较大,反之较小。计算公式如下:

$$H=\sum_{i=0}^{N-1}\sum_{j=0}^{N-1}\frac{P(i,\ j)}{1+(i-j)^2} \tag{7-18}$$

5）相关性

相关性用于度量空间灰度共生矩阵元素在行或列方向上的相似程度，因此，相关值大小反映了图像中局部灰度的相关性。当矩阵元素值均匀相等时，相关值就大；相反，如果矩阵元素值相差很大，则相关值小。如果图像中有水平方向纹理，则水平方向矩阵的相关值大于其余矩阵的相关值。计算公式如下：

$$\mathrm{Cor}=\frac{\sum_i\sum_j((ij)P(i,\ j))-\mu_x\mu_y}{\sigma_x\sigma_y} \tag{7-19}$$

其中

$$\mu_x=\sum_i\sum_j iP(i,\ j)$$

$$\mu_y=\sum_i\sum_j jP(i,\ j)$$

$$\sigma_x^2=\sum_i\sum_j P(i,\ j)(i-\mu_x)^2$$

$$\sigma_y^2=\sum_i\sum_j P(i,\ j)(j-\mu_y)^2$$

7.4 不变矩特征

7.4.1 基本概念

如果把图像看成一块质量密度不均匀的薄板，图像的灰度分布函数 $f(x,\ y)$ 就是薄板的密度分布函数，则其各阶矩有不同的含义。例如，零阶矩表示它的总质量；一阶矩表示它的质心；二阶矩又称为惯性矩，表示图像形状的大小和方向。当密度分布函数发生改变时，图像的实质没有改变，仍然可以看作一个薄板，只是密度分布有所改变。虽然此时各阶矩的值可能发生变化，但由各阶矩计算出的不变矩仍具有平移、旋转和尺度不变性。通过这个思想，可对图像进行简化处理，保留最能反映目标特性的信息，用矩来描述灰度图像的特征。

假设有一幅图像为 $f(i,\ j)$，

零阶矩如下：

$$M_{00}=\sum_i\sum_j f(i,\ j) \tag{7-20}$$

一阶矩如下：

$$\begin{aligned}M_{10}&=\sum_i\sum_j i\cdot f(i,\ j)\\ M_{01}&=\sum_i\sum_j j\cdot f(i,\ j)\end{aligned} \tag{7-21}$$

那么,图像的重心坐标 $x_c=\frac{M_{10}}{M_{00}}$, $y_c=\frac{M_{01}}{M_{00}}$。

二阶矩如下:

$$\begin{aligned} M_{20} &= \sum_i \sum_j i^2 \cdot f(i, j) \\ M_{02} &= \sum_i \sum_j j^2 \cdot f(i, j) \\ M_{11} &= \sum_i \sum_j i \cdot j \cdot f(i, j) \end{aligned} \tag{7-22}$$

那么,物体形状方向如下:

$$\theta=\frac{1}{2}\arctan\left(\frac{2b}{a-c}\right), \theta \in (-90°, 90°) \tag{7-23}$$

其中, $a=\frac{M_{20}}{M_{00}}-x_c^2$, $b=\frac{M_{10}}{M_{00}}-x_c y_c$, $c=\frac{M_{02}}{M_{00}}-y_c^2$。

图像的 n 阶矩就有 2^n-1 个,分析起来也就相对更复杂。

7.4.2 应用实例

Hu 矩由 M. K. Hu 在文章 *Visual pattern recognition by moment invariants* 中提出,记为

原点矩如下:

$$m_{pq}=\sum_{x=1}^{M}\sum_{y=1}^{N} x^p y^q f(x, y) \tag{7-24}$$

中心矩如下:

$$\mu_{pq}=\sum_{x=1}^{M}\sum_{y=1}^{N}(x-x_0)^p(y-y_0)^q f(x, y) \tag{7-25}$$

归一化中心矩如下:

$$y_{pq}=\frac{\mu_{pq}}{\mu_{00}^r}, r=\frac{p+q+2}{2}, p+q=2, 3, \cdots \tag{7-26}$$

其中 $f(x, y)$ 表示图像。当图像发生变化时, m_{pq} 也发生变化,而 μ_{pq} 则具有平移不变性但对旋转依然敏感。如果用归一化中心矩,则特征不仅具有平移不变性,而且具有比例不变性。

Hu 利用二阶和三阶归一化中心矩构造了 7 个不变矩。不变矩是一处高度浓缩的图像特征,在连续图像下具有平移、灰度、尺度、旋转不变性。其具体定义如下:

$$
\begin{aligned}
M_1 &= y_{20} + y_{02} \\
M_2 &= (y_{20} + y_{02})^2 + 4y_{11}^2 \\
M_3 &= (y_{30} - 3y_{12})^2 + (3y_{21} - y_{03})^2 \\
M_4 &= (y_{30} + y_{12})^2 + (y_{21} + y_{03})^2 \\
M_5 &= (y_{30} - 3y_{12})(y_{30} + y_{12})((y_{30} + y_{12})^2 - 3(y_{21} + y_{03})^2) \\
&\quad + (3y_{21} - y_{03})(y_{21} + y_{03})(3(y_{30} + y_{12})^2 - (y_{21} + y_{03})^2) \\
M_6 &= (y_{20} - y_{02})((y_{30} + y_{12})^2 - (y_{21} + y_{03})^2) \\
&\quad + 4y_{11}(y_{30} + y_{12})(y_{21} + y_{03}) \\
M_7 &= (3y_{21} - y_{03})(y_{30} + y_{12})((y_{30} + y_{12})^2 - 3(y_{21} + y_{03})^2) \\
&\quad - (y_{30} - 3y_{12})(y_{21} + y_{03})(3(y_{30} + y_{12})^2 - (y_{21} + y_{03})^2)
\end{aligned}
$$

这 7 个不变矩构成一组特征量。实际上，在对图像中物体识别的过程中，只有 M_1 和 M_2 的不变性保持得比较好，其他几个不变矩带来的误差比较大。有学者认为，只有基于二阶矩的不变矩对二维物体的描述才真正具有旋转、缩放和平移不变性（M_1 和 M_2 刚好都是由二阶矩组成的）。

运用由 Hu 矩组成的特征量对图像进行识别，优点就是速度很快，缺点是识别率比较低。Hu 不变矩一般用来识别图像中大的物体，对于物体的形状描述得比较好，图像的纹理特征不能太复杂，如识别水果的形状或者车牌中的简单字符效果会相对好一些。

7.5 形状上下文算法

形状上下文（shape context）是一个用于形状识别的、非常经典的特征提取方法，它由 Serge Belongie 和 Jitendra Malik 于 2002 年在文章 *Shape matching and object recognition using shape contexts* 中提出。形状上下文特征是一种很流行的形状描述子，多用于手写体文字识别，它采用一种基于形状轮廓的特征提取方法。它在对数极坐标系下利用类似直方图统计描述的方法，很好地反映轮廓上采样点的分布情况，从而表述目标对象的形状特征。

形状上下文算法是基于物体轮廓样本点进行描述的，需要进行的前期预处理工作包括边缘提取和边缘点采样（均匀采样即可），进而得到一个物体形状的点集合。其核心思想是：选取边缘图像形状轮廓中一定数量的点，通过计算每个点的周围点到该点的角度和距离来构建这个点对应的周围环境（context）矩阵，通过不同图像之间的矩阵匹配度来判断两幅图像是否拥有同样的形状。

下面将以图 7－11 中两个手写体字母 A 为例，介绍形状上下文直方图矩阵的构建方法。

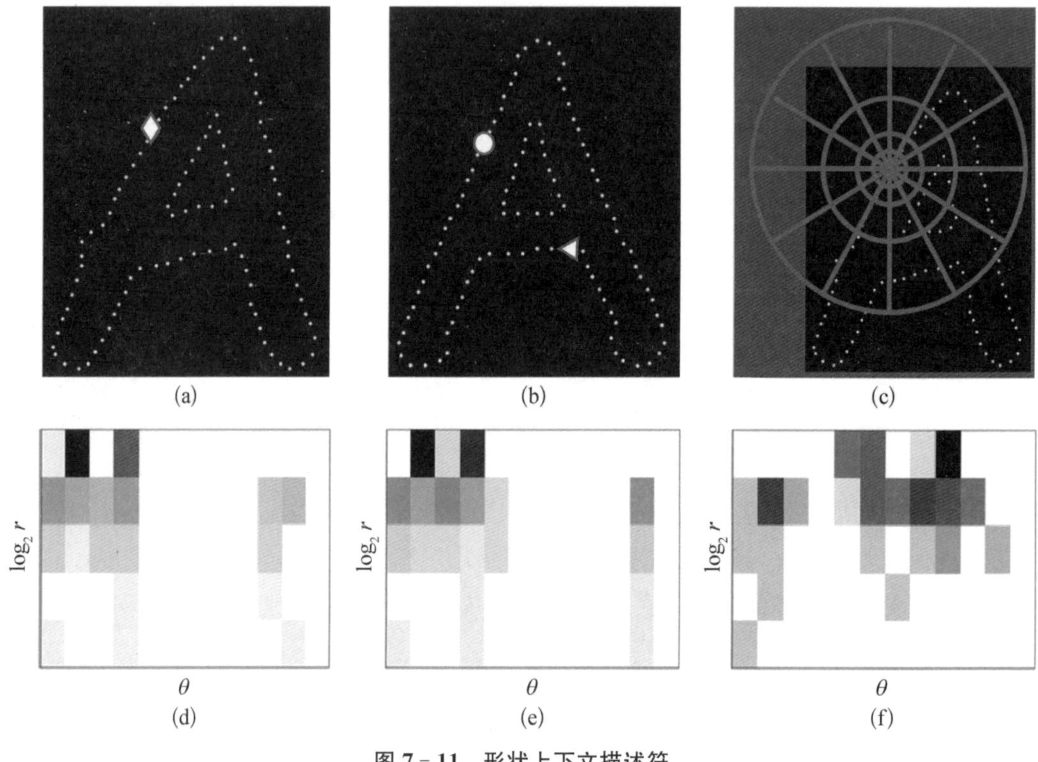

图 7－11　形状上下文描述符

首先，需要获得目标对象的轮廓信息，如各个手写体字母 A 的轮廓。这里使用 Canny 算子边缘提取的方法。

(1) 对图像进行高斯滤波，平滑图像，去除图像噪声。

(2) 对于一个给定的形状，通过边缘检测算子（如 Sobel 检测算子、Prewitt 检测算子）计算每个像素梯度的模和方向。

(3) 对梯度图像进行非极大值抑制。从上一步得到的梯度图像存在边缘粗宽、弱边缘干扰等众多问题，现在可以使用非极大值抑制来寻找像素点局部最大值，将非极大值所对应的灰度值置 0，这样可以剔除一大部分非边缘的像素点，得到轮廓边缘后采样获取一组离散的轮廓边缘点集 $P=\{p_i\}$, $i=1, \cdots, N$。如图 7－11 所示，(a)和(b)是两个字体不同的字母 A 的轮廓点集合。

其次，是对轮廓点集合进行适当的采样，既要有足够多的采样点数，又要保证轮廓上采样点的分布较为均匀。

(1) 预置轮廓点 I 与采样点 N 的比例值，如阈值($k=3$)主要是针对轮廓点过多而预设的一个倍数关系。如果 $I \gg N$，直接对轮廓点集随机采样 $3N$ 点即可。

(2) 当输入图像的轮廓点足够多时，首先可以将图像中包含轮廓的最小区域截取出来，然后将这个区域中的轮廓采样 N 个点，最后将这些点的坐标保持长宽比缩放到[0，1]区间，以完成尺度归一化的目的。

(3) 当输入图像的轮廓点个数不足时，将图像进行放大。图像放大时，原来的形状轮廓可能会变粗，因此还需要进行图像的细化操作，使得轮廓尽量保持单像素宽。待轮廓点个数足够时，再按上面的方法进行采样。

(4) 检查全部点对的距离，每次去除距离最小的点对中的一个点，直至剩下的点的数量达到要取样的点的数量 N。

完成以上两步，下面构建形状上下文直方图矩阵。

(1) 对于每个轮廓点 p_i，可以构建以其为中心的对数极坐标系[包括 12 个角度区域和 4 个距离区域，形成如图 7-11(c)所示的靶状模板]，整个空间就被分成了 48 个区域(bin)。再将其周围被靶状模板覆盖区域的轮廓点映射到每个区域内。统计落在每个区域中的轮廓点数，然后进行归一化处理(即除以落在所有区域中的轮廓点数)，得到每个轮廓点 p_i 的统计分布直方图 $h_i(k)$，也称为轮廓点 p_i 的形状上下文，k 指的是第 k 个网格。设字母 A 形状的轮廓点个数为 N，则在此例中一共需要 $48\times N$ 个属性来描述这个形状，所对应的形状上下文直方图矩阵的大小为 $48\times N$。

最后，计算一个目标 p 的形状直方图与另一待匹配目标 q 的形状直方图之间的匹配代价，代价矩阵 C 中每个元素 $C_{i,j}$ 的计算公式如下：

$$C_{i,j}\equiv C(p_i,\ q_j)=\frac{1}{2}\sum_{k=1}^{K}\frac{[h_i(k)-h_j(k)]^2}{h_i(k)+h_j(k)} \tag{7-27}$$

其中，$h_i(k)$ 为目标 p 的点 p_i 的形状直方图；$h_j(k)$ 为目标 q 的点 q_j 的形状直方图。以图 7-11为例。图(c)是基于图(a)中菱形点画的网格图。图(d)和图(e)分别是图(b)菱形点和圆形点的直方图数据，可以看到它们的点集分布还是比较相似的，而图(f)即三角形表示的点的直方图与菱形点的直方图数据[图(d)]相差很大，即 C(菱形点，圆形点) $<$ C(菱形点，三角形点)。可以直观地感受到，图(d)和图(e)两点在结构上可以说是同一个点。

(2) 按照上一步骤中的公式，计算得到两个目标之间的代价矩阵 C，矩阵大小为 $N\times N$。接着，基于计算得到的代价矩阵 C，运行一个最优匹配算法(如匈牙利算法等)进行点的匹配操作 π，使整个代价 $H(\pi)$ 最小：

$$H(\pi)=\sum_{i}C(p_i,\ q_{\pi}(i)) \tag{7-28}$$

基于这个最优匹配 π 得到的整个形状代价 $H(\pi)$ 可以用于衡量两个形状之间的差别，代价越小，两个形状越相似。

7.6 尺度不变特征变换匹配算法

7.6.1 基本概念

1999 年，加拿大不列颠哥伦比亚大学 David G. Lowe 教授提出了一种在尺度空间中将一幅图像映射(变换)为一个表征局部特征的向量集；该特征向量具有平移、缩放、旋转不变性，同时对光照变化也具有一定的不变性，这一过程称为尺度不变特征变换(scale-invariant feature transform, SIFT)，这个特征向量称为 SIFT 算子。SIFT 算子是把图像中检测到的特征点用一个 128 维的特征向量进行描述，因此一幅图像经过 SIFT 算法后表示为一个 128 维的特征向量集，该特征向量集是一种非常优秀的局部特征描述算法。

7.6.2 尺度不变特征变换算法

1) 尺度空间

人用眼去看一个图像或者自然场景中的物体时，随着观测距离的增加，图像与物体会逐渐变得模糊，那么计算机在“看”这张图像和自然场景中的物体时，如何做到从不同的“尺度”去观测，从而与人眼感受一样，尺度越大图像越模糊？在图像处理过程中尺度空间方法将传统的单尺度视觉信息处理纳入尺度不断变化的动态分析框架中，因此更容易获得图像的本质特征。同一幅图像中含有不同尺度下的有用信息，为了充分且有效地利用这些信息，经常需要对图像进行多尺度描述。通过对原始图像进行尺度变换，可以获得图像多尺度下的尺度空间表示序列。尺度空间中各尺度图像的模糊程度逐渐变大，能够模拟人在距离目标由近及远时目标在视网膜上成像的过程，如图 7－12 所示。

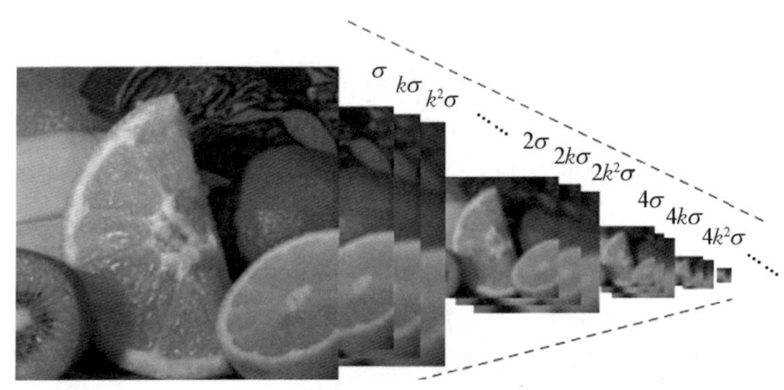

图 7－12 尺度空间的形象描述

在 SIFT 中，高斯核用于控制尺度参数变化的是标准差，在前面章节中提到标准差 σ 控制对图像的平滑和模糊程度。灰度图像 $I(x, y)$ 的尺度空间 $L(x, y, \sigma)$ 是 $I(x, y)$ 与一个可变尺度高斯核 $G(x, y, \sigma)$ 的卷积：

$$L(x, y, \sigma) = G(x, y, \sigma) * I(x, y) \tag{7-29}$$

式中，尺度由参数 σ 控制，$*$ 表示卷积运算。σ 越大表示图像越模糊，表征图像的概貌；σ 越小则表示图像越清晰，表征图像的细节。G 的形式如下：

$$G(x, y, \sigma) = \frac{1}{2\pi\sigma^2} e^{-(x^2+y^2)/2\sigma^2} \tag{7-30}$$

在 Lowe 的论文中给定原图的尺度 σ 为 0.5。为提高计算效率，在实际的编程实现中，由一个小尺度空间图像 $L(x, y, \sigma_1)$ 生成一个大的尺度空间图像 $L(x, y, \sigma_2)$ 的过程为：

$$L(x, y, \sigma_2)=G(x, y, \sqrt{\sigma_2^2-\sigma_1^2})*L(x, y, \sigma_1) \tag{7-31}$$

其中，

$$G(x, y, \sqrt{\sigma_2^2-\sigma_1^2})=\frac{1}{2\pi(\sigma_2^2-\sigma_1^2)}e^{-\frac{x^2+y^2}{2(\sigma_2^2-\sigma_1^2)}} \tag{7-32}$$

2）高斯差分函数

高斯拉普拉斯(Laplacian of Gaussian, LoG)算子，即图像的二阶导数，能够在不同的尺度下检测到图像的关键极值点，从而检测到图像中尺度变化下的位置不动点，但是高斯拉普拉斯算子的运算效率不高。为了提高运算效率，在尺度空间中找到稳定不变的极值点，在 SIFT 算法中使用了高斯差分(difference of Gaussian, DoG)函数 $D(x, y, \sigma)$，定义为：

$$\begin{aligned}D(x, y, \sigma)&=[G(x, y, k\sigma)-G(x, y, \sigma)]*I(x, y)\\&=L(x, y, k\sigma)-L(x, y, \sigma)\end{aligned} \tag{7-33}$$

其中，σ 和 $k\sigma$ 是连续的两个图像的平滑尺度参数，$L(x, y, \sigma)$ 是图像的高斯尺度空间，所得到的差分图像 $D(x, y, \sigma)$ 在高斯差分金字塔中。从式(7-33)可以知道，将相邻的两个高斯空间的图像相减就得到高斯差分的响应图像 $D(x, y, \sigma)$，如图 7-13(a)和(b)所示。

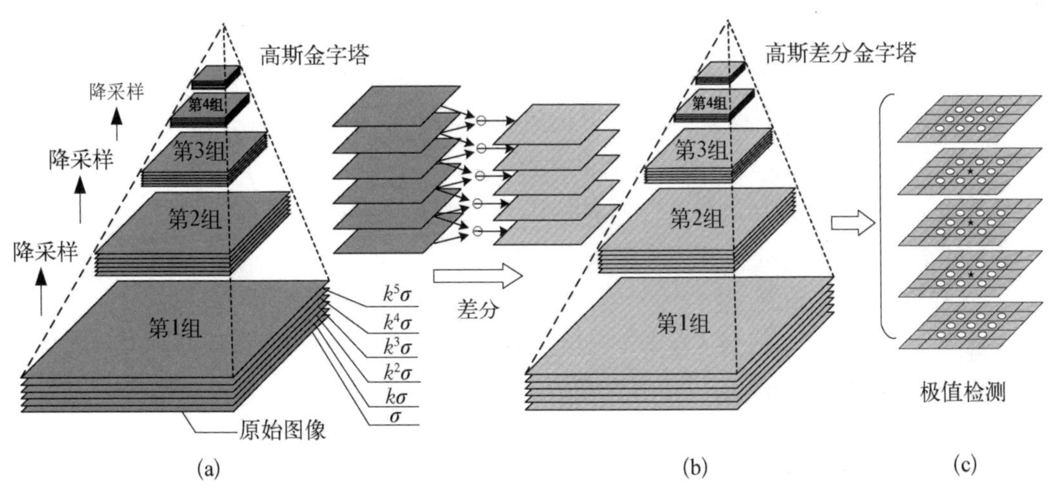

图 7-13　高斯金字塔和高斯差分金字塔

3）高斯金字塔和高斯差分金字塔

人的视觉系统获取信息时，除了在从近及远过程中，场景与物体会变得逐渐模糊，其尺寸大小也会由大变小，分辨率也逐渐下降。在计算机视觉中运用高斯金字塔来体现这一视觉过程，从而更好地提取图像中的信息。

如图 7－13 所示，高斯金字塔每一组中每层的平滑尺度参数都不同，下一组的第一层都是由上一组的倒数第三张的图像隔点降采样得到的。这样做的目的是使高斯金字塔满足尺度连续性，下面介绍具体的构建方法。

在高斯金字塔第一组不同层中的平滑尺度分别为：

$$\sigma,\ k\sigma,\ k^2\sigma,\ k^3\sigma,\ \cdots,\ k^{s+2}\sigma \tag{7-34}$$

其中 s 是层数，$k=2^{\frac{1}{s}}$，代入上面的数列中，则第一组中不同层的平滑尺度分别为：

$$\sigma,\ 2^{\frac{1}{s}}\sigma,\ 2^{\frac{2}{s}}\sigma,\ 2^{\frac{3}{s}}\sigma,\ \cdots,\ 2^{\frac{s}{s}}\sigma,\ 2^{\frac{s+1}{s}}\sigma,\ 2^{\frac{s+2}{s}}\sigma \tag{7-35}$$

即每一组高斯金字塔内一共有 $s+3$ 层，那么取得的高斯差分金字塔有 $s+2$ 层，平滑尺度分别为：

$$\sigma,\ 2^{\frac{1}{s}}\sigma,\ 2^{\frac{2}{s}}\sigma,\ 2^{\frac{3}{s}}\sigma,\ \cdots,\ 2^{\frac{s}{s}}\sigma,\ 2^{\frac{s+1}{s}}\sigma \tag{7-36}$$

其中第一层 (σ) 和最后一层 ($2^{\frac{s+1}{s}}\sigma$) 不参与寻找极值的过程，其他各组相同。

由第二组第一层的平滑尺度为 2σ 可知，图像大小从第一组的倒数第三层降采样得到。按照这样的操作，对于参与第二组极值点寻找的层，它们的平滑程度分别为 $2^{\frac{s+1}{s}}\sigma$，$2^{\frac{s+2}{s}}\sigma$，$\cdots$，$2^{\frac{s+s}{s}}\sigma$，这样与第一组的平滑尺度正好相接，满足尺度连续性。后面各组依此类推，从而构建出高斯差分金字塔，如图 7－13(b)所示。

4) 寻找极值点

为了寻找尺度空间的极值点，每个像素点需要与其图像域(同一尺度空间)和尺度域(相邻的尺度空间)的所有相邻点进行比较。如图 7－13(c)所示，中间的检测点要和其所在图像的 3×3 邻域 8 个像素点，以及其同组相邻的上下两层的 3×3 邻域 18 个像素点(共 26 个像素点)进行比较。当该位置的像素值大于(或者小于)其所有相邻像素的值时，该位置被选为极值点。在高斯差分金字塔中，组内的第一层和最后一层不做极值点检测，因为它没有相同大小的上方或下方的尺度图像。

5) 极值点精确定位

通过上一步的处理得到了在各个尺度上的极值点，由于采样的原因，极值点的位置是不精确的，如图 7－14 所示。一个连续函数被取样时，它真正的极大值或极小值实际上可能位于样本点之间。要得到接近真实极值点位置(亚像素精度)的一种方法是，首先在函数中的每个极值点处拟合一个内插函数，然后在内插后的函数中查找极值的精确位置。SIFT 利用 $D(x, y, \sigma)$ 的泰勒级数展开线性项和二次项，把原点移至被检测的样本点。这个公式的向量形式为

$$D(\Delta \boldsymbol{x})=D+\frac{\partial D^T}{\partial x}\Delta \boldsymbol{x}+\frac{1}{2}\Delta \boldsymbol{x}^{\boldsymbol{T}}\frac{\partial^2 D}{\partial x^2}\Delta \boldsymbol{x} \tag{7-37}$$

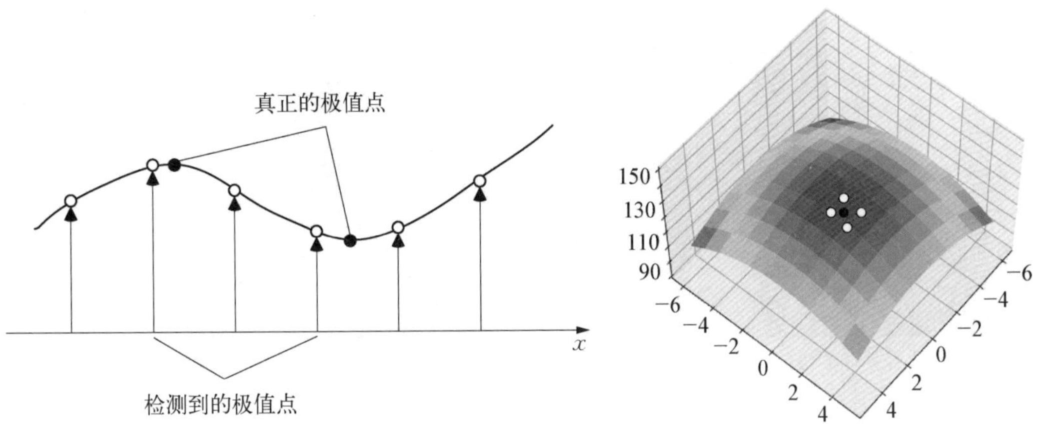

图 7-14　采样导致的极值点位置偏差

式中，D 及其导数是在这个样本点处计算的，$\Delta \boldsymbol{x} = (\Delta x, \Delta y, \Delta \sigma)$ 是这个样本点的偏移量。取式(7-37)关于 $\Delta \boldsymbol{x}$ 的导数并令其为 0，可求得极值的位置 $\widehat{\Delta \boldsymbol{x}}$，即

$$\widehat{\Delta \boldsymbol{x}} = -\frac{\partial^2 D^{-1}}{\partial x^2} \frac{\partial D}{\partial x} \tag{7-38}$$

当它在任一维度上的偏移量大于 0.5 时，意味着极值靠近另一个样本点。在这种情况下，改变样本点，并对改变后的样本点进行内插。最后的偏移量 $\widehat{\Delta \boldsymbol{x}}$ 被添加到其样本点的位置，得到极值的内插后的估计位置。

如果求出来的偏移量很大，那么表明当前的极值点已经完全偏离了精确的极值点，这时就得删除它；另一方面，如果要迭代很多次才能找到那个精确点，说明这个点本身就是不稳定的，设置一个迭代次数的限制阈值，超过这个阈值，则迭代停止，删除这个点。

6）去除不好的极值点

通过以上步骤虽然获得了极值点的精确位置，但是并不是每一个极值点都是 SIFT 的关键点，需要进一步剔除不符合要求的点。不符合要求的点主要有两种：低对比度的极值点和不稳定的边缘响应点。

(1) 剔除低对比度的极值点。

SIFT 使用极值位置的函数值 $D(\widehat{\Delta x})$ 来剔除具有低对比度的不稳定极值，其中 $D(\widehat{\Delta x})$ 是将式(7-40)代入式(7-39)得到的。若 $D(\widehat{\Delta x})$ 过小，则该特征点为低对比度的特征点，容易受噪声的干扰而变得不稳定。在 Lowe 的实验结果中，$D(\widehat{\Delta x})$ 小于 0.03 的任何极值都会被剔除。这就剔除了具有低对比度的关键点，如图 7-15(a)和(b)所示。

(2) 剔除不稳定的边缘响应点。

有些极值点在图像的边缘位置，因为图像的边缘点很难定位，同时也容易受到噪声的干扰，所以 SIFT 把这些点看作不稳定的极值点，需要去除，如图 7-15(c)所示。

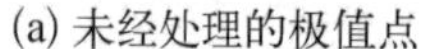

(a) 未经处理的极值点　　(b) 去除低对比度点　　(c) 进一步去除边缘不稳定点

图 7-15　去除不稳定极值点示意图

由于图像中物体边缘位置点的主曲率一般会比较高,可以通过主曲率来判断该点是否在物体的边缘位置。某像素点位置处的主曲率可以由二维的 Hessian 矩阵 H 计算得到:

$$H=\begin{bmatrix} D_{xx}(x,\ y) & D_{xy}(x,\ y) \\ D_{xy}(x,\ y) & D_{yy}(x,\ y) \end{bmatrix} \tag{7-39}$$

设该矩阵的两个特征值分别为 α 和 β, 其中 $\alpha=\gamma\beta$, 有如下公式:

$$Tr(H)=\alpha+\beta \tag{7-40}$$

$$Det(H)=\alpha\beta \tag{7-41}$$

其中, $Tr(H)$ 表示矩阵的迹, $Det(H)$ 表示矩阵的行列式。

先需要去除行列式为负的点。接下来需要去掉主曲率比较大的点,在 Lowe 等的论文中使用如下判断规则:

$$\frac{Tr(H)^2}{Det(H)}=\frac{(\gamma\beta+\beta)^2}{\gamma\beta^2}=\frac{(\gamma+1)^2}{\gamma} \tag{7-42}$$

这里 γ 越大,表示该点越有可能在边缘,因此要检查主曲率是否超过一定的阈值 γ_0, 只需要判断:

$$\frac{Tr(H)^2}{Det(H)}<\frac{(\gamma_0+1)^2}{\gamma_0} \tag{7-43}$$

在 Lowe 等的论文中阈值为 10。

7) 特征点的梯度方向直方图

经过上面的步骤已经找到在不同尺度下的极值点,现在可以称之为关键点或者 SIFT 的特征点。为了实现图像旋转不变性,需要给特征点的方向进行赋值。SIFT 利用特征点邻域像素的梯度分布特性来确定其方向参数,再利用图像的梯度直方图求取关键点局部结构的稳定方向。

具体做法是计算以特征点为中心、以 $3 \times 1.5\sigma$ 为半径的区域中所有像素点 $L(x, y)$ 的梯度幅值和方向，每个点的梯度幅值 $m(x, y)$ 的计算公式为：

$$m(x, y) = \sqrt{(L(x+1, y) - L(x-1, y))^2 + (L(x, y+1) - L(x, y-1))^2} \tag{7-44}$$

梯度方向的计算公式为：

$$\theta(x, y) = \arctan\left(\frac{L(x, y+1) - L(x, y-1)}{L(x+1, y) - L(x-1, y)}\right) \tag{7-45}$$

计算得到梯度方向后，就要使用直方图统计特征点邻域内像素对应的梯度方向和幅值。如图 7-16 所示，梯度直方图的横轴是梯度方向的角度(梯度方向角度的范围是 0°～360°，直方图将每 45°间隔作为一个统计区间，一共有 8 个区间)，纵轴是梯度方向对应高斯加权梯度幅值的累加，直方图的峰值就是特征点的主方向。在梯度直方图中，当存在一个相当于主峰值 80%能量的峰值时，可以将这个方向认为是该特征点的辅助方向。所以，一个特征点可能检测到多个方向。Lowe 等的论文指出：15%的关键点具有多个方向的特征，而且这些点对匹配的稳定性很关键。

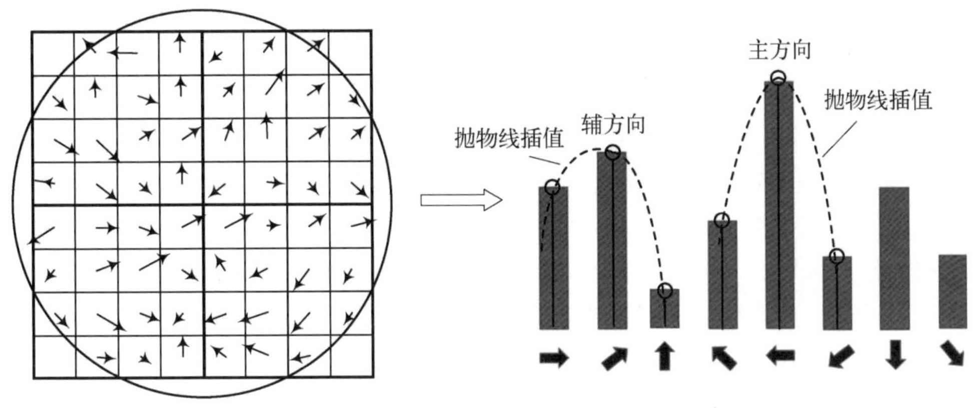

图 7-16 关键点梯度直方图

由于得到的主方向和辅方向都是一个角度区间，并不是一个单一的角度，因此还需要通过三点的抛物线插值来获得顶点横坐标，作为主方向准确角度的估计值，如图 7-16 所示。

8) 生成特征描述

通过以上步骤已经找到 SIFT 特征点的位置、尺度和方向信息，下面就需要使用一组向量来描述关键点，也就是生成特征点描述子。这个描述符不只包含特征点，也包含特征点周围对其有贡献的像素点。特征描述符的生成大致有三个步骤：

(1) 校正旋转主方向，确保旋转不变性。

(2) 生成描述子，最终形成一个 128 维的特征向量。

(3) 归一化处理，将特征向量长度进行归一化处理，进一步去除光照的影响。

如图 7－17 所示，为了保证特征矢量的旋转不变性，要以特征点为中心，在附近邻域内将坐标轴旋转 θ(特征点的主方向)角度，即将坐标轴旋转为特征点的主方向。旋转后邻域内像素的新坐标为：

$$\begin{bmatrix} x' \\ y' \end{bmatrix} = \begin{bmatrix} \cos\theta & -\sin\theta \\ \sin\theta & \cos\theta \end{bmatrix} \begin{bmatrix} x \\ y \end{bmatrix} \tag{7-46}$$

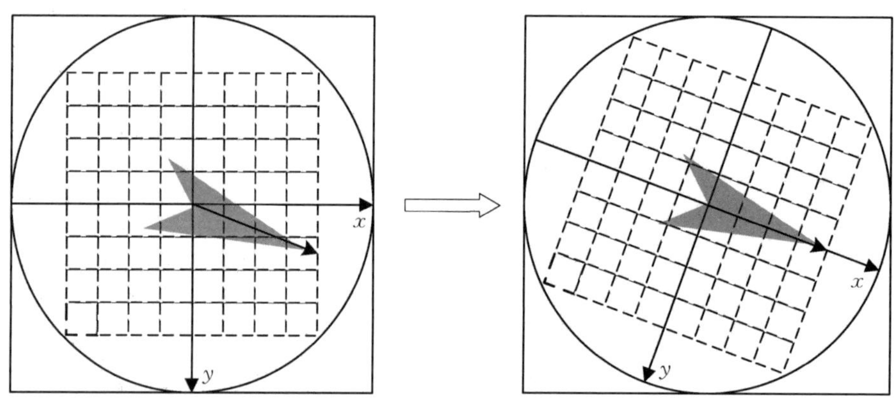

图 7－17　坐标轴旋转示意图

旋转后以主方向为中心取 8×8 的窗口。如图 7－18 所示，左图的中央为当前关键点的位置，每个小格代表关键点邻域所在尺度空间的一个像素，求取每个像素的梯度幅值与梯度方向，箭头方向代表该像素的梯度方向，长度代表梯度幅值，然后利用高斯窗口对其进行加权运算。最后在每个 4×4 的小块上绘制 8 个方向的梯度直方图，计算每个梯度方向的累加值，即可形成一个子区域，如右图所示。每个特征点由 4 个子区域组成，每个子区域有 8 个方向的向量信息。这种联合邻域方向信息增强了算法的抗噪声能力，同时也为含有定位误差的特征匹配提供了比较理性的容错性。

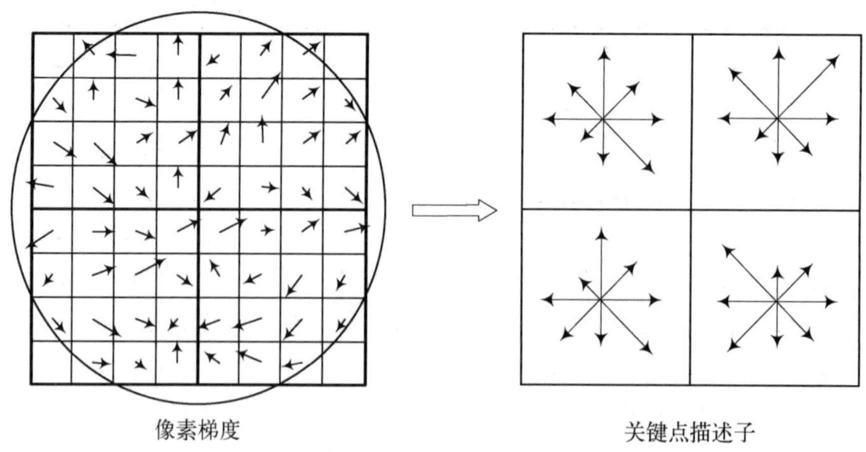

图 7－18　特征方向

此时，每个种子区域的梯度直方图在 0°～360°之间划分为 8 个方向区间，每个区间为 45°，即每个种子点有 8 个方向的梯度强度信息。如图 7－19 所示，在实际的计算过程中，为了增强匹配的稳健性，对每个关键点使用 4×4 共 16 个种子区域来描述，这样一个关键点就可以产生 128 维的 SIFT 特征向量。

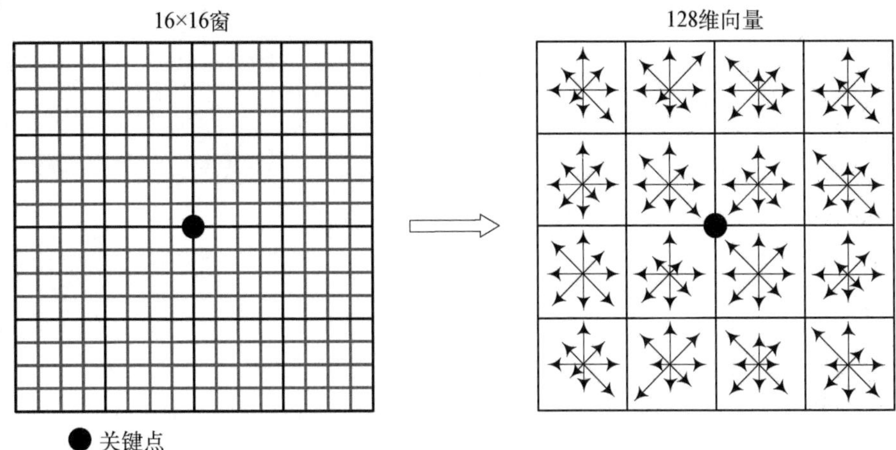

图 7－19　关键点和各方向区间

由于图像各点的梯度是由邻域像素相减得到，因此对于图像灰度值整体漂移已经被去除，但为了去除光照因素的影响，需要对 SIFT 特征向量进行规范化。

假设 SIFT 特征向量为 $W=(W_1, W_2, \cdots, W_{128})$，规范后的向量为 $L=(l_1, l_2, \cdots, l_{128})$，则有

$$l_j = W_j / \sqrt{\sum_{i=1}^{128} W_i} \tag{7-47}$$

7.7　哈里斯角点检测

7.7.1　角点检测基本思想

角点是一幅图像上最明显与重要的特征。对于一阶导数而言，角点在各个方向的变化是最大的，而边缘区域只是在某一方向有明显变化。

哈里斯(Harris)角点检测的基本思想如下：算法基本思想是使用一个固定窗口在图像上进行任意方向上的滑动，比较滑动前与滑动后两窗口中像素灰度的变化程度。如图 7－20 所示，如果在各个方向上移动，窗口内区域的灰度发生了较大的变化，那么就认为在窗口内遇到了角点；反之，窗口内就不存在角点。如果在某一个方向上移动时，窗口内图像的灰度发生了较大的变化，而在另一些方向上没有发生变化，那么窗口内的图像可能就是一条直线的线段。

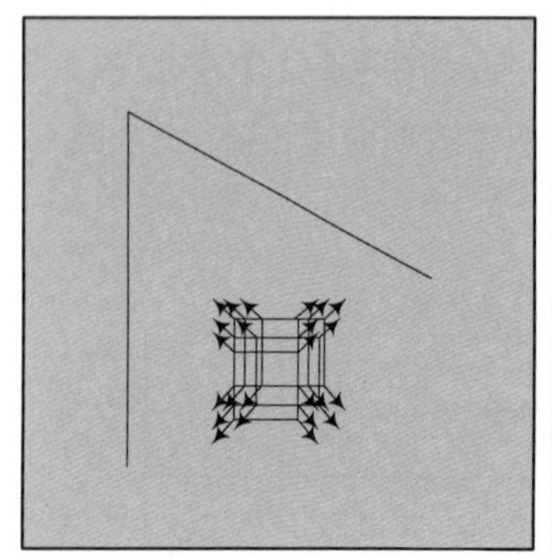
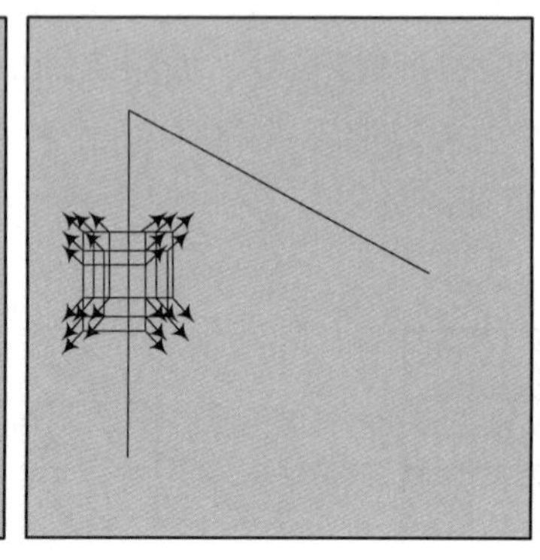
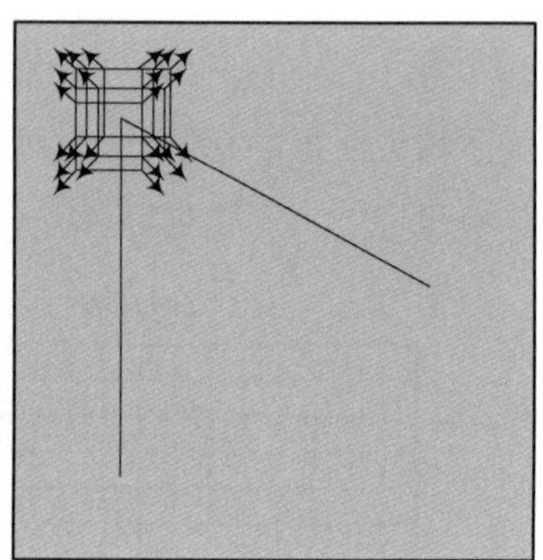

图 7-20　角点检测窗口移动示意图

7.7.2　哈里斯角点检测方法

1）灰度变化描述

当窗口发生 $[u, v]$ 移动时，滑动前与滑动后对应的窗口中的像素点灰度变化描述如式(7-48)所示：

$$E(u, v)=\sum_{(x, y)\in W}w(x, y)[I(x+u, y+v)-I(x, y)]^2 \tag{7-48}$$

式中：$[u, v]$ 是窗口 W 的偏移量；(x, y) 是窗口 W 所对应的像素坐标位置，窗口有多大，就有多少个位置；$I(x, y)$ 是像素坐标位置 (x, y) 的图像灰度值；$I(x+u, y+v)$ 是像素坐标位置 $(x+u, y+v)$ 的图像灰度值；$w(x, y)$ 是窗口函数，最简单的情形就是窗口 W 内的所有像素所对应的 w 权重系数均为 1。但有时候，会将 $w(x, y)$ 函数设置为以窗口 W 中心为原点的二元正态分布。如果窗口 W 的中心点是角点，则移动前与移动后，该点对灰度变化的贡献最大；而离窗口 W 中心(角点)较远的点的灰度变化几近平缓，这些点的权重系数可以设定为小值，以示该点对灰度变化贡献较小，通常使用二元高斯函数来表示窗口函数。

2）灰度变化表达式 $E(u, v)$ 的简化

为了减小计算量，利用泰勒级数对式(7-48)进行简化。$E(u, v)$ 表达式可以更新为

$$E(u, v)=\sum_{(x, y)\in W}(u\ v)M\begin{pmatrix}u\\v\end{pmatrix} \tag{7-49}$$

式中：$M=\sum_{(x, y)\in W}w(x, y)\begin{bmatrix}I_x^2 & I_xI_y\\ I_xI_y & I_y^2\end{bmatrix}$；$I_x$，$I_y$ 分别为窗口内像素点 (x, y) 在 x 方向上和 y 方向上的梯度值。

3）度量角点响应

通常用下面表达式进行度量，对每一个窗口计算得到一个分数 R，根据 R 的大小判

定窗口内是否存在哈里斯特征角点。根据公式计算得到：

$$R = \det(M) - k(\operatorname{trace}(M))^2 \tag{7-50}$$

$$\det(M) = \lambda_1 \lambda_2 \tag{7-51}$$

$$\operatorname{trace}(M) = \lambda_1 + \lambda_2 \tag{7-52}$$

式中：λ_1、λ_2 是矩阵 M 的 2 个特征值；k 是一个指定值，这是一个经验参数，需要通过实验确定它的大小，通常它的值为 0.04～0.06。

R 的大小由 M 的特征值决定。如图 7－21 所示，角点的 $|R|$ 很大，平坦区域的 $|R|$ 很小，边缘的 R 为负值。

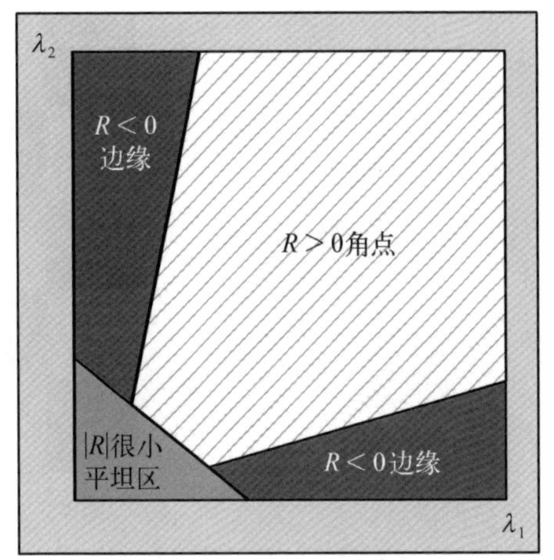

图 7－21　角点的判断示意图

7.7.3　哈里斯角点检测算法步骤

哈里斯角点检测可以分为以下 5 个步骤：

（1）计算图像 $I(x, y)$ 在 x 和 y 两个方向的梯度 I_x、I_y：

$$I_x = \frac{\partial I}{\partial x} = I \times [-1 \quad 0 \quad 1] \tag{7-53}$$

$$I_y = \frac{\partial I}{\partial y} = I \times [-1 \quad 0 \quad 1]^{\mathrm{T}} \tag{7-54}$$

（2）计算图像两个方向梯度的乘积：

$$I_x^2 = I_x \times I_x \tag{7-55}$$

$$I_y^2 = I_y \times I_y \tag{7-56}$$

$$I_x I_y = I_x \times I_y \tag{7-57}$$

（3）使用高斯函数对 I_x^2、I_y^2、$I_x I_y$ 进行高斯加权（取 $\sigma=2$，ksize=3），计算中心点为 (x, y) 的窗口 W 对应的矩阵 M：

$$M = \sum_{(x, y)\in W} w(x, y) \begin{bmatrix} I_x^2 & I_x I_y \\ I_x I_y & I_y^2 \end{bmatrix} \tag{7-58}$$

（4）计算每个像素点 (x, y) 处的哈里斯响应值 R：

$$R = \det(M) - k(\operatorname{trace}(M))^2 \tag{7-59}$$

（5）进行阈值处理：$R >$ 阈值。

$$R = \{R: \det(M) - k(\operatorname{trace}(M))^2 > t\} \tag{7-60}$$

图 7－22 所示为以棋盘格图像为例，运用哈里斯角点检测算法提取其中角点的结果。

图 7-22　角点检测结果示意图

7.8　局部二值模式描述子

7.8.1　基本算法

局部二值模式(local binary pattern, LBP)是一种用来描述图像局部纹理特征的算子,它具有旋转不变性和灰度不变性等显著的优点。它由 T. Ojala、M. Pietikäinen 和 D. Harwood 在 1994 年提出,用于纹理特征提取。

原始的 LBP 算子定义为在 3×3 的窗口内,以窗口中心像素为阈值,将相邻的 8 个像素的灰度值与其进行比较,若周围像素值大于中心像素值,则该像素点的位置被标记为 1,否则为 0。这样,3×3 邻域内的 8 个点经比较可产生 8 位二进制数(通常转换为十进制数即 LBP 码,共 256 种),即得到该窗口中心像素点的 LBP 值,并用这个值来反映该区域的纹理信息,如图 7-23 所示。

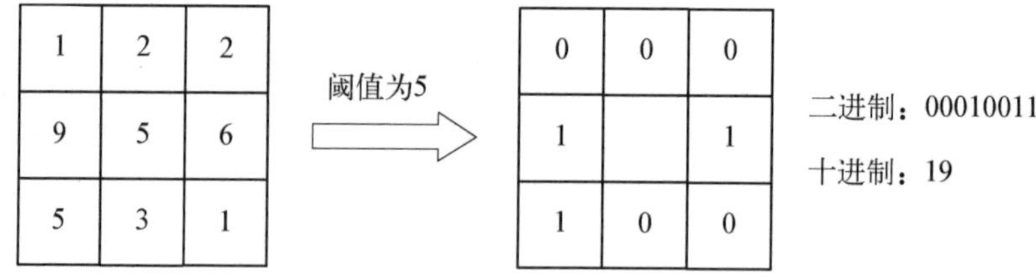

图 7-23　LBP 算法原理

基本的 LBP 算子只局限在 3×3 的邻域内,对于较大图像大尺度的结构不能很好地提取需要的纹理特征,因此研究者们对 LBP 算子进行了扩展。新的 LBP 算子 LBP(P, R)可以计算不同半径邻域大小和不同像素点数的特征值,其中 P 表示周围像素点个数,R 表示邻域半径,同时把原来的方形邻域扩展到了圆形。图 7-24 给出了三种扩展后的 LBP 的例子。其中,R 可以是小数。对于没有落到整数位置的点,根据轨道内离其最近的两个整数位置像素灰度值,利用双线性差值的方法可以计算它的灰度值。

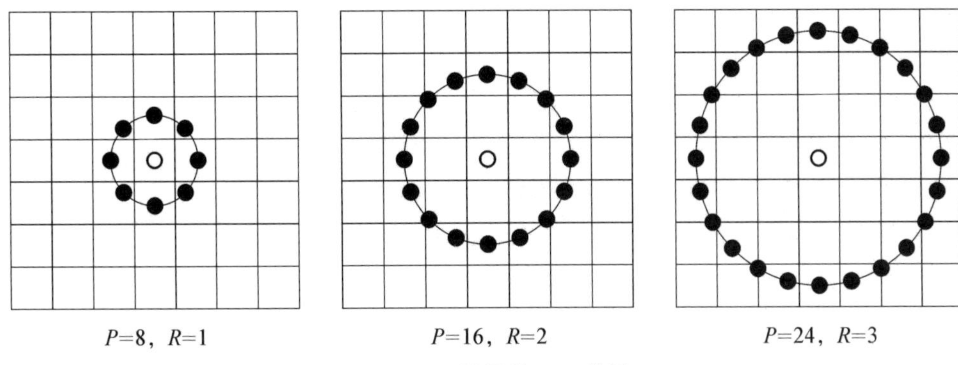

图 7-24 扩展的 LBP 算子

LBP(P, R)有 2^P 种二进制模式，然而实际研究发现，这些模式表达信息的重要程度是不同的。一幅图像中有少数模式特别集中，比例达到总模式的 90%左右，Ojala 等人定义这些少数模式为 Uniform 模式。Uniform LBP 模式被定义为：如果把一个二进制序列看成一个圈，0～1 以及 1～0 的变化出现的次数总和不超过两次，那么这个序列就是 Uniform 模式，如 00 000 000、00 011 110 和 11 111 111。在使用 LBP 表达图像纹理时，通常只关心 Uniform 模式，而将所有其他的模式归到另一类中，称为混合模式，如 10 010 111(共 4 次跳变)。通过这样的改进，二进制模式的种类大大减少，模式数量由原来的 2^P 种减少为 $P\times(P-1)+2$ 种，其中 P 表示邻域集内的采样点数。对于 3×3 邻域内 8 个采样点来说，二进制模式由原始的 256 种减少为 58 种，这使得特征向量的维数更少，并且可以减少高频噪声带来的影响。

当 $P=8$ 时，58 种 Uniform 模式的具体形式如图 7-25 所示。

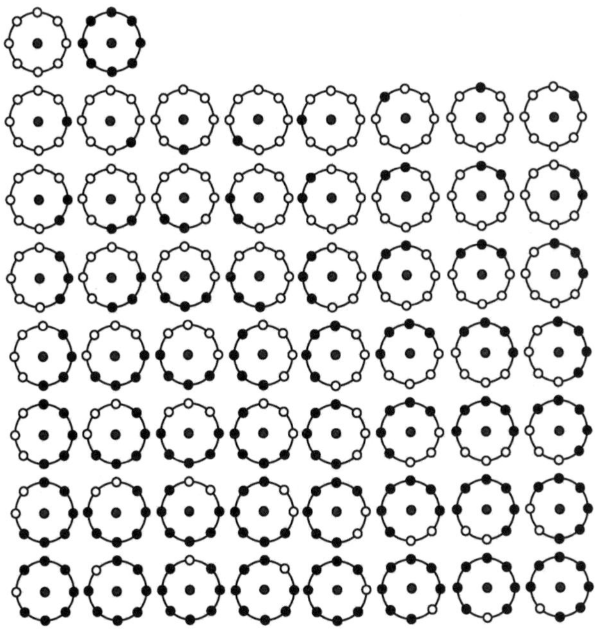

图 7-25 $P=8$ 时的 58 种 Uniform 模式

将 58 种 Uniform LBP 模式按照顺序分别编码为 1～58(也就是说,它们在 LBP 特征图像中的灰度值对应的是 1～58);除了 Uniform 模式之外的混合模式被全部编码为 0(也就是说,它们在 LBP 特征中的灰度值为 0)。从这种编码方式不难看出,Uniform 模式 LBP 特征图像整体偏暗(灰度值<58)。

人脸图像的各种 LBP 模式如图 7-26 所示。变化后的图像和原图像相比,能更清晰地体现各典型区域的纹理,同时又淡化了研究价值不大的平滑区域的特征,降低了特征的维数。比较而言,Uniform 模式表现得更逼真,在人脸识别和表情识别应用中都采用这种模式。

(a) 原图

(b) LBP模式图

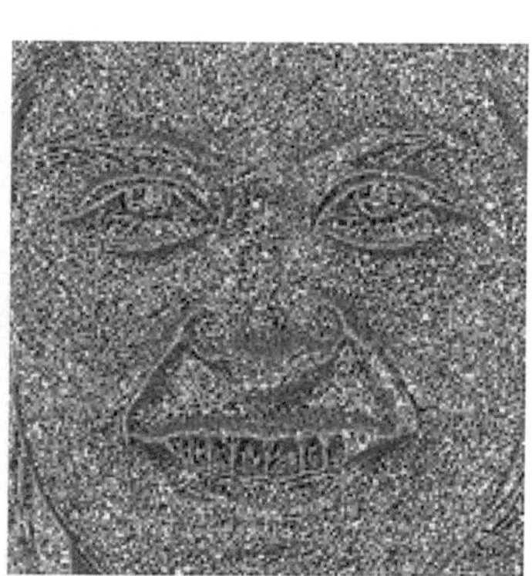
(c) Uniform LBP模式图

图 7-26　人脸 LBP 模式图

7.8.2　基于局部二值模式的检测原理

在 LBP 的应用中,如纹理分类、人脸分析等,一般不将 LBP 图谱作为特征向量用于分类识别,而是采用 LBP 特征谱的统计直方图作为特征向量用于分类识别。

因为从上面的分析可以看出,LBP 特征跟位置信息紧密相关。如果直接对两幅图片提取这种特征并进行判别分析的话,会因为位置没有对准而产生很大的误差。可以将一幅图像划分为若干个子区域,对每个子区域内的每个像素点都提取 LBP 特征,然后,在每个子区域内建立 LBP 特征的统计直方图。如此一来,每个子区域,就可以用一个统计直方图来描述;整个图片就由若干个统计直方图组成。

例如:一幅 100×100 像素大小的图片,划分为 10×10=100 个子区域(可以通过多种方式划分区域),每个子区域的大小为 10×10 像素;对每个子区域内的每个像素点,提取其 LBP 特征,然后建立统计直方图;这样,这幅图像就有了 10×10 个统计直方图,利用这 10×10 个统计直方图来描述这幅图像。最后,利用各种相似性度量函数,就可以判断两幅图像之间的相似性了。图 7-27 为一个 LBP 算法的示意图。

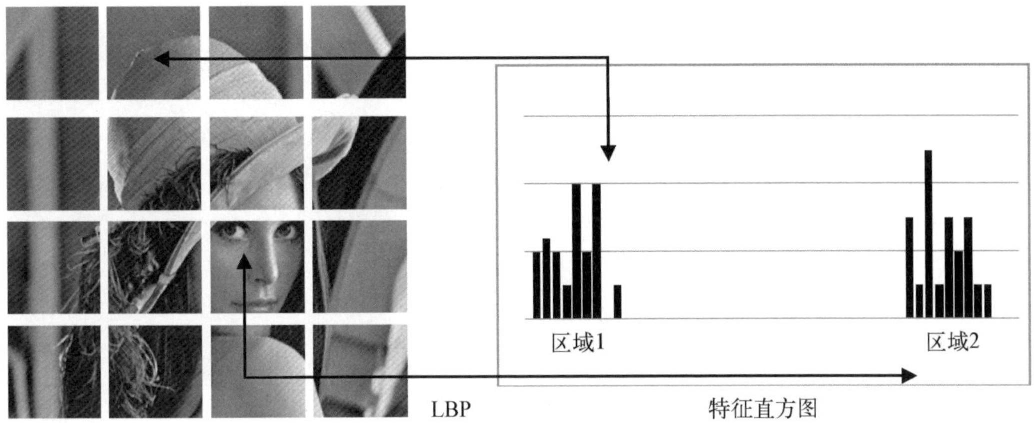

图 7-27 LBP 算法示意图

习题

1. 在图像的灰度描述中，灰度直方图的应用领域有哪些？
2. 在图像的边界描述中，可以利用哪些数学工具？
3. 什么是图像的纹理？纹理具有的三大标志是什么？
4. 简述灰度共生矩阵的定义。对于纹理变化缓慢的图像，其灰度共生矩阵对角线上的数值较大，还是较小？
5. 基于灰度共生矩阵计算出来的统计量有哪些？
6. 图像矩中有零阶矩、一阶矩、二阶矩，请简述它们分别是什么。
7. 利用图像的不变矩特征进行目标识别有哪些优点和缺点？
8. 简述 SIFT 算法的实现步骤，SIFT 特征对图像的旋转、尺度缩放具有不变性吗？
9. SIFT 算法和 HOG 算法在哪些领域有重要应用？
10. 什么是 LBP 算子？为什么采用 LBP 特征谱的统计直方图作为特征向量用于图像的分类识别？

参考文献

[1] Belongie S, Malik J, Puzicha J. Shape matching and object recognition using shape contexts [J]. IEEE Transactions on Pattern Analysis and Machine Intelligence, 2002, 24(4): 509-522.

[2] Dalal N, Triggs B. Histograms of oriented gradients for human detection[C]//2005 IEEE Computer Society Conference on Computer Vision and Pattern

Recognition, 2005.

[3] Lowe D G. Object recognition from local scale-invariant features[C]//IEEE International Conference on Computer Vision, 1999.

[4] Ojala T, Pietikainen M, Maenpaa T. Multiresolution gray-scale and rotation invariant texture classification with local binary patterns[J]. IEEE Transaction on Pattern Analysis and Machine Intelligence, 2002, 24(7): 971-987.

8 经典目标检测算法

8.1 静态检测

8.1.1 问题概述

目标检测是计算机视觉领域中的重要问题，是人脸识别、智能驾驶、行为分析等领域的理论基础。静态检测在本章中是指在提供单张静态图像的基础上，对该图像中规定的目标如行人、车辆等进行检测与定位。经典的静态目标检测算法通常是基于滑动窗口遍历整幅图像进行检测区域选择，然后使用方向梯度直方图(HOG)、Haar 等特征对滑窗内的图像进行特征提取，最后使用支持向量机(support vector machine，SVM)、Adaboost 等分类器对已提取特征进行分类并标出所在位置。经典的静态目标检测算法的核心为二值分类，分类的核心为使用什么样的特征提取方式，以及使用哪种分类器。

8.1.2 V-J 检测算法

人脸检测技术的突破发生在 2001 年，两位杰出的科研工作者 Paul Viola 和 Michael Jones 设计出了一个快速而准确的人脸检测器。对比其他人脸检测方法具有相同甚至更好准确度的同时，其速度提升了几十倍到上百倍——在当时的硬件条件下达到了每秒处理 15 张图像的速度。这不仅是人脸检测技术发展的一个里程碑，也标志着计算机视觉领域的研究成果开始具备投入实际应用的可能性。为了纪念这一工作成就，人们将这种人脸检测器用两位科研工作者的名字命名，称为 Viola-Jones 人脸检测器(简称为 V-J 人脸检测器)。V-J 人脸检测器之所以能够获得成功，极大地提高人脸检测速度，是因为其中有三个关键要素：特征的快速计算方法——积分图、有效的分类器学习方法——AdaBoost 以及高效的分类策略——级联结构的设计。V-J 人脸检测器又称为 Haar 分类器。

8.1.2.1 Haar 特征

Haar 特征是一种将像素分块求差值以反映图像灰度变化的特征。如图 8-1 所示，

Haar 特征分为三类：两矩阵特征(a、b)、三矩阵特征(c、d)和四矩阵特征(e)。Haar 特征模板内有白色和黑色两种矩形，定义该模板计算的特征值为白色区域像素和减去黑色区域像素和，且需要加权以抵消黑白区域面积不等带来的影响，保证所有 Haar 特征的值在灰度分布绝对均匀的图中为 0。

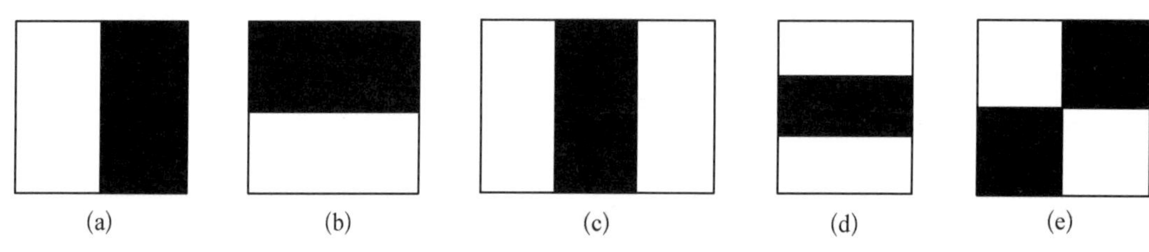

图 8-1 基础 Haar 特征模板

与直接用像素作为特征的方法不同，Haar 特征能够捕捉特定的区域模式。如图 8-2 所示，研究者发现，以矩形块差值作为特征能对人脸部的一些固有特点进行简单且有效的描述，如眼睛比脸颊颜色要深、鼻梁两侧比鼻梁颜色要深、嘴巴比周围颜色要深等。

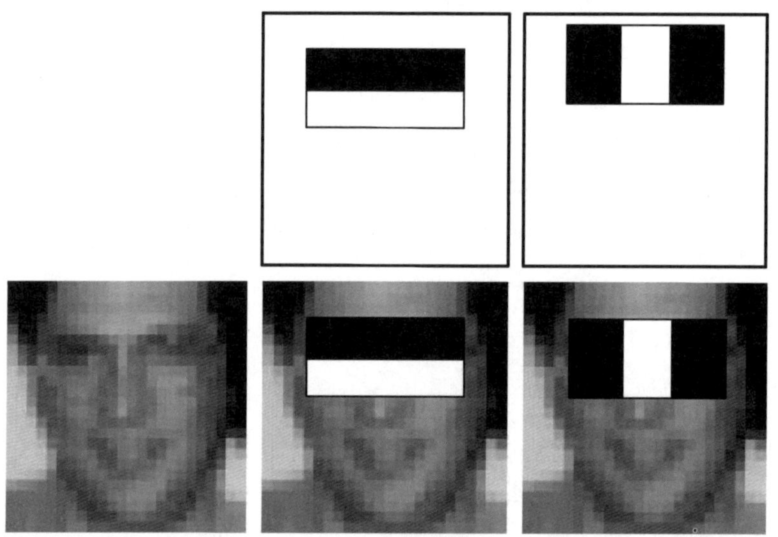

图 8-2 Haar 特征在人脸图像上的某些对应关系

Haar 特征模板可以位于图像的任意位置，其大小和形状也可以任意改变，所以根据不同的模板类别、形状、大小和位置，在很小的检测窗口中可以提取非常多的特征。例如，在 24×24 大小的检测窗口中，仅使用图 8-1 中的 5 种基础 Haar 特征模板，不进行长宽比的拉伸变化，就可以生成 18 万个 Haar 特征。

那么，就有两个问题需要解决：① 如何快速计算如此多的特征？② 哪些 Haar 特征才是对分类器分类最有效的？前者的方法可以使用积分图来快速地计算特征值，后者可以通过 AdaBoost 算法中训练的弱分类器的误差大小来判断对应特征的区分能力，下面内容将分别回答这两个问题。

8.1.2.2 用积分图计算 Haar 特征

如上所述，使用积分图能够大大加快计算 Haar 特征的速度。积分图的计算方式是，对图像中的每个像素，计算以该像素和原点像素为对角的矩形内的所有像素值之和，最终得到一个与图像尺寸相同的矩阵，即积分图。设图像为 f，则积分图 I 的定义为：

$$I(i, j)=\sum_{k \leqslant i,\ l \leqslant j} f(k, l) \tag{8-1}$$

有了积分图，图像中任何矩阵区域像素累加和都可以通过简单地调用积分图中的4个元素来计算得到，极大地简化了 Haar 特征的计算过程。

如图 8-3 所示，设图中 D 区域的四个顶点分别为 α、β、γ、δ，则 D 区域内的像素和可以表示为：

$$D_{\text{sum}}=I(\alpha)+I(\delta)-(I(\gamma)+I(\beta)) \tag{8-2}$$

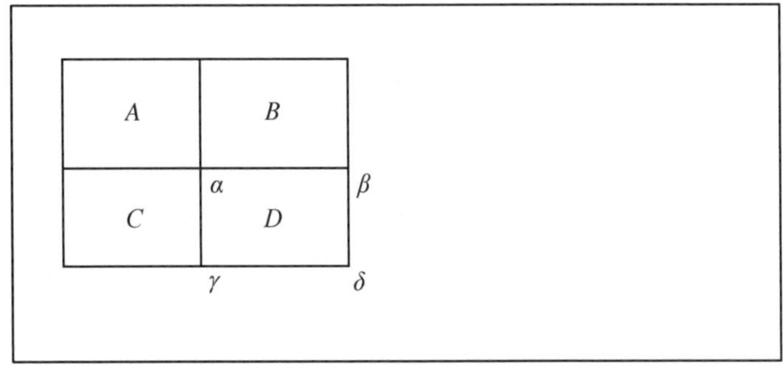

图 8-3 积分图计算示意图

图 8-4 所示为一个矩形区域像素和计算的实例。其中(a)为图像，(b)为积分图，则 D 区域内的像素和计算如下：

$$D_{\text{sum}}=I(\alpha)+I(\delta)-(I(\gamma)+I(\beta))=42+194-(105+77)=54$$

7	7	7	7	4	8
7	7	7	8	4	4
7	7	8	4	8	4
7	8	4	7	8	4
7	8	7	7	4	8
7	8	7	7	8	8

(a)

7	14	21	28	32	40
14	28	42	57	65	77
21	42	64	83	99	119
28	57	83	109	133	153
35	72	105	138	166	194
42	87	127	167	203	239

(b)

图 8-4 积分图计算实例

最后，比起使用计算开销较大的式(8-1)，基于动态规划算法，积分图构建过程可以简化如下：使用 I 表示一个积分图像，初始化 $I(-1, j)=I(i, -1)=I(-1, -1)=0$；

按照索引 i 和 j 增大的方向，逐行或逐列扫描图像，递归计算每个位置 (i, j) 上积分图像的值 $I(i, j)$：

$$I(i, j)=I(i-1, j)+I(i, j-1)-I(i-1, j-1)+f(i, j) \tag{8-3}$$

8.1.2.3 AdaBoost 人脸检测与级联分类器

使用 AdaBoost 分类器对 Haar 特征进行分类，可以进行人脸的检测。由于通过 Haar 特征提取方法能得到很多特征，需要从中筛选出最有用的特征来构建分类器，这个任务可以由 AdaBoost 算法来完成。这里需要指出的是，使用 Haar 特征的 AdaBoost 算法训练得到的强分类器，虽然已经能够达到较高的人脸检测精度，但是其速度仍然相对较慢，不能满足实时应用的需求，所以 V-J 算法基于 AdaBoost 提出了级联强分类器的方法，这大大加快了分类速度。下面首先讲解 AdaBoost 算法，然后介绍级联分类器。

AdaBoost 算法的主要思想是，对每个特征训练一个弱分类器，再将这些分类器做加权和，构成一个强分类器，以达到较高的性能。其中，每个弱分类器仅使用一个特征进行分类，由于单个特征对类别的区分能力有限，这些分类器单独运作时性能不佳，因此被称作弱分类器。弱分类器的准确度越高，说明其对应的特征区分能力越强，也就是该特征越"有用"。因此，将训练的弱分类器按照准确度排序，就可以挑选出最好的特征。

弱分类器定义如下：

$$h(x)=\begin{cases}1, & pf(x)<p\theta \\ 0, & 其他\end{cases} \tag{8-4}$$

其中，f 为特征，θ 为阈值，p 指示不等号方向，x 代表图像。可以看到，弱分类器通过对特征进行简单的阈值判断来分类。那么，弱分类器训练的目标即为：找到合适的不等式方向 p 和阈值 θ，使得弱分类器在训练集上的误差最小。这个目标通过一个简单的过程就能实现：对每个训练样本 x_i，计算其特征 $f(x_i)$，然后依次以每个特征值 $f(x_i)$ 作为阈值 θ，计算弱分类器 $h(x)$ 在训练集上的分类误差，选择误差最小的阈值 θ 即可。

基于上面的介绍，下面介绍 AdaBoost 算法的具体训练流程，如图 8-5 所示。

可以看到，在 AdaBoost 算法中，弱分类器是依次迭代训练的，每次迭代具有不同的训练样本权重。训练样本权重的作用是，为每个训练样本在弱分类器计算的分类误差中赋予不同的权重，有针对性地提高对分类错误的样本的重视程度，影响下一次迭代的弱分类器的训练。具体来讲，在每次迭代中，弱分类器 h_t 训练得到最优阈值 θ_t 与误差 ε_t 后，根据误差 ε_t 更新训练样本权重 W_t，得到下一次迭代训练的权重 W_{t+1}。

具体的 AdaBoost 算法流程如下：

(1) 设有 M 个样本 x_i，$i\in[1, M]$，对每个样本提取 K 个特征 $f_j(x_i)$，$j\in[1, K]$。

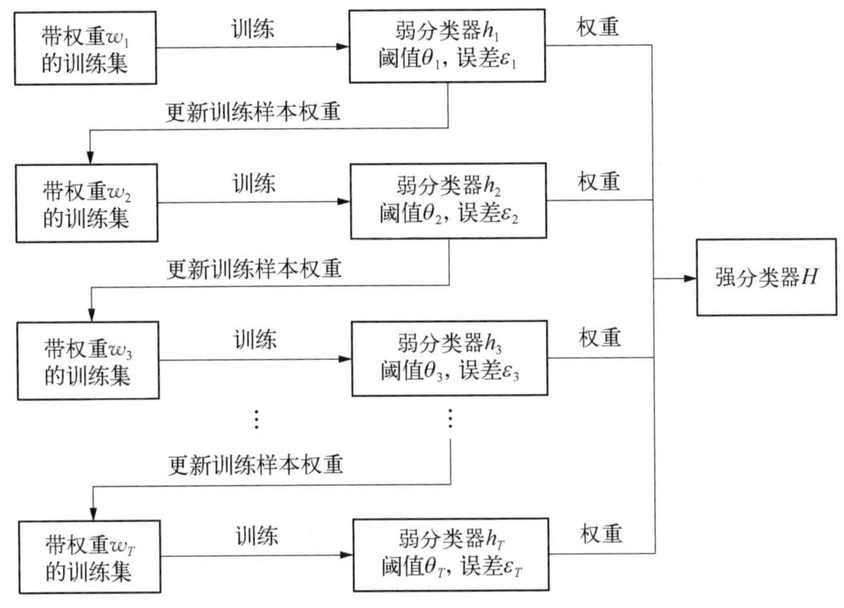

图 8-5　AdaBoost 训练流程图

同样地，有 M 个标签 y_i，$i \in [1, M]$，$y_i = 1$ 时表示 x_i 为人脸，$y_i = 0$ 时表示 x_i 不为人脸。

(2) 初始化训练样本权重 $W_{1,i} = \dfrac{1}{M}$，即赋予所有训练样本相同的权重。

(3) 一共进行 T 次迭代，对第 t 次迭代（$t \in [1, T]$）

① 归一化训练样本权重：

$$W_{t,i} \leftarrow \frac{W_{t,i}}{\sum_{j=1}^{M} W_{t,j}} \tag{8-5}$$

对训练样本权重进行归一化的目的是将误差的大小限制在 $[0, 1]$ 内。

② 对每个特征 f_j，训练一个弱分类器 $h_{t,j}$：

$$h_{t,j}(x) = \begin{cases} 1, & pf_j(x) > p\theta_{t,j} \\ 0, & \text{其他} \end{cases} \tag{8-6}$$

其中，p 指示不等式的方向，$\theta_{t,j}$ 为弱分类器 f_j 训练得到的阈值。训练弱分类器的过程为：以每个样本 x_i 的特征值 $f_j(x_i)$ 作为阈值 $\theta_{t,j}$，计算误差 $\varepsilon_{t,j}$，选取其中使误差 $\varepsilon_{t,j}$ 最小的 $f_j(x_i)$ 作为阈值 $\theta_{t,j}$。

弱分类器 $h_{t,j}$ 的分类误差 $\varepsilon_{t,j}$ 的计算公式为：

$$\varepsilon_{t,j} = \sum_{i=1}^{M} W_{t,i} \mid h_{t,j}(x_i) - y_i \mid \tag{8-7}$$

可见，误差 $\varepsilon_{t,j}$ 为分类错误的训练样本的权重之和。这样，就得到了共 K 个弱分类器 $h_{t,j}$。然后，选取其中误差最小的作为第 t 代的弱分类器 h_t，其误差 $\varepsilon_t = \min\limits_{j} \varepsilon_{t,j}$。

③ 更新训练样本权重：

$$W_{t+1,\,i}=W_{t,\,i}\beta_t^{1-e_i} \tag{8-8}$$

其中，当 x_i 被错误分类时，$e_i=1$，否则 $e_i=0$；而 β_t 有

$$\beta_t=\frac{\varepsilon_t}{1-\varepsilon_t} \tag{8-9}$$

可以看到，当误差 $\varepsilon_t<0.5$ 时，权重更新使被弱分类器正确分类的样本的权重减小；而当误差 $\varepsilon_t>0.5$ 时，权重更新使被正确分类的样本的权重增加。

④ 计算弱分类器 h_t 的权重

$$\alpha_t=-\log\beta_t \tag{8-10}$$

（4）由上述迭代得到的 T 个弱分类器做加权和，就可以得到一个强分类器 H：

$$H(x)=\begin{cases}1, & \sum_{t=1}^{T}\alpha_t h_t(x)>\frac{1}{2}\sum_{t=1}^{T}\alpha_t\\ 0, & \text{其他}\end{cases} \tag{8-11}$$

可以看到，不等式右边的阈值为 $\frac{1}{2}\sum_{t=1}^{T}\alpha_t$，这样就免除了弱分类器权重的归一化，任意多个弱分类器都可以直接组成强分类器。

通过 AdaBoost 算法，能够完成有效特征的筛选，其最终得到的强分类器也达到了较高的精度。但是，如前文所述，尽管通过积分图，提取特征的速度快了许多，但同时对如此多的特征进行弱分类器的预测，仍然十分耗时；而减少弱分类器的数量，又会导致精度下降。因此，一般 AdaBoost 算法得到的强分类器的速度不能满足实时应用的需求。所以，为了提高强分类器的速度，V-J 算法提出了级联分类器的结构。级联分类器模型结构如图 8-6 所示。

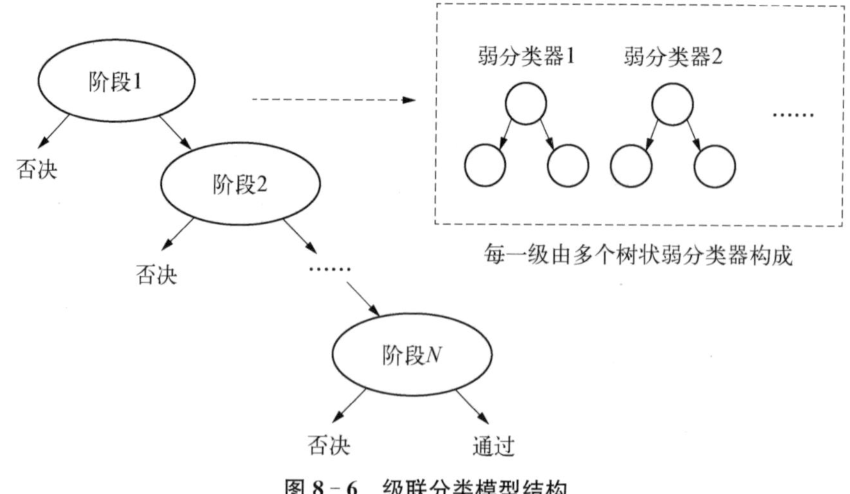

图 8-6　级联分类模型结构

构造级联分类器的过程是：将 AdaBoost 算法得到的所有弱分类器按照精度排序，从精度最高的弱分类器开始，每 k 个（k 较小，如 2 个）弱分类器组成一个强分类器，N 个强分类器依次进行判决就构成了一个决策树，每个强分类器的判决称为一个阶段。在这个决策树中，只要样本在任意一个阶段被强分类器否决，决策就会终止。于是，绝大部分负样本都会在前几个阶段就被否决，从而极大地加快了分类的速度。

当然，很自然可以想到的是，在级联分类的结构下，因为单个阶段的性能有限，如果不对弱分类器进行任何调整，同样会有很多正样本在中途被否决，即产生假阴性（false negative）的结果，从而损害整体性能。也就是说，级联分类器的决策树结构要求其每个阶段应具有尽量低的假阴性率。所以，需要对每个阶段内的弱分类器阈值进行调整，使其假阴性率尽量降低。例如，对于特征值越大越趋向于正样本的特征，应适当降低其弱分类器阈值以达到最小的假阴性率。因为排序挑选的弱分类器对应的特征区分能力相对较好，所以通常其假阴性率都能够降低到接近零的水平。

阈值调整之后，因为每个阶段都具有较低的假阴性率，所以整个级联分类器自然也具有较低的假阴性率；而且由于多阶段决策的结构，负样本要依次从不同特征进行判断，很难通过所有的阶段而不被否决，因而级联分类器同样达到了较低的假阳性率。这就从总体上保证了级联分类器的性能。这样，级联分类器便成为一种兼具精度与速度的分类模型。

图 8-7 是 V-J 算法进行人脸检测的实例效果图。可以观察到，图中所有的人脸都被检测出。

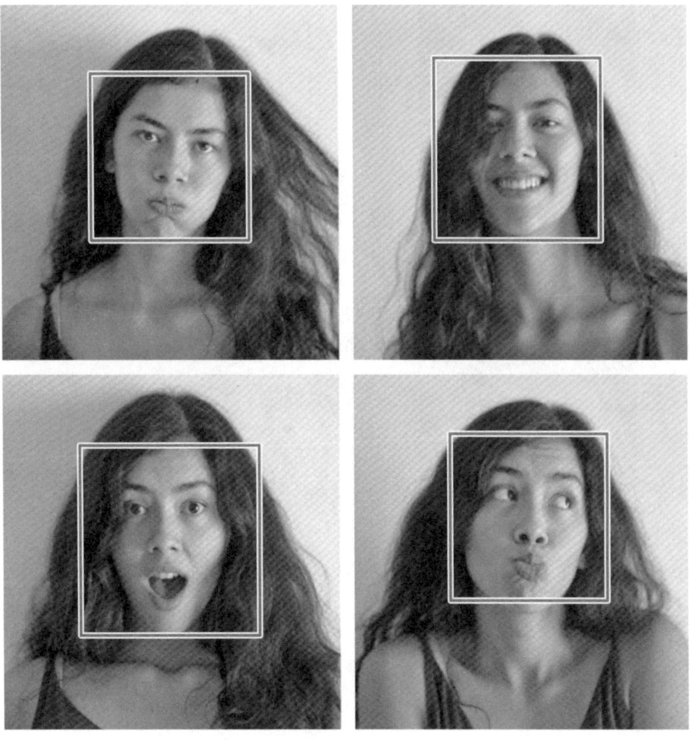

图 8-7　V-J 算法人脸检测效果图

V-J算法不仅可以用于人脸检测,同时也可以用于其他目标检测。图8-8为V-J算法的车辆检测效果图。

图8-8　V-J算法车辆检测效果图

8.1.3　方向梯度直方图

特征表达就是通过提取图像的有用信息并且丢弃无关信息来简化图像的表示。2005年N. Dalal和B. Triggs提出了方向梯度直方图(histograms of oriented gradient, HOG)特征描述符,它可以将3通道的彩色图像转换成一定长度的特征向量。HOG特征描述符的主要思想是,考虑到边缘和拐角(强度突变的区域)周围的梯度幅度很大,而且边缘和拐角比平坦区域包含更多关于物体形状的信息,因此图像的梯度非常有用,如图8-9所示;在HOG特征描述符中利用梯度方向的分布,也就是把梯度方向的直方图作为描述目标对象的特征。Dalal等提出的HOG+SVM算法用于行人检测取得了巨大的成功,此后涌现的许多目标对象的检测算法都是以该算法为基础框架。

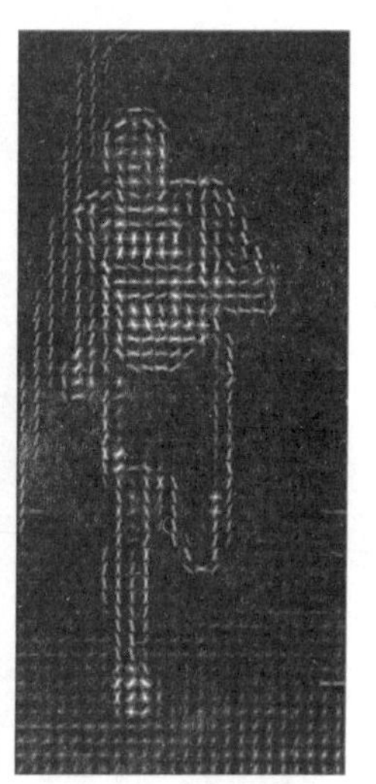

图8-9　梯度方向的分布包含许多重要目标的特征信息

在HOG特征描述符的提取过程中,把整个检测窗口划分为许多小的单元格(cell),在单元格内进行基于像素点的一维梯度方向直方图统计。最后把所有单元格的梯度方向直方图链接起来,形成整个检测窗口图像的特征表示。该方法不需要求得确切的对象特征表示,通过目标(一般为人体)的边缘特征,把目标的表示包含于整幅图像的表示之中,这就降低了计算的复杂度。

8.1.3.1 方向梯度直方图特征提取

HOG 特征描述符的提取包含图像预处理、梯度计算、统计方向梯度直方图、重叠块中的特征归一化等步骤，以及 HOG 的特征向量形成。

1) 图像预处理

首先对图像进行裁剪，并缩放到固定尺寸。由于图像的采集环境、装置等因素，采集到的图像质量各不相同，需要对采集到的图像进行预处理，其中包括将图像灰度化和 Gamma 校正。使用 Gamma 校正法对输入图像进行颜色空间的标准化的目的是调节图像的对比度，降低图像局部的阴影和光照变化所造成的影响，同时可以抑制噪声的干扰。灰度处理是可选操作，因为灰度图像和彩色图像都可以用于计算梯度图。对于彩色图像，先对 3 通道颜色值分别计算梯度，然后取梯度值最大者作为该像素的梯度。

2) 图像的归一化

图像不同区域之间亮度相差很大，这主要是由于光照强度的不同以及前景与后景对比度的不同。当光照减弱使得图像的像素值变为原来的一半时（图像相应会变暗），计算得到的直方图在每个区间上的值也会缩减为原来的一半，因此如果使用这样不够稳定的 HOG 特征训练分类器，训练出来的分类器将只能适用于特定环境光照条件下的图像检测分类，而如果将一幅带有目标但是较暗的图像拿给这个检测器进行目标提取，很有可能就不能检测出目标。因此为了提高检测的效果，削弱光照及前景、后景对比度不同的影响，有必要对图像进行局部对比度的归一化。

假设 v 是未经过归一化的特征描述向量且 $v=(v_1, v_2, \cdots, v_n)^T$（对图像而言，就是将一个彩色图像块中某一个通道的所有像素值排成一维向量的形式），$\|v\|_k$ 是它的 k 范数，其中 $k=1, 2$，令 ε 是一个极小的正常量，用来避免除数为 0。常见的几种归一化模式如下。

(1) L_2- norm：

$$v \leftarrow \frac{v}{\sqrt{\|v\|_2^2+\varepsilon^2}} \tag{8-12}$$

其中 $\|v\|_2=(|v_1|^2+|v_2|^2+\cdots+|v_n|^2)^{1/2}$。

(2) L_2- Hys：

先对 v 做一次 L_2- norm，然后把所得向量中大于等于 0.2 的分量赋值为 0.2，对新得的向量再做一次 L_2- norm。

(3) L_1- norm：

$$v \leftarrow \frac{v}{\|v\|_1+\varepsilon} \tag{8-13}$$

其中 $\|v\|_1=|v_1|+|v_2|+\cdots+|v_n|$。

(4) L_1- sqrt：

$$v \leftarrow \sqrt{\frac{v}{\|v\|_1+\varepsilon}} \tag{8-14}$$

在上述几种归一化模式中，L_2- norm 的使用频率较高，因为其形式简单且通常检测效果相对较好。可以简单地以一个向量为例，对于向量 $v=[128, 64, 32]$，它包含 3 个像素值，每个像素的值分别为 128、64 和 32，那么该向量的幅值为 $\sqrt{128^2+64^2+32^2}=146.64$。归一化操作就是对向量 v 除以其幅值得到 $\bar{v}=[0.87, 0.43, 0.22]$。经过简单验证发现，当向量值变为原来的一半时，其归一化之后的向量依旧保持不变，这样就做到了 HOG 特征对光照的不变性。此外，图像的归一化操作与结果如图 8 - 10 所示。

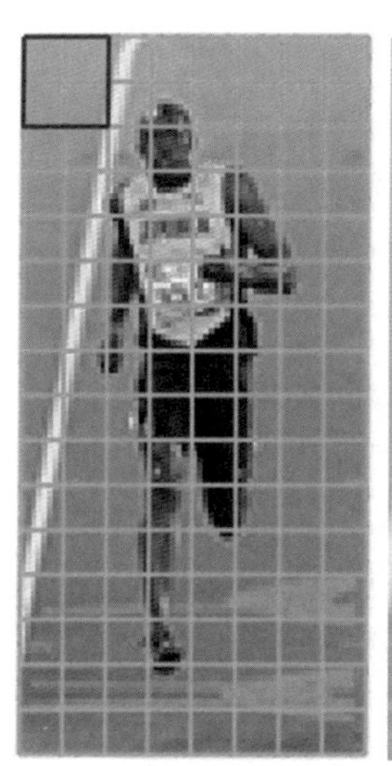

图 8 - 10　图像归一化

在计算 HOG 特征时选择在原图像上，对每个通道（红色、绿色和蓝色 3 通道）分别将 4 个 8×8 的图像块结合起来进行归一化，也就是说，在每个通道上将 4 个 8×8 的图像块排列成一个向量，然后对此向量进行 L_2- norm 归一化。因为是对每个通道上的像素值都计算一遍，所以上述操作需要重复 3 次才能得到归一化之后的图像。计算过程如图 8 - 11 中深色方框所示，方框每次向右或者向下移动 8 个像素（即向右或者向下滑动一个图像块的距离）进行归一化操作，经过这样的滑动归一化之后，再按照前文中计算 HOG 特征的步骤进行计算，就可以得到最终的方向梯度直方图。

3）梯度计算

图像的边缘在数字图像中就是指周围像素值发生阶跃变化的像素点的集合。边缘的锐利程度由图像灰度或亮度的梯度决定，所以边缘的幅值与方向的计算一般都通过对图像进行梯度运算来实现。下面将详细介绍 HOG 特征提取中梯度计算的过程。

如图 8 - 11 所示，对图像建立坐标系，图中点 P 的坐标用 (x, y) 表示，P 点处的像素值设为 $I(x, y)$。

P 点处的水平梯度 $G_x(x, y)$ 和垂直梯度 $G_y(x, y)$ 的定义如式(8 - 15)和式(8 - 16)所示：

图 8-11　图像的坐标表示

$$G_x(x, y)=I(x+1, y)-I(x-1, y) \tag{8-15}$$

$$G_y(x, y)=I(x, y+1)-I(x, y-1) \tag{8-16}$$

P 点处的梯度幅值和梯度方向为：

$$|G(x, y)|=\sqrt{G_x^2(x, y)+G_y^2(x, y)} \tag{8-17}$$

$$\theta(x, y)=\arctan\left(\frac{G_y(x, y)}{G_x(x, y)}\right) \tag{8-18}$$

图像中每一个像素点都可以得到一个梯度幅值和对应的梯度方向。值得注意的是，在 RGB 格式的图像中，梯度幅值和梯度方向在图像的 RGB 三通道（红色、绿色和蓝色通道）上是分别计算的。对于每个像素点，其梯度幅值取三个通道上最大的梯度幅值，梯度方向取最大幅值所对应的梯度角。最终得到的梯度图像是一幅单通道的灰度图像。

经过计算得到的图 8-11 中人物的梯度图像如图 8-12 所示，其中(a)、(b)和(c)依次为图像的水平梯度图像、垂直梯度图像和梯度幅值图像。

4）统计方向梯度直方图

计算梯度之后，接下来一步需要进行方向梯度直方图统计。其基本思路为：对于每个像素点，根据其梯度的方向，将其梯度幅值加权统计到基于单元格的方向梯度直方图上。单元格的划分方式很多，通常将图像划分为 8×8 像素大小的图像小块，因此对于 64×128 的人物图像区域，可以将其均匀地分为 128 个 8×8 的小区域，接着对每个单元格（图像小块）中每一个像素计算其梯度的幅值和方向，如图 8-13 所示。

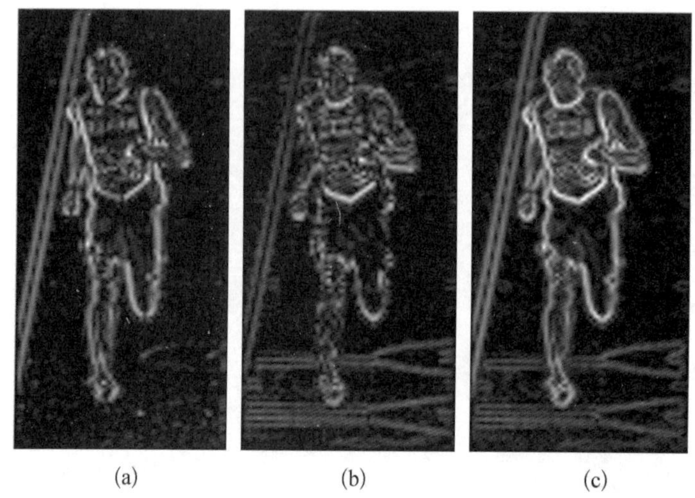

图 8－12　人物图像的梯度图像

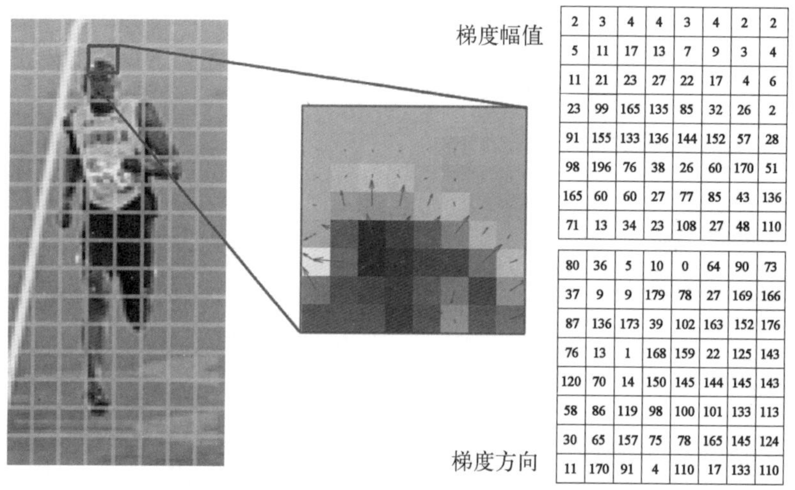

梯度幅值

2	3	4	4	3	4	2	2
5	11	17	13	7	9	3	4
11	21	23	27	22	17	4	6
23	99	165	135	85	32	26	2
91	155	133	136	144	152	57	28
98	196	76	38	26	60	170	51
165	60	60	27	77	85	43	136
71	13	34	23	108	27	48	110

梯度方向

80	36	5	10	0	64	90	73
37	9	9	179	78	27	169	166
87	136	173	39	102	163	152	176
76	13	1	168	159	22	125	143
120	70	14	150	145	144	145	143
58	86	119	98	100	101	133	113
30	65	157	75	78	165	145	124
11	170	91	4	110	17	133	110

图 8－13　人物图像的单元格划分与单元格中的梯度计算

之后需要对各单元格梯度进行统计整理，绘制方向梯度直方图。图 8－14 和图 8－15 显示了绘制方向梯度直方图的具体规则。

首先将 0°～180°角平均分成九个区域，分别以 0°、20°、40°、60°、80°、100°、120°、140°、160°角为各自区域的中心点，每两个中心点之间相差 20°角。

接下来，方向梯度直方图的计算只需要将每个点的梯度幅值根据其梯度方向角度计入相应的区间即可。其中，规则 1 如图 8－14 所示，左图是梯度方向图，第一行第一列的数值是 80°(实线圈)，正好为一个区间的中心，因此将与这个方向角对应的梯度幅值图中的数值 2(实线圈)计入 80°角所在区域位置上。

规则 2 是梯度方向角度落在直方图的两个区间点之间的情况，需要将梯度幅值按比例分配给两个区间。如图 8－14 所示，左图圆圈中的角度是 165°，可以知道 165°的梯度方

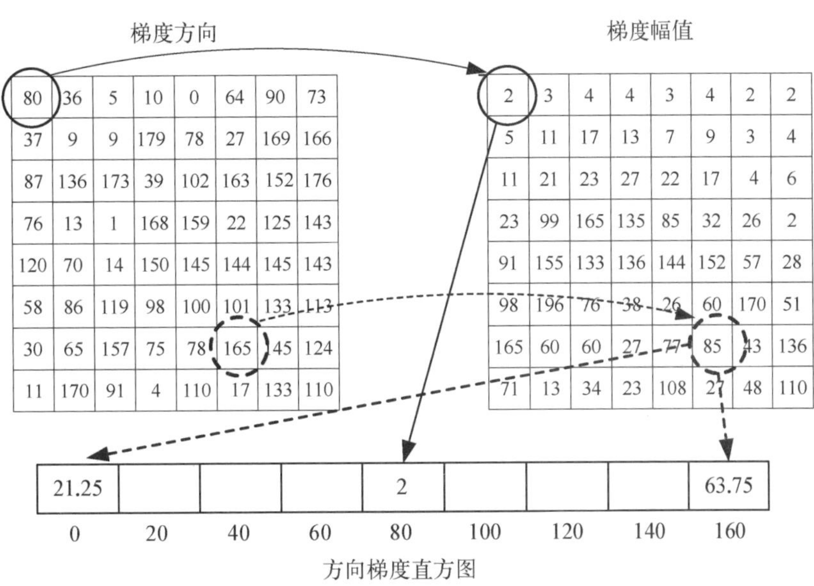

图 8-14　方向梯度直方图计算规则

向位于 160°到 0°之间，因为 165°的梯度方向与 160°的梯度方向相差 5°，165°与 0°相差 15°，两者距离之比为 5∶15，即 1∶3，说明 165°的梯度方向更加接近 160°的梯度方向。因此，将 165°梯度方向对应的梯度幅值按照 3∶1 的比例分给 160°区域和 0°区域，距离越近的区域获得的幅值比例越高。因此，如图 8-14 的右图所示，将幅值 85 按照 3∶1 的比例分给 160°区域和 0°区域，160°区域获得 63.75，0 度区域获得 21.25。

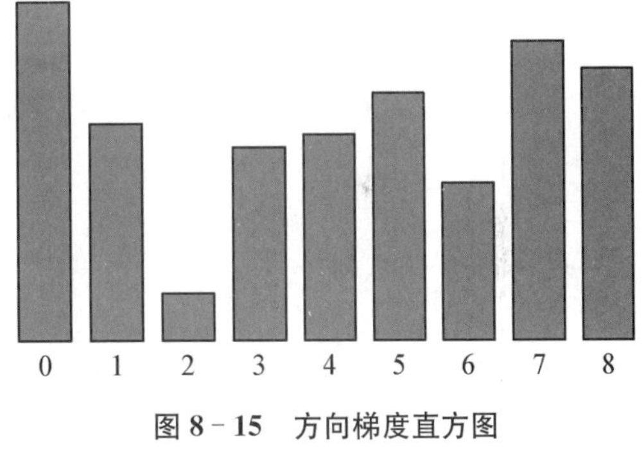

图 8-15　方向梯度直方图

最后，需要注意的是，按照上面两个规则将梯度幅值按照其对应的梯度方向分配到直方图角度区间中并直接累加，即可得到方向梯度直方图，如图 8-15 所示。

对于每个 8×8 的图像块计算得到 1 个方向梯度直方图，也就是一个向量。这样，64×128 的人物图像就可以得到 128 个不同的向量，这些向量构成的整体就是最终得到的图像的 HOG 特征，也就是该图像窗口的特征向量。

HOG 主要用在目标检测（object detection）领域，特别是行人检测、智能交通系统以及手势识别、人脸识别等方面。

HOG 和本书之前介绍的 SIFT 都属于描述子，由于在具体操作上有很多相似的步骤，很多人误认为 HOG 是 SIFT 的一种，其实两者在使用目的和具体处理细节上有很大的区别。HOG 与 SIFT 的主要区别如下：

(1) SIFT 是基于关键点邻域构建方向直方图，进而形成特征向量的描述。

(2) HOG 是将图像均匀地分成相邻的小块,在所有的小块内统计梯度直方图。

(3) SIFT 需要在图像尺度空间下对像素求极值点,而 HOG 不需要。

(4) SIFT 一般有两大步骤,第一个步骤是对图像提取特征点,而 HOG 不会对图像提取特征点。

HOG 的优缺点如表 8-1 所示。

表 8-1 HOG 的优缺点

HOG 的优点	HOG 的缺点
(1) HOG 表示的是边缘(梯度)的结构特征,因此可以描述局部的形状信息; (2) 位置和方向空间的量化在一定程度上可以抑制平移和旋转带来的影响; (3) 采取在局部区域归一化直方图,可以部分抵消光照变化带来的影响; (4) 由于在一定程度上忽略了光照颜色对图像造成的影响,图像所需要的表征数据的维度降低了	(1) 描述子生成过程冗长,导致速度慢、实时性差; (2) 很难处理遮挡问题; (3) 由于梯度的性质,该描述子对噪点相当敏感

8.1.3.2 基于方向梯度直方图与支持向量机的检测实例

以下是 HOG 联合 SVM(HOG+SVM)进行行人检测的实例。SVM 的分类原理在此不详述,以 HOG 特征构建 SVM 分类器以及对图像进行检测的基本流程如图 8-16 所示。

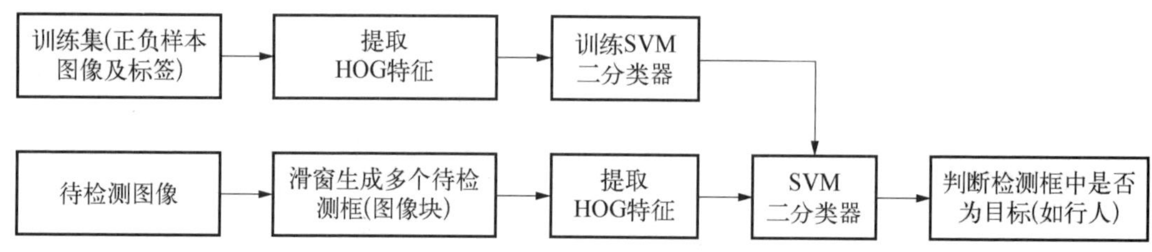

图 8-16 HOG+SVM 训练与检测流程

训练数据中的正样本来自 MIT 行人数据库(http://cbcl.mit.edu/software-datasets/PedestrianData.html),此处选取了其中 800 幅行人图像。训练数据中的负样本来自 INRIA 数据库(http://pascal.inrialpes.fr/data/human/),此处选取了其中 800 幅非行人背景图像。其中一部分正、负样本如图 8-17 所示。其中,(a)为正样本,(b)为负样本。

接下来,使用上述正、负样本提取 HOG 特征并训练 SVM 分类器。其中 HOG 特征提取过程如图 8-18 所示,其中(a)为图像归一化,(b)为梯度幅值,(c)为梯度相位,(d)为图像单元格化,(e)为对每个单元格进行直方图统计。

如何使用训练好的 SVM 二分类器对一张街景图像进行行人检测呢?常用的流程

(a) 正样本

(b) 负样本

图 8-17 训练集正样本和负样本

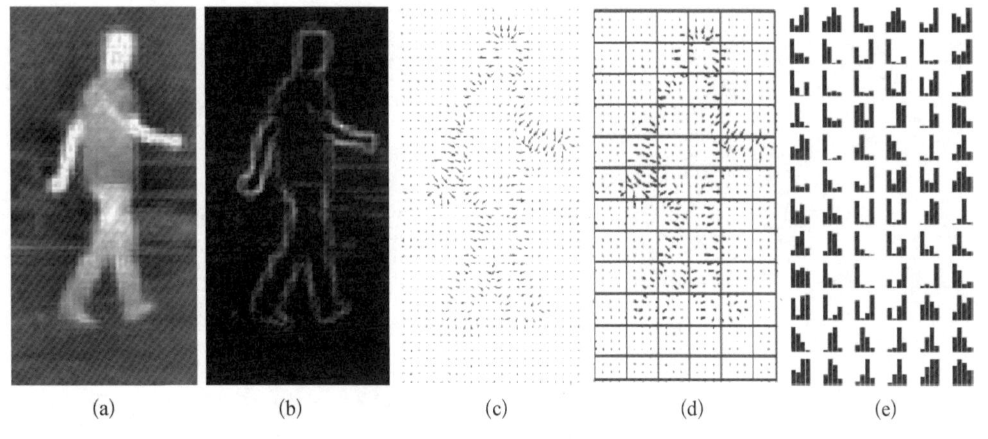

(a)　(b)　(c)　(d)　(e)

图 8-18 HOG 特征提取过程

(a) 图像归一化；(b) 梯度幅值；(c) 梯度相位；(d) 图像单元格化；(e) 对每个单元格进行直方图统计。

如下：

(1) 输入待检测图像。

(2) 使用滑动窗口(可选用多个尺度窗口如 64×128、32×64、64×64、32×32 等)在原图像上滑窗截取候选检测框。

(3) 再将候选框内的图像块调整为固定大小，并使用训练 SVM 二分类器时所使用的

HOG 特征提取参数方法对候选框内图像块进行 HOG 特征提取。

(4) 将提取好的特征输入训练好的 SVM 二分类器，可以得到对该候选框内图像块内容的判断结果，即是否为行人。

(5) 重复步骤(2)～(4)，直至滑动窗口遍历完整张待检测图像，输出最终结果，即整张待检测图像中所有被判断为行人的候选检测框的数量与位置。

图 8-19 显示了使用 HOG 特征训练的 SVM 分类器进行行人检测的效果。

图 8-19　HOG+SVM 行人检测效果图

以此类推还可以做车辆检测和其他目标检测(见图 8-20 和图 8-21)。

车辆检测

图 8-20　HOG+SVM 车辆检测效果图

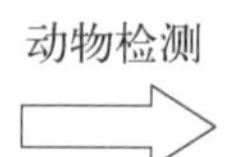

图 8-21　HOG+SVM 其他目标检测效果图

8.1.4 DPM 检测算法

可变形部件模型(deformable part model, DPM)算法是一个成功的目标检测算法，已成为众多分类器、分割、人体姿态和行为分类的重要部分。DPM 算法由 Felzenszwalb 提出，是一种基于部件的检测方法，对目标的形变具有很强的鲁棒性。DPM 算法采用了改进后的 HOG 特征、SVM 分类器和滑动窗口检测思想，针对目标的多视角问题采用了多组件(component)的策略，针对目标本身的形变问题采用了基于图结构的部件模型策略。此外，将样本所属的模型类别、部件的位置等作为潜变量(latent variable)，采用多实例学习(multiple-instance learning)来自动确定。

DPM 算法是基于 HOG 的改进，它使用基于根和 n 个部件间的位置关系来描述目标的结构。DPM 通过根来描述目标的整体轮廓，通过 n 个部件来描述组成部分。对于人体这种容易发生形变的目标，DPM 通过部件的偏移进行部件惩罚，使目标检测更加准确。DPM 模型可由 1 个根滤波器和 n 个部件滤波器组成，用整个模型来描述一个目标，目标的得分等于根得分和 n 个部件得分的和。在计算部件得分时，由于人体等非刚性目标可变形，需要在每个部件的理想位置周围搜索部件的实际位置，部件在实际位置的最终得分为：部件在实际位置的特征值向量与滤波器的点积得分减去部件实际位置相对于理想位置的偏移惩罚。用偏移惩罚来衡量目标的形变程度。

8.1.4.1 DPM 特征提取

DPM 算法在获取 8×8 单元格的梯度方向直方图时与传统的 HOG 提取方式有一定程度的不同，主要表现在以下几个方面。

(1) 在计算梯度方向时可以计算有符号(0°～360°)或无符号(0°～180°)的梯度方向。这样在有符号情况下梯度方向直方图向量是 18 维，在无符号情况下梯度方向直方图向量是 9 维。

(2) DPM 是将某单元格在其四个对角线方向的 2×2 个单元格构成的块内进行处理。注意首尾行列的单元格是不具有完整对角线邻域的，所以在计算时放弃了这些边界单元格的特征。如图 8-22 所示，对中心单元格 5，需要在单元格 1、2、5、4 构成的 2×2 的块内，每一个单元格内各自做梯度方向直方图向量，然后按照 5—4—1—2 的顺序拼接形成一个向量，并做向量归一化操作。对归一化操作后的向量截取前 18 维(有符号)和 9 维(无符号)。同理，对 5—2—3—6、5—6—9—8 和 5—8—7—4 块做同样的操作，并得到归一化和截断后的向量。

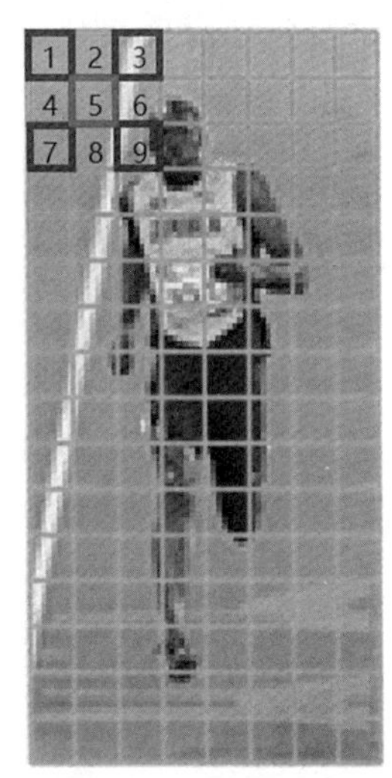

图 8-22 原 HOG 特征与 DPM 改进的 HOG 特征

(3) 对于一个 8×8 的单元格将会产生(18+9)×4=108 维的向量，维度过高。为了快速计算，DPM 算法采取了一种效果近似于主成分分析(PCA)的降维方法。如图 8-23 所示，先计算有符号梯度方向直方图向量，将得到的四组截断后的向量直接累加，得到的最终结果是 18 维向量。同样，在无符号的梯度方向直方图向量计算时，也将会产生 9×4=36 维特征，为了降低维数，将其看成一个 4×9 的矩阵，将行和列分别累积相加，分别得到 4 维和 9 维的向量，最终将生成 4+9=13 维特征向量，基本上能达到无符号 HOG 特征 36 维的检测效果。

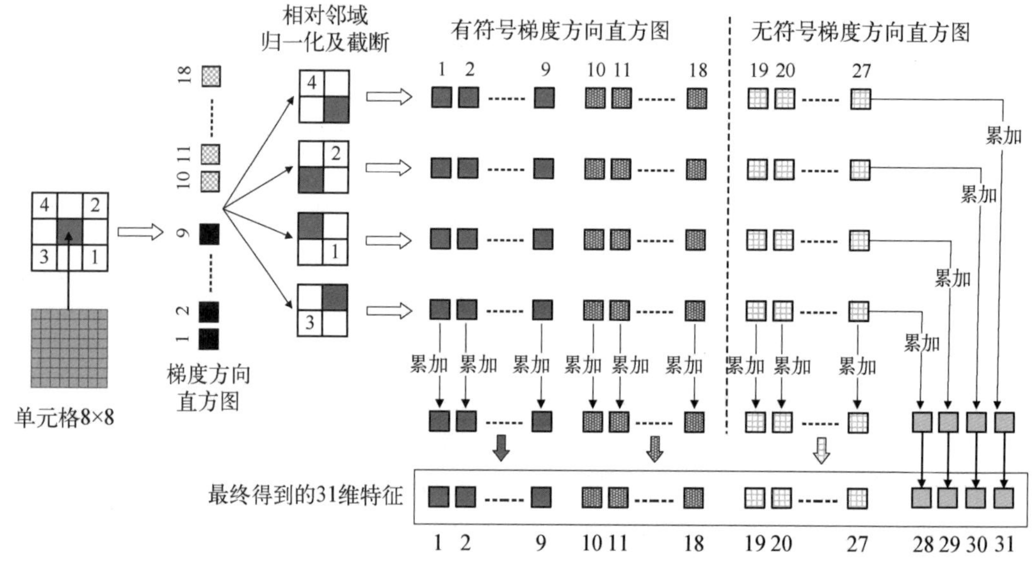

图 8-23　DPM 改进后的 HOG 特征

(4) 这样，最终就产生一个 8×8 单元格的 18+13=31 维的特征向量。

在实际处理过程中，首先将一张输入的图像构建图像金字塔，在每一个尺度层上运用上述梯度方向直方图向量的提取方法构建 HOG 特征金字塔。而标准图像金字塔由一张输入图像通过使用不同 σ 的高斯函数进行平滑且依次进行下采样操作得到(需要说明的是，两层之间的下采样率不一定是 2，也可以是其他倍数)。HOG 特征金字塔中每一层的最小单位是单元格。这样就为基于多尺度的 DPM 模型检测提供了基础。

8.1.4.2　DPM 算法模型

Felzenszwalb 在算法中使用了一个基于多尺度的 DPM 模型检测具有各种变化的目标。模型由一个根滤波器和多个部件滤波器以及部件相应的可变形配置构成。因此，可以用 $3n+2$ 个元素的向量 $(F_0, F_1, \cdots, F_n, v_1, \cdots, v_n, d_1, \cdots, d_n, b)$ 表示一个有 n 个部件的结构可变形模型。其中 F_0 表示根滤波器，$F_i(i>0)$ 表示第 i 个部件滤波器；v_i 表示 F_i 的理想位置(未发生形变时的部件位置)相对于 F_0 的位置在水平和垂直方向的偏移，为一个二维向量；d_i 表示一个二次函数的参数，是一个四维向量，这个二次函数定义了 $F_i(i>0)$ 在每个可能位置相对于理想位置的形变代价(deformation cost)；因此，F_i、v_i 和 d_i 三者构成了部件 $P_i(i>0)$ 的模型；b 表示偏差，是一个实数。

图 8 - 24 为 DPM 算法的一个目标检测模型，它由 1 个根滤波器 F_0 和 5 个部件滤波器 F_1, …, F_5 组成。

图 8 - 24(a)和(b)是这些滤波器的可视化效果，图中每一个白色的发散的叉代表每一个单元格的梯度方向直方图向量，本质就是一个 31 维的特征向量。图(a)比较粗糙，大致呈现了一个直立的正面/背面行人。图(b)共有 5 个部件(分别对应人的头部、左肩部、右肩部、腿部和脚部)。图(c)为部件的形变代价，越亮的区域表示形变代价越大，部件的理想位置的形变代价为 0。

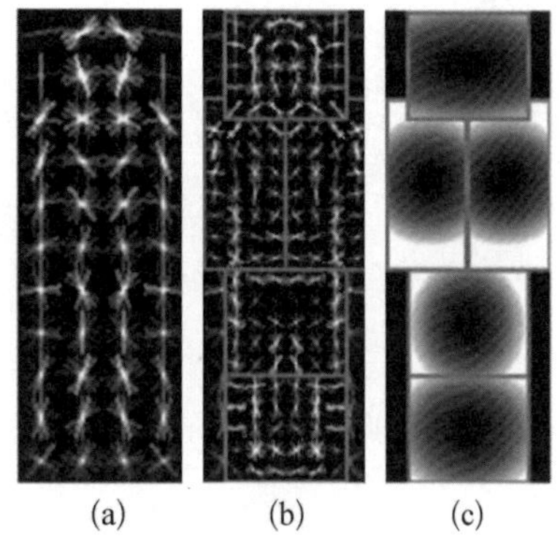

图 8 - 24　DPM 的目标检测模型

根滤波器 F_0 的实质就是一个 $w \times h \times 31$ 维权重向量，它的尺寸 $w \times h$ 是由训练集中正样本图像中的目标标注框决定的，同时它也决定了每一层滑动窗口的尺寸也为 $w \times h$。注意到 HOG 特征金字塔中每一层的最小单位都是单元格，因此一个滑动窗口内含 $w \times h$ 个 8×8 的单元格而并非 $w \times h$ 个像素。例如，图 8 - 24(a)中的根滤波器有 4×11 个白色发散的叉，每个叉代表一个 8×8 单元格的梯度方向直方图，说明根滤波器的尺寸为 4×11，它的本质是一个 $4 \times 11 \times 31$ 维权重向量，在检测过程中的滑动窗口尺寸设置为 4×11。

基于 DPM 的检测过程是一个模板匹配过程。DPM 采用了传统的滑动窗口检测方式，通过构建多尺度 HOG 特征金字塔，在各个尺度进行滑动搜索与检测。滑动窗口中的图像与目标的匹配程度取决于此滑动窗口的响应分数。下面介绍滑动窗口响应分数的具体计算过程。

滑动窗口的响应分数由三部分组成：一是根的响应分数，即根滤波器 F_0 与 HOG 特征金字塔第 l_0 层特征图窗口中 HOG 特征向量的点积，这表示滑动窗口中的图像与目标的整体相似程度(如窗口中的图像是否与一个行人相似)；二是各部件的响应分数，即各部件的滤波器 $F_i(i > 0)$ 与 HOG 特征金字塔第 l_i 层特征图滑动窗口中 HOG 特征向量的点积，这表示窗口中的图像各处与目标各个部位的相似程度(如窗口中的图像各处是否存在与行人的头部、双臂、腿部等相似的区域)；三是各部件的形变代价，即各部件对于其理想位置的偏移(如弯下腰的人的头部相对于理想情况下站立的人的头部的偏移)。

值得注意的是，在特征金字塔中，部件滤波器所在层的特征图分辨率是根滤波器的两倍，即当 $l_i = l_0 - \lambda(i > 0)$ 时，第 l_i 层特征图的分辨率是第 l_0 层特征图的2 倍 (λ 即在特征金字塔中，需要从第 l_0 层向下 λ 层，该层特征图的分辨率正好是第 l_0 层特征图的 2 倍)。因此，特征金字塔 H 中位置为 (x_0, y_0, l_0) 的窗口得分为：

$$\begin{aligned}\text{Score}(x_0, y_0, l_0) = F_0 \cdot \varphi(H, x_0, y_0, l_0) + \sum_{i=1}^{n} \max_{x_i, y_i}[F_i \cdot \varphi(H, x_i, y_i, l_0 - \lambda) \\ - d_i \cdot \varphi_d(\mathrm{d}x_i, \mathrm{d}y_i)] + b \end{aligned} \tag{8-19}$$

其中 H 表示 HOG 特征金字塔，$p_i=(x_i, y_i, l_i)$，$i=0, \cdots, n$，p_i 表示特征金字塔 H 的第 l_i 层特征图的 (x_i, y_i) 位置的一个单元，$\varphi(H, x_i, y_i, l_i)$ 是将金字塔 H 的第 l_i 层特征图中以 p_i 为左上角点的 $w\times h$ 大小滑动窗口的 HOG 特征向量，$(\mathrm{d}x, \mathrm{d}y)$ 表示 (x_i, y_i) 与部件 P_i 的理想位置的偏移，则为

$$(\mathrm{d}x_i, \mathrm{d}y_i)=(x_i, y_i)-(2(x_0, y_0)+v_i) \tag{8-20}$$

而形变特征为

$$\varphi_d(\mathrm{d}x, \mathrm{d}y)=(\mathrm{d}x, \mathrm{d}y, \mathrm{d}x^2, \mathrm{d}y^2) \tag{8-21}$$

例如，图 8-25 中的人物由于运动，其六个部件相较于理想位置都有一定的偏移。

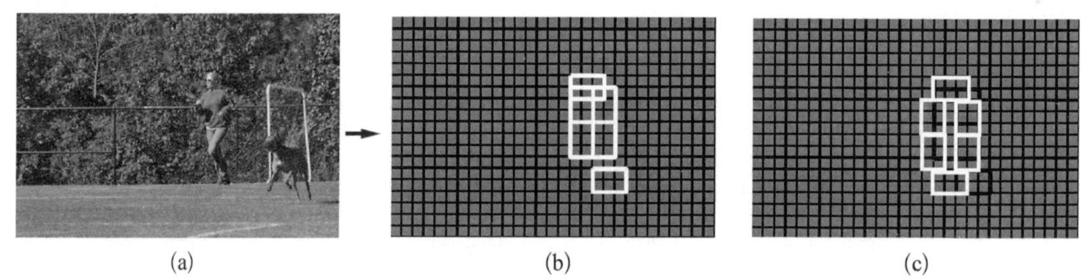

(a) (b) (c)

图 8-25 形变代价示例图

(a)为目标图像，(b)为部件在特征图中的实际位置，(c)为部件在特征图中的理想位置。

简单地说，公式(8-19)表明：滑动窗口的响应分数越高，图像与目标的匹配程度越高，各个部件和其相应的理想位置偏离越小，该目标越有可能是待检测的物体。

8.1.4.3 DPM 模型训练

DPM 在训练模型参数的过程中，只含有整个物体的边界框标注，而没有各个部件的位置标注。一般来说，在机器学习中，这种缺失的数据称为“隐变量”。若采用传统的 SVM 进行训练，因为缺失了这些隐变量的值，部件模型难以发挥作用，分类器就很难收敛。所以，为了解决这个问题，DPM 采用了潜在 SVM 来对隐变量的值，也就是正样本中部件模型的位置进行学习与估计。

在潜在 SVM 中，对于一个样本 X，它的得分 $f_\kappa(X)$ 为

$$f_\kappa(X)=\max_z \kappa\varphi(X, z) \tag{8-22}$$

其中 κ 为模型的参数向量，$\varphi(X, z)$ 表示样本 X 的特征向量，它拼接了样本 X 的显式特征和隐变量特征；而隐变量 $z=(p_0, \cdots, p_n)$，包含了 n 个部件模型的相对位置，如图 8-26 所示。很容易发现，这个形式除了特征变量拼接了隐变量之外，与线性 SVM 是完全相同的，同样是参数与特征做点积。实际上，如果 z 是一个固定的常数(也就是没有隐变量)，潜在 SVM 就会变成线性 SVM。从这个意义上讲，线性 SVM 可以认为是潜在 SVM 的一个特殊情况。

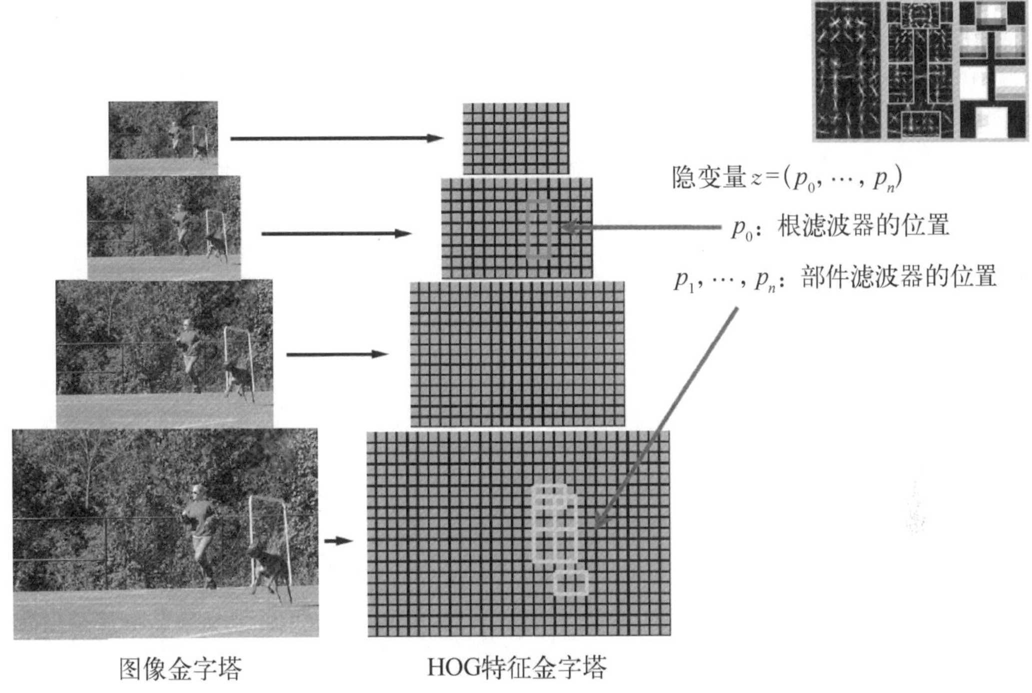

图 8-26　DPM 模型中的特征金字塔与隐变量

现设样本集 $D=((X_1, Y_1), \cdots, (X_n, Y_n))$，$Y_i \in \{-1, 1\}$。潜在 SVM 分类器训练的目标函数与线性 SVM 的形式也相同，只不过样本得分变为 $f_\kappa(X)$。潜在 SVM 分类器训练的目标函数为

$$L_D(\kappa)=\frac{1}{2}\|\kappa\|^2+C\sum_{i=1}^{n}\max(0, 1-Y_i f_\kappa(X_i)) \tag{8-23}$$

其中，常数 C 控制正则项的相对权重；$\max(0, 1-Y_i f_\kappa(X_i))$ 为标准铰链损失，其意味着得分 $f_\kappa(X_i)$ 大于 1 的正例 $(Y_i=1)$ 和得分 $f_\kappa(X_i)$ 小于 -1 的负例 $(Y_i=-1)$ 会得到零损失。

潜在 SVM 训练过程的每次迭代分为以下两个步骤来最小化目标函数：

(1) 步骤 1：重新标注正样本中部件模型的位置，也就是求出当前最佳的隐变量 z。对每个正样本 X_i，固定模型的参数 κ 不变，求出最佳隐变量值 z 使得分 $f_\kappa(X_i)$ 项最大，即：

$$z_i=\arg\max_{z} \kappa\phi(X_i, z) \tag{8-24}$$

(2) 步骤 2：优化模型参数 κ。当隐变量 z 被指定后，目标函数 $L_D(\kappa)$ 就会变为凸函数(这里省略证明细节)。通过解决 $L_D(\kappa)$ 的凸优化问题得到最优解 κ。这个最优解 κ 将会用于下次迭代时步骤 1 中最佳隐变量的求解。

通过以上两个步骤不断地迭代，就能够借助隐变量来训练得到高精度的 DPM 分类

模型。

下面，介绍 DPM 训练时在训练样本的生成上采取的技术：难负样本挖掘。

在训练样本的生成上，DPM 采用了难负样本挖掘的方法来加速训练收敛。训练目标检测模型时，因为训练集图像中背景的占比较大，往往会产生极大量的负样本。在这些负样本中，有相当一部分的背景与目标的外观差异较大，对它们的分类比较“简单”；从特征空间的角度来看，这些负样本距离分类的决策界面较远。在训练过程中，这些简单的负样本对模型优化的帮助有限。所以，从训练集去掉这些简单的负样本，只保留容易分类错误的难负样本，就能加快模型的收敛，同时也能提高性能。

在实际训练时，难负样本和简单负样本的定义十分简单：将负样本输入当前模型中，若模型能够正确分类 ($Y_i f_\kappa(X_i) < 1$)，则此负样本为简单负样本；若模型分类错误 ($Y_i f_\kappa(X_i) > 1$)，则此负样本为难负样本。显然，简单负样本和难负样本在模型训练过程中是变化的。

具体来说，DPM 在训练时，设整个训练集为 D，设置一个 D 的子集，即缓存区 C 用作模型的训练。初始时，挑选所有的正样本和随机的一部分负样本进入缓存区 C，不断迭代以下 4 个步骤：

(1) 用 C 做训练集训练模型参数 β 至收敛。

(2) 对 D 中所有负样本进行分类，若所有的难负样本(分类错误的样本)都已在 C 中，则终止训练，返回模型参数 β。

(3) 收缩缓冲区 C：对 C 中所有负样本进行分类，并去掉其中所有的简单负样本(分类正确的样本)，所有的难负样本和正样本则留在 C 中不变。

(4) 扩增缓冲区 C：对 D 中所有负样本进行分类，对其中所有难负样本(分类错误的样本)，若不在 C 中，则将其加入 C。

以上过程，同时也是 DPM 的整个训练过程。简而言之，DPM 的训练过程，就是交替地进行潜在 SVM 模型的训练和进行难负样本挖掘的样本缓存区更新的过程。

8.1.4.4 DPM 检测实例

图 8－27 中左侧为根的检测流程。在根模型响应图中，越亮的区域代表响应得分越高。右侧为各部件的检测过程。首先，将特征图像与模型进行匹配得到部件响应图。然后，进行响应变换：综合考虑部件与特征的匹配程度和部件相对理想位置的偏离损失，得到最优的部件位置和响应得分。

DPM 目标检测算法的大致流程总结如下。对于任意一张输入图像，重复进行图像平滑和下采样操作，构建图像金字塔。对金字塔每一层提取其 DPM 特征图构建出 HOG 特征金字塔。对于原始图像的 DPM 特征图和训练好的部件滤波器做点积操作，从而得到部件的响应图。用下采样后的 2 倍分辨率图像的 DPM 特征图和训练好的根滤波器做点积操作，从而得到根模型的响应图。然后将其进行加权平均，得到最终的融合特征图。亮度越大表示响应值越大。最后一步是对融合特征进行分类，回归得到目标位置。如图 8－28 的 DPM 检测结果图。

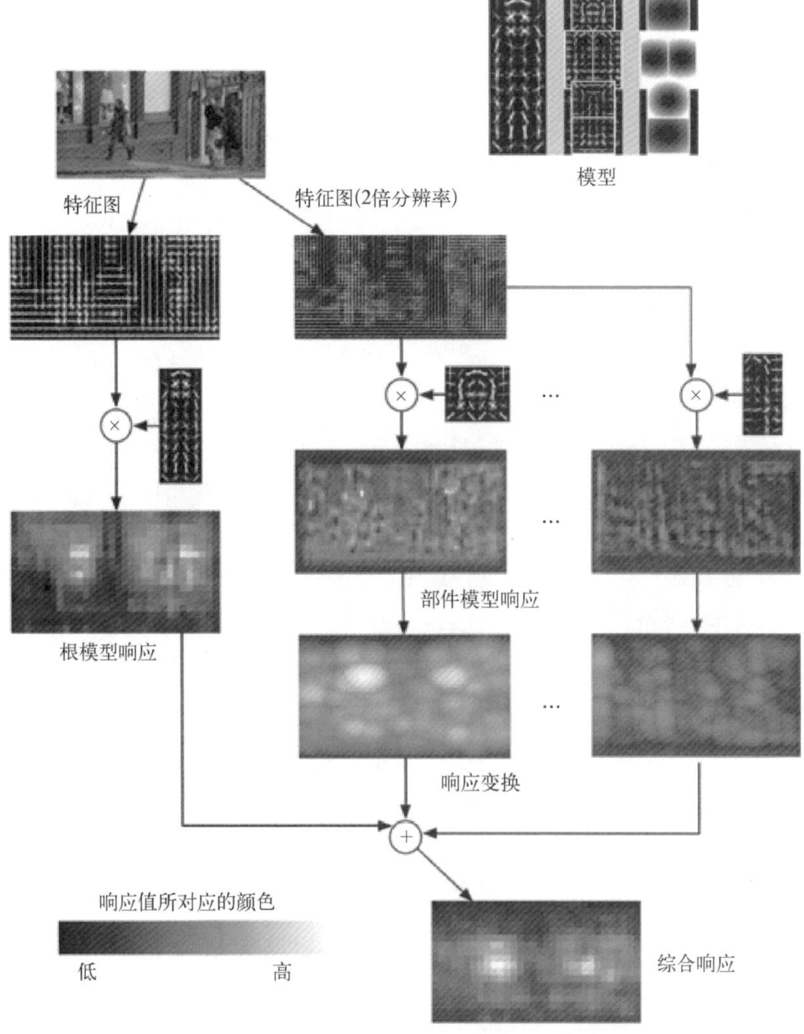

图 8-27 DPM 检测流程

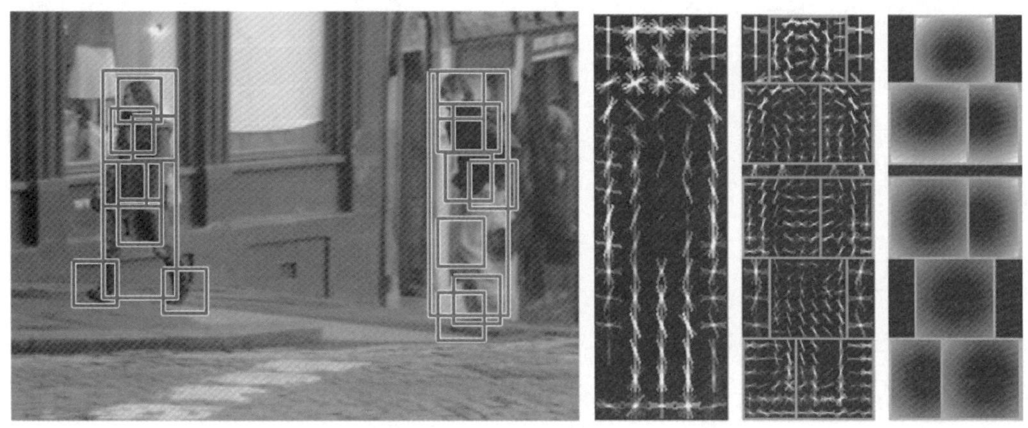

图 8-28 DPM 检测效果

8.2 动态检测

8.2.1 问题概述

上述章节讨论的是静态检测，即从单张图片中检测出指定目标如行人、车辆等的目标检测问题。本节将讨论动态检测问题，即从连续多帧图像流或视频流中检测运动目标，此时目标可以是不明确的。对于动态检测问题，一般情况下场景为静态的或渐变的，因此将其归结为背景建模问题，着眼于提取场景中非周期的显著运动部分。本节将对常见的基本方法做基础介绍，如帧间差分法、背景减除法、光流法。之后再对背景建模法中最常用的高斯混合背景模型进行介绍。背景建模法是静态背景下运动检测和前景提取中最为常见和实用的方法。它首先构建背景模型，并定义某种匹配策略。在检测和提取过程中，将当前帧图像的像素点与已经存储好的背景图像根据匹配策略进行匹配。如果根据匹配策略，该像素点能够与背景模型相匹配，就认为该像素点属于背景点；否则，认为该像素点属于运动目标。对于得到的这些运动目标点，再利用一些形态学运算对噪声进行滤除，这样得到的连通区域就是运动前景掩膜。基于背景建模的运动目标检测与提取方法的基本流程如图 8 - 29 所示。

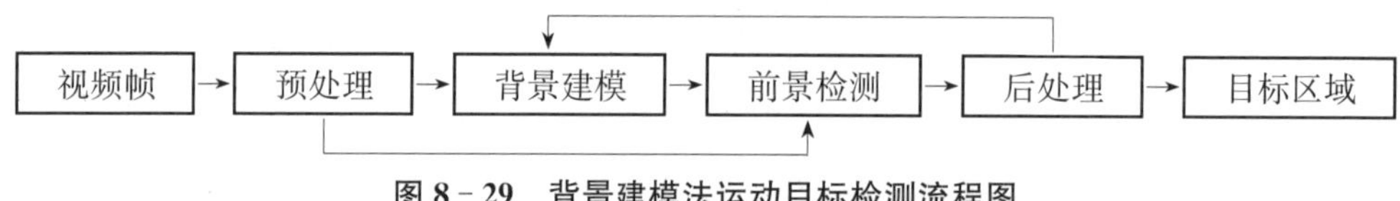

图 8 - 29　背景建模法运动目标检测流程图

背景建模法的难点并不是检测本身，而在于寻找理想的背景模型，建立相应模型（初始化）、保持模型、更新模型。背景建模技术需要应对的挑战包括：光照——光照条件的渐变和突变；运动——周期性运动的背景物体（如树枝晃动、海浪运动等）；场景结构的改变——背景与前景的相互转换。例如对停车场的监控，当车辆在视场内长时间静止，就会逐渐从前景转换为背景；当该车辆离开后，它之前的位置上留下来的“洞”就成为新的背景。

背景建模的目的是为了有效地把场景中感兴趣的运动目标提取出来，把静止的背景和一些不感兴趣的运动物体看作背景。要想做到这一点，就要把感兴趣的运动目标（也常称为前景）与场景背景某些属性的差异找出来，然后对场景的这一固有属性进行建模。

8.2.2 基本方法

本节将会介绍三种基本的运动目标检测方法。第一种是帧间差分法，基于时间序列图像上的差分图像实现运动目标的检测。帧间差分法能较好地适应环境变化，比较容易检测由目标运动引起的图像序列中发生明显变化的像素点，但对于变化不明显的像素点不能很好地检测出来;第二种是背景减除法,基于图像序列和参考背景模型相减,实现运动目标的检测;第三种是光流法,即对图像的运动场进行估计,将相似的运动矢量合并以实现运动目标的检测。光流法在摄像机存在运动的情况下,能较好地检测运动目标,但大多数光流计算方法十分复杂,计算量较大,很难满足实时视频流处理的要求。

8.2.2.1 帧间差分法

基于目标的运动会导致图像序列的变化这一现象,帧间差分法以直接比较图像序列相邻帧对应像素点发生的相对变化为基础进行运动目标检测。考虑一个理想场景:仅由运动的前景和静止的背景构成,无噪声且光照条件不变,那么前景可以简单地通过帧间差异的方式得出,即满足下式的像素点将被判别为前景。

$$|\text{frame}_{\text{current}} - \text{frame}_{\text{previous}}| > \tau \tag{8-25}$$

帧间差分法实际上是将当前帧的前一帧视为背景帧,即 $\text{frame}_{\text{background}} = \text{frame}_{\text{previous}}$。其计算速度非常快,但结果对于阈值 τ 敏感。因为过低的阈值不能有效地抑制图像中的噪声,过高的阈值将抑制图像中有用的变化信息。阈值选择可以分为全局阈值选择和局部阈值选择两种方法,通常在图像中不同光照区域引起的噪声也不相同,因此采用局部阈值能更好地抑制噪声。在实际应用中,差分图像并不能表示出完整的运动目标信息。例如,当一个运动目标的内部纹理较为均匀且物体运动缓慢时,帧间差分法很容易在检测的运动目标中产生空洞现象,对于这一问题可以采用累积差分图像的方法或采用后处理的方法,如形态滤波、区域连通或参数模型等方法提取出完整的运动目标信息。帧间差分法通常不单独用在目标检测中,往往与其他的检测算法结合使用。

如图 8-30 所示,对视频中的相邻帧使用帧间差分法,之后对差分图像进行二值化并寻找面积大于某阈值的轮廓边界框,即可将视频中运动的人检测出来。

(a)

(b)

图 8-30 帧间差分法目标检测效果图

8.2.2.2 背景减除法

背景减除法是采用图像序列中的当前帧和背景参考模型比较来进行运动目标的检

测，其中背景模型反映了背景环境的信息，背景减除法比较适合环境变化较小的情况。背景减除法的基本步骤主要包括背景模型建立、背景模型更新、背景差分和后处理等。

在完全静态背景的条件下，可以将前景定义为当前帧与静态背景帧的差异大于某阈值 τ 的像素点的集合，即

$$|\text{frame}_{\text{current}} - \text{frame}_{\text{background}}| > \tau \tag{8-26}$$

则将该像素判定为前景点。此时，如何建立并更新背景模型成为一个关键问题，最简单的想法是选定一帧作为背景。这种方法尽管简单，但背景帧的选择直接关系到运动目标检测的结果。同时，静态的背景帧也无法适应场景的变化。

1）均值背景

采用单帧作为背景显然是不可靠的，一种有效的方法是利用连续 n 帧的均值，即

$$\text{frame}_{\text{background}} = \frac{1}{n}\sum_{i=1}^{n}\text{frame}_i \tag{8-27}$$

作为背景模型，进而利用 $|\text{frame}_{\text{current}} - \text{frame}_{\text{background}}| > \tau$ 判定前景。均值背景模型速度很快，但需要存储连续 n 帧的信息，占用大量内存。

2）滑动背景

滑动背景模型实际是均值背景模型的一种简化，用来减低其对内存的负担。背景被定义为以下滑动均值：

$$\text{frame}_{\text{background}}^{\text{current}} = \alpha \times \text{frame}_{\text{current}} + (1-\alpha) \times \text{frame}_{\text{background}}^{\text{previous}} \tag{8-28}$$

式中：α 是学习速率，通常设为 0.05。滑动背景模型兼顾了时间复杂性和空间复杂性。

3）双阈值背景

双阈值背景算法通过训练序列学习每个像素点的均值和方差并以此作为背景模型，同时利用高、低阈值完成背景和前景像素值的分割。均值背景算法利用多帧训练图像建立背景模型，图像的均值和方差能够更准确地表征背景模型。而以标准差为参数的上、下阈值可以更好地得到像素值的变化区域。在训练阶段，将累积的像素值除以帧数作为像素点的平均值 p_{avg}：

$$p_{\text{avg}} = \frac{1}{N}\sum_{i=1}^{N} p_i \tag{8-29}$$

式中：p_i 表示该像素点在第 i 帧时的像素值。

而像素点的标准差 α 则是相邻帧间像素值差值的平均值，即

$$\alpha = \frac{1}{N-1}\sum_{i=2}^{N} |p_i - p_{i-1}| \tag{8-30}$$

式中：N 为训练序列的帧数。

高、低阈值β、ω代表的是方差的倍数，取决于具体的场景；像素值的阈值T_{low}、T_{high}分别为

$$\begin{aligned} T_{low} &= p_{avg} - \beta \times \alpha \\ T_{high} &= p_{avg} + \omega \times \alpha \end{aligned} \tag{8-31}$$

训练完成后，可以得到背景上每个像素点的均值和方差，即背景模型。在检测阶段，将当前视频帧上每个像素值与背景模型比较，若像素值在高、低阈值之间，则判定为背景点，否则为前景点。

图 8-31 为使用滑动背景的背景减除法对行人的目标检测效果图。

(a)

(b)

图 8-31　背景减除法目标检测效果图

8.2.2.3　光流法

视觉心理学认为人与被观察物体发生相对运动时，被观察物体表面带光学特征部位的移动给人们提供了运动和结构的信息。当相机和物体之间有相对运动时，人们观察到的亮度模式的运动称为光流(optical flow)。具体地讲，光流就是图像序列中两个连续帧之间对应点的位移向量的集合。这些点可以是所有像素点，这时的光流称为稠密光流；这些点也可以是少数特定的点，这时的光流称为稀疏光流。

利用光流场法实现目标检测的基本思想是：首先计算图像中每一个像素点的位移向量，即建立整幅图像的光流场。如果场景中没有运动目标，则图像中所有像素点的运动向量应该是连续的(平滑变化的)；如果场景中有运动目标，由于目标和背景之间存在相对运动，位移向量在目标边界处会发生急剧变化，从而检测出运动目标。

光流法基于两个假设：

(1) 运动目标亮度恒定，即连续两帧中同一运动目标点的亮度不会发生变化。

(2) 时间是连续的，或者说运动都是“微小”的，即两帧之间的时间间隔很短，运动物体的位置变化是微小的，不会过于剧烈。

假定图像上点(x, y)在时刻t的灰度值为$I(x, y, t)$，经过时间间隔$\mathrm{d}t$后，对应点的灰度值为$I(x+\mathrm{d}x, y+\mathrm{d}y, t+\mathrm{d}t)$。那么，基于亮度恒定的假设，有

$$I(x+\mathrm{d}x,\ y+\mathrm{d}y,\ t+\mathrm{d}t)=I(x,\ y,\ t) \tag{8-32}$$

又因图像灰度随 x、y、t 连续变化,可以将上式左边泰勒级数展开:

$$I(x+\mathrm{d}x,\ y+\mathrm{d}y,\ t+\mathrm{d}t)=I(x,\ y,\ t)+\frac{\partial I}{\partial x}\mathrm{d}x+\frac{\partial I}{\partial y}\mathrm{d}y+\frac{\partial I}{\partial t}\mathrm{d}t+o(\mathrm{d}x,\ \mathrm{d}y,\ \mathrm{d}t) \tag{8-33}$$

若省略余项 $o(\mathrm{d}x,\ \mathrm{d}y,\ \mathrm{d}t)$,联立以上两式,可以得到:

$$\frac{\partial I}{\partial x}\mathrm{d}x+\frac{\partial I}{\partial y}\mathrm{d}y+\frac{\partial I}{\partial t}\mathrm{d}t=0 \tag{8-34}$$

令 $(u,\ v)=\left(\frac{\mathrm{d}x}{\mathrm{d}t},\ \frac{\mathrm{d}y}{\mathrm{d}t}\right)$ 表示像素点 $(x,\ y)$ 的光流向量,$I_x=\frac{\partial I}{\partial x}$, $I_y=\frac{\partial I}{\partial y}$, $I_t=\frac{\partial I}{\partial t}$ 分别表示图像灰度对 x、y、t 的偏导数,上式可以写成:

$$I_x u+I_y v=-I_t \tag{8-35}$$

在实际计算过程中,图像的梯度 I_x、I_y 可以用有限差分来近似,而由于两帧时间差较短的假设,I_t 可以近似为两帧图像之差。

该式为光流法的基本约束方程。但是,该方程有 2 个未知量 u 和 v,需要增加其他约束才能求解。根据增加的假设约束不同,便形成了不同的光流算法。光流算法一般分为四类:基于梯度的方法、基于匹配的方法、基于能量的方法和基于相位的方法。这里主要介绍基于梯度的方法。

基于梯度的方法利用图像灰度的梯度来计算光流,由于计算量较小且效果较好,有广泛的应用。经典的基于梯度的光流算法是 Horn - Schunck 算法与 Lucas - Kanade(LK)算法。Horn - Schunck 算法在光流法两个基本假设的基础上增加了全局平滑假设,即光流在整个图像上的变化是光滑的;而 LK 算法则增加了一个局部的空间一致性假设。下面重点介绍 LK 算法。

LK 算法是一种基于局部约束的光流计算方法,本来作为稠密光流估计方法提出,结果因为其易用于一组关键点的情况,反而成为稀疏光流估计的重要算法。LK 算法假定图像中任何一个点与它周围小邻域内点的光流是相同的,即具有局部空间一致性。

设图像上一个小区域为 Ω,这里称为窗口,窗口中 n 个点 $\{p_1,\ p_2,\ \cdots,\ p_n\}$ 的光流相同,那么根据上面推导的光流法基本方程(8 - 35),很容易列出一个方程组:

$$\begin{cases} I_x(p_1)u+I_y(p_1)v=-I_t(p_1) \\ I_x(p_2)u+I_y(p_2)v=-I_t(p_2) \\ \qquad\vdots \\ I_x(p_n)u+I_y(p_n)v=-I_t(p_n) \end{cases} \tag{8-36}$$

其中,$I_x(p_i)$、$I_y(p_i)$ 和 $I_t(p_i)$ 分别表示点 p_i 在 t 时刻对 x、y 和 t 的偏导数。将这个

方程组写成矩阵乘法的形式为：

$$\begin{bmatrix} I_x(p_1) & I_y(p_1) \\ I_x(p_2) & I_y(p_2) \\ \vdots & \vdots \\ I_x(p_n) & I_y(p_n) \end{bmatrix} \begin{bmatrix} u \\ v \end{bmatrix} = \begin{bmatrix} -I_t(p_1) \\ -I_t(p_2) \\ \vdots \\ -I_t(p_n) \end{bmatrix} \tag{8-37}$$

记为：

$$AV = b \tag{8-38}$$

这个方程组是超定的，所以可用最小二乘法得到其近似解：

$$V = (A^T A)^{-1} A^T b \tag{8-39}$$

写成等价形式如下：

$$\begin{bmatrix} u \\ v \end{bmatrix} = \begin{bmatrix} \sum_{i=1}^{n} I_x^2(p_i) & \sum_{i=1}^{n} I_x(p_i) I_y(p_i) \\ \sum_{i=1}^{n} I_x(p_i) I_y(p_i) & \sum_{i=1}^{n} I_y^2(p_i) \end{bmatrix}^{-1} \begin{bmatrix} -\sum_{i=1}^{n} I_x(p_i) I_t(p_i) \\ -\sum_{i=1}^{n} I_y(p_i) I_t(p_i) \end{bmatrix} \tag{8-40}$$

这就是 LK 算法计算光流的公式。

图 8－32 为 LK 算法检测运动物体的结果。其中，图(a)是彩色光流图，图(b)是光流图二值化后的图像，图(c)是基于图(b)轮廓的运动目标检测效果图。

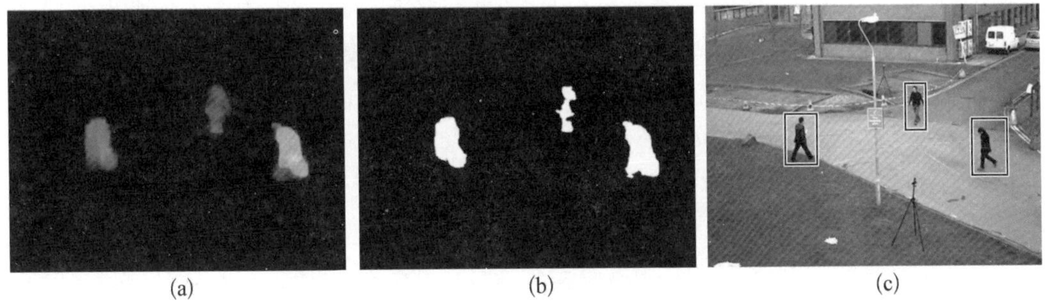

(a) (b) (c)

图 8－32 光流法运动目标检测效果图

8.2.3 混合高斯背景模型

在理想情况下，对于完全静止的背景，像素的观测值是恒定不变的，序列中任何不包含运动目标的一帧图像都可以直接作为背景。而在实际情况下，需要考虑图像信号受到零均值独立噪声的影响，其背景像素的观测值会在一定范围内发生随机变化。这时，可以使用高斯分布函数来描述背景像素的统计特征，即以高斯函数的均值和方差来表示单个像素的统计模型。基于高斯分布的背景模型可以分为单高斯背景模型和混合高斯背景模型,前者是指每个背景像素点在连续图像中的颜色分布比较单一,背景是静止的,所以可以用单高斯分布概率模型来描述;后者的像素颜色分布分散,由多种因素导致,需要多分布高斯概率模型来描述。

8.2.3.1 单高斯背景模型

在一个图像序列中某个像素点的值随时间变化的过程称为一个"像素过程",其数学表达式为

$$\{X_1, X_2, \cdots, X_t\} = \{I(x, y, i): 1 \leqslant i \leqslant t\} \tag{8-41}$$

式中:I 为像素点值;x 和 y 为像素点的横坐标和纵坐标;i 为图像序列中连续图像的帧号。

高斯背景模型认为,图像中像素点的像素过程,即图像序列中的像素值集合,符合高斯分布。同时,它假设在空间上像素之间的颜色信息互不相关,对各像素点的处理是相互独立的。

为了使这个高斯分布函数可以准确地描述背景的特征,高斯背景模型都要求先对一段时间无运动物体的背景场景进行建模。这个过程实际上是一个训练的过程,也就是利用一段背景图像序列来训练得到高斯分布函数的参数。开始时,设定初始的高斯分布的均值和方差,然后每经过一帧,这个高斯分布会利用新获取的像素值对参数进行更新。

在高斯模型初始化后,高斯模型会对每一帧的每一个像素进行高斯分布的更新。如果当前像素点的像素值为 I_t,高斯模型更新过程利用下式来判断该点是否为前景点:

$$| I_t - \mu_{t-1} | \geqslant D \cdot \sigma_{t-1} \tag{8-42}$$

式中:μ_{t-1} 为上一帧更新得到的高斯分布的均值;D 为用户自定义的参数;一般取 3,σ_{t-1} 为上一帧更新的高斯分布的标准差。如果当前的像素值与高斯分布均值的差的绝对值大于标准差的一定倍数,则认为该像素点为前景点,否则为背景点。这里的倍数即为 D,D 的取值关系到该像素点被分为前景点的概率大小。如果场景偏暗或者运动前景不明显,应当适当调小参数 D;如果背景变化较快、较敏感,应该调大参数 D,减少被误分为前景的背景点。

单高斯背景模型的更新过程,其实就是描述背景的高斯分布函数参数的更新,其更新过程如下:

$$\begin{aligned} \mu_t &= (1-\alpha)\mu_{t-1} + \alpha X_t \\ \sigma_t^2 &= (1-\alpha)\sigma_{t-1}^2 + \alpha(\mu_t - X_t)^2 \end{aligned} \tag{8-43}$$

式中:μ_t、μ_{t-1} 分别为更新后的和上一帧的背景高斯分布函数的均值,σ_t^2、σ_{t-1}^2 为参数更新之后和之前的高斯分布函数的方差。α 为学习率,一般根据经验取值。如果 α 取值太大,则背景更新速度太快,运动较慢的前景目标可能被更新成背景的一部分,使检测结果出现拖影或者空洞的现象;如果 α 取值太小,则背景更新速度太慢,无法适应动态背景的

要求。

8.2.3.2 混合高斯背景模型建模

单态模型相对来说比较简单，其应用场合也比较有限。然而，对于复杂的动态室外场景来说，背景建模问题并非如此简单，自然环境往往复杂多变。一方面，受日照的影响，室外场景中的光照强度总是随着时间在不断地发生变化，这就要求像素的统计模型必须具有自我学习、自我更新和自我调节的能力，以便适应这种难以预知的变化，尽量减少误判和漏判的概率。另一方面，在室外自然场景中，通常包含大量杂乱的或者周期性的小幅运动，如雨雪天气、风中摆动的树叶和水面的波纹等。在这种情况下，背景像素的观测值会在一个比较大的范围内发生剧烈的变化。此时，背景像素呈现出复杂的多态特性，因此，仅利用单个高斯函数难以准确地描述像素的实际分布。

1）混合高斯背景模型

考虑到背景像素点的像素过程呈现多峰分布，可以根据单高斯背景模型的基本原理，用多个高斯分布的集合来描述复杂场景中像素值的变化，也就是混合高斯模型。

混合高斯模型使用 K 个高斯分布函数来表征图像序列中各个像素过程的统计特征。在获得新一帧图像后更新混合高斯模型，用当前图像中每个像素点的像素过程与混合高斯模型中的每个分量进行匹配，如果存在与该像素值匹配的分量，即该像素值至少符合 K 个高斯分布之一，则判定该点为背景点，否则为前景点。

混合高斯模型中的 K 个高斯分量（即分布函数）可以认为是该像素点可能处于的 K 种状态，同时像素值可以看作随机变量 X 在时刻 t 的观测值。随机变量 X 在灰度图像中是标量，在彩色图像中是三维向量。

定义在时刻 t 观测点像素值的概率密度函数为

$$P(X_t \mid \Theta) = \sum_{k=1}^{K} \omega_k \eta(X_t, \mu_k, \sigma_k^2) \tag{8-44}$$

其中，X_t 表示图像像素在 t 时刻的观测值，为简单起见，本节以下内容设定图像为灰度图像。K 表示背景模型中高斯分量的总数，一般选择 3～5 个高斯分量。ω_k 是混合高斯模型中第 k 个高斯模型的权重，并且满足条件：$\sum_{k=1}^{K} \omega_k = 1$。$\mu_k$ 和 σ_k^2 分别是混合高斯模型中第 k 个高斯模型的均值和方差，η 是高斯概率密度函数：

$$\eta(X, \mu, \sigma^2) = \frac{1}{(2\pi)^{\frac{1}{2}}\sigma} \mathrm{e}^{-\frac{(x-\mu)^2}{2\sigma^2}} \tag{8-45}$$

背景的混合高斯模型可以通过一组参数来表示，即 $\Theta = \{\omega_k, \mu_k, \sigma_k^2\}_{k=1:K}$。当这些参数确定以后，模型的具体特性也就确定了。

那么，如何估计混合高斯模型的参数呢？与单高斯背景模型不同，在混合高斯背景模型中，虽然知道像素观测值服从 K 个高斯分布之一，但既不知道它属于哪个高斯分布，也不知道每个高斯分布的参数，这就为参数估计带来了困难。因为，只有知道每个高斯分布的参数，才能判定像素观测值更有可能来自哪个高斯分布；而只有知道每个像素观测值来自哪个高斯分布，才能对相应高斯分布的参数进行估计。归根结底，造成这种两难矛盾的原因是观测样本“缺失”了一个特征，即像素观测值在此刻来自哪个高斯分布，必须想办法“恢复”这些缺失的数据。而期望最大化(EM)算法便是可以解决这种问题的迭代参数估计算法。

2）期望最大化算法

期望最大化(EM)算法采用迭代法来同时完成对模型参数和样本缺失特征的估计。每次迭代分两步：第一步，先假定一个估计参数的值，然后用采用该参数的概率模型来计算样本缺失特征值的概率分布，称为E步；第二步，用E步计算的期望来补充缺失的样本特征值，然后采用最大似然估计来得到概率模型的参数，称为M步。接下来用M步得到的参数作为下一次迭代的E步的参数假定值，如此迭代直到参数估计值收敛。这就是EM算法的总体思路。

那么，回到混合高斯背景模型的参数估计问题上来。如前文所述，可以认为像素观测值样本“缺失”了其所属哪个高斯模型分量的信息。那么，引入隐变量 Y 表示像素缺失的信息，取值范围为 $\{Y_1, Y_2, \cdots, Y_K\}$，$Y=Y_k$ 表示像素观测值由第 k 个高斯分量产生。

在E步中，给定像素观测值样本 $\{X_1, X_2, \cdots, X_N\}$ 和模型参数 $\Theta=\{\omega_k, \mu_k, \sigma_k^2\}_{k=1:K}$，希望估计的是每个样本 $X_j(j=1, 2, \cdots, N)$ 属于每个高斯分量的概率，即 Y 的后验概率分布 $P(Y \mid X_j; \Theta)$。这里，可以将 $P(Y_k \mid X_j; \Theta)$ 视为样本 X_j 对第 k 个高斯分量的响应。那么，根据贝叶斯公式有：

$$P(Y_k \mid X_j; \Theta)=\frac{P(Y_k \mid \Theta)P(X_j \mid Y_k; \Theta)}{\sum_{l=1}^{K} P(Y_l \mid \Theta)P(X_j \mid Y_l; \Theta)} \tag{8-46}$$

式中：$P(Y_k \mid \Theta)$ 为随机变量 Y 的先验概率，即一个像素属于第 k 个高斯分量的概率。实际上，它正是混合高斯模型参数 Θ 中各高斯分量的权重 ω_k；$P(X_j \mid Y_k; \Theta)$ 为已知属于第 k 个高斯分量的观测值 X_j 的概率密度函数，显然其正是第 k 个高斯分量：

$$P(X_j \mid Y_k; \Theta)=\eta(X_j, \mu_k, \sigma_k^2) \tag{8-47}$$

其中，$\eta(\cdot)$ 为高斯概率密度函数[见式(8-45)]。所以，式(8-46)可以改写为：

$$P(Y_k \mid X_j; \Theta)=\frac{\omega_k \eta(X_j, \mu_k, \sigma_k^2)}{\sum_{l=1}^{K} \omega_l \eta(X_j, \mu_l, \sigma_l^2)} \tag{8-48}$$

这便是E步最终的计算公式。为方便起见，下面把 $P(Y_k \mid X_j; \Theta)$ 记为 γ_{jk}，表示样本 X_j 对第 k 个高斯分量的响应。

通过E步，用给定的模型参数 Θ 估计了每个样本 X_j 归属于第 k 个高斯分量的概率 $P(Y_k \mid X_j; \Theta) \equiv \gamma_{jk}$。到M步，有了这个概率，便可以再反过来估计模型参数。但是使用最大似然估计时，因为本问题的似然函数 $L(\Theta)$ 难以直接求出最大值点，需引入一个函数 $Q(\Theta)$：

$$Q(\Theta)=\sum_{j=1}^{N}\sum_{k=1}^{K}\gamma_{jk}\ln\frac{\omega_k\eta(X_j,\mu_k,\sigma_k^2)}{\gamma_{jk}} \tag{8-49}$$

该函数可以理解为似然函数 $L(\Theta)$ 的下界，并且易于求出最大值点。实际上，在 M 步中，计算的模型参数并非似然函数 $L(\Theta)$ 的最大值点，而是使 $Q(\Theta)$ 达到最大值的模型参数值。EM 算法的每次迭代都会提高这个下界，从而不断增大似然函数 $L(\Theta)$，最终得到参数的最大似然估计值。具体来说，M 步中计算的每个高斯分量的均值、方差和权重的估计值为：

$$\mu_k=\frac{\sum_{j=1}^{N}\gamma_{jk}X_j}{\sum_{j=1}^{N}\gamma_{jk}} \tag{8-50}$$

$$\sigma_k^2=\frac{\sum_{j=1}^{N}\gamma_{jk}(X_j-\mu_k)^2}{\sum_{j=1}^{N}\gamma_{jk}} \tag{8-51}$$

$$\omega_k=\frac{\sum_{j=1}^{N}\gamma_{jk}}{N} \tag{8-52}$$

式(8-49)至式(8-52)的推导原理十分复杂，超出了本书的范围。感兴趣的读者，可自行翻阅统计机器学习相关资料进一步学习。

总体来说，EM 算法的过程如下：

初始化：$\Theta^{(i)}$，T，i

迭代：

  do $i \leftarrow i+1$

    E 步：计算 $\gamma_{jk}=P(Y_k \mid X_j;\Theta^{(i)})$

    M 步：$\Theta^{(i+1)} \leftarrow \mathrm{argmax}_{\Theta}\{Q(\Theta)\}$

  until $Q(\Theta^{(i+1)})-Q(\Theta^{(i)})<T$

返回：

  $\Theta \leftarrow \Theta^{(i+1)}$

EM 算法具备比较完整的统计理论基础，并且在一些应用领域取得了良好的效果。但是，EM 算法存在以下几个问题：

(1) 初始值的给定对于学习过程以及结果具有很大的影响，而关于如何选择初始值的问题，并没有十分可行的办法；

(2) 由于样本数量一般都比较大，因此对这些样本进行集中训练将消耗过多的计算时间，无法实现实时处理视频图像的目标。

8.2.3.3 混合高斯模型实例

图 8-33 所示为混合高斯模型运动检测的实例。左侧为检测图像，中间为混合高斯背景模型检测运动前景结果，右侧为运动目标检测结果。由第一行图可以看出，在背景较稳定时，混合高斯模型可以取得较好的结果。在第二行中可以发现，当前景目标存在阴影时，混合高斯模型往往会将阴影区域也作为前景。因此，需要在得到前景目标后，进行进一步的处理，去除阴影区域。

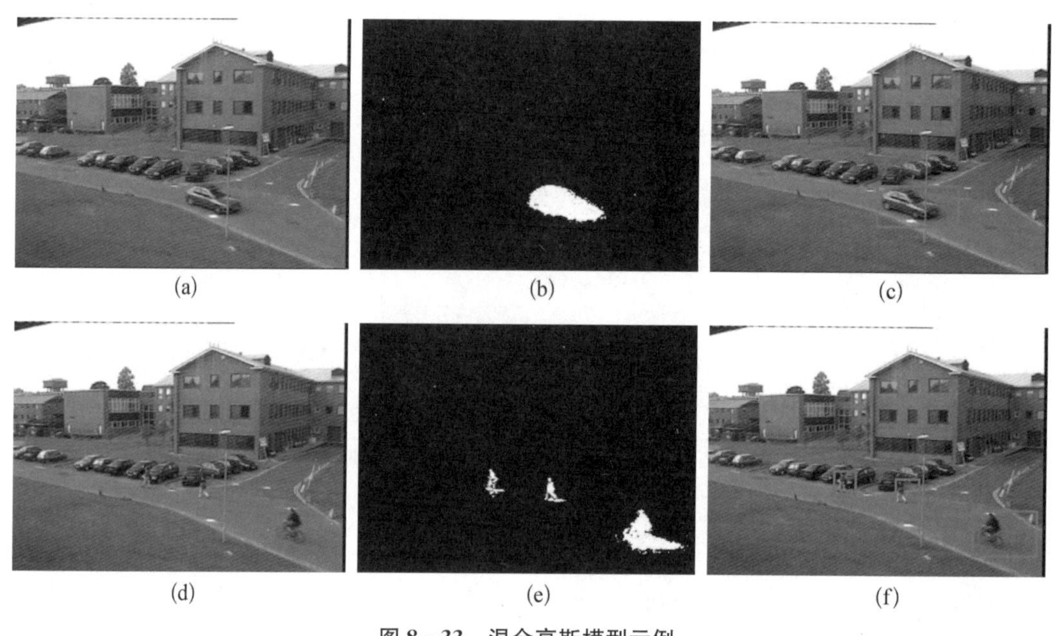

(a) (b) (c)

(d) (e) (f)

图 8-33 混合高斯模型示例

在本章中，将经典目标检测分为静态检测和动态检测两部分加以介绍。在静态检测部分介绍了经典的 V-J 检测算法，其中对 Haar 特征提取进行了详细的推导和说明，之后介绍了方向梯度直方图及其与 SVM 结合进行目标检测的算法，最后对 DPM 检测算法进行了介绍并给出了检测实例。在动态检测部分，首先介绍了三种基本的运动目标检测方法即帧间差分法、背景减除法、光流法，其次对混合高斯背景模型做了详细的说明并给出了实例。

习题

1. 建立并测试本章描述的人脸检测器。

(1) 下载一个人脸检测数据集。

(2) 用包含任何人的照片，产生你的负样本。

(3) 利用 Adaboost 算法实现 V-J 人脸检测器。

2. 建立并测试一种行人检测器。例如，一个使用 boosting 算法的简单行人检测器 http://people.csail.mit.edu/torralba/shortCourseRLOC/boosting/boosting.html。
3. 尝试编写一个程序，绘制题图 8-1 的 HOG 特征图。

题图 8-1

4. DPM 中单元格获取梯度方向直方图向量与传统 HOG 的方法区别在哪里？主要解决什么问题？
5. 光流法的基本假设有哪两个？
6. 如果摄像机和目标都在运动，如何能利用光流计算获得它们之间的相对速度？
7. 尝试编写一个程序实现帧间差分法，简要分析帧间差分法的优缺点。

参考文献

[1] Szeliski R. Computer Vision: Algorithms and Applications[M]. New York: Springer-Verlag, 2011.

[2] Viola P, Jones M J. Robust real-time face detection[J]. International Journal of Computer Vision, 2004, 57(2): 137-154.

[3] Dalal N, Triggs B. Histograms of oriented gradients for human detection[C]// 2005 IEEE Computer Society Conference on Computer Vision and Pattern Recognition, 2005.

[4] Felzenszwalb P, McAllester D, Ramanan D. A discriminatively trained, multiscale, deformable part model[C]//2008 IEEE Conference on Computer Vision and Pattern Recognition, 2008.

[5] Felzenszwalb P F, Girshick R B, McAllester D, et al. Object detection with discriminatively trained part-based models [J]. IEEE Transactions Pattern Analysis Machine Intelligence, 2010, 32(9): 1627 - 1645.
[6] Freund Y, Schapire R E. A decision-theoretic generalization of online learning and an application to boosting[J]. Journal of Computer and System Sciences, 1997, 55(1): 119 - 139.
[7] Li X, Wang L, Sung E. AdaBoost with SVM-based component classifiers[J]. Engineering Applications of Artificial Intelligence, 2008, 21(5): 785 - 795.
[8] Lucas B D, Kanade T. An iterative image registration technique with an application to stereo vision [C]// Proceedings of the 7th International Joint Conference on Artificial Intelligence, 1981.
[9] Horn B K, Schunck B G. Determining optical flow[J]. Artificial Intelligence, 1981, 17(1 - 3): 185 - 203.
[10] Dosovitskiy A, Fischer P, Ilg E, et al. FlowNet: learning optical flow with convolutional networks[C]//2015 IEEE Conference on Computer Vision, 2015.
[11] Stauffer C, Grimson W E. Adaptive background mixture models for real-time tracking[C]// 1999 IEEE Computer Society Conference on Computer Vision and Pattern Recognition, 1999.

9 图像特征提取的深度卷积网络

9.1 特征提取与深度网络

9.1.1 传统特征提取到深度网络算法

本书前八章主要介绍了图像处理的基本概念和经典算法。虽然图像处理的综合技术一直在不断发展,并且利用这些技术已经能完成更多更复杂的图像处理任务,但是如何更高效与精准地提取图像中的关键特征,依旧是最需要关注的问题。在多种复杂应用场景下解决不同的图像处理问题时,往往需要采取不同的特征提取方式。由于特征是用来描述在一个数字图像中人们所感兴趣的部分,因此它被视作许多计算机图像分析算法的起点,也是编写算法完成某项任务时最为关注的重点之一。

对于传统的特征提取方法,在前面的章节中对一些经典方法已经做了较为详尽的讲解。然而,随着深度神经网络(deep neural networks, DNN)的发展,用于特征提取的网络也在不断地推陈出新,并在一些领域已经逐渐出现取代传统方法的趋势。前文不断强调特征提取对于图像处理的重要性,其实也是在为深度神经网络突出的优势与快速的革新和发展做铺垫。因为小到特征提取层面,大到对整个图像的分析与理解,深度神经网络比传统方法拥有更多可实现的功能、更精细的步骤,以及更加全面和准确的效果。

除此之外,深度神经网络最为强大之处在于自学习。对于许多任务来说,使用传统的特征提取方法都会面临应该提取哪些特征的问题。例如,现在需要检测图像中是否有汽车存在,因为汽车都有轮子,用车轮的存在与否作为特征是个很好的选择。然而根据像素值来准确地描述车轮看上去“像什么”是一件很困难的事。虽然车轮具有简单的形态,但在图像中对它的描述可能会因不同的因素而异,如落在车轮上的阴影、太阳照亮的车轮金属零件、汽车的挡泥板或者遮挡车轮一部分的前景物体等。同时,还会由于其几何形状简单,容易与背景中相似的形状混淆,容易造成误识别。解决这个问题的途径之一是使用机器学习来发掘表示的方法(特征表达方法)本身,而不仅把表示(特征表达)直接映射到输出,这种方法称为表示学习。通过机器学习发掘到的“表示方法”往往比手动设计的“表示方法”更好。并且,它们只需最少的人工干预,就能让人工智能(AI)系统迅速适应新的任务。表示学习算法只需几分钟就可以为简单的任务找到一个很好的特征集，对于复杂任务则需要几小时到几个月。手动为一个复杂的任务设计特征需要耗费大量的人工时间和精力，甚至需要花费几年的时间，并且不能保证它的有效性。

因此，深度神经网络算法在发展过程中，不断地对现有的图像处理工作进行"减负"，并且在一些实验上已经显示出足以超越传统算法的表现效果，可以说在不久的将来用于特征提取的深度神经网络算法在许多领域将会代替传统特征提取算法。

目前，这些传统特征提取方法的研究过程和思路依旧对研究者推进图像特征提取技术的发展有着很大的帮助。因为传统算法具有较强的可解释性，它们可以对研究图像特征提取的深度网络提供一些启发。目前仍有部分研究者认为已有的卷积神经网络在某些部分与这些传统特征提取方法具有一定的相似性，因为在神经网络中的卷积层及卷积操作实际上是在线性变换中寻找特征，这一核心思想与传统算法利用边界与梯度检测操作类似。同时，深度神经网络中池化(pooling)的作用是统筹一个区域的信息，这与某些传统特征提取方法中进行的特征整合(如直方图等)类似。通过实验发现，卷积网络开始几层实际上确实是在计算图像梯度，做边缘检测。

卷积神经网络(convolutional neural networks, CNN)是最早被提出的深度学习代表算法之一，其本意是指一类包含卷积计算且具有深度结构的前馈神经网络。

传统的神经网络，也称为人工神经网络，是一种进行分布式并行信息处理的算法数学模型，它模仿了动物神经系统的传输信息方式。图 9-1 是比较常见的人工神经网络结构。而对用于图像处理的卷积神经网络而言，输入的往往是图像像素点的像素值，因此卷积神经网络是在传统人工神经网络的基础上，更有针对性设计的网络算法，并且中间层的主要计算方式都为卷积计算。卷积神经网络的具体工作方式将在下面展开介绍。

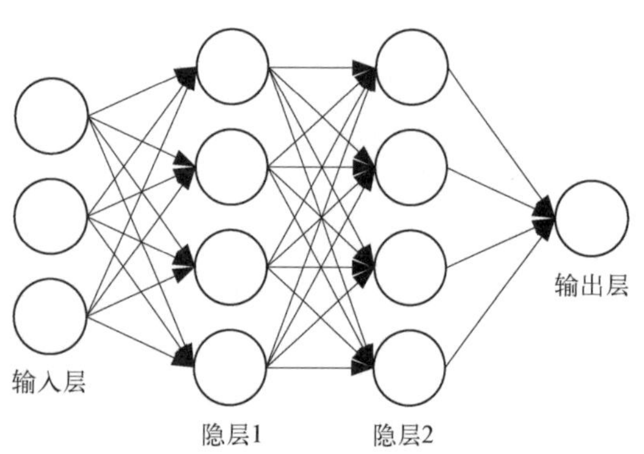

图 9-1　人工神经网络示意图

早期最有突破性的卷积神经网络就是 1987 年提出的时间延迟网络，以及 1998 年 Yann LeCun 及其合作者构建的更加完备的卷积神经网络 LeNet-5，这些网络为后面不断更新、能力更强的深度神经网络打下了坚实的基础。而之所以在上文中也会用深度网络称呼这些神经网络，不只是因为其服务于深度学习，更多是因为后来的神经网络在发展过程中，随着网络层数的增加，层次变得越来越"深厚"，因此被称为深度神经网络，但它们的本意其实都是指仿神经元结构所组成的神经网络。

就目前的研究状况而言，实际落地的应用还是以传统特征提取算法为主，因为深度神经网络还在不断改进的过程中，需要更为丰富和全面的样本进行训练和学习，在一些问题上的解决效果并不如现有较为稳定与成熟的传统算法好，并且深度神经网络的硬件要求相较之下更为苛刻,需要更好的图形处理器(graphics processing unit, GPU)以及更强的算力。但是由于传统特征提取算法的发展空间已经有限,而且随着深度学习相关算法愈加成熟,以及计算机图形硬件的推陈出新,如深度学习所需要的 GPU,目前深度神经网络算法的发展速度已经超越了传统算法,而且深度神经网络势必会成为未来图像处理技术研究的主流方法。

9.1.2 深度神经网络概述

在人工智能的早期,很多对于人类智力非常困难但对计算机却相对简单的问题得到了迅速的解决。人类的日常生活渐渐离不开机器,但是对于那些对人来说很容易的事,如识别人所说的话或辨别图像中的人脸,人类往往可以凭借直觉轻易地解决,机器却难以完成,原因在于这些任务难以进行形式化描述。因此,这才是人工智能面临的真正挑战。

于是,人们提出了机器学习的解决方案。首先,将原始数据转换为能够被机器学习、有效开发的一种形式。它避免了手动提取特征的麻烦,允许计算机在学习使用特征的同时,也学习如何提取特征:学习如何学习,这称为表示学习。该方案可以让计算机从经验中学习,并根据层次化的概念体系进行理解,而每个概念则通过与某些相对简单的概念之间的关系来定义。让计算机从经验中获取知识,可以避免由人类给计算机形式化地指定它需要的所有知识。层次化的概念是让计算机从构建较简单的概念中学习复杂概念。如果绘制出这些概念是如何建立在彼此连接之上的图,将得到一张很"深"(层次很多)的图。基于这个原因,这种方法被称为人工智能深度学习。

在许多现实的人工智能应用中,困难主要源于多个降质因素同时影响着能够观察到的数据,从而导致从原始数据中提取高层次、抽象的特征变得非常困难。许多诸如说话时地方口音这样的降质因素,只能通过对数据进行复杂的、接近人类水平的理解来辨识。这几乎与获得原问题的描述一样困难,因此,乍一看,对描述方法的学习(表示学习)似乎并不能帮助我们。但深度学习(deep learning)可以通过其他较简单的表示来表达复杂表示,有效地解决了表示学习中的核心问题。

深度学习让计算机通过较简单的概念构建复杂的概念。图 9-2 展示了深度学习系统模型的工作原理。计算机难以理解原始感观输入数据的含义,如像素值集合与对象标识(行人、车辆和动物)的关系。将一组像素映射到对象标识的函数非常复杂。如果直接处理、学习或评估此映射似乎是不可能的。深度学习将所需的复杂映射分解为一系列嵌套的简单映射(每个简单映射由模型的不同层描述)来解决这一难题。

输入展示在可视层(visible layer),之所以这样命名是因为它包含能被直接观察到的变量。然后是一系列从图像中提取越来越多抽象特征的隐藏层(hidden layer)。因为它们的值不在最终结果里给出,所以将这些层称为"隐藏层"。

在图 9-2 中可以看出:给定像素信息,第一隐藏层可以轻易地通过比较相邻像素的亮度来识别边缘。有了第一隐藏层描述的边缘,第二隐藏层可以容易地搜索到角和轮廓的集合。给定第二隐藏层中关于角和轮廓的图像描述,第三隐藏层可以找到角和轮廓的

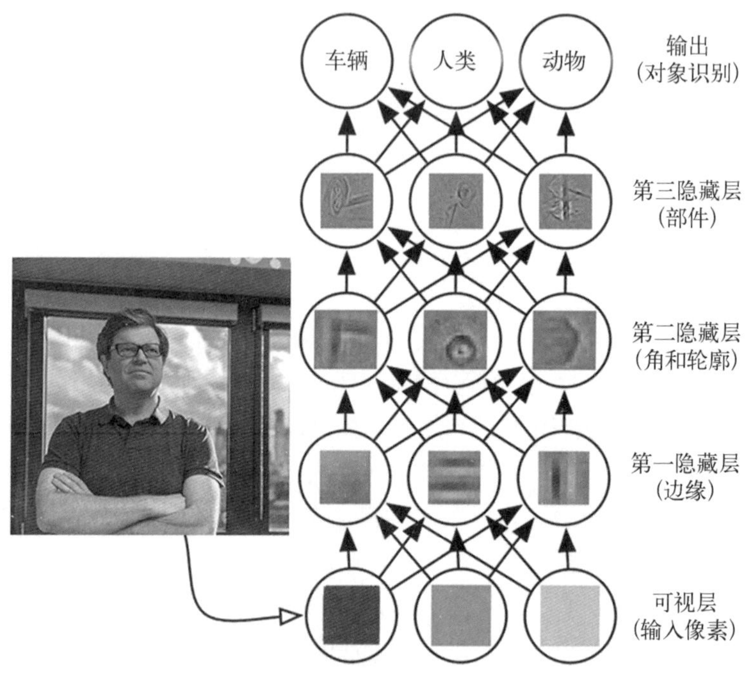

图 9-2 深度学习模型的示意图

特定集合来检测特定对象的整个部分(部件)。最后,根据图像描述中包含的对象部分,可以识别图像中存在的对象。

如何通过组合较简单的概念(如角和轮廓,它们由更简单的边缘所组成)表示图像中人的概念? 深度学习模型是一种选择。深度学习模型的典型例子是前馈深度网络或多层感知机(multilayer perceptron, MLP)。多层感知机仅仅是一个将一组输入值映射到输出值的数学函数。该函数由许多较简单的函数复合而成。可以认为不同数学函数的每一次应用都为输入提供了新的表示。

总的来说,深度学习是通向人工智能的途径之一。具体来说,深度学习是一种特定类型的机器学习,一种能够使计算机系统从经验和数据中得到提高的技术,具有强大的能力和高度的灵活性,它将大千世界表示为嵌套的层次概念体系(由较简单概念间的联系定义复杂概念、从一般抽象概括到高级抽象表示)。

9.2 用于特征提取的深度神经网络

9.2.1 深度神经网络在图像处理领域的意义

随着人们对深度学习的研究不断深入以及所掌握的技术不断成熟,深度神经网络逐渐成为图像处理领域的核心算法之一,并在拥有充足的训练数据时有着稳定的表现,可完成相应的图像处理任务。数据的特征是机器学习系统的原材料,因此其对整个神经网络的重要性是毋庸置疑的。如果待处理图像中的数据能够很好地被表达成特征，那么通常线性模型就已足够完成分类任务。用以提取特征的特征工程是一个长期而复杂的过程，为了提升所提取到的特征的质量，需要不断地寻找新的特征。通过不断地优化特征，系统的准确性和覆盖性才可以不断地提高，这促使研究者继续寻求在提取特征能力上更加优越的特征工程。总的来说，特征提取是深度神经网络的前端步骤。而在进行图像处理任务时，如目标分类、目标检测以及目标分割任务，传统方法的思路其实也是优先进行特征提取。因此，以特征提取为主要目标的深度神经网络算法成为当下图像处理技术研究的重中之重。

深度神经网络用于处理一般的大规模图像分类问题时，不仅可以直接用于构建阶层分类器完成分类任务，还可以在精细分类识别中专门用于提取图像的判别特征，以供其他分类器完成学习或更复杂的检测等任务。对于后者，特征提取可以人为地将图像的不同部分分别输入深度神经网络，也可以由深度神经网络通过非监督学习自行提取。

9.2.2 深度神经网络的宏观架构

一个深度神经网络通常由多个顺序连接的层(layer)组成。在用于图像处理时，第一层一般以图像为输入，通过特定的运算从图像中提取特征。接下来每一层会以前一层提取出的特征作为输入，对其进行特定形式的变换，以便可以得到更复杂一些的特征。这种层次化的特征提取过程可以累加，赋予神经网络强大的特征提取能力。经过很多层的变换之后，神经网络就可以将原始图像变换为高层次抽象的特征。

这种由简单到复杂、由低级到高级的抽象过程可以通过生活中的例子来体会。例如，在英语学习过程中，通过字母的组合，可以得到单词；通过单词的组合，可以得到句子；通过句子的分析，可以了解语义；通过语义的分析，可以获得表达的思想或目的。而这种语义、思想等，就是更高级的抽象。

接下来，本节将以 AlexNet 为例讲解一个具体的深度神经网络，以便对深度神经网络的结构有一个直观的感受，对相关的基本概念有一定的了解。后文针对其他常用网络则不会对基本概念过多赘述。AlexNet 神经网络的诞生时间较早，并且其结构十分基础且具有代表性，其中出现了卷积层、线性整流函数(rectified linear units, ReLU)非线性激活层、池化层、全连接层、Softmax 归一化指数层等概念，后文将逐一介绍。

2012 年，Alex Krizhevsky 发表了 AlexNet。该神经网络在 LeNet 的基础上调整了网络架构并加大了深度，在当年的大规模图像识别挑战赛(ImageNet Large Scale Visual Recognition Challenge, ILSVRC)上以明显优势夺得了冠军。ILSVRC 大赛是近年来机器视觉领域最受追捧也是最具权威的学术竞赛之一，代表了图像领域的最高水平。这个比赛是斯坦福大学李飞飞教授等于 2010 年创办的图像识别挑战赛，极大地推动了计算机视觉发展。比赛项目涵盖：图像分类、目标定位、目标检测、视频目标检测、场景分类、场景解析。这里介绍的 AlexNet，以及后文将会介绍到的 VGGNet、GoogleNet 和 ResNet 都是从这个比赛中脱颖而出的经典模型。如图 9-3 所示，该神经网络的主体部分由五个卷积层和三个全连接层组成。五个卷积层位于网络的最前端,依次对图像进行变换以提取特征。每个卷积层之后都有一个 ReLU 非线性激活层完成非线性转换。第一、二、五个卷积层之后连接有最大池化层,用以降低特征图(feature map,是输入特征向量进行卷积后所得到的结果)的分辨率。经过五个卷积层以及相连的非线性激活层与池化层之后,所得到的特征图经过展平层(flatten layer)拉伸成为特征向量,再经过两次全连接层和 ReLU 层的变换之后,送入 Softmax 层,就得到了对图片所属类别的预测。各层的具体作用与原理如下。

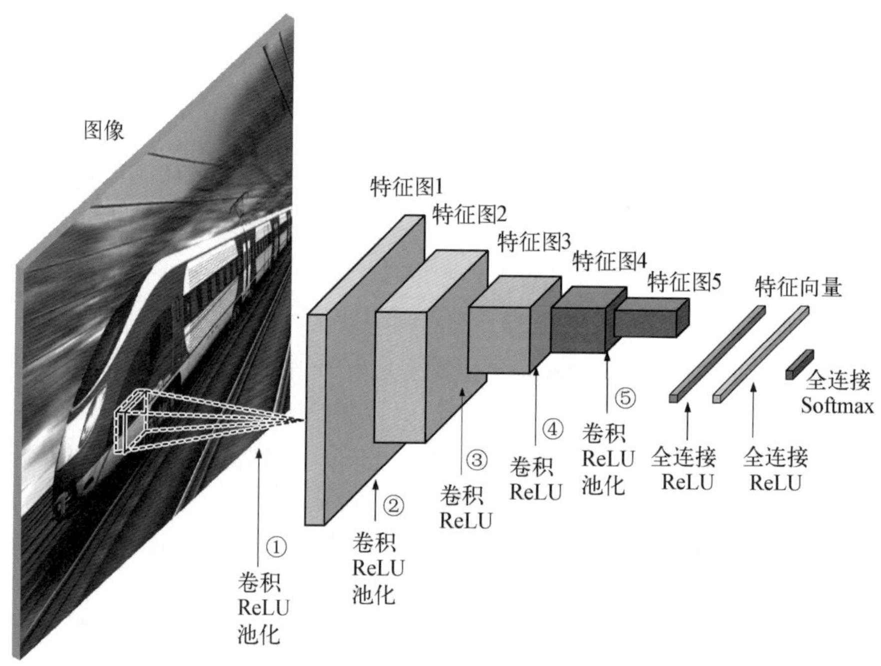

图 9-3 AlexNet 网络结构示意图

9.2.3 基础卷积神经网络的各个层级

1) 卷积层

卷积(convolution),也可称为旋积或摺积,其本质是一种数学运算。在泛函分析中卷积的定义是:卷积是通过两个函数 f 和 g 生成第三个函数的一种数学算子,表征函数 f 与 g 经过翻转和平移的重叠部分函数值乘积对重叠长度的积分。设 $f(x)$ 和 $g(x)$ 是 R 上的两个可积函数,进行积分:

$$\int_{-\infty}^{\infty} f(r)g(x-r)\mathrm{d}r \tag{9-1}$$

对于几乎所有的实数 x,上述积分是可证明存在的。因此随着 x 的不同取值,该积分便可以定义一个新函数 $h(x)$,称为函数 f 和 g 的卷积,记为 $h(x)=(f\times g)(x)$。卷积运算在数学计算中的应用有很多,通俗来看,卷积就是用两个不同函数先求积再求和的一种操作,“积”对应相乘,“卷”对应求和,较为形象地表达了将乘积叠加的效果。

卷积运算的思想被大量用于图像处理,是因为卷积操作实际可以看作是一种滤波器,卷积核则可以看作是滤波算子。使用不同的卷积核,可对原图像像素矩阵进行不同效果的处理。从神经网络层面来看,卷积操作是指在卷积层上使用一个卷积核对该层的输入图像中的每个像素进行一系列操作。卷积核是用来做图像处理时的矩阵,也称为掩膜,是与原图像做运算的参数。卷积核通常是一个四方形的网格结构(如 3×3 的矩阵或区域),该区域上每个方格都有一个权重值。使用卷积进行计算时,需要将卷积核的中心放置在要计算的像素上,依次计算卷积核中每个元素和其覆盖的图像像素值的乘积并求和,得到的结果就是该位置的新像素值。

举个简单的卷积操作例子,高斯平滑在图像处理过程中是一个十分常见的操作,其用到的高斯滤波器,就可以通过卷积实现图像平滑。高斯滤波是一种线性平滑滤波,适用于消除高斯噪声,广泛应用于图像处理的减噪过程。通俗地讲,高斯滤波就是对整幅图像进行加权平均的过程,每一个像素点的值,都由其本身和邻域内的其他像素值经过加权平均后得到。高斯滤波的具体操作是:用一个卷积模板(也可称为掩模,见图 9-4)扫描图像中的每一个像素,用高斯滤波器确定的邻域内像素的加权平均灰度值去替代模板中心像素点的值。这使得各点像素在保留相对大小的同时,与周围像素点的大小更为接近,起到去除噪点的作用。

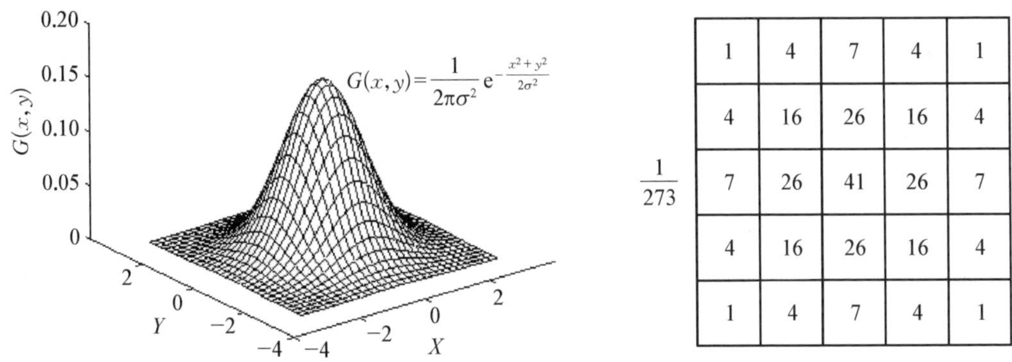

1	4	7	4	1
4	16	26	16	4
7	26	41	26	7
4	16	26	16	4
1	4	7	4	1

图 9-4　期望为(0, 0),方差为 1 的二维高斯核

图 9-5 更具体地说明了在卷积神经网络中,卷积操作的数学运算是如何进行的。如图 9-5 所示,位于图左边的是将原图像像素矩阵的边界用 0 填充后的新像素矩阵,中间是一个 3×3 的卷积核,右边是左上角像素对应的卷积结果。在求卷积的过程中,卷积核滑过整个图像,在每个位置上通过求取卷积核与原图对应区域(局部感受野)之间的乘积和得到卷积结果。卷积操作后的结果被称为特征图。

卷积神经网络有三个基本概念:局部感受野(local receptive fields)、权值共享(shared weights)和池化(pooling)。

(1) 局部感受野:从字面意思理解,感受野是指视觉感受区域的大小。在卷积神经网络中,感受野的定义是卷积神经网络每一层输出特征图上的像素在原始图像上映射的区

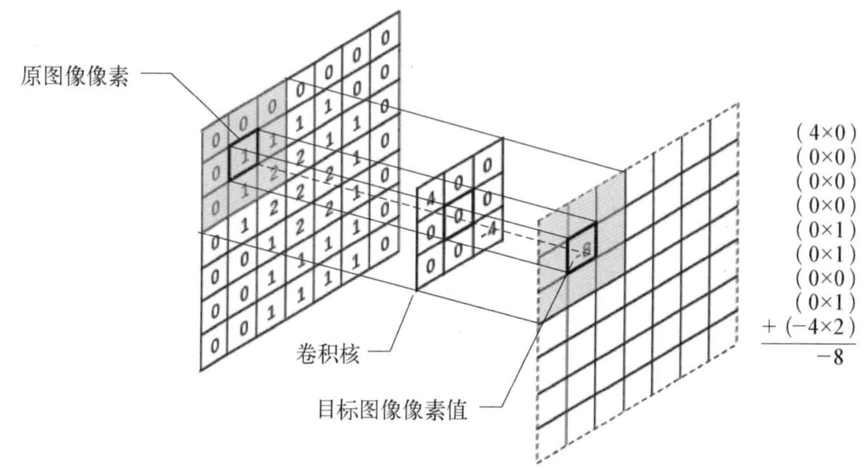

图 9 - 5　卷积操作示意图

域大小，如图 9 - 5 中原图像使用 3×3 的卷积核进行卷积，则图中目标像素值对应的原图像素即为局部感受野。

(2) 权值共享：同一个隐藏层(即输出的特征图)中的所有神经元(即输出像素)都是通过同一个卷积核卷积得到，以检测同一个特征在图像的各个位置是否存在，将从输入层到隐藏层的这种映射称为特征映射。该特征映射的权重，即卷积核参数，被称为共享权重。“共享”的含义源自：输入图像中的每个局部感受野均被同样的卷积核进行卷积。为了进行图像识别，通常需要不止一个特征映射，因此一个完整的卷积层包含若干个不同的特征映射，也就是若干个不同的卷积核。

(3) 池化：池化操作通常紧随卷积层之后使用，其作用是简化卷积层的输出，后文会详细介绍。

卷积层完成的操作，可以认为是受到卷积的局部感受野这一概念的启发，同时通过卷积的权值共享及池化的方法，共同降低网络参数的数量级。如果使用传统神经网络方式对一张图像进行分类，则需要把图像的每个像素都连接到隐藏层节点上。例如，对于一张 1 000×1 000 像素的图片，如果隐藏层有 10^6 个单元，参数将达到 10^{12} 个，这显然超过了可接受的计量范围，且是不必要的[见图 9 - 6(a)]。

但是在卷积神经网络里，基于以下两个假设可以大大减少参数个数：① 最底层特征都是局部性的，即用 10×10 大小的卷积核足够表示边缘等底层特征；② 图像上不同的小片段，以及不同图像上的小片段可以具有类似的特征，也就是说，可以用同样的一组分类器来描述各种各样的图像。

基于以上两个假设，可以把第一层网络结构简化，如图 9 - 6(b)所示，对于 1 000×1 000 的图像用 100 个相同的 10×10 的卷积核就能够大概描述整幅图片上的底层特征。

在图 9 - 7 中，图(a)为 AlexNet 整体网络架构，而图(b)则是第一个卷积层加池化层的具体剖析。图 9 - 7(a)省略了池化步骤的具体展示，图(b)有比较明显的展示。这里先以 AlexNet 的卷积层为例进行具体的介绍。

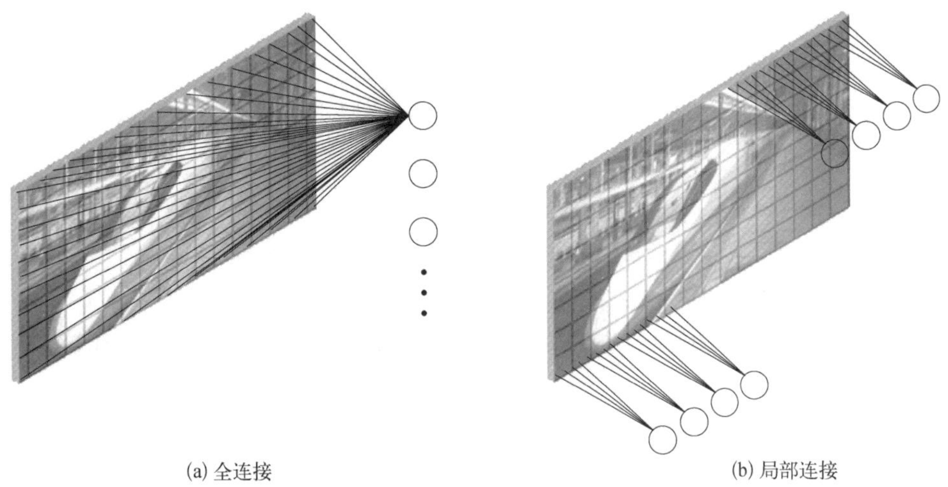

(a) 全连接　　(b) 局部连接

图 9-6　全连接与局部连接对比示意图

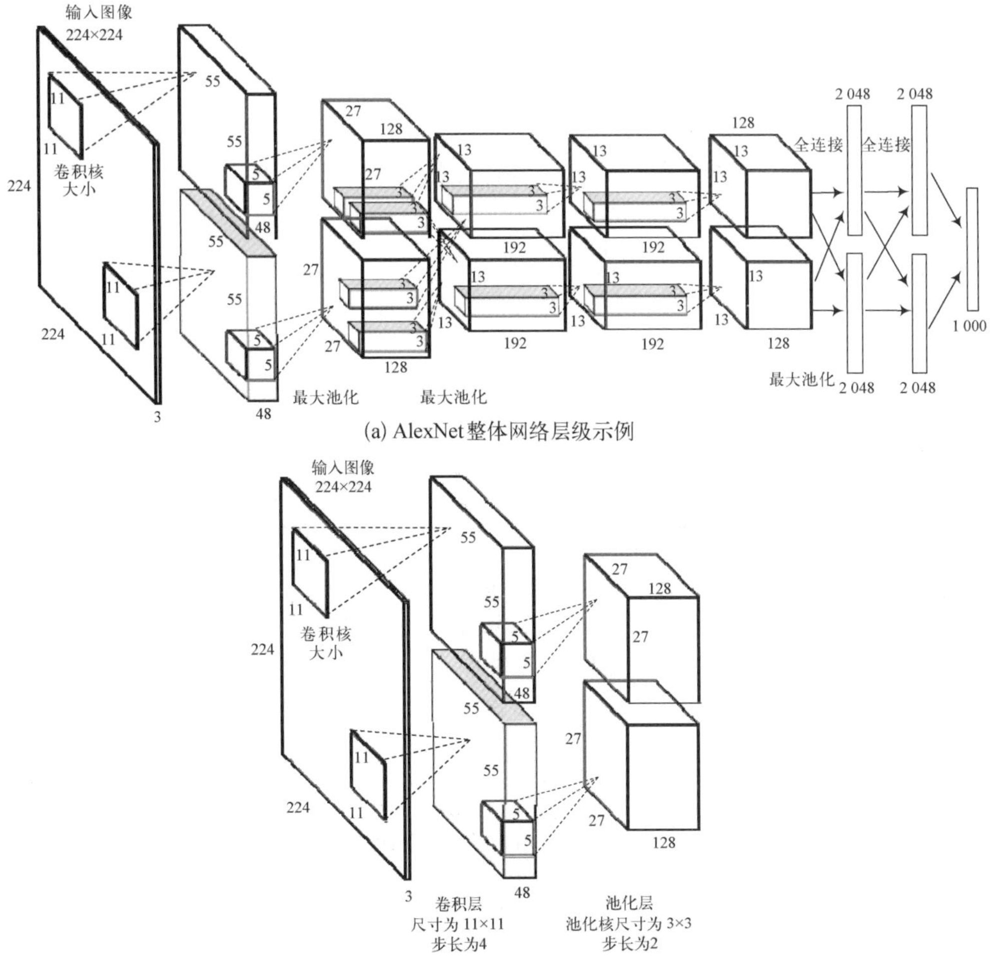

输入图像 224×224

卷积核大小

最大池化　最大池化

全连接　全连接

最大池化

(a) AlexNet整体网络层级示例

输入图像 224×224

卷积核大小

卷积层
尺寸为 11×11
步长为4

池化层
池化核尺寸为 3×3
步长为2

(b) AlexNet网络卷积和池化操作局部示例

图 9-7　AlexNet 网络结构示意图

首先，左边第一层为原始输入数据的 224×224×3 的图像，这里×3 表示的是 RGB 三个通道；随后进行的是以 11×11×3×96 的卷积核对原始图像进行卷积运算，这里×3 是输入通道数，与卷积对象的特征图层数相同，因此一般省略，只标注输出通道数(×96)，输入通道数表示对 RGB 三个通道分别使用同样的三个卷积核进行卷积运算。卷积核对原始图像的每次卷积都生成一个新的像素，因此对初始 RGB 三个通道卷积得到三张特征图，并将其对应像素相加，融合成为一张特征图。输出通道数表明使用多少个不同的卷积核对上一层的特征图进行处理，比如这一层的输出通道数为 96，最终得到 55×55×96 的输出特征图，这种特征图多为叠加的结果，也可以称为张量(tensor)。卷积的具体过程如下：

将卷积核分别沿着原始图像的 x 轴方向和 y 轴方向移动，其中卷积步长(stride)是 4 个像素，卷积步长是每进行一次卷积运算卷积核所移动的像素单位。这里需要引入一个概念——填充(padding)，因为图像尺寸为 224×224，卷积核尺寸为 11×11，卷积核每次移动 4 个单位，然而(224−11)并不能被步长 4 整除，所以需要用 0 对边界进行填充，这样使得卷积后的特征图尺寸为整数，把原始图像尺寸填充为 227×227。卷积核在横向移动的过程中会生成(227−11)/4+1=55 个像素，所以对原始图像卷积之后所产生的新特征图尺寸为 55×55。

上文提到，由于 AlexNet 第一个卷积层的输出通道数为 96，因此会产生 96 个不同的特征图，最终的特征图三维尺寸为 55×55×96。因为 AlexNet 采用双 GPU 处理中间的数据，所以分为 2 组尺寸均为 55×55×48 的特征图。这些特征图经过 ReLU 非线性激活单元的处理，生成激活特征图，仍为 2 组尺寸均为 55×55×48 的特征图数据，形成图 9-7(b) 中间的那层，最后进行池化操作。

2) 非线性激活层

卷积处理之后的输入信号通过激活函数进行非线性变换，从而得到输出信号。输出的信号具有 $f(wx+b)$ 的形式，其中 f 为激活函数。激活函数的重要之处在于，它可以给神经元引入非线性因素，从而使得神经网络可以逼近任何非线性函数，并得以应用到众多的非线性模型中，因为需要深度神经网络解决的实际问题大多是非线性的。

激活函数的灵感来自神经元模型，这也是为什么卷积网络会被称为卷积神经网络。在生物神经网络中，每个神经元都通过轴突和树突与其他神经元相连，如果某神经元的电位超过了一个“阈值”(threshold)，那么它就会被激活，即“兴奋”起来，向其他神经元发送化学物质，从而激活其他神经元。1943 年，麦卡洛克和皮特斯(McCulloch and Pitts)将上述情形抽象为图 9-8 所示的简单模型，这就是“M-P 神经元模型”。在这个模型中，神经元接收到 n 个其他神经元传递过来的输入信号，这些输入信号通过带权重的连接进行传递，神经元接收到

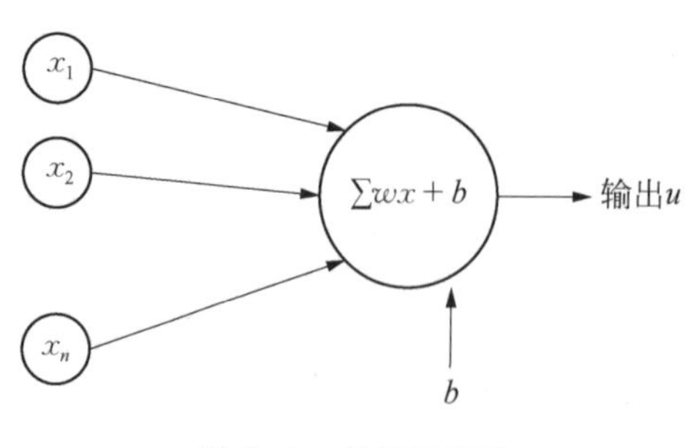

图 9-8 神经元模型

的总输入值通过激活函数处理产生神经元的输出。

在图 9-8 中，设 $x_1, \cdots, x_n$ 等 n 个输入分别对应卷积核的权重因子 $w_1, \cdots, w_n$ 以及偏置 b。偏置 b 在大多数神经网络中都是必要的，假如没有偏置 b 即 $y=wx$，该模型必会经过 0 点，这样使得模型泛化能力较差；而有了偏置以后，通过参数 w 和 b 的协同调节，模型的拟合能力大大增强。

而非线性激活函数的作用也是增强模型的泛化能力，是对卷积结果的进一步处理。这里把输入 x_i 乘以对应的权重因子 w_i 再加上 b 的结果记为 u，这一步骤可以看作进行完整的卷积操作。而激活函数 f 是作用在 u 上的，也就是说这个神经元最终的输出结果为 $y_i=f(u)$。非线性激活函数一般接在卷积操作之后，在池化操作之前。

激活函数有很多种，这里简单地介绍其中的三种：Sigmoid 函数、ReLU 函数和 Softmax 函数。

(1) Sigmoid 函数。

作为最常用的激活函数之一，它的定义如式(9-2)，函数形式如图 9-9 所示。

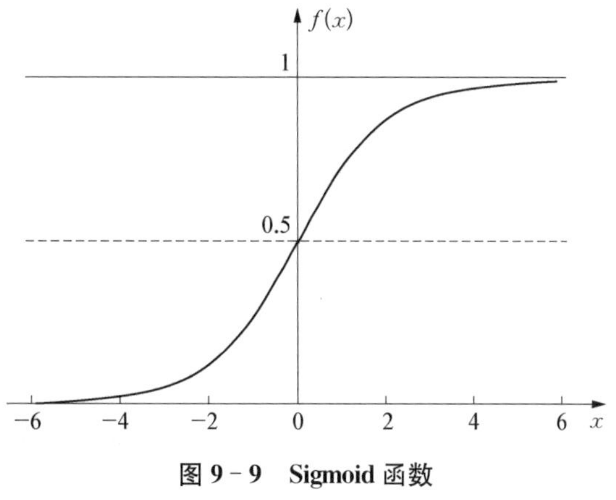

图 9-9 Sigmoid 函数

$$\mathrm{Sigmoid}(x)=\frac{1}{1+\mathrm{e}^{-x}} \tag{9-2}$$

Sigmoid 函数为值域在 0 到 1 之间的平滑函数。当需要观察输入信号数值上微小的变化时，与阶梯函数相比，平滑函数(如 Sigmoid 函数)的表现更好。

(2) ReLU 函数。

近年来的神经网络倾向于使用 ReLU 函数替代 Sigmoid 函数作为隐藏层的激活函数，它的定义如下：

$$f(x)=\max(x,\ 0) \tag{9-3}$$

当 x 大于 0 时，函数输出为 x，其余的情况输出为 0。函数的形式如图 9-10 所示。

由于在 ReLU 函数激活前，卷积核卷积所得到的结果有正有负：正的结果说明感受野与卷积核相关性较大，倾向于找到特征，因此被 ReLU 函数所激活；而负的结果说明卷积核并未找到特征，该结果可以忽略不计，因此用此函数进行舍弃。

(3) Softmax 函数。

在机器学习，尤其是深度学习中，Softmax 是个常用而且比较重要的函数，尤其在多分类的问题中使用广泛。它把一些输入映射为 0～1 之间的实数，并且归一化保证和为 1，因此多分类的概率之和也刚好为 1。

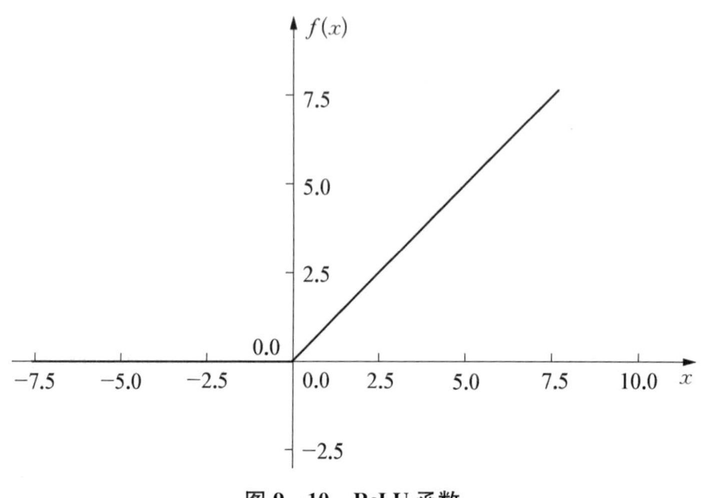

图 9-10　ReLU 函数

Softmax 由两个单词组成。首先，max 是取最大值的意思。但是对于分类问题而言，取最大值的结果往往只有一个，即最后的输出是一个确定的变量。然而更多的时候，不仅希望分值最大的一项作为最终的分类结果，同时希望分值相对小的那些项能作为取值的参考，这便是“soft”的概念。

假设有一个数组 Z，Z_j 表示 Z 中的第 j 个元素，那么这个元素的 Softmax 值就是

$$y_i = \frac{e^{z_i}}{\sum_j e^{z_j}} \tag{9-4}$$

更进一步如图 9-11 所示。

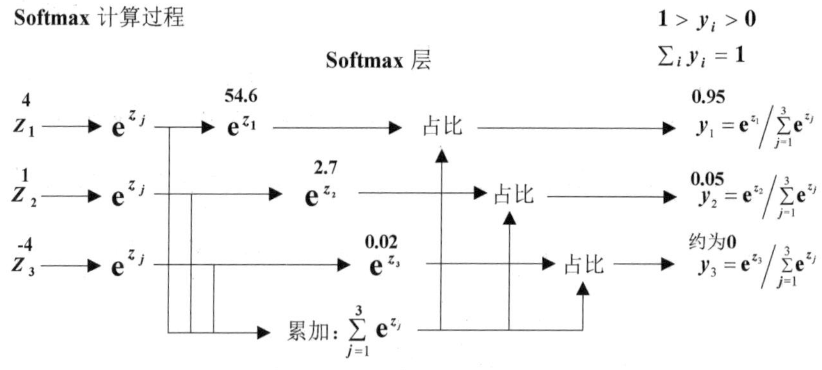

图 9-11　Softmax 层示意图

例如，将 4、1、−4 作为原始输出，通过 Softmax 函数，映射到(0,1)区间里的值，而这些值的累和为 1(满足概率的性质)，因此可以将它理解成概率。在最后选取输出结点的时候，选取概率最大(即对应值最大)的结点作为预测目标。

Softmax 函数与 Sigmoid 函数有相似之处，不同点在于它的输出结果是归一化的。

Sigmoid 函数能够在双输出的时候奏效，但当面对多分类问题的时候，Softmax 函数方便直接算出各个分类出现的概率。

3）池化层

通过上一层的卷积核操作后，原始图像变为一个新的图像。池化层的主要目的是通过降采样的方式，压缩图像、减少参数。简单来说，假设特征图像尺寸为 3×3，池化层采用最大池化(max pooling)方法，尺寸为 2×2，步长为 1。池化的步长和卷积的步长概念相同，指的是池化核每两次运算间移动的距离。那么池化后的图像尺寸就会从 3×3 变为 2×2，如图 9－12 所示。

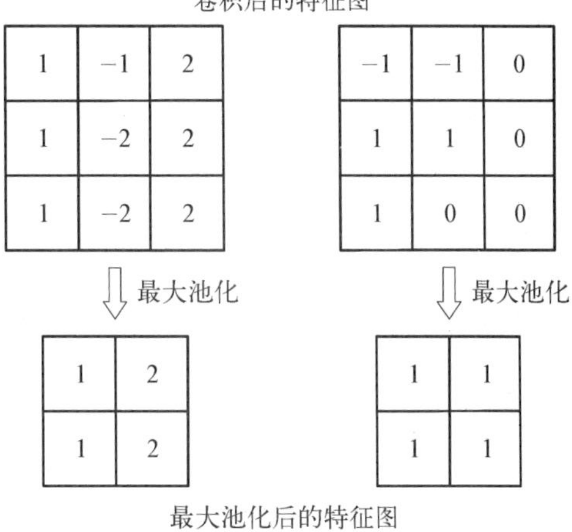

图 9－12 最大池化结果

池化方法一般有以下两种：最大池化，取滑动窗口里最大的值；平均池化（average pooling)，取滑动窗口内所有值的平均值。

从计算方式来看，最大池化是比较简单的一种方式，因为只需取最大值即可，但是同时也引发一个思考，最大池化的意义在哪里？如果只取最大值，那其他被舍弃的值会不会对最终结果有影响？

其实，每一个卷积核可以看作一个特征提取器，不同的卷积核负责提取不同的特征。假如第一个卷积核能够提取出“垂直”方向的特征，第二个卷积核能够提取出“水平”方向的特征，那么对其进行最大池化操作后，提取出的是真正能够识别特征的数值，其余被舍弃的数值对于提取特定的特征并没有特别大的帮助。因此，在进行后续计算的过程中，池化操作通过减小特征图尺寸既减少了参数量，又达到了不损失计算效果的目的。

不过，并不是在所有情况下最大池化的效果都很好，有时候有些周边信息也会对某个特定特征的识别产生一定的效果，那么这个时候舍弃这部分“不重要”的信息，就不是个好的选择了。所以，具体情况应该具体分析，如果在实际应用中使用最大池化后效果反而变差了，不妨把卷积后不加最大池化的结果与加了最大池化的结果输出对比一下，看看最大池化是否对卷积核提取特征起到反效果。

还是用 AlexNet 网络的第一个卷积层举例，如图 9－7(b)所示，得到 ReLU 函数激活后将这些特征图经过最大池化运算的处理，池化运算的尺度为 3×3，也可视为尺寸为 3×3 的池化核，运算的步长为 2，用和卷积运算相似的计算方式得到池化后图像的尺寸为 (55－3)/2＋1＝27，即池化后像素的尺寸大小为 27×27×96。

4）全连接层

到全连接层(fully connected layer)这一步，其实一个完整的“卷积部分”就算完成了。如果想要叠加层数，一般也是叠加“卷积-池化”组合层，叠加卷积层可以提取更多、更抽象的特征，从而达到更好的检测效果。早期的网络如 AlexNet 中，在进入全连接层之前，需要先把特征图展开成向量，称为展平层向量，然后把展平层的输出输入全连接层，对其进行分类。如图 9 - 13(a)所示，假如输入特征图尺寸为 2×2×2，则直接将其按顺序展开成 1×8 的向量，然后再对其进行尺寸为 1×8、维度为全连接层所需要的维度(如 4 096)的卷积。展平层的意义在于，将所有特征图拉伸成一维，由于特征的位置对分类带来的影响可以忽略，无论在图像哪个位置提取到特征，在进行全连接以后该特征均可被检测到，因此可以增强检测时的鲁棒性。但是在后来的网络中，展平层这一步骤被认为也可以省略，即直接对最后输出的特征图进行其对应尺寸的卷积，将其输入全连接层。比如，前面特征图为 $H \times W \times K$ (高 H、宽 W、有 K 个通道)，利用 4 096 个 $H \times W \times K$ 的卷积核对特征图进行处理，可以得到 1×1×4 096 的特征向量，最后计算其结果与真值的损失函数。

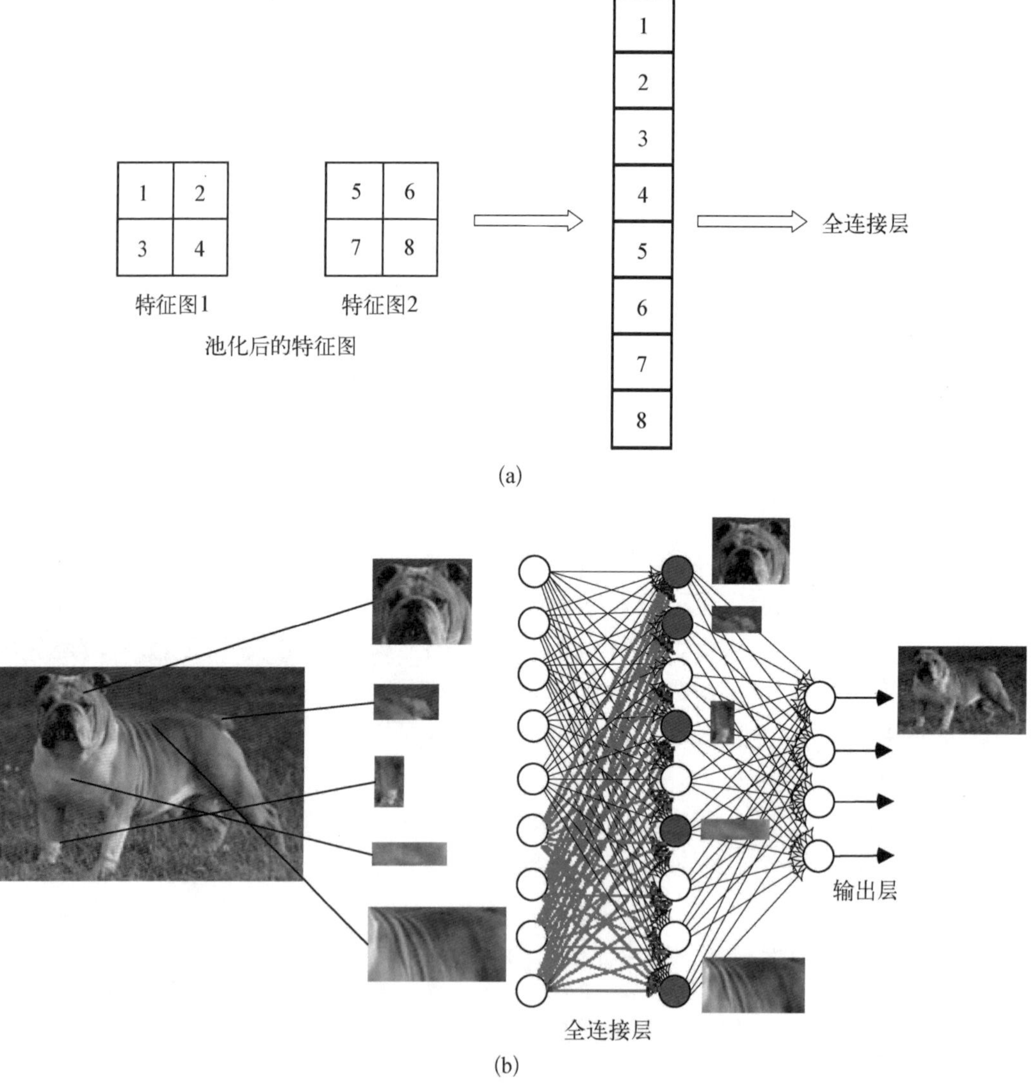

图 9 - 13　展平层及全连接过程

全连接层的作用，是通过卷积的方法判断整合后的特征图是否提取到足以检测到目标的特征。如图 9-13(b)所示，深色神经元表示的这个特征被找到了。当一条狗的特征被找到足够数量以后，便可以判断图像中有一条狗。

这里需要注意，全连接层的设计主要是为了迎合目标识别的需求，因为最终转化为向量有助于对提取到的特征进行判别。然而全连接层也存在另一个要求，由于所有卷积层的尺寸参数需要提前设定好，而全连接层之前的卷积层需要将输出特征图卷积成向量，其卷积层尺寸参数必须固定为 $M \times N \times K$ 的形式，从而要求输入的原始图像尺寸也必须固定。如果最终输出特征图的尺寸不是 $M \times N$，则会导致其无法卷积成向量。而在之后所讲的图像分割网络中，由于最终输出不需要压缩成向量，也就避免了全连接层之前的固定尺寸卷积层要求，因此可以输入任意尺寸的图像。

9.2.4 深度神经网络的特征提取

以上便是深度神经网络中最基础、最常用的四个层级。卷积神经网络的核心为卷积核，其中的数值被称为权重。权重通常是先随机生成，然后在不断的训练中，通过反向传播算法进行修正。卷积核以一定的步长在输入层上移动，进行卷积运算，当遇到与卷积核权重分布类似的特征时，最终的输出结果会较大，并通过非线性激活函数进行激活，得到一个相对更为明显的结果；若是输入图层中没有和卷积核相似的特征，则得到的结果会非常小，在经过 Sigmoid 函数或 ReLU 函数激活后，会设置成更小的数值。而随后的池化层，无论是平均池化还是最大池化，都会继续将这些未被激活的"非活跃"值进行过滤与舍弃。虽然卷积操作后图像的尺寸会有所缩减，但是多个卷积核的使用会生成多张特征图，使得维度提升，需要池化操作来减少参数量，减轻运算压力。

由于卷积核的参数特性，可以提取足够用于完成分类任务的特征。一个卷积层中往往有多个卷积核，每个卷积核代表一种图像模式，假如某个图像块与此卷积核卷积出的输出值大，则认为此图像块十分接近于此卷积核。例如，在某一层卷积层中设计了 24 个不同的卷积核，可以认为这个图像上有 24 种底层纹理模式，也就是用 24 种基础模式就能描绘出一副图像。图 9-14 是一个 24 种不同卷积核的示例。

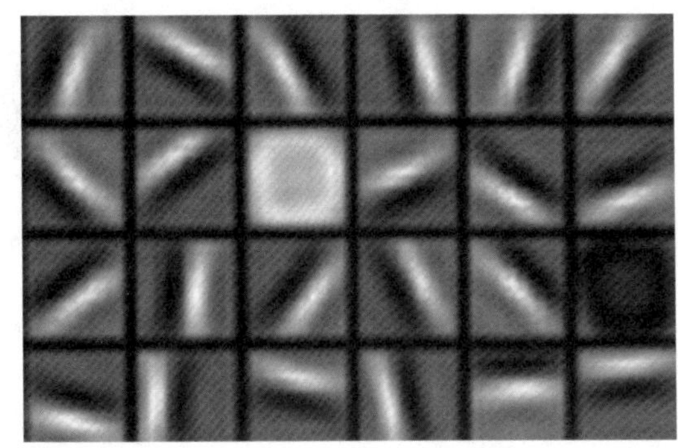

图 9-14　卷积核示例

卷积核是如何提取特征的，这里可以举个较为直观的例子。在判断图 9-15 的两个图案时，人类可以明显看出两个图案都是"X"，但是机器却只能识别出两个图像的像素值分布有所不同。因此，需要卷积核去提取以下两个图案的特征，并判断是否一致。

此时，使用三个不同的卷积核对图像进行卷积操作。如图 9-16 所示，用 1 和 -1 代表二值图黑白的像素值，即可较为明显地看出卷积核是如何提取特征的。

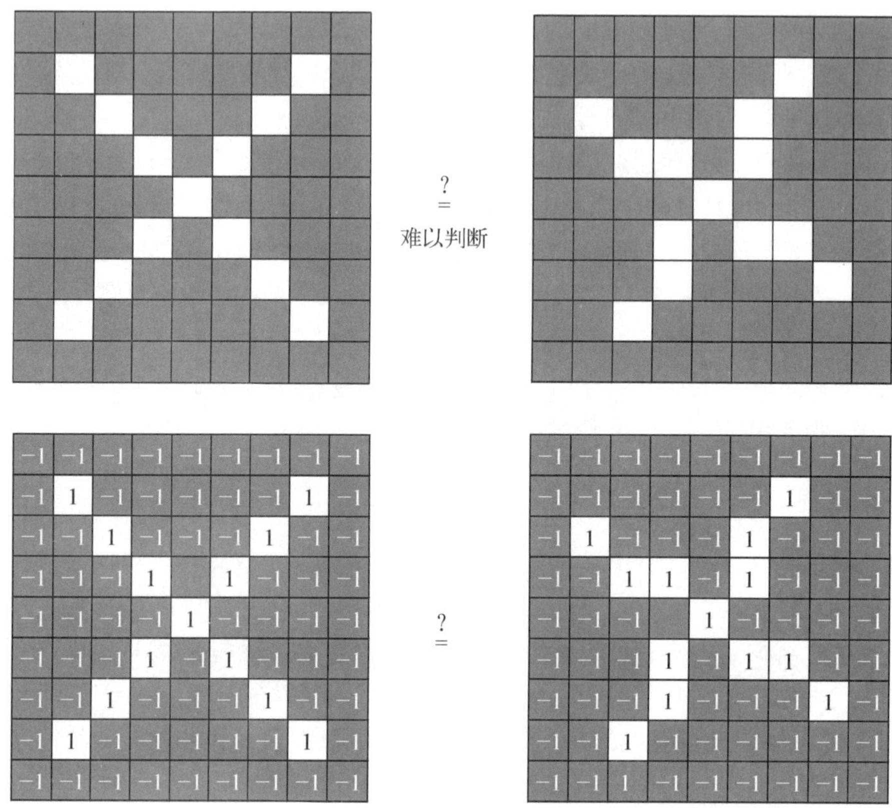

图 9-15　两个特征相同但是排布不同的图像

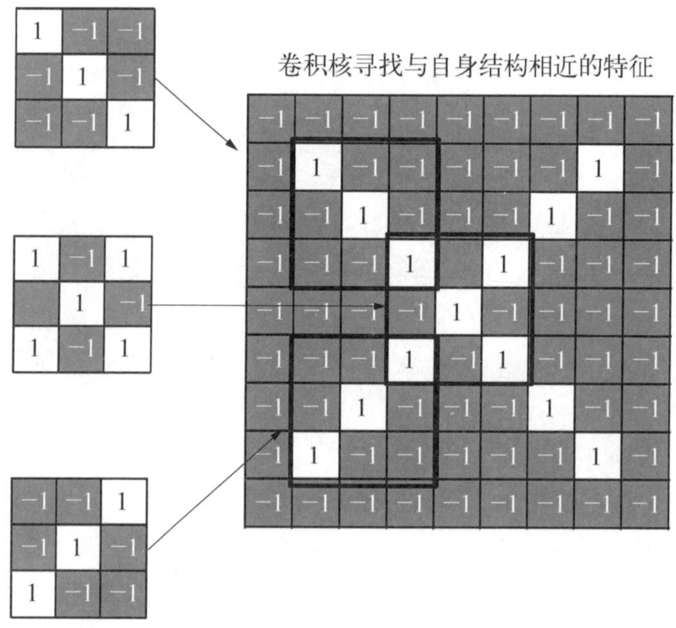

图 9-16　三个不同的卷积核如何寻找对应特征

当卷积核在原始图像上移动到与其自身结构相似的地方时，进行卷积操作后，得到的像素值将是最大的，之后，经过激活和池化，筛选无关信息并保留特征信息，经过多次卷积池化后，最终被分类器筛选出来。当找齐了"X"的所有元素并拥有正确的相对位置，就可以确定该图像含有"X"。因此，为确保关键特征可以被找齐，需要不断训练网络中的参数，训练方法会在后文中介绍。

卷积层、非线性激活层和池化层这三层可以看作一组操作，组成了最基本的卷积神经网络的主体框架。而深度网络就是不断叠加这组操作，并加上不同的改进措施，将更加有效的特征不断筛选出来。接下来，计算前面隐藏层所得到的输出结果与数据集的损失函数，有了损失函数的计算结果，才能够使用梯度下降法等方法反向修正网络参数。整个过程如图 9 - 17 所示。

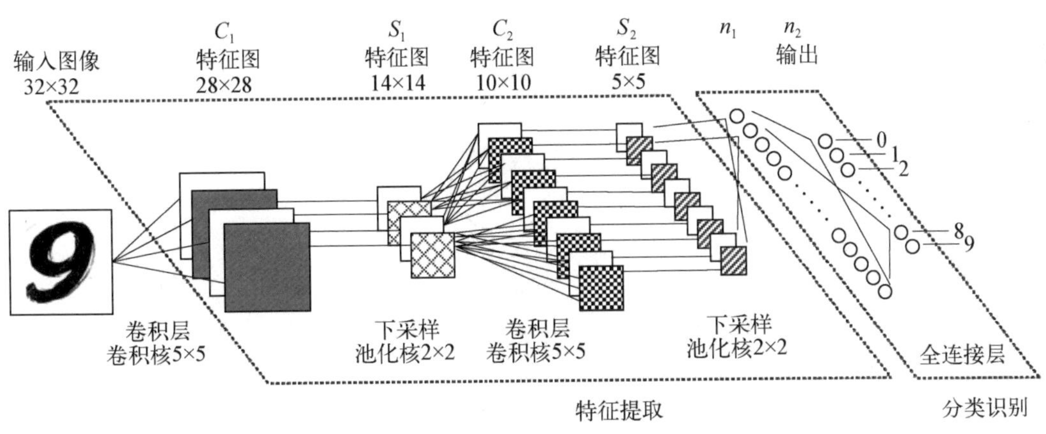

图 9 - 17 特征提取网络整体工作原理示意图

现在的深度神经网络还在向各个方向发展着，不同的网络有着各自的优点或着重点，因此为了达到更好的效果或者达到更想要的效果，会在以上基础层级上进行一些细节上的改进。在很好地理解了这四个基础网络层级如何进行特征提取以后，对于其他网络特有的层级也可以达到触类旁通的效果。后面将介绍比 AlexNet 网络更优秀的深度神经网络。下面先介绍深度神经网络的权重和参数在学习训练中的修改。

9.2.5 反向传播算法

深度神经网络如卷积神经网络、全卷积神经网络等结构中包含两类参数：超参数和可调整参数。其中，超参数是指需要预先设定的初始化参数，如网络层数、激活函数、卷积核大小等；可调整参数是指在模型训练过程中被不断调整的参数，主要指隐藏层的权重和偏置项等，可调整参数直接决定了模型输出结果的精度。因此，深度神经网络模型训练的目的是得到最佳的模型参数组合，最常用的模型训练方法是反向传播算法(back propagation)，又称为 BP 算法。

BP 算法是适合于多层神经元网络的一种学习算法，它建立在梯度下降法的基础上。

BP网络的输入输出关系实质上是一种映射关系：一个 n 输入 m 输出的BP神经网络所完成的功能是从 n 维欧氏空间向 m 维欧氏空间中一个有限域的连续映射，这一映射具有高度非线性。它的信息处理能力来源于简单非线性函数的多次复合，因此具有很强的函数复现能力，这是BP算法得以应用的基础。BP算法的原理是利用链式求导法则计算实际输出结果与理想结果之间的损失函数对每个权重参数或偏置项的偏导数，根据优化算法逐层更新权重或偏置项，它采用了前向-后向传播的训练方式，通过不断调整模型中的参数，使损失函数达到收敛，从而构建准确的模型结构。下面对这一方法用图解的方法做一简单介绍。

如图9-18所示，以一个三层的神经网络为例，中间包含两个隐藏层。$f(e)$是激活函数，它可以是Sigmoid函数；其中 $e=w\times x+b$，w 是权重矩阵，也可理解为卷积核的参数。

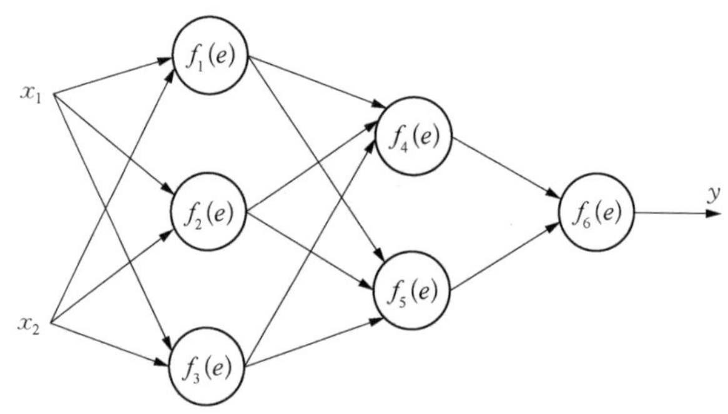

图9-18　一个三层的神经网络

神经网络的参数训练可以分为三个步骤：

第一步是前向传播，如图9-19所示。将样本数据输入网络中，数据从输入层经过逐层计算传送到输出层，得到相应的实际输出结果。

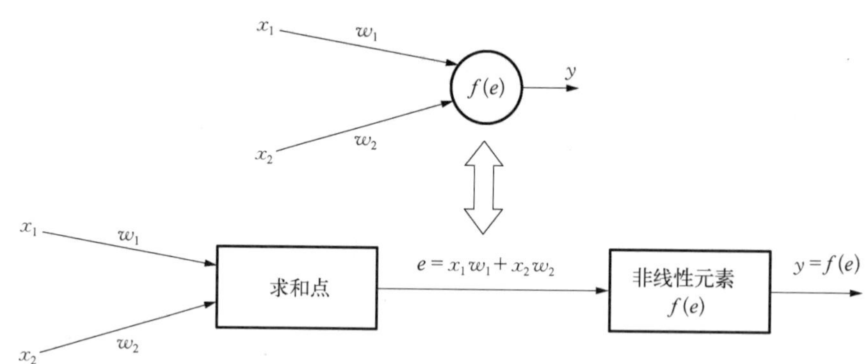

图9-19　神经网络前向传播示意图

对于卷积神经网络而言，可以将输入的 x_1，x_2，…，x_n 看作输入图像的各像素点的像素值，将下一层的神经元视为每个局部感受野经卷积核卷积后的输出结果，而 w 则是权重矩阵，因此局部感受野中的每个像素点 x_n 都对应卷积核权重矩阵中的一个值 w_n，也就是需要主要训练的卷积核参数。因为卷积的计算方式也是局部感受野中各元素与卷积核权重矩阵中各元素对应相乘，加上偏置，然后累加求和，也就是 $e=w_1x_1+w_2x_2+\cdots+w_nx_n+b$，最后经过激活函数 $f(e)$ 得到最终结果。因此，卷积神经网络也可以使用 BP 算法对卷积核的权重进行修正。

图 9－20 是前向传播过程，就是把 x_1、x_2 输入网络计算出 y 的过程(其中 w_{ij} 表示从第 i 个神经元指向第 j 个神经元路径上的权重，如 w_{12} 就是从第一个神经元指向第二个神经元路径上的权重)。

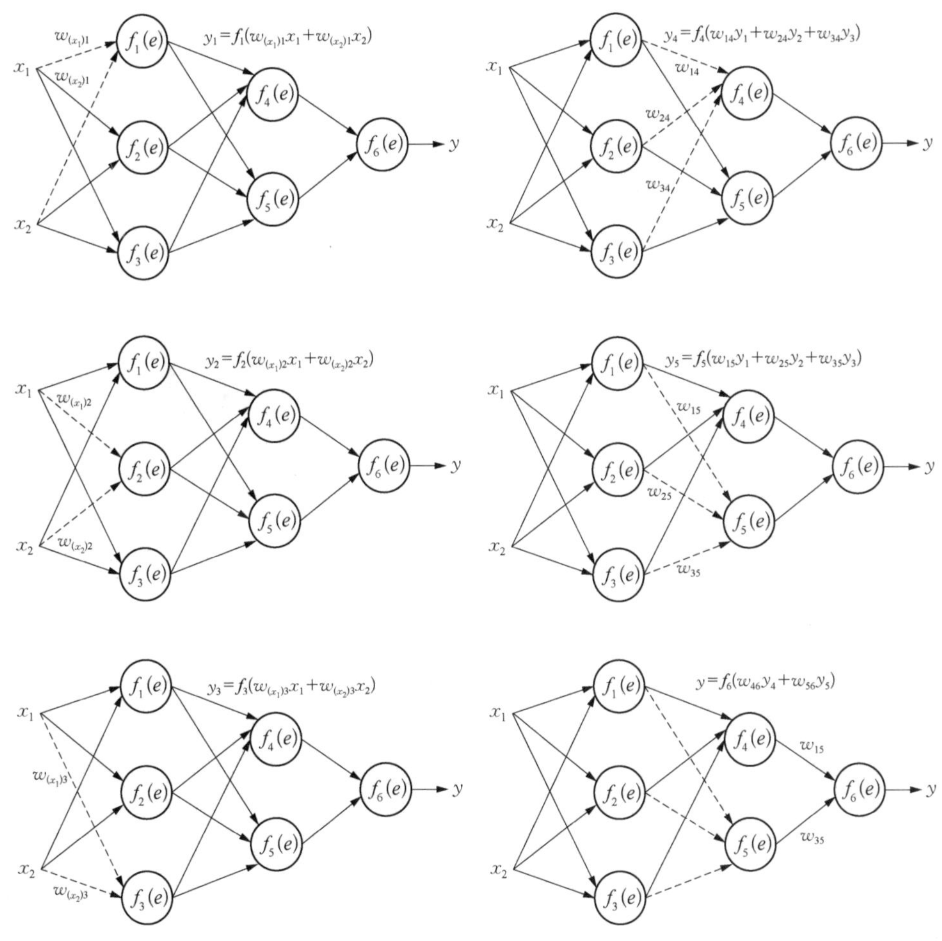

图 9－20　神经网络前向传播总过程

第二步是反向计算最后一层神经元的误差项，它表示网络的损失函数 E 对神经元的输出值的偏导数。

首先计算每个神经元的误差，如图 9－21 所示。这里误差直接使用了真实值与预测值的差，即 $\delta=z-y$，其中 z 是真实值(理想值)，y 是网络预测值，而一般情况下会使用损失函数来计算误差。

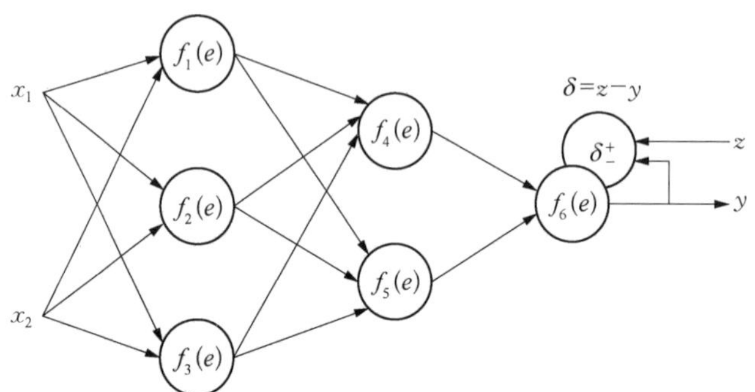

图 9-21 获取最终结果误差

然后将误差按对应权重反向传播回去，$\delta_i = w_{ij}\delta_j + w_{ik}\delta_k$，如图 9-22 所示。

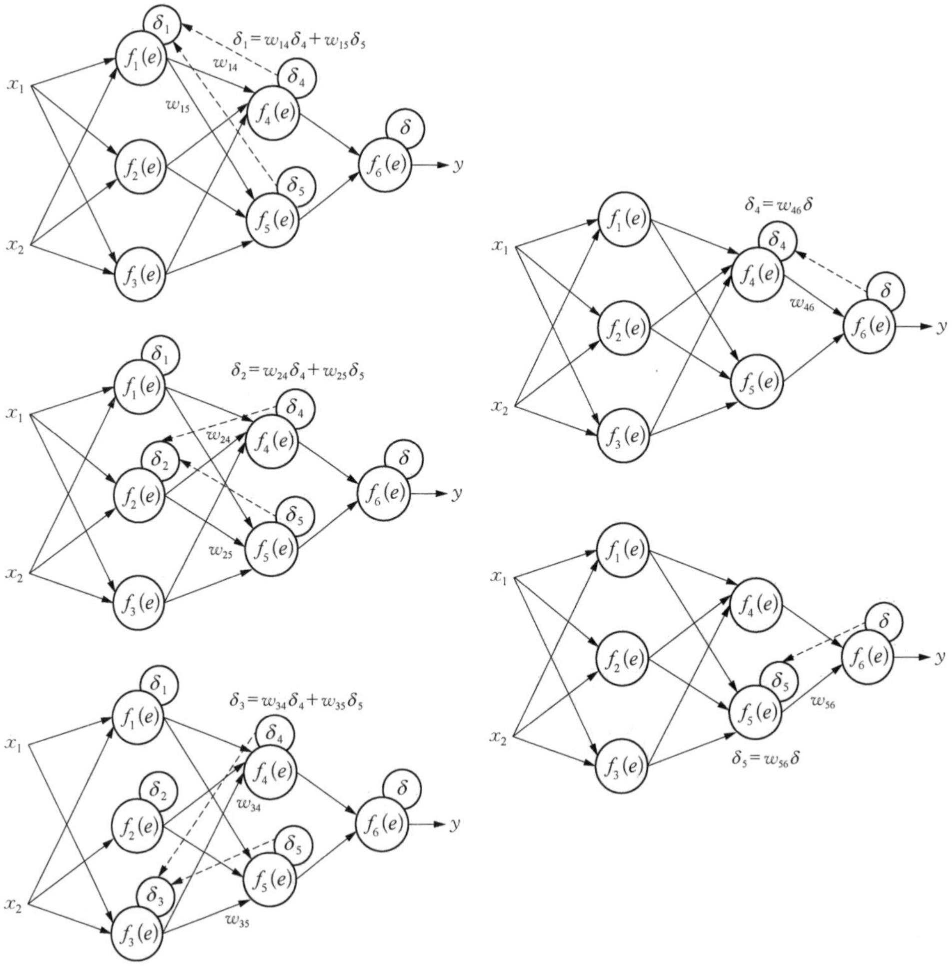

图 9-22 神经网络误差反向传播过程

第三步是根据优化算法计算每个神经元参数的偏导数，并更新每个参数。

图 9-23 开始利用反向传播的误差，计算各个神经元(权重)的导数，反向传播修改权

重。其中 η 为步长，在这里也可称为学习速率；δ_j 为后神经元的误差；$\mathrm{d}f_j(e)/\mathrm{d}e$ 为激活函数导数；y_i 为前神经元的结果；w'_{ij} 为更新后的权重。

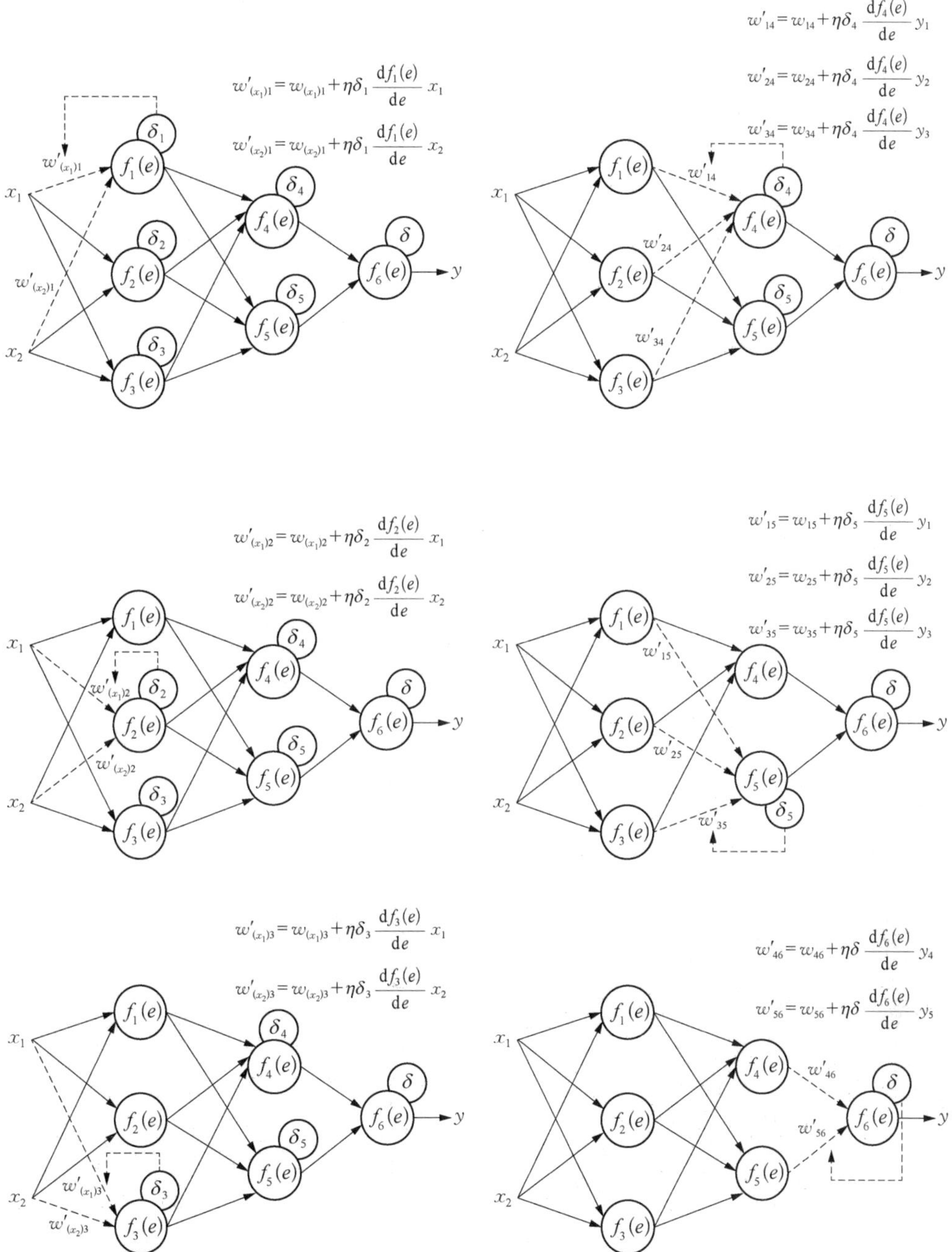

图 9－23　神经网络反向传播修改权重过程

BP 算法最终可以将参数调节为合适的数值。接下来介绍三个经典特征提取网络，进一步讲解深度网络是如何更快、更好并且更精细地提取特征的。

9.3 VGGNet

本节介绍的 VGGNet，在 ILSVRC2014 挑战赛中获得了定位冠军、分类亚军；并且研究人员将网络效果好的两个网络模型 VGG16 和 VGG19 开源，供大家进行研究。VGG16 和 VGG19 是 VGGNet 的两种结构，两者并没有本质上的区别，只是网络深度不一样。因为 VGGNet 的主要工作是证明了增加网络的深度能够在一定程度上影响网络最终的性能。VGG19 和 VGG16 的区别在于 VGG19 多加了 3 个卷积层，接下来以 VGG16 为例进行介绍。

9.3.1 VGGNet 的结构

图 9-24 较为清晰地表达了 VGG16 的基本架构，网络左端是输入尺寸为 224×224 的 RGB 三通道图像。整个结构共有 16 个隐藏层（因此称为 VGG16），分别是 13 个卷积层和 3 个全连接层。可以根据标注看到，未被标注的立方体即为卷积层，并且和 AlexNet 一样，每一个卷积层都使用 ReLU 函数进行激活。夹杂在卷积层中间的箭头所指的为池化层，也是使用最大池化进行池化，但是与 AlexNet 相比，可以看出池化层之间相隔的卷积层数有所增加，用来对特征进行提取和抽象，这也是增加网络深度的一种体现。在最后的全连接层可以看到，在进行 Softmax 函数激活之前，每一个全连接层都增加了 ReLU 函数激活这一步，也同样用于增加特征抽象能力，便于过滤无用信息。

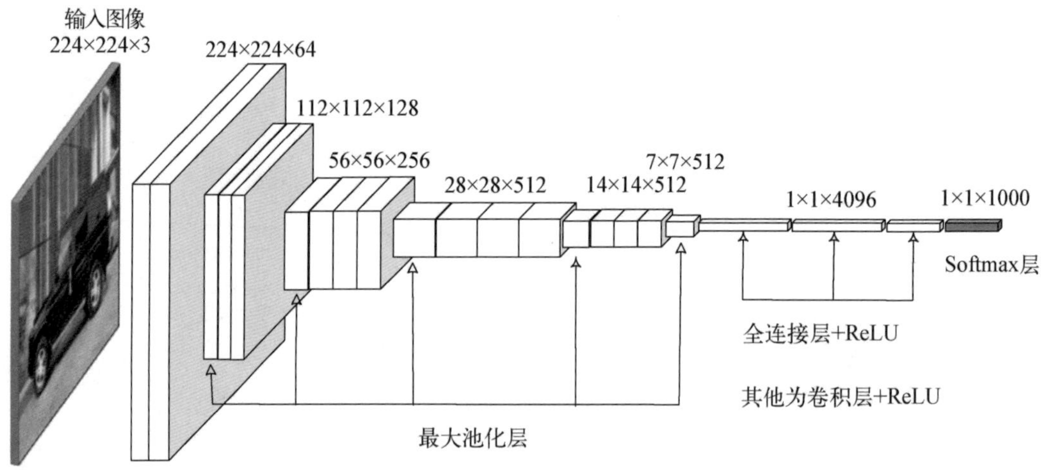

图 9-24 VGGNet 结构示意图

9.3.2 VGGNet 的特点

（1）VGGNet 的最大特点，就是它在 AlexNet 网络基础上的改进：将卷积核全部替换为尺寸为 3×3 的卷积核(还极少使用了尺寸为 1×1 的卷积核),从而开启了小卷积核的深度网络模型时代。

堆叠尺寸为 3×3 卷积核的原理与作用有以下几点:首先可以增大感受野,其本质是使用 2 个尺寸为 3×3 的卷积核堆叠等价于 1 个尺寸为 5×5 的卷积核;3 个尺寸为 3×3 的卷积核堆叠等价于 1 个 7×7 的卷积核,如图 9-25 所示。这样,虽然增加了卷积层的层数,但是结构变得相对统一与简单。

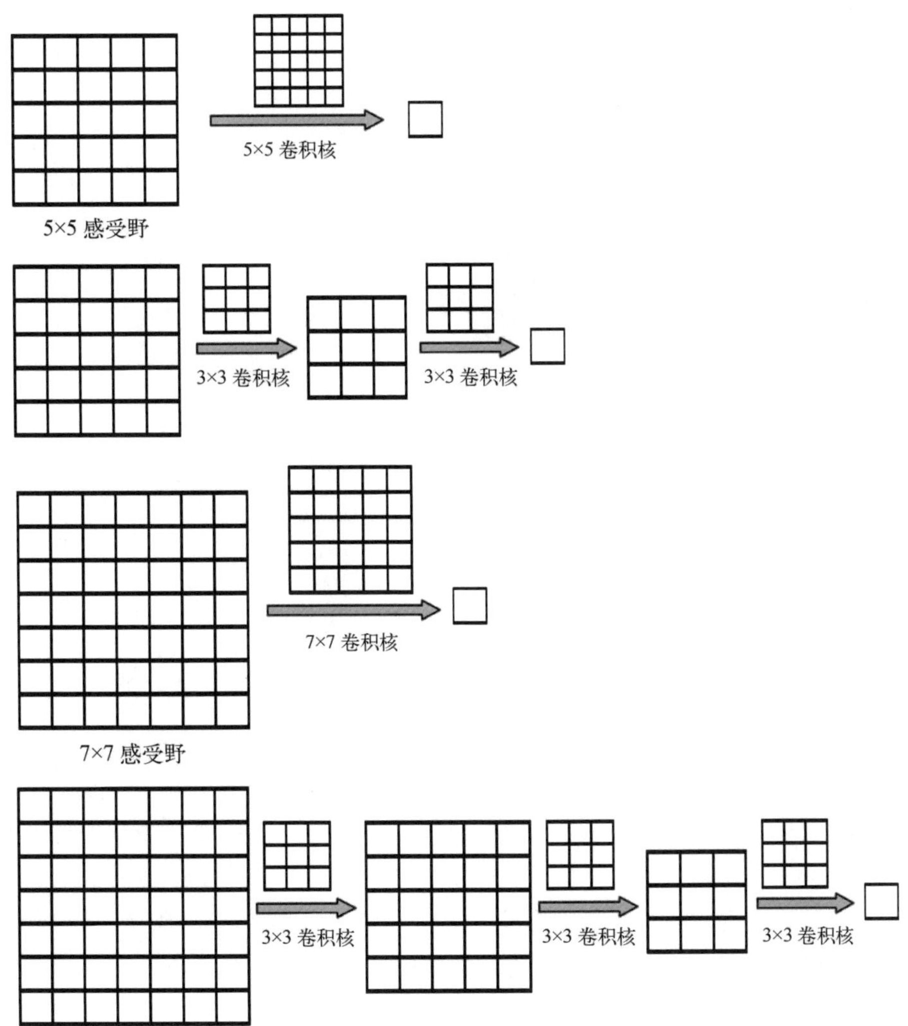

图 9-25 堆叠卷积核示意图

后经训练实验验证:假设输入、输出通道均为 K 个,几个小卷积核(3×3)卷积层的组合比一个大卷积核(5×5 或 7×7)卷积层好,并且可以减少训练参数。神经网络的参数量计算方式为:假设卷积核的大小为 $n \times n$,输入通道数为 M,输出通道数为 N,则参数量为 $n \times n \times M \times N$。因此,1 个 7×7 所需参数量为:$7 \times 7 \times K \times K = 49 \times K \times K$;3 个 3×

3 所需参数量为：$3\times3\times3\times K\times K=27\times K\times K$，参数减少比为：$[(49-27)/49]\times 100\%=44\%$。

使用尺寸为 1×1 的卷积核除了可以有效减少参数量外，还可以实现降维。这里以一个简单的卷积示意图举例说明。如图 9-26 所示，使用 2 个尺寸为 1×1×4 的卷积核对尺寸为 28×28×4 的输入特征向量进行卷积。具体做法是，对特征图上任意一个位置做卷积核为 1×1 的卷积操作，将 4 张特征图同一位置的卷积结果累加作为输出特征图的值。输出将会变为 28×28×2（即特征图大小仍为 28×28，通道数变为 2）；这样，在基本不增加参数量的同时，达到降低维度（通道数）的效果。

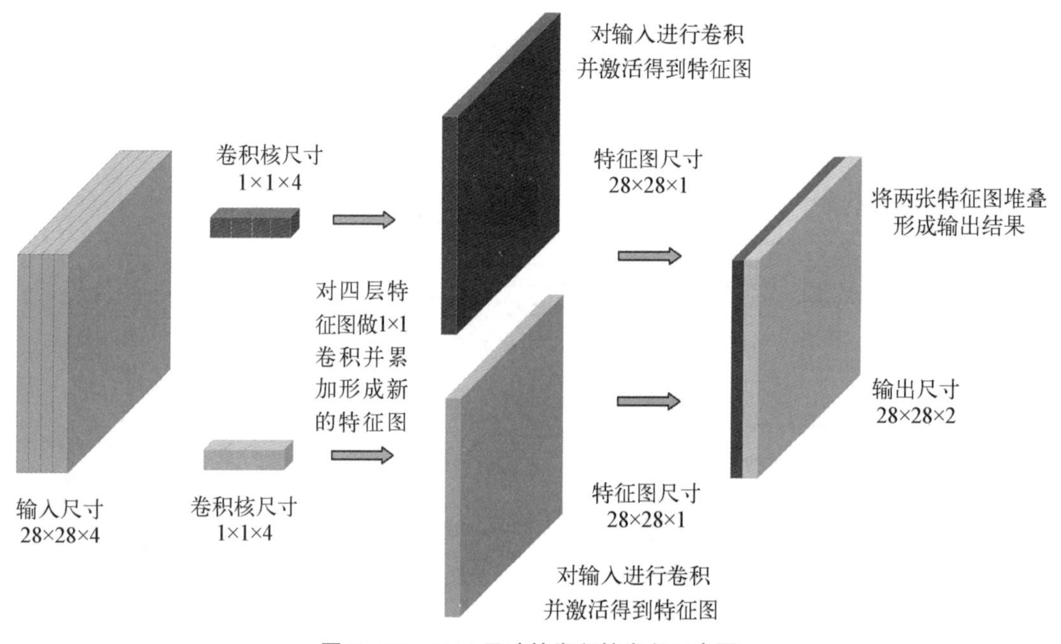

图 9-26　1×1 尺寸的卷积核卷积示意图

（2）由于 VGGNet 的池化层数有所增加，与 AlexNet 尺寸为 3×3 的池化核不同的是，VGGNet 全部改为使用尺寸为 2×2 的池化核。采用较小尺寸池化核依旧可以有比较好的降采样效果。

（3）VGGNet 的通道数增多。可从图中看出，VGGNet 第一层的通道数为 64，后面每层都进行了翻倍，最多到 512 个通道。通道数的增加，意味着有更多不同的卷积核对特征图进行处理，这使得更多的特征信息可以被提取出来。

（4）VGGNet 进一步增加非线性激活函数，提升了特征抽象能力，这一点主要体现在全连接层也增加了 ReLU 函数进行激活，即对所有隐藏层都使用了 ReLU 非线性激活函数进行激活。

（5）VGG19 的结构与 VGG16 类似，性能略好于 VGG16，但 VGG19 需要消耗更多的资源，因此在实际应用中 VGG16 的使用率更高。由于 VGG16 网络的结构十分简单，并且很适合迁移学习（迁移学习是一种机器学习方法，是指在算法的应用场景发生改变时，利用现有的、带有标签的数据来保证算法在新应用场景中的性能指标的过程），很多深度网络都是在 VGG16 网络的基础上进行改进，因此至今 VGG16 仍在广泛使用。

9.4　GoogLeNet

GoogLeNet 同样是在 ILSVRC2014 挑战赛上被提出。GoogleNet 和 VGGNet 是 2014 年 ILSVRC 挑战赛的双雄，GoogLeNet 获得了分类第一名，VGGNet 获得了分类第二名，这两类模型结构的共同特点是层次更深了。但是 GoogLeNet 最终拔得头筹的原因是其创新性地利用 Inception 结构使网络深度达到了 22 层，并在分类和检测问题上取得了最好的结果。虽然深度有 22 层，但大小却比 AlexNet 和 VGGNet 小很多，GoogLeNet 的参数为 500 万个，AlexNet 的参数个数是 GoogLeNet 的 12 倍，VGGNet 的参数个数又是 AlexNet 的 3 倍，因此在内存或计算资源有限时，GoogLeNet 是比较好的选择。这个架构的主要特点是提高了网络内部计算资源的利用率，同时在保证计算消耗不变的前提下，提升了网络的深度和广度。

9.4.1　GoogLeNet 的结构

一般来说，提升网络性能最直接的办法就是增加网络深度和宽度，深度指网络层次数量，宽度指神经元数量。但这种方式存在几个问题。首要问题就是参数过多。因为网络层次的增加，会导致总通道数的增加，从而使卷积核数量增加，进而导致模型参数增加。如果此时训练集的数据量有限，则很容易产生过拟合问题；同时，网络越深，越容易出现梯度弥散和梯度爆炸问题，难以优化模型。

梯度弥散这一问题在很大程度上来源于激活函数的“饱和”。因为在反向传播的过程中仍然需要计算激活函数的导数，所以一旦卷积核的输出落入函数的饱和区，它的梯度将变得非常小。当网络层数不断增加时，梯度将变得越来越小，乃至消失，导致浅层神经元，也就是靠近输入层神经元的权重更新非常缓慢，不能有效学习。

梯度爆炸正好相反，开始时权重设置较大，则反向传播时梯度呈指数级增长，最后传播到浅层神经元时梯度过大，使得权重进行一个过大的更新。使用 ReLU 函数替代 Sigmoid 函数，是解决此问题的方法之一。

解决这些问题的方法就是在增加网络深度和宽度的同时，有效地减少参数。而为了减少参数，将全连接变成稀疏连接是一种不错的思路。稀疏连接是受到神经科学中的现象启发：在神经科学中，研究人员发现每个细胞只对视觉区域中的一个极小部分敏感，而对其他部分区域则可以做到“视而不见”。因此，研究人员在设计网络结构时尝试通过减少不必要的节点间的相互连接关系，减少参数量。但是研究人员在实验的过程中发现，稀疏数据结构在现有的硬件设施上进行计算时，效率并不高。因为即使算法步骤数缩小

100 倍，使用稀疏矩阵带来的便利也无法补偿其同时带来的问题，如缓存查找带来的时间消耗(overhead of lookups)。

那么，有没有一种方法既能保持网络结构的稀疏性，又能利用密集矩阵的高计算性能呢？大量的文献表明，可以将稀疏矩阵聚类为较为密集的子矩阵来提高计算性能，就如人类的大脑可以看作神经元的重复堆积。基于上述考虑，GoogLeNet 团队提出了名为 Inception 的网络结构，就是构造一种“基础神经元”结构，来搭建一个稀疏性、高计算性能的网络结构，其设计思想如图 9-27 所示。

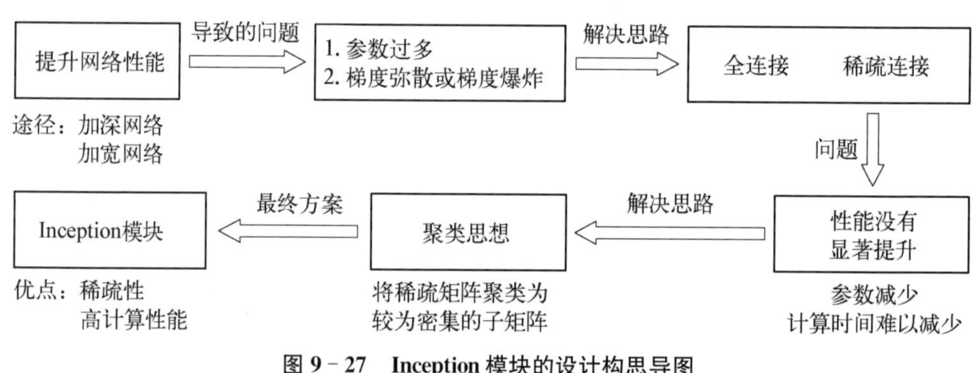

图 9-27　Inception 模块的设计构思导图

图 9-28 即为完整的 GoogLeNet 网络结构图，并附有各层级的具体参数(见表 9-1)。下面将会依照这张图具体讲解 Inception 部分和输出分类器。

9.4.2　Inception V1 模块介绍

Inception 历经了 V1、V2、V3、V4 等多个版本的发展，不断趋于完善。此处先以最开始的 V1 版本为例，进行引入。

Inception 模块的构建受生物学中的赫布理论(Hebbian theory)和一篇名为 *Network in Network* 的论文的启发。这里简单介绍一下赫布理论，便于更好理解 Inception 模块的作用与优点。赫布理论可以简单概括为：突触前神经元向突触后神经元的持续重复的刺激可以导致突触传递效能的增加。人类的大脑是所有神经网络的总和，每个神经元本身并不重要，重要的是这些神经元怎么联合起来，联合起来可以做些什么事，这是细胞集合的核心。而在 GoogLeNet 这一深度神经网络中，每一个 Inception 模块采用了并行结构，并将并行的各个神经元分支所得到的特征图叠加在一起，融合输出。

Inception 架构的主要思想是希望使用一个集成式网络去近似最佳的稀疏的卷积神经网络，这样既可以达到增大网络深度和宽度的效果，又能避免参数和计算量的增加。同时，通过在空间上多次使用这种结构达到最佳的效果。于是，GoogLeNet 的初创者提出了一种层级结构：对每个单元结构中的最后一层网络输出进行相关统计分析，将相关性较高的单元聚类在一起组成下一层，并连接到上一层的单元，如图 9-29(a)所示。该结构将 CNN 中常用的卷积(1×1、3×3、5×5)、池化操作(3×3)堆叠在一起(卷积、池化后的尺

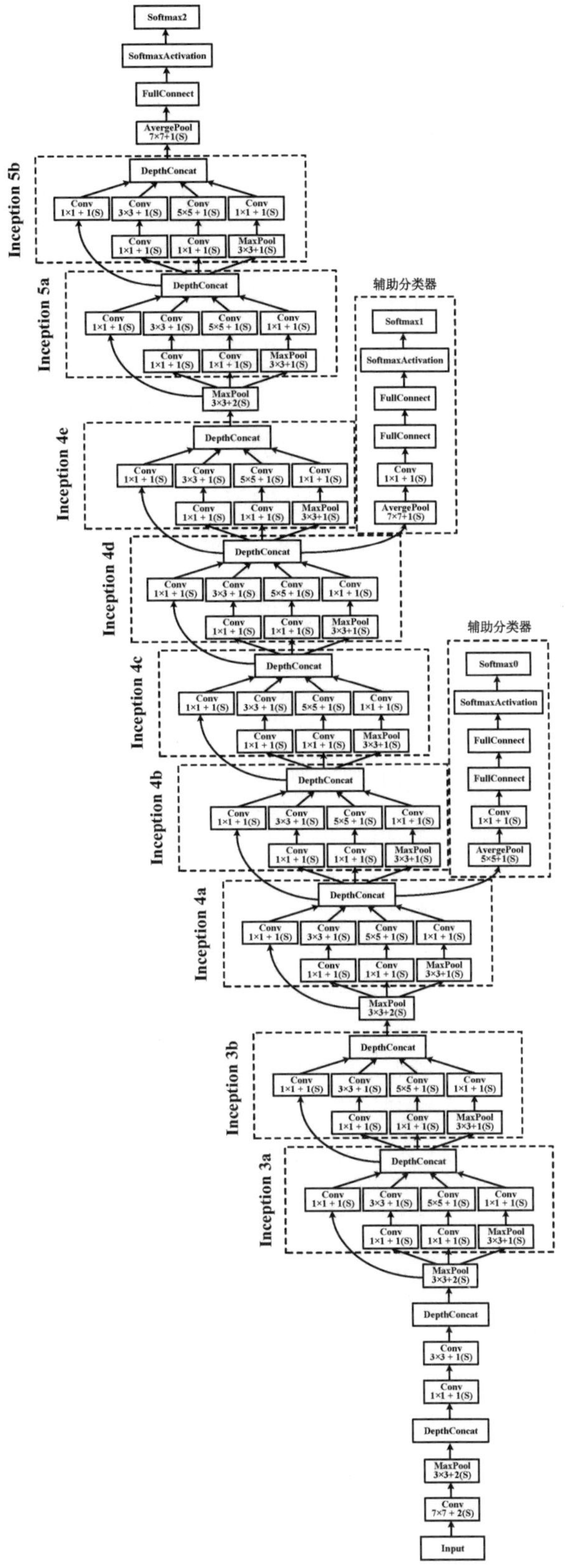

图 9-28　完整的 GoogLeNet 网络结构图

(图片引自参考文献[3])

表 9-1 GoogLeNet 网络结构参数表

类　型	步长	输出大小	个数	#1×1	#3×3小	#3×3	#5×5小	#5×5	池化	参数量	计算量
卷积	7×7/2	112×112×64	1							2.7 K	34 M
最大池化	3×3/2	56×56×64	0								
卷积	3×3/1	56×56×192	2		64	192				112 K	360 M
最大池化	3×3/2	28×28×192	0								
Inception 3a		28×28×256	2	64	96	128	16	32	32	159 K	128 M
Inception 3b		28×28×480	2	128	128	192	32	96	64	380 K	304 M
最大池化	3×3/2	14×14×480	0								
Inception 4a		14×14×512	2	192	96	208	16	48	64	364 K	73 M
Inception 4b		14×14×512	2	160	112	224	24	64	64	437 K	88 M
Inception 4c		14×14×512	2	128	128	256	24	64	64	463 K	100 M
Inception 4d		14×14×528	2	112	144	288	32	64	64	580 K	119 M
Inception 4e		14×14×832	2	256	160	320	32	128	128	840 K	170 M
最大池化	3×3/2	7×7×832	0								
Inception 5a		7×7×832	2	256	160	320	32	128	128	1 072 K	54 M
Inception 5b		7×7×1 024	2	384	192	384	48	128	128	1 388 K	71 M
平均池化	7×7/1	1×1×1 024	0								
随机失活(40%)		1×1×1 024	0								
线性处理		1×1×1 000	1							1 000 K	1 M
Softmax		1×1×1 000	0								

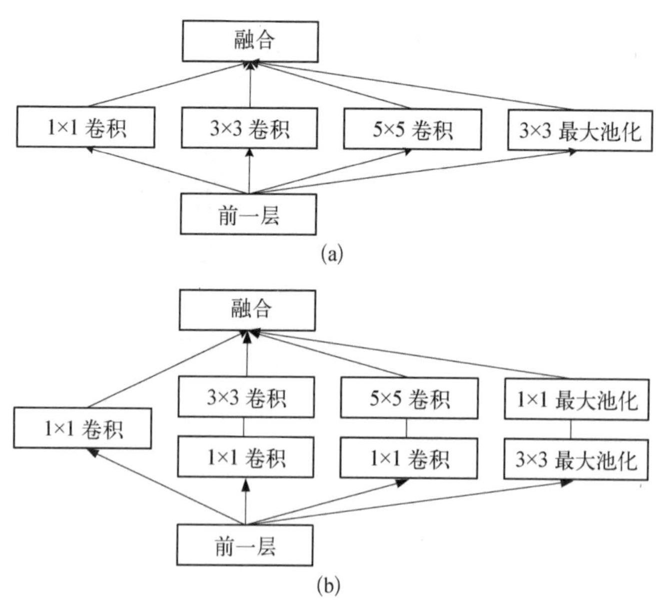

图 9-29 Inception 的两种架构

(a)为 Inception 的初始架构；(b)为降维后的 Inception 模块。

寸相同,将通道相加),一方面增加了网络的宽度,另一方面也增加了网络对尺度的适应性。同时,5×5 的滤波器也能够覆盖大部分接收层的输入。除此以外,网络还可以进行一个池化操作,以减少空间大小,降低过度拟合。在这些层之上,每一个卷积层后都要做一个 ReLU 操作,以增加网络的非线性特征。

然而,在 Inception 的初始版本中,所有的卷积操作都直接在上一层的所有输出结果上进行,导致 5×5 的卷积核所需的计算量很大,容易造成特征图的厚度过大。为了避免这种情况,在 3×3 卷积操作、5×5 卷积操作的前面以及最大池化操作的后面分别加上了 1×1 的卷积核,以起到降低特征图厚度的作用,这也就形成了 Inception V1 的网络结构,如图 9-29(b)所示。1×1 卷积的主要目的是减少维度、减少参数,这一点已在 VGGNet 的特点中介绍过,此处不过多阐释。

改进后的 Inception 架构有更加优秀的表现,GoogLeNet 就是由多个上述 Inception 模块堆叠起来的,其中各个 Inception 模块之间可能通过 MaxPooling 层相连接使得特征图尺寸减小(这里的最大池化层并非包含在 Inception 模块里,而是穿插在模块间),每加一次最大池化层,会以"Inception 模块后面标号的数字+1"的方式作为区分,如 Inception 3b 和 Inception 4a 之间。

在这里对照表 9-1,以 Inception 3a 为例,对 Inception 模块简单进行分析。该网络的原始输入图像为 224×224×3(即图像大小为 224×224,有 3 个通道)。经过三层卷积层和两层池化层后,输出为 28×28×192(即特征图大小为 28×28,有 192 个通道)。然后经过 Inception 3a 层加工,该模块分为四个分支,采用不同尺度的卷积核来进行处理:

(1) 64 个尺寸为 1×1 的卷积核,然后进行 ReLU 函数激活,输出为 28×28×64(即特征图大小仍为 28×28,通道数变为 64)。

(2) 96 个尺寸为 1×1 的卷积核作为尺寸为 3×3 卷积核之前的降维,变成 28×28×96(即特征图大小为 28×28,通道数变为 96),然后进行 ReLU 函数激活,再进行 128 个尺寸为 3×3 的卷积[填充数(padding)为 1,卷积步长为 1],输出为 28×28×128(即特征图大小为 28×28,通道数变为 128)。

其中,3×3 的卷积(填充数为 1)输出特征向量的维度计算过程如下:

(输入尺寸+填充数×2−卷积核尺寸)/卷积步长+1=输出特征图尺寸,即(28+1×2−3)/1+1=28;

由于网络模型进行了 128 个同样的 3×3 卷积操作,输出通道数为 128,即该通路网络的输出结果维度为 28×28×128。

(3) 16 个尺寸为 1×1 的卷积核,作为尺寸为 5×5 卷积核之前的降维,变成 28×28×16(即特征图大小为 28×28,通道数变为 16),进行 ReLU 函数激活后,再进行 32 个尺寸为 5×5 的卷积(填充数为 2,卷积步长为 1),输出为 28×28×32(即特征图大小为 28×28,通道数变为 32)。

(4) 池化层,使用尺寸为 3×3 的核(填充数为 1,池化步长为 1),输出 28×28×192(即特征图大小为 28×28,通道数变为 192),然后进行 32 个尺寸为 1×1 的卷积,输出为

28×28×32(即特征图大小为28×28,通道数变为32)。

其中,3×3的池化(填充数为1)输出特征向量的维度计算过程如下:

(原尺寸+填充数×2−池化核边长)/池化步长+1=输出特征图尺寸,即(28+1×2−3)/1+1=28。

池化操作不改变输出的通道数,但由于网络模型在池化后进行了32个同样的1×1卷积操作,输出通道数为32,即该通路网络的输出结果维度为28×28×32。

这里需要注意的是,每一个卷积或池化操作的步长都在结构图中以$+n(s)$的形式体现。以第一层卷积层为例,conv 1×1+2(s)表示的是卷积核尺寸为1×1,步长(stride)为2;conv 3×3+1(s)表示的是卷积核尺寸为3×3,卷积步长为1。

由于以上(1)(2)(3)(4)四个分支的输出特征图大小都是28×28,仅通道数不同,分别是64、128、32、32,因此可以将以上四个结果的特征图进行拼接(concatenate),拼接后的通道数为四个分支通道数之和,即64+128+32+32=256,最终输出28×28×256,这一操作简称为DepthConcat。其他Inception模块与此模块思路相同,此处不赘述。以上拼接的过程如图9-30所示。

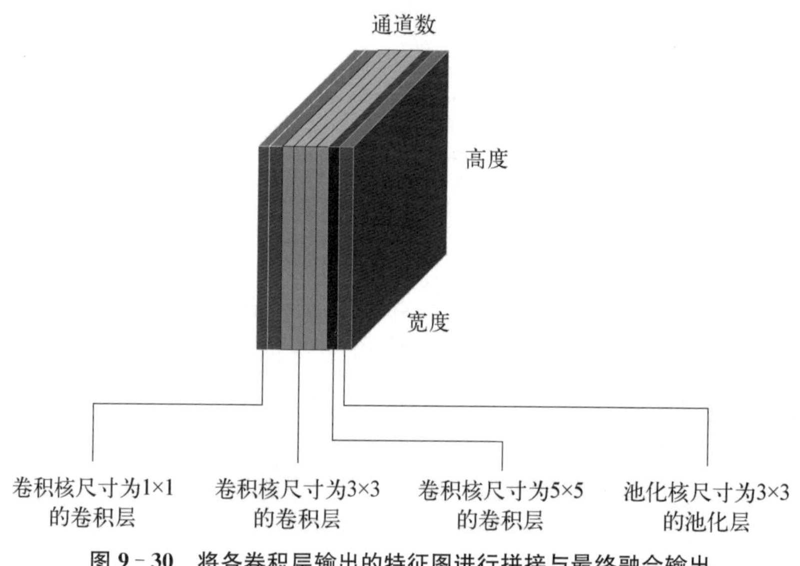

图9-30　将各卷积层输出的特征图进行拼接与最终融合输出

9.4.3　GoogLeNet的特点

(1) GoogLeNet采用了模块化的结构(Inception结构,如上所述),方便增添和修改。在后期版本的Inception结构中,做了不少改进。首先是将5×5卷积变为两个3×3卷积,进而又将每个3×3卷积变为1×3和3×1的卷积,这些措施都进一步减少了运算量;其次是引入类似ResNet的结构,在一定程度上解决了梯度消失的问题,使得网络可以进一步加深。

(2) 网络在主线路的最后采用平均池化代替了一层全连接层,事实证明这样可以将准确率提高 0.6%。但是,实际在最后还是加了一个全连接层,主要是为了方便对输出进行灵活调整。然而即使在移除了全连接层之后,一种名为随机失活(dropout)的操作还是必不可少的,如表 9-1 倒数第三行所示,有 40%的随机失活。这里简单介绍一下随机失活方法:随机失活是一种减少深度神经网络过拟合的方法。在每个训练批次中,通过忽略一定的隐藏层神经元(如让一半的隐藏层神经元值为 0),可以明显地减少过拟合现象。这种方式可以减少隐藏层神经元间的相互作用,也就是指某些神经元依赖其他神经元才能发挥作用。简而言之就是:网络在前向传播的时候,让某个神经元的激活值以一定的概率 p 停止工作,这样可以使模型泛化性更强,因为它不会太依赖某些局部的特征,如图 9-31 所示。

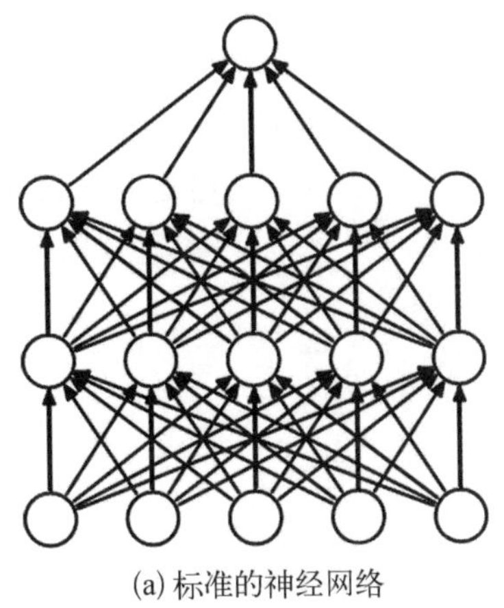

(a) 标准的神经网络

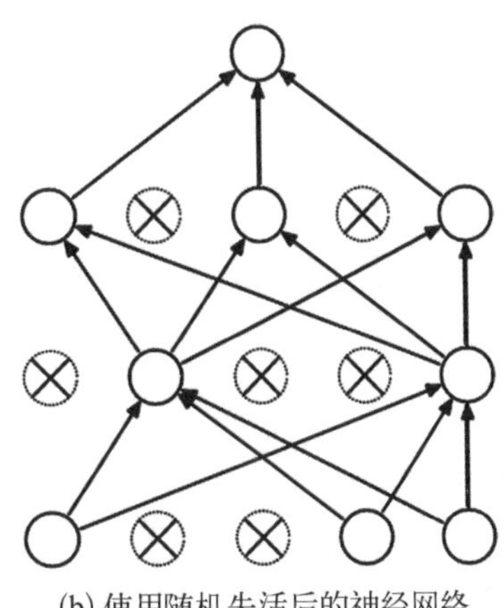

(b) 使用随机失活后的神经网络

图 9-31　随机失活效果对比

(3) 为了避免梯度弥散,网络额外增加了 2 个辅助的 Softmax 层用于向前传导梯度,也就是图 9-28 右侧两个竖的长方形虚线框的辅助分类器。梯度弥散的问题在前文介绍过,而这里的辅助分类器也是解决方案之一。辅助分类器是将中间某一层的输出用作分类,并按一个较小的权重(如 0.3)加到最终分类结果中,这样相当于做了模型融合,同时给网络增加了反向传播的梯度信号,对于整个网络的训练很有帮助。而在实际测试的时候,这两个额外的 Softmax 会被去掉。

(4) GoogLeNet 沿用了局部响应归一化层(local response normalization, LRN)。AlexNet 网络中率先提出并使用了 LRN,之前并没有对此进行详细介绍,因为对于与 GoogLeNet 同年参赛的网络即上一节所介绍的 VGGNet,有实验表明,在 ILSVRC 数据集上使用该层并不能提升网络的表现,反而会提升内存消耗和运算时间。因此在这里做一简要介绍。

在 AlexNet 模型中首次提出 LRN 这一概念,其动机来源于神经生物学的一个称为"侧抑制"(lateral inhibition)的概念,即被激活的神经元抑制相邻的神经元。归一化(normalization)的目的也是进行局部抑制。AlexNet 网络给出的具体计算公式如下:

$$I_{x,y}^{*i}=I_{x,y}^{i}\Big/\left[k+\alpha\sum_{j=\max\left(0,\ i-\frac{n}{2}\right)}^{\min\left(N-1,\ i+\frac{n}{2}\right)}\left(I_{x,y}^{i}\right)^{2}\right]^{\beta} \tag{9-5}$$

式中：$I_{x,y}^{i}$ 表示某一像素点经过卷积层(包括卷积操作和池化操作)处理后的输出结果，该点的位置可以表示为一个四维数组 $[a, x, y, d]$：a 是所在批次数(在此网络中，batch_ size=1，也就是每次训练一张图片)，x 是所在高度，y 是所在宽度，d 是所在通道数。因此，$I_{x,y}^{i}$ 可以理解成在第 a 张图中的第 d 通道下的高度为 x 和宽度为 y 的点。

其他参数分别为：i 表示当前结果是第 i 个卷积核的输出，n 是指该点相邻通道的总数目，而 $n/2$ 便是范围半径，N 是卷积核的总数。参数 k、n、α、β 都是超参数，一般设置初始值为 $k=2$，$n=5$，$\alpha=0.000\,1$，$\beta=0.75$。

举例来说，假设 $i=10$，$N=96$，$n=4$，则先通过求第 10 个卷积核在位置 (x, y) 处的输出结果 $I_{x,y}^{10}$，再用 $I_{x,y}^{10}$ 除以第 8/9/10/11/12 个(以 2 为半径)卷积核在位置 (x, y) 处输出结果的平方和，最终得到结果 $I_{x,y}^{*10}$，并继续处理下一个通道的同样位置的像素点。

这样完整的操作称为局部响应归一化，对局部神经元的活动创建竞争机制，使得其中响应比较大的值变得相对更大，并抑制其他反馈较小的神经元，这在一定程度上增强了模型的泛化能力。

9.5 ResNet

ResNet 在 2015 年被提出，比 VGGNet 和 GoogLeNet 晚一年，在 ImageNet 比赛分类任务上获得第一名。因为它具有“简单与实用”并存的特点，之后很多方法都是在 ResNet50 或者 ResNet101 的基础上完成的，它在检测、分割和识别等领域里得到广泛的应用。ResNet 网络的主体思想与前几个网络有共同之处，都是以增加网络深度和宽度的方式大幅度提高网络的性能，同时解决因增加网络深度和宽度而带来的参数过多、梯度弥散或梯度爆炸等问题。

ResNet，又称为残差网络，是由来自微软研究小组的 4 位华人学者提出的卷积神经网络。其特点是容易优化，并且能够通过增加深度提高准确率。ResNet 提出了残差块(residual block)的概念，并对内部的残差块使用了一种称为捷径连接(shortcut connection)的连接方式。这种跳跃连接有效缓解了在深度神经网络中由深度增加带来的梯度弥散问题。下面将对 ResNet 的结构进行分析与讲解。

9.5.1 ResNet 的结构

随着网络的加深，能获取的信息越多，可以获取的特征也就越丰富。但是实验表明，随着网络的加深，优化效果反而变差，且出现了测试数据和训练集准确率下降的现象。这是因为网络的加深会造成梯度爆炸和梯度弥散的问题。首先可以确定这不是由过拟合造成的，因为过拟合的情况训练集理应准确率非常高。为了解决这个问题，一种全新的网络出现了：深度残差网络。虽然研究发现，并非网络越深效果越好，但该网络把深度做到了极致，实验中最多可有 1 000 层。残差网络的成功归功于图 9－32 所示的全新的结构。

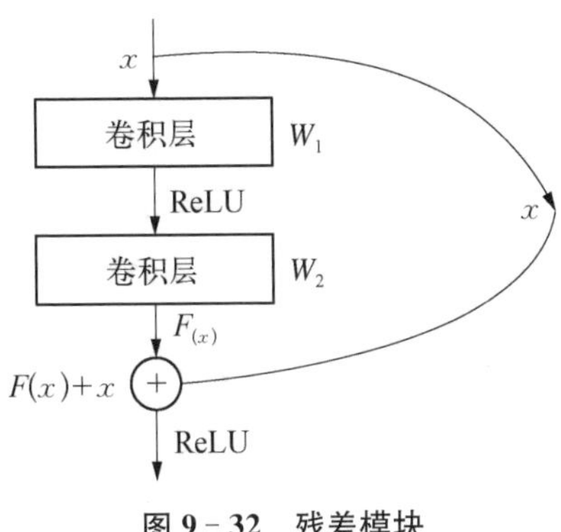

图 9－32　残差模块

在图 9－32 右侧可以看到一个分支由 x 指向 $F(x)+x$，这个就是所谓的“捷径连接”，这里称为恒等映射(identity mapping)，而与之相加的剩余部分被称为残差映射(residual mapping)。恒等映射中的“identity”，就是指公式中的 x 本身；残差映射指的是 $F(x)$ 部分。结构中需要注意的是，x 先与第一个权重(W_1)相乘并通过 ReLU 激活函数，再与第二个权重(W_2)相乘，然后先与 x 相加，再通过 ReLU 激活函数。这种残差函数更容易优化，能使网络层数大大加深。在上图的残差块中它有两层，如式(9－6)所示，其中 σ 代表非线性函数 ReLU，W_i代表经过的权重。

$$F(x)=W_2\sigma(W_1x) \tag{9-6}$$

然后通过一个捷径连接，与自身 x 相加，获得输出 y，再进行第 2 个 ReLU。

$$y=F(x)+x=W_2\sigma(W_1x)+x \tag{9-7}$$

当需要对输入和输出的特征图尺寸(空间分辨率和通道数)维数进行变化时(如改变通道数目)，如果输入 x 的特征图尺寸将与要输出的特征图通道数不相等，可以在捷径连接时对 x 做一个线性变换 Ws，使得它们的通道数一致，从而可以实现逐像素相加的操作，如下式：

$$y=F(x)+x=W_2\sigma(W_1x)+W_sx \tag{9-8}$$

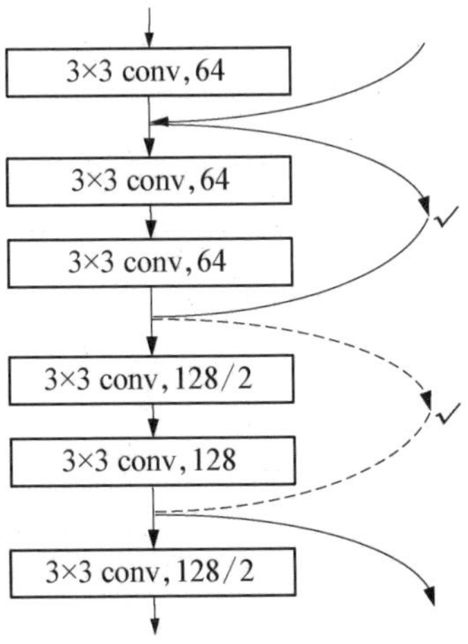

然而，实验证明一般情况下加 x 已经足够了，往往不需要再进行维度变换，除非需要输出的结果具有某个特定维度，比如将通道数翻倍，如图9－33 所示的情况。

3×3 conv, 64
3×3 conv, 64
3×3 conv, 64
3×3 conv, 128/2
3×3 conv, 128
3×3 conv, 128/2

图 9－33　部分残差网络及残差块

conv，卷积。

在图 9－33 中可以清楚地看到“实线”和“虚线”两种连接方式，实线的捷径连接部分都是执行 3×3×64(大小为 3×3 的卷积核共 64 个，使用这些卷积核进行卷积操作后输出通道数为 64 的特征图)的卷积，它们的通道个数相同，所以采用计算方式：$y=F(x)+x$；虚线的捷径连接部分分别是 3×3×64 和 3×3×128(大小为 3×3 的卷积核分别有 64 个和 128 个，使用这些卷积核进行卷积操作后分别输出通道数为 64 和通道数为 128 的特征图)的卷积操作，它们的通道个数不同(64 和 128)，所以采用计算方式：$y=F(x)+Wx$。其中 W 是权重矩阵，用卷积核的个数调

整 x 的通道维度，比如增加到 128 通道数，便可对 x 进行数量为 128 个、尺寸为 1×1 的卷积核的卷积操作。

1）两种残差块

图 9－34 中两种结构分别针对 ResNet34 和 ResNet50/101/152，一般称整个结构为一个结构块(building block)。其中(b)图又称为瓶颈设计(bottleneck design)，目的就是降低参数的数目，在实际应用中考虑到计算的成本，对残差块做了计算优化，即将两个 3×3 的卷积层替换为 1×1、3×3 和 1×1 三种卷积核的组合。

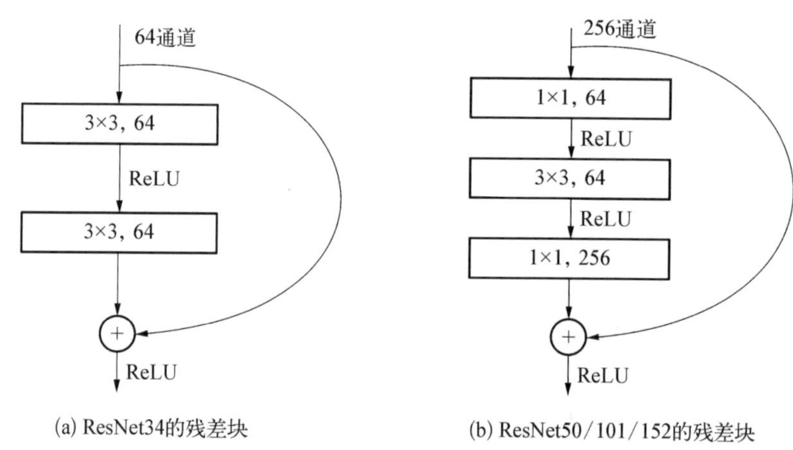

图 9－34　两种不同输入通道数的残差块

在图 9－34(b)的结构中，由上到下有以下几层，分别为“1×1，64”，“3×3，64”和“1×1，256”。“1×1，64”表示此层的卷积核为 64 个 1×1 卷积核，输出通道数为 64，考虑到输入的特征通道数为 256(图中的“256－d”)，实际上每个 1×1 卷积核参数量为 1×1×256。以此类推，“3×3，64”表示此层的卷积核为 64 个 3×3 卷积核，输出通道数为 64，由于输入的特征通道数为 64，实际上每个 3×3 卷积核参数量为 3×3×64。“1×1，256”表示此层的卷积核为 256 个 1×1 卷积核，输出通道数为 256，由于输入的特征通道数为 64，实际上每个 1×1 卷积核参数量为 1×1×64。

可见，1×1 卷积层将特征的通道数由原本的 256 降低到 64，减少了中间“3×3，64”这个 3×3 卷积核的输入通道数，然后在“1×1，256”这个 1×1 的卷积层下做了还原，使得残差块的输出仍是 256 个通道，既保持了精度又减少了计算量。图 9－34(b)整体上用的参数数目为 1×1×256×64＋3×3×64×64＋1×1×64×256＝69 632，而不使用瓶颈结构的话就是两个 3×3×256 的卷积，参数数目为 3×3×256×256×2＝1 179 648，后者是前者的16.94 倍。参数计算方式在前面小节中有介绍。

常规 ResNet 可以用于 34 层或者更少的网络中；有瓶颈设计的 ResNet 通常用于更深的如 ResNet101 这样的网络中，目的是减少计算和参数量。

2）残差网络整体结构

图 9－35 为有残差块的 ResNet34(最右边的网络结构)和其左侧两个网络(分别为

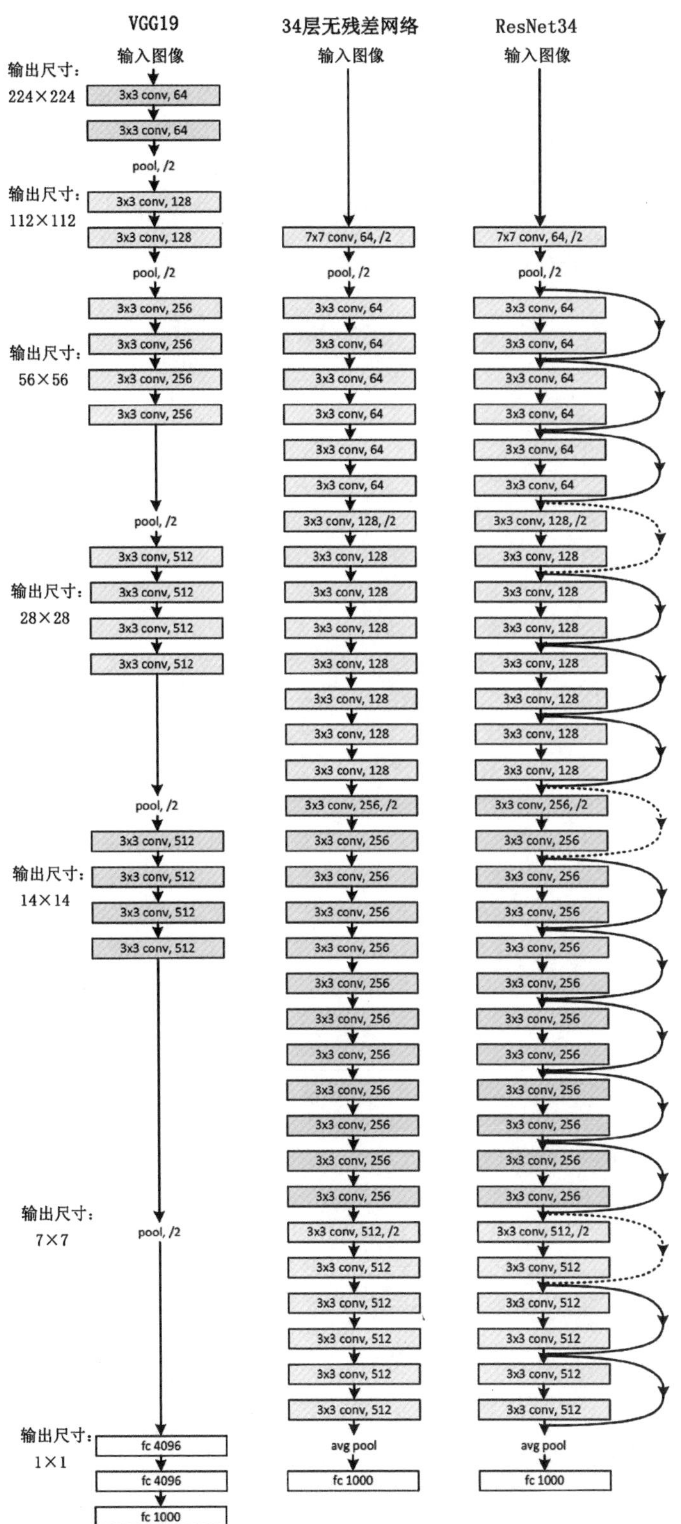

图 9－35　VGG19、34 层无残差网络和 ResNet34

conv，卷积；pool，池化；avg pool，平均池化；fc，全连接层。（图片引自参考文献[4]）

VGG19 和 VGG34 层普通网络）进行横向比较，并给出了简要的网络层级参数。网络基础结构和前面几个网络类似，减少了最大池化层数，大量增加了卷积层数，并同样在最后的全连接层之前加入了平均池化层。

表 9－2 给出了网络更细节的数据，显示了不同层数 ResNet 残差网络的网络层级分布和细节参数。其中最后一行的浮点运算次数（floating-point operations，FLOP），可以被理解为计算量，用来衡量算法或模型的复杂度。

表 9－2　不同层数 ResNet 的网络参数

卷积层	输出尺寸	18 层	34 层	50 层	101 层	152 层
conv1	112×112	7×7，64，步长为 2				
conv2_x	56×56	3×3，最大池化，步长为 2				
		$\begin{bmatrix}3\times3 & 64\\3\times3 & 64\end{bmatrix}\times2$	$\begin{bmatrix}3\times3 & 64\\3\times3 & 64\end{bmatrix}\times3$	$\begin{bmatrix}1\times1 & 64\\3\times3 & 64\\1\times1 & 256\end{bmatrix}\times3$	$\begin{bmatrix}1\times1 & 64\\3\times3 & 64\\1\times1 & 256\end{bmatrix}\times3$	$\begin{bmatrix}1\times1 & 64\\3\times3 & 64\\1\times1 & 256\end{bmatrix}\times3$
conv3_x	28×28	$\begin{bmatrix}3\times3 & 128\\3\times3 & 128\end{bmatrix}\times2$	$\begin{bmatrix}3\times3 & 128\\3\times3 & 128\end{bmatrix}\times4$	$\begin{bmatrix}1\times1 & 128\\3\times3 & 128\\1\times1 & 512\end{bmatrix}\times4$	$\begin{bmatrix}1\times1 & 128\\3\times3 & 128\\1\times1 & 512\end{bmatrix}\times4$	$\begin{bmatrix}1\times1 & 128\\3\times3 & 128\\1\times1 & 512\end{bmatrix}\times8$
conv4_x	14×14	$\begin{bmatrix}3\times3 & 256\\3\times3 & 256\end{bmatrix}\times2$	$\begin{bmatrix}3\times3 & 256\\3\times3 & 256\end{bmatrix}\times6$	$\begin{bmatrix}1\times1 & 256\\3\times3 & 256\\1\times1 & 1\,024\end{bmatrix}\times6$	$\begin{bmatrix}1\times1 & 256\\3\times3 & 256\\1\times1 & 1\,024\end{bmatrix}\times23$	$\begin{bmatrix}1\times1 & 256\\3\times3 & 256\\1\times1 & 1\,024\end{bmatrix}\times36$
conv5_x	7×7	$\begin{bmatrix}3\times3 & 512\\3\times3 & 512\end{bmatrix}\times2$	$\begin{bmatrix}3\times3 & 512\\3\times3 & 512\end{bmatrix}\times3$	$\begin{bmatrix}1\times1 & 512\\3\times3 & 512\\1\times1 & 2\,048\end{bmatrix}\times3$	$\begin{bmatrix}1\times1 & 512\\3\times3 & 512\\1\times1 & 2\,048\end{bmatrix}\times3$	$\begin{bmatrix}1\times1 & 512\\3\times3 & 512\\1\times1 & 2\,048\end{bmatrix}\times3$
	1×1	平均池化，1 000－d 全连接层，Softmax				
浮点运算次数		1.8×10^9	3.6×10^9	3.8×10^9	7.6×10^9	11.3×10^9

conv，卷积。

9.5.2　ResNet50 和 ResNet101

这里特别介绍 ResNet50 和 ResNet101，主要因为它们的使用率很高，综合效果较好。表 9－2 中一共提出了 5 种深度的 ResNet，深度分别是 18、34、50、101 和 152。首先看表的最左侧，从中可以发现所有的网络都具有 5 类卷积层，分别是 conv1、conv2_x、conv3_x、conv4_x 和 conv5_x，这些名称也被之后的其他论文专门用来指代 ResNet50 或者 ResNet101 的每部分。

例如：101 层网络一列，首先输入的是一个 7×7×64 的卷积，然后经过 3＋4＋23＋3＝33 个结构块，每个块为 3 层，所以有 33×3＝99 层，最后有 1 个全连接层作为分类器，所以总计有 1＋99＋1＝101 层网络。此处需要注意，101 层网络仅仅指卷积层和全连接层，而激活层或者池化层并没有计算在内。而关注 50 层网络和 101 层网络这两列可以发现，它们唯一的不同在于 conv4_x，ResNet50 有 6 个结构块，而 ResNet101 有 23 个结构块，两者之间差了 17 个结构块，也就是 17×3=51 层。

在这里将三个网络放在一起进行比较，表 9 - 3 和表 9 - 4 为在 ImageNet 数据集上分别用 10 次裁剪(10 - crop)和 1 次裁剪(1 - crop)单一模型(single model)进行训练后识别所得到的错误率结果对比。

表 9 - 3　在 ImageNet 数据集 10 次裁剪的错误率对比

使用网络	Top - 1 错误率	Top - 5 错误率
VGG16	28.07	9.33
GoogLeNet	—	9.15
PReLU - net	24.27	7.38
plain34	28.54	10.02
ResNet34 A	25.03	7.76
ResNet34 B	24.52	7.46
ResNet34 C	24.19	7.4
ResNet50	22.85	6.71
ResNet101	21.75	6.05
ResNet152	21.43	5.71

表 9 - 4　在 ImageNet 数据集单模型的错误率对比

使用网络	Top - 1 错误率	Top - 5 错误率
VGG(ILSVRC2014)	—	8.43
GoogLeNet(ILSVRC2014)	—	7.89
VGG(v5)	24.40	7.10
PReLU - net	21.59	5.71
BN - Inception	21.99	5.81
ResNet34 B	21.84	5.71
ResNet34 C	21.53	5.6
ResNet50	20.74	5.25
ResNet101	19.87	4.60
ResNet152	19.38	4.49

首先，介绍一下训练图像的 1 次裁剪模式和 10 次裁剪模式。比如输入图像的尺寸为 256×256，网络训练所需图像尺寸为 224×224。1 次裁剪模式是从 256×256 图像中心位置裁剪一个 224×224 的图像进行训练，而 10 次裁剪模式是先从中心裁剪一个 224×224 的图像，然后从图像左上角开始，横着数 224 个像素，竖着数 224 个像素开始裁剪，用同样

的方法在右上、左下、右下各裁剪一次，就得到了 5 张 224×224 的图像，镜像以后再做一遍，总共就有 10 张图片。

ImageNet 图像分类大赛所使用的评价标准有两个，分别是 Top-5 错误率和 Top-1 错误率。判断准则如下：使用训练好的参赛网络对一张图像进行预测，取最终预测概率最大的一个类别或者概率最大的五个类别作为预测结果。若取概率最大那个类别作为结果，检验其是否与人工标注的类别相一致，此时统计出的错误率称为 Top-1 错误率；若取概率最大的五个类别作为预测结果，则只要有一个和人工标注类别相同，即为预测正确，否则算作预测错误，此时统计出的错误率称为 Top-5 错误率。

从表 9-3 可以看出，错误率最低、效果最好的是 ResNet50/101/152，但这三个模型均用了更高维度的预测模型。ResNet34 的效果已经比 VGGNet 和 GoogLeNet 优异很多。

特征提取是图像处理任务中较为基础的环节，用于特征提取的深度网络也是图像处理深度网络中非常重要的组成部分。通过对目标分割、目标检测等内容的学习，了解到特征提取网络经常被用作更复杂网络的主干网络（backbone，原意是指人的脊梁骨，在深度网络中引申为支柱、核心的意思）。因为使用深度网络对图像进行更多的处理，都需要先尽可能多地提取图像的有用特征。而上文提及的 VGGNet、ResNet 等网络由于其优异的表现，被后续的研究人员进行进一步的改进与扩展，在提取特征以后，进行更加复杂与多元化的操作和处理。因此，要想学好深度网络在图像处理中的应用，就必须牢牢掌握这几个比较有代表性和权威性的特征提取深度网络算法。

习题

1. 用于图像处理的深度神经网络算法相较于传统图像处理算法主要有哪些不同？两者各自有怎样的优缺点？
2. 卷积神经网络是如何提取图像特征的？分为几个主要的步骤？各个层级的主要作用是什么？
3. 在深度神经网络的发展过程中，非线性激活函数的设计也在不断改进，非线性激活函数的作用是什么？其改进思路是怎样的？
4. 隐藏层叠加得越多，最终分类结果的准确率就会越高吗？为什么？
5. VGGNet 为什么可以成为第一个脱颖而出的分类神经网络，它改进的核心思想是什么？
6. GoogLeNet 的改进思路、ResNet 的改进思路和 VGGNet 的改进思路，这三者是方向一致的吗？如果不是的话，改进后的两个网络（GoogLeNet 和 ResNet）各自的改进思路是怎样的？为什么会不同？

7. 尝试配置一下 TensorFlow 或者 PyTorch 框架的环境，并熟悉一些基础操作。

参考文献

[1] Hinton G E, Srivastava N, Krizhevsky A, et al. Improving neural networks by preventing co-adaptation of feature detectors[J]. arXiv, 2012: 1207.0580.

[2] Dai J, He K, Sun J. Instance-aware semantic segmentation via multi-task network cascades[C]//2016 IEEE Conference on Computer Vision and Pattern Recognition, 2016.

[3] Szegedy C, Liu W, Jia Y, et al. Going deeper with convolutions[C]//2015 IEEE Conference on Computer Vision and Pattern Recognition, 2015.

[4] Simonyan K, Zisserman A. Very deep convolutional networks for large-scale image recognition[C]//2015 3rd IAPR Asian Conference on Pattern Recognition, 2015.

[5] Krizhevsky A, Sutskever I, Hinton G. ImageNet classification with deep convolutional neural networks [C]//Proceedings of the 25th International Conference on Neural Information Processing Systems, 2012: 1097 – 1105.

10 目标检测的深度卷积网络

10.1 目标检测深度网络的发展

传统的目标检测算法存在一些无法避免的局限性，主要表现在以下几个方面。

首先，从整体流程来看，传统的目标检测算法通常先采用类似穷举的滑动窗口方式或其他图像分割方式来生成大量的感兴趣区域(RoI)框，这样的感兴趣区域生成方式往往有较低的计算效率；随后，再对感兴趣区域框内的图像提取特征，如 HOG、Haar、SIFT 等特征，而其中一些特征的构建过程较为复杂，占用较大的计算资源。

其次，人工设计的特征质量会直接影响检测精度，部分特征对检测精度的提升没有提供很大的帮助；并且，某些特征提取方式只适用于特定目标，应用范围较窄。

最后，对每个感兴趣区域框提取特征后，会使用 SVM、Adaboost 等分类器对感兴趣区域进行分类，而这些分类器在较大数据集上的表现通常并不理想。

由于上述因素的影响，传统的目标检测算法在目标检测任务中的检测精度与速度已经很难满足实际应用的需求，其技术研究陷入了瓶颈。

深度学习的蓬勃发展促使人们将深度网络应用至目标检测的领域中，相较于传统的目标检测算法，深度学习网络在检测精度与速度上都有极大的提升。这一突破始于 2014 年，Girshick 等采用基于区域的卷积神经网络(R-CNN)，将深度网络应用于对图像的目标检测任务当中，且在 VOC 2007 和 VOC 2012 数据集上分别获得了 58.5%和53.3%的平均识别精度均值(mean average precision，mAP，目标检测结果表现的通用衡量指标)，大幅超越了前人的最好成绩。

而使用深度学习技术的目标检测算法之所以拥有如此好的成绩，是因为对比经典目标检测算法，深度网络有以下几个方面的优势。

(1) 深度网络常使用卷积神经网络结构，能够通过多层卷积、池化、非线性激活函数映射等操作，从图像中提取出更丰富、更抽象的浅层或高层的语义信息，从而构造更有利于检测任务的特征。

(2) 在训练方面，深度网络通常是端到端的训练架构，即将目标的特征提取、特征选择和特征分类融合在同一模型中，实现了性能与效率的整体优化。

(3) 在硬件方面，随着图形处理器(GPU)技术的高速发展，深度网络可使用的计算资源日益增多，网络的学习训练与预测速度也逐渐提升，有利于大型网络的构建以及其在大型数据集上的训练。

近年来，基于深度网络的目标检测算法逐渐成为主流，主要分为基于感兴趣区域的目标检测方法(又称为二阶段方法)和单阶段方法。基于感兴趣区域的目标检测方法会首先在图像中选取感兴趣区域，然后再对感兴趣区域进行目标分类与精确定位；单阶段方法则直接对目标物体的位置及类别进行回归预测。

一般而言，基于感兴趣区域的目标检测方法精度较高，但速度较慢；而单阶段方法速度较快，但精度较低。因此，需要根据不同的应用场景，在计算处理的实时性与检测精度之间选取较为合适的平衡点，来确定具体使用哪一种目标检测方法更为高效。

接下来，本章将具体介绍用于目标检测的深度网络，包括基于感兴趣区域的目标检测方法，如 R-CNN、Fast R-CNN 和 Faster R-CNN；以及单阶段目标检测方法，如 SSD 和 YOLO 系列(本章将详细介绍 YOLOv1、YOLOv2、YOLOv3、YOLOv4，以及简要阐述 YOLOV5 和 YOLOX 的特点)。

10.2 基于感兴趣区域的目标检测

10.2.1 R-CNN

2014 年，Girshick 等成功地将卷积神经网络应用于目标检测算法中，提出了基于区域的卷积神经网络(region-based CNN, R-CNN)架构。该方法在 VOC 2007 和 VOC 2012 数据集上分别获得了 58.5%和 53.3%的 mAP，以约 30%的优势超越了前人的最好成绩。在基于深度网络的目标检测领域中，该架构的提出无疑是一项重大突破。

R-CNN 保留了传统目标检测方法中的思路，即先从输入图像中提取大量感兴趣区域，再从感兴趣区域中提取特征，将特征送入分类器进行分类得到类别信息与概率，最后使用非极大值抑制(NMS)的方法剔除与邻域有较多重叠且预测概率较低的区域。

图 10-1 给出了 R-CNN 的结构，给定一张输入图像，在感兴趣区域选取上，利用选择性搜索算法(selective search, SS)从图像中提取约 2 000 个感兴趣区域；在特征提取上，使用 AlexNet 作为特征提取网络[R-CNN、Fast R-CNN 以及 Faster R-CNN 网络中的特征提取网络又称为主干网络(backbone)，一般采用已有网络，如 VGGNet、ResNet 等基础网络]，对每个裁剪出的感兴趣区域提取一个固定长度的特征向量；最后对特征向量进行 SVM 分类和区域的边框坐标回归。

对比经典的目标检测算法，R-CNN 做了以下调整。

首先，与以往经典目标检测算法中使用滑动窗口的方法(在图像中从左到右、从上到下滑动不同大小和宽高比的窗口，然后剪切出图像块)提取感兴趣区域不同，R-CNN 使用选

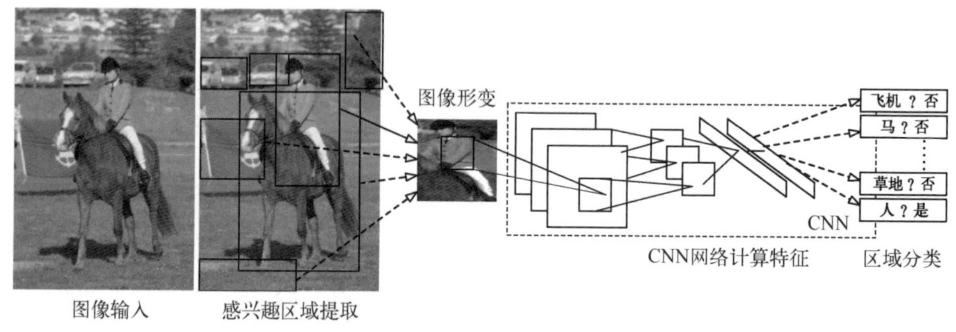

图 10-1　R-CNN 网络结构示意图

择性搜索算法来进行感兴趣区域提取，在每张输入图像上确定了不同形状和大小的约2 000个感兴趣区域框。该方法提取出的感兴趣区域框比穷举滑动窗口法获得的感兴趣区域框数量更少(降低了计算量)，且有更大的概率包含有意义的图像内容(有利于目标检测任务)。

选择性搜索算法是一种经典的基于区域的图像分割算法，用于为目标检测提供感兴趣区域，速度快，召回率高(召回率=提取出作为目标的感兴趣区域/真正的目标区域)。该算法考虑了四种相似性度量：颜色相似性 $S_{\mathrm{colour}}(r_i, r_j)$、纹理相似性 $S_{\mathrm{texture}}(r_i, r_j)$、大小相似性 $S_{\mathrm{size}}(r_i, r_j)$ 以及形状相似性 $S_{\mathrm{fill}}(r_i, r_j)$。其取值都在$[0, 1]$之间，越大越相似，最终的相似性度量是上述四个度量的组合，其中 a_k 取 0 或 1：

$$s(r_i, r_j)=a_1\times S_{\mathrm{colour}}(r_i, r_j)+a_2\times S_{\mathrm{texture}}(r_i, r_j)+a_3\times S_{\mathrm{size}}(r_i, r_j)+a_4\times S_{\mathrm{fill}}(r_i, r_j) \tag{10-1}$$

选择性搜索的具体步骤为：首先，利用经典的基于图的分割算法得到一些原始区域集合 $R=\{r_1, r_2, \cdots, r_n\}$，再根据图像相邻区域间颜色、纹理、大小以及形状计算特征相似度 $s(r_i, r_j)$，得到相似度集合 $S=\{s(r_i, r_j), \cdots\}$，合并相似度最高的两个区域为一个新区域 r_{new}，同时将其加入区域集合 R，删除 S 中原有的那两个区域；接下来再计算 r_{new} 与相邻区域的相似度，并加入集合 R。后迭代计算(重复此步骤直至 $S=\varnothing$)，遍历区域集合 R，根据预设的阈值删除一些区域。筛选完毕的区域集合 R 中的每个区域所对应的外接矩形即为所有感兴趣区域框。

接下来，与以往经典目标检测算法中的特征提取方法(如 HOG、SIFT、Haar 特征提取)不同，R-CNN 使用 AlexNet 作为特征提取的网络，并使用了迁移学习的方法，将在 ImageNet(一个较大的数据集)上已经训练好的模型继续放在 VOC 数据集(一个较小的数据集)上进行微调训练，这种方法既缩短了模型的训练时间，也提高了模型的泛化性能。迁移学习为小规模数据训练提供了可行的思路。

特征提取网络在侯选区域上提取出固定长度的特征向量之后，用这些特征向量同时训练 N 个二分类的 SVM，其中 N 为分类数。在经过 SVM 分类后，会输出感兴趣区域得分，用非极大值抑制筛选感兴趣区域，得到一组预测好类别的感兴趣区域。最后，进行区域的边框回归，以提高定位的准确度。

R-CNN 在训练与使用的过程中，也表现出了一些缺陷，比如 R-CNN 需要对裁剪出的感兴趣区域缩放到固定尺寸再输入卷积神经网络，尺寸变换(破坏图像中原物体的宽高比)的过程会导致图像信息丢失及位置信息扭曲；再如 R-CNN 需要对每张图像中提取的上千个感兴趣区域逐个、重复调用卷积神经网络，因此特征提取的计算十分耗时，计算开销也巨大，在很大程度上影响了训练与检测的速度。

10.2.2 Fast R-CNN

针对 10.2.1 提及的 R-CNN 缺陷，2015 年 Girshick 等提出了一种快速的基于区域的卷积神经网络(Fast R-CNN)目标检测方法。该方法参考了 2014 年 He 等提出的深度卷积网络空间金字塔池化(spatial pyramid pooling in deep convolutional networks, SPP-Net)，其主要思路是对感兴趣区域窗口使用空间金字塔池化(SPP)以获得固定大小的输出，这样就避免了反复将感兴趣区域内容输入卷积网络而引发的计算时间与空间的浪费。Fast R-CNN 在 VOC 2007 和 VOC 2012 数据集上的 mAP 分别为 66.9%和 66.0%。

图 10-2 给出了 Fast R-CNN 的基本结构。先进行特征提取，选择 VGG16 为特征提取网络，将图像输入该特征提取网络获取图像的卷积特征图；接着，使用选择性搜索算法对输入图像提取若干感兴趣区域(这个步骤与 R-CNN 中的流程类似)，并把这些感兴趣区域按照空间位置关系映射到之前得到的卷积特征图中，再将这些感兴趣区域对应的特征图区域输入至感兴趣区域池化(region of interest pooling, RoI pooling)层以获取固定大小的特征向量；最终，使用全连接层同时完成目标分类与位置回归的任务[一个全连接层输出做奇异值分解(singular value decomposition, SVD)得到 2 个向量，分别用于 Softmax 分类以及边界框回归]。

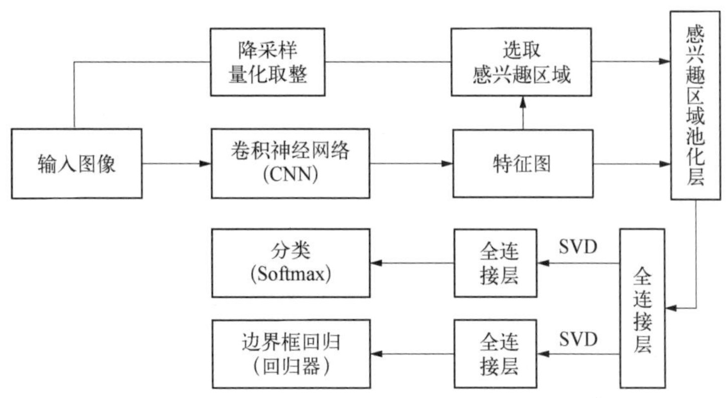

图 10-2　Fast R-CNN 的框架示意图

上一小节提到，由选择性搜索算法得到的候选框的形状、大小各不相同，相比于 R-CNN 反复将这些形状、大小不一的感兴趣区域经过形变后送入卷积网络以提取特征，Fast R-CNN 借鉴了金字塔池化的思想，采用感兴趣区域池化的方法，获得固定大小的特征向量，节约了计算的时间与空间成本。在此分别对空间金字塔池化和感兴趣区域池化做简要介绍。

空间金字塔池化层的结构如图 10-3 所示，将不同尺寸的特征图(若某特征图尺寸为

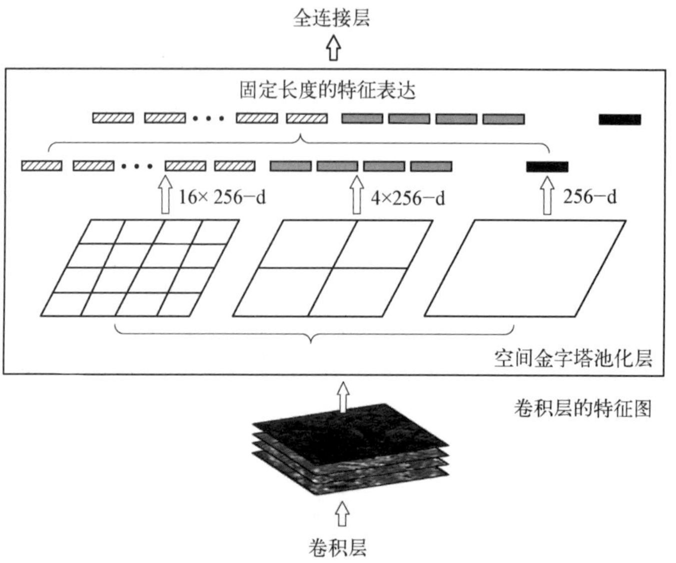

图 10－3　空间金字塔池化层结构

$W \times H \times 256$，256 表示通道数）输入空间金字塔池化层，先对整张图 $W \times H$ 进行一次最大池化得到尺寸为 1×256 的特征向量，然后将整张图分割成 2×2＝4 块，继续对每一块进行最大池化得到尺寸为 4×256 的特征向量，同理将整张图分割成 4×4＝16 块，对每一块进行最大池化得到尺寸为 16×256 的特征向量，由此即可将提取的各部分特征向量拼接为一个固定尺寸为 21×256 的特征向量，从而可以将此特征向量继续与后续的全连接层相接。

感兴趣区域池化层的思路参考了前文提及的空间金字塔池化层。在此对感兴趣区域池化层的结构做简要介绍［在第 11 章图像分割网络的 11.3.2 中，会与感兴趣区域对齐（RoI align）层进行比较，并具体举例说明］：如图 10－2 所示，Fast R－CNN 中的感兴趣区域池化层有两种输入，一种是卷积网络提取的完整特征图，另一种是感兴趣区域位置对应的特征图区域块，输入的图块之间的尺寸（宽与高）几乎都是不同的。若感兴趣区域池化层希望输出固定宽和高如 $m \times n$ 的图块，则可将每个输入区域图块均匀划分为 $m \times n$ 个分割区域，并在每个分割区域上进行最大池化操作即选出每个分割区域上的最大值，这样将不同尺寸的特征图块输入感兴趣区域池化层都可获得固定尺寸的输出图块，如图 10－4 所示。

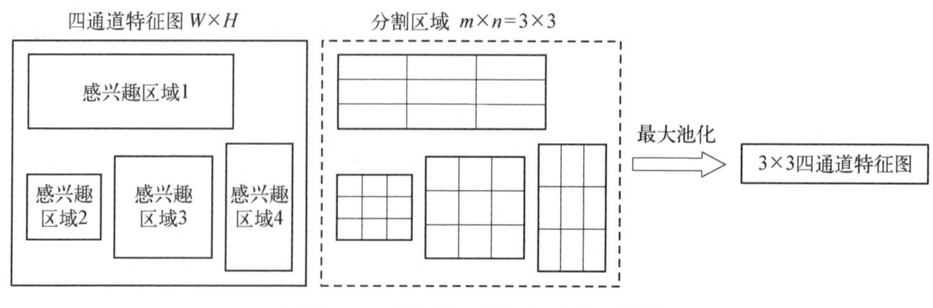

图 10－4　感兴趣区域池化功能示意图

根据真值框与感兴趣区域的重合程度，确定感兴趣区域是前景还是背景，在众多感兴趣区域中随机选取 P 个(其中 1/4 为前景，3/4 为背景)，参与后续的分类和回归任务。分类任务分支与第 9 章所讲分类网络的原理相同，全连接层输出 $K+1$ 维数组，表示属于 K 类物体和背景的概率。该分支首先根据真值框标注感兴趣区域的类别，然后计算每个感兴趣区域与对应区域标定的真值类别的损失，并通过训练使其收敛。在 Fast R－CNN 中，分类任务分支采用的是对数损失函数，即对真实分类 u 的概率 p 取负对数，p_u 为真实分类概率。

$$L_{\text{cls}}(p,\ u)=-\log p_u \tag{10-2}$$

边框回归任务用于确定含有目标类别物体的检测框。首先将与每个感兴趣区域重叠部分最大的真值标注框视为该候选框对应的真值框，则该分支对由选择性搜索算法得到的感兴趣区域进行边框回归，实际是根据提取到的图像特征使预测区域尽量接近对应的真值标注框。由于图像中目标物体的检测框真值标注为该检测框的中心点坐标和宽高 $(x^*,\ y^*,\ w^*,\ h^*)$，所以无论是 Fast R－CNN 网络所使用的选择性搜索算法，还是后面的 Faster R－CNN 所使用的 RPN 网络，最终得到的感兴趣区域均是由中心点坐标和其宽高 $(x_a,\ y_a,\ w_a,\ h_a)$ 确定。因此边框回归分支的输出，是使该候选框与其对应的真值框重合需要进行的平移和缩放，即相对偏移量。下面为具体计算方式：

$$t_x=\frac{x-x_a}{W_a},\ t_y=\frac{y-y_a}{h_a},\ t_w=\log\left(\frac{w}{w_a}\right),\ t_h=\log\left(\frac{h}{h_a}\right) \tag{10-3}$$

$$t_x^*=\frac{x^*-x_a}{w_a},\ t_y^*=\frac{y^*-y_a}{h_a},\ t_w^*=\log\left(\frac{w^*}{w_a}\right),\ t_h^*=\log\left(\frac{h^*}{h_a}\right) \tag{10-4}$$

其中，变量 x、x_a 和 x^* 分别代表预测区域、已得到的感兴趣区域和真值框的 x 坐标（y 坐标、宽 w 、高 h 同理)，而 t_x 和 t_x^* 分别代表预测区域和真值对应同一个感兴趣区域的 x 坐标相对偏移量 (y、w、h 同理)。对于 t_x 和 t_x^* 、t_y 和 t_y^* 的设计，用平移量分别除以宽 (w) 和高 (h) 的处理，是为了做尺度归一化。相比小边框，大边框的绝对平移量会更大，这样的处理能够消除边框尺度对损失函数的影响。在 t_w 和 t_w^*、t_h 和 t_h^* 的设计中，对宽 (w) 和高 (h) 的缩放取对数是为了使得到的缩放因子都大于零。

接下来，收敛损失函数，使 t_i 向 t_i^* 接近，即使预测区域向真值框接近。Fast R－CNN 使用的是 smooth_{L1} 函数，公式如下：

$$L_{\text{loc}}(t,\ t^*)=\sum_{i\in\{x,\ y,\ w,\ h\}}\text{smooth}_{L1}(t_i-t_i{}^*) \tag{10-5}$$

$$\text{smooth}_{L1}(x)=\begin{cases}0.5x^2, & if\ |\ x\ |<1,\\ |\ x\ |-0.5, & \text{其他}\end{cases} \tag{10-6}$$

对于每个候选框来说，训练时分类损失会和边框回归损失一同计算，公式如下：

$$L(p, u, t_i, t_i^*) = \begin{cases} L_{cls}(p, u) + \lambda L_{loc}(t_i, t_i^*), & u \text{ 为前景} \\ L_{cls}(p, u), & u \text{ 为背景} \end{cases} \quad (10-7)$$

其中，λ 为两个损失的加权平衡参数，总损失为两者的加权和。如果分类为背景，则不考虑定位损失。

总之，对比 R－CNN 等目标检测网络，Fast R－CNN 做出了以下的调整与改进。

(1) 如上文所述，Fast R－CNN 舍弃了 R－CNN 中对每个感兴趣区域逐个调整尺寸并输入卷积网络提取特征的操作，改为对整体输入图像通过卷积网络提取特征图，将输入图像上的感兴趣区域按照同样的降采样比率映射到特征图上，之后再统一输入感兴趣区域池化层获取固定大小的特征向量。这一改进大幅地提升了检测速度和精度，同时也避免了将感兴趣区域块或特征区域块进行尺度变换所引起的图像信息损失。

(2) Fast R－CNN 在感兴趣区域池化层后的每个特征向量(其数量与感兴趣区域数量相关)都要经过几层全连接层，这使得全连接层的计算量约占网络计算总量的一半，导致网络训练与预测过程十分耗时，因此 Fast R－CNN 采用截断 SVD 对模型进行压缩和加速，降低参数量(数学推理过程不详述)。实验证明，使用 SVD 全连接层分解后，虽然 mAP 降低了 0.3%，但速度提升了约 30%。

(3) 与 R－CNN 最后使用 SVM 进行分类并使用额外的回归器进行位置回归不同，Fast R－CNN 提出了多任务损失函数的思想。该思想将分类损失与边界框回归损失统一在一起进行训练学习，将原本的多个步骤简化到一个卷积网络的全连接层输出做 SVD 分解得到两个向量，分别用于 Softmax 分类以及边界框回归，使得分类与定位任务不仅可以共享卷积特征，还可以相互促进，提升检测效果。

Fast R－CNN 的整个训练过程仅包含感兴趣区域的提取与卷积神经网络的训练两个阶段，与 R－CNN 相比减少了很多烦琐的步骤。Fast R－CNN 的训练速度是 R－CNN 的 10 倍，预测速度是后者的 150 倍。此外，它不仅微调了全连接层，对部分卷积层也进行了微调，获得了较好的检测效果。

但是，Fast R－CNN 在训练与使用过程中，也表现出一些缺陷，如 Fast R－CNN 未能实现端到端(end-to-end)的目标检测流程，感兴趣区域的获得(依然采用选择性搜索算法)不能与卷积神经网络的训练同步进行，训练与预测速度都有较大的提升空间，Fast R－CNN 仍然无法达到目标检测实时性的需求。

10.2.3 Faster R－CNN

1) Faster R－CNN 网络结构

经过 R－CNN 和 Fast R－CNN 的积淀，以及综合考虑 Fast R－CNN 依然无法满足实时检测的缺陷，Ren 等在 2015 年提出了改进模型 Faster R－CNN。该网络的最大创新点在于提出了区域生成网络(Region Proposal Network, RPN)以取代之前 R－CNN 和 Fast R－CNN 使用的选择性搜索算法进行感兴趣区域的提取，从而实现了真正端到端的目标检测网络，同时满足了目标检测的实时性需求，在 VOC 2007 数据集上使用 GPU 达到 5 帧/秒(每秒传输帧数)的帧率,且 mAP 提高至 73.2%。

图 10 - 5 所示为 Faster R - CNN 的结构。与 Fast R - CNN 相比,Faster R - CNN 的主体结构变化不大,其主要变化在于使用 RPN 取代了原本的选择性搜索算法以获取感兴趣区域。特征提取网络(主干网络)与 Fast R - CNN 相同,采用 VGG16,输入图像经过该特征提取网络得到了特征图的输出。RPN 网络用于提取感兴趣区域,其输入为卷积层得到的特征图,输出为多个感兴趣区域。感兴趣区域池化层用于将不同尺寸的输入转换为固定尺寸的输出,最终的分类和回归层用于判断感兴趣区域所属的类别以及其在图像中的精确位置。从图 10 - 5 可以看出,去掉 RPN 部分后,剩余部分就是一个 Fast R - CNN 的结构。

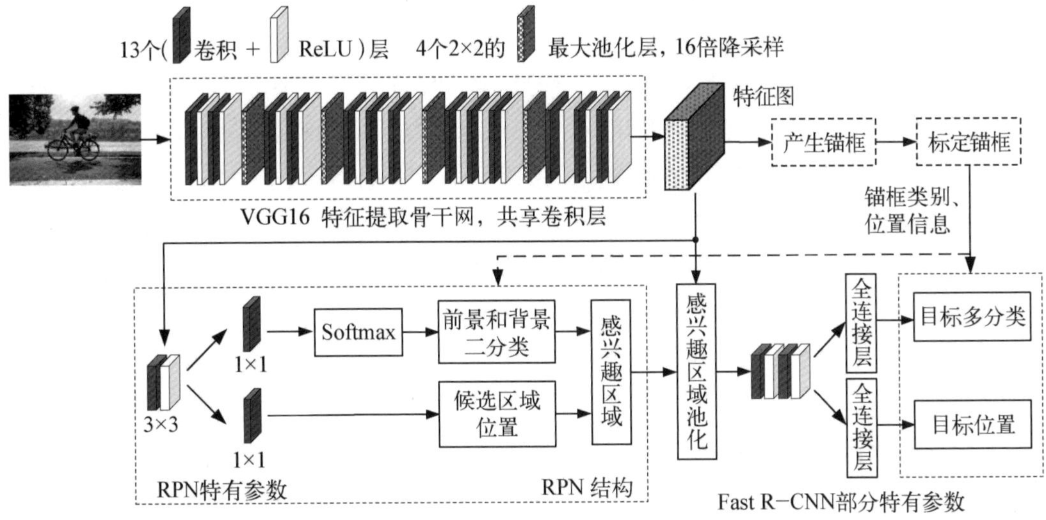

图 10 - 5　Faster R - CNN 网络结构示意图

Faster R - CNN 与前两个 R - CNN 网络的整体思路相同,也是先寻找候选窗口,然后再对候选窗口进行分类和回归。总体步骤可以概括如下:

(1) 首先对输入图像进行特征提取,选用 VGG16 网络作为特征提取网络。

(2) 使用 RPN 对 VGG16 最后一层卷积层提取到的特征图进行候选框提取(将在下一小节做详细介绍),然后将 RPN 网络中得到的感兴趣区域映射回特征提取网络的最后一层特征图上。

(3) 通过感兴趣区域池化层使每个感兴趣区域生成固定尺寸的特征图。

(4) 利用 Softmax 的交叉熵损失函数和 smooth_{L1} 损失函数,分别对分类概率和边框回归联合训练。

Faster R - CNN 与 Fast R - CNN 相比,主要有两个改进之处:

(1) 使用 RPN 网络代替原来的选择性搜索算法产生感兴趣区域。

(2) 产生的感兴趣区域卷积层和目标检测的卷积层共享前面特征提取网络的卷积层部分。

这样的改进得益于 Faster R - CNN 创造性地采用卷积网络自行产生候选框,代替了之前烦琐的选择性搜索算法，并且和目标检测网络共享卷积网络，有效减少了计算步骤和计算量，从而使得候选框数目从原有的约 2 000 个减少为 300 个，并且建立在候选框的质量不减反增的前提下，在完成目标检测这一任务时高效且优异。

2）感兴趣区域生成网络结构 RPN

目标检测有两个过程：首先需要确定图像中待检测目标所在坐标，也就是从图片中检测出待识别的前景区域，然后对前景进行分类。在 Faster R－CNN 提出之前，常用的提取前景方法是选择性搜索，该方法通过比较相邻区域的相似度来把相似的区域合并到一起，并不断重复这个过程，最终得到目标区域。然而选择性搜索这一方法相当耗时，以至于提取前景过程所花费的时间甚至超过了分类过程所花费的时间，完全达不到对目标进行实时检测的目的。因此，在设计 Faster R－CNN 的网络结构时，研究人员提出把提取前景，即生成感兴趣区域的过程，也通过对特定的网络进行训练来完成，并且这一网络中的部分网络还可以和分类网络共用这一构思，并将新的结构称为感兴趣区域生成网络（RPN）。RPN 的使用使得提取感兴趣区域的速度大大提升，从而使目标检测的速度也大大提升。

首先，在这里引入一个 RPN 网络最重要的概念——anchor，中文直译为锚，本书中意译为锚框，其作用是辅助确定感兴趣区域。

RPN 网络的输入是前一步特征提取网络所提取到的特征图。假设输入的是 $m \times n$ 的 256 通道的特征图像，则对于该特征图像的每一个像素点，都与原图存在一个确定的映射关系，以此为锚框中心，设定 k 个可能的候选窗口，在 Faster R－CNN 的 RPN 中，k 取 9。这 9 个锚框的选定方式为：先设定三种预设矩形 128×128、256×256、512×512，再对这三种预设矩形的长和宽进行三种比例的变换，分别为{1∶1，1∶2，2∶1}，这样便得到 9 种组合方式，将这些候选窗口称为锚框。图 10－6(a)所示为 $m \times n$ 个锚框的中心，以及 9 种锚框示例。每一个像素点都有 9 个锚框，因此对于尺寸为 $m \times n$ 的输入特征图像，共有 $m \times n \times 9$ 个锚框，并且锚框的尺寸是相对原图大小的。图 10－6(b)为 1%锚框的可视化图。

至于如何选取锚框的尺寸，目前主要有 3 种方式：人为经验选取、k 均值聚类和作为超参数进行学习。Faster R－CNN 中锚框的尺寸是通过人为经验选取获得的，而在下一节“单阶段目标检测”中的 YOLO 系列网络使用 k 均值聚类法自动计算出合适的锚框尺寸。

锚框具有一个很重要的性质，这也是 RPN 网络能够成功训练的重要前提，即平移尺度不变性，这一点优于之前的所有方法。由于锚框只与对应像素点有关，因此无论目标出现在图像中的哪一个位置，在感受区域内都会有对应的辅助锚框进行预测，相当于预测的感兴趣区域会跟着目标的平移而平移。锚框的作用是辅助精准确定感兴趣区域，因此需要得到感兴趣区域与锚框的关系，并需要对这个关系进行进一步训练与确定，以尽可能地精准确定感兴趣区域。

如图 10－7 所示，RPN 网络的输入是前半部分特征提取网络所提取到的特征图。进

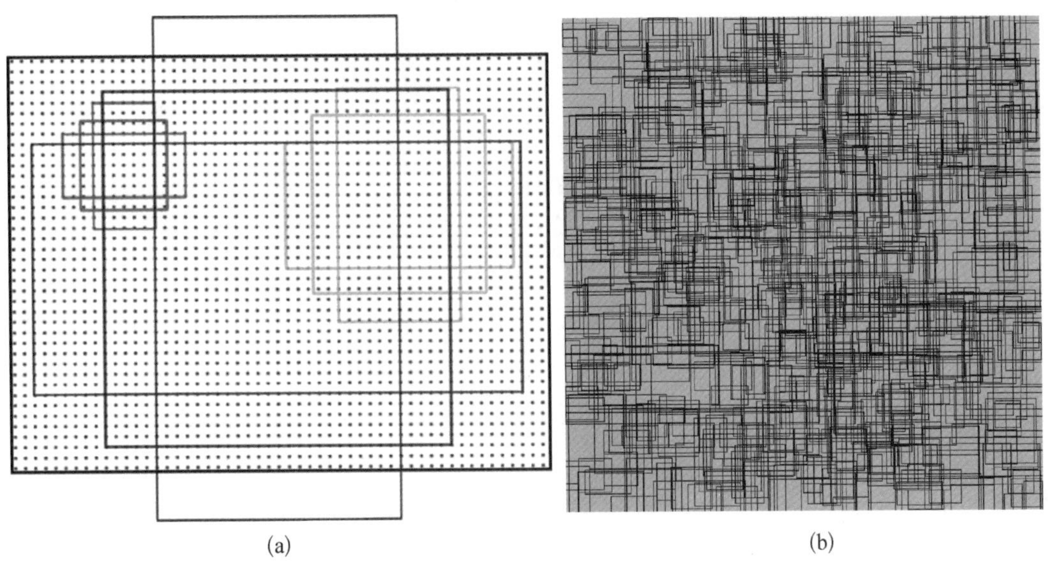

图 10-6 锚框示意图

入 RPN 网络后，首先经过一个尺寸为 3×3 的卷积层和 ReLU 激活层。这个卷积层的作用是：当卷积核(看作一个滑动窗口)在特征图上逐像素点滑动时(步长为 1)，对每个像素点对应的 9 个锚框的特征信息进一步集中。由于卷积核尺寸为 3，步长为 1，因此只需将填充数设为 1，即可保持特征图尺寸不变，改变通道数，得到 C 个特征图。而使用的卷积核尺寸为 3，是为了使输入图像上有效的感受域较大，获得更多信息。

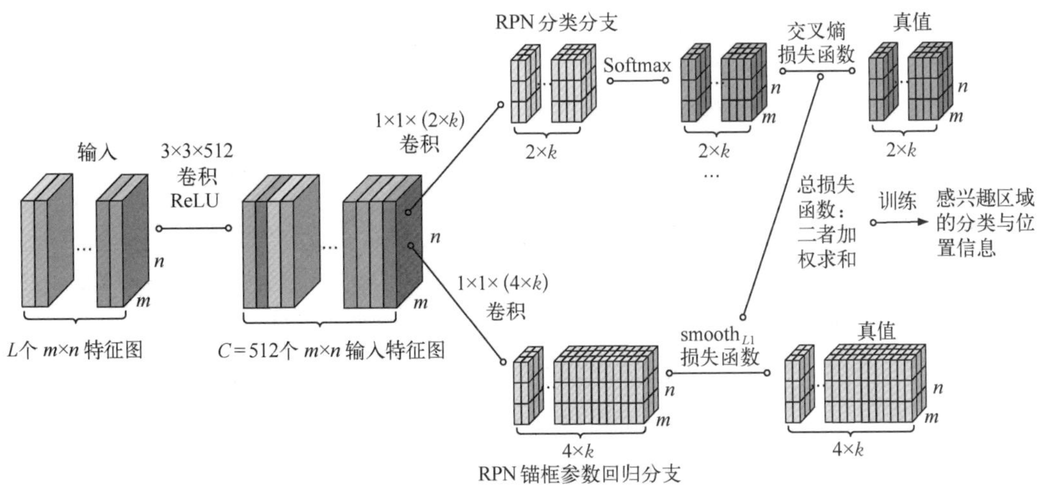

图 10-7 RPN 网络结构示意图

此时对锚框已经提取了足够多的必要特征信息。为了得到更加准确的感兴趣区域，需要对感兴趣区域的两个信息进行校正：感兴趣区域中物体的类别和感兴趣区域的位置信息(需要中心点坐标 x、y 和长 h、宽 w 即可确定)。因此，对 RPN 网络采取神经网络的训练方式，对两个信息设置损失函数，并通过反向传播算法，利用误差修正网络中的权重，最终将网络修正为可以根据输出得到较为精准的感兴趣区域的 RPN 网络。

3）RPN 的训练

在 Faster R－CNN 中，RPN 网络是单独进行训练的，用于精准确定感兴趣区域，也就是目标检测中的感兴趣区域（RoI）。再将提取到的 RoI 返回给特征提取网络提取到的特征图，继续进行更进一步的分类与回归。RPN 训练包括 RPN 中的 RPN 分类和 RPN 目标边框回归的训练。

锚框的标定规则依据锚框与真值框的交并比（intersection over union，IoU）来确定。假定锚框区域为 A，标签的真值框区域为 M，两者交并比的计算公式如式（10－8）所示，其含义是两个框区域的交叉共有部分占两者覆盖所有部分的比例，即重合比例。

$$\mathrm{IoU}(A,\ M)=\frac{A\cap M}{A\cup M} \tag{10-8}$$

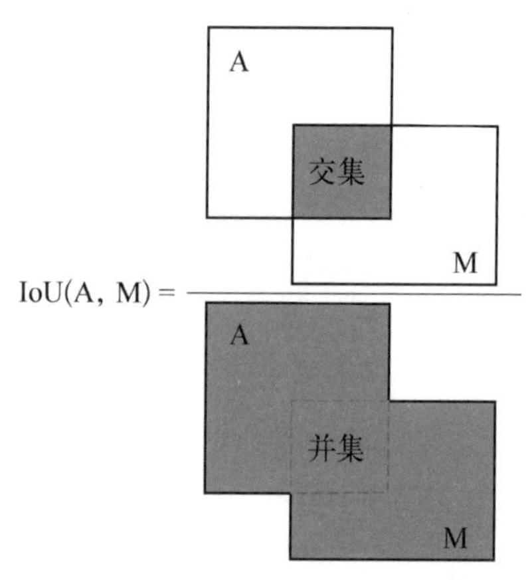

图 10－8 交并比（IoU）的计算

图 10－8 更进一步展示了锚框 A 与真值框 M 交并比的计算方式。

正样本标定规则：

（1）如果该锚框与真值框的交并比值最大，标记为正样本。

（2）如果该锚框与真值框的交并比值大于 0.7，标记为正样本。

事实上，采用规则（2）基本上可以找到足够数量的正样本。但是存在极端情况，例如所有的锚框与真值框的交并比均不大于 0.7，此时便采用规则（1）生成。

负样本标定规则：如果锚框与真值框的交并比大于 0.3，标记为负样本。

剩下的锚框既不是正样本也不是负样本，不用于训练。因为在实际检测任务中规定的类别范围是有限的，而图像中会包含一些无用类别（例如各种各样的天空、草地、水泥墙、玻璃反射等）的区域输入分类网络，这些区域只需要归为背景即可，并且这些无用的区域占了所有可能感兴趣区域的较大比例，并不能为 Softmax 分类器带来有用的性能提升，因此可以舍弃。

在实际应用时，覆盖区域超出图像边界线的锚框也不参与训练。如果将所有选出的锚框都用于训练，数据量较大，所以会选取合适数量的锚框进行训练。例如，训练时选同一张图片的 256 个锚框进行训练，正负比例为 1∶1。

得到图 10－7 中 C 个特征图（与特征提取网络相关，如 VGGNet 对应的 C 为 512）后，将其分别通过两个卷积核尺寸为 1×1 的卷积层，进入 RPN 分类分支和 RPN 边框参数回归分支，分别用于对预测的感兴趣区域进行类别预测（classification）和位置确定（边框回归)。下面具体介绍这两个分支。

如图 10-9 所示,VGG16 得到 $m\times n\times 512$ 的特征图,首先经过一个 3×3 的卷积核(步长为 1,填充数为 1)的处理,得到一个 $m\times n\times 512$ 的特征图 C。由于在 RPN 分类分支中对每一个锚框的分类任务是预测该锚框中的内容是前景还是背景,因此它是一个二分类问题。每一个特征点有 $k=9$ 个锚框,每个锚框有前景与背景 2 个预测值,需要将 $m\times n\times 512$ 通过 $2k$ 个 1×1 卷积核转化为 $m\times n\times 2k$,对其中参与训练的每一个特征点对应的 k 个锚框,就会用 $1\times 2k$ 的向量来表征,该向量经过 Softmax 得到各锚框类别的预测概率值。在训练样本中,参与训练的锚框已经标定了类别属性,这是类别的真值。利用预测值和真值计算交叉熵损失函数。

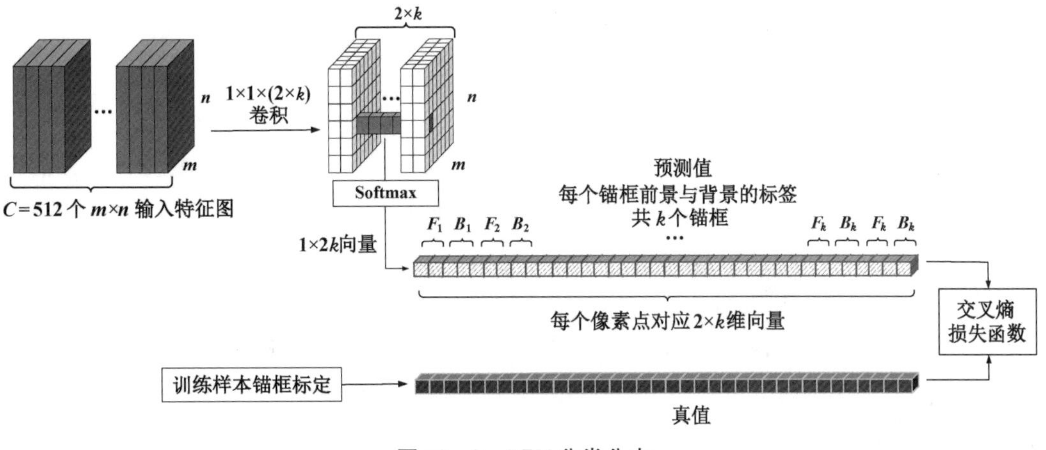

图 10-9 RPN 分类分支

同样地,如图 10-10 所示,由于每一个特征点对应的 $k=9$ 个锚框,表征每一个锚框的参数是 4 个(中心点坐标 x、y 与宽 w 和高 h),需要将 $m\times n\times 512$ 通过 $4k$ 个 1×1 卷积核转化为 $m\times n\times 4k$,对其中参与训练的每一个特征点对应的 k 个锚框,就会用 $1\times 4k$ 的向量来表征 k 组参数的预测值。

要注意的是,RPN 内部通过减小真值框与预测框之间的差异来进行参数学习,从而使 RPN 网络中的权重能够学习到预测框。实现细节是将每一个位置的锚框与真值框进行比较,并选择交并比最大的一个锚框作为协助预测框向真值框接近的中间量。若是背景的锚框,损失函数中每个锚框会乘以其类别概率从而将背景锚框舍去,这样就不会对锚框的损失函数造成影响。计算真值框与锚框的偏移量以及预测值与锚框的偏移量作为构建损失函数的依据,如下式所示:

$$t_x=(x-x_a)/W_a,\ t_y=(y-y_a)/h_a,\ t_w=\log\left(\frac{w}{w_a}\right),\ t_h=\log\left(\frac{h}{h_a}\right) \quad (10-9)$$

$$t_x^*=(x^*-x_a)/w_a,\ t_y^*=(y^*-y_a)/h_a,\ t_w^*=\log\left(\frac{w^*}{w_a}\right),\ t_h^*=\log\left(\frac{h^*}{h_a}\right) \quad (10-10)$$

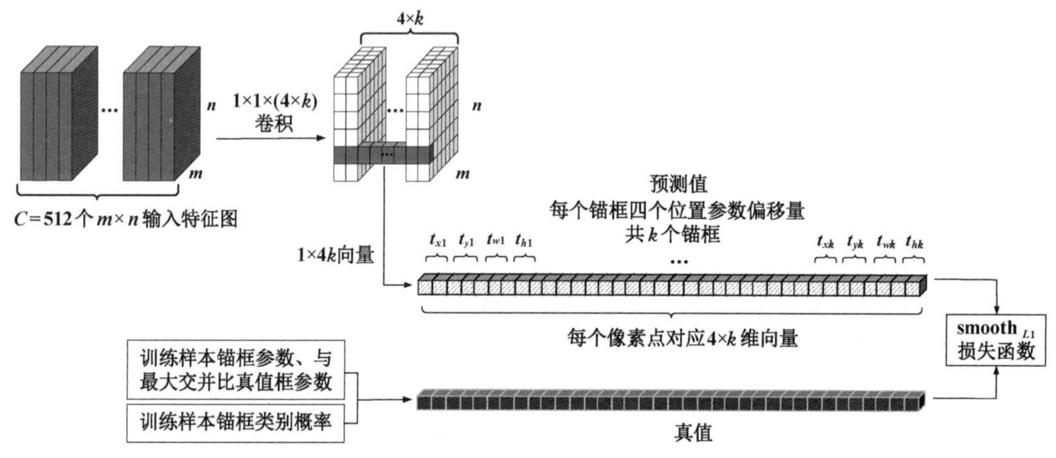

图 10-10 RPN 边框回归分支

其中，(x_a, y_a, w_a, h_a) 是锚框的参数，(x^*, y^*, w^*, h^*) 是与锚框交并比最大的真值框的参数。实际上，$1\times 4k$ 的向量表征 k 组参数的预测值直接就是参数偏移量 (t_x, t_y, t_w, t_h)。

综合来讲，整个 RPN 的作用就是替代了以前的选择性搜索算法，因为网络内的运算都是可经 GPU 加速的，提升了感兴趣区域生成的速度。可以将 RPN 理解为一个预测前景和背景并能确定前景框的一个网络，且其能够进行单独的训练。

RPN 网络所使用的损失函数如下：

对于分类损失，因为是使用 Softmax 函数进行预测，所以只需要使用交叉熵损失函数进行计算即可：

$$L\{p_i\}=\frac{1}{N_{\mathrm{cls}}}\sum_i L_{\mathrm{cls}}(p_i, p_i^*) \tag{10-11}$$

$$L_{\mathrm{cls}}(p_i, p_i^*)=-\log[p_i{}^* p_i+(1-p_i^*)(1-p_i)] \tag{10-12}$$

其中，N_{cls} 为一个批次的大小，L_{cls} 是“目标”和“非目标”两个类别的对数损失，p_i 是锚框为目标的预测概率，p_i^* 是前景的标签值，也就是 1(负样本为 0)，将一个批次所有损失求平均就是 RPN 的分类损失。

对于边框回归分支，与 Fast R-CNN 最后的边框回归思路类似，需要计算每个锚框与其对应的预测感兴趣区域的偏移量 (t_i)，以及与其重叠部分最大真值的偏移量 (t_i^*)，损失函数如下：

$$L\{t_i\}=\frac{1}{N_{\mathrm{reg}}}\sum_i p_i^* L_{\mathrm{reg}}(t_i, t_i^*) \tag{10-13}$$

其中，$L_{\mathrm{reg}}(t_i, t_i^*)$ 使用的也是 Fast R-CNN 中提到的 smooth_{L1} 函数。N_{reg} 指的是锚框的总数量。p_i^* 作为因子的作用在于，可以省去负标签样本 $(p_i^*=0)$ 的感兴趣区

域修正。

RPN 网络在训练时,也会把分类分支的损失和边框回归分支的损失加到一起来实现联合训练。

$$L(\{p_i\},\{t_i\})=\frac{1}{N_{\mathrm{cls}}}\sum_i L_{\mathrm{cls}}(p_i,p_i^*)+\lambda\frac{1}{N_{\mathrm{reg}}}\sum_i p_i^* L_{\mathrm{reg}}(t_i,t_i^*) \tag{10-14}$$

其中,λ 是两种损失的加权平衡参数,默认设置为 10。

对 RPN 网络不断进行训练,使损失函数收敛后,RPN 网络即可预测出更加精确的感兴趣区域,经过非极大值抑制(non-maximum suppression, NMS)筛选并映射到特征提取网络得到特征图的尺寸(与特征提取网络降采样倍数有关),即可得到感兴趣区域。如图 10－5 所示,将得到的感兴趣区域加入特征图中,便可对其进行后续的感兴趣区域池化操作。

非极大值抑制主要用于目标检测感兴趣区域的筛选,留下最为准确的候选框,排除掉其他冗余的候选框。对于 RPN 网络而言,最终结果可能包含很多重叠的感兴趣区域,每个感兴趣区域都带有一个得分,一般是类别信息预测值。非极大值抑制的过程就是,把所有感兴趣区域按得分降序排列,先选出得分最高的感兴趣区域 M,遍历剩下的感兴趣区域,如果该感兴趣区域与 M 感兴趣区域的交并比大于所设定的阈值,即视为冗余区域,排除掉;遍历完之后,再从剩下的感兴趣区域中继续选择评分最高的,重复上述操作。这样便可以有效保留得分最高的感兴趣区域,并剔除掉重复度过高的冗余区域。

经过感兴趣区域池化后,和 Fast R－CNN 一样需要将每个感兴趣区域继续输入分类分支和边框回归分支。但在这一步的分类分支中,可以根据得到的深层特征图中的特征信息,对感兴趣区域中的目标进行更具体的分类,而不是锚框所分成的前景和背景,是多分类问题;而在边框回归分支中,可以对筛选后的感兴趣区域进行更进一步的边框回归,最终得到更加精准的预测框。

4) Faster R－CNN 的训练

由图 10－5 可知,Faster R－CNN 的结构可以分为 Fast R－CNN 网络和 RPN 网络两个部分,其中两者共享的网络是 VGG16 特征提取网络,也可称为主干网络,同时称这一部分的参数为共享网络参数,而将 RPN 特有的卷积层参数称为 RPN 特有参数,同样将 Fast R－CNN 自有的结构参数称为 Fast R－CNN 特有参数。

实际上在最终执行训练任务的时候,Faster R－CNN 对得到感兴趣区域的 RPN 网络和最后确定预测框的“Fast R－CNN”网络进行交替训练,以得到最终的 Faster R－CNN 模型。具体步骤如图 10－11 所示。

第一,用预训练好的模型参数初始化 VGG16 特征提取网络,也就是初始化共享网络参数,初始化并训练 RPN 特有参数,更新共享网络参数和 RPN 特有参数,同时得到感兴趣区域。

第二,用预训练好的模型参数初始化 VGG16 特征提取网络(不与 RPN 共享上一步

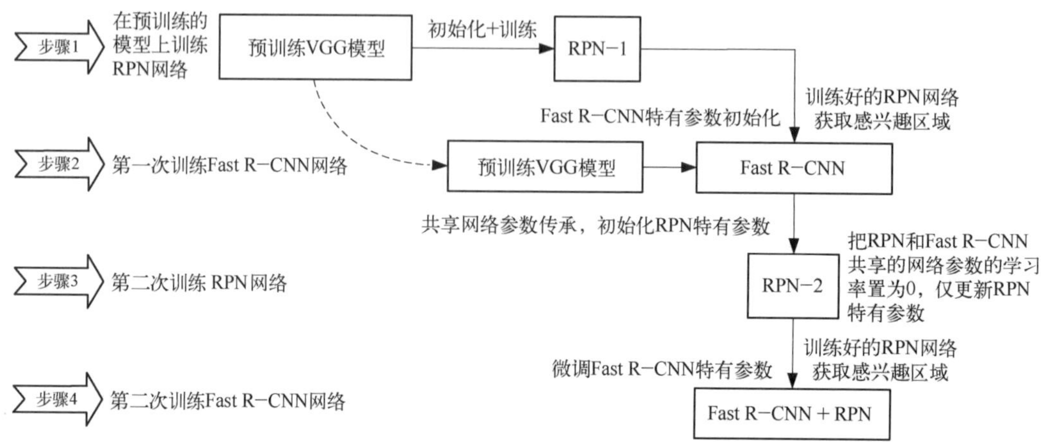

图 10-11　Faster R-CNN 网络训练过程

训练好的特征提取网络参数)，初始化 Fast R-CNN 特有参数，利用上一步 RPN 获得的感兴趣区域第一次训练 Fast R-CNN 特有参数，更新共享网络参数和 Fast R-CNN 特有参数。

第三，在上一步的基础上，第二次训练 RPN 特有参数。注意：此时的共享网络参数已经在上一步被更新，并且在此训练过程中被锁定为保持不变。训练优化 RPN 特有参数。

第四，在上一步的基础上仍然保持共享网络参数不变，获取上一步优化后的 RPN 得到的感兴趣区域，第二次训练 Fast R-CNN 特有参数进行微调优化。至此，Faster R-CNN 训练完毕。

最终训练好的网络即为 Faster R-CNN，而之所以只做两次交替训练，是因为继续进行交替训练不再有明显的提升。Faster R-CNN 能成为效果较好的基于感兴趣区域的目标检测网络(二阶段目标检测网络，与后面所讲的单阶段网络相对应)，离不开其两个阶段交替训练的训练方式。

图 10-12 展示了使用 Faster R-CNN 对图像进行目标检测的效果。

图 10-12　Faster R-CNN 目标检测实例

10.3　单阶段目标检测

10.3.1　单步多框检测器

上一节中介绍的基于感兴趣区域的目标检测网络算法的平均准确率较高，但是预测速度不是很快，实时性较差。单阶段目标检测网络放弃了独立的感兴趣区域提取步骤，直接对边界框位置和目标类别进行回归。因此，单阶段目标检测网络的处理速度较高，但平均准确率较低，特别是在检测距离太近或者本身太小的目标时容易出现问题。

单步多框检测器(single-shot multibox detector, SSD)是一种典型的单阶段目标检测网络，由 Liu 等在 2016 年提出，与 Faster R－CNN 相比有明显的速度优势(速度约为后者的 6 倍)，与 YOLO 相比(下节将详细介绍)有明显的 mAP 优势(已被 2017 年报道的 YOLO9000 超越)。

SSD 目标检测网络有 SSD300 和 SSD512 两种类型，分别用于不同输入尺寸的图像识别。下文主要以 SSD300 为例进行分析。图 10－13 展示了 SSD300(输入图像的尺寸是 300×300)的结构，该模型彻底淘汰了生成感兴趣区域的阶段，选择将所有的计算封装在深度神经网络中，采用特征金字塔(FPN，后文中展开介绍)的方式进行检测，即利用不同卷积层产生不同的特征图(6 层特征图大小分别为 38×38、19×19、10×10、5×5、3×3、1×1)，使用一个小的卷积滤波器来预测特征图上一组默认边界框(default box)类别和位置偏移量；图中 SSD300 选择 VGG16 作为特征提取网络，将 VGG16 中的全连接层替换为卷积层，并在 VGG16 网络末端添加了几个使特征图尺寸逐渐减小的辅助性卷积层，整体上直接采用卷积操作完成标的边界框和类别概率的回归。

图 10－13 中，SSD 对 conv4_3、conv7、conv8_2、conv9_2、conv10_2、conv11_2 这 6 个卷积层，针对每一个像素点分别设置了 4、6、6、6、4、4 个先验框(prior box，与 Faster R－CNN 中提出的锚框原理类似)，SSD300 结构一共可以产出 38×38×4＋19×19×6＋10×10×6＋5×5×6＋3×3×4＋1×1×4＝ 8 732 个先验框，因此 SSD 在本质上是一种密集采样。面对如此多的先验框，SSD 使用了一个交并比阈值来控制实际参与计算的默认边界框的数量。

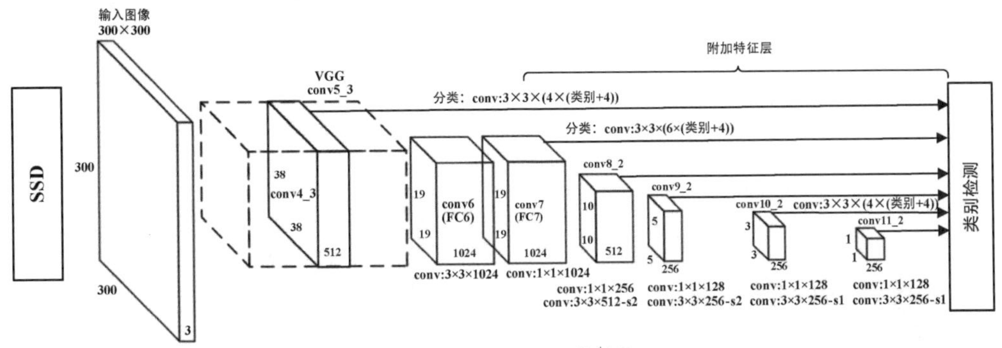

图 10－13　SSD300 的结构

conv，卷积。

10.3.1.1 特征金字塔网络

下面对特征金字塔网络(Feature Pyramid Networks，FPN)展开介绍。

对于一个用于提取特征的卷积神经网络(如SSD300中的特征提取网络VGG16)：在网络深层部分所得到的特征图，因为经过了多个卷积层的特征提取，容易响应语义特征，但是不断的降采样导致特征图的尺度太小，含有的细节信息减少，不利于进行目标检测；而浅层网络尽管包含较多的细节信息，但是相对而言包含抽象的语义特征不够，不足以支撑图像的分类。在对较大的目标进行检测时，这一问题并不显著；而在对小尺寸物体进行检测时，常用的目标检测方法常常没有较好的检测效果。

为解决这一问题，SSD检测方法提出使用FPN网络来解决目标检测场景中对小尺寸物体检测困难的问题。FPN网络可以看作是对主干网络特征提取的一个附加优化网络。

如图10-14所示，传统的图像金字塔方法采用输入多尺度图像的方式构建多尺度的特征。对不同层的特征图进行压缩或放大，形成不同尺寸的图片，并对这些不同尺寸的图片分别处理，再将这些特征图组合起来就得到可反映多维度信息的特征集。此方法的缺点在于，中间过程较为复杂，对计算机硬件的要求较高，且需要耗费过多的时间。

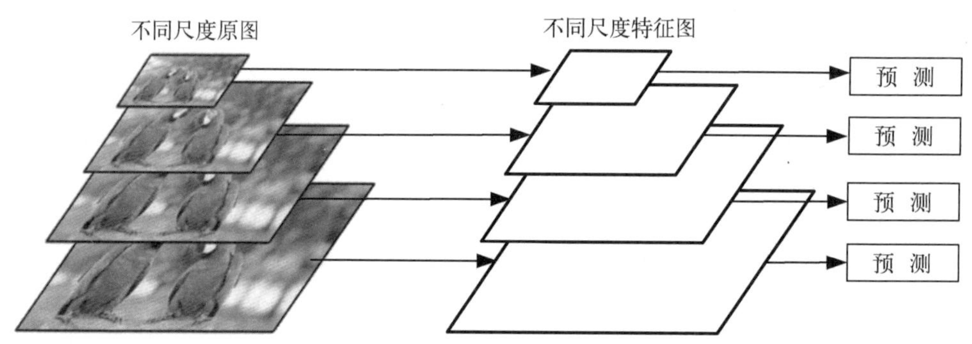

图10-14 传统图像金字塔示意图

如图10-15所示，Faster R-CNN等方法为了提升检测速度，直接使用了最高层单尺度的特征图，但单尺度的特征图限制了模型的检测能力。

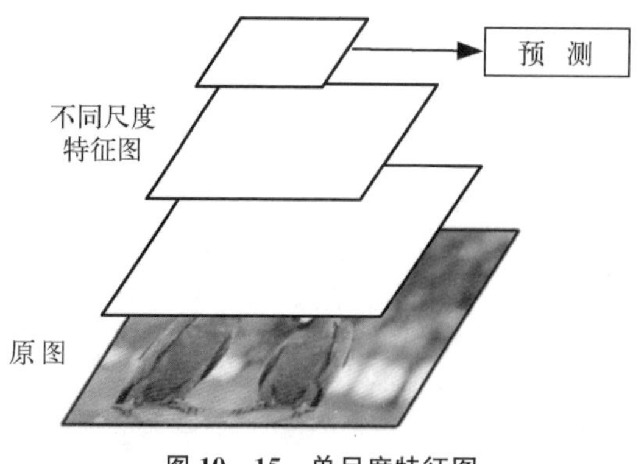

图10-15 单尺度特征图

在此基础上，FPN网络也采用了融合输出的思路，将不同层级的特征图以一定方式进行融合，从而互相弥补各自的不足。如图10-16所示，FPN网络通过自底向上通路(层1、2、3)、自顶向下通路(层4、5、6)以及横向连接，将深层的特征图和浅层的特征图高效地整合起来，在没有大幅增加检测时间的同时，有效地提升了检测精度。

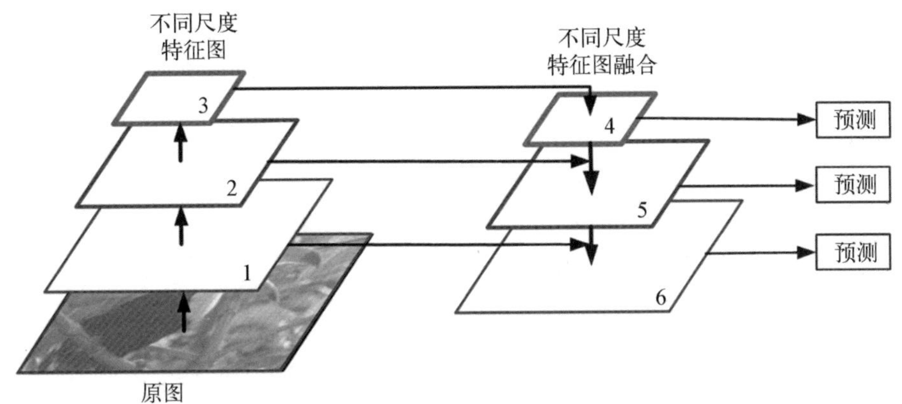

图 10－16 FPN 网络示意图

图 10－17 为 FPN 自顶向下路径与横向连接示意图。

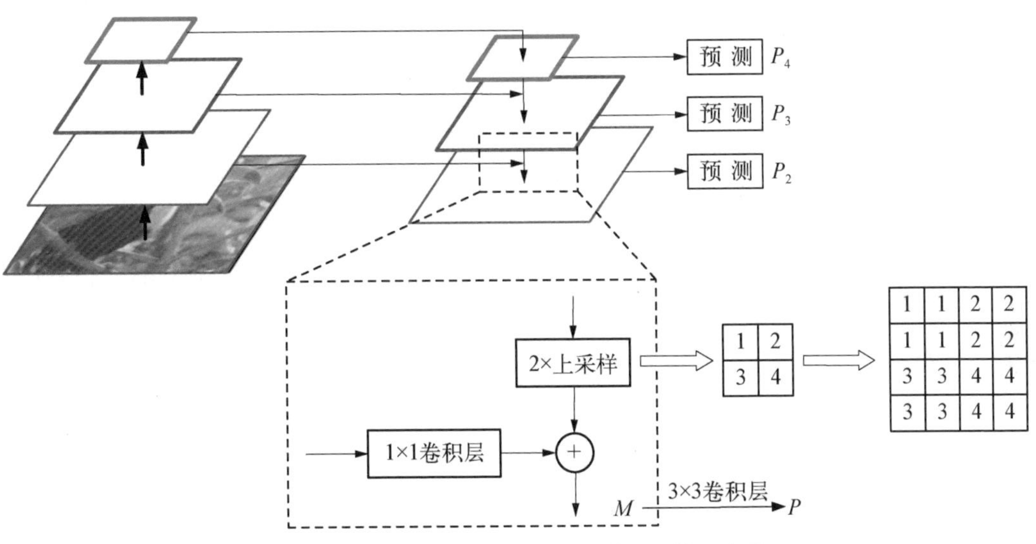

图 10－17 FPN 自顶向下路径与横向连接示意图

(1) 首先,先经过尺寸为 1×1 的卷积层,将顶层小特征图的通道数与下一层特征图的通道数调整至一致,并进行 2 倍上采样,使其尺寸与下一层输出特征图的尺寸一致,而此处使用的上采样方式较为简单,直接使用最近邻插值法(新像素点取最近像素点值)。

(2) 上采样后的特征图也需要与下一层的特征图进行融合输出(对应像素相加),而下一层的特征图需要先经过尺寸为 1×1 的卷积层统一到规定的通道数。

(3) 这个融合输出结果 M 经过尺寸为 3×3 的卷积层,消除上采样时的混叠效应(最近邻插值法造成局部像素值相同),得到的最终结果为 P(predict)。

(4) 继续向下层执行前三个步骤,直到得到所有层对应的 P(如 P_2、P_3、P_4)。

图 10－18 为使用 FPN 前,将最后一层单尺度特征图用于目标检测。

图 10－19 为使用 FPN 后,将多尺度特征图用于执行独立的目标检测。

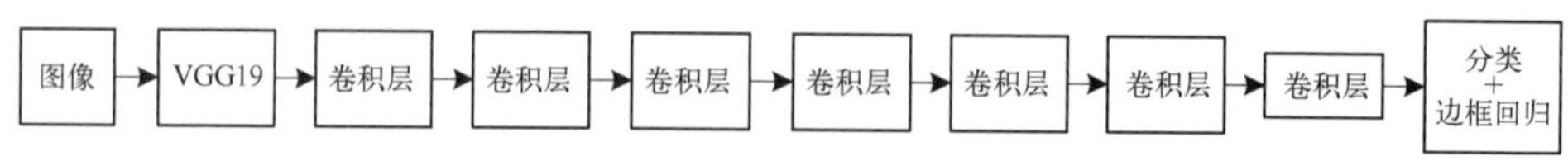

图 10-18 单尺度特征图用于目标检测示意图

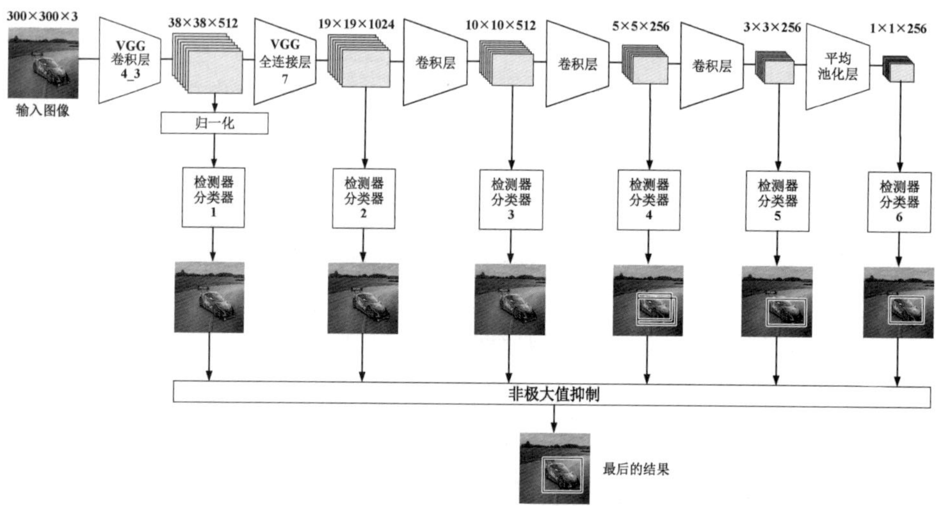

图 10-19 多尺度特征图用于目标检测示意图

10.3.1.2 先验框

SSD 借鉴了 Faster R-CNN 的 RPN 网络部分中锚框的理念，先对每个像素单元以一定的尺度或者长宽比设置不同的先验框。而最终预测的边界框是以这些先验框为基准的，这样可以在一定程度上减少训练的难度。如果理解了 RPN 网络中锚框的原理，便可以更好地理解先验框。换言之，锚框的目的是进一步确定感兴趣区域，而在单阶段网络中，直接筛选出最终预测的边界框即可，因此其原理也有一定的相似性。

在一般情况下，确定先验框的方式和锚框的设置方法类似，对每个像素单元会设置多个先验框，其尺度和长宽比存在差异，如图 10-20 所示。

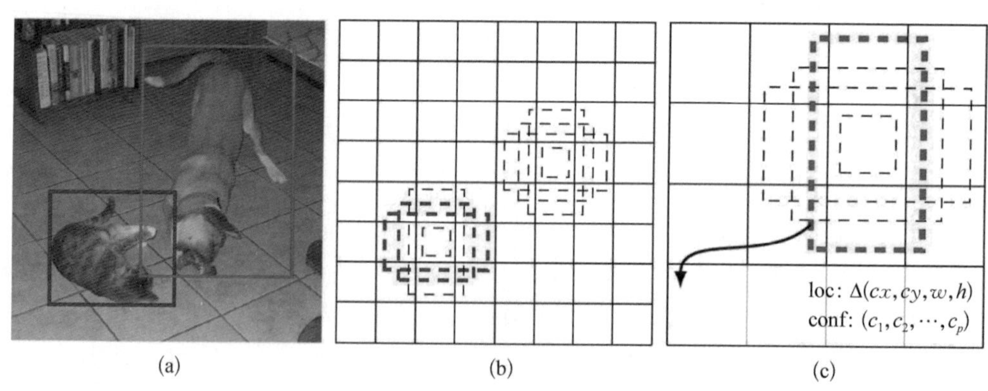

图 10-20 先验框设置示意图

loc，localization loss，位置损失；conf，confidence loss，置信度损失。

1）SSD 先验框的生成

SSD 中将原图分为 38×38、19×19、10×10、5×5、3×3、1×1，以满足不同目标大小的要求。以图像大小 300×300 设置一个比例 S_k，确定各层预选框的大小。一般第一层 $S_0=0.1$，且设置 $S_{min}=0.2$，$S_{max}=0.9$，第 2 到第 6 层共 5 层，故 $m=5$，依据下面公式推算层的比例系数：

$$S_k=S_{min}+\frac{S_{max}-S_{min}}{m-1}(k-1),k\in[1,\ m] \tag{10-15}$$

可以得到先验框尺寸的计算结果，如表 10－1 所示。

表 10－1　先验框尺寸计算结果

特征图大小	比例大小	最大最小尺寸	先验框数	先验框尺寸与长宽比		备　注
				正方形	长方形	
38×38	0.1	30～60	4	30、$\sqrt{30\times60}$	$30\times\left\{\sqrt{2}、\frac{1}{\sqrt{2}}\right\}$	长方形宽高比为 1∶2、1∶3、3∶1、2∶1
19×19	0.2	60～111	6	60、$\sqrt{60\times111}$	$60\times\left\{\sqrt{3}、\frac{1}{\sqrt{3}}\right\}$和$\left\{\sqrt{2}、\frac{1}{\sqrt{2}}\right\}$	长方形宽高比为 1∶2、1∶3、3∶1、2∶1
10×10	0.375	111～162	6	111、$\sqrt{111\times162}$	$111\times\left\{\sqrt{3}、\frac{1}{\sqrt{3}}\right\}$和$\left\{\sqrt{2}、\frac{1}{\sqrt{2}}\right\}$	长方形宽高比为 1∶2、1∶3、3∶1、2∶1
5×5	0.55	162～213	6	162、$\sqrt{162\times213}$	$162\times\left\{\sqrt{3}、\frac{1}{\sqrt{3}}\right\}$和$\left\{\sqrt{2}、\frac{1}{\sqrt{2}}\right\}$	长方形宽高比为 1∶2、1∶3、3∶1、2∶1
3×3	0.725	213～263	4	213、$\sqrt{213\times264}$	$213\times\left\{\sqrt{2}、\frac{1}{\sqrt{2}}\right\}$	长方形宽高比为 1∶2、2∶1
1×1	0.9	264～315	4	264、$\sqrt{265\times315}$	$264\times\left\{\sqrt{2}、\frac{1}{\sqrt{2}}\right\}$	长方形宽高比为 1∶2、2∶1

2）先验框的标准

每个单元使用了 4 个不同的先验框（比例为 1∶1，1∶2，2∶1）。在训练过程中，首先要确定训练图片中的真值与哪个先验框进行匹配，与之匹配的先验框所对应的边界框将负责预测它：图片中猫和狗分别采用最适合它们形状的先验框进行训练。下面详细讲解训练过程中的先验框匹配原则。

SSD 对于每个像素单元的每个先验框，都输出一套独立的检测值，而一个边界框与真值的匹配原则主要有两个。

第一个原则：首先，对于图片中每个标注的真值，找到与其交并比最大的先验框，将该先验框视为其匹配先验框。这种情况可以保证每个真值一定至少存在一个先验框与之匹配。

在 SSD 网络中，也将与真值匹配的先验框称为正样本。反之，若一个先验框没有与任何真值进行匹配，则称为负样本。

一个图像中标注的真值是有限的，而其含有的先验框则有庞大的数量。如果仅按第一个原则匹配，则会出现大量的负样本，而正样本的数量十分有限，导致正、负样本极不平衡，很难训练出与真值更加接近的预测框。因此需要补充第二个原则。

第二个原则：对于剩余的未匹配先验框，若与某个真值的交并比大于一个设定的阈值(如 0.5)，则将该先验框也视为与这个真值匹配。这样，每个真值都有可能与多个先验框匹配，而每一个先验框只能匹配一个与其交并比最大的真值。

在优先性上，第一个原则优先于第二个原则进行，也就是只要某个真值按第一个原则匹配到拥有最大交并比的先验框，即使其交并比小于阈值，甚至该先验框与其他真值拥有更大的交并比，也须将两者进行匹配。因为每一个真值必须至少拥有一个与之匹配的先验框。但由于先验框的特性，其庞大的数量导致该情况几乎不会出现。

尽管一个真值可以与多个先验框匹配，但是相对于大量的先验框，真值的数量依旧很少，因此负样本相对正样本会很多。为保证正、负样本尽量平衡，SSD 对负样本进行抽样，以一定方式选取一定数量误差较大的负样本作为训练的负样本，以保证正、负样本的比例接近 1∶3。

10.3.1.3 损失函数

为了能够准确反映预测框与真值在位置与分类之间的差异，损失函数定义为位置损失(localization loss，loc)与置信度损失(confidence loss，conf)的加权求和：

$$L(x, c, l, g)=\frac{1}{N}(L_{\text{conf}}(x, c)+\alpha L_{\text{loc}}(x, l, g)) \tag{10-16}$$

其中 $L_{\text{loc}}(x, l, g)$ 为位置损失，$L_{\text{conf}}(x, c)$ 为置信度损失，两者定义分别为式(10－17)和式(10－20)。N 是先验框的正样本数量，如果 $N=0$，则损失也设为 0；x 的值表示预测框和真实框是否匹配，0 表示不匹配，1 表示匹配；c 为类别预测置信度；l 为先验框所对应预测框的位置参数，而 g 是真值的位置参数。权重系数 α 用于调整两个损失的比例，默认设置为 1。

(1) 对于位置损失，采用 smooth_{L1} 损失函数，定义如下：

$$L_{\text{loc}}(x, l, g)=\sum_{i\in\text{Pos}}^{N}\sum_{m\in\{cx, cy, w, h\}} x_{ij}^{k}\ \text{smooth}_{L1}(l_i^m-\hat{g}_j^m) \tag{10-17}$$

其中，x_{ij}^k 为一个指示参数(0, 1)，x_{ij}^k 表示第 i 个先验框与第 j 个真值关于类别 k 是否匹配。smooth_{L1} 损失函数的计算方式在 Fast R－CNN 网络中已介绍。l_i^m 是第 i 个先验框与其所预测区域的相对位置偏移，先验框与真值的相对位置偏移参数 $\hat{g}_j^m$、偏移量的计算方式也与 R－CNN 系列网络在边框回归中的计算方式类似，此处以 $\hat{g}_j^m$ 举例，l_i^m 与之同理：

$$\hat{g}_j^{cx}=\frac{g_j^{cx}-d_i^{cx}}{d_i^w} \quad \hat{g}_j^{cy}=\frac{g_j^{cy}-d_i^{cy}}{d_i^h} \tag{10-18}$$

$$\hat{g}_j^w = \log\left(\frac{g_j^w}{d_i^w}\right) \quad \hat{g}_j^h = \log\left(\frac{g_j^h}{d_i^h}\right) \tag{10-19}$$

$\hat{g}_j^x$ 指的是第 j 个真值的 x 坐标参数(y 坐标、宽 w 和高 h 同理)，d_i^{cx} 指的是第 i 个先验框的 x 坐标参数。

(2) 对于置信度损失，则采用 Softmax 损失函数：

$$L_{\text{conf}}(x, c) = -\sum_{i \in \text{Pos}}^{N} x_{ij}^p \log(\hat{c}_i^p) - \sum_{i \in \text{Neg}} \log(\hat{c}_i^0) \tag{10-20}$$

其中，c 为类别置信度(经过 Softmax 函数后的预测概率)预测值。$\hat{c}_i^p = \dfrac{\exp(c_i^p)}{\sum_p \exp(c_i^p)}$ 表示第 i 个预测框对应类别 p($p=0$ 表示背景)的预测概率，$i \in \text{Pos}$ 表示正样本，$i \in \text{Neg}$ 表示负样本。从公式中可以看出，置信度的损失包含两个部分：正样本的损失和负样本的损失。

将两个损失加权求和，即可得到最终的损失函数。

10.3.1.4 数据增广

与 Faster R-CNN 网络不同的是，SSD 算法使用了多种数据增强的方法，包括水平翻转、裁剪、放大和缩小等，一般称为数据增广，如图 10-21 所示。通过实验发现，这种对图像数据进行的增强处理，可以明显地提高算法性能。其主要目的是使得该算法对输入图像中不同大小和不同形状的目标都能具有更好的鲁棒性。换成较为通俗的说法就是，这个数据增广的操作可以在不需要补充更多数据集的同时，有效地增加训练样本的个数，同时构造出更多不同形状和大小的目标。此外，将这些增广图像数据输入网络中，还可以使得网络学习到更加鲁棒的特征。更多的数据增广方式会在 YOLOv4 中介绍。

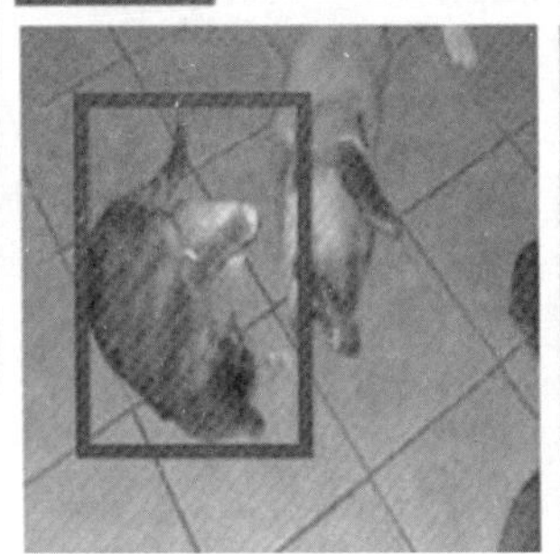

图 10-21 数据增广的几种方式示意图

10.3.1.5 SSD 的性能评价

SSD 在训练与预测的过程中，表现出一些缺陷：

SSD 需要人工设置的参数如尺寸范围和宽高比例等，不能直接通过学习获得，而且对于每一层特征图，使用的先验框大小和形状又都不同，这使得人工调参过程依赖经验且耗时。

即使采用了特征金字塔预测结构，SSD 对小目标的检测效果依旧一般，并没有达到明显超越 Faster R - CNN 的水平，这可能是因为 SSD 使用较为浅层的特征图去检测小目标，而浅层特征图存在特征提取不充分的问题。

SSD 提取的不同卷积特征图独立输入各自的检测分支，这就容易出现同一个物体被不同大小的边界框同时检测出来的情况，即重复检测问题，没有考虑到不同层、不同尺度目标间的关联性。

首先整体看一下 SSD 网络在 VOC2007、VOC2012 及 COCO 数据集上的性能。如表 10 - 2 所示，SSD512 网络的性能比 SSD300 网络会更好一些(表中数字为 mAP)。其中，标记了 * 的行表示网络使用了上面介绍的数据增广方法，提升 SSD 在小目标上的检测效果，所以性能会有所提升。

表 10 - 2　SSD 在不同数据集上的表现性能简表(mAP)

方法＼测试集	VOC2007	VOC2012	COCO
SSD300	74.3	72.4	23.2
SSD512	76.8	74.9	26.8
SSD300 *	77.2	75.8	25.1
SSD512 *	79.8	78.5	28.8

SSD 与本章所介绍的其他目标检测算法，在 VOC2007 数据集上的对比结果，如表 10 - 3 所示。从表中可以看出，SSD 网络在与 Faster R - CNN 网络有相近准确度(mAP)的同时，还能与 YOLO 算法同样具有较快的检测速度(帧/秒)，并且加大每批训练样本的数量并不会显著影响网络性能。SSD 网络目标检测结果如图 10 - 22 所示。

表 10 - 3　SSD 与其他目标检测算法的对比结果表

方法＼性能指标	平均精度均值	帧率/(帧/秒)	每批训练样本数量/个	输入图像分辨率
Faster R - CNN	73.2	7	1	1 000×600
YOLO	52.7	21	1	448×448
SSD300	74.3	46	1	300×300
SSD512	76.8	19	1	512×512
SSD300	74.3	59	8	300×300
SSD512	76.8	22	8	512×512

图 10-22　SSD 网络的一些检测结果示例

（图片引自参考文献[7]）

10.3.2　YOLO 系列网络

10.3.2.1　YOLOv1

与 SSD 类似，YOLO(you only look once)系列网络也舍去了事先进行感兴趣区域提取这一步骤，直接将特征提取、候选框分类与回归在同一个无分支的深度神经网络中实现，故 YOLO 系列网络也是单阶段目标检测网络的典范。2016 年，Redmon 等提出了 YOLOv1，该网络成功地将目标检测的速度从 Faster R-CNN 的 5～7 帧/秒提升至约 45 帧/秒，几乎可以达到实时的效果，这使得基于深度学习的目标检测算法在当时的计算能力下开始能够满足实时检测任务的需求。虽然它在 VOC 2007 数据集上的 mAP 为 66.4%，不及 SSD 算法(后者取得的成绩为 75.1%)，检测速度也比 SSD 稍慢，但是相比之下，YOLOv1 的网络结构较为简单，整体思路更为简洁，很适合继续进行改进与拓展。因此，研究人员在此基础上继续设计出 YOLOv2、YOLOv3、YOLOv4、YOLOv5 等系列网络，这些网络都拥有较快的检测速度与出色的检测精度，这也使得 YOLO 系列网络在当前的目标检测领域有更广的应用空间。

在介绍 YOLOv1 的整体结构之前，首先了解一下 YOLOv1 的一些实现思路：

(1) 如图 10-23 所示，YOLOv1 将一幅图像划分成 $S \times S$ 的网格，若某个目标的真值框中心落在某个网格中，那么该网格就被用于预测这个目标。

(2) 每个网格需要预测 B 个预测框，每个预测框除了要回归自身的位置信息 (x, y, w, h) 之外，还要附带预测一个置信度(confidence)值，因此每个预测框对应 5 个信息。该置信度值为预测框内含有目标的置信度(Pr(Object))与真实框和预测框之间交并比(IoU)的乘积，即

$$\text{confidence} = \Pr(\text{Object}) \times \text{IoU}_{\text{pred}}^{\text{truth}} \tag{10-21}$$

其中，若有目标落在该网格里，则 $\Pr(\text{Object}) = 1$，否则 $\Pr(\text{Object}) = 0$。

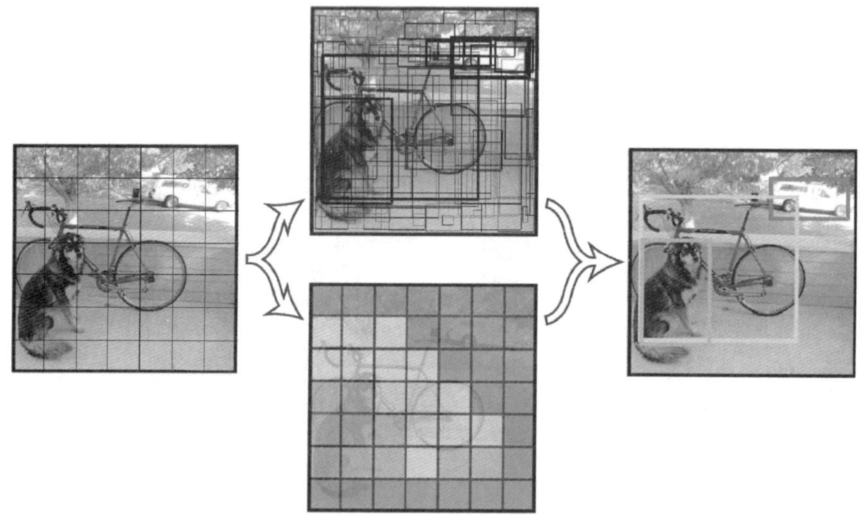

图 10-23　YOLOv1 网格划分示意图

(3) 每个网格除了需要预测 B 个预测框外，还需要预测对应目标的类别信息。若需要预测 C 类目标，则针对 $S \times S$ 的网格，需要输出一个尺寸为 $S \times S \times (5 \times B + C)$ 的向量。比如在 PASCAL VOC 数据库中，输入图像大小为 448×448，一共有 20 个类别，取 $S = 7$, $B = 2$, $C = 20$，则输出一个 $7 \times 7 \times 30$ 的向量。

图 10-24(a)可以形象地展示 YOLOv1 的整体网络结构，该结构也可以用表格的形式来体现，如图 10-24(b)所示。该网络结构借鉴了 GoogLeNet，包含 24 个卷积层和 2 个全连接层，在图中输入尺寸为 448×448×3 的图像，经过若干个卷积层、池化层、全连接层，输出了尺寸为 7×7×30 的向量。该网络结构与 GoogLeNet 的不同之处在于，取消了 GoogLeNet 中的 Inception 模块，取而代之的是使用多个 1×1 卷积层与 3×3 卷积层串联进行替换。该网络中没有使用批归一化层，即 BN 层(batch normalization，可防止过拟合以及梯度消失)，并且全部使用 ReLU 激活函数。与基于感兴趣区域的目标检测网络和同为单阶段目标检测网络的 SSD 相比，YOLOv1 的整体网络结构更为简单。

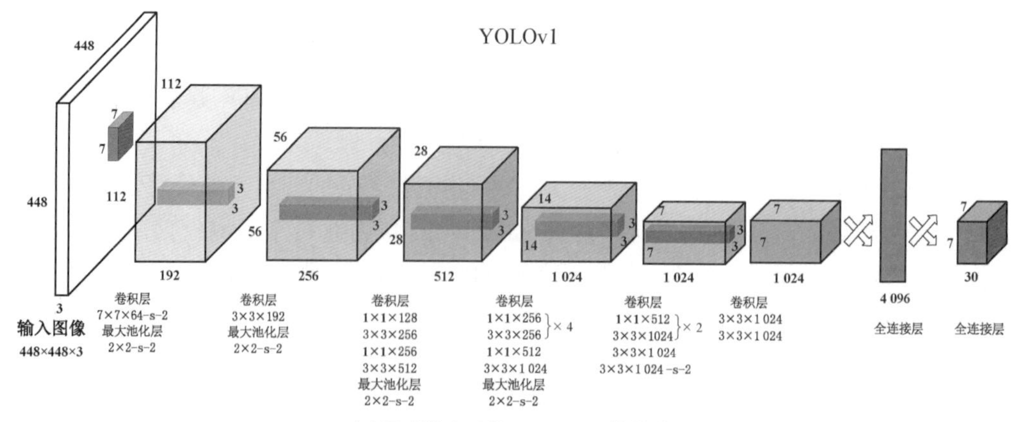

(a) 图形化表示的YOLOv1网络结构

输入图像：448×448×3			
层类型	卷积核×通道数	步长	输出
卷积层	7×7×64	2	224×224×64
最大池化层	2×2	2	112×112×64
卷积层	3×3×192		112×112×192
最大池化层	2×2	2	56×56×192
卷积层	1×1×128		56×56×128
卷积层	3×3×256		56×56×256
卷积层	1×1×256		56×56×256
卷积层	3×3×512		56×56×512
最大池化层	2×2	2	28×28×512
卷积层	1×1×256		28×28×256
卷积层	3×3×512		28×28×512
卷积层	1×1×256		28×28×256
卷积层	3×3×512		28×28×512
卷积层	1×1×256		28×28×256
卷积层	3×3×512		28×28×512
卷积层	1×1×256		28×28×256
卷积层	3×3×512		28×28×512
卷积层	1×1×512		28×28×512
卷积层	3×3×1 024		28×28×1 024
最大池化层	2×2	2	14×14×1 024
卷积层	1×1×512		14×14×512
卷积层	3×3×1 024		14×14×1 024
卷积层	1×1×512		14×14×512
卷积层	3×3×1 024		14×14×1 024
卷积层	3×3×1 024		14×14×1 024
卷积层	3×3×1 024	2	7×7×1 024
卷积层	3×3×1 024		7×7×1 024
卷积层	3×3×1 024		7×7×1 024
全连接层			4 096
全连接层			7×7×30

(b) 表格描述的 YOLOv1 网络结构

图 10－24　YOLOv1 网络结构

YOLOv1 的训练流程较为简洁，将每个网格的类别信息与预测框置信度值相乘，即可得到每个预测框的特定类别 i 的置信度得分：

$$\begin{aligned}\text{confidence}_i &= \Pr(\text{Class}_i \mid \text{Object}) \times \Pr(\text{Object}) \times \text{IoU}_{\text{pred}}^{\text{truth}} \\ &= \Pr(\text{Class}_i) \times \text{IoU}_{\text{pred}}^{\text{truth}}\end{aligned} \tag{10-22}$$

其中，$\Pr(\text{Class}_i \mid \text{Object})$表示每个网格预测的类别概率，$\Pr(\text{Object}) \times \text{IoU}_{\text{pred}}^{\text{truth}}$ 即为前文提及的每个预测框的置信度值，三者的乘积一方面体现了预测框中存在目标的可能性，另一方面也体现了目标属于某类别的概率。在得到每个预测框的特定类别置信度得分后，设置阈值滤除得分较低的预测框，并对保留的预测框进行非极大值抑制处理，即可得到最终的检测结果。

在 YOLOv1 中，对于每个网格有 30 个输出值(8 个坐标信息、2 个预测框置信度值、20 个类别概率)，为了使三种信息的损失函数得到较好的平衡，YOLOv1 最终设计的整体损失函数如下：

$$\begin{aligned}\text{loss} = &\lambda_{\text{coord}} \sum_{i=0}^{S^2} \sum_{j=0}^{B} 1_{ij}^{\text{obj}} [(x_i - \hat{x}_i)^2 + (y_i - \hat{y}_i)^2] \\ &+ \lambda_{\text{coord}} \sum_{i=0}^{S^2} \sum_{j=0}^{B} 1_{ij}^{\text{obj}} [(\sqrt{w_i} - \sqrt{\hat{w}_i})^2 + (\sqrt{h_i} - \sqrt{\hat{h}_i})^2] \\ &+ \sum_{i=0}^{S^2} \sum_{j=0}^{B} 1_{ij}^{\text{obj}} (C_i - \hat{C}_i)^2 + \lambda_{\text{noobj}} \sum_{i=0}^{S^2} \sum_{j=0}^{B} 1_{ij}^{\text{noobj}} (C_i - \hat{C}_i)^2 \\ &+ \sum_{i=0}^{S^2} 1_i^{\text{obj}} \sum_{c \in \text{classes}} (p_i(c) - \hat{p}_i(c))^2\end{aligned} \tag{10-23}$$

式中：λ_{coord} 表示坐标预测的损失权重(YOLOv1 在 VOC 数据集上训练取 5)；S 和 B 的定义同前文；1_{ij}^{obj} 为指示函数，判断第 i 个网格中的第 j 个预测框是否对目标负责(当前预测框与真值框的 IoU 是否最大)，是则取 1，否则取 0；x_i，y_i，w_i，h_i 分别是第 i 个网格对应的真值框的位置信息(归一化后的中心点横、纵坐标的偏移量和边框宽度、高度)；C_i 是第 i 个网格对应的真值框的置信度值；λ_{noobj} 表示不含目标的预测框的损失权重(YOLOv1 在 VOC 数据集上训练取 0.5)；1_{ij}^{noobj} 也是指示函数，判断第 i 个网格中的第 j 个预测框是否不对目标负责；1_i^{obj} 判断是否有目标落在第 i 个网格中；$p_i(c)$ 表示第 i 个网格中目标类别 c 存在的真实概率；其余含有“ ^ ”的符号均表示对应量的预测值。

因此，YOLOv1 网络的损失函数包括了 5 项不同的损失函数，分别为：预测框中心点横、纵坐标偏移量的损失，预测框宽度、高度的损失(若预测框越大，则预测误差对其影响越小，故对宽度、高度都取平方根)，对含有目标的预测框的置信度值预测损失，对不含目标的预测框的置信度值预测损失，对含有目标的网格的类别概率预测损失。

YOLOv1 的网络结构与训练测试流程都较为简洁，但它也因此存在一些缺陷：

(1) YOLOv1 对距离很近的物体、尺寸较小的物体、比例不同寻常的物体检测效果不佳，因为它对一个网格只预测两种预测框，并且一个网格仅能预测出一个目标（仅选择置信度得分最高的预测框作为最终输出）。

（2）YOLOv1 的网络设计过于简洁，往往不能对目标进行精准定位，检测精度不及 Faster R－CNN 和 SSD 等网络。

10.3.2.2 YOLOv2

针对 YOLOv1 在定位方面不够准确的问题，2017 年 Redmon 等提出了 YOLOv1 的扩展模型 YOLOv2 和 YOLO9000。其中，YOLOv2 在 VOC 2007 数据集上的 mAP 为 78.6%，高于 Faster R－CNN。

YOLOv2 针对 YOLOv1 做了如下的改进。

1）批归一化

YOLOv2 在卷积层之后和 ReLU 激活函数之前，添加批归一化（batch normalization，BN）层，使模型的收敛性有显著的提升。BN 的主要目的也是对输入数据进行标准化，但是是以批（批次，每次训练图像数量）为单位。如果批次大小为 m，则在前向传播过程中，网络中每个节点都有 m 个输出 x_i，而所谓的批归一化，就是对该层每个节点的 m 个输出进行归一化后再输出。假设一个批次的输入为集合 $B=\{x_1, \cdots, x_m\}$，需要训练的参数则为 γ 和 β。一般情况下，归一化的具体计算方式如下：

（1）首先对 m 个 x_i 进行标准化，先计算批次的均值 μ_B 和方差 σ_B^2：

$$\mu_B \leftarrow \frac{1}{m}\sum_{i=1}^{m} x_i \tag{10-24}$$

$$\sigma_B^2 \leftarrow \frac{1}{m}\sum_{i=1}^{m}(x_i-\mu_B)^2 \tag{10-25}$$

（2）再得到均值为 0，方差为 1 的分布（标准正态分布）$\hat{x_i}$：

$$\hat{x_i} \leftarrow \frac{x_i-\mu_B}{\sqrt{\sigma_B^2+\varepsilon}} \tag{10-26}$$

（3）对 $\hat{x_i}$ 进行缩放与平移得到新的均值 β 和方差 γ 的新的分布 y。

$$y_i \leftarrow \gamma \hat{x_i}+\beta \equiv \mathrm{BN}_{\gamma,\beta}(x_i) \tag{10-27}$$

假设 BN 层有 d 个输入节点，则 x 可构成 $d\times m$ 大小的矩阵 X，BN 层相当于通过行操作将其映射为另一个 $d\times m$ 大小的矩阵 Y。BN 层与卷积层、池化层、全连接层一样，也属于网络的一层，其训练参数为 γ 和 β，输出为新的分布 $\{y_i=\mathrm{BN}_{\gamma,\beta}(x_i)\}$。

2）先验框生成的变化

YOLOv2 借鉴了 Faster R－CNN 中先验框的思想，并使用 k 均值聚类方法生成自己的先验框，取代了 YOLOv1 中的预测框。设置多种先验框能够提高模型对尺寸较小、比例不寻常的物体的检测泛化能力。

虽然同为先验框，但是与 Faster R－CNN 网络中 RPN 网络的手动设定方式不同，在

YOLOv2 网络中是使用 k 均值聚类方法计算而得，聚类的目的是使先验框与邻近的真值框有更大的 IoU 值。具体的步骤如下：

（1）使用的聚类原始数据为仅含标注框的检测数据集，包含 (x_j, y_j, w_j, h_j)，$j \in \{1, 2, \cdots, N\}$，其中 (x_j, y_j) 是真值框的中心点坐标，(w_j, h_j) 是该标注框的宽和高，N 是所有标注框的个数。

（2）初始化 k 个聚类中心 (W_i, H_i)，$i=1, 2, \cdots, k$，此处指先验框的宽和高。

（3）计算每个标注框与每个聚类中心间的“距离”，此处的“距离”定义为

$$d = 1 - \text{IoU}[(x_j, y_j, w_j, h_j), (x_j, y_j, W_i, H_i)] \tag{10-28}$$

然后将标注框分配给“距离”最近的聚类中心。

（4）所有标注框分配完毕后，对每个簇重新计算聚类中心 (W'_i, H'_i)：

$$W'_i = \frac{\sum W_i}{N_i}, H'_i = \frac{\sum H_i}{N_i} \tag{10-29}$$

式中：N_i 是第 i 个簇中标注框的个数。

（5）重复步骤(3)(4)，直至聚类中心的改变量低于某阈值，最后确定 k 个聚类中心即先验框的尺寸。

3）网络结构的变化

如表 10-4 所示，YOLOv2 将一个由 19 个卷积层和 5 个最大池化层构成的 Darknet-19 网络作为主干网络(主干网络在 YOLO 系列中称为 Darknet)，进一步提升了检测速度。最后的特征图足够用来预测大目标，但需要更细粒度的特征来定位小目标。YOLOv2 提出穿越层(passthrough layer)，将 14×14×512 的特征图进行隔点采样，得到 7×7×2 048 的特征图，然后跟最后的特征图叠加(concatenate)到一起进行预测，这带来 1% mAP 的提升，如图 10-25 所示。YOLOv2 将浅层的特征图连接到深层的特征图，使网络具有了细粒度特征，如表 10-4 中 13 层与 19 层所示。

表 10-4　YOLOv2 网络结构

输入图像：224×224×3				
卷积层号	层类型	卷积核×通道数	步长	输　出
1	卷积层	3×3×32		224×224×32
	最大池化层	2×2	2	112×112×32
2	卷积层	3×3×64		112×112×64
	最大池化层	2×2	2	56×56×64
3	卷积层	3×3×128		56×56×128
4	卷积层	1×1×64		56×56×64

（续表）

卷积层号	层类型	卷积核×通道数	步长	输　出
5	卷积层	3×3×128		56×56×128
	最大池化层	2×2	2	28×28×128
6	卷积层	3×3×256		28×28×256
7	卷积层	1×1×128		28×28×128
8	卷积层	3×3×256		28×28×256
	最大池化层	2×2	2	14×14×256
9	卷积层	3×3×512		14×14×512
10	卷积层	1×1×256		14×14×256
11	卷积层	3×3×512		14×14×512
12	卷积层	1×1×256		14×14×256
13	卷积层	3×3×512		14×14×512
	最大池化层	2×2	2	7×7×512
14	卷积层	3×3×1 024		7×7×1 024
15	卷积层	1×1×512		7×7×512
16	卷积层	3×3×1 024		7×7×1 024
17	卷积层	1×1×512		7×7×512
18	卷积层	3×3×1 024		7×7×1 024
19	卷积层	3×3×1 024		7×7×1 024
	叠加			7×7×3 072
	卷积层	1×1×1 000		7×7×1 000
	平均池化层			
	Softmax 层			

YOLOv2 的训练过程为：首先在 224×224 尺寸的 ImageNet 分类数据集上预训练模型，以获得较好的分类效果；再改用 448×448 尺寸的图像对模型进行训练。但是在训练时如果直接调高输入图像的分辨率，检测模型可能难以快速适应。因此，需要先使用小部分 ImageNet 数据集上 448×448 的图像输入再进行训练，作为微调(fine-tune)，之后再用

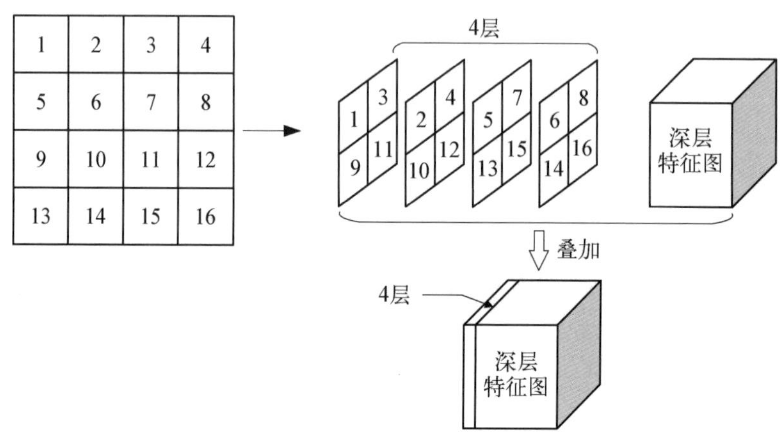

图 10-25　穿越和叠加操作示意图

448×448 尺寸的检测数据集进行训练，才能使模型在高与低分辨率输入之间进行切换。

10.3.2.3　YOLOv3

2018 年，Redmon 等又提出了 YOLOv3 模型，它是基于 YOLOv2 的改进模型，具有更高的检测精度和速度，且模型的泛化能力与小目标检测能力进一步提高。

在进行 YOLOv3 的细节介绍前，先简要介绍 YOLOv3 的网络结构。

如图 10-26 所示，DBL 由首字母拼成，表示卷积层(Darknet 网络中的卷积层)、BN 层和 Leaky ReLU 激活函数(本章最后一小节介绍)的串联模块；Res_unit，残差单元，表示两个 DBL 模块之前与之后通路跳接相加的模块，此模块中所用 add 和整体结构中的 concat 融合不同，add 属于将特征图直接对应像素相加，不扩充维度，而 concat 在特征提取一章讲过，属于拼接特征图，会扩充通道维度；Resn(n=1, 2, …, 8 等)表示零填充层、DBL 模块与 n 个 Res_unit 的串联模块；输入图像先通过删除掉全连接层的 Darknet-53 主干网络，之后引出 3 种不同尺度的卷积支路，采用类似 FPN 的上采样特征融合方法，将不同尺度的特征进行拼接融合得到 3 种不同尺度的输出。图 10-26 中 3 种输出特征图的宽(与高相同)分别为 13、26、52。

YOLOv3 设置每种特征图上的每个网格预测 3 种预测框，每个预测框有中心横坐标偏移量和纵坐标偏移量、宽、高以及置信度共 5 个参数，若同时还需要 80 个类别概率，则 3 种不同尺度输出特征图的深度都为 $3\times(5+80)=255$。此外，观察该网络结构可以发现，YOLOv3 网络是一个全卷积网络，使用了大量残差跳接模块，并且使用卷积层代替池化层来实现降采样(减少计算量，并且降低池化层带来的梯度负面影响)。

上文提及的每种特征图上需要预测 3 种预测框，故 3 种不同尺度的特征图需要 9 种先验框。YOLOv3 获取先验框的方法与 YOLOv2 类似，也是使用 k 均值聚类方法计算而得。YOLOv3 通过 k 均值聚类方法获取到 9 个先验框后，也同样将其分成大、中、小 3 种尺寸，每个尺寸包含 3 个先验框。由于输出的 3 种特征图尺度不同，其感受野也不同。最小尺度特征图中每个格点对应的感受野最大，其对应匹配的先验框也选用大

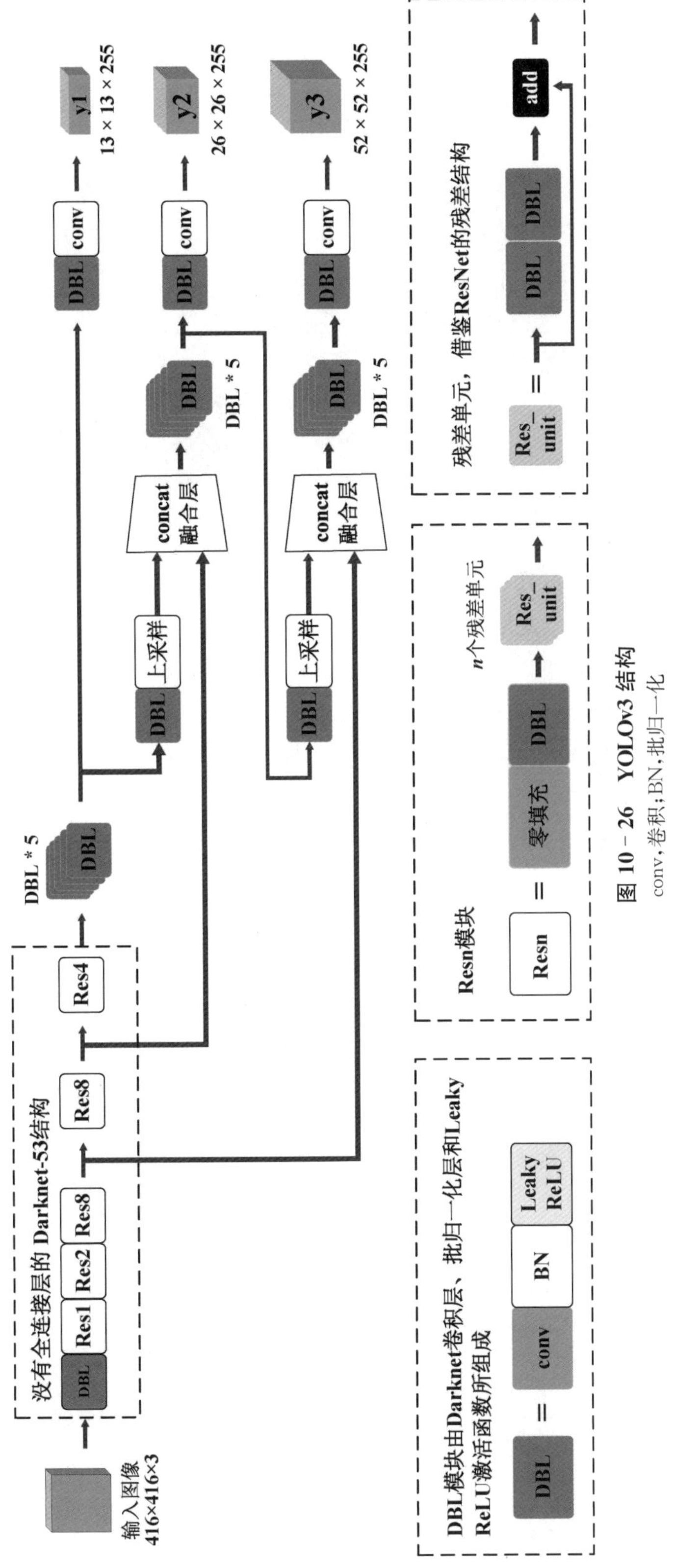

图 10－26　YOLOv3 结构

conv,卷积;BN,批归一化

尺寸的;最大尺度的特征图对应的感受野最小,其对应匹配的先验框选用小尺寸的;同理,中尺度的特征图选用中尺寸的先验框。图 10-27 展示了 9 种先验框的尺寸(多尺度实线框),此外虚线框为真值框,最中间与格点重合的实线框为目标中心点所在的网格。

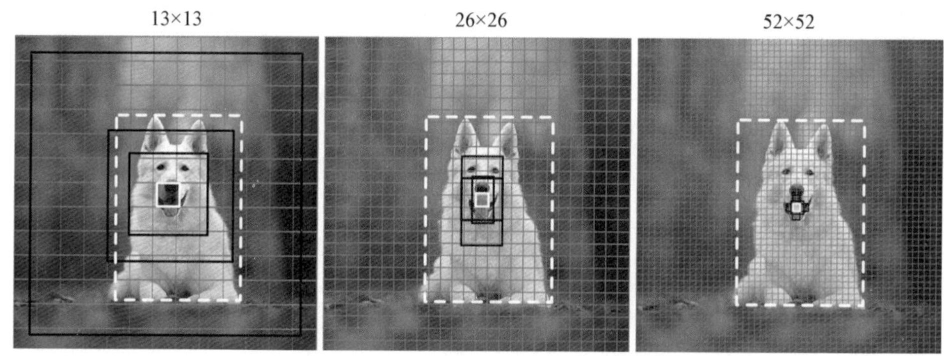

图 10-27　YOLOv3 中的 9 种先验框(实线框)

与 YOLOv2 相比,YOLOv3 做出了如下改进:

YOLOv3 借鉴了残差网络结构,构建了网络层次更深的 Darknet-53 并将其作为主干网络,它综合了 YOLOv2 的主干网络 Darknet-19 和 ResNet 的优点,在 ImageNet 数据集上的 Top-5 准确率可媲美 ResNet152,同时减少了计算量,进一步提高了检测速度;Darknet-53 网络的结构与各层的具体参数如表 10-5 所示。

表 10-5　Darknet-53 网络参数

数量	模块名称	层级类型	尺寸参数	输入尺寸	输出尺寸
1	DBL卷积模块	卷积	3×3	416×416×3	416×416×32
		批归一化			
		Leaky ReLU			
		卷积	3×3	416×416×32	208×208×64
1	残差模块	卷积	1×1	208×208×64	208×208×32
		批归一化			
		Leaky ReLU			
		卷积	3×3	208×208×32	208×208×64
		批归一化			
		Leaky ReLU			
		卷积	3×3	208×208×64	104×104×128
2	残差模块	卷积	1×1	104×104×128	104×104×64
		批归一化			
		Leaky ReLU			

（续表）

数量	模块名称	层级类型	尺寸参数	输入尺寸	输出尺寸
2	残差模块	卷积	3×3	104×104×64	104×104×128
		批归一化			
		Leaky ReLU			
		卷积	3×3	104×104×128	52×52×256
8	残差模块	卷积	1×1	52×52×256	52×52×128
		批归一化			
		Leaky ReLU			
		卷积	3×3	52×52×128	52×52×256
		批归一化			
		Leaky ReLU			
		卷积	3×3	52×52×256	26×26×512
8	残差模块	卷积	1×1	26×26×512	26×26×256
		批归一化			
		Leaky ReLU			
		卷积	3×3	26×26×256	26×26×512
		批归一化			
		Leaky ReLU			
		卷积	3×3	26×26×512	13×13×1 024
4	残差模块	卷积	1×1	13×13×1 024	13×13×512
		批归一化			
		Leaky ReLU			
		卷积	3×3	13×13×512	13×13×1 024
		批归一化			
		Leaky ReLU			

YOLOv3 借鉴了 FPN 的思想，进一步使用特征融合的方式，采用3 种不同尺度的特征图进行目标检测，每个特征图都是深层与浅层特征图融合所得，更有利于处理多尺度目标。

YOLOv3 的损失函数也是将预测框位置信息的回归损失与类别预测的损失相加，与其他的目标检测算法一样。但有一处区别在于进行类别预测的时候，YOLOv3 使用了机器学习中的逻辑回归分类(使用 Sigmoid 函数预测每个类别的得分，选取大于阈值的类别作为预测类别，因此可以有多个预测类别)代替 Softmax 进行类别预测，这样可以实现多标签目标检测[即一个目标对应多个标签，比如一个女人有女性(female)和人(person)两个标签]。

YOLOv3也不是完美的。虽然与YOLOv2相比YOLOv3提高了对小目标的检测精度，但其对大物体的检测精度却略有下降。事实上，为了使算法能够契合现实的应用需求，研究人员提出了多种YOLO系列算法的改进版本。总体而言，YOLO系列的目标检测网络因具有相对优秀的检测速度和精度而被广泛使用，是目前较先进的目标检测方法。

图10-28展示了YOLOv3在目标检测实例中的效果图。可以观察到，YOLOv3对小目标的检测精度很高。

图10-28　YOLOv3目标检测实例效果图

(图片引自参考文献[8])

10.3.2.4　YOLOv4简述

2020年4月，YOLOv4出现，其设计初衷是建立在实际工作环境中能够实现快速目标检测的模型，并且可以被并行优化，因此并没有一味地追求继续降低计算量这一指标[每秒浮点操作数(floating-point operations per second, FLOPS)]，但是希望可以降低模型训练的硬件要求，如使用常规的GTX-2080 Ti等GPU对YOLOv4进行训练并得到一个较好的结果。最终，YOLOv4在MS COCO数据集中所取得的结果最好，使用NVIDIA Tesla V100显卡可以达到43.5%的mAP且速度可以达到65帧/秒，达到了精度、速度的最优平衡，可以被认为是当时最强的实时对象检测模型之一。

YOLOv4的设计思路较为清晰，首先构建了单阶段目标检测网络的通用框架，包括输入(input)、主干网络(backbone)、中间(neck)以及分支(head)。其中，输入、负责特征提取的主干网络与最后进行预测框回归和分类预测等任务的分支都已是较为熟悉的网络结构概念，而中间部分则是一个较为新颖的概念，可以理解为对前一部分(主干网络)提取出来的浅层特征，通过某种方式进行加工和增强，从而得到所需的特征，如特征金字塔

(FPN)网络。

在目标检测网络算法的通用框架搭建以后,便可设计对各个部分的具体优化算法,YOLOv4 正是通过对各个部分都设计了新的优化算法,最终才有效地提高了网络的性能。

不仅如此,YOLOv4 还提出了不增加计算量的提升(bag of freebies)和少量增加计算量的提升(bag of specials)这两个概念。这里分别举例介绍。

1) 不增加计算量的提升

首先,不增加计算量的提升一般是指在训练模型时使用一些方法,使得模型能够在不增加复杂度的前提下,取得更好的准确率。在 YOLOv4 中主要采取的办法就是在数据增强(data augmentation)中采取一些新的处理方法。

数据增强的目的在于增加训练样本的多样性,从而使检测模型具有高的鲁棒性。有两种非常常见的数据增强方式:几何增强和色彩增强。

几何增强包括:对输入图像进行随机翻转(水平翻转或少量的垂直翻转)、随机裁剪、拉伸,以及一定角度的旋转。

色彩增强包括:增强对比度、增强亮度,以及做 HSV 空间增强。

在此基础上,对于单一图片,YOLOv4 创新性地使用了图像遮挡技术,其中包括:

(1) 随机擦除(random erase)和剪切(cutout):图 10-29 所示为用随机值或训练集的平均像素值替换图像的区域。

图 10-29 随机擦除和剪切效果示意图

(2) 网格掩膜(grid mask):如图 10-30 所示,将图像分割成 $S\times S$ 个图像小块,并以一定概率随机隐藏一些小块,从而让模型学习去寻找余下部分中的对象,这样可以不单独依赖某个特征进行识别。

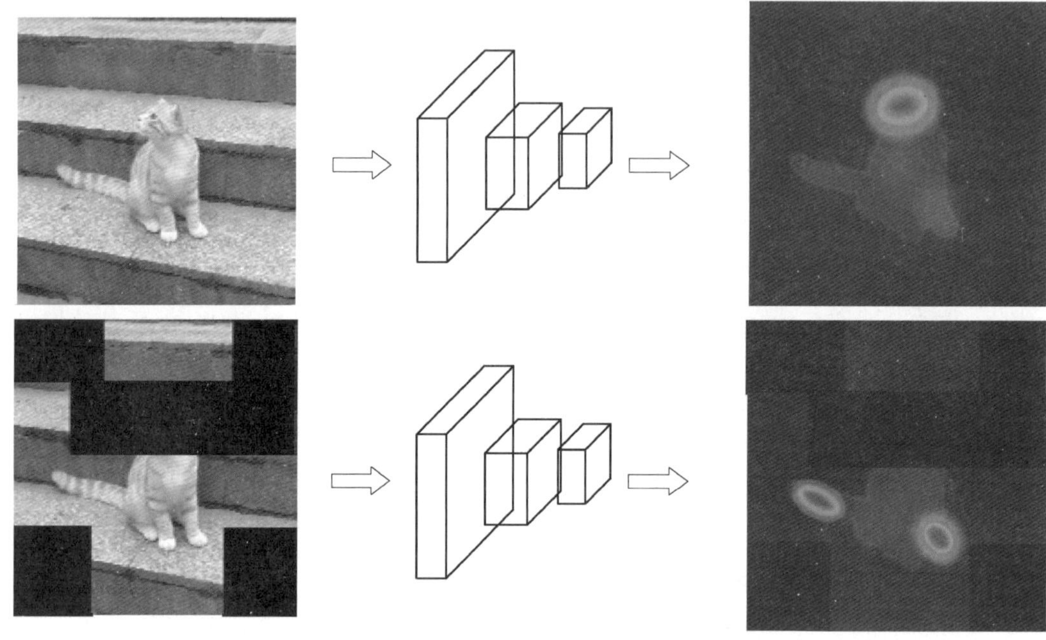

图 10-30　网格掩膜效果示意图

(3) 混合(mixup)：如图 10-31 所示，将两个图像以一定比例叠加，分类的结果按比例分配。标注方式如 $A\times 0.1+B\times 0.9=C$，那么 C 的标签就是 $[0.1A, 0.9B]$。

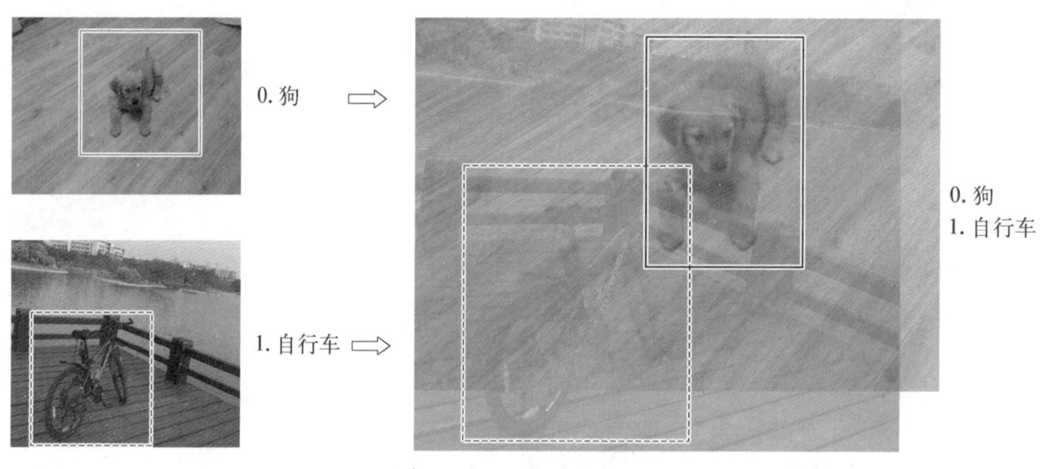

图 10-31　混合效果示意图

(4) CutMix 与 Mosaic 技术：对于多图组合，YOLOv4 混合使用了这两项技术，如图 10-32 所示。CutMix 是将某一个图像剪切一部分粘贴到增强图像中(可看作是将裁剪方法中的 0 元素换成训练集中其他数据的某个区域)，通过这种剪切方式，迫使模型学习后能根据更多的特征进行预测；CutMix 是对两张图像的组合，而 Mosaic 则是按一定比例将四张训练图像组合成一张图像，使模型学会在更小的范围内识别对象。

(a)

(b)

图 10-32 CutMix(a)和 Mosaic(b)效果示意图

除此之外，YOLOv4 还使用了一种名为自对抗训练(self-adversarial training, SAT)的方式来进行数据增强。自对抗训练，顾名思义，是在一定程度上用于抵御对抗攻击的数据增强技术。所谓“对抗攻击”，可以理解为对图片添加人眼无法分辨的噪声，从而导致机器的识别出现错误。SAT 分为两个阶段：第一阶段保持网络的权重不变，改变原始图像，以对网络自身进行对抗攻击，造成没有目标在图片中的假象；第二阶段在改变后的图片上训练，修正网络权重。

2) 少量增加计算量的提升

少量增加计算量的提升与不增加计算量的提升相比，会给模型增加一定的计算量，但是增量较少，同时又可以有效地增加 YOLOv4 模型的检测准确率。下面介绍少量增加计算量的提升针对网络架构中主干网络部分和中间部分的算法。

(1) 跨阶段局部网络。

YOLOv4 使用了 Darknet 作为模型的主干网络并增加了跨阶段局部网络(Cross Stage Partial Networks, CSPNet)模块，如图 10-33 所示，从而在输入图像中提取出丰富的信息特征。CSPNet 解决了之前的卷积神经网络框架主干网络在优化过程中难以解决的梯度信息重复问题。梯度信息重复问题指的是，稠密模块虽然可以通过不断融合上一层特征信息的方式改善网络性能，但是在反向传播过程中会出现重复计算浅层权重相同梯度信息的问题。CSPNet 通过分开整合稠密模块的梯度信息，以及单独处理未经过稠密模块的特征图的梯度信息，大幅减少了重复的梯度信息。CSPNet 将梯度变化从头到尾都集成到特征图中，因此减少了模型的参数量和计算量，在保证推理(inference，模型训练好后用测试集测试，不再修改权重)速度和准确率的同时，又对模型进行了轻量化处理，减小了模型的尺寸。

如图 10－33 所示，CSPNet 受到了残差网络（ResNet）和稠密网络（DenseNet，与全连接思路相似）的启发，其主要原理是将上一层的特征映射图进行复制，将副本发送到下一个阶段，从而将浅层的特征映射图分离出来，并与经过卷积层得到的下一层特征图进行融合，使得后面的卷积层的输入可以获得前面所有层的输出。这样可以有效缓解梯度消失问题，减少特征在传播中的信息损失，更有效地利用特征，同时减少网络参数的数量。

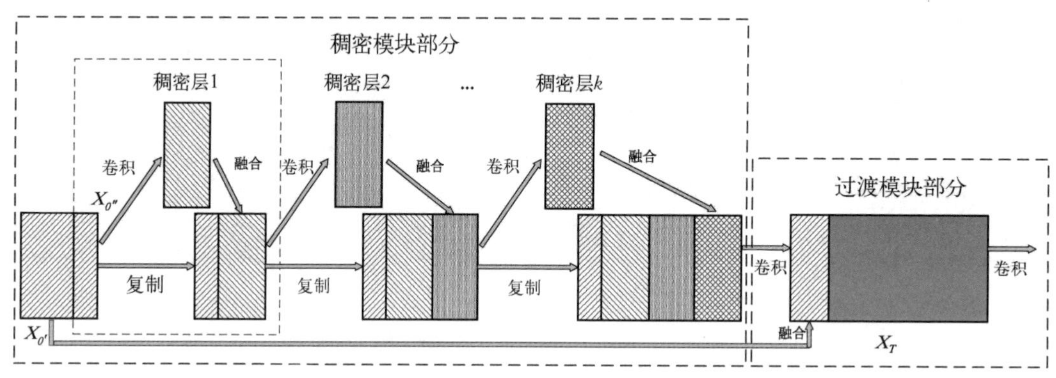

图 10－33　CSPNet 结构示意图

（2）路径集合网络。

中间部分主要用于生成 FPN。之前介绍的 FPN 网络，一直是特征聚合层的首选网络。考虑到要在 FPN 的基础上进行优化，YOLOv4 通过研究并尝试使用路径集合网络（Path Aggregation Network，PANet），发现 PANet 是最适合 YOLO 的特征融合网络，因此 YOLOv4 使用 PANet 作为中间部分的特征聚合网络。

PANet 网络主要用于实例分割（instance segmentation），其诞生是受到 FPN 和基于 Faster R－CNN 网络的实例分割网络（Mask R－CNN）两个网络的启发。FPN 网络已在前文有所介绍，而实例分割与 Mask R－CNN 将在下一章介绍。

如图 10－34 所示，PANet 是在 Mask R－CNN 和 FPN 网络的框架上，加强了特征融合与传导，引入了几个新的模块，如自底向上增强（bottom-up path augmentation）模块、适应性特征池化（adaptive feature pooling）模块、全连接融合（fully-connected fusion）模块。自底向上增强模块与前面 FPN 网络的操作类似，是将 FPN 输出的特征图 P_i 进行一次尺寸变换后，再与上一层的特征图 P_{i+1} 叠加得到 N_i，实际上，YOLOv4 的中间部分借鉴了这个模块。由于 PANet 网络主要用于实例分割，因此后两个改进模块涉及下一章图像分割网络的相关知识，在此不再赘述。

以上便是 YOLOv4 相较于 YOLOv3 的几个主要改进之处。最终，得到 YOLOv4 的整体网络结构图，如图 10－35 所示。

YOLOv4 整体结构中的重要模块前面已做简要介绍，而图中还有一个未介绍过的 Mish 激活函数，加上 YOLOv3 中使用过的 Leaky ReLU 激活函数，下面对这两者进行介绍。

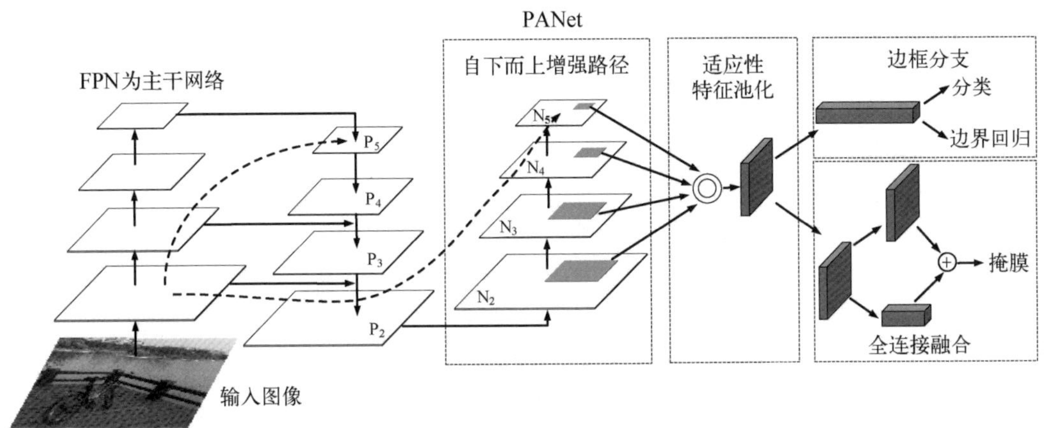

图 10-34 PANet 结构示意图

FPN,特征金字塔;PANet,路径集合网络。

3) YOLO 所使用的激活函数

此前,ReLU 激活函数的提出,是为了解决当时常用的 Sigmoid 激活函数所出现的梯度消失问题。ReLU 的梯度只可以取两个值:0 或 1。当输入小于 0 时,梯度为 0;当输入大于 0 时,梯度为 1。这样的好处在于 ReLU 的梯度连乘不会收敛到 0,连乘的结果也只有可能是 0 或 1。当 ReLU 的函数值为 1 时,梯度值保持不变,进行前向传播;当值为 0 时,梯度从该位置停止前向传播。

Sigmoid 函数是双侧饱和的,即函数在正、负两个方向的函数值都存在饱和的情况;但 ReLU 函数是单侧饱和的,意思是函数只存在负方向饱和的可能性。并且,将负方向的 ReLU 函数值为 0 称为饱和是不正确的,饱和是指取值趋近于 0,但其效果与饱和一样。单侧饱和还能使得神经元对于噪声干扰更具鲁棒性。

ReLU 激活函数也存在缺点。激活函数的输入值有一项偏置项(bias),假设偏置在设置时过小,导致输入激活函数的值总为负,那么反向传播过程经过该处的梯度恒为 0,对应的权重和偏置参数便无法在此得到更新。如果对于所有的样本输入,该激活函数的输入都是负的,那么该神经元再也无法学习,这种情况被称为神经元“死亡”问题。

为了解决这一问题,首先被提出的是 Leaky ReLU 激活函数。

(1) Leaky ReLU。

Leaky ReLU 的提出就是为了解决神经元“死亡”问题。Leaky ReLU 与 ReLU 很相似,仅在输入小于 0 的部分有差别,ReLU 函数在输入小于 0 的部分值为 0,而 Leaky ReLU 输入小于 0 的部分为具有微小梯度的负值。Leaky ReLU 的函数图像如图 10-36 所示。

在实际应用中,Leaky ReLU 的 α 取值一般为 0.01。使用 Leaky ReLU 的好处就是:在反向传播过程中,对于 Leaky ReLU 激活函数输入小于 0 的部分,也可以计算得到梯度(而不是像 ReLU 一样值为 0),这样便在一定程度上解决了神经元“死亡”的问题。

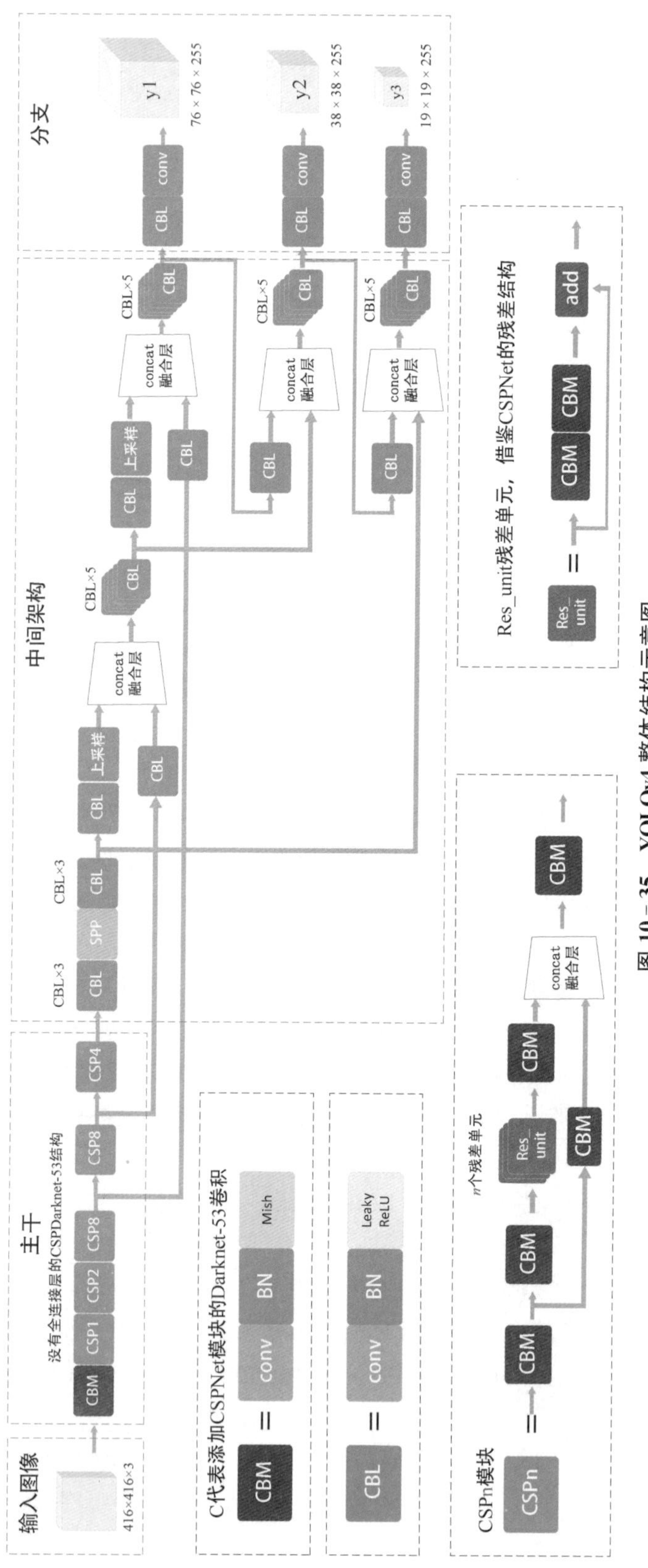

图 10－35　YOLOv4 整体结构示意图

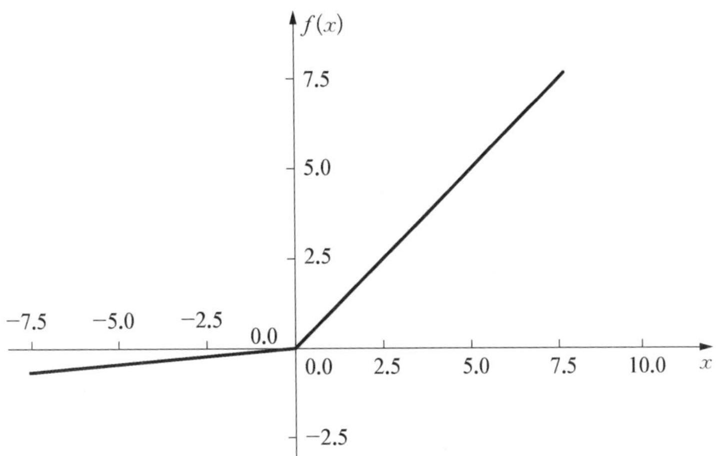

图 10-36 Leaky ReLU 函数图像

（2）Mish。

Mish 函数也可以解决神经元“死亡”问题，并且在最终准确度上比 ReLU 提高了 1.671%的 mAP。Mish 已经在多项任务上进行了测试，包括图像分类、分割和生成，并与其他激活函数进行了比较，有相对较好的效果。

Mish 是一个光滑非单调的激活函数，定义为

$$f(s) = x \cdot \tanh(\zeta(x)) \tag{10-30}$$

$$\zeta(x) = \ln 1 + e^{x} \tag{10-31}$$

Mish 和 Leaky ReLU 相比，Mish 的梯度更平滑。Mish 函数的图像如图 10-37 所示：

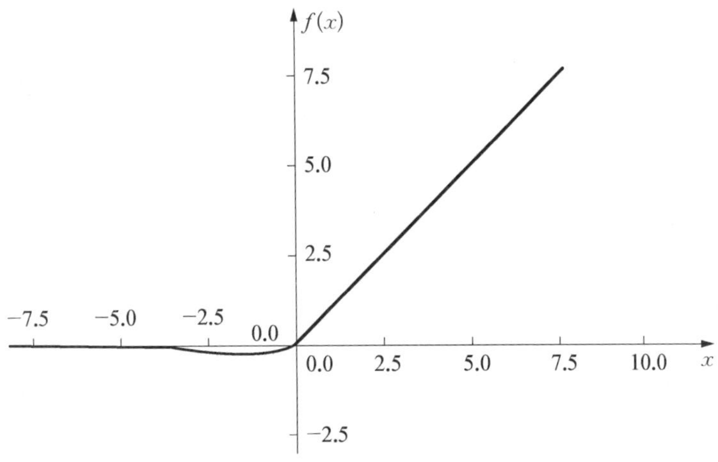

图 10-37 Mish 函数图像

10.3.2.5 YOLOv5 简述

在 2020 年 4 月 YOLOv4 发布之后，同年 6 月 Ultralytics 公司就在 GitHub 上发布了 YOLOv5 的第一版开源实现，标志着 YOLOv5 的到来。遗憾的是，该公司在开源

YOLOv5 代码时，并未发布经过同行评议的论文。

YOLOv5 与 YOLOv4 不仅在性能上十分接近，在整体结构上也十分相似。例如，它们都使用 CSPDarknet 作为网络的主干网络（backbone），都使用 PANet 作为中间（neck）部分来聚合特征，并且都使用与 YOLOv3 相同的检测分支（head）。除此之外，它们也都使用了 Mosaic 等数据增强方法，提升了小物体的检测性能。所以，在此只是简要介绍 YOLOv5 与 YOLOv4 的显著差异。

1）激活函数

在 YOLOv5 中，中间层使用了 Leaky ReLU 激活函数，最后的检测层使用了 Sigmoid 激活函数。而 YOLOv4 使用 Mish 激活函数。

2）Focus 网络结构

Focus 是在图片输入到主干网络前，对图片进行的切片操作。简单来说，Focus 就是把高分辨率的图片拆分成多个低分辨率的图片，聚焦维度信息到通道空间，提高每个点的感受野，以减少下采样的信息损失，同时减少模型的计算量，加快模型的速度。

具体操作如图 10－38 所示，在输入的图片中，每隔一个像素获得一个值，最终可以获得四个独立的特征层，然后将四个独立的特征层进行堆叠，此时宽高信息就集中到了通道信息，输入通道扩充了四倍。拼接起来的特征层相对于原先的 3 通道变成了 12 通道（即 4×4×3 的图像切片后变成 2×2×12 的特征图）。

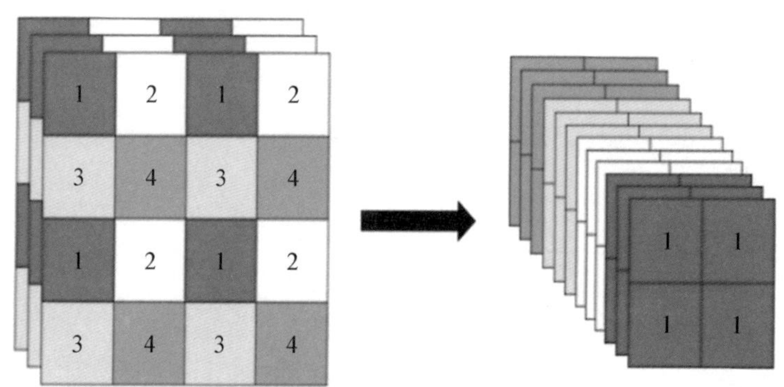

图 10－38　Focus 举例

10.3.2.6　YOLOX 简述

YOLOX 是旷视科技于 2021 年 7 月发布的最新一代 YOLO 系列目标检测器。当时，YOLOv5 在 COCO 数据集上以 48.2% AP、73.0 帧/秒的速度保持最佳的性能，而 YOLOX 在 COCO 上以 68.9 帧/秒的速度在 Tesla V100 上实现了 50.0% AP，与 YOLOv5 相比超越了 1.8% AP。

和之前版本的 YOLO 相比，YOLOX 的改进主要体现在三个方面：解耦检测头（decoupled head）、无先验框（anchor-free）和动态匹配正样本（SimOTA）。

1）解耦检测头

YOLOv3 到 YOLOv5 系列网络将分类和回归在一个耦合检测头（coupled head）里实

现,会损害模型性能。YOLOX 使用解耦检测头,将分类和回归分成两个分支,使模型收敛更快,检测精度更高。

如图 10-39 所示,YOLOv3 到 YOLOv5 的耦合检测头通过一个 1×1 卷积层和一个 3×3 卷积层,得到大小为 $H\times W\times[\#anchor\times(C+4+1)]$ 的输出特征图。其中,$H\times W$ 代表特征图的长宽,$\#anchor$ 代表每个网格需要预测的预测框个数,C 代表总的类别数,4 代表 4 个回归参数(预测框的中心坐标偏移量和宽高),1 代表置信度(表示该网格内是否含有目标物体)。

YOLOX 的解耦检测头也是首先通过一个 1×1 卷积层,目的是减少通道维度,然后添加两个并行分支,分别用于分类和回归任务。分类分支通过两个 3×3 卷积层和一个 1×1 卷积层,得到大小为 $H\times W\times C$ 的输出特征图。回归分支在两个 3×3 卷积层之后,又添加了两个并行分支,分别用于预测 4 个回归参数和置信度,这两个并行分支最后各自通过一个 1×1 卷积层,分别输出大小为 $H\times W\times 4$ 和 $H\times W\times 1$ 的特征图。

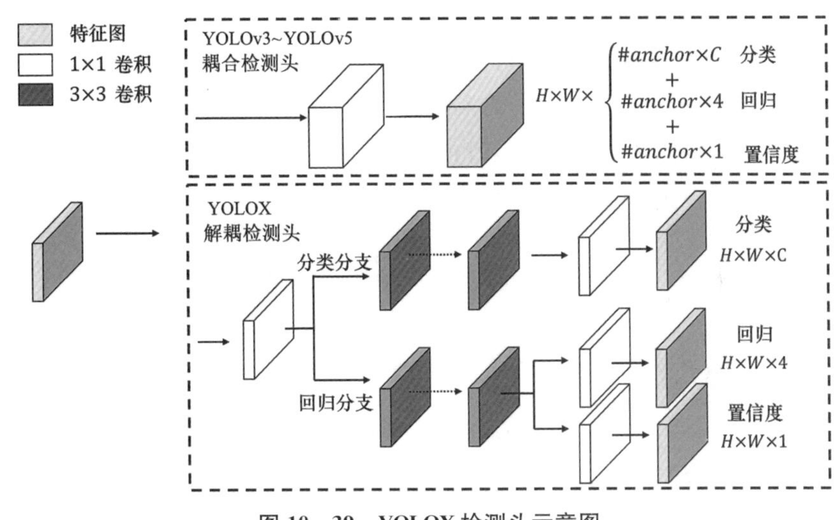

图 10-39　YOLOX 检测头示意图

2) 无先验框

YOLOv4 和 YOLOv5 都遵循 YOLOv3 的基于先验框(anchor-based)的架构。然而,基于先验框机制有许多已知的问题。首先,为了达到最优的检测性能,需要在训练前进行聚类分析,确定一组尺寸最优的先验框。这些聚集的先验框是特定于某个数据集的,可能无法适应所有的情况。其次,基于先验框机制增加了检测头的复杂性,以及每个图像的预测数量。在某些设备之间移动如此大量的预测可能会成为整体延迟方面的潜在瓶颈。

最近的一些工作表明,无先验框检测器的性能可以与基于先验框检测器相当,并且无先验框机制显著减少了设计参数的数量,这使得检测器,尤其在其训练和解码阶段变得相当简单。

YOLOX 使用无先验框机制,不再设定先验框,将每个特征点的预测框从 3 个减少到 1 个,即让每个特征点直接预测 4 个回归参数:预测框的中心点相较于网格左上角的两个偏移量,以及预测框的高度和宽度。

3) SimOTA

传统的正样本分配方案常常为同一场景下的大目标和小目标分配同样的正样本数，但是这样就会造成要么小目标有很多低质量的正样本，要么大目标仅仅只有一两个正样本。为了解决这个问题，在 SimOTA 中，对不同的真值框设定不同的正样本数量。

SimOTA 首先计算成对匹配度，由每个预测-真值对的代价(cost)表示。真值框 (g_i) 和预测框 (p_j) 的代价 (c_{ij}) 可以由下式计算：

$$c_{ij} = L_{ij}^{\mathrm{cls}} + \lambda L_{ij}^{\mathrm{reg}} \tag{10-32}$$

其中，λ 是平衡系数，L_{ij}^{cls} 是分类损失，L_{ij}^{reg} 是回归损失。

对于真值框，选择在固定的中心区域内代价最低的 k 个预测框作为其正样本。最后，这些正的预测框对应的网格被指定为正的，而其余的网格是负的。其中，k 是这样确定的：计算每个真值框和预测框的重合程度(IoU)，将重合度最高的十个 IoU 求和并向下取整得到 k (k 最小为 1)。

SimOTA 不仅减少了训练时间，而且提升了检测精度。在 YOLOX 中，SimOTA 将检测器从 45.0% AP 提升到 47.3% AP，体现了高级分配策略的优势。

在第 10 章介绍用于特征提取的分类网络之后，人们开始将目光放在使用深度神经网络完成更加复杂的目标检测任务。而经过各种神经网络的尝试与发展，目前使用较多的两个主流方式为单阶段和双阶段的目标检测网络。如本章所讲，基于区域生成的 R-CNN 系列深度神经网络算法(如 R-CNN、Fast R-CNN、Faster R-CNN 等)是双阶段的，需要先确定目标候选框，再对候选框做分类与回归；而单阶段网络则以 SSD 和 YOLO 系列网络为代表，仅仅在一个主干神经网络的基础上，对不同目标的类别与位置同时进行预测。要想更好体会目标检测网络的原理与思路，需要将本章所介绍的主要内容牢牢掌握。

习题

1. 对图像进行目标检测的深度神经网络算法和传统的目标检测算法有没有共通之处？
2. 请整理并简述 R-CNN 系列网络对图像中的目标进行检测的主要步骤。
3. R-CNN 系列网络是如何从 R-CNN 发展到 Fast R-CNN，最后再到 Faster R-CNN 的，请总结其主要改进思想与对应改进点。
4. 单阶段目标检测网络和二阶段目标检测网络两者有何异同之处？在完成什么要求的目标检测任务时，你会选择单阶段目标检测网络？
5. RPN 或 YOLO 在确定单个先验框的尺寸和比例时需要考虑哪些问题？为什么？
6. 空间金字塔池化(SPP)和特征金字塔(FPN)都叫金字塔，两者原理一样吗？如果不同的话，两者在各个角度上有何异同之处？
7. 尝试对照图 10-35 梳理 YOLOv4 网络的改进部分各在哪些位置，以及其主要改进思路是什么。整理后尝试理解该网络的整体改进思路。

参考文献

[1] Wang C-Y, Liao H-Y M, Wu Y-H, et al. CSPNet: a new backbone that can enhance learning capability of CNN [C]// 2020 IEEE/CVF Conference on Computer Vision and Pattern Recognition Workshops (CVPRW), 2020.

[2] Liu S, Qi L, Qin H, et al. Path aggregation network for instance segmentation[C]//2018 IEEE/CVF Conference on Computer Vision and Pattern Recognition, 2018.

[3] Zhong Z, Zheng L, Kang G, et al. Random erasing data augmentation[J]. Proceedings of the AAAI Conference on Artificial Intelligence, 2020, 34(7): 13001 - 13008.

[4] Bochkovskiy A, Wang C-Y, Liao H-Y M. YOLOv4: optimal speed and accuracy of object detection[J]. arXiv, 2020: 2004.10934.

[5] Huang G, Liu Z, Maaten L V, et al. Densely connected convolutional networks [C]//2017 IEEE Conference on Computer Vision and Pattern Recognition, 2017.

[6] Redmon J, Divvala S, Girshick R, et al. You only look once: unified, real-time object detection[C]//2016 IEEE Conference on Computer Vision and Pattern Recognition, 2016.

[7] Liu W, Anguelov D, Erhan D, et al. SSD: single shot multibox detector[M]// Computer Vision-ECCV 2016. Berlin: Springer, 2016: 21 - 37.

[8] Choi J, Chun D, Kim H, et al. Gaussian YOLOv3: an accurate and fast object detector using localization uncertainty for autonomous driving[C]// 2019 IEEE/CVF International Conference on Computer Vision (ICCV), 2019.

[9] Ren S, He K, Girshick R, et al. Faster R-CNN: towards real-time object detection with region proposal networks[J]. IEEE Transactions on Pattern Analysis and Machine Intelligence, 2017, 39(6): 1137 - 1149.

[10] Girshick R. Fast R-CNN[C]//2015 IEEE International Conference on Computer Vision, 2015.

[11] Simonyan K, Zisserman A. Very deep convolutional networks for large-scale image recognition[J]. arXiv, 2014: 1409.1556.

[12] He K, Zhang X, Ren S, et al. Spatial pyramid pooling in deep convolutional networks for visual recognition[J]. IEEE Transactions on Pattern Analysis and Machine Intelligence, 2014, 37(9): 1904 - 1916.

[13] Girshick R, Donahue J, Darrell T, et al. Rich feature hierarchies for accurate object detection and semantic segmentation[C]//2014 IEEE Conference on Computer Vision and Pattern Recognition, 2014.

11 图像分割的深度网络

11.1 图像分割深度网络的发展

11.1.1 从传统图像分割到图像分割深度网络

随着传统图像分割算法在诸多领域的广泛应用以及图像处理理论研究的不断发展，人们发现目前已有的传统分割算法仍存在许多的不足，如前面章节中所讲到的阈值分割、分水岭算法等都或多或少存在着分割精度不高、应用对象受限和应用条件苛刻等缺点。并且，传统分割算法不能获取分割结果的具体类别信息。随着现代科技水平的进步，硬件设施的提升和深度网络算法的发展，都为研究人员解决以上问题提供了新的图像分割算法的思路。

2012 年，特征提取网络 AlexNet 的出现，极大地启发了图像分割领域的研究人员，该网络为研究用于图像分割的深度网络奠定了坚实的基础。人们开始考虑使用机器学习的方法获得图像的语义分割结果，此时的语义还仅仅是低级语义，主要是对分割出来的物体进行粗略的类别划分。

2014 年，全卷积网络(FCN)通过深度学习网络的方式实现了图像语义分割。此时的语义是指分割出来的物体类别，但是分割结果已经可以进行更精细的类别划分，如物体具体是猫还是狗等。传统的图像分割往往是根据图像的颜色、纹理等基础特征对图像的区域进行划分。而语义分割则是基于含有更复杂特征信息的语义单元(通过卷积层进行提取)，将诸如人、车、动物等的物体从背景中分割出来。

随着对深度网络研究的不断深入，对前景(人、车、动物等目标)的分割有了更高的要求，即区分同类目标的不同个体；同时，对背景也需要进行类别属性的区分，这就发展和形成了实例分割和全景分割方法。

11.1.2 图像分割网络总体思路

在第 10 章中介绍了用于特征提取的深度网络，如 GoogleNet、ResNet 等，主要以完成分类任务为主。因此，这些网络的结构需要在最后加上全连接层或 Softmax 层作为分类器,以便对输入图像的特征信息进行综合判断。特征提取网络最后的输出往往是一维向量,方便对提取到的特征进行分类,但最终的输出结果丢失了输入图像的空间信息。如果要对图像完成语义分割任务,还需要在输出图像上包含语义的空间信息。因此,GoogleNet、ResNet 等网络不能直接用于解决这类分割问题。

现有的通用图像分割体系结构,可以被看作是由两个部分所组成的网络。第一个部分的主要任务是进行特征提取,通常使用一个预先训练好的分类网络,如 VGGNet 和 ResNet,称为主干网络(backbone);第二个部分的任务则是建立在第一部分工作的基础上,进一步对图像进行不同程度的分割。

在最初阶段,研究人员先从语义分割入手,研究如何对图像中的物体类别进行分辨。与仅仅完成图像中物体的分类任务不同的是,语义分割网络除了需要在像素级别上进行类别属性区分以外,还需要一种机制,以便将主干网络在不同阶段学习到的图像特征,向更高分辨率的像素空间上投影,还原成原始图像的大小,更好地呈现图像分割效果。因此,如何将提取到的低分辨率的语义特征重新上采样回到原始分辨率的图像,便成了语义分割网络研究的核心步骤。

如果可以对图像进行语义分割,即分割出不同类别的物体,研究者便自然想到,可以更进一步将同一类别中的不同个体再进行分割,从而得到一个个不同的实例(同类物体的不同个体)。因此,实例分割的思路便是将目标检测和语义分割结合,利用目标检测算法检测到每一个单独的实例,利用语义分割来对每一个实例进行分割,从而将整个图像中的所有物体分割成一个个单独个体。

在研究和实践中逐渐发现,只将所有感兴趣的前景物体分割成一个个实例,还不是计算机视觉任务的最终目标。在实际应用中,更希望背景和前景都能按类别进行分割,于是便有了对图像进行全面分割的全景分割网络。全景分割,顾名思义,要求对整体图像中的所有背景、前景都进行细致分割,因此不仅需要对前景应用实例分割技术,还要对整体图像应用语义分割技术,这是目前图像分割算法中综合应用性最高的算法。

本章将先由语义分割算法切入,对图像分割算法中最重要的上采样思想进行讲解,随后在语义分割算法的基础上,介绍有更精细分割要求的实例分割算法和全景分割算法。

11.2 语义分割

11.2.1 基本概念

语义分割(semantic segmentation)是当今计算机视觉领域的关键问题之一。从宏观上看,语义分割是一项高层次的任务,为实现场景的完整理解铺平了道路。场景理解作为一个核心的计算机视觉问题,其重要性在于越来越多的应用都需要直接从图像中获取语义信息、理解场景构成,从而为下一步的决策与行为提供依据,如自动驾驶汽车、人机交互等应用。近年来随着深度网络的普及,许多语义分割问题正在采用深层次的结构来解决,最常见的是卷积神经网络，其在精度和效率上大大超过了其他方法。

语义分割通俗来讲属于对图像进行像素级别的分类，是一种将同类像素归为一类的分割方法。在近年的自动驾驶技术中，较多地应用到这项技术。举例来说，当车载摄像头观测到道路场景图像时，后台计算机便自动将图像进行分割与归类，从而以此为依据做出避让摄像头视野中的行人和车辆等障碍的决策。

在图像语义分割领域，困扰了计算机科学家很多年的一个问题是：如何才能将任务中感兴趣对象和不感兴趣对象分割成不同区域呢？例如，如图 11-1 所示，有一只小猫的图片，如何才能通过计算机对图像的识别，将小猫从图像的背景中分离出来呢？

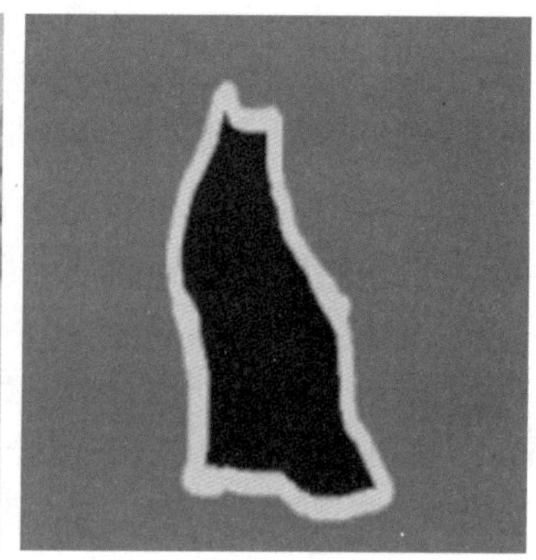

图 11-1　简单语义分割示意图

在 2015 年提出来的全卷积神经网络(fully convolutional networks, FCN)较为全面地解决了这个问题。在公开数据集 Pascal VOC 上，FCN 将识别平均准确度(mean IoU)由 40%的成绩大幅提升到了 62.2%，并且像素级别的识别精确度达到了 90.2%。计算机以如此强大的能力完成图像分割任务，已经超越了人类对于图像中感兴趣物体与背景进行分割的能力。该网络的性能无疑是十分优异的，其诞生也标志着图像分割网络开启了飞速发展的时代。如图 11-1 所示，右图被分割为了背景、小猫和边缘三个部分，因此最终图像中的每一个像素具有三个预测值，是否为小猫、背景或者边缘。全卷积网络完成的正是这种像素级别的分类任务。

11.2.2　从 CNN 到 FCN

在此前使用的图像识别算法中，主流的技术是卷积神经网络算法。卷积神经网络就是一种深度神经网络。在前面章节中所讲的用于特征提取的深度网络，都是以图 11-2 所示的 CNN 结构为主体进行改进的。

全卷积网络(FCN)作为当时最新的卷积网络概念首次被提出，其改进之处在于，用卷积层取代原本 CNN 中的全连接层，从而使得网络中各个层全部变为了卷积层。也就是说，将图 11-2 中的三个全连接层分别转化为三个与之对应的卷积层，使这三层也全部采用卷积计算。如图 11-3 所示，FCN 的整个模型中，全部都是卷积层，没有展开成一维向

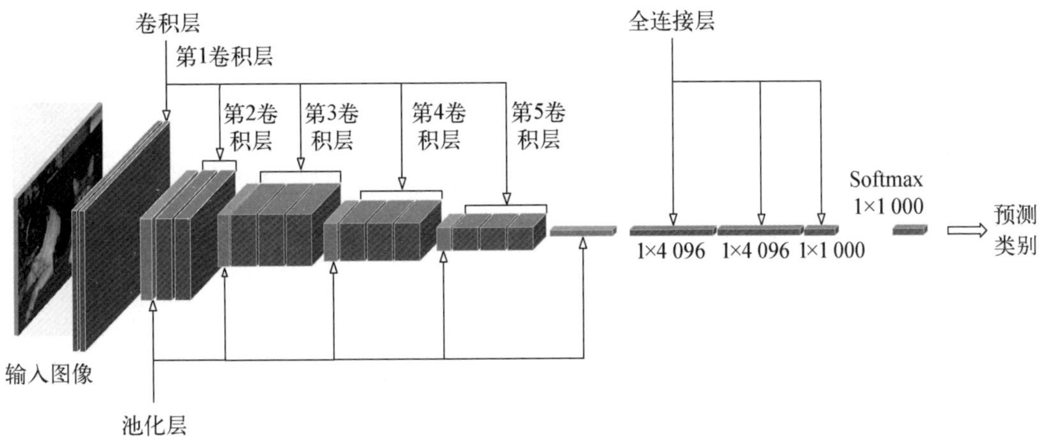

图 11-2　CNN 网络结构示意图

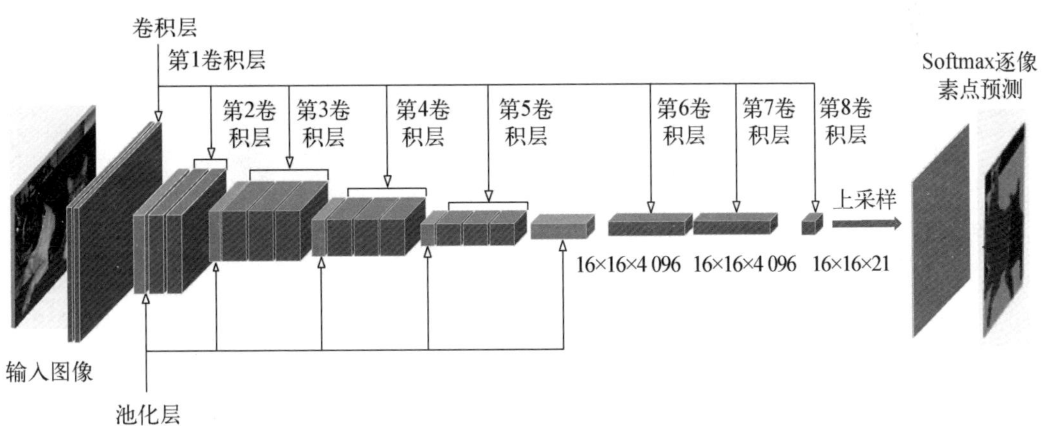

图 11-3　FCN 网络结构示意图

量,所以称为“全卷积”。下面将具体介绍这一改进过程。

全连接层和卷积层之间的不同在于:卷积层对输入图像的尺寸不做要求;而全连接层需要连接输入特征图的所有像素点,并输出成一个一维向量,因此全连接层需要原始输入图像的尺寸为固定的。由于全连接层实际可看作是使用尺寸与输入特征图尺寸相同的卷积核进行卷积,因此将两者相互转化是可能的。

任何全连接层都可以被转化为卷积层。假设一个卷积神经网络(以 AlexNet 为例)的输入是 224×224×3 的图像,网络通过一系列卷积池化操作将图像变为 7×7×512 的特征图。如图 11-4 上图所示,AlexNet 网络最后使用了两个输出尺寸为 1×4 096 的全连接层和一个输出尺寸为 1×1 000 的全连接层,得到一个长为 1 000 的输出向量,最后对该向量施加 Softmax 函数,得到输入图像属于每一类的概率(ImageNet 数据集中共有 1 000 个种类的图像),取最大概率的种类作为预测结果。第一个 4 096 维的全连接层可以被等效地看作是:7×7×512 的特征图通过有 4 096 个尺寸为 7×7 卷积核的卷积层。换句话说,将卷积核的尺寸设置为和输入特征图的尺寸一致,则输出将依旧是 1×4 096,这个结

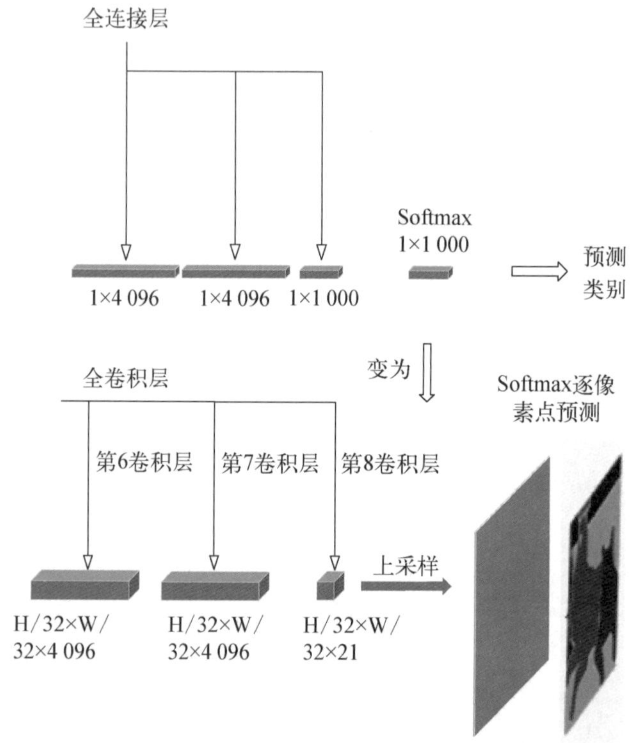

图 11-4　全连接层转变为卷积层

果和使用初始的那个全连接层一致。

如图 11-4 所示，FCN 就是使用这种方法将 AlexNet 网络的后三个全连接层转化为三个输出通道数分别为 4 096、4 096 和 21 的卷积层，并且此时输出特征图的尺寸变为原图的 1/32。之所以第 8 层从 1 000 缩减到 21，是因为 FCN 使用的识别库是 PASCAL VOC。如图 11-5 所示，在 PASCAL VOC 中有 20 种物体分类，另外加入一个背景类别，一共有 21 种分类。最后卷积层输出的通道数可以根据不同应用场景中的分割类别个数进行调整。

背景	飞机	自行车	鸟	船	瓶子	公共汽车
小轿车	猫	椅子	牛	餐桌	狗	马
摩托车	人	盆栽植物	羊	沙发	火车	电视

图 11-5　PASCAL VOC 中的 21 个种类

虽然每次这样的变换都需要把全连接层的权重转化成卷积层的卷积核，但这样的变换有两个好处，一是可以让卷积网络处理更大的输入图像，也就是对图像输入尺寸不再有限制；二是可以保留一定的空间信息，便于下一步的上采样处理。

11.2.3　CNN 与 FCN 的区别

FCN 与 CNN 的不同之处在于输出结果阶段：CNN 针对的是图像的分类问题，输出结果是一个概率值;FCN针对的是图像的分割问题,输出结果是与输入图像尺寸大小相同的二维矩阵。

具体来说,FCN采用转置卷积层对最后一个卷积层输出的特征图进行上采样,使它恢复到与输入图像相同的尺寸,从而可以对每个像素都产生一个所属类别预测,并同时保留了原始输入图像中的空间位置信息。最后在上采样的特征图上进行逐像素分类。在训练过程中,使用交叉熵损失函数,对每个像素都计算Softmax分类后的损失,并反向修正网络中的卷积核权重等参数。

总而言之,CNN的识别是图像级的识别,也就是得到图像中目标的类别结果;而FCN的识别是像素级的识别,对输入图像的每一个像素在输出上都有对应的判断标注,标明这个像素最可能属于的类别。

下面将首先介绍三种常见的图像上采样方法(即线性插值、反池化和转置卷积),这有利于我们理解FCN是如何将输出特征图恢复到与输入图像相同尺寸的。然后将具体介绍FCN网络工作的整个过程,主要包括三个方面:经过卷积和池化操作缩小尺寸后的特征图如何上采样还原成原图的尺寸,如何使用损失函数计算Softmax分类的损失,以及如何对模型性能进行合理的评价。

11.2.4 图像上采样方法

通常,卷积操作会让图像的尺寸越来越小,池化操作也是减小图像尺寸,省去无意义的信息。在CNN和FCN的网络模型中,每一个卷积层大都包含了卷积与池化的两步处理,这两步可以视为下采样操作。因此,这样的处理会使图像包含的像素信息变少,每一层的像素信息都会有所损失。在CNN中舍去无用的信息是有利于提高计算效率的,因为CNN只需要提取关键的特征信息,最终能够得到一个正确的分类结果即可。然而对于FCN来说,最后希望得到的是包含图像分割结果的图像,即像素级的结果,那么损失信息无疑对最终结果有较大影响,因此除了下采样操作以外,上采样操作在FCN中也是必不可少的。

图像的上采样操作正好和卷积的效果相反,上采样操作是通过反卷积或者转置卷积等方式(后面会介绍)将图像的尺寸变得越来越大。比如FCN中的上采样,最后会将特征图还原成和原图像同样大小的图像。

上采样有三种常见的方法:线性插值、反池化和转置卷积。

1) 线性插值

线性插值包括最近邻插值、双线性插值、三线性插值、双三次插值等方法,最常用的是双线性插值方法,下面对其进行具体介绍。

在介绍双线性插值之前,需要先了解最近邻插值。最近邻插值是最简单的一种插值方式,只需要通过映射,将原始图片中的像素值简单映射到放大后的图片上即可。简单来说,就是令变换后像素值等于距离它最近的输入像素值。下面举个简单的例子说明其变换过程。假设一个大小为2×2的图像,如图11-6(a)左图所示,需要采用最近邻插值法放大到 4×4，如图 11－6(a)右图所示。以图像左上角为坐标原点(0, 0)，“?”处的坐标为(3, 2)，根据最近邻插值法坐标变换计算公式如下：

$$src_x = dst_x / scale$$
$$src_y = dst_y / scale \tag{11-1}$$

其中 (src_x, src_y) 表示原始图像中的坐标，(dst_x, dst_y) 表示上采样图像中的坐标，$scale$ 表示上采样放大倍数。将 $scale = 2$，$dst_x = 3$，$dst_y = 2$ 代入上式，得到 $src_x = 3/2 = 1.5$，$src_y = 2/2 = 1$，所以上采样图像(3, 2)处的像素值应该为原始图像(1.5, 1)处的像素值，但是像素坐标没有小数，一般采用四舍五入取最邻，所以对应原图像(2, 1)处的像素值。最终得到的上采样结果如图 11－6(b)所示。

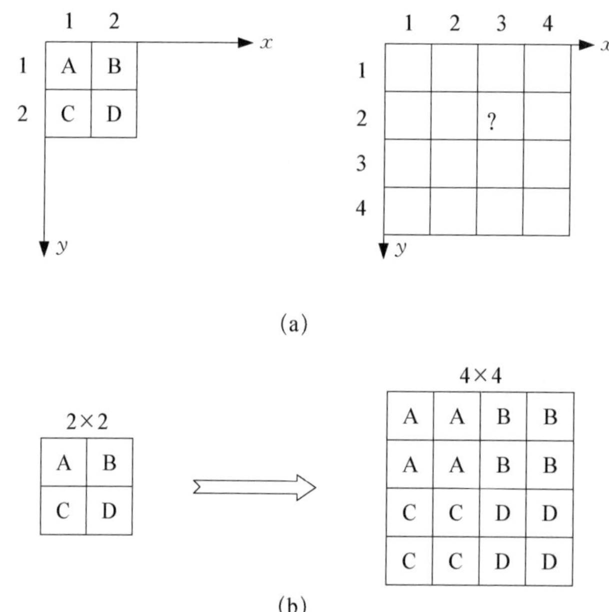

图 11－6 最近邻插值示意图

双线性插值法是使用最多的插值方法，它的运算速度和插值效果介于最近邻插值法和双三次插值法之间。在介绍双线性插值法之前，还要了解单次线性插值。

假设二维空间中有一条直线，已知其上有两个点 $a(x_1, f(x_1))$ 和 $b(x_2, f(x_2))$，需要通过 c 点的坐标 x 来表示其函数值 $f(x)$。因为直线上的函数值是线性变化的，所以只要通过计算 a、c 两点的斜率和 a、b 两点的斜率，令二者相等，就可以得到一个方程：

$$\frac{f(x_1) - f(x)}{x_1 - x} = \frac{f(x_1) - f(x_2)}{x_1 - x_2} \tag{11-2}$$

进一步化简得到

$$f(x) = \frac{x_2 - x}{x_2 - x_1} f(x_1) + \frac{x - x_1}{x_2 - x_1} f(x_2) \tag{11-3}$$

了解了单次线性插值后，下面具体说明双线性插值。如图 11 - 7 所示，在三维空间（x、y 为坐标，第三维为像素值）中，已知 P 点邻近的四个网格点 Q_{11}、Q_{12}、Q_{21} 和 Q_{22} 的坐标分别为 (x_1, y_1)、(x_1, y_2)、(x_2, y_1) 和 (x_2, y_2)，像素值分别为 $f(Q_{11})$、$f(Q_{12})$、$f(Q_{21})$ 和 $f(Q_{22})$。

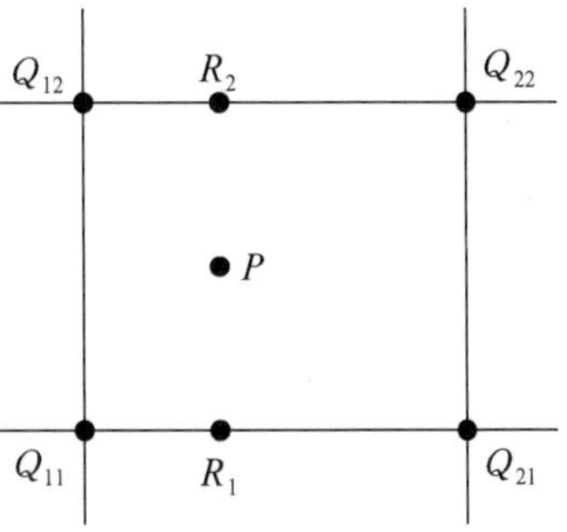

图 11 - 7　双线性插值示意图

假设在邻近范围内，点的像素值是呈线性变化的。我们的目标是计算出 P 点的坐标和像素值的关系。先在 x 方向上进行单次线性插值，计算出中间点 R_1、R_2 的像素值，然后再在 y 方向上进行单次线性插值，即可求出 P 的像素值，在此不做推导。

$$f(R_1)=\frac{x_2-x}{x_2-x_1}f(Q_{11})+\frac{x-x_1}{x_2-x_1}f(Q_{21})$$

$$f(R_2)=\frac{x_2-x}{x_2-x_1}f(Q_{12})+\frac{x-x_1}{x_2-x_1}f(Q_{22})$$

$$f(P)=\frac{y_2-y}{y_2-y_1}f(R_1)+\frac{y-y_1}{y_2-y_1}f(R_2) \tag{11-4}$$

在实际操作过程中，因为双线性插值只使用相邻的 4 个网格点（像素点），所以式(11 - 4) 的分母全部为 1。将式(11 - 4)整合，可以得到：

$$\begin{aligned} f(P)=&(x_2-x)(y_2-y)f(Q_{11})+(x-x_1)(y_2-y)f(Q_{21}) \\ &+(x_2-x)(y-y_1)f(Q_{12})+(x-x_1)(y-y_1)f(Q_{22}) \end{aligned} \tag{11-5}$$

P 点及其邻近的四个网格点都位于输入图像上，只需要使用最近邻插值中的映射公式(11 - 1)，将放大图像上的点与 P 点对应即可。与最近邻插值法不同的是，双线性插值法并没有将映射点的像素值作为放大图像的像素值，而是将映射点周围的四个点的像素值加权作为放大图像的像素值。假设放大图像的目标像素在源图像中的位置 $(src_x, src_y)=(1.2, 3.4)$，这个位置是虚拟存在的，只要找到与它邻近的四个实际存在的像素点 (1, 3)、(1, 4)、(2, 3) 和 (2,4)，再通过式(11 - 5)，即可计算出目标像素的像素值。

2）反池化

图 11 - 8 展示了反池化的两种方式，即反最大池化和反平均池化。需要注意的是，反最大池化需要记录池化时最大值的位置，其余位置补 0。而反平均池化不需要此过程，只需填充平均值即可。

3）转置卷积

普通卷积如图 11 - 9(a)所示，但在实际计算中，并不是通过卷积核在输入图像上进行滑动计算，效率太低，而是将卷积核转换为等效矩阵，将输入图像转化为向量，通过输入向

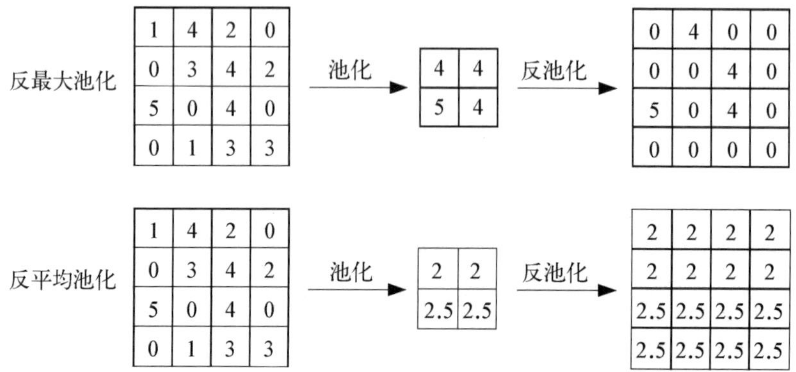

图 11-8　反池化的两种方式

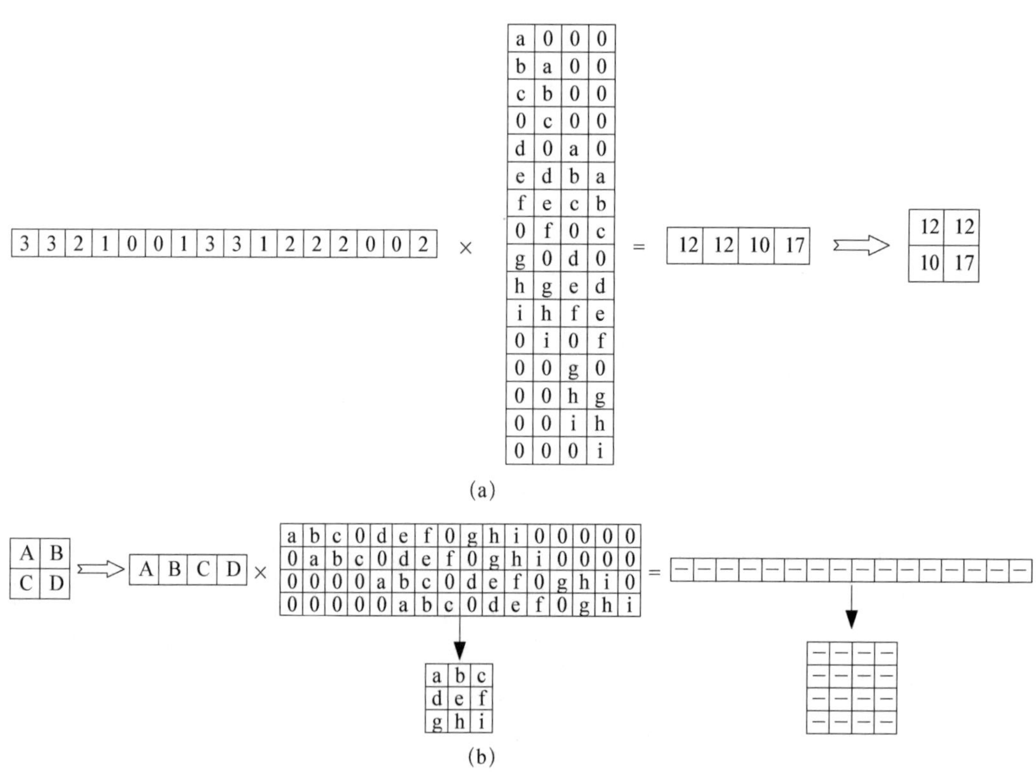

图 11-9　将普通卷积转化为向量和矩阵的乘法

量和卷积核矩阵相乘获得输出向量。输出的向量经过整形便可得到二维输出特征。

如图 11-9(b)所示，一个 1×16 的行向量乘以一个 16×4 的矩阵，可以得到一个 1×4 的行向量。那么反过来一个 1×4 的向量乘以一个 4×16 的矩阵，也可以得到一个 1×16 的行向量，这就是转置卷积的思想。下面做一个转置卷积的简单数学推演。

设输入图像的边长为 i，输出图像的边长为 o，卷积核尺寸为 k，填充数为 p，步长为 s。

首先，再次回顾一下正向卷积是如何实现的。

假设输入图像的尺寸为 4×4，即 $i=4$，卷积核的尺寸为 3×3，即 $k=3$，那么当步长为 1，填充数为 0 时，即 $i=4$，$k=3$，$s=1$，$p=0$ 时，按照卷积尺寸计算公式，输出尺寸

$$o=\frac{i+2p-k}{s}+1=2 \tag{11-6}$$

所以输出图像的尺寸为 2×2。

而转置卷积尺寸的计算公式只需要在卷积公式的基础上，将 i 和 o 交换即可，即

$$o=s'(i-1)-2p'+k \tag{11-7}$$

在进行转置卷积操作之前，首先需要确定的就是转置卷积过程中的各个参数（k、s'、p' 等），而这些参数之间的关系则可以通过式(11-7)得到。需要说明的是，此处设定的步长并非接下来进行卷积的步长，而是填充的步长，对填充后的特征图进行卷积的步长则另做规定，一般为 1。此处的填充数为假设正向卷积中的填充数，式(11-7)是由正向卷积参数计算公式倒推所得，因此对转置卷积过程没有帮助。所以为了以示区分，设此处的填充步长为 s'，填充数为 p'。只需根据此公式确定卷积核尺寸 k 和填充步长 s' 即可。

FCN 网络中所使用的转置卷积方式较为简单且通俗易懂，下面介绍一下其计算流程。

先举一个简单的例子，假设需要对一个尺寸为 2×2 的特征图进行转置卷积，并期望将其还原成一个尺寸为 4×4 的特征图。将输入输出尺寸 (i, o) 代入式(11-7)，便可得到正向卷积过程中的三个参数关系：

$$4=s'-2p'+k \tag{11-8}$$

FCN 网络会根据得到的参数关系，并经过一定的训练后，预先设定好转置卷积过程中的卷积核尺寸和填充步长。比如这里设定卷积核尺寸 $k=3$，填充步长 $s'=1$，则可推出 $p'=0$。

设定好参数 $k=3$，$s'=1$，$s=1$，则此处的转置卷积可视为，对需转置卷积的特征图填充并进行一个正向卷积即可。那么，根据正向卷积参数计算公式 $4=\frac{2+2p-3}{1}+1$，得到转置卷积所需 $p=2$。于是将原始尺寸为 2×2 的图进行 $p=2$ 的周围填充操作。然后用一个尺寸为 3×3，步长为 1 的卷积核对填充后的特征图进行卷积，即可得到一个尺寸为 4×4 的特征图，如图 11-10 所示。

如果需要上采样为更大尺寸的特征图，则需将填充步长增加为 $s'=2$，并对输入特征图进行一个类似反最大池化的处理。如图 11-11，如果需要还原成尺寸为 5×5 的特征图，则需在这个 2×2 的特征图中每一个像素点隔开 n 个空格，空格填充为 0。这里体现出填充步长的作用，n 的值是由设定的填充步长决定的，关系为 $n=s'-1$。此时输入特征图尺寸应算上像素间的填充，变为 $i'=(i-1)\times(n+1)+$

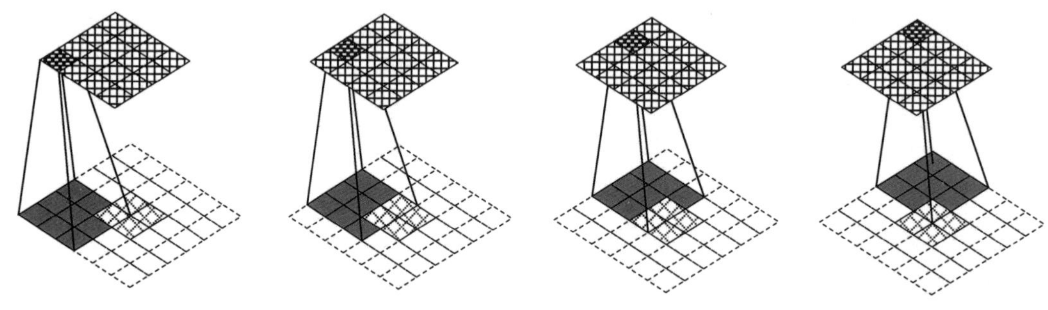

图 11-10　转置卷积示意图

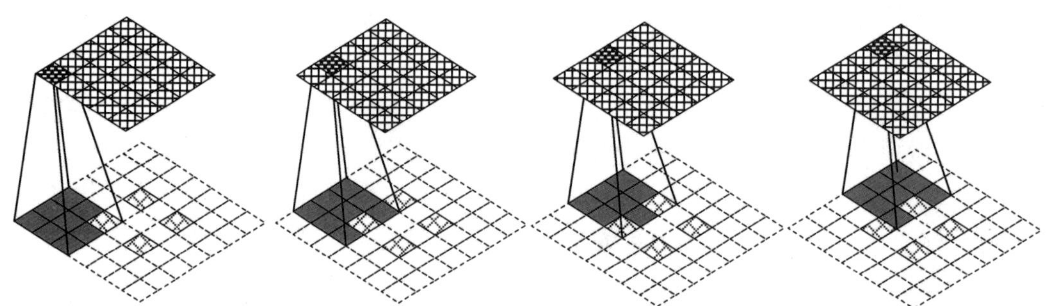

图 11-11　转置卷积成更大尺寸特征图

$1=s'(i-1)+1$。

根据正向卷积参数计算公式，此时输入特征图尺寸应算上像素间的填充，即 $i'=3$。

$$5=\frac{3+2p-3}{1}+1 \tag{11-9}$$

得到转置卷积所需的 $p=2$。于是对处理过的输入特征图进行填充与卷积，即可得到一个尺寸为 5×5 的特征图。

下面以具体数据举例，假设输入图像为：

$$\text{input}=\begin{bmatrix}1 & 2 & 3\\4 & 5 & 6\\7 & 8 & 9\end{bmatrix} \tag{11-10}$$

卷积核为：

$$\text{kernel}=\begin{bmatrix}1 & 0 & 0\\0 & 1 & 0\\0 & 0 & 1\end{bmatrix} \tag{11-11}$$

需要的输出尺寸为 5×5，填充步长 $s'=2$，则先在输入图像元素之间填 $1(s'-1=1)$ 个 0：

$$\text{input}_{\text{pad}} = \begin{bmatrix} 1 & 0 & 2 & 0 & 3 \\ 0 & 0 & 0 & 0 & 0 \\ 4 & 0 & 5 & 0 & 6 \\ 0 & 0 & 0 & 0 & 0 \\ 7 & 0 & 8 & 0 & 9 \end{bmatrix} \tag{11-12}$$

根据正向卷积输出尺寸公式：

$$\frac{i'-k+2p}{s}+1=\frac{5-3+2p}{1}+1=5 \tag{11-13}$$

求得 $p=1$。于是，使用卷积核以参数 $k=3$、$s=1$、$p=1$ 对像素间填充后的输入 $\text{input}_{\text{pad}}$ 进行卷积，得到结果：

$$\text{output} = \begin{bmatrix} 1 & 0 & 2 & 0 & 3 \\ 0 & 6 & 0 & 8 & 0 \\ 4 & 0 & 5 & 0 & 6 \\ 0 & 11 & 0 & 14 & 0 \\ 7 & 0 & 8 & 0 & 9 \end{bmatrix} \tag{11-14}$$

输出结果尺寸为 5×5。

由此过程也可以看出，转置卷积的操作只能恢复原图像的尺寸，并不能、也不必准确恢复原图像的每个像素值。

最后，将上述转置卷积方式应用在 FCN 网络中，并以 8 倍上采样为例。对于转置卷积操作而言，输入的每张特征图的尺寸是 28×28(尺寸为原图的 1/8)，期望可以将其恢复成原始图像的尺寸 224×224。

按转置卷积步骤进行，首先将输入输出尺寸代入转置卷积参数计算公式：

$$o=s'(i-1)-2p'+k \tag{11-15}$$

根据 $i=28$ 和 $o=224$，得到 s'、k 和 p' 的关系为：

$$27s'+k-2p'=224 \tag{11-16}$$

最终，经过训练找出最合适的一组数据，并将其设定为固定参数：

$$s'=8,\ k=16,\ p'=4 \tag{11-17}$$

由 $s'=8$ 可以得到像素间需填充 $n=7$ 个像素，因此 $i'=8\times 27+1=217$。

根据正向卷积参数计算公式：

$$224=\frac{217+2p-16}{1}+1 \tag{11-18}$$

得到 $p=11$，于是使用卷积核并以参数 $k=16$、$s=1$、$p=11$ 对像素间填充后的输入特征图进行卷积，即可还原成尺寸为 224×224 的原始大小。

11.2.5 FCN 上采样

FCN 网络输出的结果要保留空间信息，因此需要将提取到特征信息的输出结果上采样恢复到原图的尺寸。转置卷积处理技术能够对任一卷积层输出的特征图做上采样得到与原图像尺寸相同的图像。比如实验中可以直接将经过池化层 5 池化和卷积层 6、7、8 卷积以后所得到的特征图，进行上采样放大 32 倍作为分割结果，也就是最简单的FCN-32s，如图 11-12 所示。

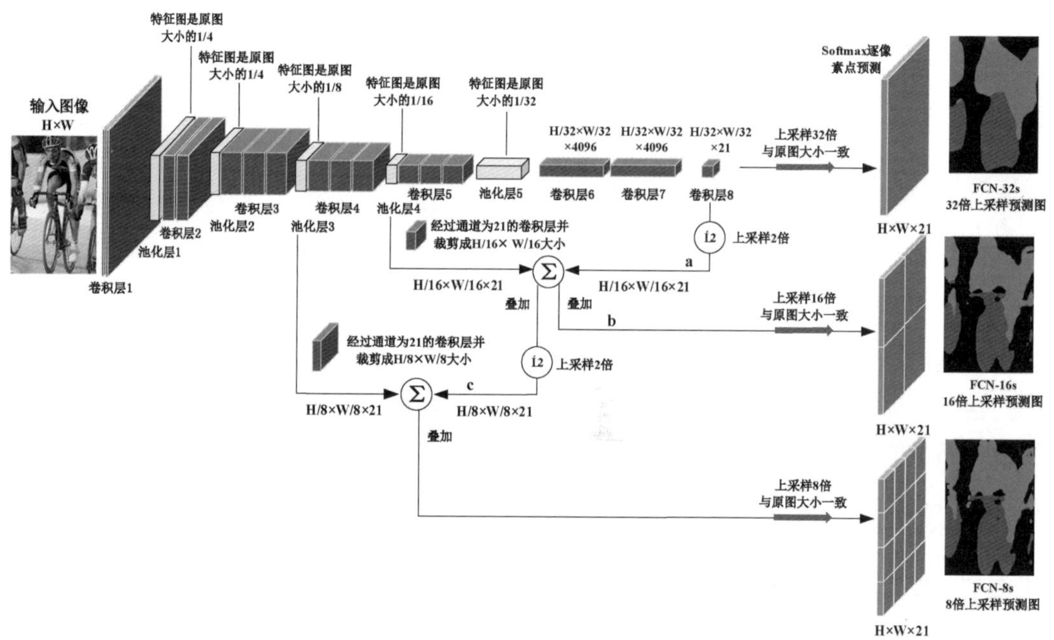

图 11-12 FCN 网络上采样详细示意图

通过观察结果可以看出，直接使用上采样 32 倍还原出来的结果 FCN-32s，在边缘的分割上虽然具有一定的语义表达，但细节部分十分粗糙，无法看出物体的形状。造成这样结果的原因是：较浅的卷积层的感受野比较小，学习感知细节部分的能力强；而较深的隐藏层的感受野相对较大，适合学习较为整体的、相对更宏观一些的特征。所以直接在较深的卷积层上进行转置卷积还原，会丢失很多细节特征。因此在实行转置卷积步骤时，FCN 网络考虑采用一部分较浅层的转置卷积信息辅助叠加，更好地优化分割结果的精度。

辅助叠加的具体步骤如图 11-12 所示。

先将经过最后的卷积层 8 的、尺寸已缩小为原图 1/32 的特征图进行 2 倍的上采样，恢复为原图尺寸大小的 1/16，作为中间量 a；然后将经过池化层 4 的、尺寸已缩小为原图

1/16 的特征图，经过通道为 21 的卷积层，保留尺寸，与中间量 a 进行逐像素点叠加，得到中间结果 b。再将得到的结果 b 进行 16 倍上采样，最后再经过 Softmax 函数激活，得到最终预测结果 FCN-16s。

将中间结果 b 进行 2 倍的上采样，恢复为原图尺寸大小的 1/8，作为中间量 c；然后将经过池化层 3 的、尺寸已缩小为原图 1/8 的特征图，经过通道为 21 的卷积层，保留尺寸，与中间量 c 进行逐像素点叠加。再将得到的结果进行 8 倍上采样，最后再经过 Softmax 函数激活，得到最终预测结果 FCN-8s。

如图 11-13 所示，通过对比最后的结果发现，FCN-8s 明显有着更加优异的表现，不仅整体轮廓较为清晰，甚至可以体现一些 FCN-32s 明显没有的细节(如车把等)。这些细节都是由浅层卷积层得到的。该结果表明对多层特征图进行不同程度的上采样，并进行融合，有利于提高分割的准确性。因此，虽然实验时对三种上采样方式均进行了尝试，但最终经过对比后，采用 FCN-8s 作为预测结果。

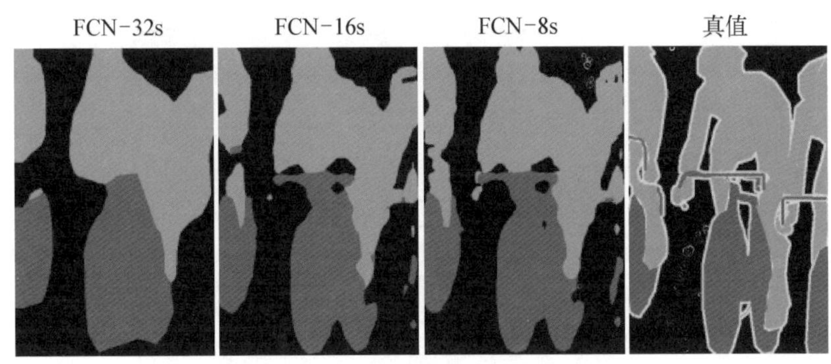

图 11-13 三种结果与真值对比图

11.2.6 损失函数

如图 11-14 所示，FCN 网络最终得到的 FCN-8s，是已经通过 Softmax 函数得到 21 通道的特征图，并具有对各像素点的预测值。将 FCN-8s 与做好标签的 21 张图进行对比，这 21 张图按顺序对应 20 个类别和背景，以 21 张标签图中的每一个像素点作为交叉熵函数中的标签值，以 FCN-8s 的每个像素点作为预测值，对每一个像素点的 21 个通道对应计算交叉熵损失函数，并将结果累加起来。

总体来讲，FCN 网络的训练损失为 FCN-8s 中每个通道每个像素的交叉熵损失之和。若一批训练样本有多个，则将所有样本的交叉熵损失进行累加，再除以样本的个数。

交叉熵损失函数具体有如下优点：

交叉熵能够衡量同一个随机变量中不同概率分布的差异程度，在机器学习中就表示为真实概率分布与预测概率分布之间的差异。交叉熵的值越小，模型预测的效果就越好。

交叉熵在分类问题中常常与 Softmax 搭配，Softmax 将输出的结果进行处理，使其多个分类预测值的和为 1，再通过交叉熵来计算损失。因此，在 FCN 网络中，交叉熵损失函

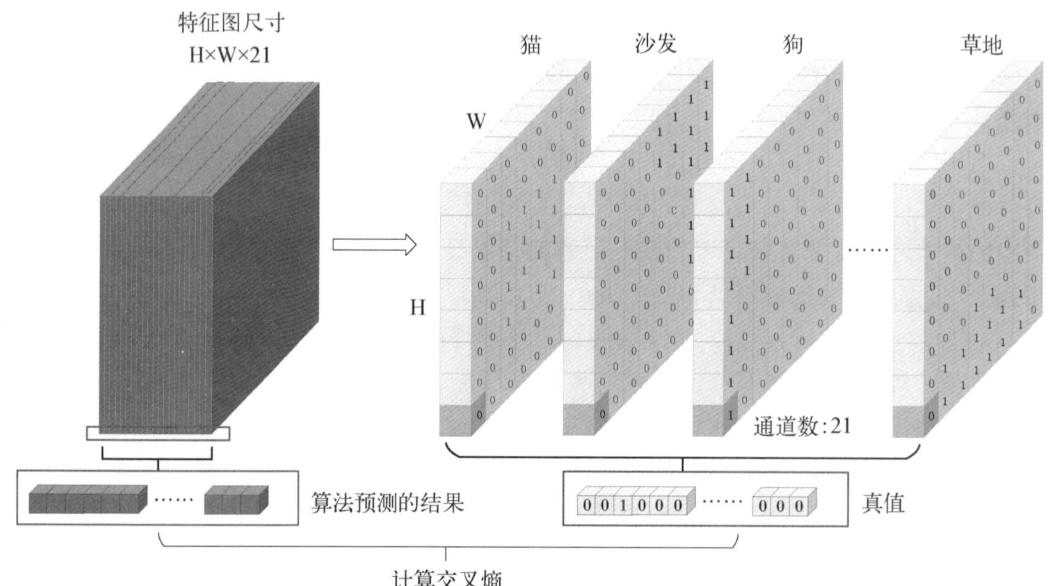

图 11-14 预测值与真值计算交叉熵损失

数有较佳的使用效果。

11.2.7 评价标准

本节开篇提到，FCN 网络将图像分割结果的识别平均准确度成功提升到 62.2%，并且像素级别的识别精确度达到 90.2%。此处介绍对 FCN 网络使用的最终评价标准，同时也是多数用于数字图像分割的深度网络所使用的评价标准。

表 11-1 中的 FCN-32s、FCN-16s 和 FCN-8s 均已介绍过，这三个结果都是对整个主干网络训练后，测试集经过网络得到的结果；而 FCN-32s 固定的是最初只对主干网络最后一层参数进行训练后在测试集得到的结果。

表 11-1 四种上采样方法的最终分割效果对比

	像素精度	平均像素精度	平均交并比	频权交并比
FCN-32s 固定的	83	59.7	45.4	72
FCN-32s	89.1	73.3	59.4	81.4
FCN-16s	90	75.7	62.4	83
FCN-8s	90.3	75.9	62.7	83.2

在介绍以下几种标准之前，需要介绍以下几个公式中的变量 p。假设图像中物体的分类共有 $k+1$ 个（k 个类别加一个背景），p_{ij} 表示本属于 i 类但被预测为 j 类的像素点数量。p_{ii} 表示识别正确的像素点数量，p_{ij} 和 p_{ji} 则分别表示假正和假负的像素点数量，也就是把正确的预测成错误的和把错误的预测成正确的两种情况。

1) 像素精度

像素精度(pixel accuracy, PA)指的是预测结果中所有标记正确的像素占总像素的比例。公式如下:

$$PA=\frac{\sum_{i=0}^{k}p_{ii}}{\sum_{i=0}^{k}\sum_{j=0}^{k}p_{ij}} \tag{11-19}$$

2) 平均像素精度

平均像素精度(mean pixel accuracy, MPA)是指计算每个类内被正确分类像素数的比例,然后求所有类的平均数。公式如下:

$$MPA=\frac{1}{k+1}\sum_{i=0}^{k}\frac{p_{ii}}{\sum_{j=0}^{k}p_{ij}} \tag{11-20}$$

3) 平均交并比

交并比(intersection over union, IoU)是一种测量在特定数据集中检测相应物体准确度的一个标准,一般是指预测值与真实值的交集与二者的并集之比。而 p_{ii} 表示的便是二者的交集,即预测值与真实值相符合; p_{ij} 和 p_{ji} 表示的是预测值与真实值不符合的情况,但由于在这两种错误情况分别累加的过程中,都包含了一次正确的情况,即 j 从 0 到 k 累加的过程中,都包含了 i 值,因此最后需要减去一个 p_{ii},最终得到 IoU。

平均交并比(mean intersection over union, mIoU)是先计算每一类的真实值与预测值的 IoU,再求其平均数。公式如下:

$$mIoU=\frac{1}{k+1}\sum_{i=0}^{k}\frac{p_{ii}}{\sum_{j=0}^{k}p_{ij}+\sum_{j=0}^{k}p_{ji}-p_{ii}} \tag{11-21}$$

4) 频权交并比

频权交并比(frequency weighted intersection over union, fwIoU)为在 mIoU 基础上的一种提升,这种方法根据每一类别出现的频率分别设置权重。

$$fwIoU=\frac{1}{\sum_{i=0}^{k}\sum_{j=0}^{k}p_{ij}}\sum_{i=0}^{k}\frac{p_{ii}\sum_{j=0}^{k}p_{ij}}{\sum_{j=0}^{k}p_{ij}+\sum_{j=0}^{k}p_{ji}-p_{ii}} \tag{11-22}$$

在以上所有度量标准中,mIoU 因为简洁、代表性强而成为最常用的度量标准。再回顾最终的评价标准表格,可以看出 FCN-8s 的表现最为优异。

11.3 实例分割

11.3.1 基本概念

语义分割能够将图像中不同类别的物体分割并标记成不同颜色的区域,实例分割

(instance segmentation)可以看作是在语义分割的基础上,进一步将图像中不同种类的每个个体也分割出来。既然要将每个个体都分割出来,目标检测技术就是必不可少的。实际上,在实例分割网络的发展中,也确实应用到了目标检测算法和语义分割算法。

(a)分类

(b)目标检测

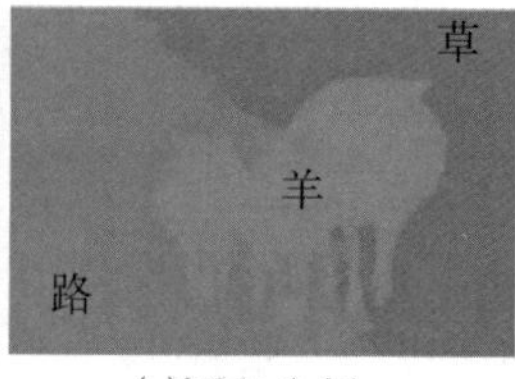

(c)语义分割

(d)实例分割

图 11－15　四种算法效果对比图

(图片修改自参考文献[2])

如图 11－15 所示,(a)为基础的分类网络所实现的功能,即提取特征并判断图中物体的类别;(b)则更进一步,对图像中的目标进行检测,并对识别出的不同物体使用目标框图进行标记;(c)则是语义分割;(d)便是本节所介绍的实例分割。可以从图中看出,实例分割不仅具有语义分割的效果,可以精确地将背景和前景进行分割,还拥有目标检测的效果,将前景中的每个个体都分割出来。

既然用到了目标检测和语义分割,自然就有两种实例分割的思路,这两种方法通常被称为自上而下的方法和自下而上的方法。

(1) 自上而下的实例分割方法的思路是:以目标检测的方法首先找出实例所在的区域,标记为检测框,再在检测框内进行语义分割,每个分割结果都作为一个不同的实例输出。

在这方面最成功的技术之一是 Mask R－CNN。使用相对简单的预测分支(mask predictor)扩展了更快的 R－CNN 检测算法。Mask R－CNN 易于训练,具有更好的泛化能力,只给更快的 R－CNN 增加很小的计算开销。前者的运行速度为 5 帧/秒。基于 Mask R－CNN 的实例分割方法在实例分割挑战中显示了良好的结果。

(2) 自下而上的实例分割方法的思路是:首先进行像素级别的语义分割,再通过聚类、度量学习等手段对不同的实例进行区分。这种方法虽然保持了更好的低层特征(细节信息和位置信息),但也存在以下缺点:

① 对密集分割的质量要求很高,会导致非最优的分割。

② 泛化能力较差,无法应对类别多的复杂场景。

③ 后处理方法烦琐。

在现有论文中,还是以自上而下的方法为主流算法,下面以最有代表性的 Mask R－CNN 展开介绍。

11.3.2　Mask R－CNN

1) 掩膜

掩膜(mask),是分割网络中一个新的概念。

图像中的掩膜也是用选定的图像、图形或物体，对处理的图像（全部或局部）进行遮挡，来控制图像处理的区域或处理过程。比如语义分割的结果，即可视为对目标使用掩膜标注，来体现分割结果。而 Mask R－CNN，顾名思义，是在 R－CNN 系列网络的基础上，使用掩膜对结果进行进一步语义分割。

2）基本结构介绍

Mask R－CNN 是由前 Facebook 人工智能研究（Facebook AI Research，FAIR）小组于 2018 年首次提出，作为 Faster R－CNN 的扩展，Mask R－CNN 与 Faster R－CNN 采用了相同的两阶段结构：首先由主干网络（特征提取网络）得到特征图，将其输入训练好的 RPN 网络，然后对 RPN 找到的每个感兴趣区域（RoI）进行分类、定位和施加掩膜。图 11－16 所示为 Mask R－CNN 网络结构图，其中边框分支（box head）负责进行类别预测和边框回归（bounding box regression），掩膜分支（mask head）负责进行语义分割。因此，可以将 Mask R－CNN 看作是在 Faster R－CNN 完成目标检测的结果上，增加语义分割步骤作为分支（掩膜分支），这满足自上而下的实例分割方法的思路。

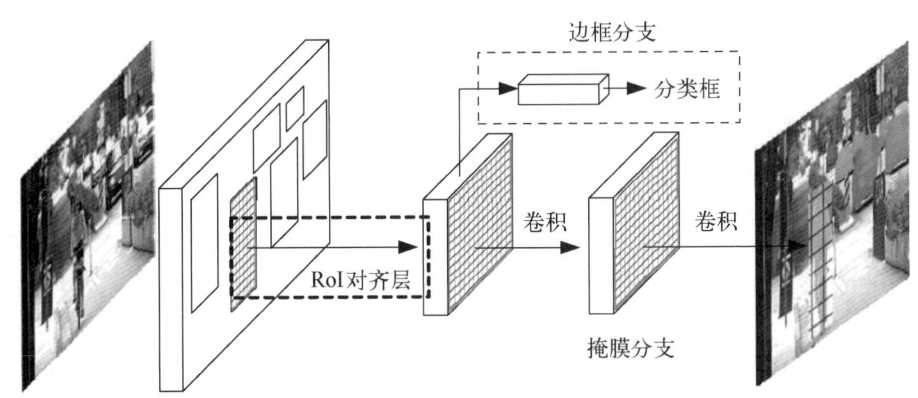

图 11－16　Mask R-CNN 网络示意图

Mask R－CNN 与 Faster R－CNN 的相同之处在于：① 同样采用 RPN 网络生成 RoI 区域；② 同样采用两阶段结构，即通过一阶段网络找到 RoI 区域，然后再对 RoI 区域进行分割、回归并找到二值化掩膜（binary mask）。

Mask R－CNN 与 Faster R－CNN 的主要不同之处有以下几点：

（1）使用 RoI 对齐方法代替 Faster R－CNN 及之前目标检测算法所使用的 RoI 池化方法。这是因为 RoI 池化的过程并非按照像素一一对齐（pixel-to-pixel alignment）。这个情况对分类和边框回归都没有明显的影响，但由于添加了语义分割分支，而语义分割最重要的上采样环节，需要将特征图还原到原图像尺寸，因此，非像素级对齐的特征图，对于还原到原图的掩膜精度有很大的影响。而 RoI 池化的这一问题，被 RoI 对齐较好地解决了。使用 RoI 对齐后，分割结果的精度与使用 RoI 池化时相比有显著提升，下一小节将会详细介绍其原理。

（2）对于从 Faster R－CNN 部分得到的每个 RoI 区域，都另外使用 FCN 进行语义分割。

(3) 由于 Faster R-CNN 本身有分类识别功能,因此语义分割作为单独的一个分支,只须对前景施加掩膜即可,实现掩膜和类别预测关系的解耦。如图 11-16 所示,掩膜分支只做 RoI 区域的前景语义分割,而 RoI 区域的类别预测和边框回归任务交给另一个分支(边框分支)去做。这点与原本的 FCN 网络是不同的,原始的 FCN 在预测掩膜时还要同时预测掩膜所属的种类。因此,Mask R-CNN 具有三个输出分支,分别为:分类、边框回归和语义分割。

下面主要介绍一下 Mask R-CNN 开创性使用的 RoI 对齐方法。

3) RoI 对齐

Mask R-CNN 经过 RPN 网络确定 RoI 区域以后,还需要对 RoI 区域进行进一步的操作。在之前的目标检测网络中,大多使用 RoI 池化,其目的是使尺寸不同的 RoI 区域经过 RoI 池化以后,可以输出固定尺寸的特征图(7×7),这样可以对 RoI 区域进一步筛选,方便进行后面的分类与回归,从而提升训练和测试的速度,并提高准确率。

但是 RoI 池化最终输出的特征图,并不能像素对像素地还原到原图中,因为在 RoI 池化的过程中,存在量化处理,比如对浮点数进行的取整操作。从而导致最后的 RoI 区域与提取到的特征图之间存在像素偏差。这样的像素偏差,对于 Faster R-CNN 所需要完成的具有平移不变性的分类和回归任务几乎没有影响;然而对于像素级别的语义分割,若产生这样的像素偏差,则很有可能导致映射回原图像中的掩膜无法完整覆盖对象,并且损失很多细节。

因此,对于 Mask R-CNN 而言,需要像素级别对齐的 RoI 区域筛选方式——RoI 对齐。

为了解决像素不能对齐的问题,自然选择将导致出现像素偏差问题的步骤进行更改,即把量化操作改为连续操作。RoI 对齐对过程中坐标为浮点数的像素点,使用双线性内插法替代了直接取整,来获得该像素点上的图像数值,从而将整个特征提取的过程转化为一个连续的操作。

下面举些简单易懂的实例,首先是 RoI 池化。

如图 11-17 所示,假设 Mask R-CNN 网络输入一张 512×512 的图像,经过 RPN 网络得到的 RoI 区域尺寸为 200×145,如图中的标注框所示。主干网络使用的是 VGG16 网络,其中步长为 32(这里步长反映的是特征图上移动一个像素点,对应原图移动多少个像素点)。据此可以判断,经过 VGG16 的卷积网络,特征图尺寸缩小为原图尺寸的 1/32。由输入 512/32=16 可得,最后输出的特征图尺寸为 16×16;由 200/32=6.25,145/32=4.53,得到 RoI 区域的尺寸为 6.25×4.53。在 RoI 池化中,会对该 RoI 区域直接进行量化,将尺寸取整为 6×4。

由于最后需要得到固定尺寸的 RoI 区域特征图,例如 3×3 大小(池化层可选择不同的大小),尺寸为 6×4 的 RoI 区域特征图需要分成 3×3 的小区域,每个小区域的尺寸为 6/3=2,4/3=1.33,这里再进行一次量化,小区域尺寸取整为 2×1。取这些小区域中的最

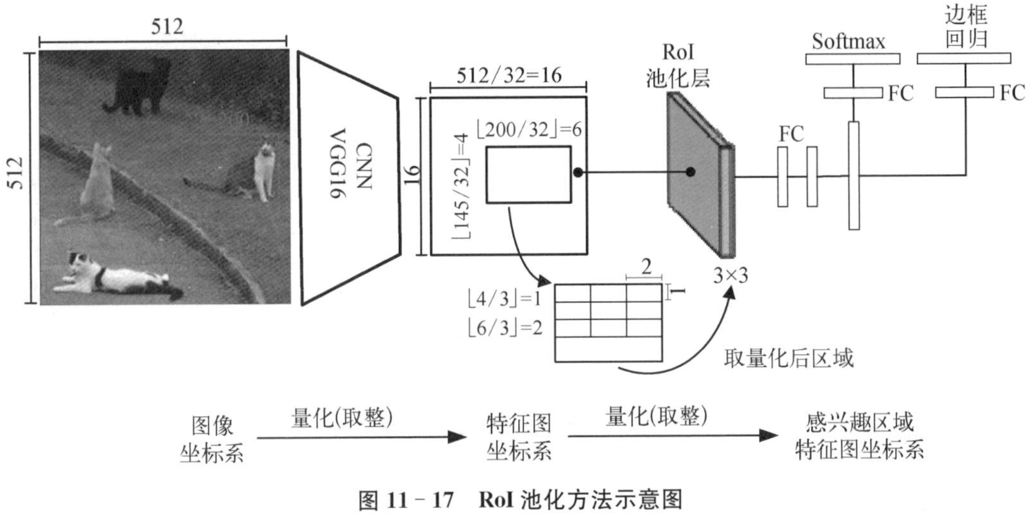

图 11-17 RoI 池化方法示意图

FC，全连接层。

大值组成最终尺寸为 3×3 的 RoI 区域特征图，而这个特征图只能映射回尺寸为 6×3(2×3=6，1×3=3)的 RoI 区域特征图和尺寸为 192×96(6×32=192，3×32=96)的 RoI 区域原图。

原本尺寸为 200×145 的 RoI 区域，两次量化后经过上采样映射回原图的尺寸变为 192×96，这自然是无法进行语义分割的。

而 RoI 对齐的改进也很好理解。

如图 11-18 所示，图中 FC 表示全连接层，假设 Mask R-CNN 网络输入一张 512×512 的图像，经过 RPN 网络得到的 RoI 区域尺寸为 200×145，如图中的标注框所示。主干网络使用的是 VGG16 网络，其中步长为 32，最后输出的特征图尺寸为 16×16。经过 VGG16 卷积网络得到的 RoI 区域特征图尺寸为 6.25×4.53。

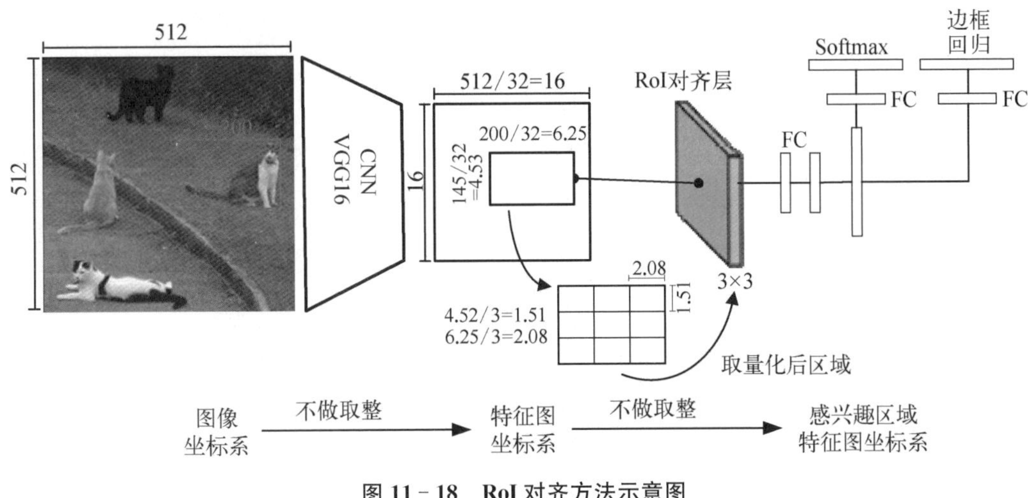

图 11-18 RoI 对齐方法示意图

FC，全连接层。

如图 11-19 所示，RoI 对齐与 RoI 池化的不同之处在于，此时不进行量化操作，而是对浮点进行保留。

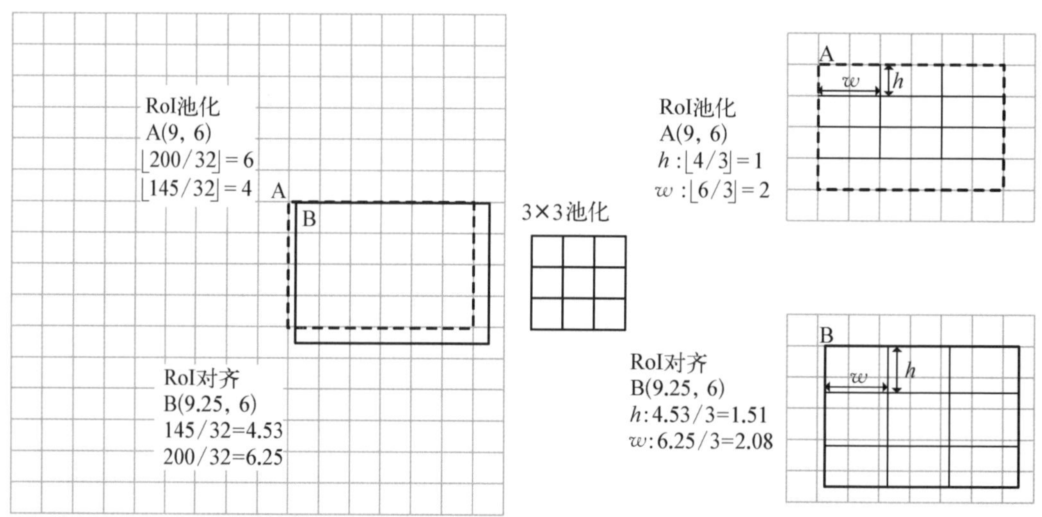

图 11-19　RoI 池化与 RoI 对齐方法对比

由于最后需要得到固定尺寸为 3×3 的特征图，因此尺寸为 6.25×4.53 的特征图需要分成 3×3 的小区域，每个小区域宽为 6.25/3＝2.08，高为 4.53/3＝1.51，则小区域尺寸取为 2.08×1.51。

下一步需要对每一个小区域进行像素值的计算。这一过程首先是在这个小区域里采样 4 个点，求得其各自的像素值；然后根据这 4 个像素值求得最大值作为该小区域的像素值。获取采样点的方法是对小区域的长和宽三等分，2 条水平分割线与 2 条垂直分割线的 4 个交点便是采样点，计算出它们的精确坐标(实数)。

其次每个采样点的像素值，是由 4 个像素点经过双线性插值方法求得的，第一步是根据该采样点的坐标(实数)确定参与插值的四个像素的坐标。基本规则是先确定左上和右下两个点的坐标，即确定 x、y 坐标的最小值和最大值。将采样点的 x 和 y 坐标分别减 0.5 和加 0.5，取最接近的两个自然数的中位数为最小值，最大值就是在此基础上加 1。举例如下：

若采样点坐标为(10.64, 7.01)，在此基础上加减 0.5 分别为(10.14, 6.51)和(11.14, 7.51)，最小值坐标为(10.50, 6.50)，最大值坐标为(11.50, 7.50)。由此得到参与双线性插值的四个点坐标为(10.50, 6.50)、(11.50, 7.50)、(10.50, 7.50)和(6.50, 11.50)。这四个点对应的像素值分别就是 A(10, 6)、B(11, 7)、C(10, 7)和 D(6, 11)对应的像素值。再依据各自对应的像素值，运用下面的公式计算出采样点的像素值。

$$P \approx \frac{y_2 - y}{y_2 - y_1}\left(\frac{x_2 - x}{x_2 - x_1}Q_{11} + \frac{x - x_1}{x_2 - x_1}Q_{21}\right) + \frac{y - y_1}{y_2 - y_1}\left(\frac{x_2 - x}{x_2 - x_1}Q_{12} + \frac{x - x_1}{x_2 - x_1}Q_{22}\right) \tag{11-23}$$

公式中的 (x_1, y_1) 就是 A，(x_2, y_2) 为 B，Q_{11}、Q_{12}、Q_{21} 和 Q_{22} 分别是 A、B、C 和 D 对应的像素值。

依据以上方法求得小区域的四个采样点的像素值，将最大值作为小区域的值。

具体来说，如图 11－20(a)所示，设 RoI 区域特征图的左上角 B 坐标为(9.25, 6)，已知 RoI 区域尺寸为 200/32＝6.25，145/32＝4.53，将其划分为 3×3 的小区域，每个小区域的宽为 6.25/3＝2.08，高为 4.53/3＝1.51，下面在每个小区域内应用双线性插值。在每个小区域内创建 4 个采样点，通过将每个小区域的宽度和高度三等分来确定每个采样点的位置坐标。

例如对第一个 2.08×1.51 小区域来说，第一个采样点的坐标为 $x=9.25+2.08/3=9.94$，$y=6+1.51/3=6.50$，同理可得其他三个采样点的坐标分别为：(9.94, 7.01)、(10.64, 6.50)和(10.64, 7.01)。接着利用双线性插值方程计算每个采样点的像素值。

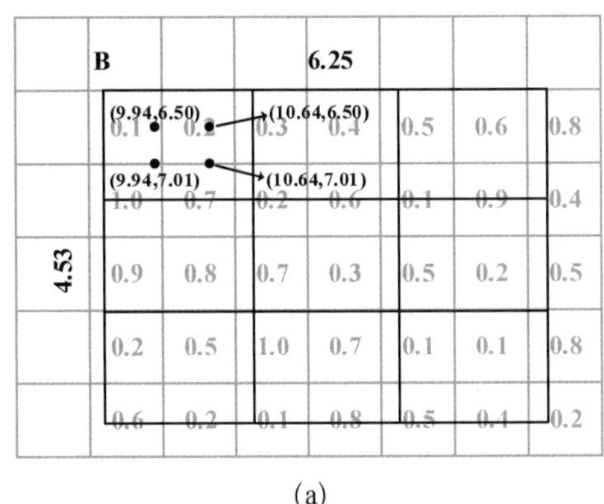

(a)

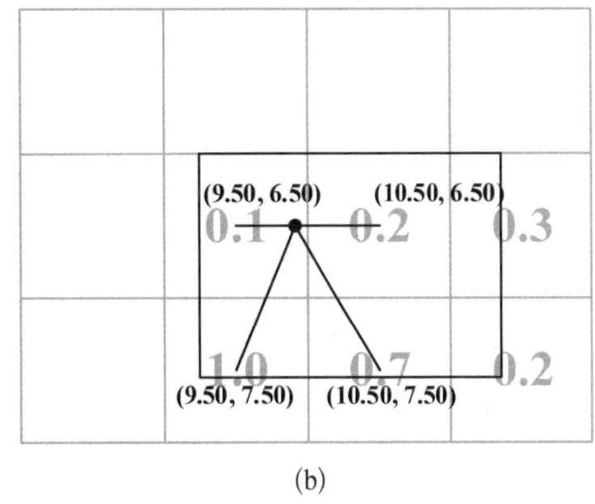

(b)

图 11－20　双线性插值上采样示意图

如图 11－20(b)所示，对于第一个采样点 $(x, y)=(9.94, 6.50)$，选取其左上角最接近的单元格中间位置 $(x_1, y_1)=(9.50, 6.50)$，接着选择其左下角最接近的单元格中间位置 $(x_2, y_2)=(10.50, 7.50)$，利用公式(11－23)得到第一个采样点处的像素值为

$$P_1 \approx \frac{y_2-y}{y_2-y_1}\left(\frac{x_2-x}{x_2-x_1}Q_{11}+\frac{x-x_1}{x_2-x_1}Q_{21}\right)+\frac{y-y_1}{y_2-y_1}\left(\frac{x_2-x}{x_2-x_1}Q_{12}+\frac{x-x_1}{x_2-x_1}Q_{22}\right)=0.14$$

同理可得，第二个采样点(10.64, 6.50)处的像素值为 0.21，第三个采样点(9.94, 7.01)处的像素值为 0.51，第四个采样点(10.64, 7.01)处的像素值为 0.43。选择四个采样点像素值中的最大值 0.51 作为第一个 2.08×1.51 的小区域的值。

将每四个采样点中的最大值作为此尺寸为 2.08×1.51 的小区域的值，最终可得到尺寸为 3×3 的特征图，并且映射回原图后 RoI 区域的尺寸不会变化。从而解决了 RoI 池化的像素偏差问题。

4）Mask R－CNN 损失函数

如前文所述，Mask R－CNN 的特点在于在 RPN 之后添加了一个单独的掩膜任务分支，得到最终的 Mask R－CNN。Mask R－CNN 以这种方式，将整个实例分割任务解耦成了多个单独的任务，多个分支同时进行，可以有效提高各分支任务的精度。

因此，在训练时，也会综合计算分类、边框回归和语义分割三个分支的损失。

定义对每个采样的 RoI 区域的多任务损失（multi-task loss）为：

$$L = L_{\text{cls}} + L_{\text{box}} + L_{\text{mask}} \tag{11-24}$$

其中，分类损失 L_{cls} 和边框回归损失 L_{box} 与 Faster R－CNN 中的定义没有区别，分别采用 Softmax 预测后的交叉熵损失函数和 smooth_{L1} 损失函数即可。

需要具体说明的是 L_{mask}。Mask R－CNN 的掩膜网络分支中采用的是 FCN 网络，经过 FCN 网络后，每个 RoI 区域的分割输出维度为 $K \times m \times m$，即 K 个类别的尺寸为 $m \times m$ 的二值掩膜（因为不需要进行具体类别预测，因此只需对前景施加掩膜，即二值处理）。

如图 11－21 所示，在计算掩膜分支的损失时，需要参考类别预测分支的预测输出结果。如果类别预测分支预测该 RoI 区域中的目标类别为第 i 类，则只取第 i 个尺寸为 $m \times m$ 的二值掩膜进行损失计算，也就是只取该类别对应的二值掩膜。计算方式为对该掩膜的每个像素点使用 Sigmoid 函数，并计算其二值交叉熵损失（与交叉熵损失函数原理相同，应用于二值掩膜），最终得到 L_{mask}。

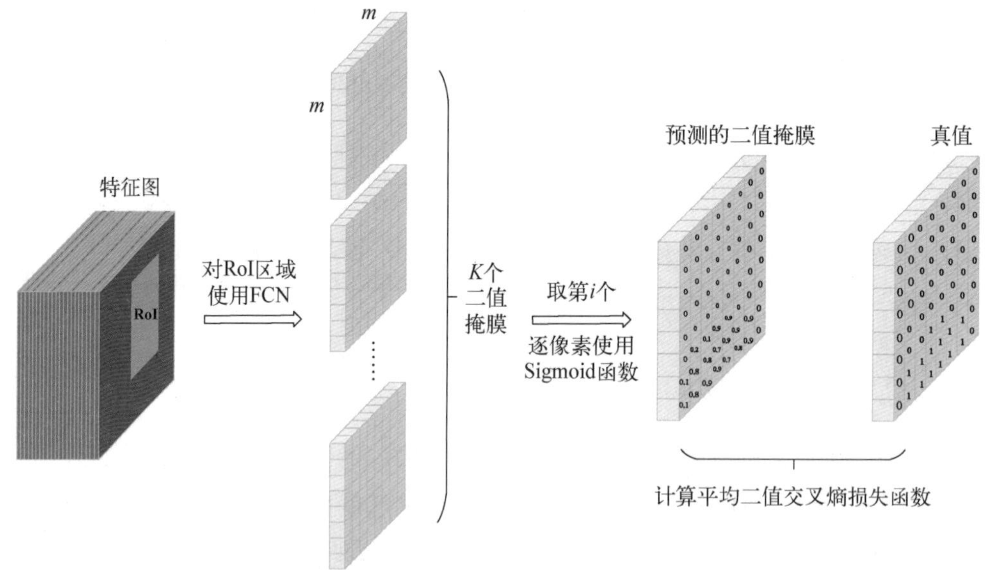

图 11－21　掩膜分支损失计算示意图

这样计算的好处在于 L_{mask} 只与其对应类别的掩膜相关，不受其他掩膜输出的影响，不会有不同类别掩膜间的竞争。类别预测分支预测 RoI 区域中目标的类别标签，即可选择输出掩膜，这样便实现了对掩膜和类别预测间关系的解耦。

传统 FCN 采用的是逐像素的 Softmax 函数处理和多项交叉熵损失函数计算，会造成不同类别掩膜间的相互影响；L_{mask} 则采用逐像素的 Sigmoid 函数处理和平均二值交叉熵损失函数计算，避免了不同类别掩膜间的影响，有效地提升了实例分割效果。

5）网络架构的选择

为了证明 RoI 对齐方法的普适性，Mask R－CNN 通过使用几种不同的主干网络，构造了多种不同的结构。使用的主干网络包括：ResNet－50、ResNet－101、ResNext－50 和 ResNext－101。Mask R－CNN 通过使用不同的方式获取特征图供分支使用：比如 Faster R－CNN 使用 ResNet－50 时，直接从第四阶段（Block 4）导出特征图供 RPN 使用，这种方式称为 ResNet－50－C4。此外，特征金字塔网络（feature pyramid network，FPN）的结构也被应用，并最终证明效果较好。

如表 11－2 所示，表现较好的为表中的三个 Mask R－CNN 网络架构，上面的三个为以前的实例分割算法。对比发现使用 ResNext－FPN 作为特征提取的主干网络具有更高的精度和更快的运行速度。表中评价指标 AP 为平均识别精度（average precision），下标的数字表示给定正标签时不同的 IoU 阈值，下标的 s、m、l 表示不同大小的识别目标。

表 11－2 使用不同主干网络的表现

	主干网络	AP	AP_{50}	AP_{75}	AP_s	AP_m	AP_l
MNC	ResNet－101－C4	24.6	44.3	24.8	4.7	25.9	43.6
FCIS+OHEM	ResNet－101－C5－膨胀	29.2	49.5	—	7.1	31.3	50.0
$FCIS_{+++}$+OHEM	ResNet－101－C5－膨胀	33.6	54.5	—	—	—	—
Mask R－CNN	ResNet－101－C4	33.1	54.9	34.8	12.1	35.6	51.1
Mask R－CNN	ResNet－101－FPN	35.7	58.0	37.8	15.5	38.1	52.4
Mask R－CNN	ResNext－101－FPN	**37.1**	**60.0**	**39.4**	**16.9**	**39.9**	**53.5**

Mask R－CNN 还进行了表 11－3 所示的两个消融试验（控制网络中的其他变量不变，对不同方法的效果进行比较），分别如下。

（1）语义分割分支是对多个类别计算损失（和 FCN 网络一样，对结果使用 Softmax 函数和交叉熵损失计算），还是如上文所讲，根据类别预测分支结果，对单独掩膜进行 Sigmoid 函数和二值交叉熵损失计算。

表 11－3 过程中使用不同方法的结果对比

	AP	AP_{50}	AP_{75}
Softmax	24.8	44.1	25.1
Sigmoid	**30.3**	**51.2**	**31.5**
	+5.5	+7.1	+6.4

（a）

	AP^{kp}	AP^{kp}_{50}	AP^{kp}_{75}	AP^{kp}_{m}	AP^{kp}_{l}
RoI 池化	59.8	86.2	66.7	55.1	67.4
RoI 对齐	**64.2**	**86.6**	**69.7**	**58.7**	**73.0**

（b）

(2) 使用 RoI 池化方法和 RoI 对齐方法分别对 RoI 区域进行处理，经过对试验结果进行对比[见表 11-3(b)]可以清晰地看出 Mask R-CNN 所使用的 RoI 对齐方法达到了更高的识别率和更好的效果。

Mask R-CNN 使用 ResNet-101-FPN 作为主干网络，在 COCO 数据集进行测试，运行速率为 5 帧/秒(frames per second，指每秒传输帧数)，并得到了 35.7 的掩膜平均识别精度。图 11-22 为最终的实例分割结果，可以看出其综合分割效果非常理想。

图 11-22　Mask R-CNN 实例分割效果图

11.4　全景分割

11.4.1　基本概念

语义分割(semantic segmentation)需要预测出输入图像的每一个像素点属于哪一类标签；实例分割(instance segmentation)在语义分割的基础上还需要区分出同一类别的不同个体；而全景分割(panoptic segmentation)实际上是对实例分割的进一步改进，是在实例分割的基础上，对同一标签下的不同目标继续进行分割。对比语义分割，全景分割需要区分不同的目标实例；对比实例分割，全景分割必须是非重叠的(non-overlapping)，即全景分割需要对视野内所有物体进行描述，使图像内的每个像素都必须分配语义标签(semantic label，表示物体类别)和实例名称(instance ID，表示同类物体间不同个例)，其中相同标签和相同 ID 的像素属于相同目标，实例分割结果中不能存在一个像素属于两个实例的情况(如实例分割中预测框的重叠区域)。

全景分割引入两个新的概念：不可数目标(stuff)和可数目标(thing)。将可以进行实例分割的类别视为前景，即可数目标，每个实例将分配唯一的 ID；而将不可进行实例分割的类别如天空、建筑物等视为背景，即不可数目标，只需语义分割即可。因此全景分割的关键点在于，要求每个像素的语义类别要么属于图像中的不可数目标，要么属于图像中的可数目标，不能同时属于两者。全景分割可以看作是同时实现对背景的语义分割和对前景的实例分割。

如图 11－23 所示，假设(a)为输入图像；(b)是语义分割的结果；(c)是实例分割的结果；(d)便是本节所介绍的全景分割，全景分割不仅将图像中的所有目标进行了检测、分类与分割，并且细化了背景的实例分割结果，不显示检测框。

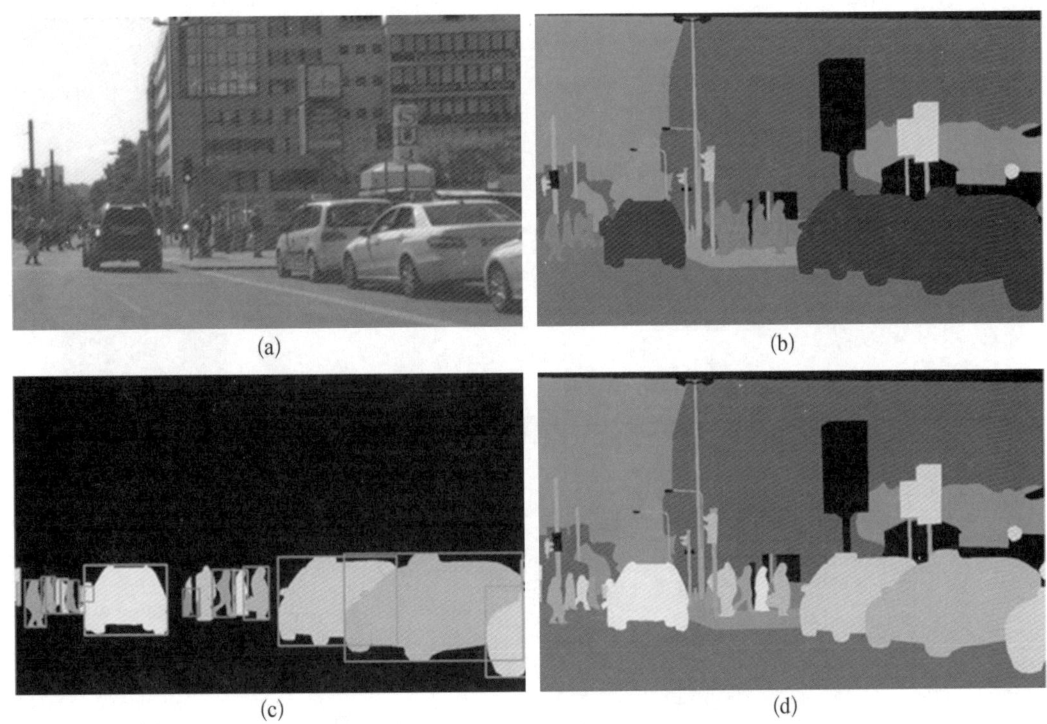

图 11－23　不同分割任务效果对比

(a) 原图；(b) 语义分割；(c) 实例分割；(d) 全景分割。

理想的全景分割任务能够对输入图像生成一个丰富而完整的连贯场景分割，这也是视觉系统能够迈向现实世界的重要一步。既然要同时满足实例分割和语义分割的需求，Facebook 人工智能研究(FAIR)小组想到在实例分割网络架构的基础上增加分支来满足语义分割的任务，并提出了全景 FPN(Panoptic FPN)。该研究小组还提出了一种新的全景质量度量矩阵——全景质量(panoptic quality, PQ)评价，这种度量方式可以以统一可解释的方式获取图像中所有类别的分割表现性能。

下面主要介绍全景分割的代表网络全景 FPN，以及全景分割的通用度量标准 PQ。

11.4.2 全景 FPN

全景 FPN,如前文所述,当下用于语义分割和实例分割的方法使用的是完全不同的网络,二者之间没有很好的共享计算,而全景分割则恰恰需要同时完成语义分割和实例分割这两个任务。对于语义分割任务来说,使用反卷积进行上采样的 FCN 网络是目前主流的方法;对于实例分割来说,带有特征金字塔网络的基于区域提议的 Mask R-CNN 网络则比较常见。因此,全景 FPN 网络提出,在 Mask R-CNN 网络的基础上,添加一个也以 FPN 网络为主干网络的语义分割通路,从而在网络架构层面将这两种方法结合成一个单一网络,进而同时完成实例分割和语义分割的任务。全景 FPN 网络避免了在两个任务各自的精度上做取舍,设计的模型能够同时产生实例分割中的区块输出和语义分割中的像素密集输出。

1) 全景 FPN 网络

全景 FPN 网络提出的模型结构如图 11-24 所示。

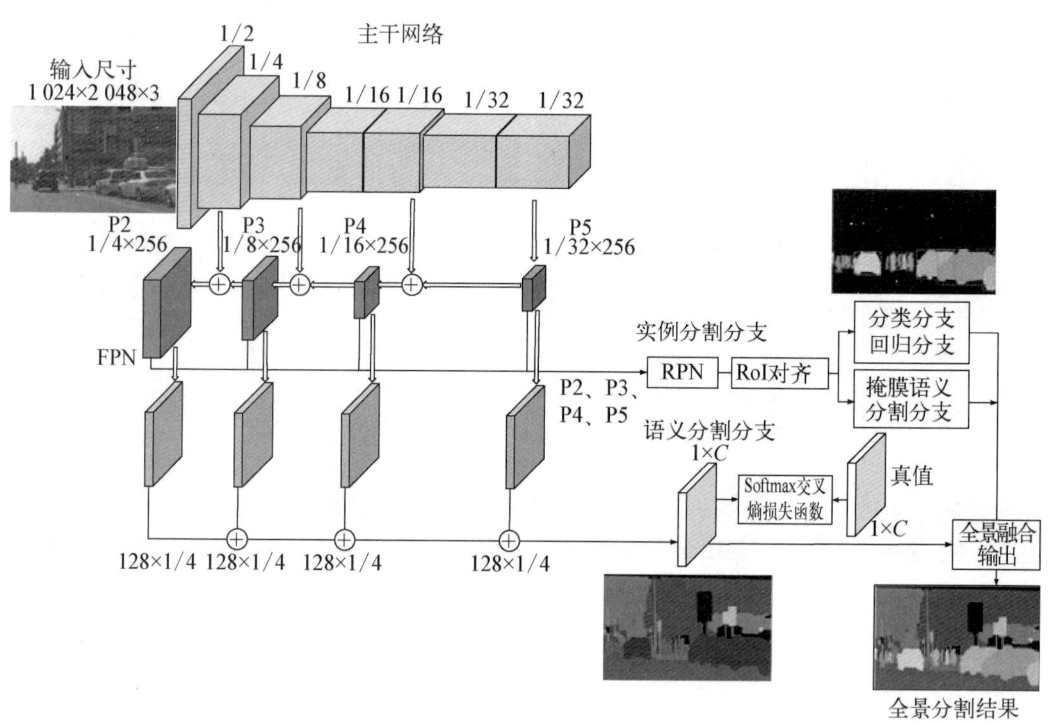

图 11-24 全景 FPN 网络整体架构示意图

首先,主干网络(backbone)使用的是 FPN 网络:如前面所介绍,FPN 网络是在一个标准的网络(如 ResNet)基础上提取各级卷积层输出的特征图,然后使用一个自上而下的通路,并与特征提取网络下一级横向连接。自上而下的通路是从网络的最深层开始,并逐级进行上采样,设原始图像大小为 $H\times W$,则该通路生成 $H/32\times W/32$、$H/16\times W/16$、$H/8\times W/8$ 和 $H/8\times W/4$ 四个大小的特征图,每个层级的通道数默认都是 256。

FPN 的整体设计，包括统一通道数的操作，是为了之后基于区域提议的目标检测器更易于检测。举例而言，Mask R－CNN 网络中使用到 FPN 网络，将其不同金字塔层级的输出输入到 RPN 网络中，并分别进行 RoI 对齐处理，然后为每个 RoI 区域预测其类别和边界框位置，以及语义分割。而在全景 FPN 网络中也沿用了 Mask R－CNN 网络的实例分割部分，并增加了分配 ID 这一步骤，即在边框回归以后，对每个检测框中的前景都逐像素分配一个独一无二的 ID，并且最终不再显示检测框。

而全景 FPN 网络的工作就是在使用 FPN 的 Mask R－CNN 网络的基础上进行改进，使其能够进一步进行逐像素的语义分割预测。为了能够进行逐像素的预测，需满足三个必要条件：

(1) 特征图保留适当高的分辨率，以便捕获细节信息；

(2) 获取密集语义信息的同时，依旧可以进行类别预测；

(3) 能够捕获多尺度的信息。

尽管 FPN 网络的设计初衷是为满足目标检测，但是 FPN 网络也同样满足全景分割的三个必要条件，因此保持 FPN 主干网络不变，在这个主干网络的基础上新增一个与实例分割通路并行的通路进行语义分割即可。

图 11－24 中 FPN 的预测特征图(如 P5、P4、P3、P2)直接进入实例分割通路。这一通路与 Mask R－CNN 网络一样，先将 FPN 网络提取出的特征图输入 RPN 网络中，将最终求得的 RoI 区域经过 Mask R－CNN 网络相同的三个分支：分类分支、边框回归分支以及语义分割分支。这一部分的作用依旧是对原图像进行实例分割，主要负责对前景的分割，即对检测框内的前景逐像素分配标签与唯一的 ID。最终得到类似图 11－25 的结果。

图 11－25　前景

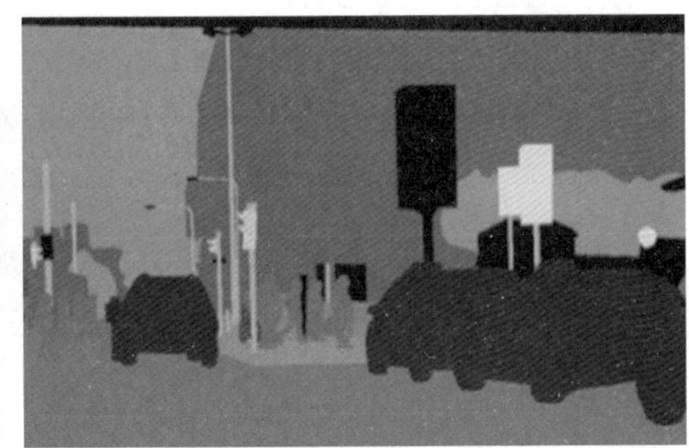

图 11－26　背景

而新增的额外语义分割通路，也是利用 FPN 网络提取出的特征图进行进一步处理后，将不同尺寸的特征图统一成相同尺寸 ($H/4 \times W/4$) 和新的通道数(128)，并进行叠加和上采样，还原成原图尺寸 ($H \times W \times C$)，从而通过 Softmax 函数激活，并参与训练。这个语义分割通路是对于图像全局而言，因此此通路的输出结果是对整个图像的语义分割，得到类似图 11－26 的结果。该结果除了可以得到背景(stuff)的标签以外，还可以辅助修正实例分割通路的前景分割。这是因为最终的全景分割结果是两个通路融合的结果。因此在融合过程中，语义分割通路与实例分割通路在前景目标的分割结果上会有一定的重叠，需要进行如下的后处理：① 根据置信度评分解决不同实例之间的重叠；② 以实例分割结果为主，解决实例分割结果和语义分割结果的重叠。最终得到对前景更精准的分割结果。

综上所述，全景 FPN 网络中语义分割通路的设计构造如图 11－27 所示，右侧为语义分割通路。其中该通路最顶层的输入来自 FPN 网络最深层（最后一层）的输出。需要注意的是，此处每层所进行的上采样操作，都将 FPN 网络输入的特征图恢复至原图像的 1/4 大小。每个上采样阶段包括一个尺寸为 3×3 的卷积层、一个 ReLU 层和一个两倍双线性内插上采样。如图中最顶层所示，需要经过三次上采样阶段。而最底层只需尺寸为 3×3 的卷积层，因为该层特征图本身即为原图像的 1/4 大小。之后的横向连接也使用这个基础的上采样模块。最终叠加的特征图结果是原图像尺寸的 1/4，最终经过一个尺寸为 1×1的卷积层和一个四倍双线性内插上采样恢复到原始的尺寸，然后通过 Softmax 函数生成类别标签。这一通路的最终训练方式，也是计算最终结果与真值的交叉熵损失函数，图中的 C 代表需要划分的类别数，如 FCN 网络中是 21。

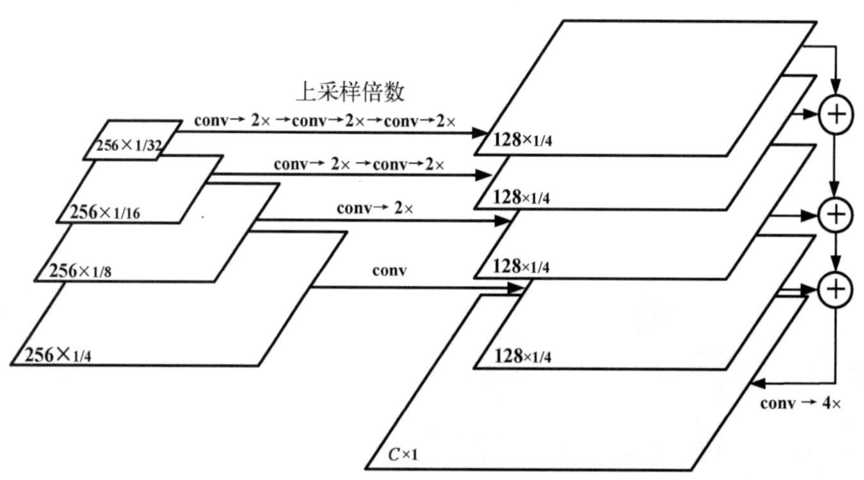

图 11－27　语义分割通路示意图

这个通路结构，可以看作替代了 FCN 网络中上采样和融合输出的操作，都是通过对各层级特征图进行上采样，最终输出经过 Softmax 函数预测后的特征图结果。因此，该通路也可以较好地完成语义分割任务。

这两个通路的训练是最终整个网络全景分割效果好坏的关键。因此，在训练过程中研究人员对损失函数、训练批次、学习率、数据增广（通过对数据集中的图像进行平移、旋转等简单变换，达到扩大训练数据集的效果）等多方面问题所采用的方法进行了研究，最终发现单独对每个通路进行训练会得到较好的结果。其中，实例分割通路的效果可以达到 Mask R－CNN 网络的效果，而语义分割通路的效果则与重量级的模型 DeepLabV3＋（一种表现较好的、结构较为复杂的语义分割网络）相近。

全景 FPN 网络通过在 Mask R－CNN 网络的基础上增加了一个轻量级(网络参数较少、计算量较小)的结构分支(其内存占用和计算量都没有显著增加),拥有高效的分割性能。并且该网络可以移植使用不同的主干网络来获得更好的性能,如 ResNet。

2) 损失函数

在训练期间,实例分割通路有三个损失:分类损失(L_{cls})、边界损失(L_{box})和掩膜损失(L_{mask})。总的实例分割损失是这些损失的总和,其中实例分割通路的损失 L_{cls}、L_{box} 和 L_{mask} 的具体计算方式与 Mask R－CNN 网络中一样。语义分割通路的损失 L_s 的计算方式为:预测特征图和真值的标签之间的逐像素点,计算交叉熵损失,具体计算方式与 FCN 网络中类似。

这两个通路的损失有不同的规模和归一化策略,简单地添加它们会降低其中一项任务的最终性能。这可以通过总实例分段损失和语义分段损失之间的简单损失重新加权来校正。因此,最终损失是:

$$L = \lambda_i (L_{cls} + L_{box} + L_{mask}) + \lambda_s L_s \tag{11-25}$$

通过调整 λ_i 和 λ_s,可以训练单个模型,并且与分别训练两个独立的任务模型效果相当但却只有一半的计算量。一般训练情况下各取大约 0.5。

11.4.3 全景分割质量评价标准

Facebook 人工智能小组为全景分割算法设计了一套全景分割的综合评价标准,称为 PQ 计算准则。PQ 计算准则有以下三个性质:

(1) 完整性(completeness):全景分割的关键性度量需包括所有区域的分割质量(segmentation quality)、检测精度和回归精度。

(2) 可解释性(interpretability):度量需要具有可定义、可理解、可交流的性质。

(3) 简洁性(simplicity):要求算法能够易于定义与实现,并且可以快速计算。

使用 PQ 计算准则计算预测的全景分割结果与真值之间的差异,主要包含两个步骤:实例匹配(instance matching)和 PQ 计算。

如果预测区域(predicted segment)和真值区域的交并比大于 0.5,则将两者视为匹配;又根据全景分割的非重叠属性,得到该匹配是唯一的匹配(unique matching),即每个预测区域与对应的真值区域最多有一个匹配。

先分别对每一类计算 PQ,再计算所有类的平均值。对于每一类,唯一匹配原则可以根据预测区域和真实区域的对应情况,将预测区域分成三个集。

(1) 真阳性(true positives, TP):预测区域和真实区域匹配。

(2) 假阳性(false positives, FP):不匹配的预测区域(误检测成真值)。

(3) 假阴性(false negatives, FN):不匹配的真实区域(未检测到真值)。

假设图 11－28 为图片全景分割的预测区域和真实区域。假如相同颜色或纹理区域对(segment pairs)的 IoU 大于 0.5,则属于匹配。这里给出了将人类的区域划分为 TP、

FN 和 FP 的例子。

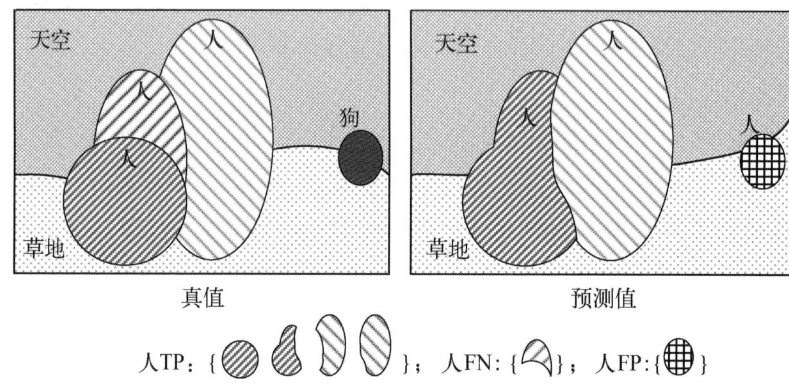

图 11－28　全景分割的真实区域(左)和预测区域(右)示意图

给定 TP、FP 和 FN,则将 PQ 定义如下:

$$PQ=\frac{\sum_{(p,\ g)\in TP}\text{IoU}(p,\ g)}{|\,TP\,|+\frac{1}{2}\,|\,FP\,|+\frac{1}{2}\,|\,FN\,|} \tag{11-26}$$

其中,$\sum_{(p,\ g)\in TP}\text{IoU}(p,\ g)$ 是匹配成功区域的平均 IoU;$\frac{1}{2}\,|\,FP\,|+\frac{1}{2}\,|\,FN\,|$ 是匹配错误的实例的损失。并且,所有区域的权重一致,与面积大小无关。

PQ 计算的等价形式:

$$PQ=\frac{\sum_{(p,\ g)\in TP}\text{IoU}(p,\ g)}{|\,TP\,|}\times\frac{|\,TP\,|}{|\,TP\,|+\frac{1}{2}\,|\,FP\,|+\frac{1}{2}\,|\,FN\,|} \tag{11-27}$$

可以将其看作是区域质量(segmentation quality, SQ)和检测质量(detection quality, DQ)的乘积,那么:

$$SQ=\frac{\sum_{(p,\ g)\in TP}\text{IoU}(p,\ g)}{|\,TP\,|} \tag{11-28}$$

$$DQ=\frac{|\,TP\,|}{|\,TP\,|+\frac{1}{2}\,|\,FP\,|+\frac{1}{2}\,|\,FN\,|} \tag{11-29}$$

SQ 可以看作是匹配目标的平均 IoU,DQ 类似于 F1 分数(F1 score,精度的一种衡量指标),在检测任务中经常被用到。

PQ＝SQ×DQ。运用此计算方式便可算出全景分割的评价指标 PQ 值,从而反映出全景分割算法的综合性能。

全景 FPN 网络的综合性能可以通过表 11－4 反映，其中 PQ^{Th} 和 PQ^{St} 分别用来记录可数目标(thing)和不可数目标(stuff)的表现，可以看出全景 FPN 网络在三个 PQ 指标上都做到了最好。

表 11－4　全景 FPN 网络在 COCO 数据集上的表现

名　　称	PQ	PQ^{Th}	PQ^{St}
ARTEMIS	16.9	16.8	17.0
LeChen	26.2	31.0	18.9
MMAP－seg	32.1	38.9	22.0
全景 FPN	40.9	48.3	29.7

图像分割算法一直是计算机视觉领域的一个经典难题，而用于完成图像分割任务的深度神经网络也成了近些年图像理解领域重点关注的研究方向。在特征提取网络和目标检测网络的算法基础上，图像分割网络实现了从简单的语义分割，逐渐到能够完成复杂的全景分割任务的一个转变。本章对目前最重要的三个图像分割任务中的主流算法进行了原理性分析及系统的介绍。这些深度网络算法既是先前网络成果的结合与创新，也同样为整个领域之后对图像分割的研究奠定了坚实的基础。对于图像处理而言，不会存在一个绝对完美的算法，总会有进步的空间。因此，只有牢牢掌握这些基础算法，才能对现有成果进行改进与提升。

习题

1. 语义分割网络(以 FCN 网络为例)与用于特征提取的分类网络(以 VGGNet 为例)相比，最主要的不同之处在哪里？具体位于哪个步骤？为什么？
2. 尝试自己设计具体的数据，体会反卷积操作的整个计算过程。并且，思考反卷积过程中的初始参数应该如何设置，其中有哪些参数需要进行修正，对上采样效果有何影响。
3. 在了解语义分割一节中最后介绍的交叉熵损失函数以后，再回顾第 10 章和第 11 章所使用的损失函数，请总结这几个损失函数的原理、特点，以及各自适用于哪些任务。
4. 深度神经网络在完成不同图像处理任务时有多种评价标准，在语义分割一节中主要介绍了较为常用的四种评价标准，这四种评价标准所对应评价的网络效果都一样吗？如果不一样的话，你认为这些评价标准有主次之分吗？还是在评价不同任务时看重不同的评价标准？请谈谈你的看法。
5. 自上而下的实例分割算法往往是在目标检测网络的基础上改进的，如 Mask R－CNN 和 Faster R－CNN。那么，从目标检测网络变成实例分割网络最重要的步骤是什么？

最需要解决的问题是什么？Mask R－CNN 是怎样解决的？是否还有其他解决方式？

6. 请以自己喜欢的方式梳理从最开始的语义分割神经网络到最后的全景分割神经网络的发展思路和对应的改进过程。
7. 为什么会为全景分割设计特有的评价标准(PQ)？对于全景分割来说，它比其他常用的评价标准有哪些优势？

参考文献

[1] Shelhamer E, Long J, Darrell T. Fully Convolutional Networks for Semantic Segmentation[J]. IEEE Transactions on Pattern Analysis and Machine Intelligence, 2017, 39(4): 640－651.

[2] Géron A. Introducing capsule networks[EB/OL]. https://www.oreilly.com/content/introducing-capsule-networks.

[3] He K, Gkioxari G, Dollár P, et al. Mask R－CNN[C]//2017 IEEE International Conference on Computer Vision, 2017.

[4] Kirillov A, Girshick R B, He K, et al. Panoptic Feature Pyramid Networks[C]//2019 IEEE/CVF Conference on Computer Vision and Pattern Recognition (CVPR), 2019.

12 基于 Transformer 的图像处理算法与应用

Transformer 是一种主要基于自注意力机制的深度神经网络，最初是在自然语言处理领域中应用的。受到 Transformer 强大的表示能力的启发，研究人员提议将 Transformer 扩展到计算机视觉任务。与其他网络类型（如卷积网络）相比，基于 Transformer 的模型在各种视觉处理的主干网络上显示出更好的性能。本章将详细介绍 Transformer 模型的基本原理，并针对近年来在图像分类、目标检测、分割等视觉任务中的研究工作进行简要说明，更深入的研究和探索需要根据面对的问题有针对性地阅读相关的文献。

12.1 概述

Transformer 是一种新提出的神经网络，主要利用自注意力机制提取内在特征。Transformer 最初应用于自然语言处理任务，并带来了显著的性能提升。Vaswani 等首先提出了一种仅基于注意力机制来实现机器翻译的 Transformer 模型。Devlin 等引入了一种全新的语言表示模型 BERT，该模型通过共同限制左右的上下文来预训练未标记文本的翻译器。BERT 在当时的 11 个自然语言处理任务上获得了 SOTA 结果（是指在某项研究任务中目前最好模型的性能表现）。Brown 等在 45TB 压缩数据上预训练了基于巨型 Transformer 的 GPT－3 模型，该模型具有 1 750 亿个参数，并且无需微调即可在不同类型的下游自然语言任务上实现出色的性能。这些基于 Transformer 的模型显示了强大的表征能力，在自然语言处理领域取得了突破。

受自然语言处理中 Transformer 强大表征能力的启发，最近，研究人员将 Transformer 扩展应用到计算机视觉（computer vision，CV）任务。卷积神经网络（CNN）曾经是处理计算机视觉的基本模型，但是 Transformer 显示了其可作为 CNN 替代品的能力。Chen 等训练了一个序列 Transformer，在图像分类任务上取得了与 CNN 相媲美的性能。视觉 Transformer（Vision Transformer，ViT）是 DosoviTskiy 等最近提出的 Transformer 模型。ViT 将一个纯粹的 Transformer 模型直接用于图像块序列，并在多个图像识别主干网络上获得 SOTA 性能。除了基础的图像分类任务，Transformer 还能用于解决更多计算机视觉问题，如目标检测、语义分割、图像处理和视频理解。由于其出色的性能，越来越多的研究人员愿意考虑基于 Transformer 的模型架构设计网络模型结构，解决各种视觉任务。

12.2 Transformer 模型

Transformer 最初用在自然语言处理任务中。例如，在机器翻译任务中，Transformer 的输入是一种语言，输出是另一种语言，如图 12-1 所示。简单来看，Transformer 内部由编码组件、解码组件和它们之间的连接组成，如图 12-2 所示。Transformer 的模型结构细节如图12-3所示，编码器和解码器包含了位置编码、自注意力机制和前馈神经网络等模块。

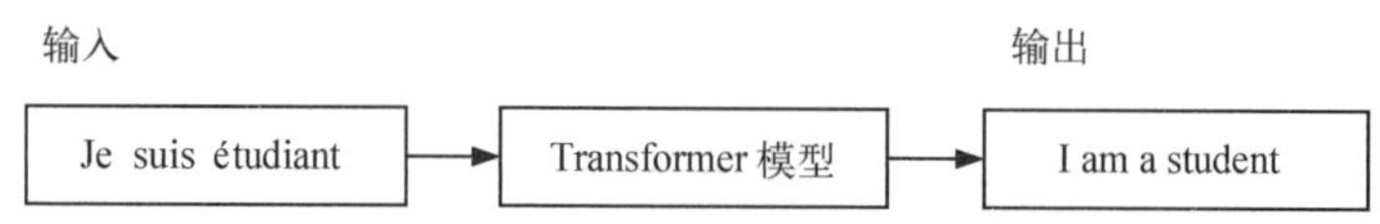

图 12-1 Transformer 模型与机器翻译任务示意图

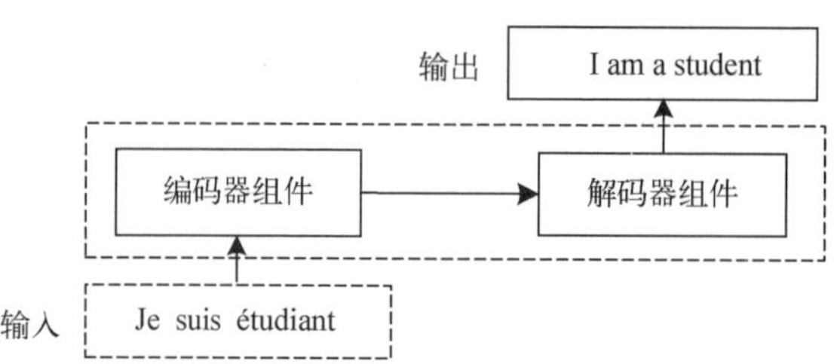

图 12-2 Transformer 编码器、解码器结构示意图

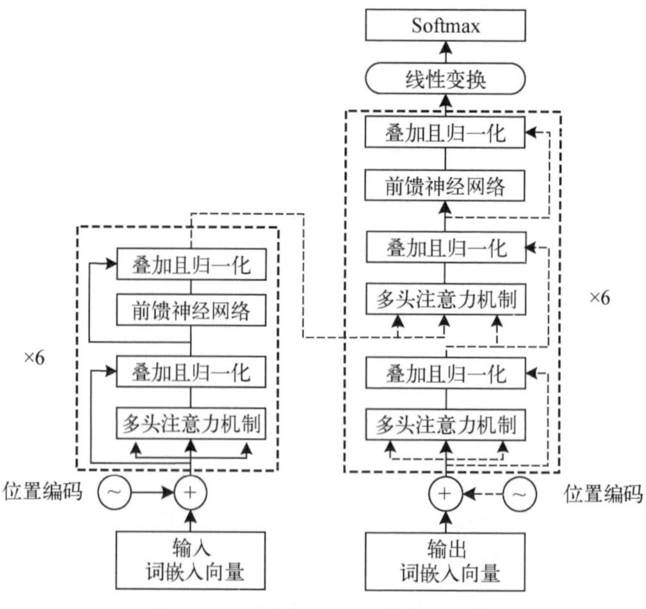

图 12-3 Transformer 模型示意图

Transformer 编码器、解码器的堆叠结构如图 12－4 所示，编码部分是由多个编码器（将多个编码器堆叠在一起，一般为六个）组成。解码部分也是由相同数量的解码器构成。

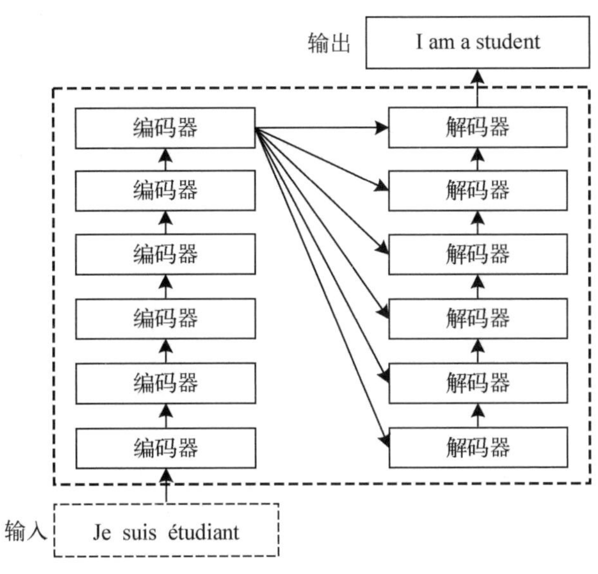

图 12－4　Transformer 编码器、解码器堆叠结构示意图

所有的编码器在结构上都是相同的，但它们没有共享参数。每个编码器都可以分解成两个子层，分别为前馈神经网络和自注意力（self-attention）层，如图 12－5 所示。

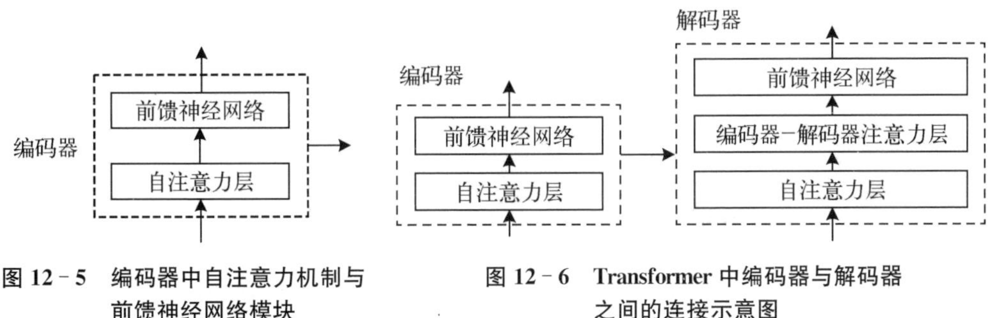

图 12－5　编码器中自注意力机制与前馈神经网络模块

图 12－6　Transformer 中编码器与解码器之间的连接示意图

从编码器输入的句子首先会经过一个自注意力层，这层帮助编码器在对每个单词编码时关注输入句子的其他单词。下面的小节将更深入地介绍自注意力机制。

自注意力层的输出会传递到前馈神经网络（feed-forward netwok, FFN），即每个位置的单词进入各自对应的前馈神经网络中，其结构完全一样。

与编码器一样，解码器中也有自注意力层和前馈神经网络。除此之外，这两个层之间还有一个“编码器-解码器”注意力层，编码器组件的输出以及解码器自注意力层的输出作为该层的输入，如图 12－6 所示。

12.2.1 词嵌入向量

上节介绍了模型的组成，这一节将介绍模型的不同部分是如何将输入转化为输出的。像大部分自然语言处理的操作一样，首先将每个输入单词通过词嵌入算法转换为词嵌入向量。

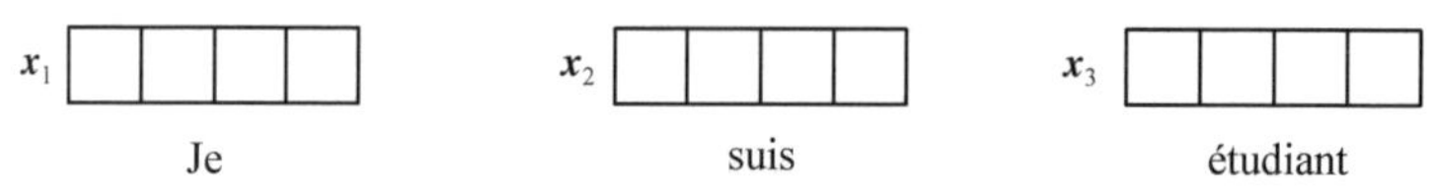

图 12-7 Transformer 输入的词嵌入向量

每个单词都被嵌入(转化)为一个 512 维的向量，如图 12-7 所示，图中用简单的方框来表示这些向量。词嵌入过程只发生在最底层(最开始)的编码器中。所有的编码器都有一个相同的特点，即它们接收一个向量列表代表输入的句子，列表中的每个向量大小为 512 维，代表每一个单词。在最底层的编码器中它就是句子的词嵌入向量，但是在其他编码器中，它就是下一层编码器的输出。向量列表大小是可以设置的超参数——一般是训练集中最长句子单词的总个数。将输入句子进行词嵌入操作之后，每个单词向量都会通过编码器中的两个子层，如图 12-8 所示。

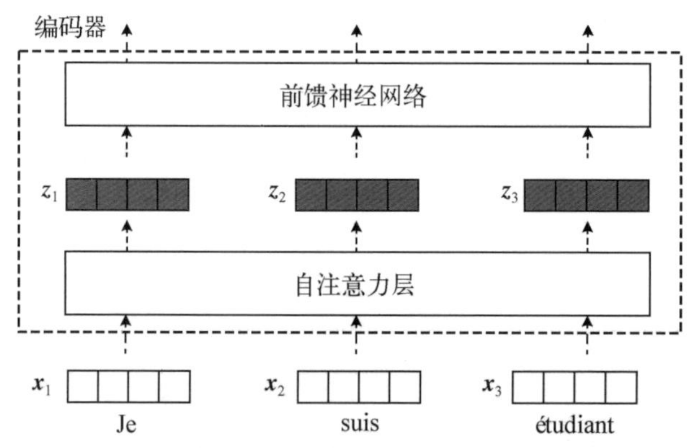

图 12-8 Transformer 输入的词嵌入向量推理过程

如上文所述，第一个编码器接收词嵌入向量作为输入，接着将输出传递到自注意力层进行处理，然后传递到前馈神经网络层中，并将其输出结果传递到下一个编码器中，如图 12-9 所示。

输入语句的每个单词都需要完成自注意力机制的编码过程，然后它们再通过各自的前馈神经网络(其网络结构完全相同)。

12.2.2 自注意力机制

这一节通过一个例子来介绍自注意力机制的作用过程。下列句子是想要翻译的输入：The animal didn't cross the street because it was too tired.这个"it"在这个句子是指什

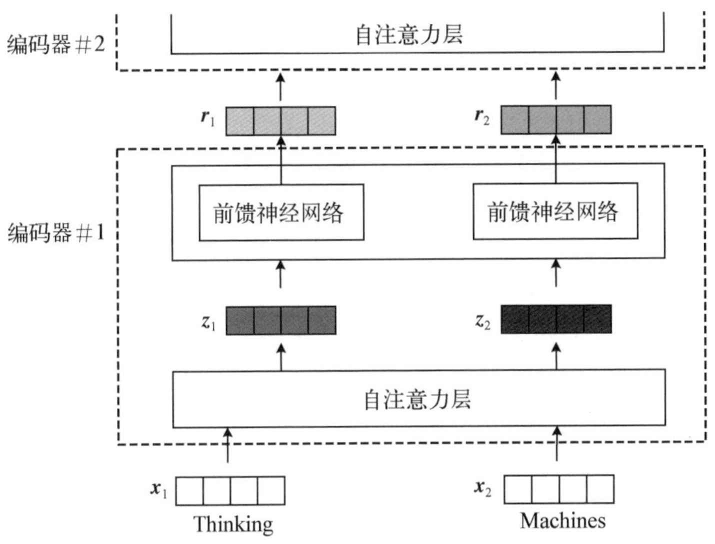

图 12-9　Transformer 输入的词嵌入向量在相邻编码器中的推理

么呢？它指的是 street 还是这个 animal 呢？这对于人类来说是一个简单的问题，但是对于神经网络来说并不简单。当模型处理“it”这个单词的时候，自注意力机制会让“it”与“animal”建立联系。随着模型处理输入句子的每个单词，自注意力机制会关注整个输入句子的所有单词，帮助模型对每个单词更好地进行编码。自注意力机制会把对句子中每个单词的理解融入正在处理的单词中，如图 12-10 所示。

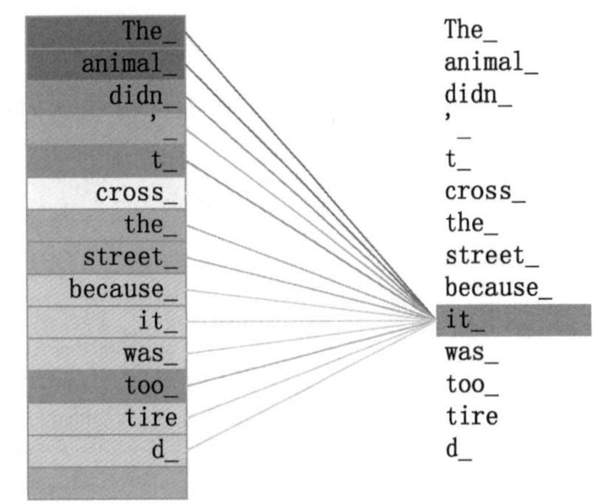

图 12-10　Transformer 中自注意力机制示意图

当在编码器中编码“it”这个单词时，自注意力机制的部分会去关注“The animal”，将它表示的一部分编入“it”的编码中。计算自注意力的第一步就是从每个编码器的输入向量(每个单词的词嵌入向量)中生成三个向量。也就是对于每个单词，创造一个查询向量 $\boldsymbol{q}$ (query)、一个键向量 $\boldsymbol{k}$ (key)和一个值向量 $\boldsymbol{v}$ (value)。这三个向量是通过词嵌入向量与三个权重矩阵 ($\boldsymbol{W}_q$、$\boldsymbol{W}_k$ 和 $\boldsymbol{W}_v$) 相乘后创建的。可以发现，这些新向量在维度上比词嵌入向量更低。它们的维度是 64，而词嵌入向量和编码器的输入/输出向量的维度是 512。但实际上不强求这三个向量的维度更小，这只是一种基于架构的选择，如图 12-11 所示。

$\boldsymbol{x}_1$ 与 $\boldsymbol{W}_q$ 权重矩阵相乘得到 $\boldsymbol{q}_1$，就是与这个单词相关的查询向量 $\boldsymbol{q}$，同理可以得到键向量 $\boldsymbol{k}$、值向量 $\boldsymbol{v}$。最终使得输入句子的每个单词创建一个查询向量、一个键向量和一个值向量。其中 $\boldsymbol{W}_q$、$\boldsymbol{W}_k$ 和 $\boldsymbol{W}_v$ 是通过随机初始化后，经过训练最终确定的。

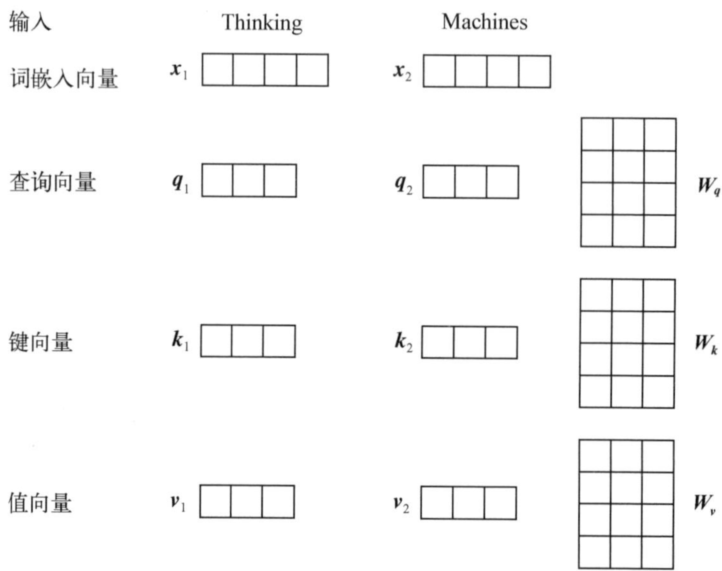

图 12-11　Transformer 中的查询向量 q、键向量 k 和值向量 v

计算自注意力的第二步是计算得分。假设输入句子为"Thinking Machines",当模型在为第一个词"Thinking"计算自注意力向量时,模型需要句子中的每个单词对"Thinking"打分。每个分数表示在编码"Thinking"的过程中,每个单词对"Thinking"的"关注"程度。这些分数是通过单词(所有输入句子的单词)的键向量与"Thinking"的查询向量相点积来计算的。第一个分数是 $\boldsymbol{q}_1$ 和 $\boldsymbol{k}_1$ 的点积,第二个分数是 $\boldsymbol{q}_1$ 和 $\boldsymbol{k}_2$ 的点积,计算过程如图 12-12 所示。

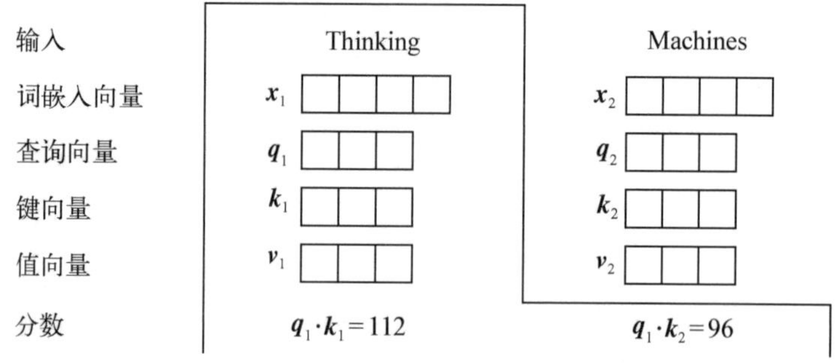

图 12-12　Transformer 词嵌入向量计算得分

第三步是将分数除以 8(是键向量的维数 64 的平方根,这会让梯度更稳定。这里也可以使用其他值,8 只是默认值),然后通过 Softmax 传递结果。Softmax 的作用是使所有单词的分数归一化,得到的分数都是正值且和为 1,如图 12-13 所示。

这个 Softmax 分数决定了每个单词对编码当前位置("Thinking")的贡献。显然,已经在这个位置上的单词将获得最高的 Softmax 分数,但有时另一个与当前单词相关的单词也会有较高的分数。

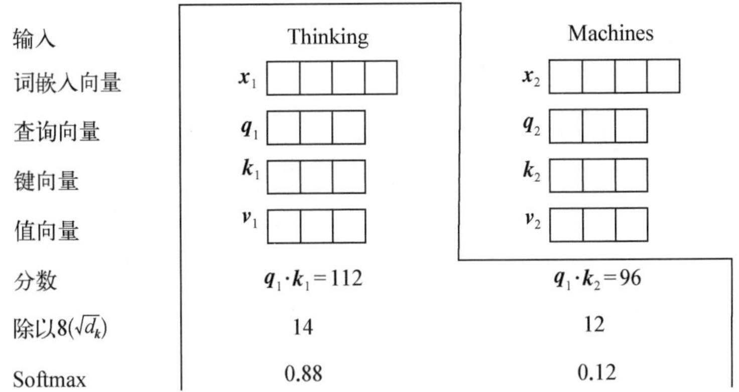

图 12－13　Transformer 词嵌入向量计算得分

第四步是将每个值向量与相应的 Softmax 分数相乘(为之后将它们求和做准备)。这一操作的主要目的是关注单词间在语义上的相关性,弱化不相关的单词(如让它们乘以 0.001 这样的小数)。

第五步是上一步得到的值向量求和,然后就得到了自注意力层在该位置的输出(在本例子中是针对第一个单词),如图 12－14 所示。

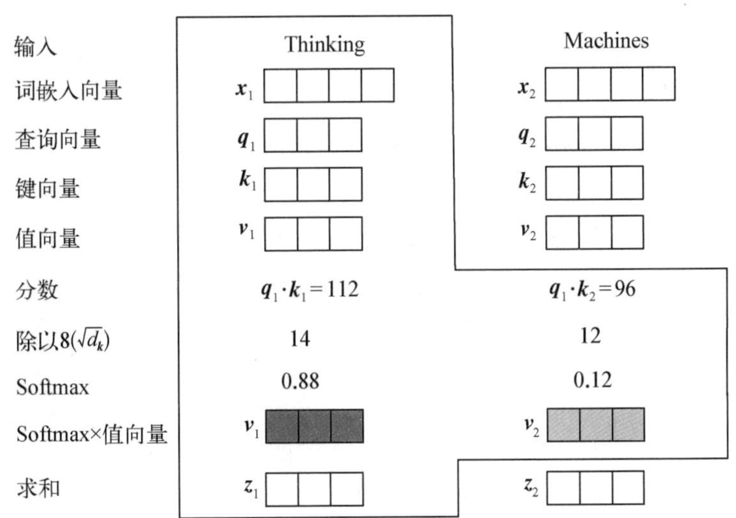

图 12－14　Transformer 词嵌入向量计算得分

这样,自注意力的计算就完成了。得到的向量就可以传递给前馈神经网络。然而实际上,这些计算是以矩阵形式完成的,以便算得更快。接下来就介绍上述过程是如何用矩阵实现的。

第一步是计算查询矩阵 $\boldsymbol{Q}$、键矩阵 $\boldsymbol{K}$ 和值矩阵 $\boldsymbol{V}$。为此,将输入句子的词嵌入向量以矩阵形式 $\boldsymbol{X}$ (句子的词嵌入向量),乘以训练的权重矩阵 ($\boldsymbol{W}_q$, $\boldsymbol{W}_k$, $\boldsymbol{W}_v$),如图 12－15 所示。

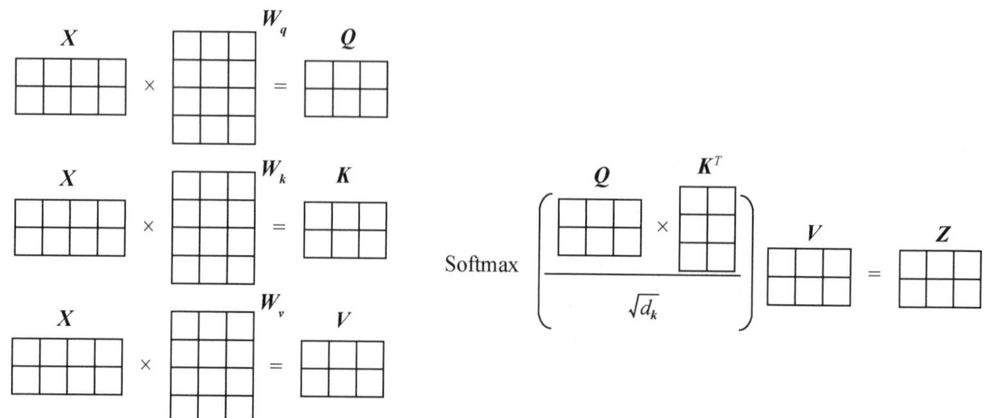

图 12-15　Transformer 中的三个矩阵 Q、K、V　　　图 12-16　自注意力的矩阵运算形式

$\boldsymbol{X}$ 矩阵中的每一行对应于输入句子中的一个单词。可以看到词嵌入向量(512 维,或图中的 4 个格子)和 $\boldsymbol{q}/\boldsymbol{k}/\boldsymbol{v}$ 向量($d_k=64$,或图中的 3 个格子)的大小差异。最后,由于处理的是矩阵,可以将上述过程合并为一个公式来计算自注意力层的输出,如图 12-16 所示。

通过增加一种名为“多头”注意力(“multi-headed” attention)的机制,可以进一步完善自注意力层,并在两方面提高注意力层的性能。

(1) 它扩展了模型专注于不同位置的能力。在上面的例子中,虽然每个编码都在 z_1 中有或多或少的体现(见图 12-14),但是它有可能被实际的单词本身所支配。如果翻译一个句子,如“The animal didn't cross the street because it was too tired”,我们会想知道“it”指的是哪个词,这时模型的“多头”注意机制会起到作用。

(2) 它给出了注意力层的多个“表示子空间”(representation subspaces)。对于“多头”注意机制,有多个查询/键/值权重矩阵(Transformer 使用 8 个注意力头,因此对于每个编码器/解码器有 8 个矩阵集合)。这些集合中的每一个都是随机初始化的,在训练之后,每个集合都被用来将输入词嵌入向量(或来自较低编码器/解码器的向量)投影到不同的表示子空间中,如图 12-17 所示。

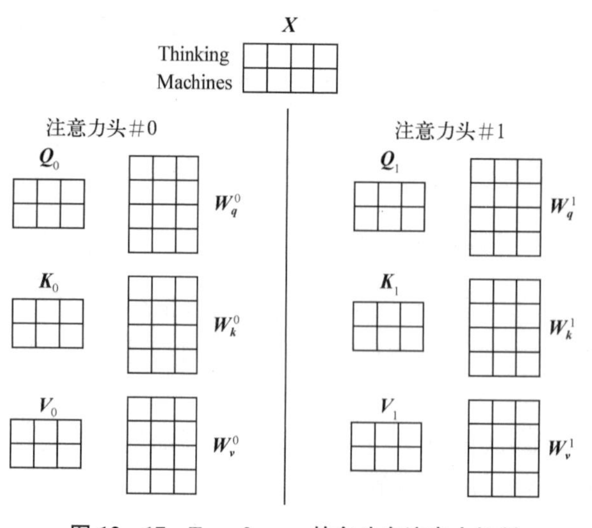

图 12-17　Transformer 的多头自注意力机制

在“多头”注意机制下,模型为每个头保持独立的查询/键/值权重矩阵,从而产生不同的查询/键/值矩阵。与之前相同的,用 $\boldsymbol{X}$ 乘以 $\boldsymbol{W}_q$、$\boldsymbol{W}_k$ 和 $\boldsymbol{W}_v$ 矩阵来产生查询/键/值矩阵。

如果做与上述相同的自注意力计算,只需 8 次不同的权重矩阵运算,就会得到 8 个不同的 $\boldsymbol{Z}$ 矩阵,如图 12-18 所示。

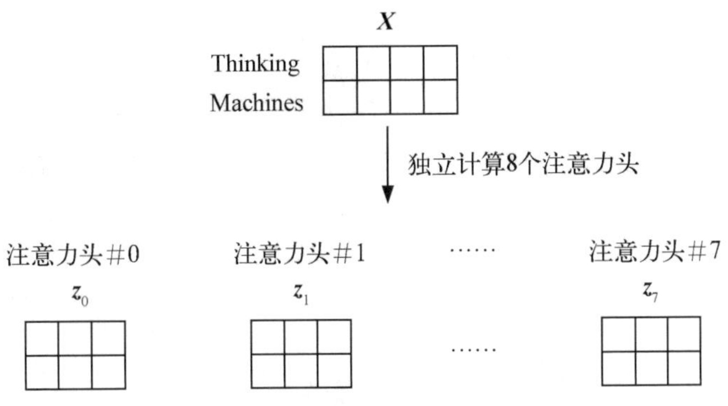

图 12-18　Transformer 的多头自注意力机制

前馈神经网络层只需要一个矩阵(由每一个单词的表示向量组成)。所以我们需要一种方法把这 8 个矩阵压缩成一个矩阵,因此模型直接把这些矩阵拼接在一起,然后用一个附加的权重矩阵 $\boldsymbol{W}_O$ 与它们相乘,$\boldsymbol{W}_O$ 也是随机初始化后通过训练得到,如图 12-19 所示。

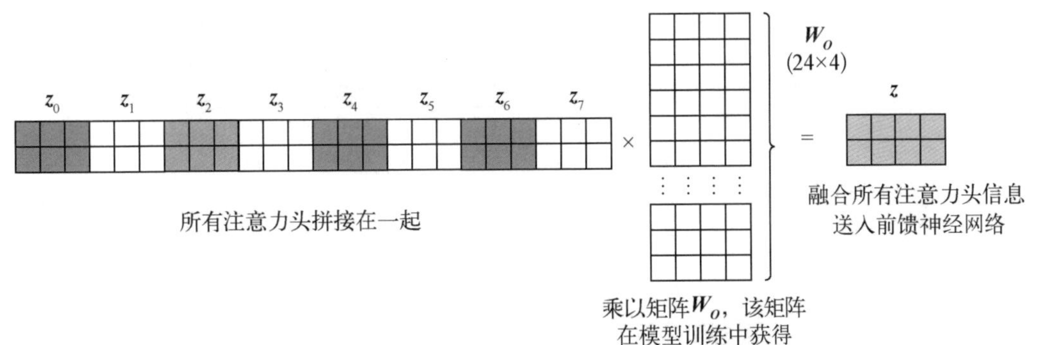

图 12-19　Transformer 的多头自注意力机制

将上述所有过程通过图 12-20 来表达,归纳总结自注意力机制实现的全过程为:① 输入一个句子;② 编码每一个单词;③ 将分为 8 个头,矩阵 $\boldsymbol{X}$ 乘以各个权重矩阵;④ 通过输出的查询矩阵、键矩阵和值矩阵计算注意力;⑤ 经所有注意力矩阵拼接起来乘以权重矩阵 $\boldsymbol{W}_O$,得到多注意力头信息融合矩阵 $\boldsymbol{Z}$,输入到前馈神经网络中。需要注意的是,只有第一层的编码器需要做词嵌入操作,后面各个层不需要,直接将上一层前馈神经网络的输出 $\boldsymbol{R}$ 作为本层的输入。

12.2.3　位置编码

此外,Transformer 模型还具备学习输入单词顺序的能力,其采用了位置编码方式表达每个单词在序列中与不同单词之间的距离。最简单的方法是,将位置向量添加到词嵌入向量中,使得它们在接下来的运算中,能够更好地表达词与词之间的距离,如图 12-21 所示。位置编码的公式如下:

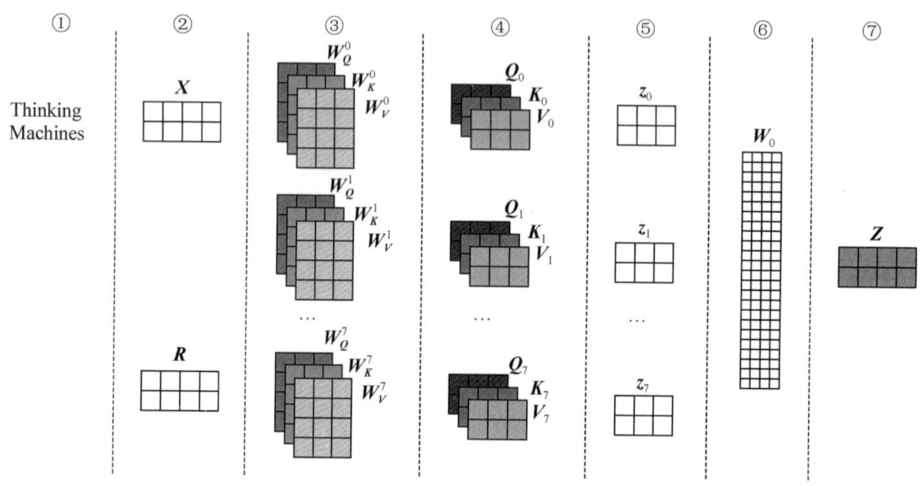

图 12-20　Transformer 的多头自注意力机制

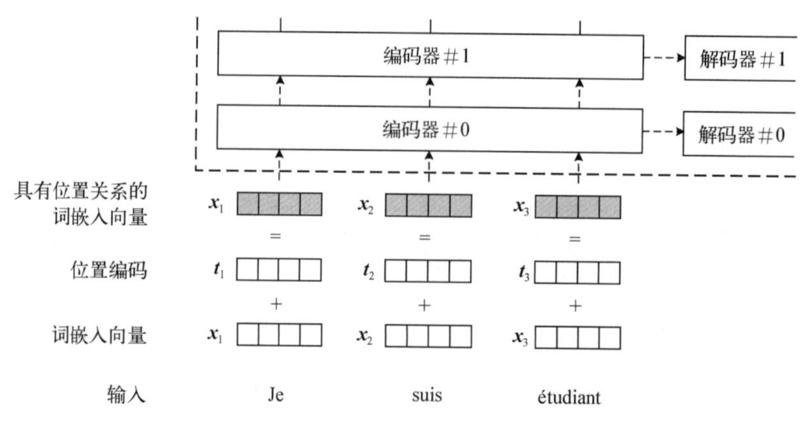

图 12-21　Transformer 输入的词向量

$$\mathrm{PE}_{(\mathrm{pos},\ 2i)}=\sin(\mathrm{pos}/10\,000^{2i/d_{\mathrm{model}}})$$

$$\mathrm{PE}_{(\mathrm{pos},\ 2i+1)}=\cos(\mathrm{pos}/10\,000^{2i/d_{\mathrm{model}}})$$

其中，pos 表示单词在句子中的位置，i 为词嵌入向量维数的一半(256 维)，d_{model} 为词嵌入向量的维数 512。

回到之前的例子，如果假设词嵌入向量的维数为 4，则实际的位置编码如下，如图 12-22 所示。

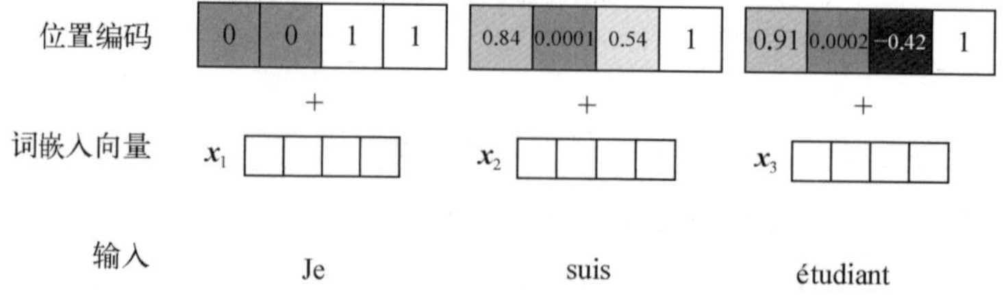

图 12-22　尺寸为 4 的词嵌入位置编码实例

12.2.4　残差模块

在每个编码器中的每个子层(自注意力、前馈神经网络)的周围都有一个残差连接,并且都跟随着一个"层归一化"步骤,如图 12-23 所示。

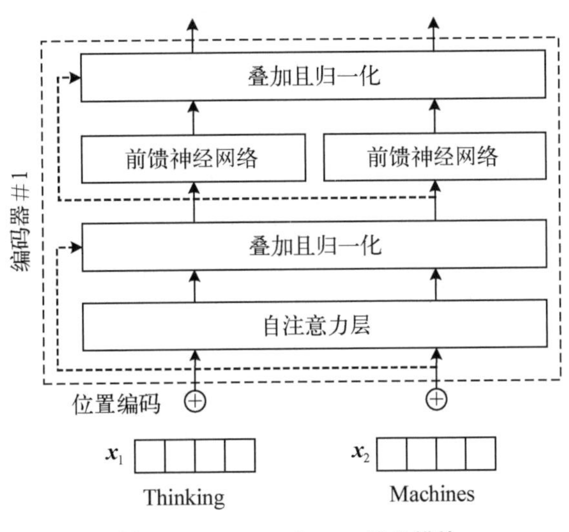

图 12-23　Transformer 残差模块

将自注意力层相关的归一化操作与残差连接可视化后,如图 12-24 所示。

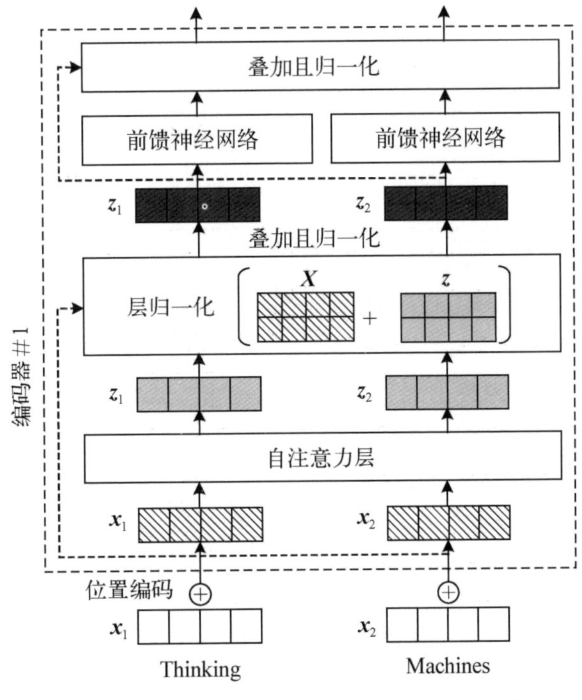

图 12-24　Transformer 编码器内部结构示意图

12.2.5 解码器

之前几个小节讨论了编码器的工作原理，解码器的工作与之类似。编码器组件中最后一个编码器的输出会变为一个包含向量 $\boldsymbol{k}$（键向量）和 $\boldsymbol{v}$（值向量）的注意力向量集合 $\boldsymbol{k}_{\mathrm{encdec}}$ 和 $\boldsymbol{v}_{\mathrm{encdec}}$，如图 12－25 所示。这些向量将被每个解码器用于自身的“编码-解码注意力层”，这样的设计可以帮助解码器捕捉编码器的输出信息以及上一时刻解码器的输出信息。

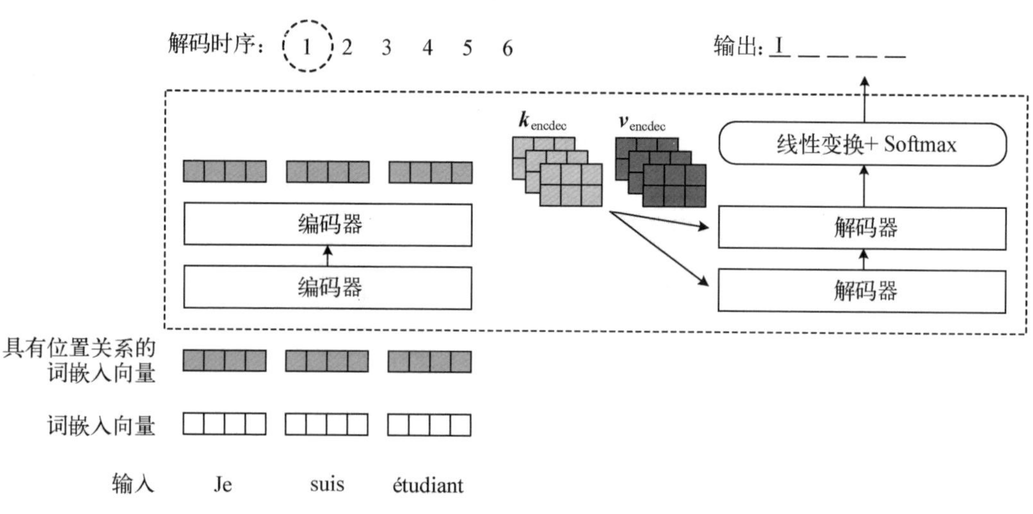

图 12－25 Transformer 编码器与解码器的交互

模型在完成编码后，进入解码阶段。该阶段的每个步骤都会输出一个句子的单词向量。接下来的步骤重复了这个过程，直到到达一个特殊的终止符号(end of sentence)，它表示 Transformer 的解码器已经完成了所有输出，如图 12－26 所示。

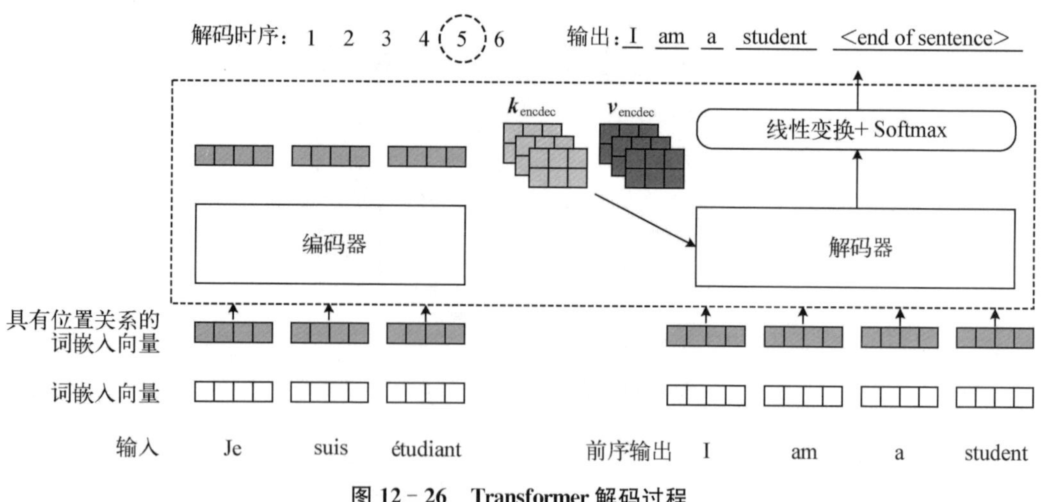

图 12－26 Transformer 解码过程

请注意，在解码器中自注意力层表现的模式与编码器不同：在解码器中，自注意力层只被允许处理输出序列中更靠前的那些位置。Transformer 的解码器在预测时是串行的,即解码器的输入是时序的词向量,输出也是对目标语言的句子一个词一个词进行输出的。这样在翻译当前位置的单词时,只用到该位置之前的单词信息。例如在预测"a"这个单词的时候,除了编码器的输出以外,只能用到 I 和 am 这两个单词来预测,即图中前序输出(previous output)的含义。在训练时为了实现并行计算,Transformer 设计了一个掩膜多头注意力层。它与之前介绍的多头注意力层的区别是,将 Softmax$\left(\frac{\boldsymbol{QK}^T}{\sqrt{d_k}}\right)$ 与一个下三角部分为 1、其余位置为 0 的掩码对位相乘。这样计算出的自注意力 Attention($\boldsymbol{Q}$, $\boldsymbol{K}$, $\boldsymbol{V}$)中每一行的向量信息只与 Softmax$\left(\frac{\boldsymbol{QK}^T}{\sqrt{d_k}}\right)$ 中该行对应位置之前的行向量有关。通过这种掩膜操作就完成了训练时的并行计算并保证了在预测每个位置的单词时,只用到了当前位置之前的单词信息。

解码器的"编码-解码注意力层"工作方式基本就像多头自注意力层一样,不过它的输入来自编码器的输出键矩阵 $\boldsymbol{K}$ 和值矩阵 $\boldsymbol{V}$,以及解码器的自注意力层输出的查询矩阵 $\boldsymbol{Q}$。解码组件最后会输出一个实数向量。把浮点数变成一个单词,此时我们引入一个线性变换层,在它之后就是 Softmax 层。线性变换层是一个简单的全连接神经网络,它可以把解码组件产生的向量投射到一个比它大得多的、被称为对数几率(logits)的向量里。

假设模型从训练集中学习一万个不同的英语单词(模型的"输出词表")。因此对数几率向量为一万个单元格长度的向量——每个单元格对应某一个单词的分数。

接下来的 Softmax 层便会把那些分数变成概率(均为正数,上限为 1.0)。概率最高的单元格被选中,并且它对应的单词被作为这个时间步的输出。图 12-27 表示了底部以解码器组件产生的输出向量开始到输出一个单词的过程。

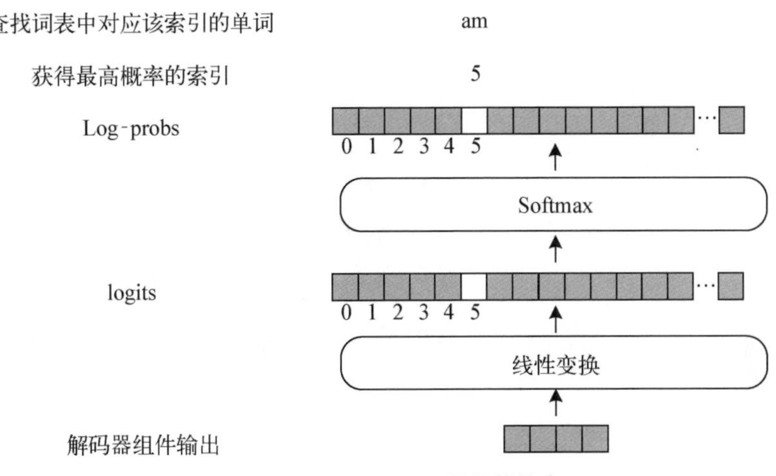

图 12-27 Transformer 最终的输出

12.3 Transformer 模型在视觉领域的应用

前面的小节介绍了原始 Transformer 模型的结构,其最先在自然语言处理领域被提出并应用,而视觉任务和自然语言处理任务存在较大的差异,无法简单地将原始 Transformer 模型直接迁移到视觉任务。本节将进一步对基于 Transformer 的模型在视觉领域的应用进行说明,将从图像分类任务、目标检测任务和分割任务三个方面展开。

12.3.1 图像分类

以 ImageNet 为代表的数据集极大地推动了深度学习领域的进展,同时也确立了在 ImageNet 上进行图像分类任务的预训练,然后将其应用在下游检测、分割任务的训练模式。研究者参考基于 CNN 的主干网络,设计了基于 Transformer 的视觉主干网络,模型结构可分为纯 Transformer 结构的主干网络和混合的主干网络。

ViT 是纯 Transformer 结构主干网络,直接接收图像块序列(image patch sequence)作为输入进行图像分类,其设计思想是尽可能地遵循原始 Transformer 结构,图 12-28 展示了 ViT 的网络结构。具体来说,ViT 将整个图像拆分成一个个图像块,然后对小图像块做线性映射得到对应的线性嵌入向量(embedding),然后将其作为 Transformer 的输入,进入内部后的操作与自然语言处理中的 Transformer 类似,在此不再赘述。Transformer 主体为一个编码器结构,最后通过一个多层感知机的头网络输出分类结果,用真实标签进行监督学习。图中 Transformer 编码器的结构和上节所述 Transformer 的结构相同,包含了多头自注意力机制、前馈神经网络和残差连接等模块与设计。

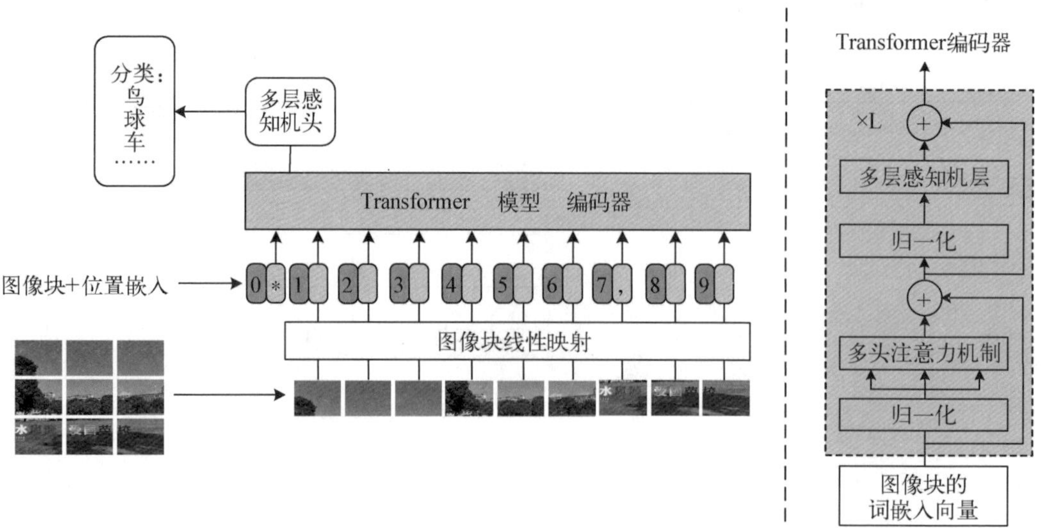

图 12-28 ViT 网络结构图

由于缺少了一定的平移不变性，ViT 在中等大小的 ImageNet 上预训练的效果很难和以 CNN 为基础的主干网络相比。随着数据集规模的增大，ViT 的性能会显著提升，在 ImageNet 等数据集中进行迁移学习的性能会超越以 CNN 为基础的主干网络。

后续的工作以 ViT 为基础设计了大量变体模型并取得了更好的性能。例如，数据高效的 Transformer（DeiT）模型，在 ViT 的基础上设计了更好的训练策略，使其在 ImageNet 上训练也能取得较好的性能。

尽管以 ViT 为代表的纯 Transformer 结构的主干网络取得了较好的性能，但其往往需要更大的数据集，这对使用者提出更高的要求。因此，部分模型想融合 CNN 和 Transformer 二者的优势，即 CNN 的局部特征学习能力和 Transformer 的全局特征学习能力，在网络设计中同时使用这两类结构，这里称为混合的 Transformer 结构。

比较经典的混合结构网络有 CvT，其网络结构如图 12－29 所示。和 ViT 相比，CvT 提出了新的基于卷积的层次化词嵌入方法，以及包含卷积的编码器设计。通过这两个设计，CvT 将 CNN 的优秀特性（局部感受野、共享卷积权重以及空间下采样）与 Transformer 的优点（自注意力机制和全局信息）融合。图 12－29 的 CvT 网络结构中卷积标记嵌入（Convolutional Token Embedding）对应于自然语言处理中的词嵌入（Word Embedding），即将输入图像分割成图像块，并编码为向量作为卷积 Transformer 的输入。在卷积 Transformer 内，卷积映射（Convolutional Projection）将输入的图像块向量映射为 $\boldsymbol{Q}$、$\boldsymbol{K}$、$\boldsymbol{V}$，此处操作类似于自然语言处理中词嵌入向量与三个权重矩阵（$\boldsymbol{W}_Q$、$\boldsymbol{W}_K$ 和 $\boldsymbol{W}_V$）相乘得到 $\boldsymbol{Q}$、$\boldsymbol{K}$、$\boldsymbol{V}$。需要注意的是，卷积映射对输入的图像块向量进行操作之前，需要将经过卷积标记嵌入编码过的图像块向量序列重新改变结构（reshape），以方便卷积映射操作，如图 12－30 所示。

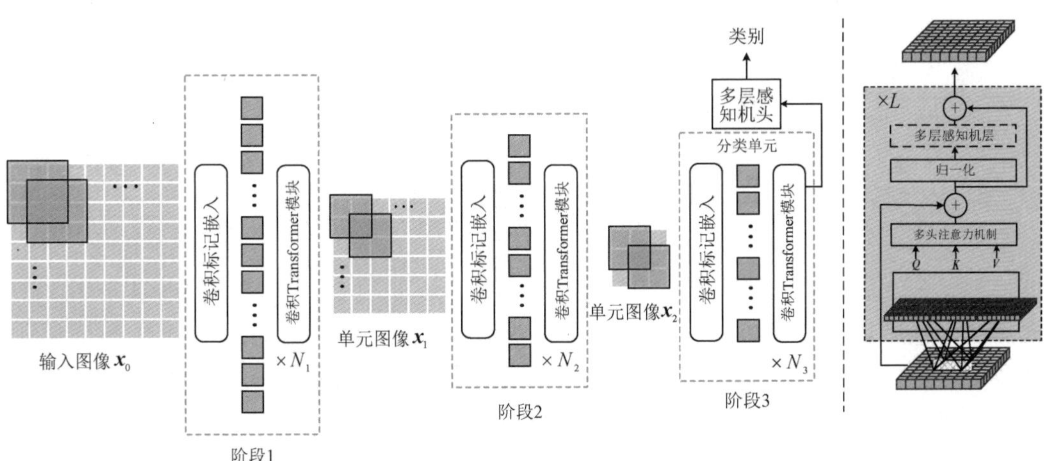

图 12－29　CvT 网络结构

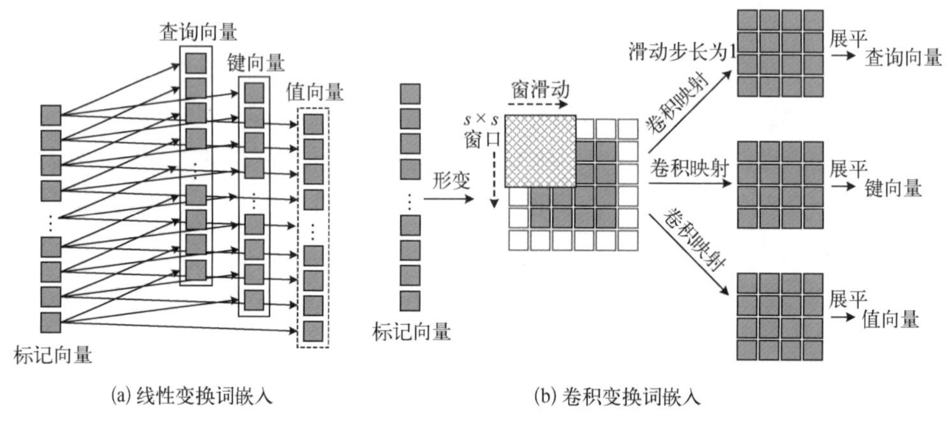

图 12-30　ViT 与 CvT 词嵌入变换对比

12.3.2　目标检测

受到 Transformer 模型在自然语言处理领域成功的启发，许多工作试图在目标检测这一经典视觉任务中使用 Transformer 模型。目前，基于 Transformer 模型的目标检测算法可以分成两类：一类是将目标检测任务转化为基于 Transformer 的目标框信息预测问题，另一类是将 Transformer 作为主干网络的检测方法，如图 12-31 所示。

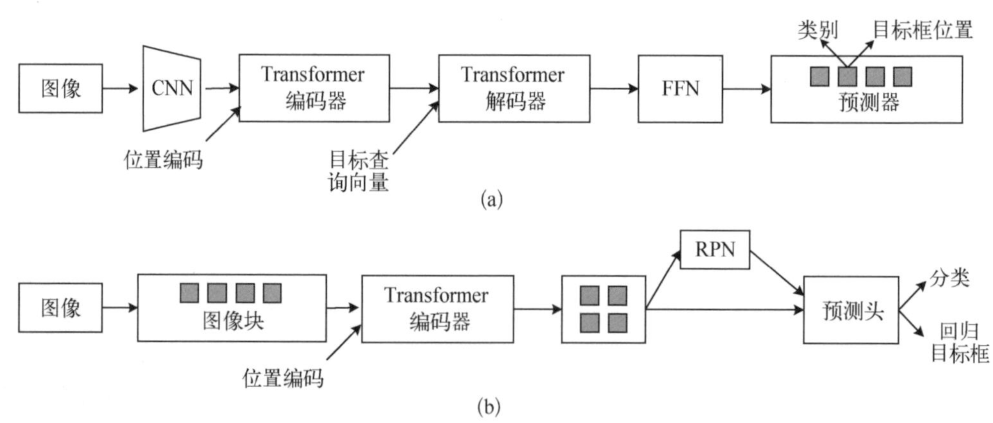

图 12-31　基于 Transformer 的两类目标检测方法结构示意图

(a) 基于 Transformer 的目标框信息预测；(b) 以 Transformer 为主干网络的目标检测。

第一类方法的代表性模型是 DETR，其网络结构如图 12-32 所示，可分为主干网络、编码器、解码器和预测头四个部分。DETR 使用了一个基于 CNN 的主干网络提取图像特征，并结合位置编码的特征作为编码器的输入。编码器对输入特征进一步学习，输出一个更深层次的特征作为解码器的输入。解码器是 DETR 模型的一个关键，其输入包含编码器的输出和目标的类别、位置、大小。解码器的输出将通过预测头中的全连接层输出 **N** 个预测的类别和框的位置与大小，这些信息最终的预测头输出都被编码为向量。**N** 是一个预先设置好的超参数，一般远大于一张图片实际目标的数量。

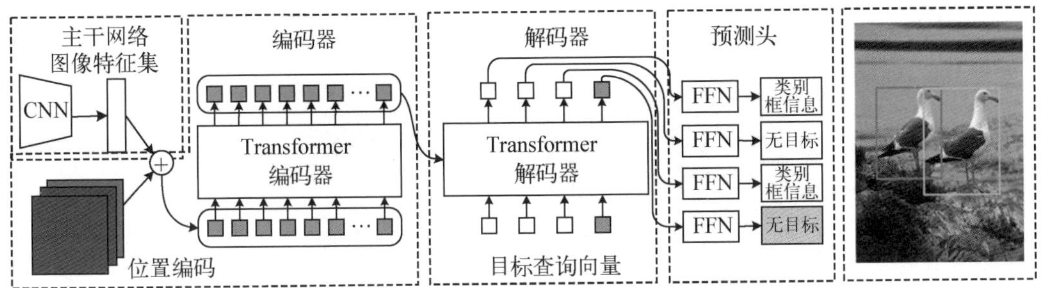

图 12－32　DETR 模型示意图

另一类模型将 Transformer 作为提取特征的主干网络，其代表模型为 ViT－FRCNN，对应模型结构如图 12－33 所示。该模型用 ViT 模型替换了传统 CNN 的主干网络提取图像特征，其余部分则继续沿用了 Faster R－CNN 的设计，将 ViT 提取到的特征按照对应图像块的位置重新组织成特征图（feature map），在此特征图上进一步提取感兴趣区域，完成目标类别与目标框信息的预测，而不像第一种模型中直接预测输出包含目标框类别、位置与大小的编码向量。

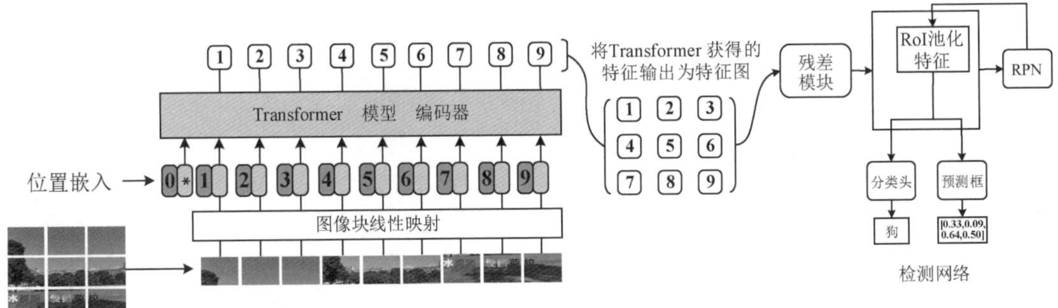

图 12－33　ViT－FRCNN 模型结构示意图

12.3.3　分割任务

分割任务是计算机视觉基础任务之一，包括语义分割和实例分割等细分任务。本节将会介绍 Transformer 模型在语义分割和实例分割任务中的典型应用。

SETR 是 Transformer 在语义分割任务的一个应用范例，其模型结构如图 12－34 所示。其思路比较简单，直接以 ViT 作为主干网络，然后通过一个解码器对每个像素的语义信息进行预测，输出语义分割的结果。由于其以 ViT 为主干网络，因此需要将图像分割为图像块并进行线性变换和位置编码作为 Transformer 编码器的输入。解码器接收到的输入是 Transformer 编码器输出的图像块特征向量。针对分割任务，SETR 设计了两种不同的解码器，对应不同的 SETR 变体，分别是渐进上采样的 SETR－PUP 和多层特征聚合的 SETR－MLA，如图 12－35 所示。两种解码器的具体方法不同，但其核心思想都是将 Transformer 编码器的输出向量经过结构变形（reshape）以及卷积上采样，得到和输入图像大小相同的语义分割结果图。

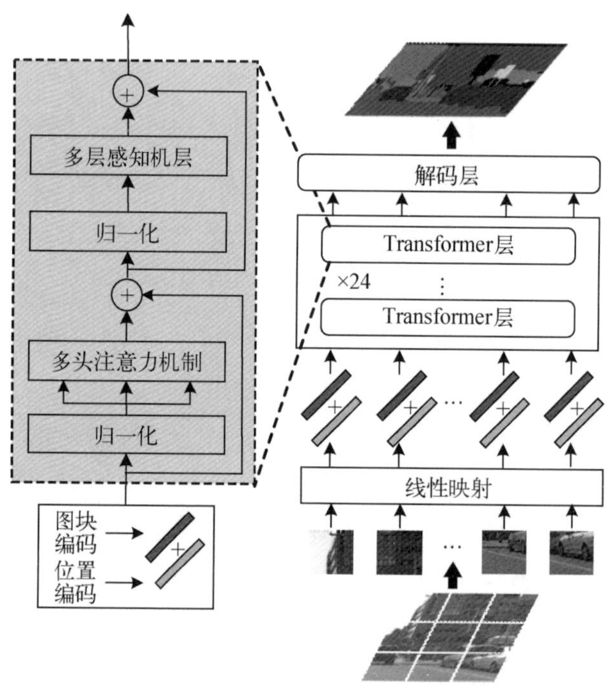

图 12-34 SETR 模型示意图

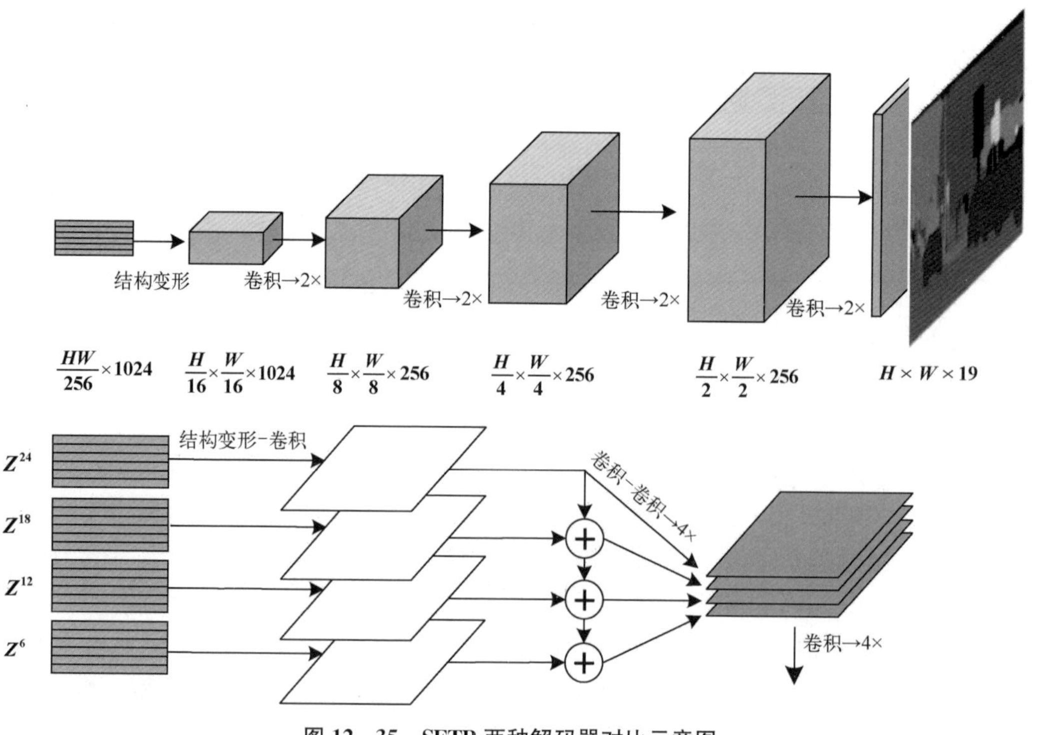

图 12-35 SETR 两种解码器对比示意图

12.4 总结

与卷积神经网络 CNN 相比，Transformer 由于其更强的性能和巨大的潜力，正成为计算机视觉领域的热门话题。为了挖掘和利用 Transformer 的表征能力，近年来研究人员在各种视觉任务（包括图像分类、高层视觉、低层视觉和视频处理）上提出了许多解决方案，Transformer 均表现出出色的性能。然而，用于计算机视觉的 Transformer 的潜力尚未得到充分的挖掘，还有一些挑战有待解决。尽管研究人员已经提出了许多基于 Transformer 的模型来解决计算机视觉任务，但是这些工作是开创性的解决方案，还有很大的改进空间。例如，ViT 中的 Transformer 架构遵循自然语言处理的标准 Transformer，专门针对计算机视觉的改进版本仍有待探索。

此外，大多数现有的视觉 Transformer 模型都设计用于处理单个任务。许多自然语言处理模型（如 GPT－3）已显示出 Transformer 可以在一个模型中处理多个任务的能力。计算机视觉领域的 IPT 也能够处理多种低层视觉任务，如超分辨、图像降噪和去雨去雾。我们相信，未来 Transformer 模型可以解决更多的任务。

最后，为计算机视觉开发专门、有效的 Transformer 模型也是一个未解决的问题。Transformer 模块通常非常庞大且计算量很高，尽管研究人员已经提出了几种压缩 Transformer 的方法，但是它们的复杂性仍然很大。这些最初为自然语言处理设计的方法可能不适用于计算机视觉。因此，在计算机视觉任务中设计计算复杂度更低的 Transformer 模型是学者们未来研究的方向。

习题

1. 请简述自注意力机制的计算过程。
2. 请思考卷积神经网络（CNN）与视觉 Transformer（ViT）的区别。
3. 为什么 Transformer 的查询矩阵 $\boldsymbol{Q}$ 和键矩阵 $\boldsymbol{K}$ 需要使用不同的权重矩阵生成？

参考文献

[1] Vaswani A, Shazeer N M, Parmar N, et al. Attention is all you need[C]//Advances in Neural Information Processing Systems 30: Annual Conference on Neural Information Processing Systems 2017, 2017.

[2] Dosovitskiy A, Beyer L, Kolesnikov A, et al. An image is worth 16×16 words:

Transformers for image recognition at scale[J]. arXiv, 2010: 11929.

[3] Touvron H, Cord M, Douze M, et al. Training data-efficient image Transformers and distillation through attention[J]. arXiv, 2012: 12877.

[4] Wu H, Xiao B, Codella N, et al. CvT: Introducing convolutions to vision Transformers[C]//Proceedings of the IEEE/CVF International Conference on Computer Vision, 2021: 22 - 31.

[5] Carion N, Massa F, Synnaeve G, et al. End-to-end object detection with Transformers[M]//Vedaldi A, Bischof H, Brox T, et al. Computer Vision-ECCV 2020. Berlin: Springer, 2020: 213 - 229.

[6] Zheng S, Lu J, Zhao H, et al. Rethinking semantic segmentation from a sequence-to-sequence perspective with Transformers[J]. arXiv, 2012: 15840.

[7] Hu J, Cao L, Lu Y, et al. ISTR: End-to-end instance segmentation with Transformers[J]. arXiv, 2021: 2105.00637.

[8] Alammar J. The illustrated Transformer [EB/OL]. https://jalammar.github.io/illustrated-transformer/.